松花江水生态完整性评价与生态修复关键技术及示范

Key Technology Research and Demonstration of Ecological Integrity Assessment and Ecological Restoration in Songhua River

刘录三　王　瑜　王海燕　张铃松　隋文志　马　波　等 著

中国环境出版集团·北京

图书在版编目（CIP）数据

松花江水生态完整性评价与生态修复关键技术及示范/刘录三等著. —北京：中国环境出版集团，2022.9

ISBN 978-7-5111-5206-0

Ⅰ. ①松…　Ⅱ. ①刘…　Ⅲ. ①松花江—水环境质量评价②松花江—水环境—生态恢复　Ⅳ. ①X824②X171.4

中国版本图书馆 CIP 数据核字（2022）第 123092 号

审图号：GS 京（2022）0548 号

出 版 人　武德凯
责任编辑　董蓓蓓
责任校对　薄军霞
封面设计　彭　杉

出版发行　中国环境出版集团
（100062　北京市东城区广渠门内大街 16 号）
网　　址：http：//www.cesp.com.cn
电子邮箱：bjgl@cesp.com.cn
联系电话：010-67112765（编辑管理部）
010-67113412（第二分社）
发行热线：010-67125803，010-67113405（传真）

印　　刷　北京中献拓方科技发展有限公司
经　　销　各地新华书店
版　　次　2022 年 9 月第 1 版
印　　次　2022 年 9 月第 1 次印刷
开　　本　787×1092　1/16
印　　张　29.75
字　　数　630 千字
定　　价　260.00 元

编委会

前 言

松花江流域位于东经 119°52′ ~ 129°30′、北纬 41°42′ ~ 51°38′，流域面积为 55.68 万 km^2。松花江河长和水资源量居全国第三，以嫩江源算河长为 2 309 km，以第二松花江源算河长为 1 927 km，干流长 939 km，属我国重点流域，也是黑龙江、吉林两省的母亲河。

松花江流域作为我国最早的老工业基地，产业结构偏重，环保欠账较多，历史遗留问题给区域生态环境造成的压力在短时间内难以彻底改变。随着社会经济的持续发展、城镇化率的进一步提高、国家粮食基地重点建设地区的进一步强化，流域生态环境形势更为严峻，生物多样性急剧减少，珍稀鱼类几近绝迹，松花江生态环境保护工作面临巨大挑战。进入 21 世纪以来，由于国家和地方对松花江流域环境保护的重视和环保投入的加大，特别是“让松花江休养生息”理念的贯彻执行，松花江流域水质整体趋于好转，为流域水生态恢复奠定了基础。

“十一五”期间，松花江水生态逐步得到恢复，部分江段的土著鱼类得以重现，但与 20 世纪 60—70 年代相比，仍然面临水生生物生境受损、珍稀鱼类减少、生物多样性降低等水生态系统退化问题。

“十二五”期间，国家水体污染控制与治理科技重大专项（水专项）“河流水环境综合整治技术研究与综合示范”主题在“松花江水污染综合防治与水生态恢复关键技术及综合示范”项目中设立“松花江水生态完整性评价与生态恢复关键技术研究及示范”（2015ZX07201-008）课题。课题立足于推动松花江由水环境质量管理向水生态健康管理转变的需求，在系统分析松花江水生态退化特征的基础上，筛选出包括物理生境、水体化学、水生生物等在内的松花江水生态完整性评价指标，建立参照状态，提出完整性指数计算与分级方法，构建了松花江水生态完整性评价技术体系，编制了《松花江水生态完整性评价技术指南》（建议稿）；针对松花江生物多样性降低、滨岸带植被受损、珍稀鱼类减少等突出生态环境问题，在基于关键种群恢复的受损水体生物链修复、受损滨岸带生境修复和珍稀鱼类生态恢复等技术方面有了突破，开展了工程示范并取得良好效果。课题成果被地方相关管理部门及企业采纳并应用，支撑了黑龙江、吉林两省水污染防治行动计划的实施与生态文明建设。

本书共计 15 章。第 1~2 章分析了松花江水生态环境态势与科技需求，介绍了国内外研究进展及本研究总体思路，由刘录三、王瑜撰写；第 3~4 章全面介绍了松花江流域概况及松花江水生态系统时空变化特征，由林岿璇、张正祥、张铃松等撰写；第 5 章剖析了松花江流域表层沉积物理化特性，揭示了主要污染物生态风险，由王海燕、王欢等撰写；第 6 章开展了松花江水生态完整性评价方法研究，并对松花江水生态完整性状态进行了评价，由张铃松、刘录三、林岿璇、孟凡生撰写；第 7 章系统识别了松花江水生态系统退化的影响因子，并阐明了影响松花江流域生态系统退化的驱动机制，由李世国、张呈祥、战爱斌撰写；第 8 章分析了梧桐河流域生态环境特征，识别了梧桐河水生态受损状况与退化原因，由王瑜撰写；第 9 章从滨岸带砂化区基质改良、岸坡植物群落构建、河道生态水文调控等方面，开展了梧桐河物理完整性修复技术研究，由刘云龙、王瑜、杜彦良撰写；第 10 章从农田化肥减施与营养补偿、农业面源过滤带构建等方面，开展了梧桐河化学完整性修复技术研究，由徐飞、隋文志撰写；第 11 章针对两栖动物、底栖动物、鱼类等关键生物类群开展了梧桐河生物完整性修复技术研究，由王瑜、刘云龙、李雷撰写；第 12 章系统介绍了在梧桐河开展示范工程设计、建设、监测以及效果评估情况，由王瑜、刘云龙、马波、徐飞撰写；第 13~15 章针对松花江不同江段水生态完整性受损的主要问题，分类型构建了松花江全流域水生态修复技术路线图，并分区提出了松花江水生态修复战略方案，由王海燕、刘录三、董伟羊等撰写；全书由刘录三统稿。

需要特别说明的是，地球生态系统本身处于不断动态演化的过程中，加上全球变化与人类活动等多重影响，时空变化与不确定性已成为经济社会系统与自然生态系统的突出特点，松花江水生态系统概莫能外。本研究实际执行期为 2015—2018 年，书中相关论断主要出自研究执行期的调查数据或之前的历史数据，有些判断与结论可能不再适合当前的新形势、新情况。唯愿本书的出版，能够在一些生态环境基本判断与理论方法方面，以及提出问题、分析问题、解决问题的思路等方面，对读者有所裨益，则幸甚。

本书是课题组全体成员共同努力的结晶，更离不开国家水专项办、黑龙江水专项办、课题各参与单位领导同仁的大力支持，离不开佳木斯市生态环境局、鹤岗市生态环境局领导的无私帮助，离不开课题执行过程中同行专家的倾力相助，以及示范工程所在地宝泉岭农场、梧桐河农场相关管理部门的全力配合，在此，一并表示诚挚感谢！
本书在编撰过程中，力求做到内容科学、准确、翔实，但由于作者水平所限，书中难免存在不妥之处，敬请广大读者批评指正。

目 录

第一篇 绪 论

第二篇 松花江水生态完整性评价与退化原因诊断

第三篇　梧桐河生态修复关键技术与示范

第一篇

绪　论

第 1 章　松花江水生态环境态势与科技需求

本章基于松花江水生态环境状况分析，系统诊断了松花江生物多样性降低、河流生态功能退化、重要经济及珍稀鱼类减少、生物栖息地质量下降等生态环境突出问题，提出了“十二五”时期松花江流域恢复健康水生态系统和开展水生态完整性评估的技术需求。

1.1　水环境状况分析

近年来，由于国家和地方对松花江流域生态环境保护的重视和环保投入的持续加大，松花江流域水质状况持续改善，水质达标断面比例上升，水生态系统逐步得到恢复。但流域仍存在农业面源污染问题突出、冰封期水污染加剧、支流污染较重、流域水生态完整性退化等问题。松花江流域范围见图 1-1。

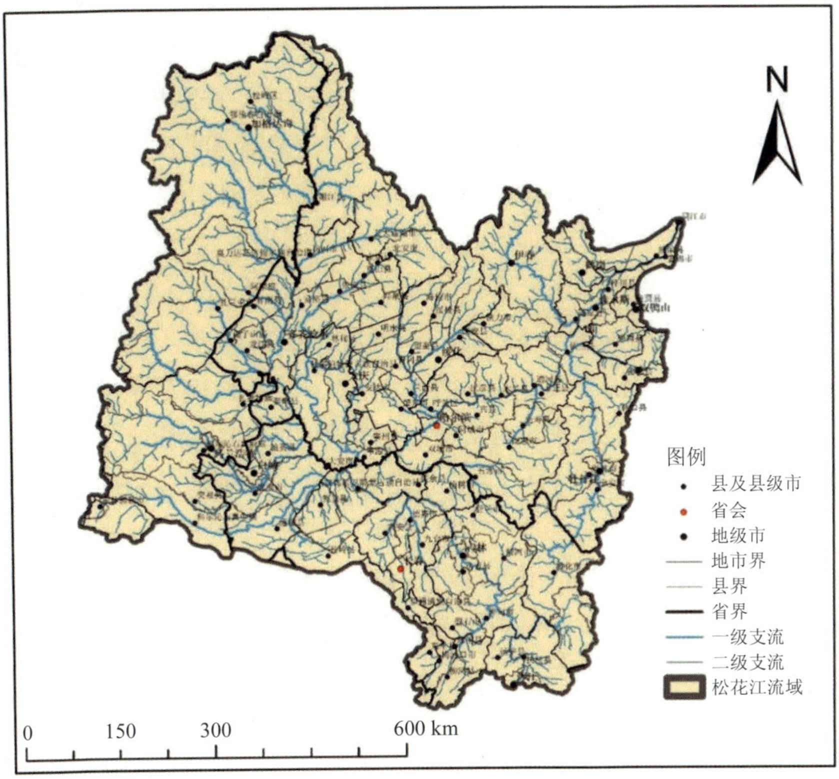

图 1-1　松花江流域

（1）从常规监测指标来看，松花江水质趋于好转，总体为轻度污染，溶解氧浓度上升，为河流水生态恢复奠定了基础

由于国家和地方政府的高度重视，随着流域污染防治规划的实施和“十一五”水专项的全面开展，高锰酸盐指数等常规指标逐渐得到控制，达标断面比例逐年上升。Ⅰ～Ⅲ类水质断面比例由2006年的24.0%上升到2013年的55.7%；劣Ⅴ类水质断面比例由2006年的21.0%下降到2013年的5.7%。松花江总体水质由2006年的中度污染转变为2013年的轻度污染。流域溶解氧（DO）浓度呈上升趋势，多数断面DO浓度大于等于5 mg/L，为河流水生态恢复奠定了基础。

（2）松花江仍以有机污染为主要特征，污染物呈现种类减少、浓度降低的趋势

有机污染是松花江最主要的环境问题之一，有机污染物已造成松花江干流全线污染，松花江干流各主要江段均检出重点或优控有机污染物。有机污染主要来源于生活污染和工业污染，其中有毒有机物主要来源于沿江化工、石化、制药和煤化工等重化工企业排放的工业废水。从20世纪80年代至今，无论从检出的有机污染物总数，还是从美国国家环境保护局（US EPA）优控污染物和“三致”污染物所占比例来看，松花江有机污染都是比较严重的。近年随着产业结构升级和水污染治理的投入，污染物呈现种类减少、浓度降低的趋势；与国内外其他河流相比，松花江部分有机污染物浓度处于中等水平。

（3）河流水质的季节性变化明显，冰封期有机污染突出，融雪期“桃花汛”污染严重

松花江地处高纬度，为北温带季风气候区，四季分明，夏季温热多雨，冬季寒冷干燥，年内温差较大，多年平均气温为3～5℃，年内7月气温最高，日平均气温可达20～25℃，最高曾达40℃以上；1月气温最低，月平均气温为−20℃以下。松花江是我国境内唯一一条冰封期近5个月的河流，周年水期可分为冰封期、融冰期（融雪期）和无冰期。在冰封期，有机污染物降解十分缓慢，延长了有机污染物滞留在江水中和向下游迁移的时间，同时冰层覆盖阻断了有机物的挥发迁移途径，降低了有机物的光解，同时水量小、稀释能力弱，使有机污染物的污染范围和污染浓度增大。冰封期有机污染十分突出是松花江污染与国内其他大江大河污染的明显区别，也是松花江主要的环境污染特征之一。春季融雪期面源产生的化学需氧量（COD）、总氮（TN）、总磷（TP）和氨氮（NH_3-N）分别占全年产生量的36%、27%、27%和7%。春季融雪期面源污染的产生量较大，融雪期“桃花汛”污染严重。松花江无冰期与国内其他河流的同期水文节律变化相类似。由于全年气温、水温偏低，流域内生物生长较为缓慢，植物年内生长周期较短。

（4）丰水期面源污染贡献率大，丰水期COD_{Mn}浓度高于枯水期

流域内面源污染主要来源于水土流失、农药化肥的使用及农村废水、废弃物的污染。在冰融和水蚀作用下水土流失严重，大量泥沙夹带有机质进入河流，形成面源污染。松花江流域冬季由于冰层覆盖，不发生地表径流，污染物不会通过地表径流进入水体。这时期面源污染对江水污染贡献很小，以点源污染为主；而在丰水期，随着降雨的增加，土壤的

侵蚀加大，面源污染较为严重。丰水期 COD_{Mn} 浓度明显高于枯水期。

（5）支流污染大于干流，影响干流水质，沿江城市河段污染严重

受城市区域集中排污及河道径流小的影响，松花江流域部分支流污染严重，支流 11 个国控断面中，水质Ⅰ～Ⅲ类 5 个，Ⅳ、Ⅴ类 2 个，劣Ⅴ类 4 个（分别为杨家崴子、靠山南楼、阿什河口内和甩湾子）。从常规指标来看，2013 年干流水质良好，主要支流为轻度污染，汇入干流后影响干流水质。河流城市下游河段污染物浓度普遍高于城市上游河段。其中，支流阿什河的黑龙江哈尔滨段为重度污染。第二松花江吉林段受吉林市影响，第二松花江松原段受长春市、松原市影响，干流哈尔滨段区受哈尔滨市影响，均出现 DO 浓度先降低而后逐渐恢复的趋势，城市河段污染严重。

综上所述，松花江整个流域的 DO 浓度呈总体升高趋势，为河流水生态恢复奠定了良好基础。近年来，松花江野生鱼类种群得到恢复，处在食物链高端的凶猛肉食性鱼类数量增多、鱼体体重增大，一些珍贵鱼类重返松花江；水鸟数量呈逐年增加趋势，东方白鹳等珍稀水禽在松花江入黑龙江口的湿地已有稳定的种群栖息。同时，由于沿江工业污染和生活污染并未得到根本性遏制，松花江水生态系统仍然面临着严重的污染压力；此外，松花江存在长达 5 个月的冰封期，生物生长缓慢，植物年内生长周期短，自然状态下生态恢复所需时间较长。可以说，尽管松花江的污染势头有所减缓，但生态恢复仍然任重道远。

1.2 生态环境突出问题

（1）大规模的水利工程建设、流域土地利用格局改变等导致松花江物理连通性破坏、生物栖息地质量下降

松花江流域现已建有众多不同类型和不同规模的水利工程，有丰满水利枢纽、哈达山水利枢纽、大顶子山航电枢纽工程、松花江依兰航电枢纽工程，同时黑龙江省计划在松花江上建设 7 个航电枢纽工程。水电站、拦水坝等水利工程设施将松花江水系分隔成若干江段，使自然河流非连续化，显著改变了原有水动力条件，水流变缓，流态失常，导致松花江从江河型水体逐步向湖泊型水体转变，改变了原有水生生物已经适应的水生态环境条件。

近几十年来，松花江流域土地利用、景观格局变化剧烈。以上游的松花江三湖流域为例，从 20 世纪 70 年代到 2003 年，耕地面积从 4 467.19 km^2 增加到 8 951.79 km^2，增加了 1 倍多；林地面积从 35 607.42 km^2 减少到 31 728.50 km^2，水面面积从 4 033.48 km^2 减少到 563.82 km^2，森林生态系统、水生态系统面积分别减少了 10.89%、86.02%。与 2001 年相比，源头区森林生态系统面积增加了 1.98%，农田生态系统、水生态系统面积分别减少了 25.48%、49.35%。而中下游如松花江流域哈尔滨段（流域总面积 28 906.05 km^2）在 1996—2005 年，林地面积从 13 240.33 km^2 增加到 14 632.19 km^2，耕地面积从 11 338.61 km^2

减少到 10 108.40 km^2。同时，松花江流域土壤侵蚀越发严重，土壤中营养物质大量流失，水体中营养元素含量不断增加，特别是水体的氮（N）、磷（P）污染突出。

松花江干支流的河滨植被带普遍存在严重缺失现象，尤其是平原区河流，主要表现为固岸保护林残缺不全，缺少管理林带和河漫滩草地带，致使生物多样性降低，河流生态环境质量下降，流域生态功能退化。河滨植被带的退化带来多重危害，如破坏河岸的稳定，导致汛期塌岸发生和土地资源的损失；河岸带拦截地表被冲刷物质的能力降低，河道成为垃圾输送通道；现有的河滨植被带的严重缺失造成河流沿岸生物多样性下降，尤其是动物的生存空间变小和食物来源减少，生物量不断下降等。正是由于缺乏对河滨植被生态功能的认识、保护和维持河滨植被意识淡薄，才导致河滨植被带被逐渐蚕食。农业开发和耕地开垦以及城市化过程进一步加剧了对河滨植被带的破坏。

（2）“十一五”期间松花江水生态有所恢复，但与 20 世纪 60—70 年代相比，仍然面临生物多样性降低、河流生态功能退化问题

松花江流域水系众多，气候多变，鱼类区系复杂，水生生物多样性丰富。上游是产漂浮性卵鱼类的主要产卵场；中游流速缓慢，是主要经济鱼类的越冬场；下游沿岸有广阔的泛水区，水草茂盛，是产黏性卵鱼类的产卵场和育肥场。松花江干流有土著鱼类 80 余种，包括珍稀名贵冷水鱼类、洄游性鱼类和北方特有鱼类，是我国重要的鱼类种质资源天然生态库和优良种储备基地。

20 世纪 60—70 年代，松花江鱼类资源十分丰富，著名的大马哈鱼和“三花五罗”——鳌花、鳊花、鲫花、哲罗、法罗、雅罗、胡罗、铜罗等都是松花江的名贵鱼产品。据当时调查记录，松花江哈尔滨江段共有 79 种鱼类，然而 1990 年，哈尔滨市环境监测中心站和哈尔滨市水产资源管理站的科研人员在松花江只采集到 56 种鱼，减少了 23 种。研究人员研究发现，在 2000 年开江期到当年 8 月中旬，鱼的种类又下降到了 34 种。目前鱼的种类随水质的好转虽然有所恢复，但与 20 世纪 60—70 年代相比，总体上，鱼的种类减少了 29.1%。

松花江饵料生物资源也在随着水质变化而改变。以哈尔滨江段为例，据 20 世纪 80 年代调查，浮游植物有 172 属，大型底栖动物有 134 种。然而，2010 年的相关调查表明，浮游植物下降至 63 属，大型底栖动物仅发现 16 种。与 20 世纪 80 年代相比，饵料生物的生物量大幅下降。

特别地，在 20 世纪 50—60 年代，每年都有大马哈鱼上溯到松花江干流、汤旺河、牡丹江、蚂蚁河、嫩江下游和第二松花江下游等水域。20 世纪 80 年代调查时，只在松花江和牡丹江有所发现。至 80 年代后期上述水域大马哈鱼多已绝迹。

（3）重要经济及珍稀鱼类种类和数量大幅减少，严重影响了松花江渔业的可持续发展

松花江是黑龙江流域第二大渔业生产基地，经济鱼类有 40 余种，特别是在 20 世纪 50—60 年代，盛产大马哈鱼、施氏鲟、达氏鳇、哲罗鲑、细鳞鲑、乌苏里白鲑、黑斑狗鱼等黑龙江重要的珍稀、名贵、洄游性、冷水性鱼类。1949 年松花江水系鱼类捕捞产量占黑龙江

省的 85.7%，1961 年黑龙江省鱼类捕捞产量最高，鱼产量 62 278 t，松花江水系占 75.73%。1980 年松花江水系鱼类捕捞产量占 68.47%，比 1949 年下降 17.23%。2000 年以后，由于加大了污染治理，松花江水质得以改善，渔业资源得到一定程度恢复，一些珍稀鱼类开始在松花江干流出现，2000—2009 年松花江流域渔业产量平均维持在 4 000 t 左右，松花江干流鱼产量约占整个流域鱼产量的 50%。

由于松花江长期遭受水污染和捕捞过度等，松花江下游年平均渔获量由 20 世纪 50 年代末至 60 年代初的数万吨下降到如今的仅几千吨；主要经济品种渔获物呈现小型化、低龄化、低值化现象，珍稀名贵鱼类产量锐减，单条超过 2 kg 的鱼类非常少见，翘嘴鲌产量由历史上最高的 646 t 下降到目前的 35 t。4 个草鱼、鲢鱼产卵场，因水质污染均遭破坏。松花江渔业资源的急剧衰退，已经严重影响到渔业的可持续发展，仅依靠自然增殖已很难恢复资源量，亟须加大渔业资源增殖放流力度，扩大人工补给量。

（4）尚未建立松花江水生态完整性评价技术体系，难以为实现流域水生态系统健康管理提供理论支撑

当前，我国水环境管理的主要目标仍然是污染物减排和水体物理化学指标的改善。但是，随着经济社会的快速发展、生活水平及环境意识的逐步提高，水生态系统健康将成为水环境保护工作的必然要求。2007 年 5 月时任环境保护部部长周生贤提出“让松花江休养生息”，内涵是“给江河湖泊以人文关怀，不断减轻其污染负荷，恢复生态系统的活力”。2010 年，在全国环境保护部际联席会议暨松花江流域水污染防治专题会议上周生贤再次强调，坚定不移贯彻党中央、国务院关于松花江流域污染防治的指示精神，大力实施让松花江休养生息的政策措施，使松花江成为全国江河湖泊休养生息的样板和探索环保新道路的示范区。

从国际经验来看，水环境管理的核心目标就是防止所有地表水体的水生态状况进一步恶化，通过保护、改善和修复，逐步恢复各流域水生态良好的状况，即使其水生态状况最大程度接近“水生态良好”参照体系。随着恢复和维持一个健康的河流生态系统成为河流管理的重要目标，河流生态完整性评价成为开展河流生态修复的基础性工作，越来越受到人们的关注。我国“十一五”期间已经对松花江流域进行了一二级水生态功能分区，这为开展松花江水生态完整性评价奠定了坚实基础。然而，到目前为止，我国尚未建立松花江水生态完整性评价技术体系，因此难以实现面向流域水生态系统健康的水环境管理目标。

1.3 科技需求

（1）亟须阐明松花江水生态系统结构和功能，明晰水体理化环境与水生生物演变的相互作用机理

“十二五”是对松花江水体污染在减排的基础上进行水生态系统恢复的关键时期，任

务十分艰巨。分析松花江流域生态系统结构变化及其驱动机制，可为流域综合整治、保护水生态环境提供科学依据和决策支持。松花江水生态系统要素中的核心要素是生物要素，松花江流域的水生生物资源调查基本源于20世纪80年代之前的调查数据，目前对水生生物现状没有系统的调查和分析，从20世纪50年代至今，水生态的演变规律不甚清楚。根据国务院批准的《中国水生生物资源养护行动纲要》，维护水生生物多样性将是我国今后较长时期水生生物资源利用和保护的基本指导原则。为了实现水生生物资源保护与社会经济协调发展，必须对松花江水生生物现状进行调查，回答水域中有哪些生物物种，关键类群、关键物种的生活习性与生境要求如何，哪些可供人类利用，水域生物安全状况如何，怎样减轻或消除人类活动对水域生态安全的威胁，如何在水利工程规划和建设中减少对水生生物的影响、消除环境胁迫因素，如何开展水生生物资源和环境生态的修复等等。

在水环境监测和评价管理中，我们通常把环境中COD、BOD、TN、TP及NH_3-N等物质的含量及其变化作为研究指标来进行环境水质的监测和评价管理工作。虽然这样的做法能够在一定程度上体现出水质变化情况，但是我们只能得到单纯的结论：该水质属于某一类水质。而对于流域水系中特征化学污染物质在时间和空间上的分布，以及某些化学物质对流域内人体和水生生物的影响所知甚少。此外，松花江由于地理位置属于寒冷地区，决定了其污染物的迁移转化等环境行为与国内其他大江河有所不同。需要进一步依据松花江流域地理、污染源和生态功能等特点将松花江划分成不同区段，进一步开展和完善松花江各区段重点生态风险污染物评估，研究污染物影响下水生生物的响应机理，使制定水污染防治措施时更具科学性和可操作性。

（2）亟须阐明水利工程建设、土地利用格局变化等胁迫因素对松花江水生态系统的影响机制

改革开放以来，随着我国经济建设快速发展，松花江流域内国民经济持续超常规快速增长，流域内经济结构已经从以农业为主向以工业为主转变，不断向农村工业化和城市化发展，随着社会经济发展和人口不断增长，对水资源和水生生物资源的开发力度空前高涨，对河流生态环境产生的压力越来越大，污水排放、水工建设、围湖造田、河道整治、航运发展等各种胁迫因素越来越复杂。松花江水利工程设施较多，水电站、拦水坝等水利工程设施将松花江水系分隔成若干江段，使自然河流非连续化，显著改变了原有水动力条件，水流变缓，流态失常，导致松花江从江河型水体逐步向湖泊型水体转变，改变了原有水生生物已适应的水生态环境条件。江河筑坝修堤、修建水库和淘挖河沙等工程和人类经济活动逐渐增加，阻塞了鱼类的洄游通道，破坏了鱼类的产卵场和索饵育肥场；加之江河水位下降等不利因素的影响，水域荒漠化和生境破碎化现象严重，渔业水域生态环境的重大变迁，导致鱼类灭绝或鱼类种类发生显著变化。特别地，亟须阐明松花江流域的土地利用格局对水生态系统的影响，揭示陆地生态系统对水生态系统的影响，这对优化流域内产业结构和布局、促进松花江流域经济-水资源-水生态环境协调发展将具有重大的意义。

综上所述，亟须阐述水利工程等胁迫因素对松花江水生态系统的影响机制，为科学制定相关政策、促进松花江水生态恢复提供坚实的理论支撑。

（3）亟须研究松花江水生态完整性评价技术体系，建立基于水生态完整性的松花江水环境管理体系

近三十年来，美国、欧盟等发达国家和地区建立了以水生生物为核心，涵盖物理生境和水化学的水生态完整性评价体系，实现由水质向水生态管理的转变。美国水环境管理的核心目标就是水体要达到免于人类活动干扰的良好状态，即人类社会经济活动不应影响自然水体的完整性。欧盟《水框架指令》明确了水环境保护工作的总体目标，要求各成员国水生态指标（包括水量、生物种类分布及数量、水生态系统结构和功能等）及化学指标达到健康状况。我国水生态完整性评价起步较晚，研究相对滞后，松花江流域水生态完整性评价研究还停留在局部区域的研究性工作层面，且各监测机构采用的监测方法不尽相同，评价结果缺乏准确性和可比性，亟须在流域层面开展顶层设计，形成一套系统、规范的水生态完整性评价方法体系。

（4）亟须制订一套多目标-多情景-分阶段的松花江水生态恢复战略方案，攻克寒冷地区河流生态恢复若干关键技术

自上游到下游，由涓涓细流汇成深水大河，由高山峡谷进入广袤平原，松花江各江段的水文情势、地形地貌等生态环境差异显著、特色鲜明。各江段面临的环境胁迫既有面源污染、物理干扰等共性特征，又因沿江居住人口数量、沿江工业类型、农业开发强度等差异而呈现出典型的个体性特征。

鉴于此，在“十一五”“松花江水污染控制总体方案研究课题”的基础上，针对松花江现有的水生态状况，需要在评价其水生态完整性的基础上，结合水生态功能分区成果，分别确定山区溪流段、城镇河段、农田河段等不同江段的生态恢复目标，分河段、分阶段制订松花江各个江段水生态恢复战略方案，攻克包括松花江流域珍稀鱼类恢复技术、受损水体生态恢复关键技术、受损滨岸带生境改善技术等一系列关键技术，从而为松花江水生态健康目标的实现提供技术支撑。

第2章 研究进展与研究思路

本章从河流水生态完整性评价技术、农业面源污染控制技术、受损河流生态修复技术、鱼类种群资源恢复技术等四个方面对前人的研究成果进行归纳整理，并结合寒区河流特征，提出“松花江水生态完整性评价与生态修复关键技术及示范”项目的研究目标、内容、范围及技术路线。

2.1 国内外研究进展

2.1.1 河流水生态完整性评价技术

河流生态系统是包含物理、化学和生物组成及其相互作用的复杂且重要的系统，作为重要的生态廊道，在整个生态系统中发挥着重要的生态功能（彭文启，2019；朱卫红等，2014）。它不仅对周围环境的生态系统具有调节作用，还能为动物提供栖息地。河流本身不存在完整性的问题，因为水生动植物本来就是根据河段、流域、区域乃至整个地球的自然变化而自然产生、成长和繁衍的。但长期以来，由于人类活动强度不断增加，水生动植物自然生存所依赖的水质、栖息环境不断发生变化，变化程度远远超出自然变化的程度，从而出现生态系统完整性受损的情况（孟伟等，2015）。因此，有学者提出生态完整性的概念，并在人类对生态系统认识不断加深的过程中使之逐步完善。生态系统完整性概念最早可以追溯到 Leopold 于 1949 年提出的土地道德定义，他初步提出完整性概念（Leopold，1949）；在此后的几十年里，没有对这个概念做出进一步明确的定义。

1972 年美国国家环境保护局《联邦水污染控制法》（《清洁水法》）中明确提出“恢复和维持国家水体的化学、物理和生物完整性”，此后，“生态完整性”概念模型（Barbour et al.，2000）就以物理完整性、化学完整性和生物完整性作为三大基本要素。一般认为，健康的河流生态系统应具有结构完整性（即化学、物理、生物三方面的完整性）和功能完整性（生态学进程），具体表现为：河流生态系统具有稳定性和可持续性，即在时间上具有维持其组织结构、自我调节和对胁迫的恢复能力和抗干扰能力；以及维持自身发展和进化的能力。

在生物完整性方面，1975 年 Frey 进行了概念上的界定，其定义被 Karr 等（1981）引用，得到学术界广泛赞同。“生物完整性”描述了一个生态系统“在物种组成、多样性和功能组织上支撑和维持一个和谐、完整和适应的生物群落的能力能够比得上同一区域自然状态的生境”。

1981 年 Karr 等给出生态完整性的定义：完整性是支持和保持一个平衡的、综合的、适宜的生物系统的能力。而这个生物系统与其所处自然生境一样，具有物种构成、多样性和功能组织的特点。其基本思想一直为后来的研究者所普遍接受。此后，Karr 在研究生态完整性在水资源管理中的重要性时，认为生态完整性是一种生态质量处于完整的和很少需要外部支撑的没有遭受分割的状态（Angermeier et al.，1994；Karr，1991）。1997 年生态完整性的定义被写入奥地利标准（ÖNORM M6232）中：能够维持所有内部和外部群落过程和属性，并且在与周围环境相互作用过程中，生物群落能与相应的水环境相协调。而 Muller 提议，如果在一个小的扰动后，能够维持自组织和稳定的状态，以及有足够的适应能力来继续自组织的发展的话，就叫作生态完整性，并且正是这些特点，说明了生态完整性是可持续发展的一个生态学分支。截至目前，不同学者对生态完整性的认识和理解仍有不同的看法，但总体来说可以概括如下：生态完整性是物理、化学和生物完整性之和，是与某一原始的状态相比，质量和状态没有遭受破坏的一种状态。一个生态系统只要能够保持其复杂性和自组织的能力以及结构和功能的多样性，并且随着时间的推移，能维持生态系统的自组织的复杂性，那么它就具有完整性。

生态系统的复杂性决定了对其进行完整性评价、预测是很困难的，但在人类进行生态环境保护与管理时，需要充分了解生态系统的状态及变化趋势，只有这样才能更好地制定保护目标和措施。因此，开展生态完整性评价方法研究并开展相关评价成为近年来的研究热点。开展生态完整性评价时，通常采用多个有代表性的生态指标来对生态系统的组成、状态以及功能进行评价，并通过一定的数学方法进行综合以达到对其刻画、反映生态完整性状况。评价过程主要包括评价指标、评价标准以及评价模型的筛选和构建。

2.1.2 农业面源污染控制技术

欧美等发达国家和地区从 20 世纪 60 年代开始认识到农业面源污染的危害性。20 世纪 70 年代末，美国提出了“最佳管理实践”，之后又出台了《清洁水法》、“面源污染实施计划”CWA319 条款、“最大日负荷计划”、“国家河口实施计划”等，进行农业面源污染的控制与管理（张维理等，2004）。欧盟于 1989 年出台了第一个治理农业污染的法案，把对农业污染的防治作为其水污染治理的重点及现代农业和社会可持续发展的重大课题。加拿大等国家也开展了大量的工作；日本等国家也已开始重视该问题（张宏艳，2006）。

国外对农业面源污染的研究与防治主要从理论研究、模型模拟研究和治理技术研究三方面展开（朱娟平等，2016）。经过 30 多年的探索，农业面源污染研究逐渐从初期的定性化研究深入到定量化、统计、调查与机理研究，并发展到实用治理研究（绳珍，2020）。如 Young 等（1989）应用计算机模型分析面源污染，并用于监测农区水质问题，Hession 等（2000）建立了改良的湿地面源污染评估体系，将地理信息系统（GIS）、管理系统数据库和计算机模型相结合，收集整个美国的土地和地形数据，形成简单的营养和沉积物负荷模型的输入参数，能够输出包括流失体积、沉积负荷、溶解氧、沉积氮及磷的数据，继而又将 GIS、全球定位系统（GPS）、遥感（RS）信息技术和数学模型相结合，评价了不同的农业管理措施对减少农业面源污染的效果，为制定最佳管理模式（BMPs）提供了重要依据（Hession et al.，2001）。

我国 20 世纪 80 年代开始认识到农业面源污染的危害性，对农业面源污染的形成过程、影响因素及评估模型进行了研究。按照农业面源污染形成的过程，将面源污染形成分为降雨径流、土壤侵蚀、土壤表层溶质溶出和土壤溶质渗漏 4 个连续的动态过程（裴亮等，2010）。李怀恩等（1996）提出了蓄满产流、超渗产流及综合产流理论，用于区域农业面源污染的产流计算。李强坤等（2010）基于农业面源污染监测试验及运移特征分析，建立了农业面源污染整体模型，构建了“源”模块和“汇”模块，较为系统地研究了农业面源污染的形成过程。童晓霞等（2010）基于改进的 SWAT 模型，提出降雨是氮、磷负荷流失的主要驱动因子。姜世英等（2010）采用等标污染负荷法和压力-状态-响应（PSR）概念模型对研究区进行了农业面源污染源评价，并分析了其空间分布特征及重点区域污染特点。同时应用 GIS 空间分析直观有效地反映各地区的污染情况，为有针对性的污染治理提供了重要依据。我国对农业面源污染的研究以污染形成机理为主，防控措施也主要从径流阻拦着手，而源头控制研究则刚刚起步，处于探索阶段。

2.1.3 受损河流生态修复技术

河流生态修复是通过适度人工干预，促进河流生态系统恢复到较为自然状态，即修复受损河流的物理、生物和生态过程，使其较目前状态更加健康、稳定和可持续，同时提高河流生态系统价值和生物多样性。19 世纪中期，欧洲阿尔卑斯山区大规模的河流整治工程造成了生物多样性降低，河流生态工程设计理念和方法开始引起人们的重视。20 世纪 50 年代德国创立了“近自然河道治理工程”，提出河道的整治要符合植物化和生命化的原理（Laub et al.，2009）。其突出特点是流域内的生物多样性有了明显增长，生物生产力提高，生物种群的品种、密度都成倍增加。治理后的另一个特点是河流自净能力明显提高，水质得到大幅改善，滨岸带的水陆间物质、能量和生物通道功能恢复。1965 年德国的 Ernst Bittman 在莱茵河用芦苇和柳树进行生态护岸试验，实现了对河流结构的修复，可以看作最早的河流生态修复实践（陈兴茹，2011；Gray et al.，1992）。20 世纪 70 年代末，瑞士苏黎世州河川保护建设局又将德国的生态护岸法发展为“多自然型河流生态修复技术”，将已建的混凝土护岸拆除，改修成柳树和自然石护岸，给鱼类等提供生存空间，把直线型河道改修为具有深渊和浅滩的蛇形弯曲的自然河道，让河流保持自然状态（颜兵文，2005；US EPA，1998）。20 世纪 80 年代，德国、瑞士提出了“河流再自然化”的概念，将河流修复到接近自然的程度，英国也强调河流“近自然化”，优先考虑河流生态功能的恢复

（王文君等，2012；胡静波，2009）。自此，欧洲开始兴起河道复原工程，即将原有裁弯取直河道通过堵直复弯恢复成弯曲自然河道。20 世纪 90 年代，美国拆除废旧堰坝，恢复河流生态的工作空前开展，1999—2003 年，拆除小支流上的病险水坝 168 座，拆坝后大多数河流生态环境得以恢复，尤其是鱼类洄游通道和生存环境得到改善（杨小庆，2004）。早期河流生态修复的实践活动主要集中在单一河流，以及河流水质、结构形态或连通性等单一方面的修复。随着理论研究和实践探索的逐渐深入，河流生态修复已从单纯的结构性修复发展到整个系统结构、功能与动力学过程的综合修复（Clark et al.，2003），生态修复的范围也从河道本身向河漫滩、滨岸带延伸（Brookes et al.，1997），生态修复的尺度则从局部河段和单一河流扩展到河流廊道和整个流域（董哲仁，2006）。例如，欧洲一些国家对莱茵河进行了大规模的治污和生态系统修复（Brookes et al.，1997），莱茵河保护国际委员会（ICPR）提出的“莱茵河行动计划”，以生态系统恢复作为莱茵河重建的主要指标，该计划在流域生态修复思想的指导下，促使莱茵河沿线各国投入数百亿美元用于治污和生态系统重建，采取了包括建设污水处理厂、改善河道水体水质、建设人工湿地、恢复沿河植被、增建鱼道或改建鱼道、清除河道中妨碍鱼类上溯的建筑物、保护鱼类产卵场、引入大西洋鲑鱼种和为洄游鱼类制订专门的调度方案等多种技术手段（Neumann，2002；董哲仁，2003），经过多年行之有效的综合生态修复，到 2000 年，莱茵河全面实现了预定目标，沿河植被茂密，湿地发育，水质清澈洁净，鱼类、鸟类和两栖动物重返莱茵河，重要指标物种鲑鱼，在一度绝迹后，也开始慢慢返回到莱茵河中，到 2008 年时已有 5 000 条以上的鲑鱼被监测到返回莱茵河产卵，2012—2013 年莱茵河监测到 44 种水生植物、306 种底栖硅藻、500 多种大型底栖动物、64 种鱼类物种，莱茵河流域综合管理和生态修复模式成为河流生态修复的经典案例。目前，欧美发达国家已经启动长期河流生态修复规划，例如美国已经开始推进对基西米河、密西西比河、伊利诺伊河、凯斯密河和密苏里河流域的整体生态修复，并规划了未来 20 年长达 60 万 km 的河流修复计划（吴智洋等，2010）。

我国对河流生态系统恢复的研究起步较晚，河流整治工作基本处于水质改善和景观建设阶段，缺乏传统水利、生物栖息地和景观生态的有机结合。多数地方的河道整治，尤其对于中小型河流，其理念仍停留在渠道化、衬砌等已被许多发达国家舍弃的做法。从 20 世纪 90 年代开始，对河流生态系统进行综合修复成为一种先进的治河理念。2004 年，水利部印发了《关于水生态系统保护与修复的若干意见》（水资源〔2004〕316 号），首次从国家部委层面提出了水生态保护与修复的指导思想、基本原则、目标和主要工作内容，标志着国家水生态保护与修复意识的全面觉醒。近年来，水利部及省市水利部门在河流生态系统的保护和修复方面进行了很多有益的探索，采取了一系列恢复河流自然生态的措施：拆除不合理的航行、灌溉及防洪工程，拆掉水泥护坡，建立“生态型护岸”，对部分改弯取直的人工河段重新恢复其自然河道等，在河流生态系统修复技术措施及示范工程建设等方面均取得了很多有价值的成果。例如深圳市开展了观澜河流域水环境综合整治工程，通过对观澜河全流域截污、治污、清淤，营造良好生物栖息地环境，重建食物链，栽种水生植物等一系列修复措施，观澜河流域水质明显改善，生物群落多样性提高，生态自然景观价值提高。北京市开展了永定河郊野河段的生态修复工程，通过在河床表层铺设天然卵砾石抗冲刷、河道多生境创造、滨岸带生态护岸以及植物景观营造等一系列措施，实现了为水源地输送水质达标水资源的水环境目标，为流域内生物提供良好的栖息地、维持流域生态多样性、保持流域生态系统可持续性与稳定性的生态环境目标，为河道防洪构建安全河段的安全与防洪目标，以及为城镇创设景观与休闲区的社会经济效益目标，最终达到构建自然、生态、景观良好的河道空间目的。2014 年，环境保护部印发《关于深化落实水电开发生态环境保护措施的通知》（环发〔2014〕65 号），要求深化落实水电站生态流量泄放措施、下泄低温水减缓措施、栖息地保护措施、过鱼措施、鱼类增殖放流措施和陆生生态保护措施，对受水电开发影响河流的生态保护与修复工作提出了明确的具体要求。近 10 年来，大型水电企业也开始转变水电站运行管理模式，积极通过各类生态环保措施减缓和修复水电站对河流生态的不利影响（林俊强等，2018）。例如，中国长江三峡集团公司自 2011 年至今，通过三峡水库的人造洪峰调度，连续 7 年实施针对四大家鱼自然繁殖的生态调度试验，有效促进了四大家鱼的产卵繁殖活动；2017 年，溪洛渡水库通过操作叠梁门取上中层水的方式，调节出库水温，以促进产黏沉性卵鱼类（如达氏鲟、胭脂鱼等）产卵繁殖；华能澜沧江水电有限公司于 2012 年收购并拆除澜沧江上游支流基独河的四级电站，以保护云南裂腹鱼等珍稀鱼类生境，通过河流连通性恢复、河流蜿蜒形态多样性修复、河流横向断面多样性修复、浅滩-深潭结构营造、人工湿地修复和河道内部栖息地强化修复等多种工程措施，恢复支流的自然生态和鱼类栖息地环境（芮建良等，2013）。

2.1.4 鱼类种群资源恢复技术

19 世纪晚期到 20 世纪中期，美国、西欧以及苏联等一些国家和地区在一些河流进行大规模水利工程建设，使得以这些河流为主要栖息地或产卵场的鱼类种群资源受到影响，如由于伏尔加河大坝的修建和水库的建成，俄罗斯鲟和闪光鲟在伏尔加河的产卵场分别消失 70%和 40%；另外，人类对鱼类自然资源的过度利用，导致一些重要经济鱼类处于濒危状态。此时人们开始有意识地向一些河流中投入处于濒危或者衰退较为严重的鱼类鱼苗，并建立相关的增殖放流站，如苏联为了挽救俄罗斯鲟和闪光鲟，在伏尔加河下游建立了 8 个鲟鱼孵化场。国外最早有记录的鱼类人工增殖放流是 1867 年英国在英格兰地区进行的鲥鱼放流试验。对大马哈鱼最早的人工增殖放流是 1876 年日本开始对大马哈鱼进行人工增殖放流。国外在鱼类增殖放流技术研究方面起步较早，技术较为成熟，如日本在大马哈鱼孵化、养殖和增殖放流方面均取得了较好的成果。

在鲟鱼苗的孵化率和成活率方面，俄罗斯采取延长鲟鱼繁殖期限、提供更好的孵化环境的措施，得到了较理想的鲟鱼孵化率和成活率。同时，国外对于鲟鱼的放流规格、季节和地点均进行了相关研究。国外在对鱼类受损生境修复上也有一定的研究，如美国政府对于华盛顿湾鲑鱼生境恢复的研究。

我国对珍稀鱼类恢复关键技术的研究较晚。目前国内对于珍稀鱼类生态恢复关键技术与示范的研究主要集中于两个方面：一为珍稀鱼类增殖放流技术，二为珍稀鱼类受损生境生态修复技术。我国自 20 世纪 80 年代开始，为了恢复天然水域渔业资源种群数量、保证渔业生产的可持续发展、保护生物多样性、保持生态平衡，在黄渤海开展了中国对虾增殖放流；随着长江第一座水利枢纽工程葛洲坝水利枢纽工程建设运行，1983 年中国水产科学研究院长江水产研究所开始对中华鲟实施人工增殖放流；对施氏鲟和达氏鳇自 20 世纪 90 年代开始进行增殖放流。但对于施氏鲟和达氏鳇的放流仅停留在放流上，关于增殖效果的评估仍然为空白。中国水产科学研究院黑龙江水产研究所自 20 世纪 90 年代起对施氏鲟和达氏鳇的繁育进行研究，21 世纪突破了鲟鳇鱼人工繁育技术，但繁育后亲本成活率较低，提高繁育后亲本成活率仍然是一个难题。在鲟鱼放流标记上，中华鲟较为成熟，长江水产研究所等多次进行了中华鲟放流标记试验，包括 PIT 标记、超声波标记、VIE 标记等等，但对施氏鲟和达氏鳇放流标记的试验未见到相关报道，何种方法适合施氏鲟和达氏鳇幼鱼的标记仍然为空白。近 20 年来，有关渔业部门向黑龙江累计放流鲟鳇苗种近 1 000 万尾，虽然增殖对渔业资源的恢复和增加产生良好效果，但尚未采用放流标记以及跟踪监测等研究技术和手段，且没有对放流的鲟鳇鱼进行增殖效果评估。在大马哈鱼的增殖放流方面，国内起步较晚，尽管国内大马哈鱼的人工繁殖技术实现了突破，但孵化率低、孵化鱼苗得病率高仍然是国内大马哈鱼繁殖方面的“瓶颈”。

在鱼类受损生境的生态修复技术方面，国内的相关研究报道主要集中在长江以南。2015 年以来，湖南 20 多个市县开展人工鱼巢增殖，共增殖鱼卵 100 多亿粒、鱼苗 90 多亿尾，投入产出比为 1∶10 以上。2014—2016 年广东省在西江和东江部分江段开展了人工鱼巢示范推广，共投放 11 万 m^2，据估算可实现年增殖鱼苗 2 亿～3 亿尾。但是在东北寒冷区域还未见到相关报道，人工鱼巢是否适合冷水区域、附着材料选择什么、效果如何，这方面的研究仍为空白。对大马哈鱼生境恢复技术国内无相关报道，一方面我国对大马哈鱼的研究起步较晚，且主要停留在个体生物学，如年龄结构等方面，对于大马哈鱼生境特征等方面的报道较少；另一方面与大马哈鱼为洄游性鱼类，洄游周期较长，且我国境内适合大马哈鱼产卵的河流较少有一定的关系。

2.2 研究思路

2.2.1 研究目标

针对松花江流域水生态完整性受损现状，通过研究其生态退化基本过程，诊断、识别其受损主要胁迫因素，构建松花江水生态完整性评价技术体系，形成一套多目标-多情景-分阶段的松花江水生态恢复关键技术，并在松花江特定江段进行示范，使 1～2 种珍稀鱼类种群逐渐恢复，为寒冷地区河流生态系统恢复提供技术支撑。

2.2.2 研究内容

（1）松花江水生态完整性评价与退化原因诊断

在“十一五”期间松花江流域水生态功能分区研究的基础上，着眼于不同类型水体的生态环境特征，研究松花江流域生态系统的时空演变规律，诊断水生生物多样性丧失及生境退化的诱因，辨识不同江段生态系统退化的主导因子、退化阶段与强度；针对松花江流域的典型水生态功能区划，开展物理生境、化学水质、水生生物等综合调查，分别从物理完整性、化学完整性与生物完整性方面入手，筛选能够有效指示松花江流域水生态环境质量的指标体系，建立并完善适用于松花江流域的多尺度、多层面的水生态完整性评价方法。

（2）典型江段农业面源污染控制与受损滨岸带生境恢复关键技术与示范

“十一五”期间松花江流域河流的水生态逐步得到恢复，但与 20 世纪 60—70 年代相比，其水生生物生境尤其是部分河段滨岸带生境受损严重。为此，选择生态意义重大、生态退化明显的典型江段，研究利用物理、化学方法改良河流滨岸带环境介质，改善河流的纵向连续性和横向连通性，开展支流及入干流汇水区基底修复；充分考虑滨岸带湿地生态系统的完整性，研发重建动植物功能群之间相互协调与互利共生关系的滨岸带生境恢复关键技术，并进行工程示范。

（3）典型江段受损水体生态恢复关键技术与示范

选择生态意义重大、生态退化明显的典型江段，利用河道地形及长系列水文数据等基础资料，构建示范区水生生物栖息地适合度模型，揭示河流水动力条件变化对水生态系统演变过程的作用特征，识别示范河段主要水生生物（重点为鱼类）及栖息生境对于水位、流量及水文过程的生态适宜性特征，为重建动植物功能群之间相互协调与互利共生关系的生态恢复关键技术提供基础，优化河流生态恢复方案。研发基于关键类群恢复的受损水体生物链修复技术，合理配置群落中物种的数量和比例，显著恢复示范区河流生态系统的结构与功能。

（4）松花江珍稀鱼类恢复关键技术研究与示范

针对松花江重要鱼类多样性减少问题，结合水生生物调查结果，研究环境胁迫下以重要鱼类为核心的水生生物系统的群落结构和种群数量变化，识别胁迫要素，研发重要鱼类栖息地、人工增殖移植等关键技术，恢复物种资源数量、改善种群结构、维护水生生态系统安全的技术；分析不同生态类型物种对水生生态系统结构与功能的影响，研发珍稀鱼类生境改善及鱼类恢复关键技术，并进行技术示范研究。

（5）松花江水生态恢复总体方案研究

在水生态功能分区的基础上，针对不同江段水生态完整性受损的主要问题，从水生态物理完整性、化学完整性和生物完整性角度明确生态恢复的技术手段和难易程度，合理确定生态恢复的阶段性目标；筛选集成寒冷地区受损河流生态恢复与重建技术，形成多目标-多情景-分阶段的松花江水生态恢复总体战略方案。

2.2.3 研究范围与示范区

研究范围为第二松花江源头区（长白山天池）至松花江汇入黑龙江干流同江断面，以及部分典型支流，全面涵盖了源头溪流、可涉水河流、水库、深水河流等不同水体类型。工程示范区拟选择松花江下游梧桐河汇入松花江的干支流结合处。

示范区选择主要考虑如下方面：

（1）历史上曾经是珍稀鱼类的产卵或栖息地，具有珍稀鱼类生态恢复的可能；

（2）无大型水利工程设施，便于洄游性鱼类的周期性迁移；

（3）水量适中的松花江一级支流，一方面便于生态恢复工程实施，另一方面又与干流存在密切的联系与交换（污染物输送、水生生物迁移）；

（4）处于松花江中下游，避开中上游干流的大型水利工程，对溯河洄游性鱼类来说，可以减少洄游阻力；

（5）水质较好，具有生态恢复的良好基础；

（6）河流部分河段破坏严重，河流生态有待修复；

（7）有相关配套工程支持示范区建设。

2.2.4 技术路线

项目技术路线见图 2-1。

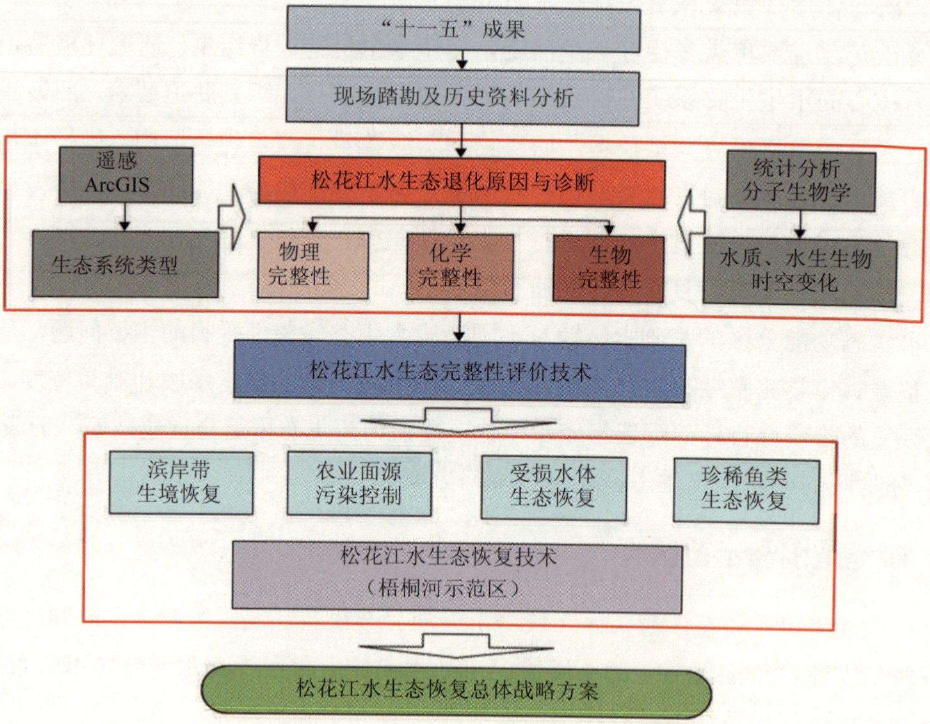
"十一五"成果
现场踏勘及历史资料分析
遥感
ArcGIS
生态系统类型
松花江水生态退化原因与诊断
物理
完整性
化学
完整性
生物
完整性
统计分析
分子生物学
水质、水生生物
时空变化
松花江水生态完整性评价技术
滨岸带
生境恢复
农业面源
污染控制
受损水体
生态恢复
珍稀鱼类
生态恢复
松花江水生态恢复技术
（梧桐河示范区）
松花江水生态恢复总体战略方案

图 2-1　技术路线

第 3 章　松花江流域概况

本章介绍了松花江流域的自然地理、社会经济概况及水质状况，包括地理位置、地形地貌、气候气象、河流水系、土壤类型、植被类型、人口状况、经济发展、产业结构及水质状况。

3.1　自然地理概况

3.1.1　地理位置

松花江是中国七大河之一，河长和水资源量居全国第三，以第二松花江源算河长为 1 927 km，干流多年平均径流量为 762 亿 m^3，属我国重点流域，也是黑龙江、吉林两省的母亲河。

松花江流域位于东经 119°52′～129°30′、北纬 41°42′～51°38′，流域面积为 55.68 万 km^2。松花江流域中约 26.78 万 km^2 属于黑龙江省辖区，涉及哈尔滨市、绥化市、牡丹江市、七台河市、佳木斯市、鹤岗市、伊春市等多个地级市；9.49 万 km^2 属于吉林省辖区，涉及长春市、吉林市、东丰县、梅河口市、辉南县、柳河县、抚松县、靖宇县、扶余市、敦化市、安图县等多个市县。松花江流域范围见图 3-1。

3.1.2　地形地貌

松花江流域地势呈西南低、东北高的总体趋势。流域中西部属于平原地貌，海拔 100～200 m，其中西部地区为松嫩平原，是松花江流域的主要农业区域。流域北部和东部属于低山丘陵地貌，海拔 300～700 m，其中北部属于小兴安岭低山丘陵区，东部属于长白山山系。松花江流域地形见图 3-2。

3.1.3　气候气象

松花江流域属明显的大陆性季风气候，冬季严寒漫长，夏秋降雨集中，春季干燥多风，年内温差较大。流域多年平均降水量为 670 mm 左右，存在明显的空间差异，南部山区降水量充沛，而西北部地区年降水量只有 400 mm 左右（图 3-3）。流域多年平均气温为 4℃左右，西部平均气温较高，为 3～5.5℃；北部地区靠近小兴安岭，气温较低；中部长白山地区海拔较高，温度较低，西南部温度较高（图 3-4）。

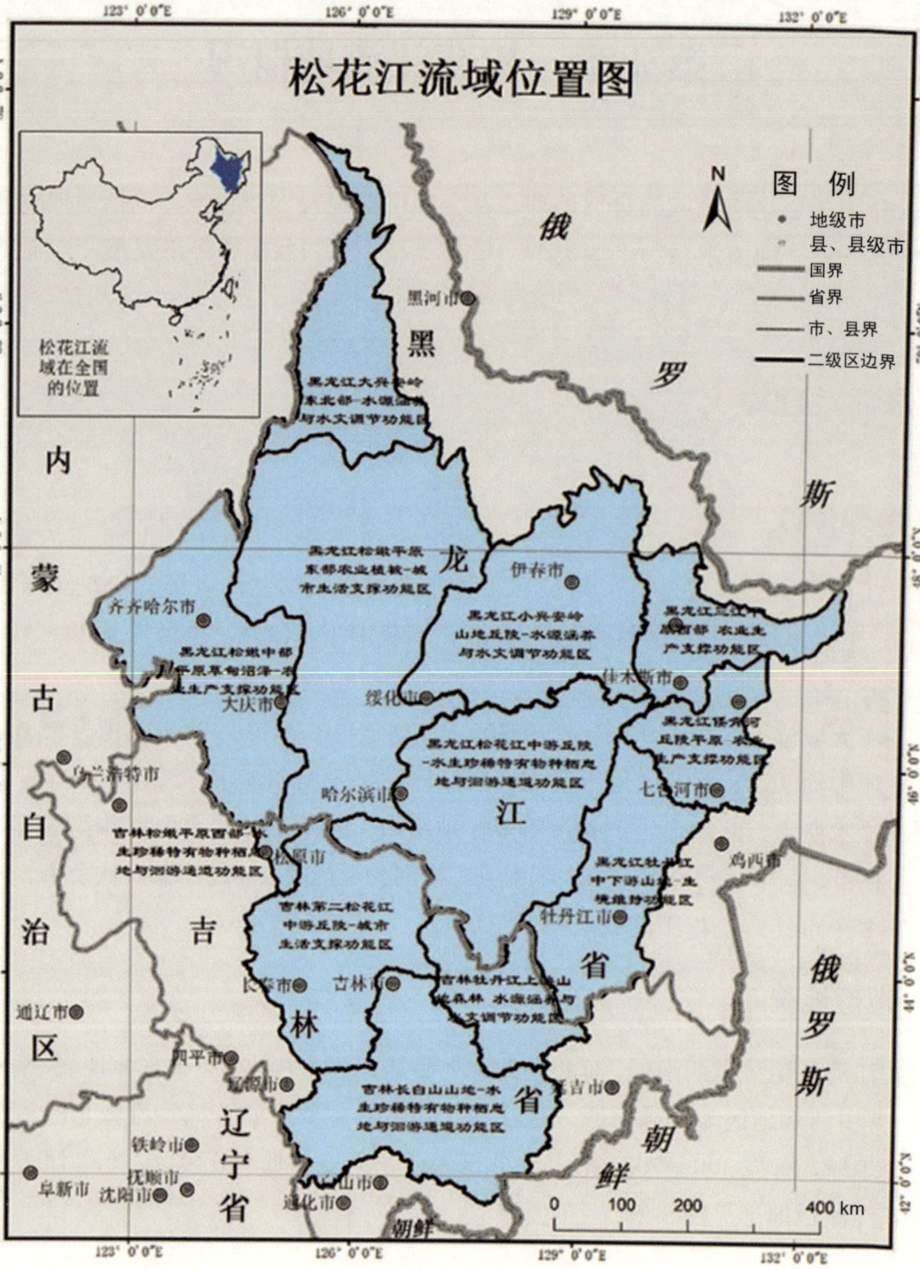
松花江流域位置图
图 例
地级市
县、县级市
国界
省界
市、县界
二级区边界
松花江流域在全国的位置
N
俄罗斯
内蒙古自治区
黑龙江省
吉林省
辽宁省
朝鲜
黑河市
齐齐哈尔市
大庆市
绥化市
伊春市
佳木斯市
哈尔滨市
七台河市
鸡西市
松原市
牡丹江市
长春市
吉林市
四平市
延吉市
铁岭市
抚顺市
沈阳市
通化市
通辽市
黑龙江松嫩平原东部农业植被-城市生活支撑功能区
黑龙江小兴安岭山地丘陵-水源涵养与水文调节功能区
黑龙江松花江中游丘陵-水生珍稀特有物种栖息地与洄游通道功能区
吉林第二松花江中游丘陵-城市生活支撑功能区
吉林长白山山地-水生珍稀特有物种栖息地与洄游通道功能区
0 100 200 400 km
123° 0′0″E
126° 0′0″E
129° 0′0″E
132° 0′0″E

图 3-1　松花江流域范围

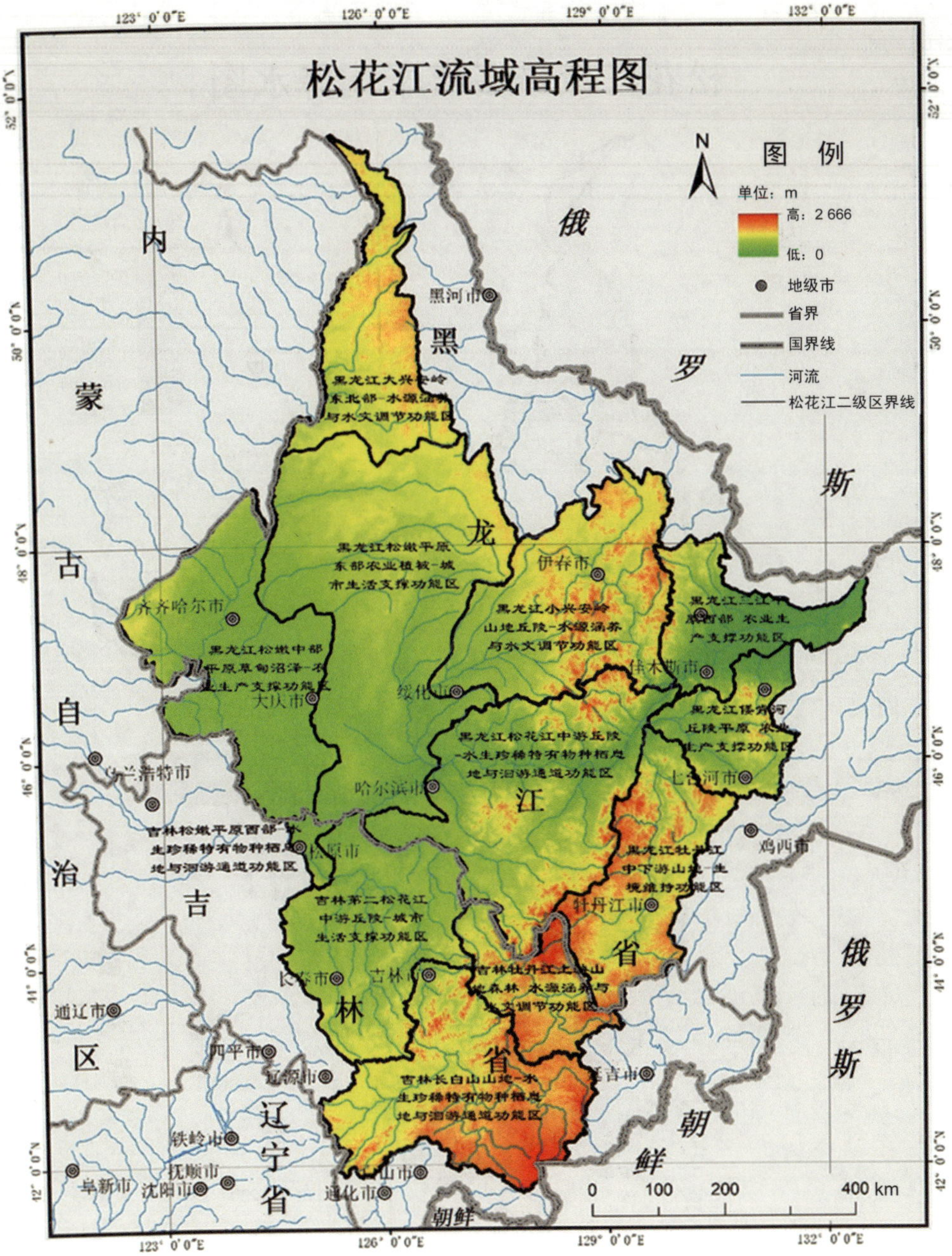
松花江流域高程图
图 例
单位：m
高：2 666
低：0
地级市
省界
国界线
河流
松花江二级区界线
123° 0′0″E
126° 0′0″E
129° 0′0″E
132° 0′0″E
0 100 200 400 km
俄罗斯
内蒙古自治区
黑龙江省
吉林省
辽宁省
朝鲜
黑河市
伊春市
齐齐哈尔市
大庆市
绥化市
佳木斯市
哈尔滨市
七台河市
鸡西市
牡丹江市
乌兰浩特市
松原市
长春市
吉林市
通辽市
四平市
辽源市
铁岭市
抚顺市
沈阳市
阜新市
通化市
延吉市
黑龙江松嫩平原东部农业植被-城市生活支撑功能区
黑龙江小兴安岭山地丘陵-水源涵养与水文调节功能区
黑龙江松花江中游丘陵-水生珍稀特有物种栖息地与洄游通道功能区
吉林松嫩平原西部-水生珍稀特有物种栖息地与洄游通道功能区
吉林第二松花江中游丘陵-城市生活支撑功能区
吉林长白山山地-水生珍稀特有物种栖息地与洄游通道功能区

图 3-2　松花江流域地形

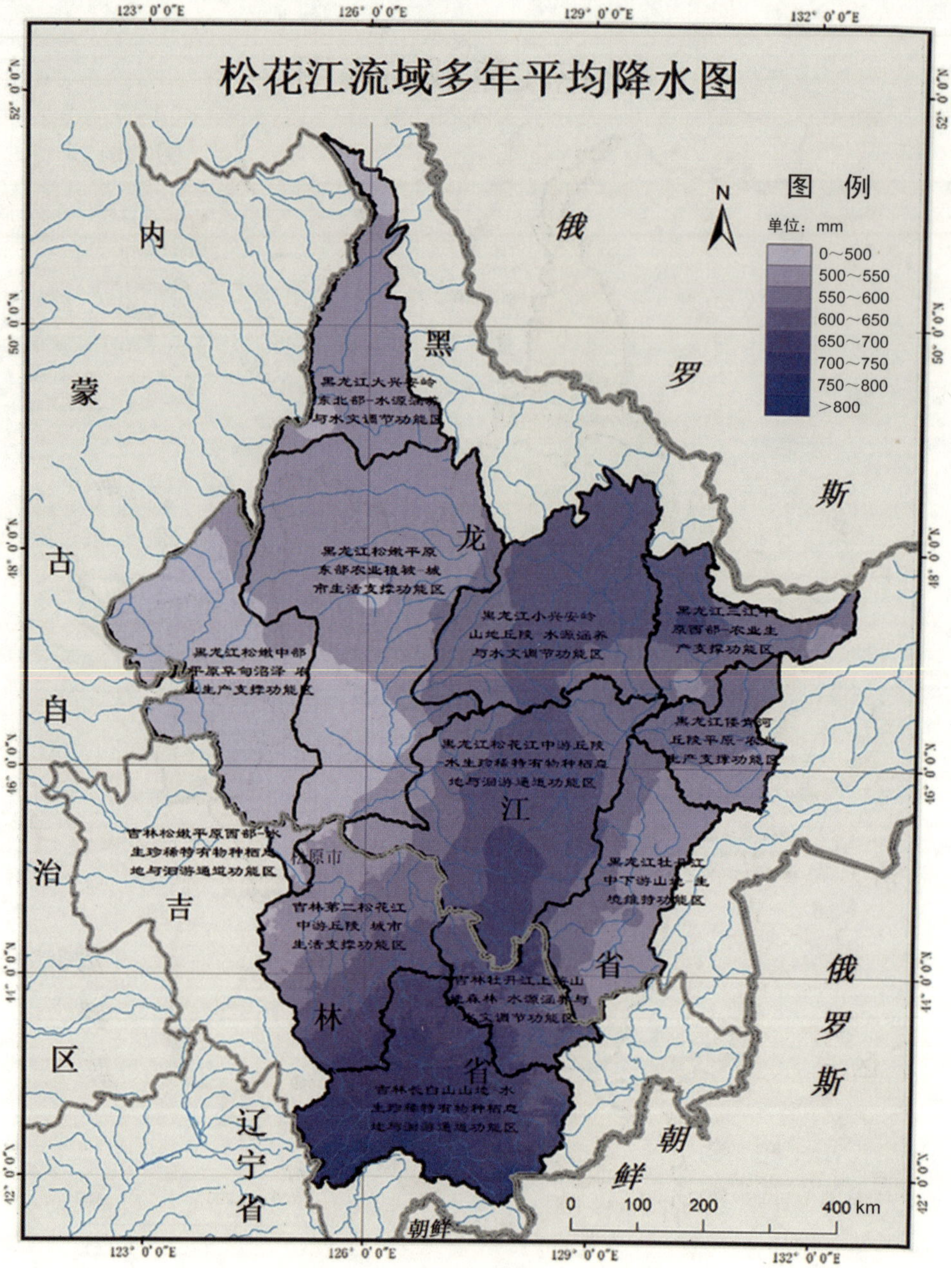

图 3-3　松花江流域年降水量

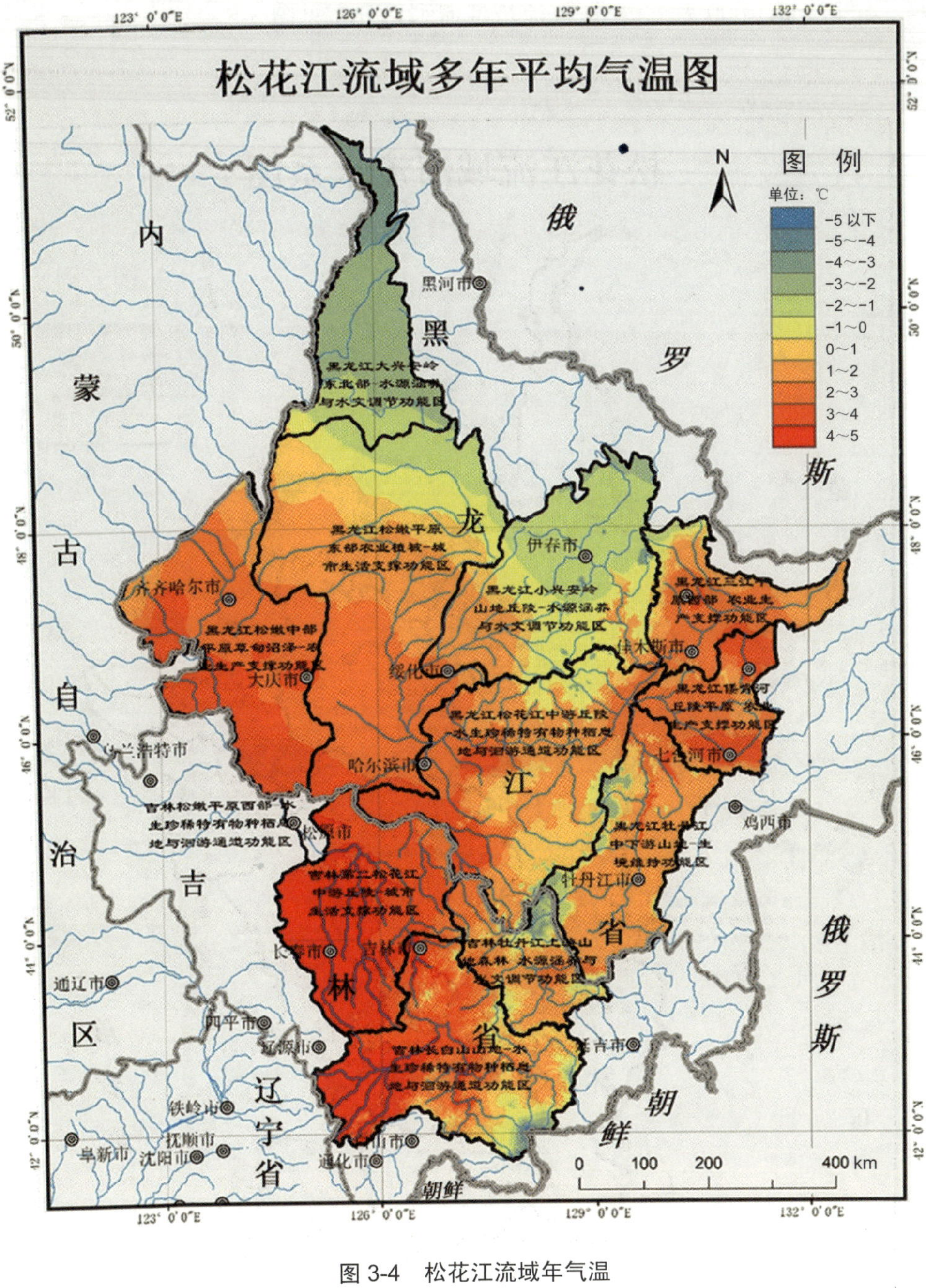

图 3-4 松花江流域年气温

3.1.4 河流水系

松花江水系发育，支流众多。研究范围内干流为长白山至佳木斯市的松花江干流，总长度约为 1 900 km。支流主要有头道江、辉发河、蛟龙河、饮马河、拉林河、呼兰河、蚂蚁河、梧桐河、倭肯河和汤旺河。松花江是少沙河流，多年平均含沙量 0.16 kg/m^3，全流域多年平均输沙量 1 000 万 t。松花江流域河流水系分布见图 3-5。

图 3-5 松花江流域河流水系分布

3.1.5 土壤类型

总体来看，松花江流域内土壤较为肥沃，土壤类型主要有暗棕壤、草甸土、黑土、沼泽土、黑钙土、白浆土等。其中，以暗棕壤和草甸土分布最广，二者在研究范围内的面积占比分别为 24.01%和 35.35%，暗棕壤分布于长白山、小兴安岭等地，暗棕壤表层土壤有机质丰富，腐殖质积累较多，是较为肥沃的森林土壤；草甸土主要分布在松花江干流及主要支流两侧。黑土主要分布在松嫩平原和三江平原周边由低山丘陵向平原过渡的地区。松花江流域土壤分布见图 3-6。

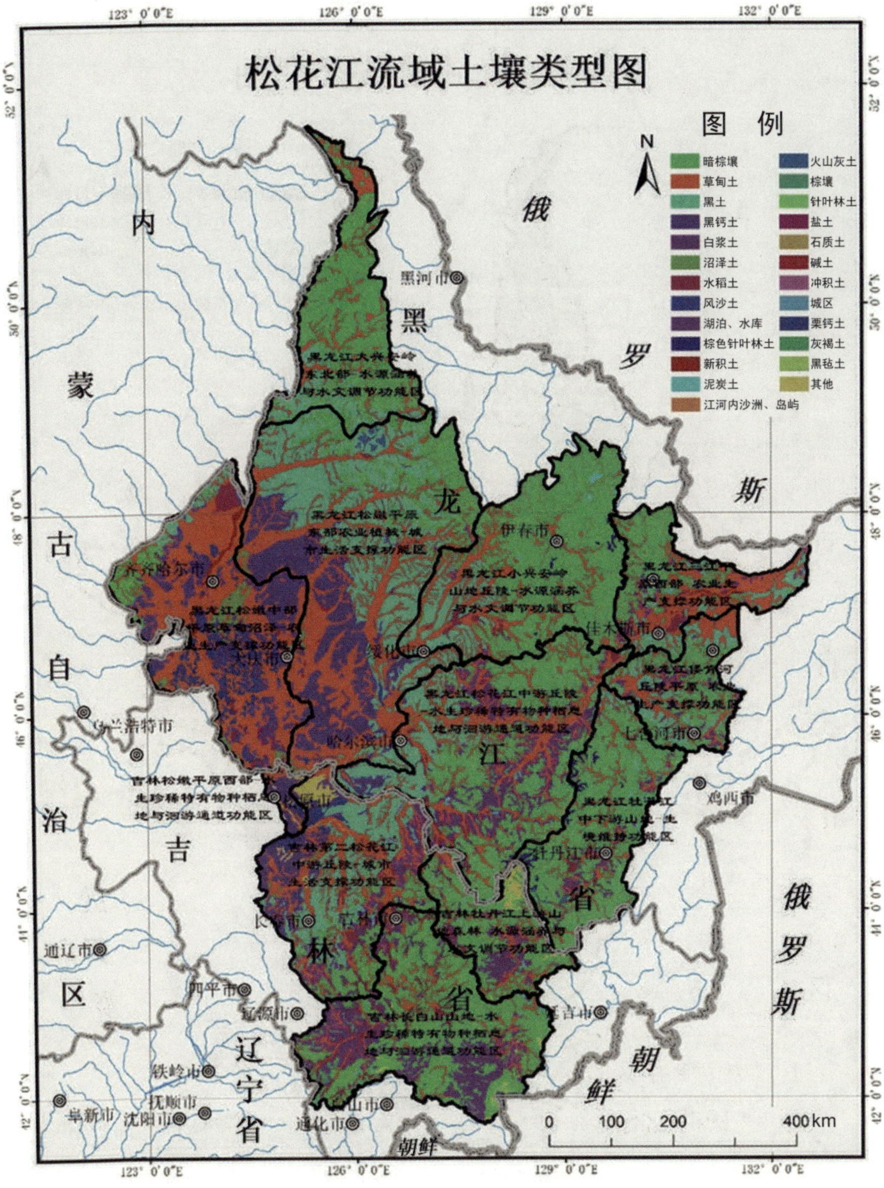

图 3-6 松花江流域土壤分布

3.1.6 植被类型

松花江流域内植被分布主要受海陆分布和地形影响，森林植被主要分布在海拔相对较高的北部和南部丘陵区，海拔较低的平原区域以栽培植被为主。自东向西由森林植被、森林草原植被、森林草甸草原植被、草甸草原向干旱草原过渡，呈规律性变化。从分布面积来看，流域内栽培植被和阔叶林面积较大，面积占比分别为 27.66%和 20.55%。草甸、草原主要分布在松花江主要支流周边，在南部大庆市辖区内分布相对集中。针叶林和针阔叶混交林主要分布在海拔较高的丘陵地区。松花江流域植被分布见图 3-7。

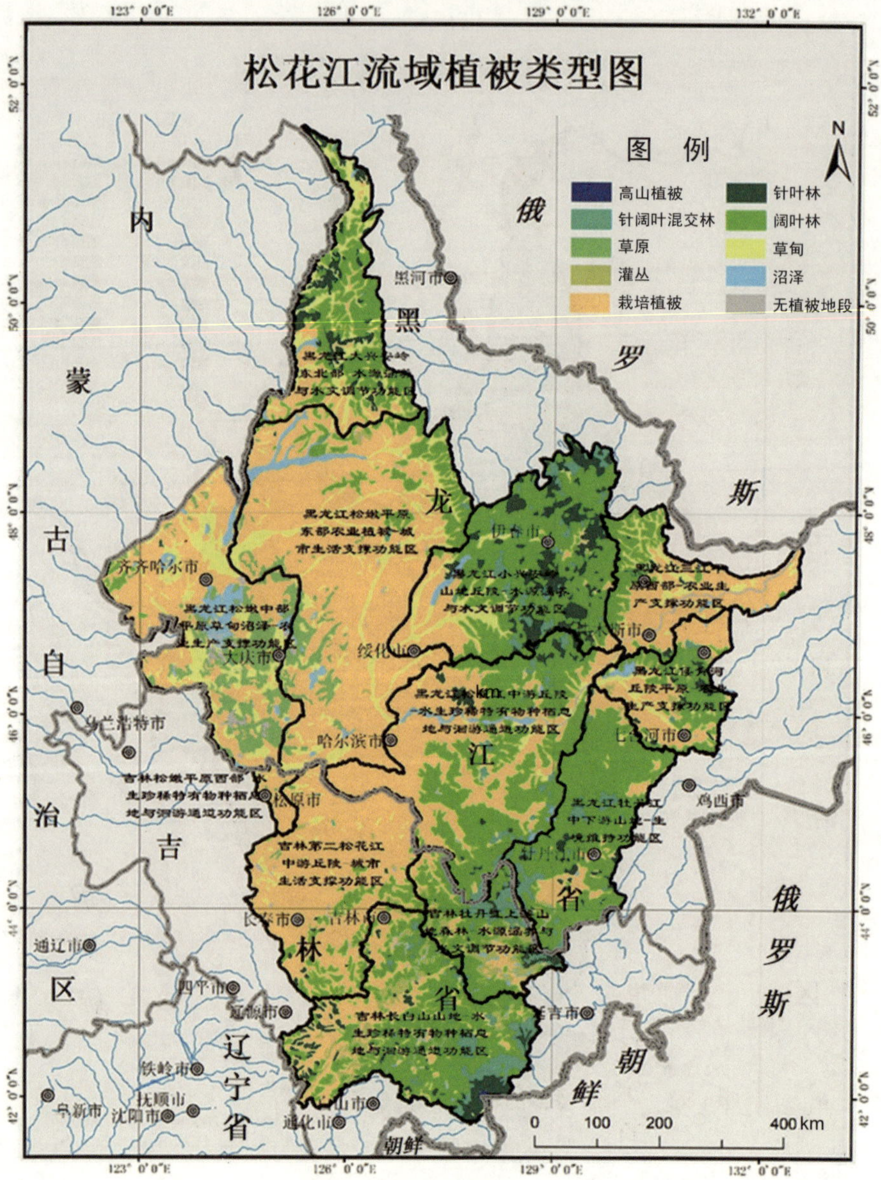

图 3-7 松花江流域植被分布

3.2 社会经济概况

3.2.1 人口状况

研究范围主要涉及黑龙江省下辖的伊春市、绥化市、大庆市、哈尔滨市、鹤岗市、七台河市、佳木斯市和牡丹江市，以及吉林省下辖的长春市、吉林市、松原市、辽源市、通化市、白山市、延边朝鲜族自治州。从图 3-8 可以看出，截至 2017 年年底，研究区范围内长春市、辽源市、哈尔滨市、绥化市和吉林市的人口密度较大，为 149～364 人/km^2，其人口密度均高于全国平均人口密度（144.8 人/km^2）。而伊春市、鹤岗市、佳木斯市、牡丹江市、白山市和延边朝鲜族自治州人口密度较低，为 36～70 人/km^2，其人口密度约为全国人均密度的一半。这些地区人口密度低除受社会经济发展水平影响外，主要与其山地分布较为广泛有关。

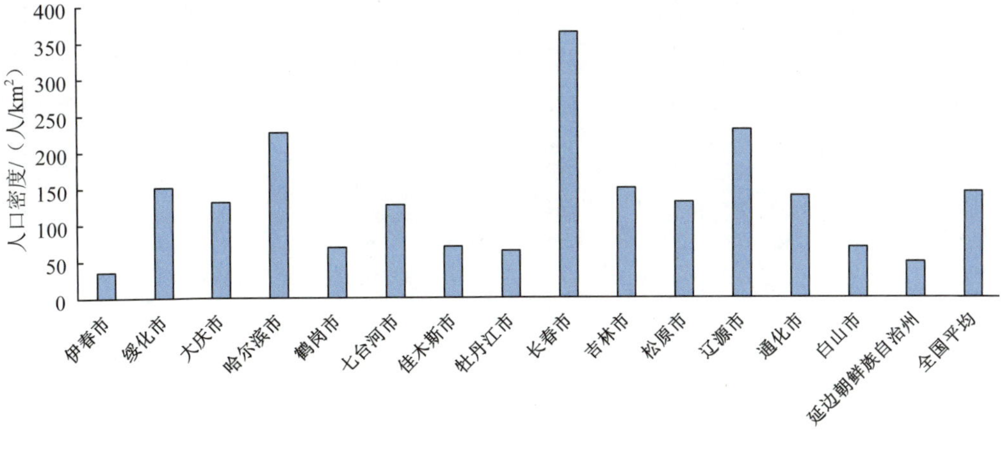

图 3-8 松花江流域各市人口密度（2017 年）

3.2.2 经济发展

研究范围所涉及各市经济发展不均衡，人均 GDP 为 22 109～97 677 元，其中大庆市人均 GDP 最高，为 97 677 元，为人均 GDP 最低的伊春市的 4.42 倍，差异非常显著。与全国人均 GDP 相比，只有大庆市和长春市高于全国平均水平，哈尔滨市接近全国平均水平，其他 12 个地区人均 GDP 均低于全国平均水平。研究范围所涉及各市的固定资产投资总额与财政收入趋势与人均 GDP 基本一致，长春市和哈尔滨市总体发展水平相对较高（表 3-1）。

表 3-1 松花江流域各市人均 GDP、固定资产投资总额、财政收入和三产增加值（2017 年）

市辖区	人均 GDP/元	固定资产投资总额/亿元	财政收入/万元	第一产业增加值/亿元	第二产业增加值/亿元	第三产业增加值/亿元
伊春市	22 109	88.77	161 879	97.74	56.41	103.99
绥化市	24 965	758.24	560 695	480.55	354.86	501.43
大庆市	97 677	567.61	1 552 735	194.18	1 463.59	1 022.75
哈尔滨市	57 193	5 720.81	3 681 048	593.81	1 820.72	3 842.64
鹤岗市	27 658	99.581	231 332	92.97	87.62	102.32
七台河市	28 836	61.93	227 534	29.88	85.49	113.47
佳木斯市	41 419	633.79	379 580	359.76	195.35	436.94
牡丹江市	49 214	1 101.02	70 908	178.84	478.11	687.77
长春市	86 465	5 194.83	4 500 818	288.39	3 165.46	3 041.17
吉林市	52 729	2 018.20	1 048 695	139.50	824.34	1 245.02
松原市	49 602	1 416.90	478 646	166.72	456.89	748.90
辽源市	55 912	640.68	183 442	34.24	362.19	272.23
通化市	38 267	696.91	618 818	65.93	351.74	418.47
白山市	54 750	678.08	269 507	49.31	320.96	289.80
延边朝鲜族自治州	33 462	727.86	695 051	48.00	224.91	433.42
全国	59 660	—	—	65 468	334 623	427 032

3.2.3 产业结构

从产业结构来看，研究范围内伊春市的第一产业占比最高，为 37.86%，其次为佳木斯市、绥化市和鹤岗市，占比分别为 36.26%、35.95%和 32.86%。其余各市第一产业占比为 4.44%～13.30%，区域内差距相对较小。从第二产业来看，大庆市和辽源市占比最高，分别为 54.60%和 54.17%；佳木斯市和伊春市第二产业占比最低，分别为 19.69%和 21.85%，只为全国平均水平的一半。从第三产业来看，哈尔滨市、延边朝鲜族自治州、吉林市和松原市占比最高，分别达到 61.41%、61.36%、56.36%和 54.56%，高于全国平均水平(51.63%)，其余所有地区均低于全国平均水平，其中占比最低的是鹤岗市，为 36.17%（图 3-9）。整体来看，研究范围内各市产业重点在第二产业，发展比较强劲，第三产业整体水平尚可。

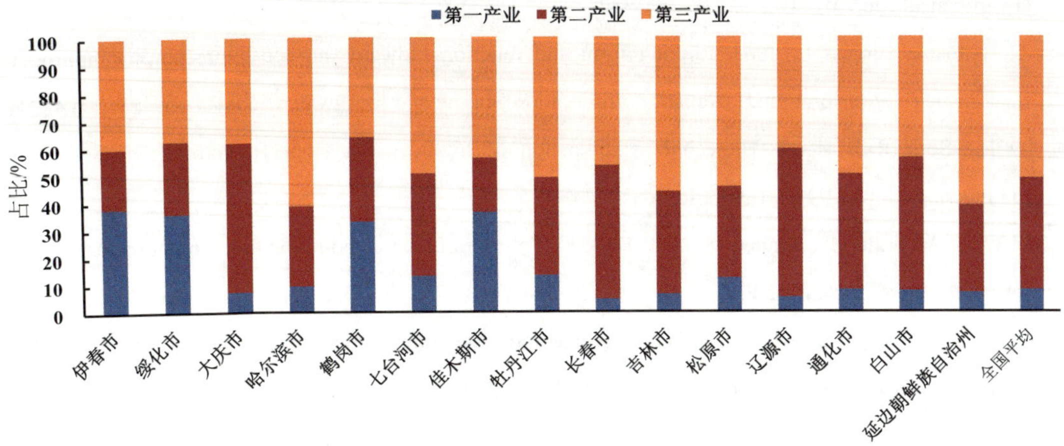

图 3-9 松花江流域各市三次产业占比（2017 年）

3.3 水质状况

松花江流域高锰酸盐指数等常规指标逐渐得到控制，达标断面比例逐年上升，2017 年总体为轻度污染，主要污染指标为化学需氧量、高锰酸盐指数和氨氮。108 个水质断面中，无 I 类水质断面，II 类占 14.8%，III类占 53.7%，IV类占 25.0%，V 类占 0.9%，劣V类占 5.6%。与 2016 年相比，I 类水质断面比例持平，II 类上升 0.9 个百分点，III类上升 7.4 个百分点，IV类下降 4.6 个百分点，V 类下降 2.8 个百分点，劣V类下降 0.9 个百分点。

松花江干流水质良好。17 个水质断面中，II 类水质断面占 11.8%，III类占 76.5%，IV类占 11.8%，无 I 类、V 类和劣V类。与 2016 年相比，II 类水质断面比例下降 11.7 个百分点，III类上升 5.9 个百分点，IV类上升 5.9 个百分点，其他类均持平。

松花江主要支流为轻度污染。56 个水质断面中，无 I 类水质断面，II 类占 19.6%，III类占 48.2%，IV类占 21.4%，V 类占 1.8%，劣V类占 8.9%。与 2016 年相比，II 类水质断面比例上升 5.3 个百分点，III类上升 8.9 个百分点，IV类下降 10.7 个百分点，V 类下降 3.6 个百分点，其他类均持平（《2017 中国生态环境状况公报》）。

参考文献

Angermeier P L，Karr J R. 1994. Biological integrity versus biological diversity as policy directives：protecting biotic resources[J]. Bioscience，44：690-697.

Barbour M T，Swietlik W F，Jackson S K，et al. 2000. Measuring the attainment of biological integrity in the USA：a critical element of ecological integrity[J]. Hydrobiologia，422：453-464.

Brookes A，Shieds F D. 1997. River channel restoration：guiding principles for sustainable projects[J].

Geographical Journal，163（3）：311-312.

Clark S J，Bruce-Burgess L. 2003. Linking form and function：towards an eco-hydromorphic approach to sustainable river restoration[J]. Aquatic Conservation Marine and Freshwater Ecosystems，13（5）：439-450.

Gray D H，Sotir R B. 1992. Biotechnic stabilization of highway cut slope[J]. Journal of Geotechnical Engineering，118（9）：1395-1409.

Hession W C，Mcbride M，Bennett M. 2000. Statewide non-point-source pollution assessment methodology[J]. Journal of Water Resources Planning and Management，126：146-155.

Hession W C，Storm D E. 2000. Watershed-level uncertainties：implications for phosphorus management and eutrophication[J]. Journal of Environmental Quality，29（4）：1172-1179.

Karr J R. 1981. Assessment of biotic integrity using fish communities[J]. Fisheries，6（6）：21-27.

Karr J R. 1991. Biological integrity：a long neglected aspect of water resource management[J]. Ecological Applications，（1）：66-84.

Laub B G，Plamer M A.2009. Restoration ecology of rivers[J]. Encyclopedia of Inland Waters，（1）：332-341.

Leopold A. 1949. Sand county almanac and sketches here and there[M]. New York：Oxford University Press.

Neumann D. 2002. Ecological rehabilitation of a degraded large river system-considerations based on case studies of macrozoobenthos and fish in the lower Rhine and its catchment area[J]. International Review of Hydrobiology，87（3）：139-150.

US EPA. 1998. Stream-corridor-restoration-princilples，processes and practices[S].

Young R A，Onstad C A，Bosch D D. 1989. AGNPS：a nonpoint-source pollution model for evaluating agricultural watersheds[J]. Journal of Soil and Water Conservation，44（2）：168-173.

陈兴茹. 2011. 国内外河流生态修复相关研究进展[J]. 水生态学杂志，32（5）：122-1280.

董哲仁. 2003. 河流形态多样性与生物群落多样性[J]. 水利学报，（11）：1-6.

董哲仁. 2006.河流廊道及其生态修复[J]. 水利学报，37（12）：1476-1481.

胡静波. 2009. 城市河道生态修复方法初探[J]. 南水北调与水利科技，7（2）：128-131.

姜世英，韩鹏，贾振邦，等. 2010. 南水北调中线丹江口库区农业面源污染 PSR 评价与基于 GIS 的空间特征分析[J]. 农业环境科学学报，29（11）：2153-2162.

李怀恩. 1996. 流域非点源污染模型研究进展与发展趋势[J]. 水资源保护，（2）：14-18.

李强坤，李怀恩. 2010. 基于“源”“汇”过程的农业非点源污染模型初步构建[A]. 中国自然资源学会，1.

林俊强，陈凯麒，曹晓红，等. 2018. 河流生态修复的顶层设计思考[J]. 水利学报，49（4）：483-491.

孟伟，范俊韬，张远. 2015. 流域水生态系统健康与生态文明建设[J]. 环境科学研究，28（10）：1495-1500.

裴亮，王理明，于国强. 2010. 农业非点源污染研究的现状及应用新进展[J]. 水利水电技术，41（12）：58-61.

彭文启. 2019. 新时期水生态系统保护与修复的新思路[J]. 中国水利，（17）：25-30.

芮建良，施家月. 2013. 河流生态修复技术在水利水电工程鱼类保护中的应用——以基独河生态修复为例[C]. 水利水电工程生态保护（河流连通性恢复）国际研讨会.

绳珍. 2020. 农业面源污染现状及防治研究[A]. 中国环境科学学会. 2020 中国环境科学学会科学技术年会论文集（第一卷）[C]. 中国环境科学学会：3.

童晓霞，崔远来，史伟达. 2010. 降雨对灌区农业面源污染影响规律的分布式模拟[J]. 中国农村水利水电，（9）：33-35.

王文君，黄道明. 2012. 国内外河流生态修复研究进展[J]. 水生态学杂志，33（4）：142-146.

吴智洋，韩冰，朱悦. 2010. 河流生态修复研究进展[J]. 河北农业科学，14（6）：69-71.

颜兵文. 2005. 长株潭湘江河岸带景观生态规划研究[D]. 长沙：中南林学院.

杨小庆. 2004. 美国拆坝情况简析[J]. 中国水利，（13）：15-20.

张宏艳. 2006. 发达国家应对农业面源污染的经济管理措施[J]. 世界农业，32（5）：38-40.

张维理，冀宏杰，Kolbe H，等. 2004. 中国农业面源污染形势估计及控制对策Ⅱ. 欧美国家农业面源污染状况及控制[J]. 中国农业科学，37（7）：1018-1025.

朱娟平，陈志良，张太平. 2016. 农业面源污染防治研究综述[J].环境污染与防治，38（3）：111.

朱卫红，曹光兰，李莹，等. 2014. 图们江流域河流生态系统健康评价[J]. 生态学报，34（14）：3969-3977.

第二篇

松花江水生态完整性评价与退化原因诊断

第 4 章　松花江水生态系统时空变化特征

本章综合卫星遥感解译、地面核查、水质与水生生物采样等天地一体化手段，对松花江流域及河岸带景观格局、水环境质量、水生生物群落的时空变化特征进行分析，阐述了松花江流域水生态系统时空变化特征。

4.1　松花江流域景观格局时空变化分析

获取松花江干流及重要支流流域的中、高分辨率遥感影像，在历史资料收集和现场调研相结合的基础上，应用遥感解译与 GIS 空间分析技术，解译松花江干流及重要支流流域与滨岸带近 20 年来土地利用/覆被信息，运用多种定量方法分析流域景观生态格局及其变化，揭示松花江干流、重要支流流域及滨岸带森林、草地、农田、城镇、湿地、水域等重要生态景观格局特征及其动态变化过程。

4.1.1　松花江流域生态景观结构类型

自 20 世纪 60 年代以来，美国、澳大利亚、加拿大、英国等国家通过制定相关条例法令和建设导则，明确规定了滨岸带宽度范围，给出了最大宽度和最小宽度的参照值范围，主要国家不同生态系统服务功能的滨岸带宽度推荐值范围见表 4-1。

表 4-1　部分滨岸带宽度推荐值

单位：m

生态系统服务功能	滨岸带宽度推荐值						
	削减污染	减少河岸侵蚀	提供良好水生生物栖息地	提供良好陆生生物栖息地	防洪	提供食物来源	维持光照和水温
美国	5～30	10～20	30～500	30～500	20～150	3～10	
澳大利亚	5～10	5～10	5～30	10～30	5～10	5～10	5～10
加拿大	5～65	10～15	30～50	30～200			

参照表 4-1 中各个国家规定的滨岸带宽度范围以及我国学者的相关研究，根据松花江岸带的自然地理特征，本研究设定滨岸带范围为松花江干流向两侧陆域延伸 200 m、500 m、1 000 m，典型支流向两侧陆域延伸 100 m、200 m、500 m。

为科学分析松花江流域生态景观构成和演变特征，结合滨岸带图像的可识别性，本研究采用分段方式编制干流滨岸带图集，松花江干流滨岸带主要涉及 A-008、A-011、A-012、A-013、A-017、A-018、A-019、A-022 八个水生态功能Ⅱ级分区（图 4-1、表 4-2）。

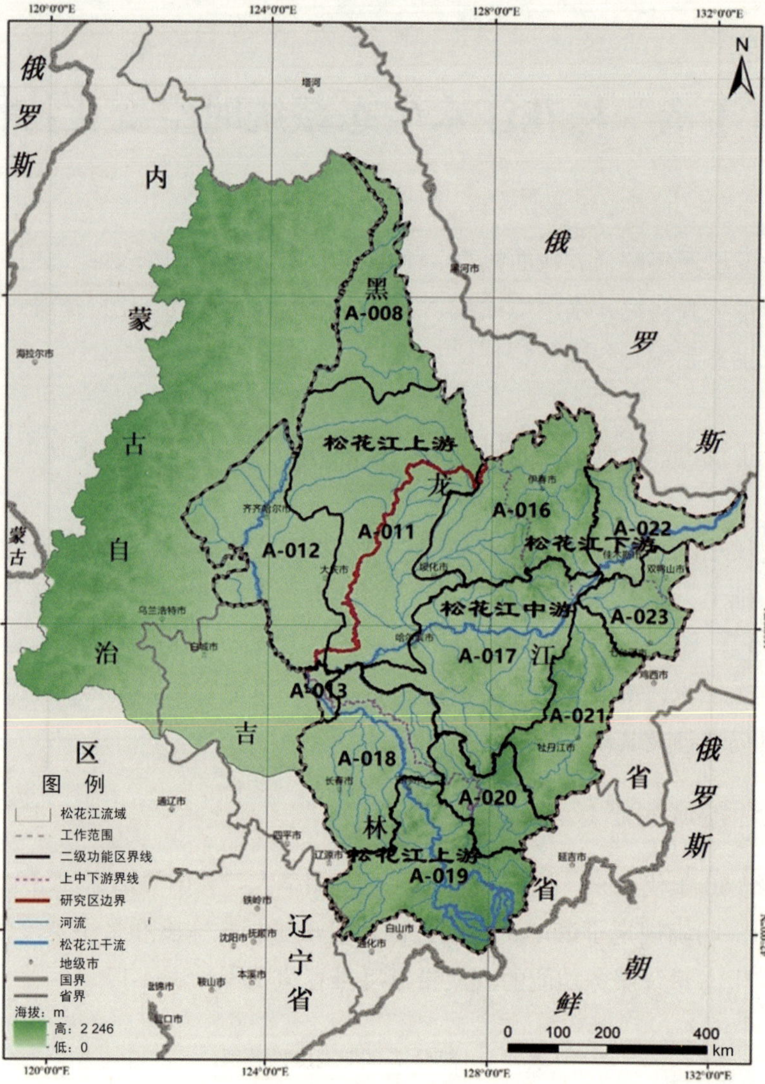

图 4-1　松花江流域研究区范围与水生态功能Ⅱ级分区示意

表 4-2　各水生态功能Ⅱ级分区情况

编码	分区名称	主要生态功能	核心功能	地势	地貌	植被	土壤	水生态系统特征
A-008	黑龙江大兴安岭东北部-水源涵养与水文调节功能区	生境维持、水源涵养与水文调节	水源涵养与水文调节	绝对高程 559.2 m	低海拔小起伏山地、低海拔丘陵、低海拔冲击台地	灌木和萌生矮丛，阔叶林	暗棕壤	本区鱼类主要为山区溪流性和北方冷水性鱼类，如特征鱼类为江鳕、哲罗鱼、黑龙江茴鱼等冷水性、溪流性鱼类，水流较急，浮游与底栖类生物相对较少

编码	分区名称	主要生态功能	核心功能	地势	地貌	植被	土壤	水生态系统特征
A-011	黑龙江松嫩平原东部农业植被-城市生活支撑功能区	水生珍稀特有物种栖息地与洄游通道、农业生产支撑、城市生活支撑	城市生活支撑	绝对高程182 m	多丘陵台地和平原，地表以砂砾岩、玄武岩为主，河谷多宽谷	草甸和草本沼泽、草原和稀树草原	草甸土、黑土、草甸黑钙土等	松花江干流段鱼类丰富，多为产漂浮性卵的鱼类以及广布性鱼类，如鲢、鳙、鰲条、银鮈等暖水性以及部分冷水性鱼类，渔产高，种类丰富
A-012	黑龙江松嫩中部平原草甸沼泽-农业生产支撑功能区	重要生态资产保护、农业生产支撑、城市生活支撑	农业生产支撑	绝对高程182 m	多丘陵台地和平原，地表以砂砾岩、玄武岩为主，河谷多宽谷	草甸和草本沼泽、草原和稀树草原	草甸土、黑土	鲢、鳙、鰲条、银鮈等暖水性以及部分冷水性鱼类，渔产高，种类丰富
A-016	黑龙江小兴安岭山地丘陵-水源涵养与水文调节功能区	水源涵养与水文调节、生境维持、城市生活支撑	水源涵养与水文调节	绝对高程332 m	花岗岩和花岗闪长岩	阔叶红松林为主的温带针阔混交林及阔叶混交林	棕色针叶林土、暗棕壤	山区、平原过渡性生境，暖水性和冷水性两类鱼类兼而有之
A-017	黑龙江松花江中游丘陵-水生珍稀特有物种栖息地与洄游通道功能区	水生珍稀特有物种栖息地与洄游通道、城市生活支撑	水生珍稀特有物种栖息地与洄游通道	绝对高程332 m	低山丘陵、冲击台地等	一年一熟农作物和耐寒经济作物以及部分阔叶林	黑土、栗钙土等	本区鱼类多为暖水性、产黏性卵鱼类，山区、平原过渡性生境，暖水性和冷水性两类鱼类兼而有之；底栖生物、浮游生物受水质影响，各支流与干流相差很大
A-021	黑龙江牡丹江中下游山地-生境维持功能区	土壤保持、生境维持	生境维持	绝对高程332 m	低山丘陵	阔叶林、灌丛、萌生矮丛和一年一熟农作物和耐寒经济作物	黑土、暗棕壤	山区、平原过渡性生境，暖水性和冷水性两类鱼类兼而有之
A-022	黑龙江三江平原西部-农业生产支撑功能区	农业生产支撑	农业生产支撑	绝对高程360.5 m	冲击平原和台地以及部分丘陵地区	一年一熟农作物和耐寒经济作物，部分地区为草甸和草本沼泽植被以及灌丛和萌生矮林	黑土、栗钙土、暗棕壤、草甸土等	三江汇合，鱼种丰富，汇集日本七鳃鳗、大马哈鱼等冷水性、洄游性鱼类

编码	分区名称	主要生态功能	核心功能	地势	地貌	植被	土壤	水生态系统特征
A-023	黑龙江倭肯河丘陵平原-农业生产支撑功能区	农业生产支撑	农业生产支撑	绝对高程360.5 m	主要为冲击平原和台地以及部分丘陵地区	一年一熟农作物和耐寒经济作物，部分地区为草甸和草本沼泽植被以及灌丛和萌生矮林	黑土、栗钙土、暗棕壤、草甸土等	三江汇合，鱼种丰富，汇集日本七鳃鳗、大马哈鱼等冷水性、洄游性鱼类
A-013	吉林松嫩平原西部-水生珍稀特有物种栖息地与洄游通道功能区	水生珍稀特有物种栖息地与洄游通道、城市生活支撑	水生珍稀特有物种栖息地与洄游通道	绝对高程182 m	低海拔冲积平原	一年一熟农作物和耐寒经济作物、草甸和草本沼泽、草原和稀树灌木草原	草甸土、黑土	特征鱼类为鲢、鳙、鰲条、银鲴等暖水性以及部分冷水性鱼类，渔产高，种类丰富
A-018	吉林二松中游丘陵-城市生活支撑功能区	水生珍稀特有物种栖息地与洄游通道、农业生产支撑、城市生活支撑	城市生活支撑	绝对高程332 m	低山丘陵	一年一熟农作物和耐寒经济作物	黑土、暗棕壤	山区、平原过渡性生境，暖水性和冷水性两类鱼类兼而有之
A-019	吉林长白山山地-水生珍稀特有物种栖息地与洄游通道功能区	水生珍稀特有物种栖息地与洄游通道、城市生活支撑	水生珍稀特有物种栖息地与洄游通道	平均高程604 m，东南高西北低，属于长白山脉，以中低山为主，火山、熔岩台地分布	中低山	东南部主要为森林，西北部大部分为农业植被；长白山植被表现出明显的垂直地带性，从温带到寒带植被垂直分布，是植被分布最完整的区域	暗棕壤	特征鱼类为江鳕、哲罗鱼、黑龙江茴鱼等冷水性、溪流性鱼类
A-020	吉林牡丹江上游山地森林-水源涵养与水文调节功能区	水源涵养与水文调节、生境维持、城市生活支撑	水源涵养与水文调节	平均高程604 m，东南高西北低，属于长白山脉，以中低山为主，火山、熔岩台地分布	中低山	东南部主要为森林，西北部大部分为农业植被；长白山植被表现出明显的垂直地带性，从温带到寒带植被垂直分布，是植被分布最完整的区域	暗棕壤	特征鱼类为江鳕、哲罗鱼、黑龙江茴鱼等冷水性、溪流性鱼类

4.1.1.1 松花江流域生态景观分布格局

松花江流域生态景观类型解译结果（图 4-2）显示，研究区内分布面积最广的是农田（167 414.32 km^2，占流域面积的 46.23%），集中分布在松嫩平原和三江平原。其次是林地（132 921.42 km^2，占流域面积的 37.60%），主要分布在流域北部和南部的高海拔丘陵以及流域东部和南部的高海拔山地区域。水域与湿地主要分布在松花江干流及主要支流周边。草地主要分布在林地和农田的过渡地带，在大庆市、长春市和松原市辖区内分布较多。人工表面主要分布在大庆市、哈尔滨市、长春市、吉林市、延边州等地级市的建成区。占比最小的是未利用地，其面积为 2 821.19 km^2。

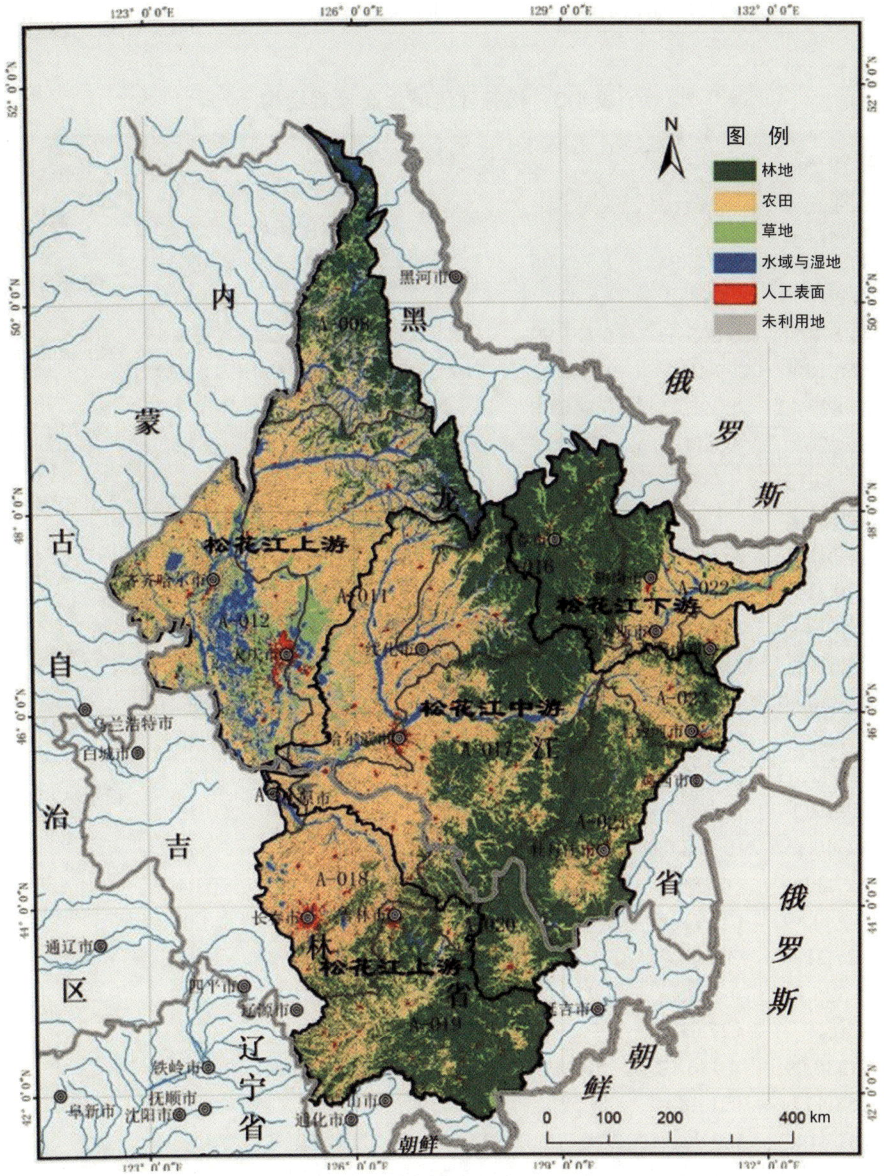

图 4-2 2015 年松花江流域生态景观类型分布

从水生态功能Ⅱ级分区的生态景观类型结构来看，A-008、A-016、A-017、A-018、A-019、A-020、A-021、A-022 等区与全流域的生态景观类型较为类似，林地、农田为主要生态景观（表 4-3）。其中 A-008 区林地占比约 43%、农田占比近 33%，两者占比总和为 76%；A-016 区林地占比约 67%、农田占比约 21%，两者占比总和为 88%；A-017 区林地占比 48%、农田占比 42%，两者占比总和为 90%；A-018 区农田占比为 73%、林地占比 13%，两者占比总和为 86%；A-019 区林地占比为 64%、农田占比为 29%，两者占比总和为 93%；A-020 区林地占比接近 68%、农田占比为 27%，两者占比总和约 95%；A-021 区林地占比接近 64%、农田占比为 27%，两者占比总和约 91%；A-022 区农田占比接近 56%、林地占比为 27%，两者占比总和约 83%。

表 4-3　松花江流域生态景观结构

Ⅱ级分区	生态景观类型（占比）/km^2（%）						面积合计/km^2	主导类型
	农田	林地	草地	水域	城乡居民及工矿用地	未利用地		
A-008	6 800.24（32.56）	9 038.98（43.28）	1 325.05（6.34）	3 525.43（16.88）	189.54（0.91）	6.63（0.03）	20 885.87	农田、林地
A-011	43 578.75（66.18）	6 045.63（9.18）	5 151.99（7.82）	6 958.65（10.57）	6 045.63（9.18）	6 958.65（10.57）	65 844.95	农田
A-012	20 877.42（54.26）	1 322.75（3.44）	6 346.66（16.5）	6 549.63（17.02）	2 166.01（5.63）	1 212.05（3.15）	38 474.51	农田
A-013	1 757.73（76.21）	43.57（1.89）	35.69（1.55）	293.10（12.71）	155.25（6.73）	21.04（0.91）	2 306.38	农田
A-016	7 701.1（20.71）	25 009.99（67.27）	2 120.25（5.7）	1 579.87（4.25）	767.6（2.06）	0.97（0.00）	37 179.78	林地
A-017	20 144（42.17）	23 118.63（48.4）	841.83（1.76）	1 898.96（3.98）	1 744.46（3.65）	18.56（0.04）	47 766.44	农田、林地
A-018	24 850.60（73.32）	4 508.62（13.30）	295.68（0.87）	875.40（2.58）	3 074.50（9.07）	289.21（0.85）	33 894.01	农田
A-019	12 277.63（29.10）	26 876.91（63.70）	727.52（1.72）	882.06（2.09）	1 260.65（2.99）	170.11（0.40）	42 194.87	林地
A-020	4 340.15（27.30）	10 788.64（67.86）	288.13（1.81）	153.92（0.97）	323.08（2.03）	5.61（0.04）	15 899.52	林地
A-021	7 230.49（27.21）	17 122.45（64.44）	1 216.38（4.58）	459.32（1.73）	537.97（2.02）	3.03（0.01）	26 569.64	林地
A-022	9 526.12（56.45）	4 559.13（27.02）	1 219.29（7.23）	975.26（5.78）	586.19（3.47）	8.5（0.05）	16 874.48	农田
A-023	8 330.09（58.45）	4 486.12（31.48）	509.19（3.57）	374.47（2.63）	551.94（3.87）	0.92（0.01）	14 252.73	农田
合计	167 414.3（46.23）	132 921.4（36.70）	20 077.66（5.54）	24 526.07（6.77）	14 382.55（3.97）	2 821.19（0.78）	362 143.18	农田、林地

流域林地的Ⅱ级分类主要划分为有林地、疏林地、灌木林地和其他林地四种类型。林地以有林地为主，面积占全流域林地面积的88%，A-021、A-022、A-023三个分区的有林地面积占林地面积比约为95%，A-018、A-020两个分区的有林地面积占林地面积比超过90%。灌木林地、疏林地和其他林地较少，其中灌木林地占林地面积比接近6%、疏林地占林地面积比超过5.52%、其他林地面积占林地面积比为0.85%（表4-4）。

表4-4 松花江流域林地结构　　单位：km²（%）

Ⅱ级分区	灌木林地	其他林地	疏林地	有林地	合计
A-008	1 783.52（19.73）	0.35（0）	156.85（1.74）	7 098.25（78.53）	9 038.98（100）
A-011	1 031.38（17.06）	73.08（1.21）	179.4（2.97）	4 761.77（78.76）	6 045.63（100）
A-012	246.52（18.64）	39.02（2.95）	148.16（11.2）	889.05（67.21）	1 322.75（100）
A-016	1 858.6（7.43）	388.02（1.55）	228.12（0.91）	22 535.25（90.1）	25 009.99（100）
A-017	1 099.06（4.75）	19.29（0.08）	1 250.64（5.41）	20 749.64（89.75）	23 118.63（100）
A-021	664.08（3.88）	14.48（0.08）	291.93（1.7）	16 151.96（94.33）	17 122.45（100）
A-022	234.46（5.14）	11.52（0.25）	19.73（0.43）	4 293.41（94.17）	4 559.13（100）
A-023	114.13（2.54）	7.3（0.16）	94.86（2.11）	4 269.84（95.18）	4 486.12（100）
A-013	8.94（18.47）	4.84（10.00）	19.21（39.68）	15.42（31.85）	48.41（100）
A-018	68.42（1.52）	42.58（0.94）	230.16（5.10）	4 167.47（92.43）	4 508.62（100）
A-019	518.39（1.93）	442.67（1.65）	4 666.22（17.36）	21 249.63（79.06）	26 876.91（100）
A-020	151.56（1.40）	81.43（0.75）	54.75（0.51）	10 500.91（97.33）	10 788.64（100）
合计	7 779.06（5.85）	1 124.58（0.85）	7 340.03（5.52）	116 682.6（87.78）	132 926.26（100）

有林地主要集中分布在流域北部的A-016，南部的A-017、A-021，A-018的东南部，A-019和A-020的整个区域，在西北部A-008和东部A-023等分区单元分布也较为集中，在其他分区单元分布相对分散。灌木林地和疏林地分布较为分散，其中灌木林地主要在有林地分布区域中部分散分布、在松花江干流周边分布也较多，疏林地主要分布在有林地周边区域（图4-3）。

流域农田主要由水田和旱田构成。农田以旱地为主，面积占比接近84%，A-013分区的旱地面积占比超过90%，A-008分区的旱地面积占比接近100%，A-018和A-019分区的旱地面积占比接近85%。A-016、A-017、A-020、A-022等分区的旱地面积占比相对较低，其中A-022分区的旱地面积占比为55.71%（表4-5）。

农田主要集中分布在松嫩平原和三江平原区域，其中旱地在A-012、A-011、A-013、A-018、A-022、A-023等分区单元，以及A-017西部、A-008北部分布较为集中，在其他分区单元分布相对分散。水田主要分布在松花江干流及主要支流周边，在A-012、A-011、A-016、A-017、A-018、A-022等分区单元分布较为广泛（图4-4）。

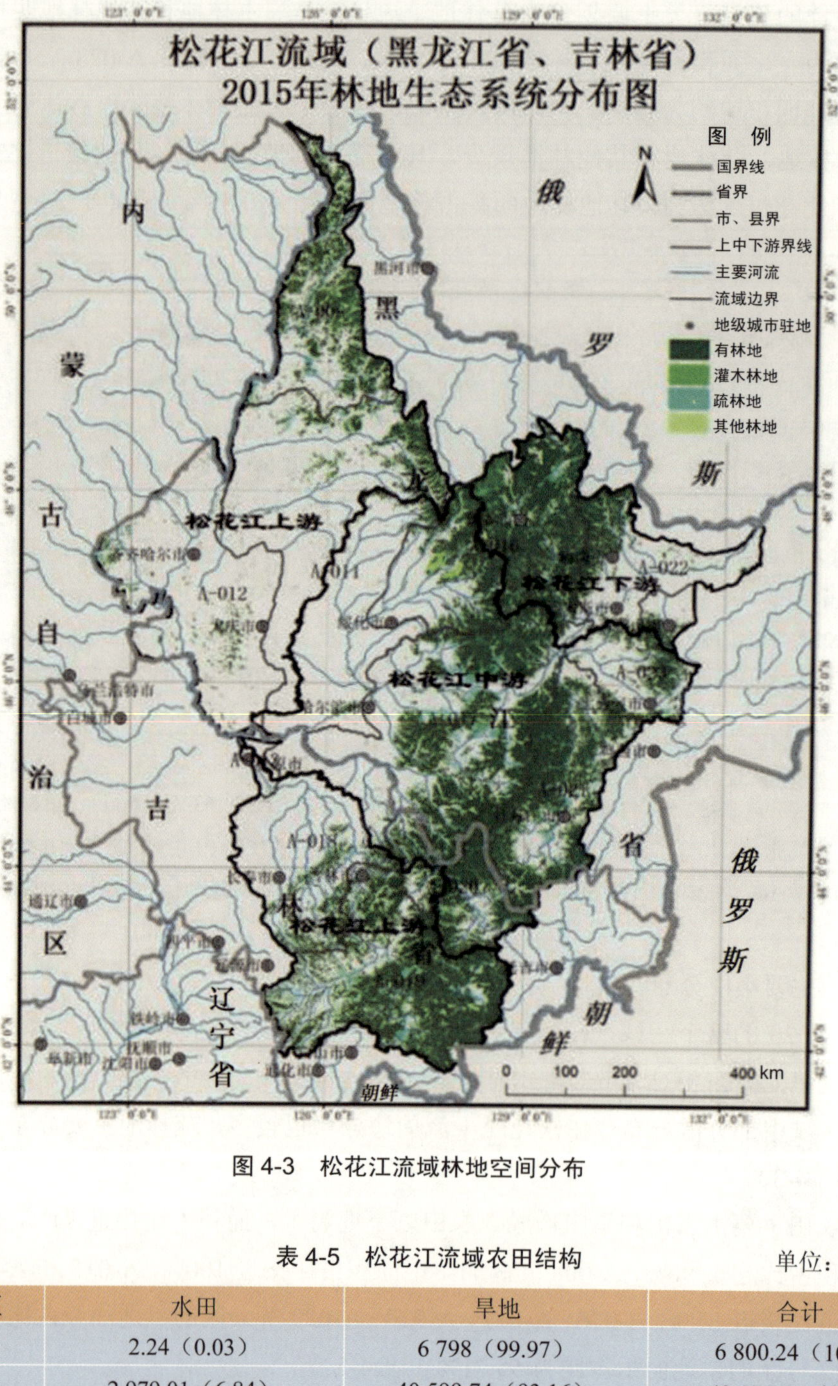

图 4-3　松花江流域林地空间分布

表 4-5　松花江流域农田结构

单位：km²（%）

Ⅱ级分区	水田	旱地	合计
A-008	2.24（0.03）	6 798（99.97）	6 800.24（100）
A-011	2 979.01（6.84）	40 599.74（93.16）	43 578.75（100）
A-012	3 747.72（17.95）	17 129.7（82.05）	20 877.42（100）
A-016	2 514.71（32.65）	5 186.38（67.35）	7 701.1（100）
A-017	5 384.29（26.73）	14 759.71（73.27）	20 144（100）
A-021	618.98（8.56）	6 611.51（91.44）	7 230.49（100）
A-022	4 219.57（44.29）	5 306.56（55.71）	9 526.12（100）

Ⅱ级分区	水田	旱地	合计
A-023	1 338.25（16.07）	6 991.84（83.93）	8 330.09（100）
A-013	164.04（9.33）	1 593.70（90.67）	1 757.73（100）
A-018	3 261.27（13.12）	21 589.33（86.88）	24 850.60（100）
A-019	1 930.90（15.73）	10 346.73（84.27）	12 277.63（100）
A-020	1 106.93（25.50）	3 233.21（74.50）	4 340.15（100）
合计	27 322.26（16.29）	140 392.05（83.71）	167 714.31（100）

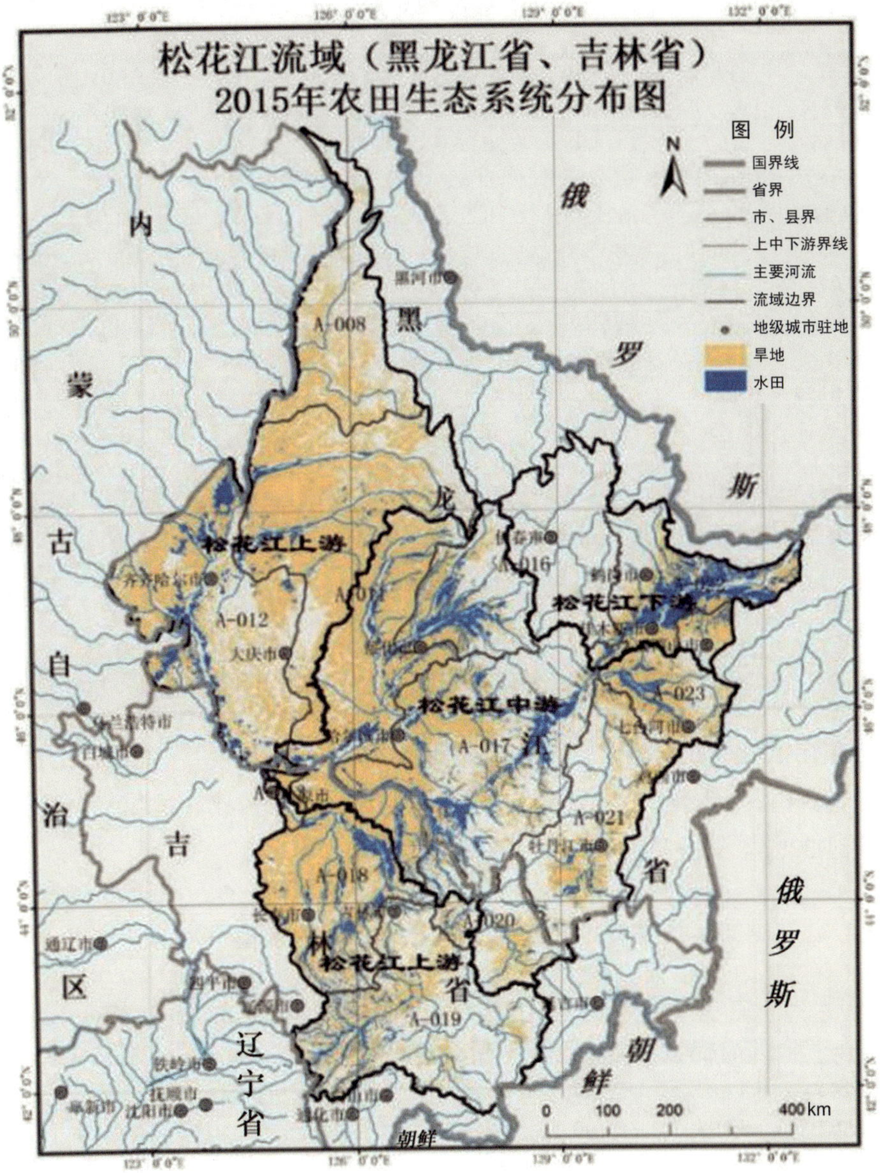

图 4-4　松花江流域农田空间分布

4.1.1.2 松花江干流滨岸带生态景观分布格局

（1）松花江干流 200 m 滨岸带生态景观分布格局

以水域与湿地、农田、林地为主，三者面积之和占比将近 85%，其中水域与湿地面积占比将近 25%；其他生态景观类型占比仅为 2%、人工表面占比为 4.78%。各分区水域与湿地占比均较大（表 4-6）。

表 4-6 松花江干流 200 m 滨岸带生态景观类型

单位：km^2（%）

Ⅱ级分区	草地	林地	农田	其他	人工表面	水域与湿地	合计	主导类型
A-008	7.27（7.42）	40.76（41.59）	20.46（20.88）	0（0）	2.40（2.45）	27.12（27.67）	98.01（100）	林地、水域与湿地、农田
A-011	16.86（16.38）	16.56（16.08）	14.48（14.06）	0.06（0.06）	2.15（2.09）	52.85（51.33）	102.96（100）	水域与湿地、草地、林地
A-012	54.41（31.25）	4.68（2.69）	29.47（16.93）	0.20（0.12）	3.97（2.28）	81.37（46.74）	174.09（100）	水域与湿地、草地
A-017	7.47（4.64）	34.46（21.41）	58.23（36.19）	0（0）	11.80（7.33）	48.96（30.43）	160.92（100）	水域与湿地、农田
A-022	52.17（42.61）	5.97（4.88）	32.84（26.82）	0（0）	6.91（5.64）	24.56（20.05）	122.45（100）	草地、水域与湿地、农田
A-013	8.36（5.48）	1.56（1.02）	76.22（50.00）	6.62（4.34）	5.07（3.33）	54.62（35.83）	152.44（100）	农田、水域与湿地
A-018	0.01（0.01）	2.01（0.85）	108.98（46.08）	0.08（0.04）	2.70（1.14）	122.73（51.89）	236.51（100）	农田、水域与湿地
A-019	2.94（0.40）	470.49（63.55）	158.13（21.36）	28.80（3.89）	50.38（6.80）	29.63（4.00）	740.36（100）	林地、农田
合计	149.49（8.36）	576.48（32.25）	498.8（27.90）	35.77（2.00）	85.37（4.78）	441.82（24.71）	1 787.75（100）	林地、农田、水域与湿地

（2）松花江干流 500 m 滨岸带生态景观分布格局

以林地、农田、水域与湿地为主，其中水域与湿地面积占比超过 20%、农田占比和林地占比均超过 32%（表 4-7）。

表 4-7 松花江干流 500 m 滨岸带生态景观类型

单位：km^2（%）

Ⅱ级分区	草地	林地	农田	其他	人工表面	水域与湿地	合计	主导类型
A-008	17.52（7.18）	104.49（42.8）	56.14（23）	0（0）	6.37（2.61）	59.6（24.42）	244.12（100）	林地、水域与湿地、农田
A-011	38.64（15.46）	39.93（15.97）	60.00（24）	0.06（0.02）	7.22（2.89）	104.1（41.65）	249.94（100）	水域与湿地
A-012	126.18（29.3）	8.86（2.06）	87.21（20.25）	0.38（0.09）	14.69（3.41）	193.27（44.88）	430.60（100）	水域与湿地、草地

Ⅱ级分区	草地	林地	农田	其他	人工表面	水域与湿地	合计	主导类型
A-017	14.26（3.6）	85.52（21.61）	156.03（39.43）	0（0）	32.05（8.1）	107.85（27.26）	395.71（100）	农田、水域与湿地
A-022	128.15（42.61）	10.82（3.6）	95.78（31.84）	0（0）	18.21（6.06）	47.81（15.89）	300.77（100）	草地、农田
A-013	17.13（5.47）	3.39（1.08）	178.24（56.94）	9.01（2.88）	17.84（5.70）	87.46（27.94）	313.05（100）	农田、水域与湿地
A-018	0.01（0.00）	3.11（0.61）	303.01（59.82）	0.04（0.01）	19.03（3.76）	181.34（35.80）	506.54（100）	农田、水域与湿地
A-019	9.53（0.57）	1 064.71（63.86）	392.94（23.57）	41.78（2.51）	110.02（6.60）	48.17（2.89）	1 667.15（100）	林地、农田
合计	351.42（8.55）	1 320.82（32.15）	1 329.34（32.36）	51.27（1.25）	225.43（5.49）	829.6（20.20）	4 107.88（100）	林地、农田、水域与湿地

（3）松花江干流 1 000 m 滨岸带生态景观分布格局

以林地、农田、水域与湿地为主，三者面积之和占比将近 85%；其次是人工表面和草地，二者面积之和占比超过 15%；其他占比约为 0.84%（表 4-8）。

表 4-8　松花江干流 1 000 m 滨岸带生态景观类型　　单位：km^2（%）

Ⅱ级分区	草地	林地	农田	其他	人工表面	水域与湿地	合计	主导类型
A-008	29.36（6.32）	201.85（43.47）	119.58（25.76）	0（0）	10.75（2.32）	102.76（22.13）	464.31（100）	林地
A-011	65.31（13.59）	68.39（14.23）	145.55（30.29）	0.03（0.01）	17.98（3.74）	183.21（38.13）	480.47（100）	农田、水域与湿地
A-012	209.78（24.98）	10.82（1.29）	207.71（24.74）	0.36（0.04）	32.96（3.93）	378.06（45.02）	839.7（100）	水域与湿地
A-017	19.27（2.48）	153.19（19.69）	337.93（43.45）	0（0）	64.61（8.31）	202.81（26.07）	777.81（100）	农田
A-022	218.55（37.02）	14.05（2.38）	219.82（37.24）	0（0）	37.92（6.42）	100.00（16.94）	590.34（100）	农田、草地
A-013	17.13（3.57）	3.39（0.71）	204.809（42.74）	9.01（1.88）	18.08（3.77）	226.76（47.32）	479.17（100）	水域与湿地、农田
A-018	0.01（0.00）	3.11（0.52）	303.01（50.79）	0.04（0.01）	19.03（3.19）	271.43（45.49）	596.63（100）	水域与湿地、农田
A-019	9.53（0.49）	1 064.71（54.81）	392.94（20.23）	41.78（2.15）	110.02（5.66）	323.69（16.66）	1 942.67（100）	林地、农田
合计	552.3（10.43）	1 568.33（29.62）	1 494.56（28.22）	44.33（0.84）	283.11（5.35）	1 352.69（25.55）	5 295.31（100）	林地、农田、水域与湿地

4.1.2 松花江流域生态景观演变特征

综合分析松花江流域社会发展及其各项指标增长率状况，确定松花江流域与典型支流流域生态景观格局时空变化研究的时间节点为 1995 年、2005 年和 2015 年。在遥感和地理信息系统技术支持下，应用转移矩阵、空间叠加分析等方法，确定松花江流域生态景观演变特征。

4.1.2.1 松花江流域生态景观演变特征

近 20 年来，松花江流域生态景观分布总体较为稳定（图 4-5）。水域与湿地面积减少相对明显，占比由 36.83%降低到 30.81%。农田由 32.94%增加到 33.91%、人工表面由 29.87%增加到 35.74%（表 4-9）。

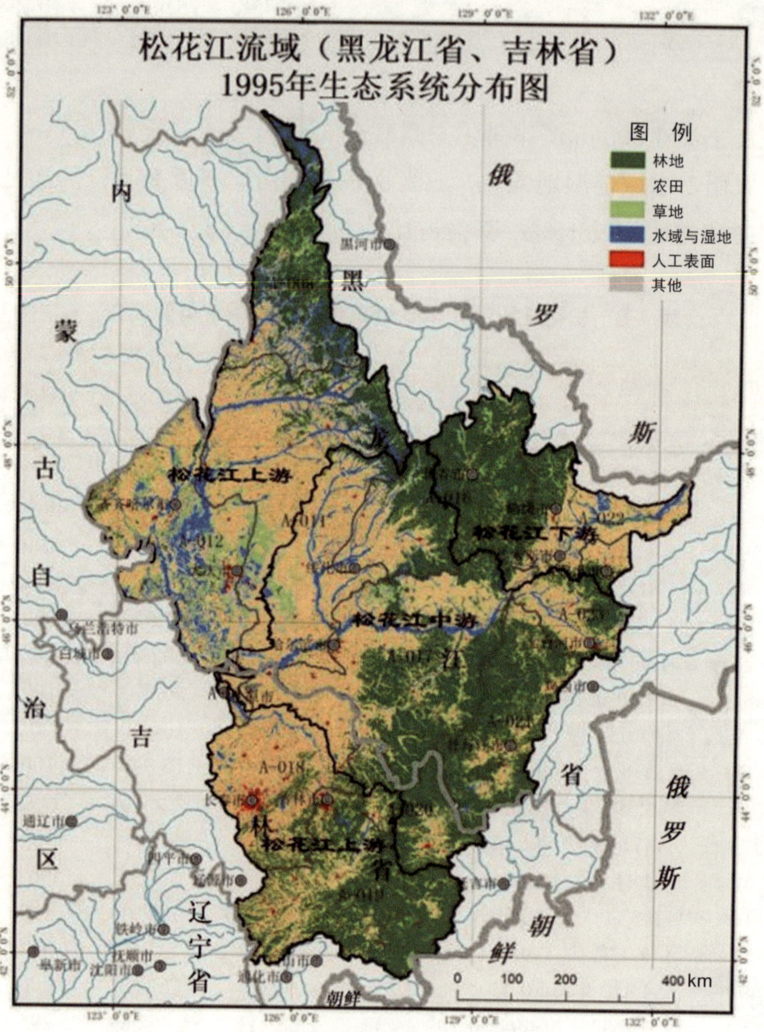

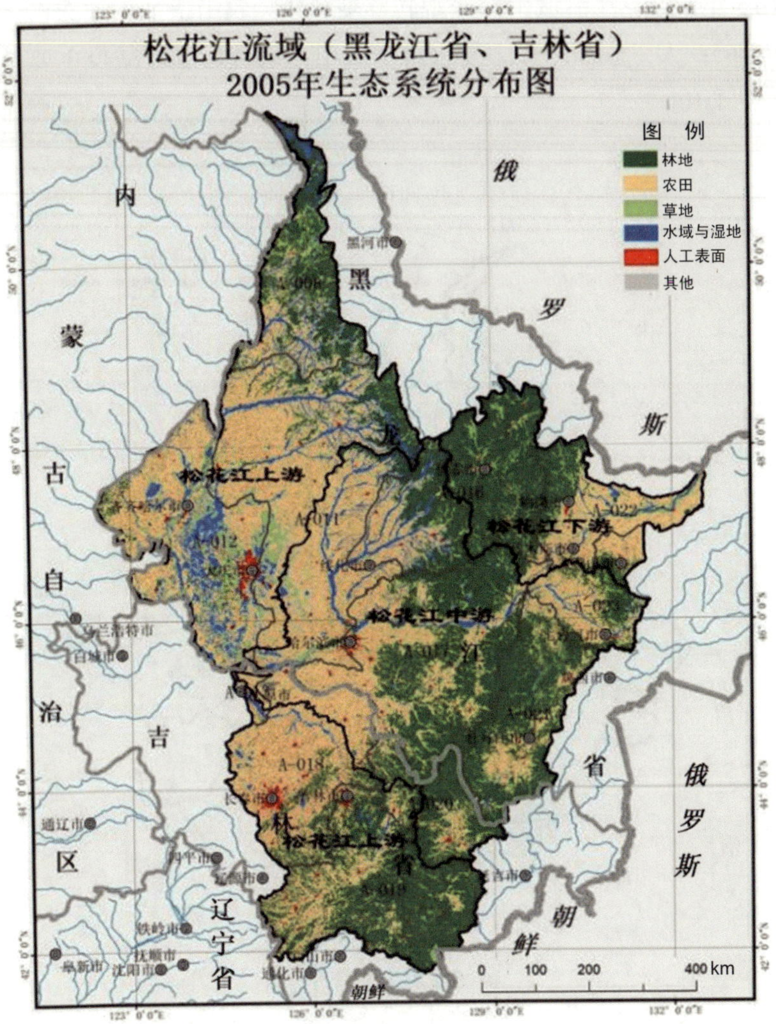

图 4-5　松花江流域 1995 年和 2005 年生态系统分布图

表 4-9　松花江流域 1995 年、2005 年、2015 年生态景观类型分布　　单位：km²（%）

类型	1995 年	2005 年	2015 年
草地	21 380.66（33.90）	21 660.67（34.34）	20 030.76（31.76）
林地	134 067.09（33.34）	134 442.28（33.44）	133 562.3（33.22）
农田	162 923.13（32.94）	163 990.41（33.15）	167 765.73（33.91）
其他	3 617.19（35.02）	3 642.2（35.26）	3 070.95（29.73）
人工表面	11 774.94（29.87）	13 554.32（34.39）	14 086.98（35.74）
水域与湿地	29 082.25（36.83）	25 555.38（32.36）	24 328.52（30.81）
合计	362 845.26（100）	362 845.26（100）	362 845.24（100）

1995—2015 年，松花江流域生态景观转移变化中，农田增加主要来源于林地、人工表面和草地（图4-6）；人工表面增加主要来源于农田；水域与湿地减少主要是转变为农田、林地和草地（表 4-10）。

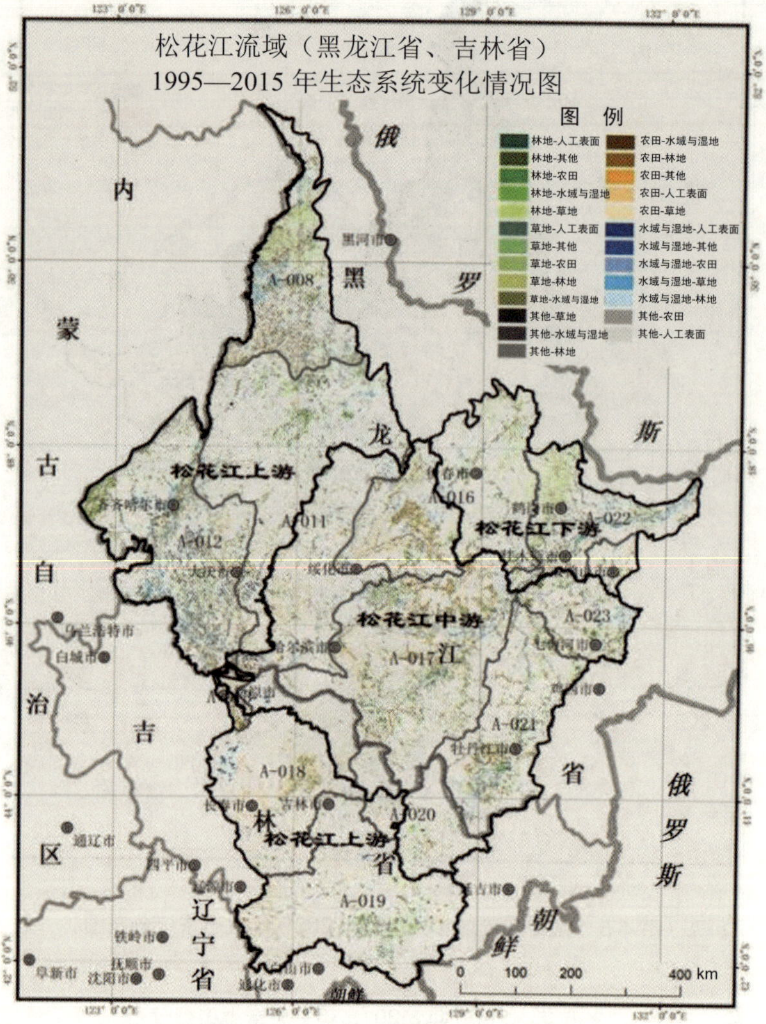

图 4-6 松花江流域 1995—2015 年生态系统变化

表 4-10 松花江流域 1995—2015 年生态景观转移矩阵（面积）

单位：km^2

		2015 年						
		草地	林地	农田	其他	人工表面	水域与湿地	合计
1995 年	草地	11 366.64	2 104.27	4 914.57	562.08	447.01	1 986.11	21 380.67
	林地	2 501.08	121 668.93	9 302.23	53.92	286.98	253.96	134 067.1
	农田	2 987.81	7 552.01	145 883.02	217.64	3 454.63	2 828.00	162 923.11
	其他	874.19	43.32	248.14	1 809.61	121.07	267.23	3 363.56
	人工表面	110.41	91.87	1 748.72	20.37	9 918.15	90.96	11 980.47

		2015 年						
		草地	林地	农田	其他	人工表面	水域与湿地	合计
1995 年	水域与湿地	2 250.51	1 688.02	5 694.00	158.11	174.38	19 116.09	29 081.11
	合计	20 090.64	133 148.41	167 790.67	2 821.73	14 402.21	24 542.35	362 796.03

20 年间，松花江流域水生态功能Ⅱ级分区中，农田生态景观总体呈增加趋势，但不同分区变化程度不同。人工表面累计增加近 40%，各水生态功能Ⅱ级分区人工表面均增加；水域与湿地生态景观大部分减少，全流域累计减少 9.73%（图 4-7）。

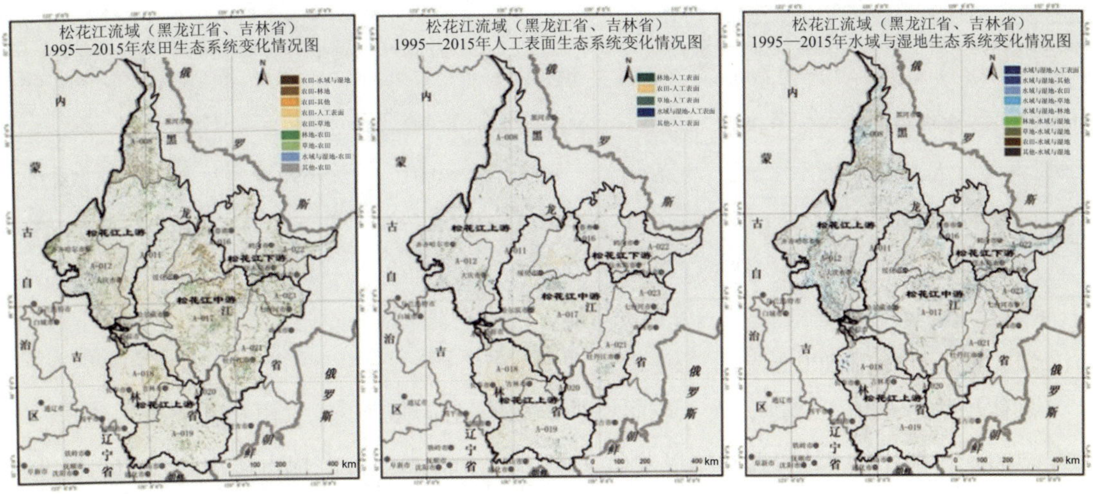

图 4-7 松花江流域 1995—2015 年变化空间分布

4.1.2.2 松花江干流滨岸带生态景观演变特征

（1）松花江干流 200 m 滨岸带生态景观变化

总体趋势是草地、林地、人工表面增加，水域与湿地减少，农田和其他基本稳定。其中草地面积占比由不足 4%增加到 8%以上，增加 1 倍多；水域与湿地占比由 30.88%减少到 24.72%（表 4-11）。

表 4-11 松花江干流 200 m 滨岸带 1995—2015 年生态景观类型　　单位：km^2（%）

类型	1995 年	2005 年	2015 年
草地	70.66（3.95）	189.06（10.57）	149.51（8.36）
林地	556.24（31.09）	590.79（33.03）	576.48（32.23）
农田	500.38（27.97）	511.74（28.61）	499.49（27.92）
其他	35.17（1.97）	35.45（1.98）	35.77（2.00）
人工表面	74.05（4.14）	82.93（4.64）	85.37（4.77）
水域与湿地	552.4（30.88）	378.93（21.18）	442.27（24.72）
合计	1 788.9（100）	1 788.9（100）	1 788.89（100）

转移矩阵统计结果显示，草地增加主要由其他转变而来，其次是农田和林地。水域与湿地主要转变为其他，其次是草地和农田；人工表面增加主要由草地和其他转变而来（表 4-12）。

表 4-12 松花江干流 200 m 滨岸带 1995—2015 年生态景观转移矩阵（面积） 单位：km^2

		2015 年						
		农田	林地	草地	水域与湿地	人工表面	其他	合计
1995 年	农田	42.46	3.53	7.36	—	0.39	17.54	71.28
	林地	13.84	521.64	9.60	—	1.39	9.03	555.50
	草地	22.00	14.56	428.10	0	4.67	32.63	501.96
	水域与湿地	0.08	0	0.09	—	0.05	0.21	0.43
	人工表面	1.23	0.70	4.03	0.01	69.64	2.65	78.26
	其他	69.27	36.81	48.72	0.25	5.03	386.26	546.34
	合计	148.88	577.24	497.9	0.26	81.17	448.32	1 753.77

（2）松花江干流 500 m 滨岸带生态景观变化

总体趋势是草地、林地、人工表面增加，水域与湿地减少，农田和其他基本稳定。其中草地面积占比由约 4%增加到超过 8%，增加近 1 倍；水域与湿地占比由超过 26%减少到 21.56%（表 4-13）。

表 4-13 松花江干流 500 m 滨岸带 1995—2015 年生态景观分布 单位：km^2（%）

类型	1995 年	2005 年	2015 年
草地	186.68（4.44）	462.38（11.00）	351.68（8.37）
林地	1 309.20（31.15）	1 369.96（32.60）	1 336.94（31.81）
农田	1 312.43（31.23）	1 320.87（31.43）	1 312.03（31.22）
其他	68.60（1.63）	69.03（1.64）	69.52（1.65）
人工表面	198.06（4.71）	217.92（5.19）	226.12（5.38）
水域与湿地	1 127.26（26.83）	762.09（18.14）	905.95（21.56）
合计	4 202.25（100）	4 202.25（100）	4 202.25（100）

转移矩阵统计结果显示，草地增加主要由水域与湿地转变而来，其次是农田和林地。水域与湿地主要转变为草地，其次是农田和林地；人工表面增加主要由侵占农田而成（表 4-14）。

表 4-14　松花江干流 500 m 滨岸带 1995—2015 年生态景观转移矩阵（面积）　单位：km^2

		2015 年						
		草地	林地	农田	其他	人工表面	水域与湿地	合计
1995 年	草地	114.21	6.88	23.15	0.10	2.19	40.13	186.66
	林地	34.26	1 226.43	27.85	0	5.39	15.28	1 309.21
	农田	53.92	33.6	1 145.12	0.35	22.77	56.66	1 312.42
	其他	0	0	0.12	68.41	0.07	0	68.60
	人工表面	1.25	0.72	5.52	0.01	188.25	2.31	198.06
	水域与湿地	148.04	69.3	110.28	0.64	7.44	791.57	1 127.27
	合计	351.68	1 336.93	1 312.04	69.51	226.11	905.95	4 202.22

（3）松花江干流 1 000 m 滨岸带生态景观变化

总体稳定，其中草地生态景观明显增加，面积占比由 5.27%增加到 9.22%，增长近 1 倍。人工表面增加，面积占比由 4.29%增加到 5.05%，面积增加约 50 km^2。林地增加，面积占比由 23.92%增加到 24.86%，农田也增加，增加比例较少。水域与湿地生态景观减少明显，减少超过 350 km^2，占比由近 34.08%减少到 28.34%（表 4-15）。

表 4-15　松花江干流 1 000 m 滨岸带 1995—2015 年生态景观分布　单位：km^2（%）

生态景观类型	1995 年	2005 年	2015 年
草地	325.02（5.27）	799.61（12.96）	568.94（9.22）
林地	1 476.31（23.92）	1 571.53（25.46）	1 534.43（24.86）
农田	1 926.48（31.22）	1 916.2（31.05）	1 931.42（31.30）
人工表面	264.67（4.29）	297.48（4.82）	311.37（5.05）
水域与湿地	2 103.26（34.08）	1 510.81（24.48）	1 749.00（28.34）
其他	75.65（1.23）	75.78（1.23）	76.23（1.24）
合计	6 171.39（100）	6 171.41（100）	6 171.39（100）

转移矩阵统计结果显示，草地增加主要来源于水域与湿地转变，转变面积近 240 km^2，此外农田转变面积接近 300 km^2、林地面积超过 120 km^2。水域与湿地主要转变为草地和农田，转移面积分别接近 240 km^2 和 190 km^2（表 4-16）。

表 4-16　松花江干流 1 000 m 滨岸带 1995—2015 年生态景观转移矩阵（面积）　单位：km^2

		2015 年						
		草地	林地	农田	其他	人工表面	水域与湿地	合计
1995 年	草地	184.25	11.31	55.03	0.05	3.98	70.39	325.01
	林地	54.47	1 346.19	48.55	0	10.15	15.58	1 474.94
	农田	92.24	64.56	1 599.72	0	37.22	98.36	1 892.1
	其他	0.04	0	0.29	50.41	0.24	0.05	51.03
	人工表面	1.5	1.04	12.78	0.01	246.14	2.97	264.44
	水域与湿地	236.45	96.39	188.41	0.49	6.61	1 096.47	1 624.82
	合计	568.95	1 519.49	1 904.78	50.96	304.34	1 283.82	5 632.34

4.1.3　松花江流域景观格局变化分析

4.1.3.1　流域景观格局变化分析方法

（1）全流域生态景观格局指数分析方法

本书以松花江流域、水生态功能Ⅱ级分区为研究对象，从类型水平和景观水平选取斑块密度、边缘密度、形状指数、蔓延度指数、香农多样性指数等景观指数，利用 Fragstats 软件计算各项景观指数 1995 年、2005 年、2015 年的指数值，分析近 20 年来松花江流域景观格局整体的时空演变特征（表 4-17）。

表 4-17　景观格局指数及其生态意义

景观指数	计算公式	应用尺度	生态意义
斑块密度（PD）	$PD=N/A$	类型/景观	表征景观破碎化程度
边缘密度（ED）	$ED=E/A\times10^4$	类型/景观	表征各类型被边界分割的程度
形状指数（LSI）	$LSI=0.25\sqrt{E/A}$	类型/景观	表征斑块形状的复杂程度
蔓延度指数（CONT）	$CONT=\left(1+\sum_{i=1}^{m}\sum_{j=1}^{n}\frac{P_{ij}\ln P_{ij}}{2\ln m}\right)\times100$	类型	景观里不同拼块类型的团聚程度或延展趋势
香农多样性指数（SHDI）	$SHEI=-\sum_{i=1}^{m}P_i\ln P_i/\ln m$	景观	表征不同景观或同一景观不同时期的多样性与异质性

（2）陆域生态景观格局演变特征分析方法

应用景观类型几何重心分布方法对陆域生态景观格局变化特征进行分析。

重心经度计算公式为
$$X=\sum_{i=1}^{n}(C_i\times X_i)/\sum_{i=1}^{n}C_i \quad (4.1)$$

重心纬度计算公式为
$$Y=\sum_{i=1}^{n}(C_i\times Y_i)/\sum_{i=1}^{n}C_i \quad (4.2)$$

（3）滨岸带生态景观格局变化分析方法

通过计算松花江干流及典型支流滨岸带土地利用程度，分析滨岸带景观类型利用程度变化以及人类活动对滨岸带生态系统的干扰强度变化。土地利用程度综合指数计算公式为

$$L=100\times\sum_{i=1}^{n}(A_i\times C_i) \quad (4.3)$$

式中，L 为土地利用程度综合指数；i 为土地利用类型；A_i 为第 i 种土地利用类型的土地利用程度分级指数；C_i 为研究区域内第 i 级土地利用程度分级面积百分比。

土地利用程度变化率计算公式为

$$R=(L_{t1}-L_{t2})/L_{t1} \quad (4.4)$$

式中，R 为土地利用程度变化率；L_{t1} 为期初土地利用程度综合指数；L_{t2} 为期末土地利用程度综合指数。

根据相关研究成果，对不同土地利用类型的土地利用程度分级指数进行赋值（表 4-18）。

表 4-18　土地利用程度分级

土地利用程度分级	土地利用/覆被类型	土地利用分级指数
未利用土地级	其他	1
林草水域土地级	林地、草地、水域与湿地	2
农业土地级	农田	3
居住地、工矿用地土地级	人工表面	4

（4）水域生态景观格局对水生态完整性的影响分析方法

采用河道连通性指数表征水域生态景观格局对松花江流域水生态系统完整性的影响，河道连通性是指自然河道的连通状况，利用每百公里河道的闸坝个数评估河道的连通性，计算公式为

$$R=N/L\times100 \quad (4.5)$$

式中，N 为闸坝、水电站等水利工程个数，个；L 为河道长度，km。

（5）陆域生态景观格局对水生态完整性的影响

本研究利用源汇景观指数定量研究流域景观格局对流域面源过程和水生态完整性的影响。源汇景观指数计算公式为

$$\mathrm{LWLI}=\log\left(\sum_{i=1}^{m}A_{\mathrm{source}i}\times W_i\times \mathrm{AP}_i/\sum_{j=1}^{n}A_{\mathrm{sink}j}\times W_j\times \mathrm{AP}_j\right) \quad (4.6)$$

式中，LWLI 为源汇景观指数；m 和 n 分别表示源、汇景观类型的数量；$A_{\text{source}i}$ 和 $A_{\text{sink}j}$ 分别指源景观和汇景观在洛仑兹曲线中的累积面积；W_i 和 W_j 分别指源景观和汇景观的权重；AP_i 和 AP_j 分别指源景观和汇景观在流域内的面积比例。

综合的源汇景观指数计算公式为

$$\text{LWLI} = \text{LWLI}_{\text{distance}} \times \text{LWLI}_{\text{elevation}} / \text{LWLI}_{\text{slop}} \tag{4.7}$$

式中，LWLI 为综合的源汇景观指数；$\text{LWLI}_{\text{distance}}$、$\text{LWLI}_{\text{elevation}}$、$\text{LWLI}_{\text{slop}}$ 分别表示以相对距离、相对高程和坡度为横坐标建立的源汇景观指数。

根据前期相关研究，借鉴土壤侵蚀通用方程中的 C 值（植被覆盖与管理因子），对不同景观类型的面源过程贡献给予权重赋值（表 4-19）。

表 4-19 源汇景观权重值

源汇关系	景观类型	权重值
源	农田	0.3
	人工表面	0.2
	其他	1
汇	林地	0.05
	草地	0.15
	湿地	0

（6）滨岸带生态景观格局对水生态完整性的影响

松花江流域面源污染严重，因此滨岸带生态系统的阻滞功能直接决定着陆域面源污染的入河状况。本书通过滨岸带的阻滞功能指数表征其滞纳污染物作用的强弱。计算方法为

$$W = 100 \times \sum_{i=1}^{n} (A_i \times S_i / S) \tag{4.8}$$

式中，W 为阻滞功能指数；i 为生态系统类型；A_i 为第 i 种生态系统类型的阻滞系数分值；S_i 为第 i 种生态系统的面积；S 为滨岸带总面积。

参照相关研究，不同生态系统类型的阻滞系数分值见表 4-20。

表 4-20 生态系统类型的阻滞系数参考表

	自然植被、湿地	人工植被	农田、其他	人工表面
系数参考	1.0	0.6	0.3	0

（7）流域生态景观格局对径流量变化影响分析方法

SWAT（Soil and Water Assessment Tool）模型是在以农业和森林为主的流域具有连续模拟能力的最有前途的非点源污染模拟模型。整个水分循环系统遵循水量平衡规律，SWAT 模型模拟的水文循环基于水量平衡方程：

$$SW_t = SW_{0i} + \sum_{i=1}^{t}(R_{dayi} - Q_{surfi} - E_{ai} - W_{seepi} - Q_{gwi}) \tag{4.9}$$

式中，SW_t 为土壤最终含水量，mm；SW_{0i} 为第 i 天的土壤初始含水量，mm；t 为时间，d；R_{dayi} 为第 i 天的降水量，mm；Q_{surfi} 为第 i 天的地表径流量，mm；E_{ai} 为第 i 天的蒸散发量，mm；W_{seepi} 为第 i 天从土壤剖面进入包气带的水量，mm；Q_{gwi} 为第 i 天回归流的水量，mm。

本研究应用 SWAT 模型对流域生态景观格局与流域径流变化之间的关系进行分析，应用流域气候、土壤、水文和地图资料等完成影响分析。

4.1.3.2　流域景观格局变化分析结果

（1）全流域景观格局变化分析

近 20 年来松花江流域斑块密度 PD 和边缘密度 ED 均升高（表 4-21），表明景观破碎化加剧，其中斑块密度先降低后升高、边缘密度持续升高。形状指数先升高后降低，表明总体斑块形状趋于简单；香农多样性指数先稳定后降低，表明生态景观类型趋于单一。景观破碎度加剧导致野生动植物适宜生境互相割裂，对于生物的扩散和种群之间的交流具有较为明显的负面影响，同时景观破碎化会导致自然生态系统初级生产力降低。斑块形状趋于复杂化导致不同生态系统之间的接触范围更加广大，一方面导致边缘效应更加明显，利于边缘物种生存；另一方面导致核心生境减少，依赖稳定环境因子的物种生存受到威胁。生态景观类型趋于单一，无法为生物提供多样化的生境条件，不利于生物多样性维持。

就不同的水生态功能Ⅱ级分区而言，大部分水生态功能分区景观尺度的景观格局变化趋势与所在流域基本一致。

表 4-21　松花江流域全流域及各分区景观格局指数变化

研究对象	年份	PD	ED	LSI	SHDI
全流域	1995	0.198 8	9.248 0	1 124.804 6	1.498 1
	2005	0.191 9	9.447 4	1 128.244 6	1.496 0
	2015	0.208 6	9.731 6	1 113.253 5	1.485 0
A-008	1995	0.276 8	18.478 7	69.589 6	1.273 4
	2005	0.205 1	17.681 6	66.710 5	1.257
	2015	0.204 3	17.666 9	66.657 2	1.248 3
A-011	1995	0.267 2	11.820 7	77.930 5	1.167 5
	2005	0.243 9	12.290 2	80.941 4	1.156 1
	2015	0.296 3	13.111 2	86.206 8	1.138 6
A-012	1995	0.280 9	14.015 6	71.133 1	1.334 3
	2005	0.247 3	13.777 8	69.967 2	1.334 2
	2015	0.263 9	14.221 4	72.142 2	1.317 2

研究对象	年份	PD	ED	LSI	SHDI
A-016	1995	0.124 8	8.941 8	45.177 3	0.988 1
	2005	0.118	9.318 5	46.993 3	1.028 8
	2015	0.134 4	9.160 6	46.231 9	0.971
A-017	1995	0.217 5	11.029 1	62.481 1	1.082
	2005	0.219	11.176 9	63.288 2	1.079 1
	2015	0.237 1	11.315 2	64.044 1	1.038 5
A-021	1995	0.204 6	12.657 1	53.577 3	0.840 6
	2005	0.181 5	13.225 8	55.894 1	0.913 2
	2015	0.218 6	14.378 4	60.589 5	0.928 6
A-022	1995	0.161 6	9.749 5	33.973 5	1.194
	2005	0.174 4	9.950 5	34.625 8	1.150 6
	2015	0.184	10.257 8	35.623 3	1.151 4
A-023	1995	0.204	12.463 8	39.193 9	1.077 2
	2005	0.222 3	14.248 7	44.520 5	1.062 7
	2015	0.248	14.706 1	45.885 3	1.018 9
A-013	1995	0.503 1	13.926 3	16.901 6	1.319 4
	2005	0.520 2	13.967 3	16.950 8	1.324 8
	2015	0.529 5	14.015 2	17.008 2	1.342 1
A-018	1995	0.451 2	14.503 4	122.489 4	1.563 8
	2005	0.457 5	14.519 1	122.561 7	1.571 8
	2015	0.457 2	14.559 3	122.746 8	1.579 8
A-019	1995	0.463 2	14.649 4	125.869 7	1.762 8
	2005	0.474 5	14.698 3	126.120 7	1.772 5
	2015	0.480 5	14.736 1	126.314 2	1.807 7
A-020	1995	0.366 5	13.839 5	114.161 5	1.315 3
	2005	0.374 2	13.901 9	114.357 1	1.324 7
	2015	0.381 7	13.943 4	114.487 6	1.336 8

（2）生态景观格局变化分析

1995—2015 年，松花江草地、农田、人工表面以及林地 PD 和 ED 指数均呈升高趋势，表明景观破碎度加剧，其他生态景观 PD 和 ED 均降低，可能是部分生态系统退化导致临近的未利用地等低生产力生态系统连成一片，或者部分零星的低生产力生态系统消失。农田、人工表面 ED 和 LSI 增加明显，原因是近 20 年来人工表面侵占农田导致二者互相交错、形状更加复杂。各生态景观蔓延度指数 CONT 总体呈降低趋势，其中农田、其他生态景观降低明显，表明各斑块之间更加分离，不利于野生动植物的扩散（表 4-22）。

表 4-22　松花江流域生态景观类型景观格局指数变化

地类	年份	PD	ED	LSI	CONT
草地	1995	0.018 4	2.024 6	172.963 6	0.560 7
	2005	0.018 5	2.058 3	174.840 6	0.575 6
	2015	0.018 8	2.075 8	182.861 7	0.559 0

地类	年份	PD	ED	LSI	CONT
农田	1995	0.017 2	6.948 2	215.470 7	0.541 7
	2005	0.017 6	7.169 1	221.602 7	0.523 8
	2015	0.019 2	7.553 9	230.953 4	0.509 6
其他	1995	0.002 8	0.336 7	69.803 7	0.610 4
	2005	0.002 6	0.329 8	68.095 3	0.597 2
	2015	0.002 5	0.287 9	64.603 1	0.583 0
人工表面	1995	0.105 6	2.455 3	281.832 2	0.519 0
	2005	0.107 6	2.680 6	286.807 9	0.519 2
	2015	0.113 3	2.808 6	291.478 9	0.510 9
林地	1995	0.020 2	4.611 5	159.679 3	0.549 0
	2005	0.021 5	4.672 5	161.447 0	0.559 8
	2015	0.023 8	4.807 3	166.784 0	0.515 7
水域与湿地	1995	0.025 6	2.119 9	157.667 8	0.346 8
	2005	0.019 7	1.984 2	156.998 1	0.370 9
	2015	0.022 1	1.929 6	155.993 3	0.356 9

1995—2015 年林地、其他生态景观的重心迁移不明显；农田的重心迁移最为明显，先向北方迁移，之后向东南方迁移；水域与湿地重心持续向西南方向迁移；草地先向东迁移、后有所回归，人工表面迁移方向为先西北后东南。表明水域与湿地减少主要在流域东北部，农田增加较为均匀，人工表面增加主要在流域西南部（图 4-8）。

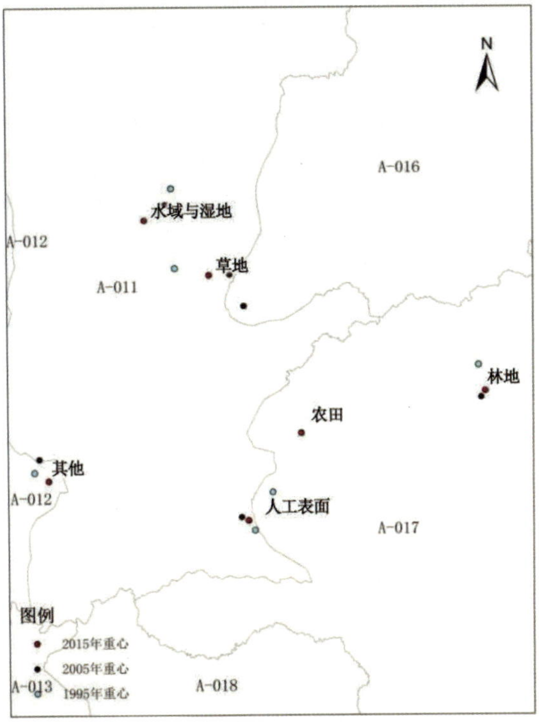

图 4-8 松花江流域各生态景观格局重心迁移特征

（3）松花江干流 200 m 滨岸带生态景观格局变化分析

1995 年、2005 年和 2015 年，松花江干流 200 m 滨岸带Ⅱ级区生态景观格局土地利用程度综合指数分别为 234.13、235.87 和 234.21，表明近 20 年来人类活动对松花江干流 200 m 滨岸带的干扰强度总体呈先增大后有所减少的趋势（表 4-23）。

表 4-23　松花江干流 200 m 滨岸带Ⅱ级区生态景观格局土地利用程度综合指数变化

Ⅱ级分区	1995 年	2005 年	2015 年
A-008	223.78	225.50	225.77
A-011	233.29	234.08	218.19
A-012	226.04	224.90	221.37
A-017	239.23	247.43	250.85
A-022	226.21	234.74	238.11
A-013	242.39	252.29	252.32
A-018	247.69	248.24	248.34
A-019	229.97	230.46	231.07
全流域	234.13	235.87	234.21

（4）松花江干流 500 m 滨岸带生态景观格局变化分析

1995 年、2005 年和 2015 年，松花江干流 500 m 滨岸带Ⅱ级区生态景观格局土地利用程度综合指数分别为 237.35、239.65 和 238.65，表明近 20 年来人类活动对松花江干流 500 m 滨岸带的干扰强度总体呈先增大后有所减少的趋势（表 4-24）。

表 4-24　松花江干流 500 m 滨岸带Ⅱ级区生态景观格局土地利用程度综合指数变化

Ⅱ级分区	1995 年	2005 年	2015 年
A-008	228.31	227.60	228.21
A-011	238.38	238.57	229.76
A-012	230.61	228.96	226.99
A-017	245.18	252.44	255.63
A-022	234.36	239.98	243.96
A-013	259.50	259.42	259.63
A-018	258.48	258.78	258.83
A-019	231.62	232.38	232.97
全流域	237.35	239.65	238.65

（5）松花江干流 1 000 m 滨岸带生态景观格局变化分析

1995 年、2005 年和 2015 年，松花江干流 1 000 m 滨岸带Ⅱ级区生态景观格局土地利用程度综合指数分别为 243.23、245.69 和 247.58，表明近 20 年来人类活动对松花江干流 1 000 m 滨岸带的干扰强度总体呈增大趋势（表 4-25）。

表 4-25 松花江干流 1 000 m 滨岸带Ⅱ级区生态景观格局土地利用程度综合指数变化

Ⅱ级分区	1995 年	2005 年	2015 年
A-008	230.97	229.78	230.39
A-011	243.33	242.69	237.77
A-012	234.56	232.64	232.54
A-017	249.88	256.53	260.06
A-022	242.58	245.62	250.08
A-013	257.36	256.35	257.39
A-018	253.56	258.65	257.69
A-019	240.62	241.67	243.12
全流域	243.23	245.69	247.58

4.2 松花江水环境质量时空变化分析

本研究采用的水质数据，主要来源于 52 个国控点位（表 4-26）。

表 4-26 松花江国控监测点位

序号	名称	缩写	所属河流
1	瀑布下	pbx	松花江吉林省段
2	白山大桥（批洲）	bsdq	松花江吉林省段
3	墙缝	qf	松花江吉林省段
4	丰满	fm	松花江吉林省段
5	兰旗大桥	lqdq	松花江吉林省段
6	白旗	bq	松花江吉林省段
7	松花江村	shjc	松花江吉林省段
8	宁江	nj	松花江吉林省段
9	松林	sl	松花江吉林省段
10	肇源	zy	松花江黑龙江省段
11	朱顺屯	zst	松花江黑龙江省段
12	呼兰河口下	hlhkx	松花江黑龙江省段
13	大顶子山	ddzs	松花江黑龙江省段
14	摆渡镇	bdz	松花江黑龙江省段
15	佳木斯上	jmss	松花江黑龙江省段
16	佳木斯下	jmsx	松花江黑龙江省段
17	江南屯	jnt	松花江黑龙江省段
18	同江	tj	松花江黑龙江省段
19	福兴	fx	辉发河（松花江支流）
20	新立城大坝	xlcdb	伊通河（松花江支流）
21	杨家崴子	yjwz	伊通河（松花江支流）
22	靠山南楼	ksnl	饮马河（伊通河支流）
23	兴盛乡	xsx	拉林河（松花江支流）

序号	名称	缩写	所属河流
24	苗家	mj	拉林河（松花江支流）
25	呼兰河口内	hlhkn	呼兰河（松花江支流）
26	阿什河口内	ashkn	阿什河（松花江支流）
27	倭肯河口内	wkhkn	倭肯河（松花江支流）
28	甩湾子	swz	牡丹江（松花江支流）
29	大山	ds	牡丹江（松花江支流）
30	海浪	hl	牡丹江（松花江支流）
31	柴河铁路桥	chtlq	牡丹江（松花江支流）
32	牡丹江口内	mdjkn	牡丹江（松花江支流）
33	苗圃	mp	汤旺河（松花江支流）
34	友好	yh	汤旺河（松花江支流）
35	汤旺河口内	twhkn	汤旺河（松花江支流）
36	梧桐河口内	wthkn	梧桐河（松花江支流）
37	博霍头	bht	嫩江（松花江支流）
38	繁荣村	frc	嫩江（松花江支流）
39	讷谟尔河口上	nmehks	嫩江（松花江支流）
40	拉哈	lh	嫩江（松花江支流）
41	浏园	ly	嫩江（松花江支流）
42	江桥	jq	嫩江（松花江支流）
43	白沙滩	bst	嫩江（松花江支流）
44	嫩江口内	njkn	嫩江（松花江支流）
45	新发	xf	阿伦河（嫩江支流）
46	李屯	lt	甘河（嫩江支流）
47	绰尔河口	cehk	绰尔河（嫩江支流）
48	成吉思汗	cjsh	雅鲁河（嫩江支流）
49	讷谟尔河口	nmehk	讷谟尔河（嫩江支流）
50	查哈阳乡	chyx	诺敏河（嫩江支流）
51	音河水库	yhsk	音河（嫩江支流）
52	斯力很	slh	洮儿河（嫩江支流）

4.2.1 各指标时空变化特征

由松花江流域 2003—2018 年常规水质因子平均浓度变化可知（图 4-9），松花江流域大部分污染物的浓度在 2003—2018 年呈下降趋势，DO 有升高的趋势，pH 则无显著变化，挥发酚的浓度在 2003—2009 年显著升高，CN^-的浓度在 2003—2008 年显著升高，但都在 2010 年之后显著下降，说明流域的整体水质有逐渐变好的趋势。由图中散点可知，2018 年流域中仍出现较多 COD、COD_{Mn}、NH_3-N、TN 和 TP 等污染物超标的状况，DO 也有未达标的情况出现，说明这些是流域的主要污染物。

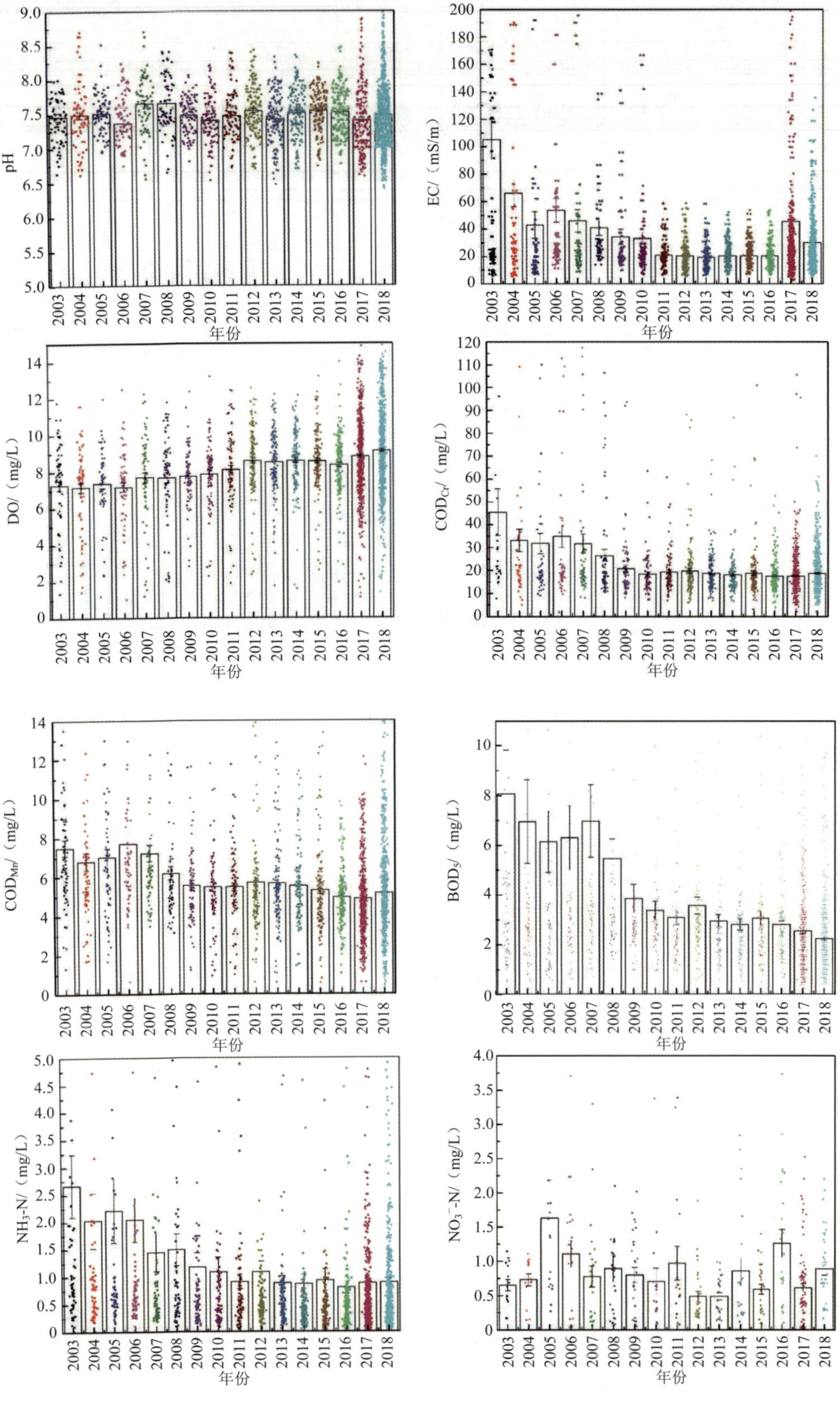
pH
EC/（mS/m）
DO/（mg/L）
COD_Cr/（mg/L）
COD_Mn/（mg/L）
BOD_5/（mg/L）
NH_3-N/（mg/L）
NO_3^-N/（mg/L）
年份
2003 2004 2005 2006 2007 2008 2009 2010 2011 2012 2013 2014 2015 2016 2017 2018

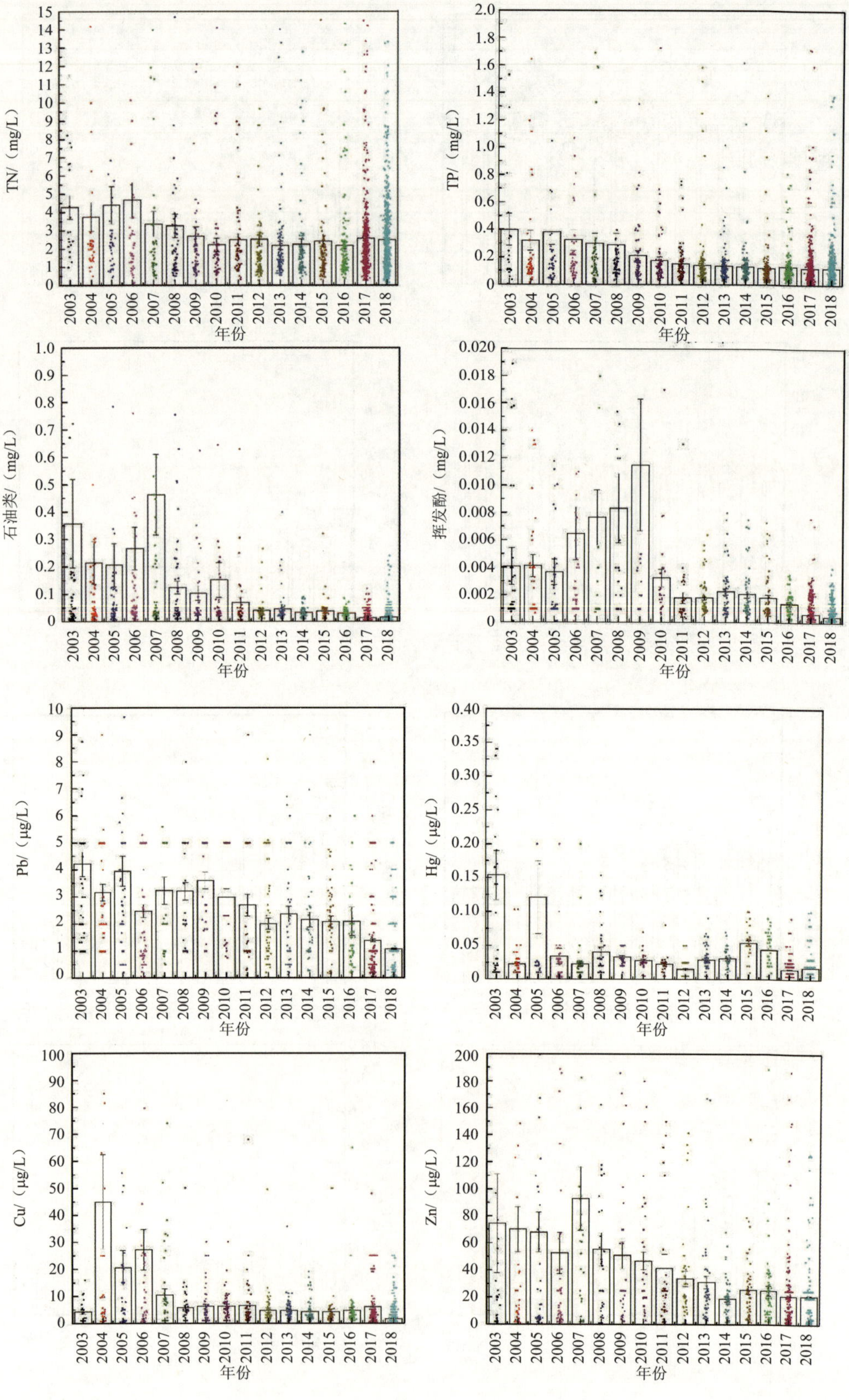
TN/（mg/L）
年份
TP/（mg/L）
年份
石油类/（mg/L）
年份
挥发酚/（mg/L）
年份
Pb/（μg/L）
年份
Hg/（μg/L）
年份
Cu/（μg/L）
年份
Zn/（μg/L）
年份

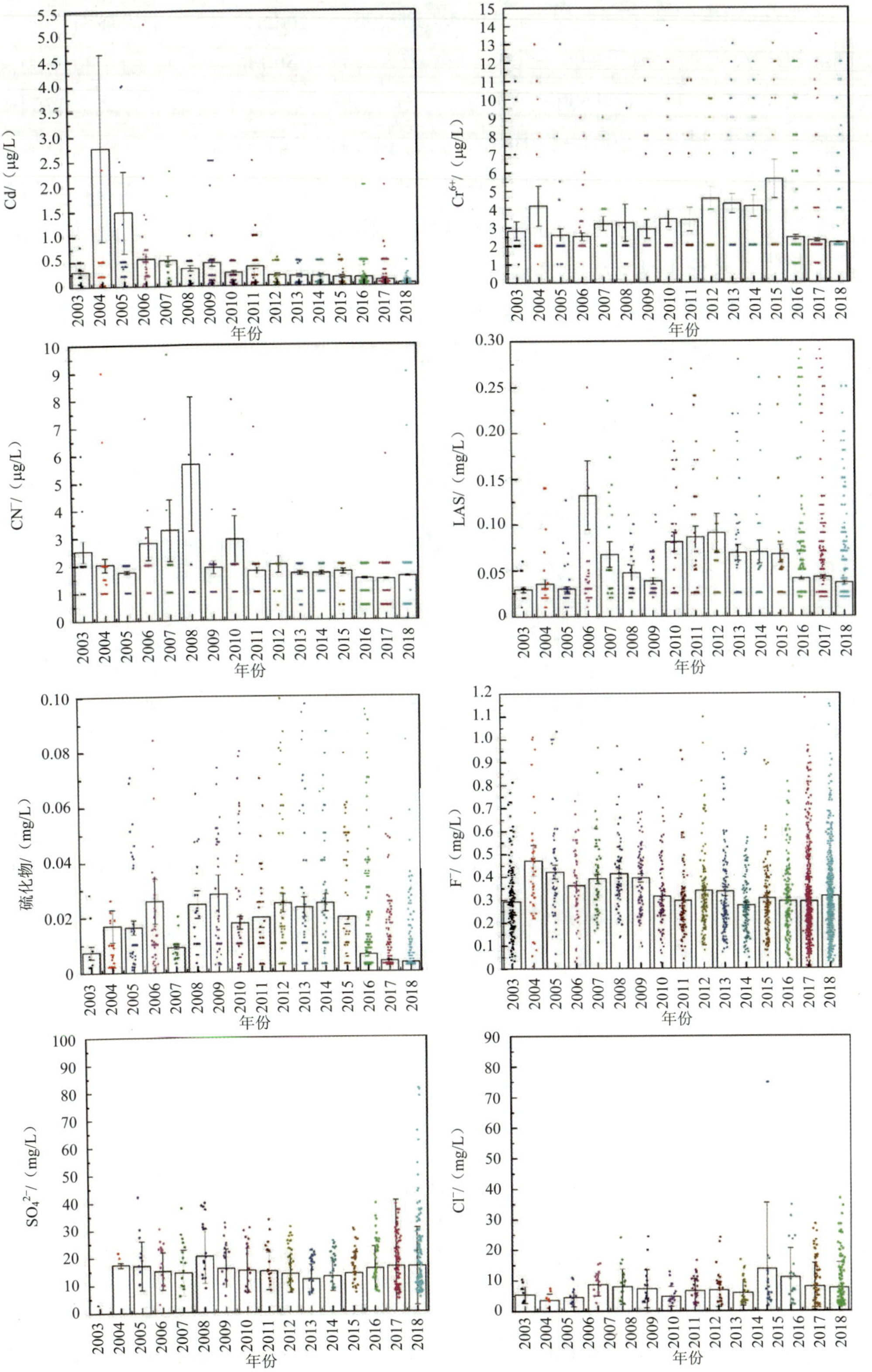

图 4-9 松花江流域 2003—2018 年污染物浓度变化趋势

基于 30 m 精度的数字高程模型（Digital Elevation Model），将各子流域分为平原（海拔 200 m 以下）、丘陵（海拔 200～500 m）和山区（海拔 500 m 以上）。由于位于山区的点位较少，因此将山区和丘陵的点位合并为一个分区进行分析。不同地形分区之间的水质参数变化差异较为明显，在 2003—2010 年，只有 pH、挥发酚、Cu、Cd 和 F^- 未表现出空间差异（表 4-27）；在 2011—2018 年，空间变化差异体现得更为明显，只有 Zn 未体现空间差异（表 4-28）。重金属指标的空间差异较小，原因可能在于流域内部分点位已无法检出。在这两个阶段，松花江流域水质状况整体呈现山区丘陵区优于平原区，此外，2011—2018 年松花江水质空间差异更为显著（图 4-10），原因可能在于此阶段社会经济快速发展，尤其是平原地区土地开发利用活动增强导致平原和山区的水质差异逐渐变大。

表 4-27 2003—2010 年不同地形分区水质指标变化差异

水质指标	平原		山区丘陵		单因素方差
	平均值	标准差	平均值	标准差	p
pH	7.36	0.61	7.45	0.50	0.333
EC/（mS/m）	36.686	44.103	24.657	20.177	0.012*
DO/（mg/L）	7.231	3.090	7.957	1.231	0.011*
COD_{Cr}/（mg/L）	32.365	34.698	18.837	9.392	0.000*
COD_{Mn}/（mg/L）	6.830	4.323	5.400	2.875	0.008*
BOD_5/（mg/L）	7.199	11.421	2.700	1.959	0.000*
NH_3-N/（mg/L）	2.664	4.925	0.765	0.917	0.000*
NO_3^--N/（mg/L）	1.002	0.970	0.637	0.300	0.032*
TN/（mg/L）	4.586	6.302	0.939	0.651	0.000*
TP/（mg/L）	0.350	0.566	0.100	0.081	0.000*
石油类/（mg/L）	0.324	0.883	0.018	0.009	0.000*
挥发酚/（mg/L）	0.006 2	0.013 2	0.004 7	0.007 7	0.437
Hg/（mg/L）	0.000 1	0.000 2	0.000 0	0.000 1	0.118
Pb/（mg/L）	0.003 4	0.003 2	0.004 5	0.002 0	0.021*
Cu/（mg/L）	0.018 9	0.045 9	0.010 3	0.012 2	0.072
Zn/（mg/L）	0.068 8	0.096 4	0.029 0	0.032 9	0.001*
Si/（mg/L）	0.000 6	0.000 7	0.205 3	0.819 9	0.334
As/（mg/L）	0.050 3	0.395 8	0.002 5	0.002 8	0.167
Cd/（mg/L）	0.005 8	0.050 5	0.004 8	0.018 2	0.876
Cr/（mg/L）	0.003 0	0.002 8	0.002 2	0.000 6	0.017
氰化物/（mg/L）	0.002 1	0.003 0	0.007 6	0.012 4	0.078
LAS/（mg/L）	0.066	0.131	0.036	0.030	0.043*
硫化物/（mg/L）	0.023	0.052	0.006	0.003	0.001
F^-/（mg/L）	0.388	0.174	1.130	2.720	0.109
SO_4^{2-}/（mg/L）	14.525	9.280	2.663	4.971	0.000*
Cl^-/（mg/L）	8.284	6.852	20.806	4.302	0.022*

注：*表示 $p<0.05$。

表 4-28　2011—2018 年不同地形分区水质指标变化差异

水质指标	平原		山区丘陵		单因素方差
	平均值	标准差	平均值	标准差	p
pH	7.57	0.44	7.43	0.44	0.000*
EC/（mS/m）	27.910	43.120	22.672	33.696	0.000*
DO/（mg/L）	8.375	2.273	8.914	1.813	0.000*
COD_{Cr}/（mg/L）	20.505	12.744	14.952	5.660	0.000*
COD_{Mn}/（mg/L）	5.759	2.515	4.471	2.225	0.000*
BOD_5/（mg/L）	3.304	3.865	1.702	0.980	0.000*
NH_3-N/（mg/L）	1.310	2.671	0.399	0.406	0.000*
NO_3^--N/（mg/L）	0.825	0.734	0.333	0.555	0.000*
TN/（mg/L）	3.126	4.239	1.418	1.380	0.000*
TP/（mg/L）	0.168	0.237	0.074	0.060	0.000*
石油类/（mg/L）	0.023	0.045	0.014	0.013	0.000*
挥发酚/（mg/L）	0.001 0	0.001 6	0.000 5	0.000 6	0.100*
Hg/（mg/L）	0.000 02	0.000 02	0.000 02	0.000 01	0.000
Pb/（mg/L）	0.001 6	0.001 9	0.002 0	0.002 8	0.000*
Cu/（mg/L）	0.007 7	0.011 9	0.006 6	0.009 4	0.002*
Zn/（mg/L）	0.020 1	0.020 7	0.020 1	0.021 4	0.979
Si/（mg/L）	0.000 3	0.000 5	0.000 3	0.000 4	0.001
As/（mg/L）	0.001 3	0.001 8	0.001 2	0.002 3	0.025
Cd/（mg/L）	0.000 1	0.000 2	0.000 2	0.000 4	0.000*
Cr/（mg/L）	0.002 7	0.002 5	0.003 1	0.004 4	0.003*
氰化物/（mg/L）	0.001 6	0.000 6	0.001 7	0.000 8	0.000*
LAS/（mg/L）	0.052	0.074	0.032	0.022	0.000*
硫化物/（mg/L）	0.011	0.018	0.009	0.018	0.010*
F^-/（mg/L）	0.322	0.199	0.264	0.250	0.000*
SO_4^{2-}/（mg/L）	14.800	6.538	11.631	17.890	0.012*
Cl^-/（mg/L）	8.064	8.502	3.860	6.068	0.000*

注：*表示 $p<0.05$。

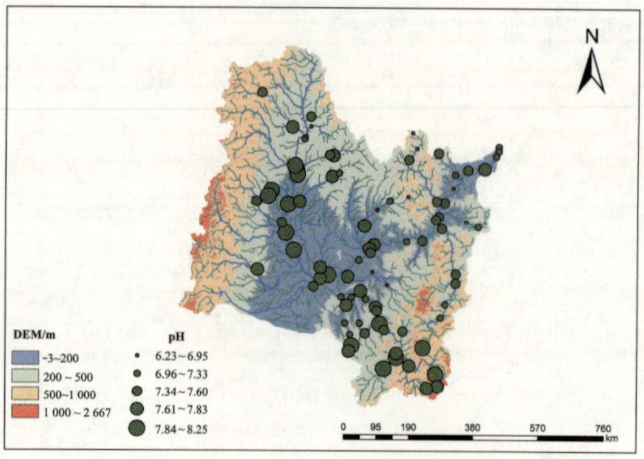
N
DEM/m
-3~200
200 ~ 500
500~1 000
1 000 ~ 2 667
pH
6.23 ~ 6.95
6.96 ~ 7.33
7.34 ~ 7.60
7.61 ~ 7.83
7.84 ~ 8.25
0 95 190 380 570 760
km

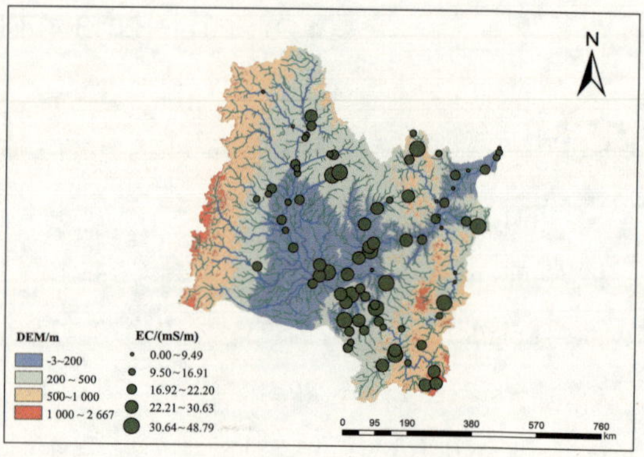
N
DEM/m
-3~200
200 ~ 500
500~1 000
1 000 ~ 2 667
EC/(mS/m)
0.00 ~ 9.49
9.50 ~ 16.91
16.92 ~ 22.20
22.21 ~ 30.63
30.64 ~ 48.79
0 95 190 380 570 760
km

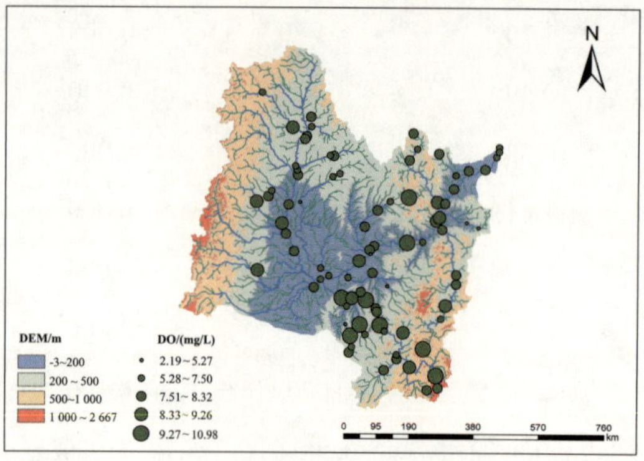
N
DEM/m
-3~200
200 ~ 500
500~1 000
1 000 ~ 2 667
DO/(mg/L)
2.19 ~ 5.27
5.28 ~ 7.50
7.51 ~ 8.32
8.33 ~ 9.26
9.27 ~ 10.98
0 95 190 380 570 760
km

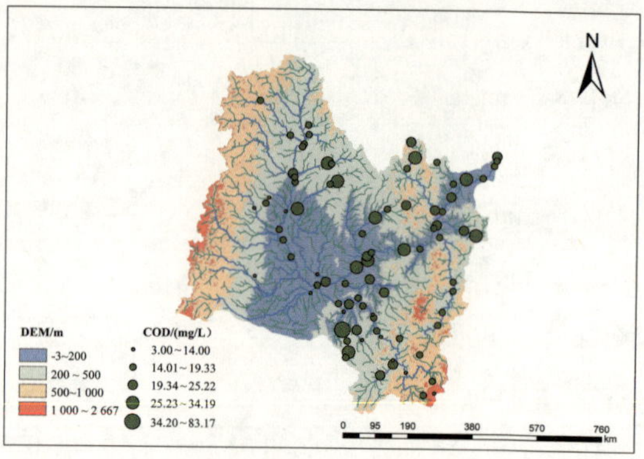
N
DEM/m
-3~200
200 ~ 500
500~1 000
1 000 ~ 2 667
COD/(mg/L)
3.00 ~ 14.00
14.01 ~ 19.33
19.34 ~ 25.22
25.23 ~ 34.19
34.20 ~ 83.17
0 95 190 380 570 760
km

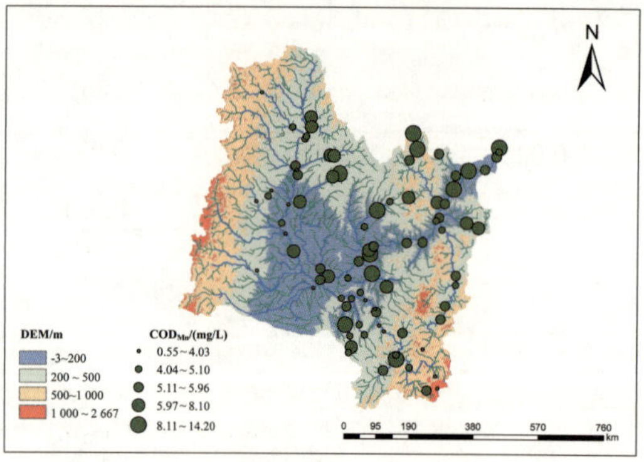
N
DEM/m
-3~200
200 ~ 500
500~1 000
1 000 ~ 2 667
COD_{Mn}/(mg/L)
0.55 ~ 4.03
4.04 ~ 5.10
5.11 ~ 5.96
5.97 ~ 8.10
8.11 ~ 14.20
0 95 190 380 570 760
km

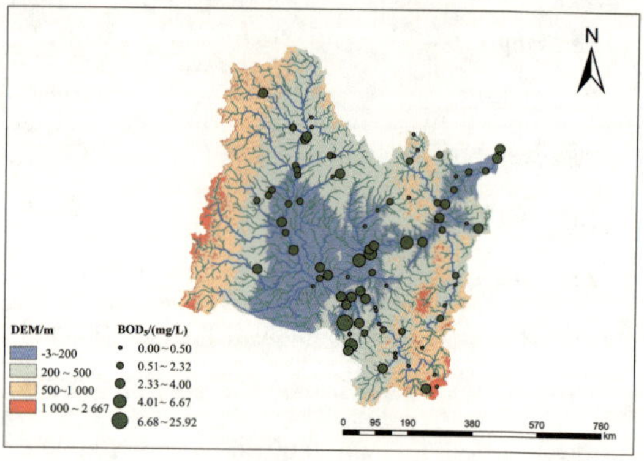
N
DEM/m
-3~200
200 ~ 500
500~1 000
1 000 ~ 2 667
BOD_5/(mg/L)
0.00 ~ 0.50
0.51 ~ 2.32
2.33 ~ 4.00
4.01 ~ 6.67
6.68 ~ 25.92
0 95 190 380 570 760
km

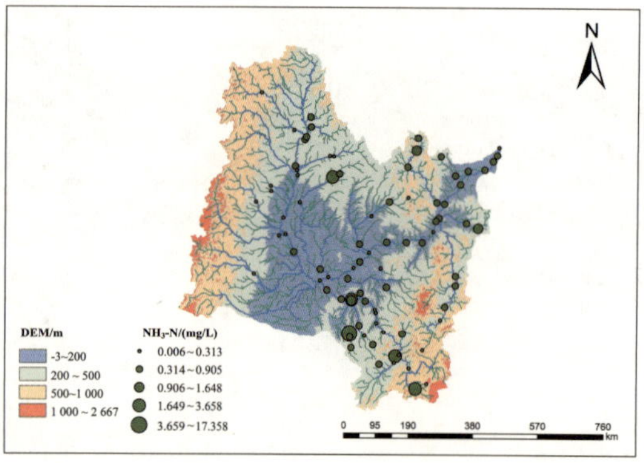
N
DEM/m
-3~200
200 ~ 500
500~1 000
1 000 ~ 2 667
NH_3-N/(mg/L)
0.006 ~ 0.313
0.314 ~ 0.905
0.906 ~ 1.648
1.649 ~ 3.658
3.659 ~ 17.358
0 95 190 380 570 760
km

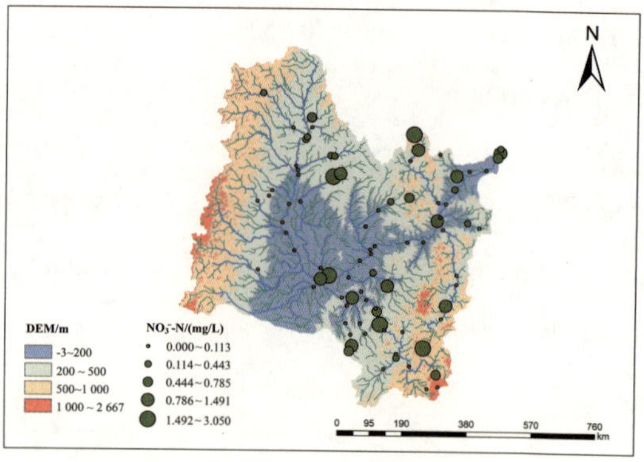
N
DEM/m
-3~200
200 ~ 500
500~1 000
1 000 ~ 2 667
NO_3^--N/(mg/L)
0.000 ~ 0.113
0.114 ~ 0.443
0.444 ~ 0.785
0.786 ~ 1.491
1.492 ~ 3.050
0 95 190 380 570 760
km

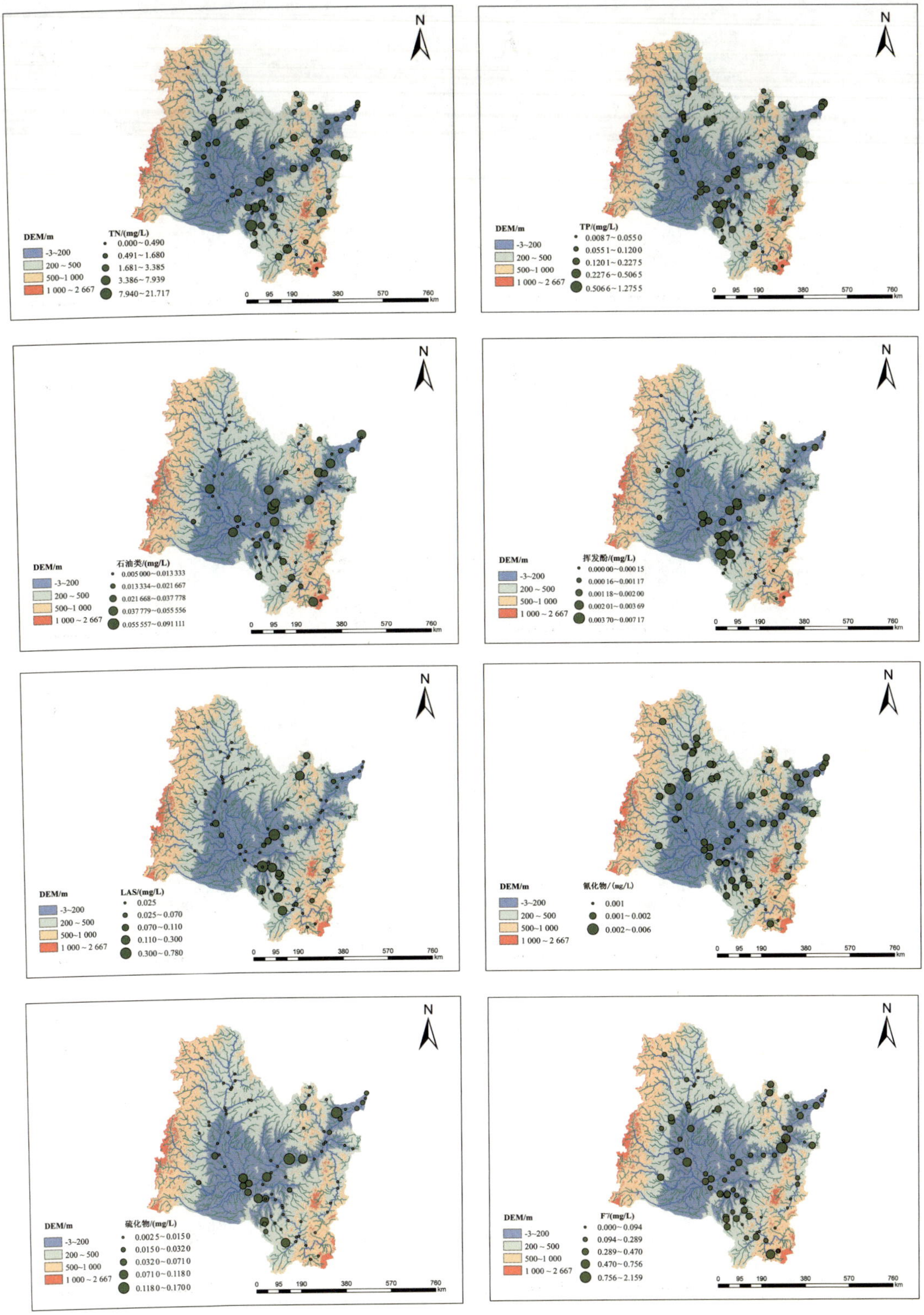
N
DEM/m
-3~200
200 ~ 500
500~1 000
1 000 ~ 2 667
TN/(mg/L)
0.000 ~ 0.490
0.491 ~ 1.680
1.681 ~ 3.385
3.386 ~ 7.939
7.940 ~ 21.717
0 95 190 380 570 760 km
TP/(mg/L)
0.008 7 ~ 0.055 0
0.055 1 ~ 0.120 0
0.120 1 ~ 0.227 5
0.227 6 ~ 0.506 5
0.506 6 ~ 1.275 5
石油类/(mg/L)
0.005 000 ~ 0.013 333
0.013 334 ~ 0.021 667
0.021 668 ~ 0.037 778
0.037 779 ~ 0.055 556
0.055 557 ~ 0.091 111
挥发酚/(mg/L)
0.000 00 ~ 0.000 15
0.000 16 ~ 0.001 17
0.001 18 ~ 0.002 00
0.002 01 ~ 0.003 69
0.003 70 ~ 0.007 17
LAS/(mg/L)
0.025
0.025 ~ 0.070
0.070 ~ 0.110
0.110 ~ 0.300
0.300 ~ 0.780
氰化物/(mg/L)
0.001
0.001 ~ 0.002
0.002 ~ 0.006
硫化物/(mg/L)
0.002 5 ~ 0.015 0
0.015 0 ~ 0.032 0
0.032 0 ~ 0.071 0
0.071 0 ~ 0.118 0
0.118 0 ~ 0.170 0
F⁻/(mg/L)
0.000 ~ 0.094
0.094 ~ 0.289
0.289 ~ 0.470
0.470 ~ 0.756
0.756 ~ 2.159

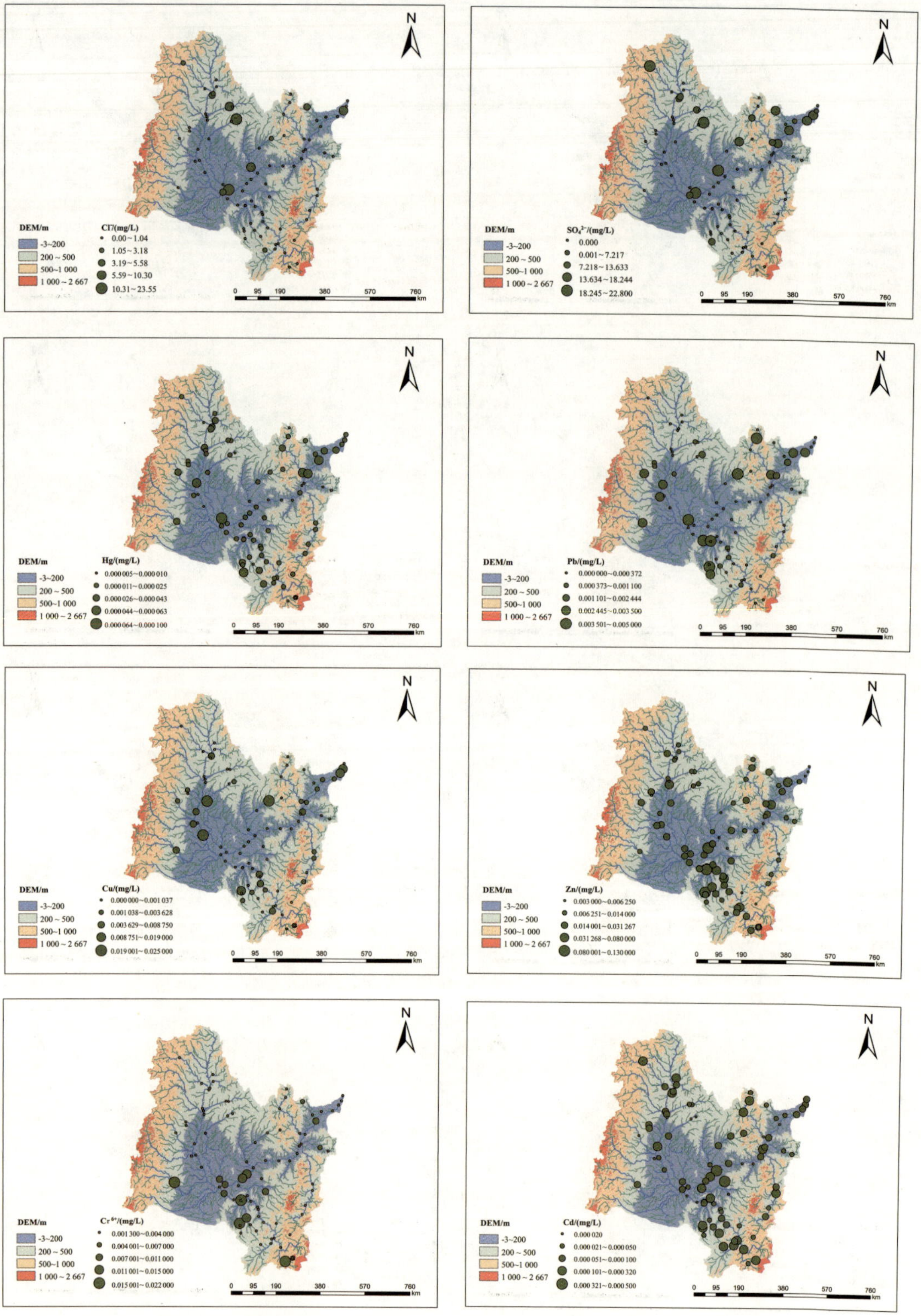

图 4-10 松花江流域水质化学指标空间变化特征

4.2.2 各指标分期变化特征

将水质监测数据分为2003—2010年以及2011—2018年两个阶段，将水质数据按照水期分为丰水期（6月、7月、8月）数据、平水期（4月、5月、9月、10月）数据和冰封期（1月、2月、3月、11月、12月）数据。

本书应用单因素方差分析比较了2003—2010年以及2011—2018年两个阶段不同时期（丰水期、平水期和冰封期）和不同地形分区（平原和丘陵山地）水质的变化差异（$p<0.05$）。在2003—2010年，不同水期之间水质变化差异不显著，只有pH、DO、NH_3-N、TN和F^-表现出了明显的季节差异（表4-29）；在2011—2018年，水质参数的季节变化差异较2003—2010年更为显著，除了pH、DO、NH_3-N、TN和F^-以外，EC、COD_{Cr}、NO_3^--N、Cu、硫化物和SO_4^{2-}也体现出了显著的季节差异（表4-30）。2011—2018年松花江流域所有水期水质指标要优于2003—2010年，说明松花江流域近年来的水质状况有逐渐变好的趋势。

表4-29 2003—2010年不同水期水质变化差异

水质指标	丰水期		平水期		冰封期		单因素方差
	平均值	标准差	平均值	标准差	平均值	标准差	p
pH	7.55	0.20	7.62	0.22	7.32	0.65	0.000*
EC/（mS/m）	33.141	28.783	35.544	37.225	34.705	43.945	0.956
DO/（mg/L）	6.934	1.537	7.939	1.941	7.332	3.126	0.004*
COD_{Cr}/（mg/L）	25.921	22.728	24.458	21.374	32.066	35.405	0.050*
COD_{Mn}/（mg/L）	6.724	2.415	6.462	2.812	6.580	4.515	0.926
BOD_5/（mg/L）	4.759	9.350	5.077	9.304	7.010	11.029	0.365
NH_3-N/（mg/L）	1.093	2.009	1.307	2.703	2.686	4.989	0.007*
NO_3^--N/（mg/L）	0.696	0.366	0.844	0.855	1.450	1.980	0.000*
TN/（mg/L）	2.329	2.746	2.589	3.290	4.660	6.840	0.041*
TP/（mg/L）	0.257	0.325	0.238	0.345	0.321	0.575	0.531
石油类/（mg/L）	0.217	0.633	0.195	0.500	0.311	0.901	0.592
挥发酚/（mg/L）	0.003 6	0.006 0	0.003 6	0.006 7	0.006 9	0.014 1	0.121
Hg/（mg/L）	0.000 1	0.000 1	0.000 1	0.000 1	0.000 1	0.000 3	0.594
Pb/（mg/L）	0.002 9	0.001 8	0.003 6	0.003 5	0.003 6	0.003 2	0.276
Cu/（mg/L）	0.014 8	0.023 3	0.013 8	0.013 6	0.018 8	0.049 3	0.668
Zn/（mg/L）	0.055 3	0.083 7	0.042 7	0.045 0	0.068 9	0.099 6	0.176
Si/（mg/L）	0.000 6	0.000 9	0.000 4	0.000 3	0.047 4	0.392 0	0.420
As/（mg/L）	0.002 2	0.002 0	0.002 5	0.003 9	0.060 0	0.433 2	0.358
Cd/（mg/L）	0.001 5	0.003 1	0.001 0	0.001 1	0.008 1	0.058 4	0.446
Cr/（mg/L）	0.003 2	0.003 0	0.003 6	0.003 5	0.002 6	0.002 2	0.387
氰化物/（mg/L）	0.002 3	0.002 1	0.002 5	0.002 3	0.002 7	0.005 5	0.587
LAS/（mg/L）	0.056	0.069	0.055	0.069	0.065	0.142	0.878
硫化物/（mg/L）	0.017	0.012	0.018	0.014	0.023	0.060	0.650

水质指标	丰水期		平水期		冰封期		单因素方差
	平均值	标准差	平均值	标准差	平均值	标准差	p
F^-/（mg/L）	0.372	0.125	0.360	0.122	0.596	0.150	0.015*
SO_4^{2-}/（mg/L）	14.948	6.170	16.034	7.107	11.756	10.503	0.561
Cl^-/（mg/L）	7.882	7.419	7.831	4.820	9.751	8.035	0.674

注：*表示 $p<0.05$。

表 4-30　2011—2018 年不同水期水质变化差异

水质指标	丰水期		平水期		冰封期		单因素方差
	平均值	标准差	平均值	标准差	平均值	标准差	p
pH	7.55	0.44	7.61	0.46	7.42	0.40	0.000*
EC/（mS/m）	18.965	10.875	33.012	63.972	24.336	12.094	0.000*
DO/（mg/L）	7.745	1.658	8.628	1.876	9.100	2.464	0.000*
COD_{Cr}/（mg/L）	19.404	10.658	18.306	9.997	18.195	12.266	0.025*
COD_{Mn}/（mg/L）	5.827	2.477	5.344	2.343	4.901	2.544	0.000*
BOD_5/（mg/L）	2.629	3.134	2.624	2.896	2.881	3.603	0.106
NH_3-N/（mg/L）	0.768	1.924	0.861	2.055	1.255	2.456	0.000*
NO_3^--N/（mg/L）	0.679	0.935	0.742	0.971	0.539	0.629	0.039*
TN/（mg/L）	2.175	2.961	2.435	3.663	3.022	4.088	0.000*
TP/（mg/L）	0.134	0.169	0.130	0.189	0.137	0.224	0.714
石油类/（mg/L）	0.019	0.026	0.019	0.038	0.020	0.043	0.900
挥发酚/（mg/L）	0.000 8	0.001 3	0.000 8	0.001 4	0.000 8	0.001 3	0.987
Hg/（mg/L）	0.000 02	0.000 01	0.000 02	0.000 02	0.000 02	0.000 02	0.007
Pb/（mg/L）	0.001 7	0.002 0	0.001 7	0.002 0	0.001 8	0.002 6	0.340
Cu/（mg/L）	0.008 1	0.012 7	0.007 4	0.011 1	0.006 6	0.009 7	0.015*
Zn/（mg/L）	0.018 8	0.018 7	0.020 3	0.020 9	0.020 2	0.022 2	0.209
Si/（mg/L）	0.000 3	0.000 4	0.000 3	0.000 4	0.000 3	0.000 6	0.033
As/（mg/L）	0.001 2	0.001 9	0.001 2	0.001 8	0.001 3	0.002 2	0.367
Cr/（mg/L）	0.002 9	0.003 9	0.002 9	0.003 4	0.002 8	0.002 8	0.404
Cd/（mg/L）	0.000 1	0.000 3	0.000 2	0.000 3	0.000 2	0.000 3	0.100
氰化物/（mg/L）	0.001 6	0.000 6	0.001 6	0.000 6	0.001 6	0.000 8	0.584
LAS/（mg/L）	0.04	0.06	0.04	0.05	0.05	0.07	0.108
硫化物/（mg/L）	0.01	0.02	0.01	0.02	0.01	0.02	0.009*
F^-/（mg/L）	0.31	0.24	0.30	0.22	0.29	0.20	0.025*
SO_4^{2-}/（mg/L）	13.95	17.31	12.96	6.98	14.69	8.68	0.046*
Cl^-/（mg/L）	5.28	5.39	5.88	5.90	7.56	10.95	0.052

注：*表示 $p<0.05$。

4.3　松花江水生生物群落时空变化分析

4.3.1　水生生物群落调查与分析方法

结合松花江水生生物群落结构的区域性和季节性，兼顾某些类群的生命周期规律，于研究区域进行周年春（6 月）、秋（9 月）两次调查（调查站位如图 4-11 所示），以阐明水生生物的季节以及年度变化规律。

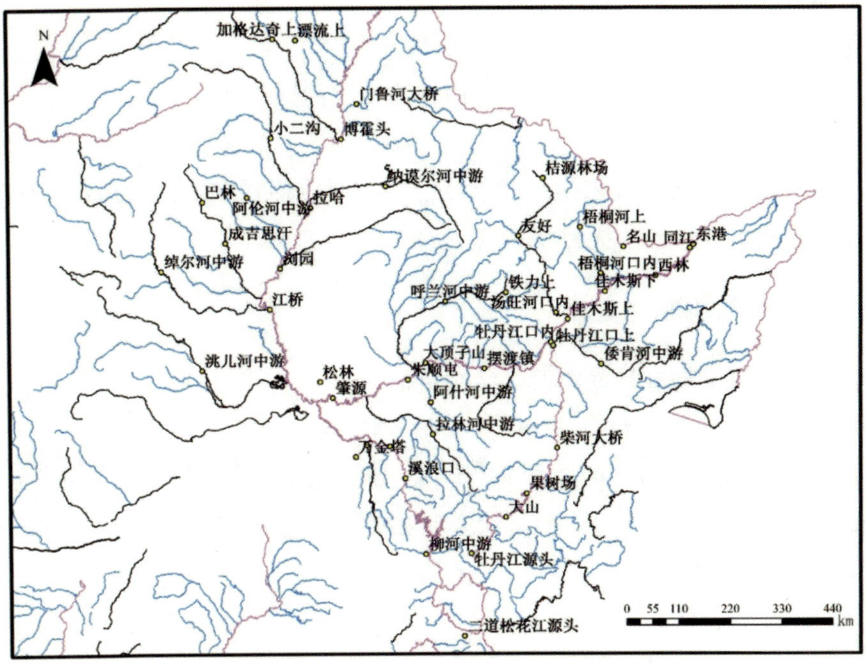

图 4-11　松花江水生生物群落调查位点

4.3.1.1　调查要素及方法

（1）大型底栖动物

按照采样水域环境特点用手抄网法、采泥器法等进行取样，样品用 75%的酒精固定，带回实验室进行分类鉴定和计数。

（2）着生藻类

采用天然基质法，在采样河段内采集并加 1%鲁哥氏溶液固定，带回实验室进行分类鉴定和计数。

（3）浮游植物（深水型）

用 25 号浮游生物网和水样采集相结合的方法，作定性与定量分析，采样层次视水体深浅而定，水深在 3 m 以内、水团混合良好的水体，可只采表层（0.5 m）样品，水深 3 m 以上的水体，应至少采集表层（0.5 m）和底层（离底 0.5 m）两个水样。样品用福尔马林溶液按照 1%的体积比例进行固定，然后将样品浓缩至 30 mL 以供鉴定分析。

（4）浮游动物（深水型）

按照研究对象个体大小采集 1 L（原生动物、轮虫等）或 10～50 L（枝角类、桡足类等）水样。样品用福尔马林溶液按 3%～5%的体积比例进行固定、浓缩以供鉴定使用。

（5）鱼类

电捕、网捕、水产市场和渔民咨询作定性调查。

4.3.1.2 数据分析方法

（1）种群特征

采用物种数量、种群密度、丰度、生物量等描述种群特征。

（2）群落结构指数

采用单变量群落结构指数来指示群落特征，主要包括香农多样性指数（*H'*）、均匀度指数（*J*）、丰富度指数（*d*）、优势度指数（*Y*）等。

4.3.2 底栖动物群落时空变化

4.3.2.1 松花江流域大型底栖动物群落结构特征

2016—2018 年 5 次调查获得的 149 个有效点位，共鉴定出大型底栖动物的 209 个分类单元，分属 6 纲 19 目 67 科（图 4-12）。其中，环节动物门寡毛纲 1 科 6 种、蛭纲 4 科 7 种，软体动物门瓣鳃纲 3 科 5 种、腹足纲 8 科 22 种，节肢动物门昆虫纲 47 科 162 种、甲壳纲 4 科 7 种。

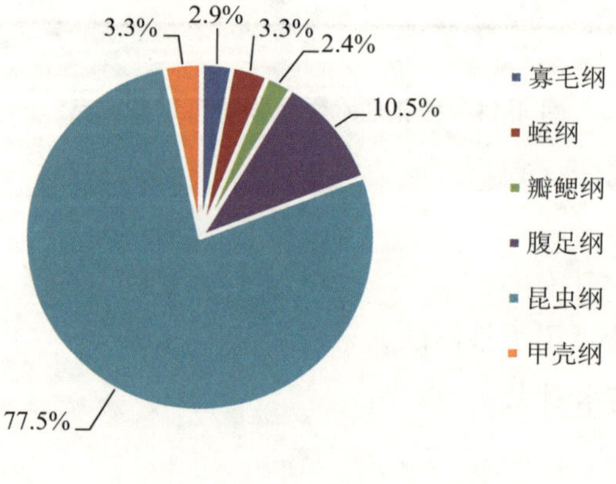

图 4-12 松花江流域大型底栖动物种类组成

其中大型底栖动物的栖息密度为 0～839.7 inds/m^2，平均为 31.2 inds/m^2；生物量为 0～40.3 g/m^2，平均为 2.35 g/m^2。各样点物种数变化范围为 0～21 种，平均为 6 种。香农多样性指数为 0～4.11，平均为 1.95；丰富度指数为 0～6.94，平均为 3.05；均匀度指数为 0～1，平均为 0.93。种类数和多样性指数的空间分布特征类似，都呈现出支流上游>干流。

根据聚类分析和非变量多维尺度（NMDS）分析结果显示（图 4-13），大型底栖动物群落的空间差异大于时间序列变化，其中山地溪流和平原河流有较为明显的聚类倾向。

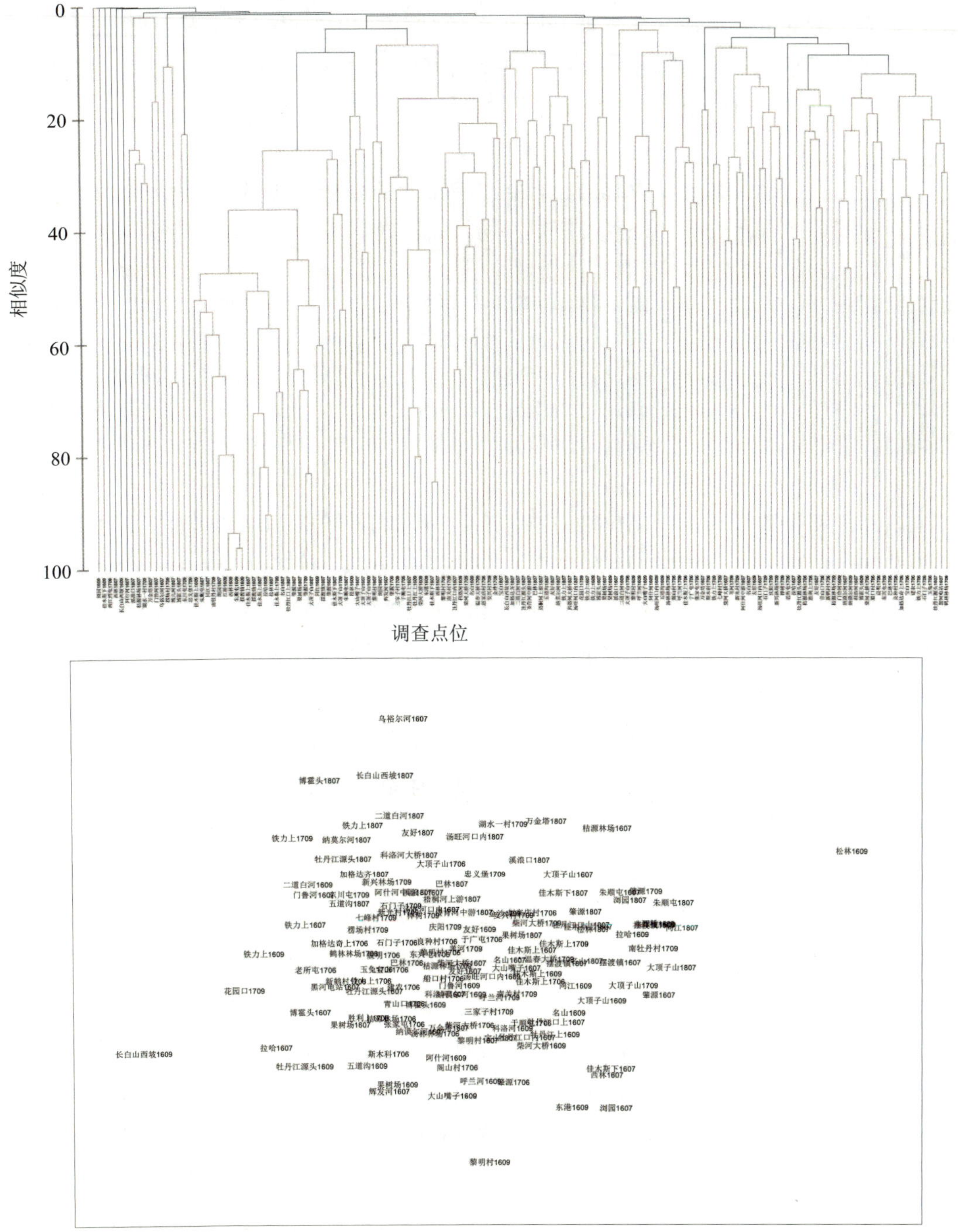

图 4-13　松花江流域大型底栖动物聚类分析和多维尺度（MDS）分析

4.3.2.2 松花江上、中、下游大型底栖动物群落分布特征

上游（长白山天池源头到三岔河口）的 14 个调查点位共鉴定底栖动物物种 56 种，平均每个点位 5 种，平均密度为 41.6 inds/m^2，平均生物量为 1.27 g/m^2。中游（三岔河口到佳木斯）的 18 个点位有底栖动物 25 种，平均每个点位 3 种，平均密度为 12.1 inds/m^2，平均生物量为 2.82 g/m^2。下游（佳木斯到同江三江口）的 13 个点位有底栖动物 22 种，平均每个点位 3 种，平均密度为 4.5 inds/m^2，平均生物量为 2.81 g/m^2。不同河段在类群结构上有明显区别（表 4-31）。

表 4-31 松花江上、中、下游底栖动物各类群参数

	物种数			密度/（inds/m^2）			生物量/（g/m^2）		
	上游	中游	下游	上游	中游	下游	上游	中游	下游
寡毛纲	1	2	1	0.3	3.3	2	0.000 1	0.003	0.002
腹足纲	4	12	3	4	27.7	4	1.28	15.69	5.4
瓣鳃纲	2	1	1	0.7	3.7	2.7	0.03	29.98	20.24
昆虫纲	45	8	16	65.3	4.3	11	2.49	0.7	2.31
甲壳纲	4	2	1	512.3	178.3	39	13.95	4.38	8.58

上游河段物种数最高，以昆虫纲生物为主，占总物种数的 80.4%；密度和生物量占比分别为 87.9%和 78.6%，优势物种为钩虾（*Gammarus* sp.），优势度为 0.31。中游河段物种以腹足纲和昆虫纲为主，占物种比例分别为 48%和 32%；密度以甲壳纲占绝对优势，占比为 82.1%；生物量则以瓣鳃纲和腹足纲占优，所占比例分别为 59.1%和 30.9%，该河段优势种为秀丽白虾（*Leander modestus*），优势度为 0.59。下游河段物种数相对较少，以昆虫纲生物为主，占总物种数的 72.7%；密度占比为 66.5%；生物量则以瓣鳃纲和甲壳纲占优，所占比例分别为 55.4%和 23.5%，该河段优势种同样是秀丽白虾，优势度为 0.46。

聚类和 MDS 分析表明（图 4-14），松花江上游点位和中、下游点位底栖动物群落结构有明显的不同。长白山北坡、长白山西坡、二道白河、花园口、溪浪口和松花江村等点位聚为一支，中游和下游点位则无法通过群落聚类和 MDS 标序区分。本书利用 PRIMER 软件（5.0 版本）的 BIOENV 功能分析影响底栖动物群落结构的环境因子，引入了水体化学指标 COD、氨氮、总氮和总磷浓度，以及河流生境指标河床底质、VD 结合特性、河流蜿蜒度、河岸稳定性、水量状况、河岸植被多样性、河水透明度、气味、人类活动强度、渠道化状况、河岸土地利用状况及物理完整性指标值等。分析结果表明，在上游河段，河流的水量状况、河流的连通性、水体总氮和总磷含量的因子组合能够较好地解释群落结构现状，其相关系数为 0.288。在中游河段，河流连通性和水体氨氮含量的因子组合能够较好地解释群落分布状况，其相关系数为 0.282。在下游河段，河道稳定性和河岸植被多样性的因子组合能很好地解释群落分布状况，其相关系数为 0.526。

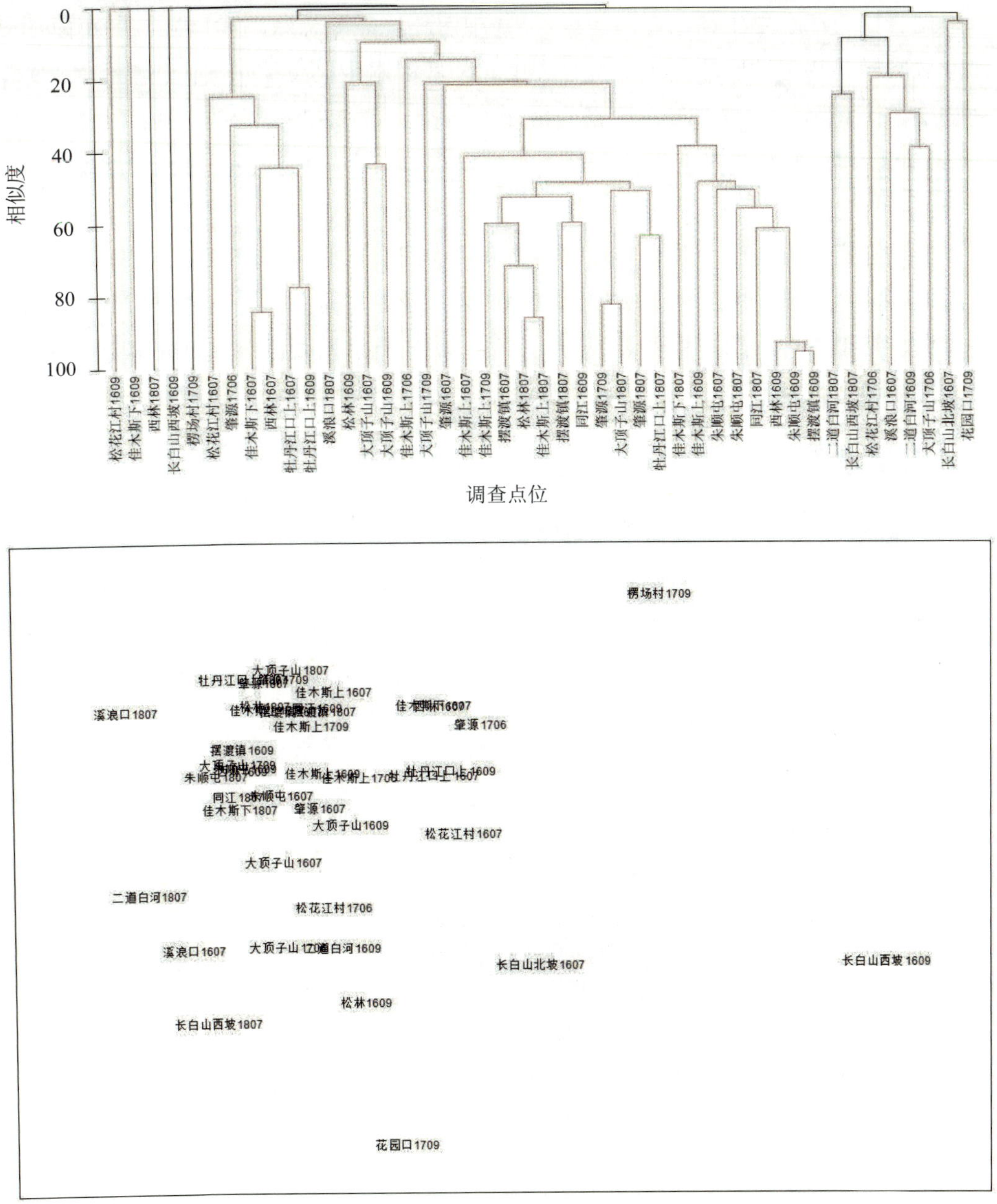

图 4-14　松花江上、中、下游大型底栖动物聚类分析和非变量多维尺度分析

4.3.2.3　松花江流域大型底栖动物群落历史变化分析

周启星研究团队于 2009—2010 年现场调查采集到松花江流域底栖动物 55 属 154 种，参考以往文献记载的 17 种，共 171 种。其中软体动物 47 种，占 27.5%；环节动物 19 种，占 11.1%；节肢动物 105 种，占 61.4%。优势种类包括圆顶珠蚌（*Unio douglasiae*）、黑龙江短沟蜷（*Semisulcospira amurensis*）、中国圆田螺（*Cipangopaludina chinensis*）、中华圆

田螺（*Cipangopaludina cahayensis*）等（周启星，2010）。

根据《松花江水生生物试点监测报告》（中国环境监测总站，2014），在 2012 年，松花江流域底栖动物定性监测到 137 个分类单元，其中水生昆虫 97 个种类，占 70.80%；软体动物 24 个种类，占 17.52%；甲壳动物 4 个种类，占 2.92%；环节动物 11 个种类，占 8.03%；扁形动物 1 个种类，占 0.73%。水生昆虫分布广，种类多，成为大多数样点的优势类群。

本研究鉴定出的 209 个分类单元中，环节动物门有 13 种，占 6.2%；软体动物门有 27 种，占 12.9%；节肢动物门有 169 种，占 80.9%。最主要的物种构成部分为节肢动物门的水生昆虫，有 162 种，约占总种类数的 77.5%。就分类单元而言，本研究鉴定的分类单元最高，但因调查强度不同，故不能说明松花江底栖动物物种数近年来增加。

4.3.3 着生藻类群落时空变化

4.3.3.1 松花江流域着生藻类群落结构特征

松花江流域 5 次生态调查获得 157 个有效点位数据，共鉴定着生藻类 471 种（属），分属 9 个门，其中硅藻门 389 种（属），占 82.6%；绿藻门 44 种（属），占 9.3%；蓝藻门 25 种（属），占 5.3%；红藻门 1 种（属），黄藻门 3 种（属），甲藻门 2 种（属），金藻门 3 种（属），裸藻门 3 种（属），隐藻门 1 种（属），合计占 2.8%（图 4-15）。

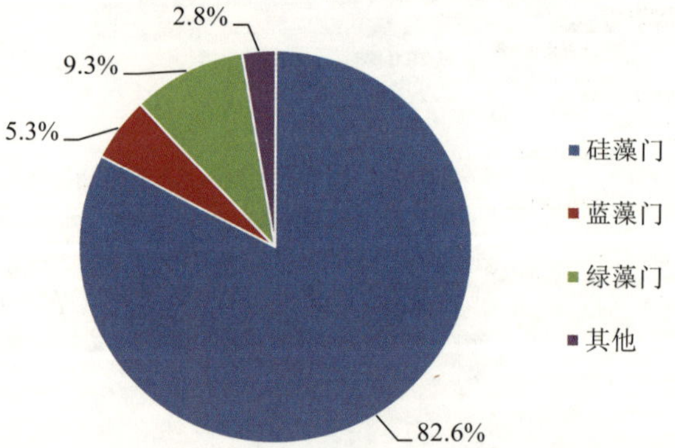

图 4-15 松花江流域着生藻类种类组成

松花江流域着生藻类平均生物量为 707 848 cell/cm^2。着生藻类香农多样性指数平均值为 3.25，均匀度指数平均值为 0.73，说明松花江流域着生藻类分布的均匀程度较高，群落稳定性好。

选用 16 种常用着生硅藻指数，对松花江流域各采样点位进行了水生态健康评价，结果表明，松花江流域大部分点位水生态健康状况为“中”和“差”，水生态健康状况为“优”和“良”的点位平均在 20%以下（图 4-16）。

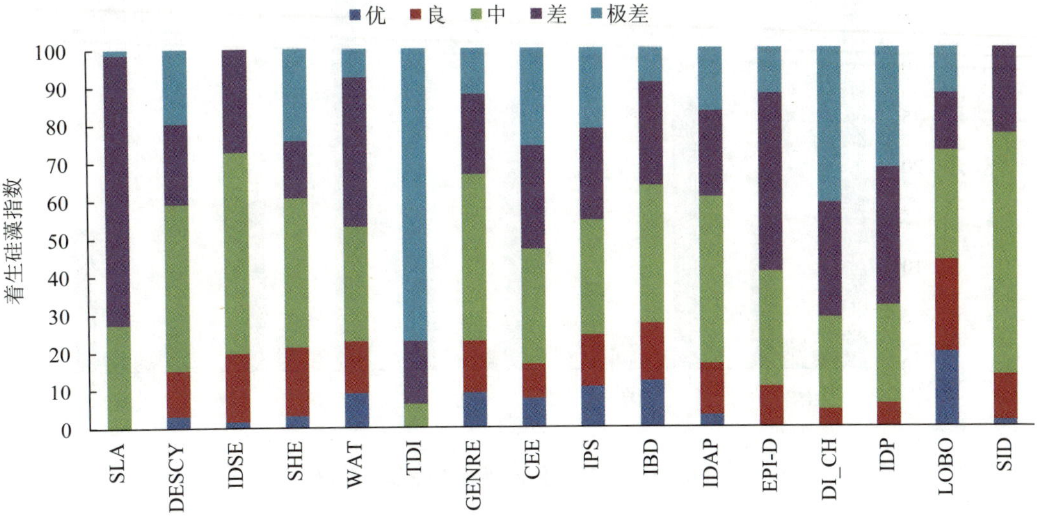

图 4-16 松花江流域着生硅藻指数评价结果

4.3.3.2 松花江上、中、下游着生藻类群落分布特征

（1）着生藻类物种数量

松花江流域各河段着生藻类物种数量差异较大（图 4-17），其中，嫩江段各点位着生藻类物种平均数量最高，为 43 种；其次是松花江上游段为 40 种；松花江中游、下游段最低，均为 27 种左右。这说明嫩江段和松花江上游段着生藻类物种更为丰富，生物多样性更高。各河段着生藻类群落鉴定结果表明，硅藻门物种数量最高，蓝藻门次之。

（2）着生藻类密度

松花江流域各河段着生藻类密度差异较大（图 4-18），其中支流段各点位着生藻类平均密度最高，为 549 400 cell/cm^2；其次是中游段为 517 700 cell/cm^2；下游段各点位最低，为 188 900 cell/cm^2。松花江流域各河段着生藻类均以硅藻为主，其中嫩江段和松花江下游段各点位着生硅藻密度平均比例最高，均为 85%左右；其次是上游和中游段，平均比例均为 77%左右；支流段平均比例最低，仅占 51%，支流段各点位蓝藻密度平均比例较高，达到了 43%。

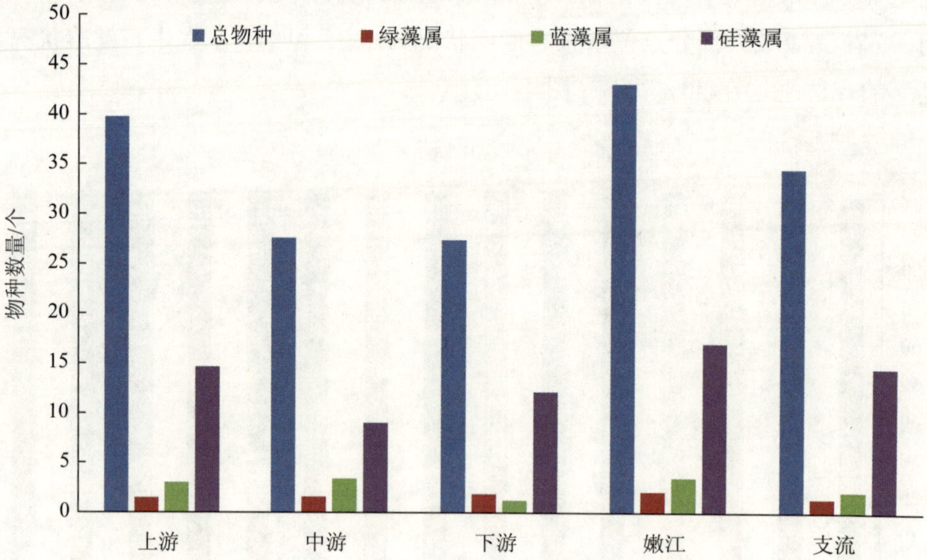

图 4-17　松花江各河段着生藻类种类数

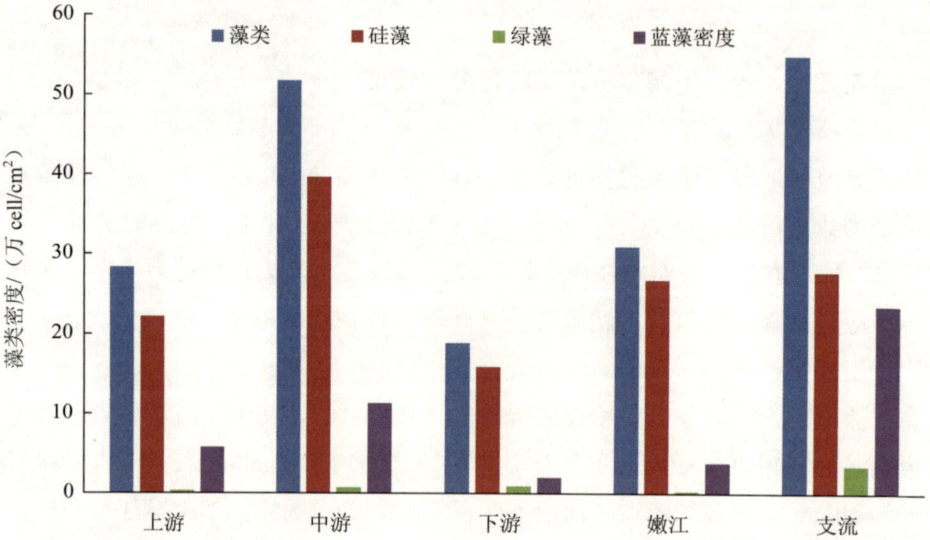

图 4-18　松花江各河段着生藻类密度

4.3.3.3　松花江流域着生藻类历史变化分析

卢晏生等（1988）于 1983—1984 年在嫩江、第二松花江、松花江干流及支流开展了着生藻类群落结构研究。从 16 个点位的样品中共鉴定出 57 种，其中以硅藻为主，达 43 种，分隶于 20 个属，绿藻种类较少。不同水体着生藻类数量为 5 314～119 428 cell/cm^2，以饮马河最高，长白山天池最低。根据阴琨（2015）在2012年6月、7月在松花江的调查可知，30个点位共鉴定着生藻类111个分类单元，其中以硅藻和绿藻为主，分别为45个分类单元和46个分类单元，其次为蓝藻、裸藻，分别有14个分类单元和4个分类单元；隐藻和黄藻都只鉴定出了1个分类单元。

本研究2017年的类群结构接近于1983—1984年的调查结果，以硅藻门的物种为主，2016年的硅藻物种比例明显较低，硅藻比例最低的为2012年的调查结果，仅为40.5%，而绿藻比例则较高，达41.4%。本研究着生藻类密度数据明显高于1983—1984年的结果，2016年着生藻类平均密度为487 219 cell/cm^2，2017年达707 848 cell/cm^2，而20世纪80年代的着生藻类密度基本在10 000 cell/cm^{2}以下。

4.3.4 浮游植物群落时空变化

4.3.4.1 松花江流域浮游植物群落结构特征

松花江流域5次生态调查获得181个有效点位数据，共鉴定浮游植物258种，分属7个门，其中硅藻门122种（属），占47.3%；绿藻门82种（属），占31.8%；蓝藻门23种（属），占8.9%；裸藻门22种（属），占8.5%；隐藻门4种，占1.6%；甲藻门3种，占1.2%；金藻门2种，占0.8%（图4-19）。

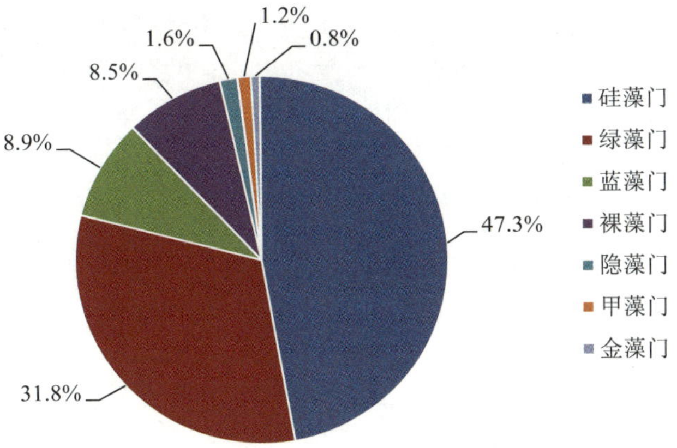

图4-19 松花江流域浮游植物种类组成

松花江流域各点位浮游植物物种数为1～41种，平均物种数为13种。密度为1×10^3～5.3×10^6 cell/L，平均密度为2.7×10^5 cell/L。香农多样性指数为0～4.73，平均为2.74；丰富度指数为0～3.38，平均为0.95；均匀度指数为0～1，平均为0.82。

4.3.4.2 松花江上、中、下游浮游植物群落分布特征

松花江上游20个调查点位，共鉴定出浮游植物87种，平均每个点位11种，平均密度为2.9×10^5 cell/L。中游19个点位鉴定出123种，平均每个点位16种，平均密度为

2.6×10^5 cell/L。下游14个点位鉴定出99种，平均每个点位15种，平均密度为6.7×10^5 cell/L。

不同河段在门类结构上有所区别。上游河段物种以硅藻门为主，占总物种数的60.9%，密度占比为80.5%；绿藻门物种占比为25.3%，密度占比为7.3%；蓝藻门物种占比为6.9%，密度占比为 11.0%；其余门类种类数和密度占比都较低。该河段优势种包括梅尼小环藻（*Cyclotella meneghiniana*）、变异直链藻（*Melosira* sp.）、颗粒直链藻极狭变种（*Melosira granulata* var. *angustissima*）和颗粒直链藻（*Melosira granulata*），优势度分别为0.048、0.033、0.027和0.025，全部为硅藻。

中游河段物种数最高，达123种，物种结构仍以硅藻和绿藻为主，二者所占物种比例分别为41.5%和30.9%。密度则以硅藻占绝对优势，占比为70.5%，绿藻密度占比为12.9%；蓝藻和裸藻物种占比相对较高，均为11.4%，密度占比分别为9.6%和5.7%。该河段优势种仅有1种，为硅藻门梅尼小环藻，优势度为0.021。

下游河段有浮游植物99种，硅藻和绿藻分别占总物种数的61.6%和21.2%，硅藻密度占绝对优势，占比达89.6%，绿藻密度占比仅为3.7%；蓝藻种类占比为9.1%，密度占比为5.5%；其他门类物种和密度占比都较低。该河段优势种同样是梅尼小环藻，优势度达0.29（表4-32）。

表4-32 松花江上、中、下游浮游植物各类群参数

	物种数			密度/（cell/L）		
	上游	中游	下游	上游	中游	下游
硅藻	53	51	61	2.3×10^5	1.9×10^5	6.0×10^5
绿藻	22	38	21	2.1×10^4	3.4×10^4	2.5×10^4
蓝藻	6	14	9	3.2×10^4	2.5×10^4	3.7×10^4
裸藻	2	14	5	9.0×10^2	1.5×10^4	5.4×10^3
隐藻	2	3	2	2.0×10^3	2.5×10^3	2.3×10^3
甲藻	2	3	1	5.3×10^2	1.0×10^3	5.0×10^2

4.3.4.3 松花江流域浮游植物群落历史变化分析

卢晏生（1985）于1980—1982年在嫩江、第二松花江、肇源江段、哈尔滨江段和佳木斯江段进行浮游植物调查，共获得175个分类单元，分属于8个门。其中以硅藻门物种最多，为77种，占总种数的44%；绿藻门55种，占31.4%；蓝藻门15种，占8.6%。阎齐（2011）于2008年在松花江哈尔滨江段7个点位进行浮游植物调查，共鉴定出浮游植物98种，分属于7个门。其中绿藻门物种最多，为41种，占41.84%；其次为硅藻门32种，占总数的32.65%；蓝藻门19种，占19.39%；黄藻门和裸藻门都是2种，各占2.04%；隐藻门和甲藻门仅1种，各占1.02%；浮游植物在夏季平均密度为1 399 700 cell/L，秋季为3 175 500 cell/L。魏南（2018）于2013年丰水期在哈尔滨江段的相同点位开展调查，共鉴定出浮游植物120个分类单位，隶属于7个门。硅藻门和绿藻门物种为主要优势种，包

括硅藻门的梅尼小环藻、颗粒直链藻、尖针杆藻（*Synedra acusvar*）、膨胀桥弯藻（*Cymbella pusilla*）等。浮游植物密度与 2008 年相比低了一个数量级，其值为 14 563～79 554 cell/L，平均为 39 025 cell/L。

本研究共获得浮游植物 258 个分类单元，比前述研究的物种数都多，应该是与采样强度有关。从浮游植物门类结构来看，本研究中全流域统计数据与 1980—1982 年的调查比较接近，都以硅藻门和绿藻门物种为主，其次为蓝藻门。2008 年哈尔滨江段的调查则是绿藻物种比例最高，硅藻物种比例次之。本研究也发现松花江中游江段硅藻物种比例相对较低，而绿藻、蓝藻和裸藻物种比例相对较高。本研究中游江段浮游植物密度为 12 000～605 358 cell/L，平均值为 263 726 cell/L，夏季平均密度较高，为 324 864 cell/L，秋季平均密度为 206 951 cell/L。密度值介于前述 2008 年和 2013 年两次调查的浮游植物密度值之间。从以上比较来看，松花江中游江段硅藻种类减少，绿藻、蓝藻种类增加，存在富营养化倾向。

4.3.5 浮游动物群落时空变化

4.3.5.1 松花江流域浮游动物群落结构特征

在松花江流域生态调查的 170 个有效点位数据中，共鉴定出浮游动物 113 种（属）（图 4-20）。其中轮虫动物门 58 种（属），占总种（属）数的 51.3%；原生动物门 38 种（属），占 33.6%；节肢动物门 16 种（属），占 14.2%；缓步动物门 1 种（属），占 0.9%。

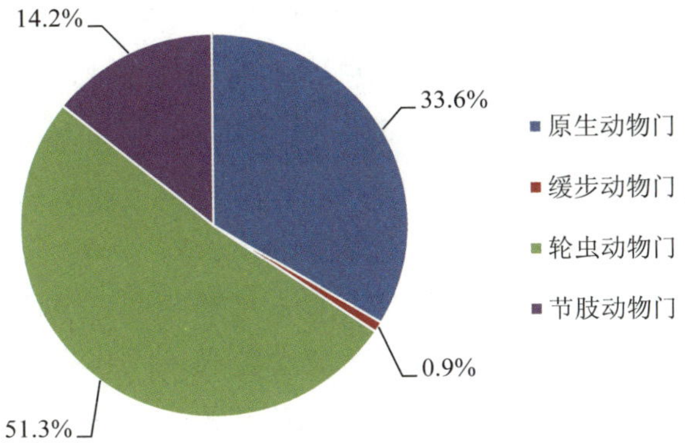

图 4-20 松花江流域浮游动物种类构成

松花江流域各点位浮游动物物种数为 0～15 种，平均每个点位物种数为 3 种。密度为 0～50.4 inds/L，平均密度为 5.3 inds/L。香农多样性指数为 0～3.09，平均为 1.05；丰富度指数为 0～11.0，平均为 1.80；均匀度指数为 0～1，平均为 0.94。

4.3.5.2 松花江上、中、下游浮游动物群落分布特征

在上游 20 个调查点位共鉴定出浮游动物 35 种，平均每个点位 3 种，平均密度为 6.5 inds/L。中游 19 个点位鉴定出 39 种，平均每个点位 3 种，平均密度为 5.8 inds/L。下游 11 个点位鉴定出 17 种，平均每个点位 2 种，平均密度为 4.3 inds/L（表 4-33）。

表 4-33 松花江上、中、下游浮游动物各类群参数

	物种数			密度/（inds/L）		
	上游	中游	下游	上游	中游	下游
轮虫动物门	22	24	6	4	3.5	2
原生动物门	8	8	9	1.1	1.2	1.7
节肢动物门	4	7	2	1.3	1.1	0.7
缓步动物门	1	0	0	0.05	0	0

松花江上、中、下游浮游动物都分属 4 个门，分别为原生动物门、轮虫动物门、缓步动物门和节肢动物门，不同河段在门类结构上有所区别。上游河段物种以轮虫为主，占总物种数的 62.9%，密度占比为 61.9%；原生动物物种占比为 22.9%，密度占比为 16.9%；节肢动物物种占比为 11.4%，密度占比为 20.4%；缓步动物只有 1 种，物种占比为 2.9%，密度占比为 0.8%。该河段优势种为球形砂壳虫（*Difflugia globulosa*），优势度为 0.029。

中游河段物种结构同样以轮虫为主，物种占比为 61.5%，密度占比为 59.6%；原生动物物种占比为 20.5%，密度占比为 21.0%；节肢动物物种占比为 17.9%，密度占比为 19.4%。该河段优势种为球形砂壳虫，优势度为 0.026。

下游河段物种结构与中、上游有较大差别，以原生动物为主，物种占比为 52.9%，密度占比为 38.7%；轮虫动物占比为 35.3%，密度占比为 46.1%；节肢动物仅有 2 种，物种占比为 11.8%，密度占比为 15.2%。优势物种为球形砂壳虫，优势度为 0.023。

4.3.5.3 松花江流域浮游动物群落历史变化分析

卢晏生（1985）于 1980—1982 年通过浮游动物调查共鉴定出了 94 个物种，其中原生动物 31 种（33%）、轮虫 48 种（51%）、节肢动物 15 种（16%）。鞠永富等（2017）于 2012 年调查共鉴定出浮游动物 40 种，其中原生动物 9 种（22.5%）、轮虫 27 种（67.5%）、节肢动物 4 种（10%）。本研究中浮游动物门类结构与前述研究基本一致。

4.3.6 鱼类时空变化

4.3.6.1 松花江流域鱼类种类组成特征

松花江流域采集的圆口纲和硬骨鱼纲共计 71 种，其中圆口纲 2 种，硬骨鱼纲 69 种，隶属于 8 目 16 科 47 属。在硬骨鱼纲中，鲤形目鱼类 51 种（73.9%）；其次为鲑形目，种类为 6 种（8.7%）；鲇形目 4 种（5.8%）（图 4-21）。其中鲤科鱼类最多，为 42 种（60.9%）；

其次为鳅科鱼类 9 种（13.0%）；再次为银鱼科、鮠科、鲇科和鲟科，分别为 2 种（2.9%）；其余科均为 1 种（图 4-22）。

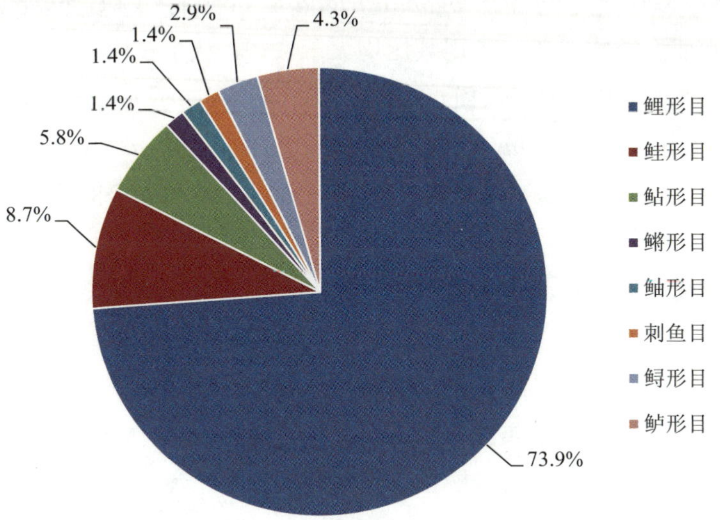

图 4-21　松花江流域硬骨鱼纲不同目鱼类的种类比例

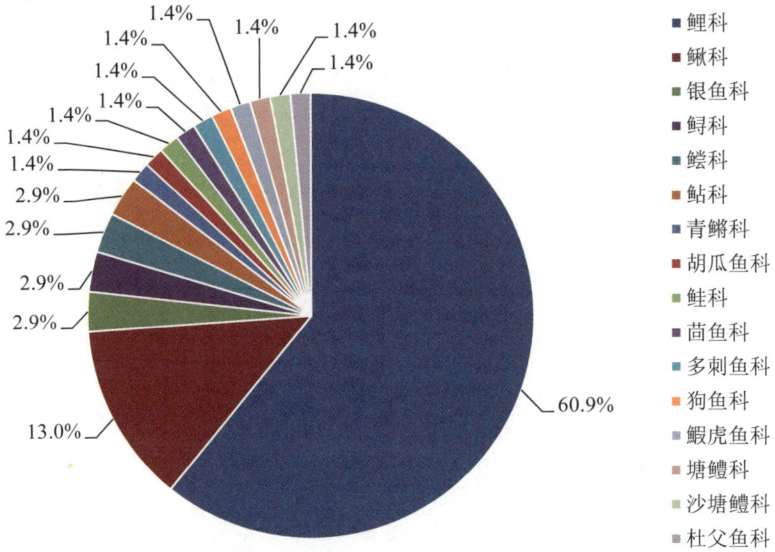

图 4-22　松花江流域硬骨鱼纲不同科鱼类的种类比例

本研究从松花江共采集鱼类 16 493 尾，重量达 157 751.7 g。从尾数比的角度分析，结果显示褐栉鰕虎鱼（*Rhinogobius brunneus*）、油鳘（*Hemiculter bleekeri*）、光泽黄颡鱼（*Pelteobaggrus nitidus*）、麦穗鱼（*Pseudorasbora parva*）、蛇鮈（*Saurogobio dabryi*）、大鳍

鱊（*Acheilognathus macropterus*）、北方条鳅（*Barbatula barbatula*）、黑龙江鳑鲏（*Rhodeus sericeus*）、洛氏鱥（*Phoxinus lagowskii*）、宽鳍鱲（*Zacco platypus*）、平口鮈（*Ladislavia taczanowskii*）、条纹似白鮈（*Paraleucogobio strigatus*）和犬首鮈（*Gobio cynocephalus*）等为松花江流域的主要渔获物对象，其尾数比均大于 2%。从重量比的角度分析，结果显示油鳘、光泽黄颡鱼、蛇鮈、犬首鮈、鲤、鲢、细鳞斜颌鲴（*Xenocypris microlepis*）、鳘（*Hemiculter leucisculus*）、鲫（*Carassius auratus*）、银鲴（*Xenocypris argentea*）和鳙等为松花江主要渔获物对象，其重量比均大于 2%。其中鲤、鲢、细鳞斜颌鲴和鳙等的重量比较高，但其尾数比均小于 1%。

综上所述，松花江流域鱼类主要渔获物对象为褐栉鰕虎鱼、油鳘、光泽黄颡鱼、麦穗鱼、蛇鮈、大鳍鱊、北方条鳅、黑龙江鳑鲏、洛氏鱥、宽鳍鱲、平口鮈、条纹似白鮈、犬首鮈、鳘、鲫和银鲴 16 种，且均为小型鱼类。

4.3.6.2 松花江上、中、下游鱼类分布特征

松花江上游区采样点位包括第二松花江松花湖及以上干流江段及木箕河、漂河、蛟河、辉发河等支流。采集到圆口纲 1 种（东北七鳃鳗），隶属于七鳃鳗目七鳃鳗科。共采集硬骨鱼纲鱼类 38 种，隶属于 6 目 8 科 30 属（图 4-23）。其中鲤形目鱼类 32 种，占总种类数量的 84.2%，鲤形目鱼类种主要为鲤科鱼类（29 种）和鳅科鱼类（3 种）；其次为鲇形目 2 种，包括鲇科（1 种）和鮠科（1 种）；鲑形目、鲈形目、青鳉目和鲉形目各 1 种，对应的科分别为银鱼科、鰕虎鱼科、青鳉科和杜父鱼科。其中中型和大型鱼类为 8 种，占总种类数量的 21.1%，分别为红鳍鲌、蒙古红鲌、唇䱻、花䱻、鲤、鲢、鳙和鲇等，其余 30 种均为小型鱼类，占总种类数量的 78.9%。

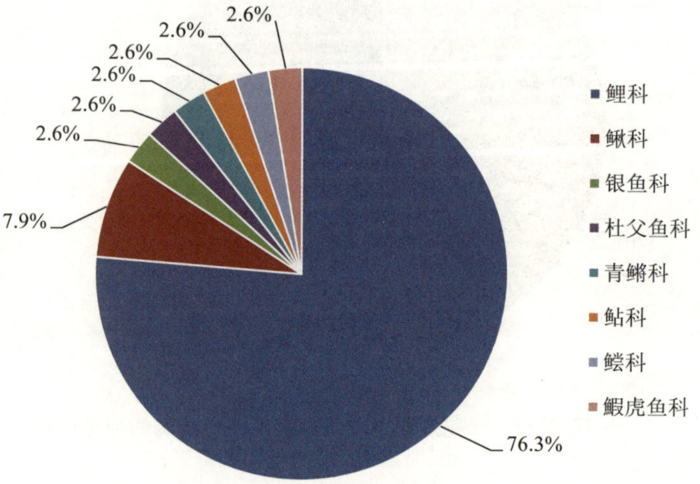

图 4-23 松花江上游水域硬骨鱼纲不同科鱼类的种类比例

对松花江中游区（嫩江、第二松花江和松花江干流汇合区）等支流进行了渔业资源调查。采集到圆口纲七鳃鳗目七鳃鳗属 1 种（东北七鳃鳗）。采集到硬骨鱼类 41 种，隶属于 5 目 10 科 30 属（图 4-24）。其中鲤形目最多，鱼类种类达到 33 种，占总种类数量的 80.5%，其次为鲈形目 3 种，占总种类数量的 7.3%；再次为鲑形目和鲇形目，分别为 2 种；鲉形目最少，为 1 种。其中鲤科鱼类最多，鱼类种类达到 26 种，占总种类数量的 63.4%；其次为鳅科鱼类，鱼类种类达到 7 种，占总种类数量的 17.1%；沙塘鳢科、鰕虎鱼科、塘鳢科、鮨科、鲇科、狗鱼科、胡瓜鱼科和青鳉科各 1 种。在本次调查中大型鱼类仅采集到黑斑狗鱼、鲢、鲇、花鲭和唇鲭5 种，大中型鱼类种类数占总种类数量的 12.2%，其余均为小型鱼类，占总种类数量的 88.8%。

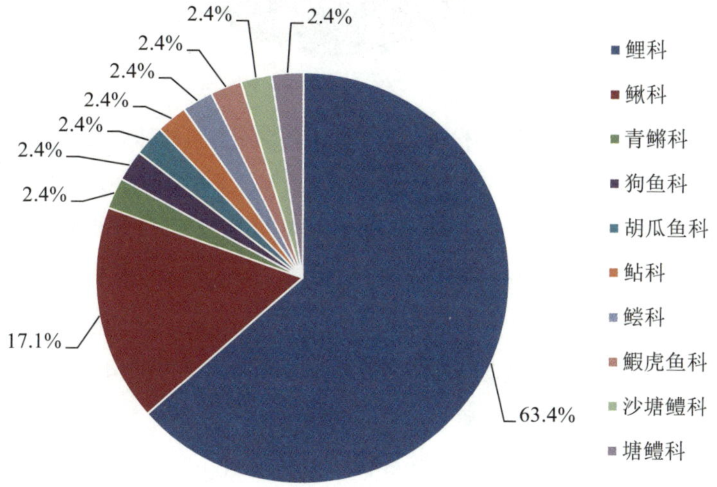

图 4-24　松花江中游硬骨鱼纲不同科鱼类比例

2018 年对松花江下游区（佳木斯至同江段）干流及支流进行采样。采集到圆口纲七鳃鳗目七鳃鳗属 1 种（雷氏七鳃鳗）。采集到硬骨鱼纲鱼类 54 种，隶属于 6 目 13 科 44 属（图 4-25）。其中鲤形目最多，鱼类种类达到 40 种，占到总种类数量的 74.1%；其次为鲑形目和鲇形目，种类数均为 4 种，均占 7.4%；再次为鲈形目，种类数为 3 种，占 5.6%。其中鲤科鱼类种类达到 32 种，占到总种类数量的 59.3%；其次为鳅科，为 8 种，占 14.8%；鲟科、鮨科、鲇科，均为 2 种，均占 3.7%。在本次调查中大型鱼类采集到黑斑狗鱼、黑龙江茴鱼、乌苏里白鲑、草鱼、鳡鱼、蒙古红鲌、鲤、鲢、东北雅罗鱼、花鲭、胡子鲇、鲇、达氏鳇和施氏鲟 14 种，大中型鱼类种类数占总种类数量的 25.9%，其余均为小型鱼类，占总种类数量的 75.1%，小型鱼类为主要渔获物。

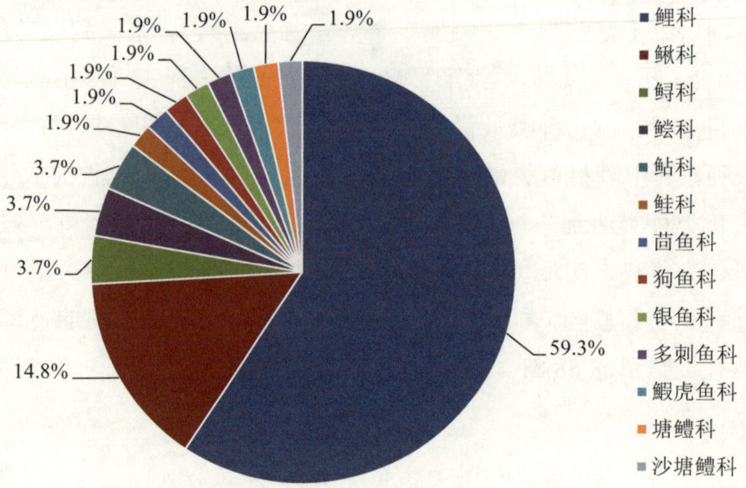

图 4-25　松花江下游硬骨鱼纲不同科的种类比例

松花江上游共采集鱼类7 415尾，重量为40 874.0 g。综合分析鱼类的尾数比和重量比，结果显示，松花江上游主要渔获物为褐栉鰕虎鱼、麦穗鱼、北方条鳅、洛氏鱥、黑龙江鳑鲏、宽鳍鱲、平口鮈、条纹似白鮈、棒花鱼（*Abbottina rivularis*）、北方花鳅（*Cobitis granoci*）、䱗、鲢、鲤和鳙。在主要渔获物中以小型鱼类为主，其中 21.4%为中型和大型鱼类，分别为鲢、鲤和鳙；79.6%为小型鱼类。

松花江中游共采集鱼类 2 017 尾，重量为 24 324.0 g。从尾数比的角度分析，结果显示，麦穗鱼为最主要的渔获物对象，其尾数比为 29.0%；其次为鲫、大鳍鱊、油䱗、光泽黄颡鱼、北方花鳅、黑龙江鳑鲏、花䱻、䱗、兴凯银鮈（*Squalidus chankaensis*）、泥鳅（*Misgurnus anguillicaudatus*）、洛氏鱥、大鳞副泥鳅（*Paramisgurnus dabryanus*）和棒花鱼等，这些鱼的尾数比均大于 2%。从重量比的角度分析，结果显示，麦穗鱼、鲫、花䱻、䱗、鲢、大鳞副泥鳅、鲢、黑斑狗鱼、鲤、鳙、东北雅罗鱼和鲇为最主要的渔获物种类，这些鱼的重量比均大于 2%。鲢、黑斑狗鱼、鲤和鳙尽管重量比较高，但是尾数比较低。松花江中游主要渔获物为麦穗鱼、鲫、花䱻、䱗和大鳞副泥鳅等，其中小型鱼类较多。

松花江下游共采集鱼类 10 119 尾，重量为 138 651.1 g。从尾数比的角度分析，结果显示，油䱗、光泽黄颡鱼、大鳍鱊、蛇鮈、银鲴、鲫、犬首鮈、银鮈、䱗等为主要渔获物对象，其尾数比均大于 2%。从重量比的角度分析，结果显示，蛇鮈、油䱗、鲤、鲫、细鳞斜颌鲴、光泽黄颡鱼、银鲴、大鳍鱊、犬首鮈、䱗、鲇、马口鱼（*Opsariicjthys bidens*）等为主要渔获物对象，其重量比均大于 2%。松花江下游干流段主要渔获物为蛇鮈、油䱗、鲤、鲫、细鳞斜颌鲴、光泽黄颡鱼、银鲴、大鳍鱊、犬首鮈、䱗、鲇、马口鱼和银鮈等 13 种，其中鲤和鲇为大型鱼类，其余均为小型鱼类。

4.3.6.3 松花江流域鱼类历史变化分析

在历史上，我国水产部门及科研院校在松花江流域开展了多次鱼类调查及研究。1957年，王岐山等在松花江流域开展鱼类调查，1958 年编写成《松花江流域鱼类初步调查》，文中记述松花江鱼类 71 种（含亚种），其中第二松花江 46 种（王岐山等，1959）。1980—1982 年吉林省水产科学研究所与黑龙江水系渔业资源调查协作组，共同对整个黑龙江水系水产资源状况进行了大规模的详细调查，在其内部报告中比较清晰地描述了区域内主要江河湖泊的渔业状况、鱼类群落构成，其中第二松花江流域鱼类共 79 种。1981 年黑龙江水产科学研究所的任慕莲整理编写《黑龙江鱼类》（任慕莲，1981），书中系统地记述了黑龙江省境内 97 种鱼类的特征及分布，其中松花江流域 68 种。任慕莲于 1994 年发表《黑龙江的鱼类区系》，记述黑龙江流域鱼类 112 种，其中第二松花江流域 62 种（任慕莲，1994）。1984 年于常荣等根据吉林省水产科学研究所资料整理发表《第二松花江鱼类区系分布特征的调查研究》，文中记述该区域鱼类共 73 种（于常荣等，1984）。2009—2010 年，于宏兵等对松花江流域鱼类资源状况进行了调查，记录鱼类 66 种（于宏兵等，2013）。综合以上历史资料和数据，结合近年来实际调查，松花江流域共有鱼类约 80 种，具体见表 4-34。

表 4-34 松花江流域鱼类组成

目	科	种类
七鳃鳗目	七鳃鳗科	雷氏七鳃鳗
七鳃鳗目	七鳃鳗科	日本七鳃鳗
鲟形目	鲟科	施氏鲟
鲟形目	鲟科	达氏鳇
鲑形目	鲑科	大马哈鱼
鲑形目	鲑科	哲罗鲑
鲑形目	鲑科	细鳞鲑
鲑形目	鲑科	乌苏里白鲑
鲑形目	茴鱼科	黑龙江茴鱼
鲑形目	银鱼科	大银鱼
鲑形目	狗鱼科	黑斑狗鱼
鲤形目	鲤科	马口鱼
鲤形目	鲤科	中华细鲫
鲤形目	鲤科	青鱼
鲤形目	鲤科	湖拟鲤
鲤形目	鲤科	草鱼
鲤形目	鲤科	真鱥
鲤形目	鲤科	湖鱥
鲤形目	鲤科	花江鱥
鲤形目	鲤科	洛氏鱥
鲤形目	鲤科	瓦氏雅罗鱼

目	科	种类
鲤形目	鲤科	拟赤梢鱼
		赤眼鳟
		鳡
		鰲
		贝氏鰲
		红鳍原鲌
		翘嘴鲌
		蒙古鲌
		鳊
		鲂
		团头鲂
		银鲴
		细鳞鲴
		似鳊
		黑龙江鳑鲏
		大鳍鱊
		东北鳈
		克氏鳈
		犬首鮈
		唇䱻
		花䱻
		条纹似白鮈
		麦穗鱼
		平口鮈
		高体鮈
		凌源鮈
		细体鮈
		东北颌须鮈
		兴凯银鮈
		银鮈
		棒花鱼
		突吻鮈
		蛇鮈
		鲤
		银鲫
		潘氏鳅鮀
		鳙
		鲢
	鳅科	北鳅
		北方须鳅
		花斑副沙鳅
		黑龙江花鳅

目	科	种类
鲤形目	鳅科	北方花鳅
鲤形目	鳅科	黑龙江泥鳅
鲤形目	鳅科	北方泥鳅
鲤形目	鳅科	大鳞副泥鳅
鲇形目	鲇科	怀头鲇
鲇形目	鲇科	鲇
鲇形目	鲿科	黄颡鱼
鲇形目	鲿科	光泽黄颡鱼
鲇形目	鲿科	纵带鮠
鲇形目	鲿科	乌苏拟鲿
鳕形目	鳕科	江鳕
鲈形目	鮨科	鳜
鲈形目	塘鳢科	葛氏鲈塘鳢
鲈形目	塘鳢科	黄黝
鲈形目	鳢科	乌鳢
鲈形目	斗鱼科	圆尾斗鱼
鲉形目	杜父鱼科	杂色杜父鱼

本研究共采集硬骨鱼纲 69 种、圆口纲 2 种，主要渔获物为褐栉鰕虎鱼、油鳘、光泽黄颡鱼等 17 种，且均为小型鱼类。与历史资料相比，鱼类种类数有所下降，鱼类资源衰退，这与全国渔业资源呈现衰退的趋势相符合。与历史资料相比，此次调查新增加鱼类 10 种，分别为池沼公鱼、大头鮈、东北雅罗鱼、高体鳑鲏、褐栉鰕虎鱼、宽鳍鱲、青鳉、太湖新银鱼、兴凯鱊、中华多刺鱼等，新增加的鱼类均为小型鱼类。本次调查和历史数据存在差异的原因主要有 5 个方面：①调查的时间和样本量存在差异，历史数据是综合了近 70 年的数据，而本次仅调查 2 年；②松花江渔业资源的过度捕捞、环境污染等多种因素，导致松花江渔业资源衰退；③外来物种的引入，如此次调查中新增加的鱼类池沼公鱼和太湖新银鱼均为外来鱼类；④大型鱼类食性较为单一，以肉食性及草食性为主，如哲罗鲑、乌鳢、赤眼鳟、鳜等为肉食性鱼类，其摄食生态位宽度较窄，适应能力较弱，种群结构容易遭到破坏；⑤随着大型肉食性鱼类资源的衰退，小型鱼类的天敌减少，使得小型鱼类资源呈现增加的趋势。

第 5 章 松花江沉积物理化特征与风险评价

本章基于实地调查结果，剖析了松花江流域各江段沿线沉积物物理特征、污染物（总磷、重金属、有机物等）的赋存状态变化特性，并通过数据横向对比和数学建模研究，揭示了各类污染物生态风险，为松花江流域的水生态保护及生态修复提供了理论依据。

5.1 沉积物常规指标沿程分布特征

沉积物中的有机质含量在全球碳循环中扮演着举足轻重的作用。有机质含量过高会导致水质恶化、水体富营养化、臭氧层被破坏等一系列问题（和向东等，2020；闫兴成等，2018）。含水率反映了沉积物的疏松特征，直接影响沉积物的再悬浮程度，而沉积物再悬浮过程是营养盐在沉积物与上覆水之间重新分配的重要途径(徐玉慧等，2006；朱广伟等，2003)。因此本研究分别于 2016 年 7 月和 9 月、2017 年 3 月、2017 年 6 月、2017 年 9 月采集松花江流域沉积物样品，探究其 TOC 含量、湿重以及干重含水率的变化。2016 年 7 月和 9 月（平水期）共采集 43 个表层沉积物样品，分别位于嫩江流域 8 个、第二松花江 6 个、松花江主段 27 个、黑龙江 2 个，详情见图 5-1。2017 年 3 月（枯水期）共采集沉积物样品 17 个，分别位于嫩江流域 4 个、第二松花江 3 个、松花江干流 10 个，详情见图 5-2。2017 年 6 月（丰水期）共采集沉积物样品 14 个，分别位于第二松花江 1 个、松花江干流 13 个，详情见图 5-3。2017 年 9 月（平水期）共采集样品 28 个，分别位于第二松花江 6 个、松花江干流 22 个，点位分布情况见图 5-4。

2017 年松花江表层沉积物采样点位基本信息见表 5-1。

表 5-1 2017 年松花江表层沉积物采样点位基本信息

采样点位	水体	水系	3 月编号	6 月编号	9 月编号	经度	纬度
科洛河大桥	科洛河	嫩江	N2			125.452E	49.406N
乌裕尔河中游	乌裕尔河	嫩江	N4			125.892E	48.004N
博霍头	嫩江干流	嫩江	N5			125.184E	49.192N
江桥	嫩江干流	嫩江	N8			123.701E	46.701N
柳河中游	伊通河	第二松花江	D1			126.845E	43.113N
万金塔	饮马河	第二松花江	D2			125.445E	44.603N
松林	第二松花江	第二松花江	D6			124.728E	45.301N
松花江村	第二松花江	第二松花江		D1	DH1	126.189E	44.671N
新桥屯	第二松花江	第二松花江			DH2	126.615E	44.609N

采样点位	水体	水系	3月编号	6月编号	9月编号	经度	纬度
昌邑	第二松花江	第二松花江			DH3	126.485E	43.951N
三家子	饮马河	第二松花江			DH4	125.967E	43.398N
楞场村	第二松花江	第二松花江			DH5	127.834E	42.789N
花园口	第二松花江	第二松花江			DH6	127.080E	42.308N
拉林河中游	拉林河	松花江	S1			127.064E	44.671N
阿什河中游	阿什河	松花江	S2			127.013E	45.409N
果树场	牡丹江	松花江	S6			129.016E	44.061N
柴河大桥	牡丹江	松花江	S7	SS2	SH4	129.672E	44.766N
牡丹江口内	松花江干流	松花江	S8			129.573E	46.003N
倭肯河中游	倭肯河	松花江	S9			130.543E	46.019N
桔源林场	东汤旺河	松花江	S10		SH7	129.379E	48.635N
佳木斯上	松花江干流	松花江	S18	SS3	SH8	130.666E	47.033N
西林	松花江干流	松花江	S20			131.682E	47.234N
同江	松花江干流	松花江	S21			132.458E	47.661N
肇源	松花江干流	松花江		SS1	SH1	124.989E	45.487N
大顶子山	松花江干流	松花江		SS9	SH2	126.914E	46.001N
于广屯	呼兰河	松花江		SS10		126.36E	46.34N
张家屯	呼兰河	松花江		SS13		126.49E	47.46N
老福民	松花江干流	松花江		SS11		127.78E	46.55N
阁山村	呼兰河	松花江		SS12		127.49E	47.37N
铁力上	呼兰河	松花江		SS7		128.36E	47.24N
呼兰河中游	呼兰河	松花江		SS8	SH10	127.340E	46.890N
沙岭村	汤旺河	松花江		SS6		129.28E	46.58N
汤林林场	汤旺河	松花江		SS14		129.59E	48.34N
新鹤村	黑龙江干流	松花江		SS4		130.90E	47.86N
夏家洼子	拉林河	松花江			SH3	125.704E	45.375N
政富村	拉林河	松花江			SH5	126.471E	45.235N
东川屯	阿什河	松花江		SS5	SH6	127.292E	45.298N
南关村	蚂蚁河	松花江			SH9	129.36E	45.45N
苇河	蚂蚁河	松花江			SH11	128.38E	44.96N
庆阳	蚂蚁河	松花江			SH12	128.78E	45.37N
温春大桥	牡丹江	松花江			SH13	128.52E	44.42N
东崴子村	牡丹江	松花江			SH14	128.286E	43.584N
大石头下	牡丹江	松花江			SH15	128.489E	43.314N
沙河断面	牡丹江	松花江			SH16	128.395E	43.358N
三中	牡丹江	松花江			SH17	128.542E	43.197N
湖水一村	牡丹江	松花江			SH18	130.25E	45.42N
桦树青年点	牡丹江	松花江			SH19	129.77E	44.05N
安兴村	牡丹江	松花江			SH20	130.12E	46.22N
金沙	倭肯河	松花江			SH21	131.33E	46N
沙牡汇入	牡丹江	松花江			SH22	127.352E	43.398N

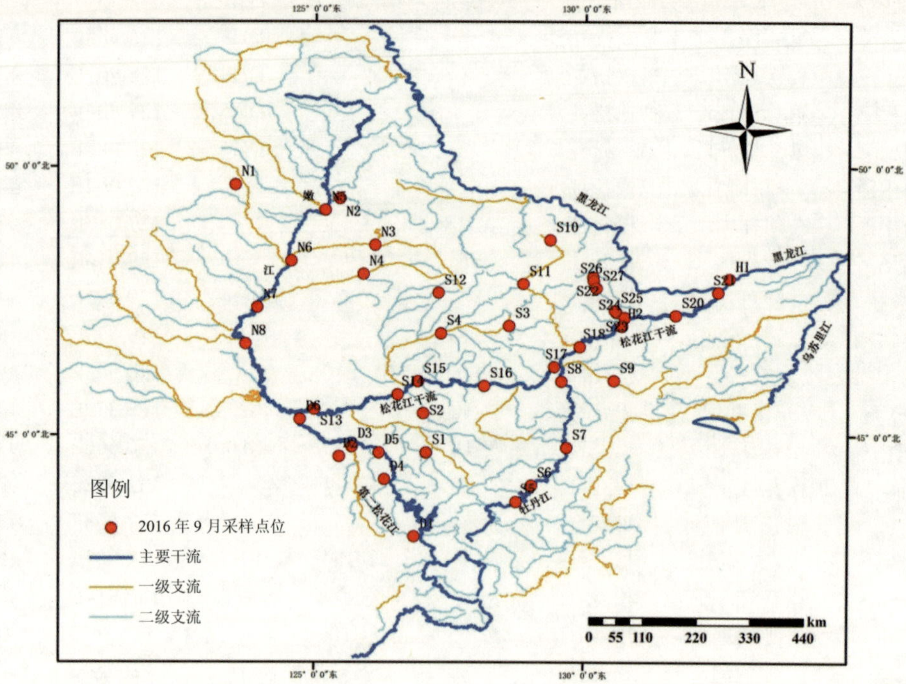

图 5-1 2016 年 9 月采样点位分布示意图

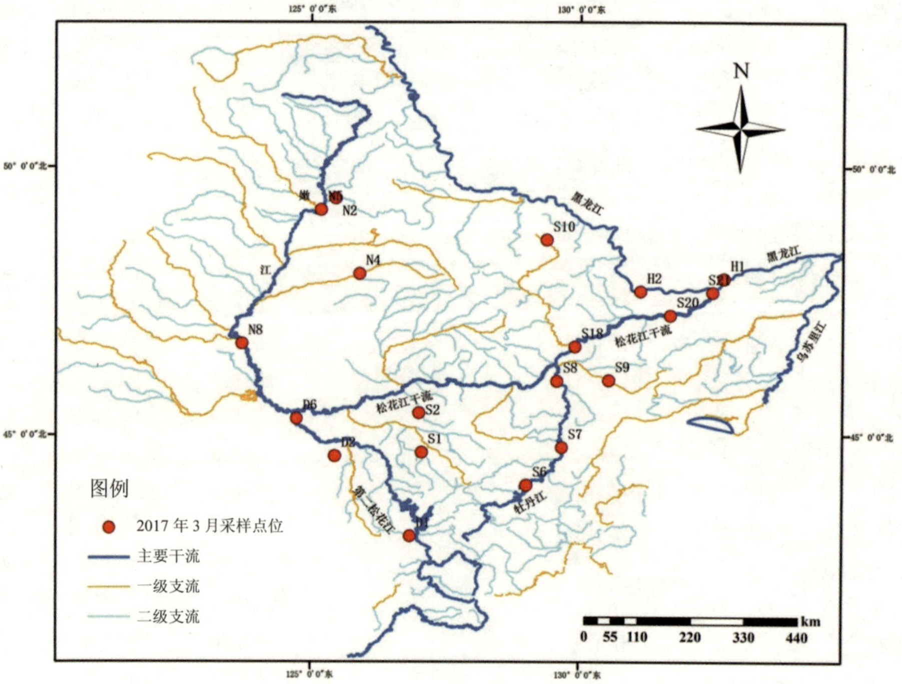

图 5-2 2017 年 3 月采样点位分布示意图

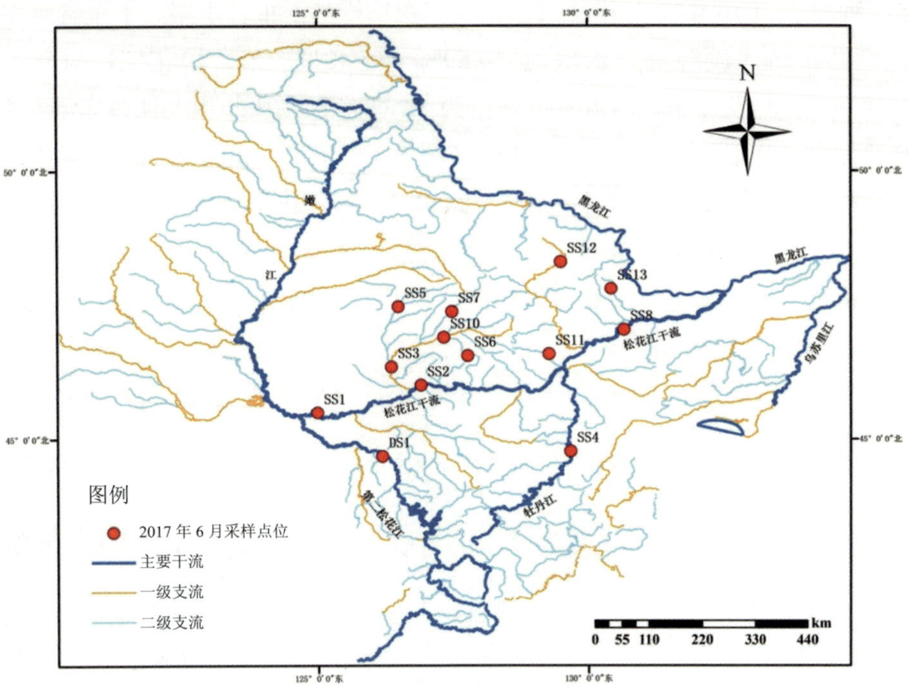

图 5-3 2017 年 6 月采样点位分布示意图

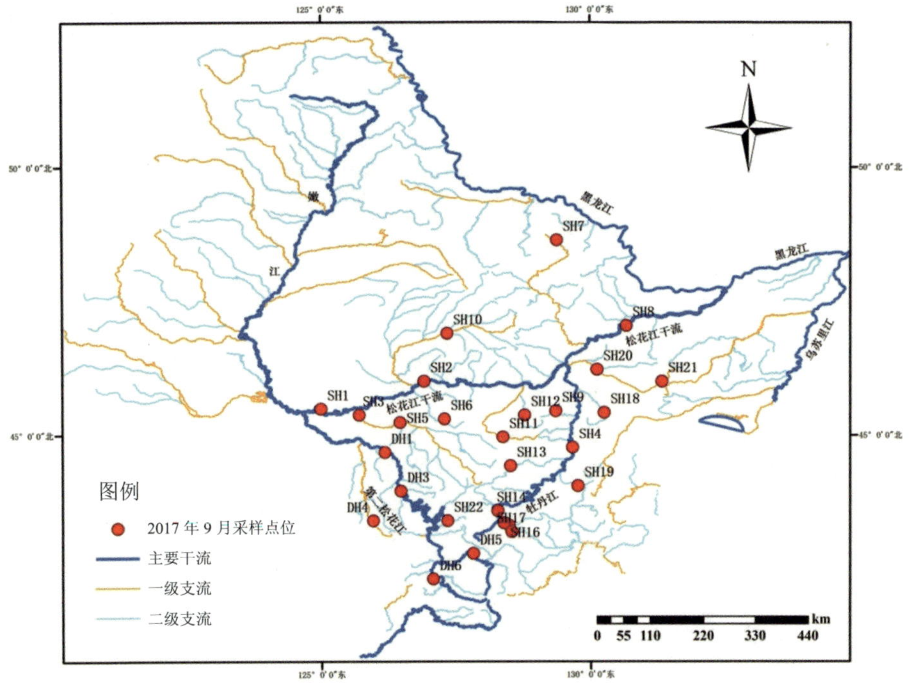

图 5-4 2017 年 9 月采样点位分布示意图

表 5-2 列出了 2016 年 7 月和 9 月松花江沉积物样品湿重含水率、干重含水率及 TOC 含量变化。其中嫩江段湿重含水率为 10.69%～65.40%；第二松花江段湿重含水率为 19.30%～39.90%；松花江干流段湿重含水率为 5.28%～84.90%；黑龙江段东港和名山两个点位的湿重含水率分别为 49.60%和 73.90%（图 5-5），可以看出松花江干流段各点位湿重含水率相差较大，总体变化范围为 5.28%～84.90%。嫩江段干重含水率为 0.07%～0.83%；第二松花江段干重含水率为 0.14%～1.40%；松花江干流段干重含水率为 0.08%～4.36%；梧桐河段沉积物干重含水率为 0.61%～8.61%；黑龙江段东港和名山两个点位的干重含水率分别为 0.26%和 0.38%（图 5-5）。TOC 含量变化为嫩江 1.16%～3.25%、第二松花江 0.29%～1.70%、松花江干流 0.46%～5.66%、黑龙江 1.69%～2.39%。

表 5-2　2016 年 7 月和 9 月松花江沉积物湿重含水率、干重含水率及 TOC 含量变化

单位：%

编号	水体	水系	湿重含水率	干重含水率	TOC 含量
N1	门鲁河	嫩江	40.50	0.83	3.25
N2	科洛河	嫩江	65.40	0.80	2.49
N3	纳谟尔河	嫩江	10.69	0.30	1.16
N4	乌裕尔河	嫩江	45.80	0.07	1.99
N5	嫩江干流	嫩江	49.90	0.57	2.12
N6	嫩江干流	嫩江	58.90	0.78	2.02
N7	嫩江干流	嫩江	21.50	0.17	1.24
N8	嫩江干流	嫩江	41.90	0.63	1.46
D1	伊通河	第二松花江	39.90	0.68	1.69
D2	饮马河	第二松花江	21.98	1.40	0.57
D3	辉发河（柳河）	第二松花江	25.57	1.12	0.99
D4	第二松花江	第二松花江	19.30	0.14	1.34
D5	第二松花江	第二松花江	32.30	0.32	1.70
D6	第二松花江	第二松花江	37.30	0.34	0.29
S1	拉林河	松花江	28.10	4.36	1.77
S2	阿什河	松花江	29.00	0.43	1.34
S3	呼兰河	松花江	82.00	0.88	3.96
S4	呼兰河	松花江	27.40	0.87	1.35
S5	牡丹江	松花江	22.80	0.24	2.28
S6	牡丹江	松花江	35.70	0.54	0.65
S7	牡丹江	松花江	49.60	0.35	1.90
S8	牡丹江	松花江	83.30	0.79	1.78
S9	倭肯河	松花江	19.30	0.14	1.65
S10	东汤旺河	松花江	44.00	0.73	2.78
S11	汤旺河	松花江	5.28	0.34	3.15
S12	汤旺河	松花江	34.93	0.28	2.48
S13	松花江干流	松花江	37.00	0.46	0.92
S14	松花江干流	松花江	44.60	0.39	0.89

编号	水体	水系	湿重含水率	干重含水率	TOC 含量
S15	松花江干流	松花江	27.90	0.58	0.64
S16	松花江干流	松花江	43.90	0.76	1.44
S17	松花江干流	松花江	19.70	0.18	1.28
S18	松花江干流	松花江	35.20	0.29	0.46
S19	松花江干流	松花江	33.90	0.08	2.16
S20	松花江干流	松花江	43.80	0.37	1.32
S21	松花江干流	松花江	58.50	0.86	1.87
S22	梧桐河	松花江	84.90	3.73	4.21
S23	梧桐河	松花江	50.60	0.61	2.16
S24	梧桐河	松花江	23.32	5.70	0.84
S25	梧桐河	松花江	21.54	1.04	4.45
S26	梧桐河	松花江	40.29	8.61	5.66
S27	梧桐河	松花江	29.01	4.05	3.12
H1	黑龙江干流	黑龙江干流	49.60	0.26	1.69
H2	黑龙江干流	黑龙江干流	73.90	0.38	2.39

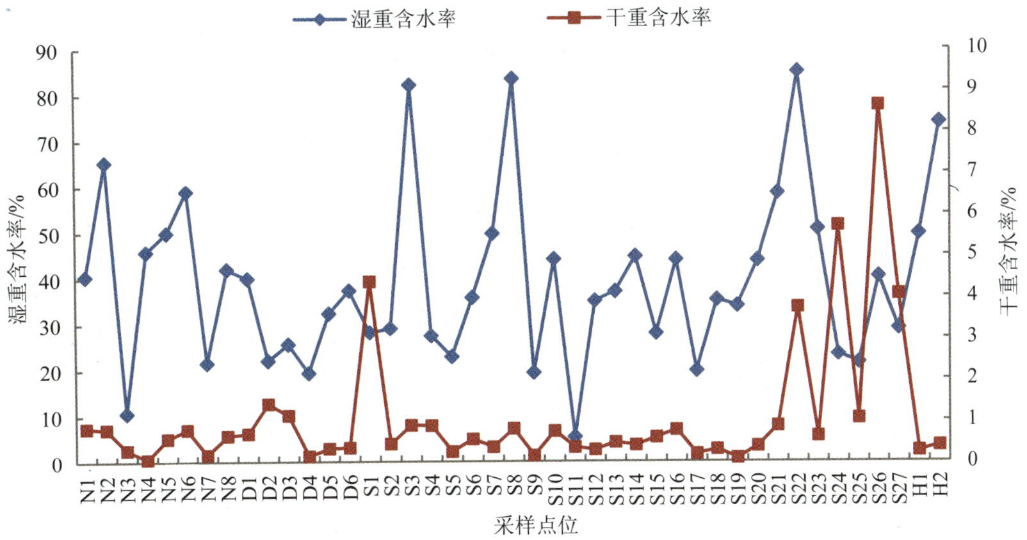

图 5-5　2016 年 7 月和 9 月松花江沉积物干重含水率及湿重含水率变化

图 5-6 是 2016 年 7 月和 9 月松花江沉积物 TOC 含量的沿程变化，可明显看出，从松花江上游到下游，TOC 含量有逐渐升高的趋势，总体范围为 0.29%～5.66%，最低点位于第二松花江干流的 D6 松林点位，最高点位于松花江支流梧桐河的 S26 点位。

表 5-3 列出了 2017 年 3 月松花江沉积物湿重含水率、干重含水率变化；其中嫩江段湿重含水率为 40.26%～60.61%，干重含水率为 1.01%～3.11%；第二松花江段湿重含水率为 29.03%～55.19%，干重含水率为 1.10%～2.25%；松花江干流段湿重含水率为 14.85%～55.82%，干重含水率为 0.25%～3.81%；黑龙江段东港和名山两个点位的湿重含水率分别

为 20.59%和 22.44%，干重含水率分别为 1.19%和 0.38%（图 5-7），可以看出松花江干流段各点位湿重含水率和干重含水率均相差较大，这可能与沉积物淤积厚度、颗粒粒径、有机质含量等有关（朱林等，2015）。

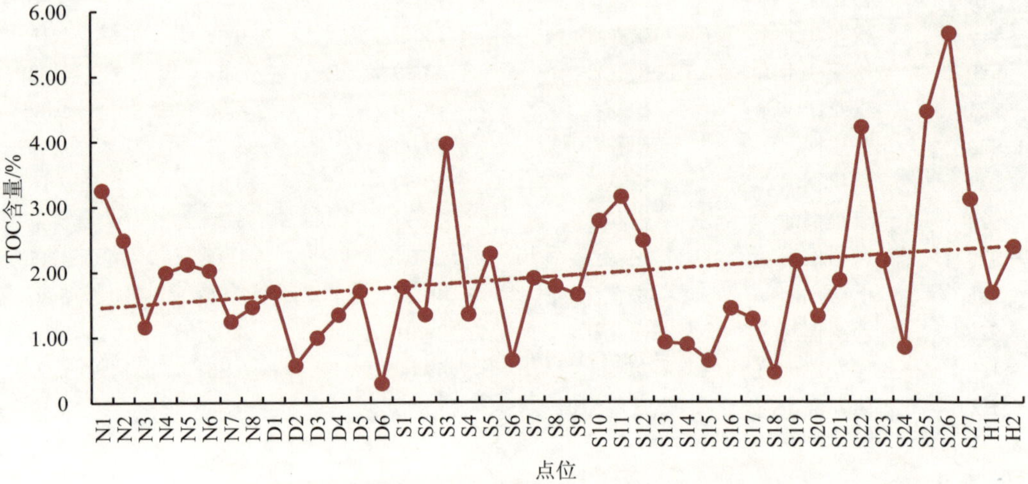

图 5-6　2016 年 7 月和 9 月松花江沉积物 TOC 含量变化

表 5-3　2017 年 3 月松花江沉积物湿重含水率和干重含水率变化

单位：%

采样点位	编号	水体	湿重含水率	干重含水率
科洛河大桥	N2	科洛河	60.61	1.01
乌裕尔河中游	N4	乌裕尔河	40.26	1.84
博霍头	N5	嫩江干流	45.47	3.11
江桥	N8	嫩江干流	52.78	1.67
柳河中游	D1	伊通河	41.19	1.10
万金塔	D2	饮马河	29.03	1.12
松林	D6	第二松花江	43.14	2.25
拉林河中游	S1	拉林河	55.19	3.81
阿什河中游	S2	阿什河	31.73	1.08
果树场	S6	牡丹江	23.94	1.36
柴河大桥	S7	牡丹江	49.55	1.81
牡丹江口内	S8	松花江干流	51.34	2.57
倭肯河中游	S9	倭肯河	55.82	2.17
桔源林场	S10	东汤旺河	25.89	3.17
佳木斯上	S18	松花江干流	27.42	0.69
西林	S20	松花江干流	14.85	0.25
同江	S21	松花江干流	15.38	0.25
东港	H1	黑龙江干流	20.59	1.19
名山	H2	黑龙江干流	22.44	0.38

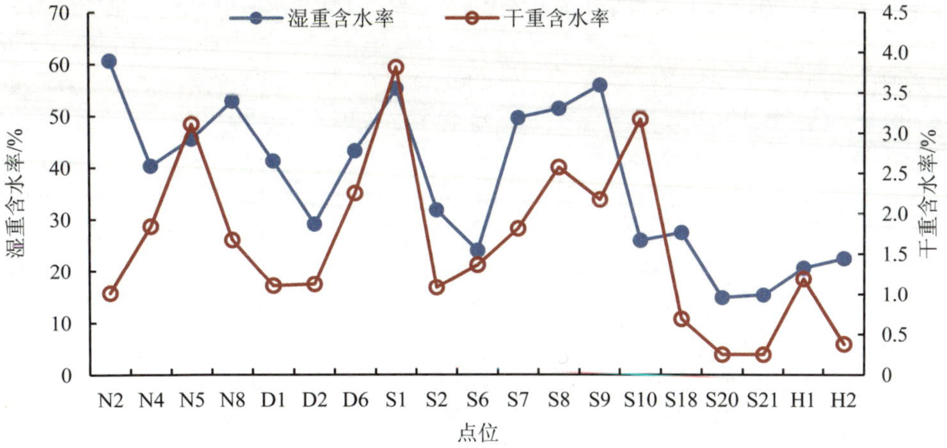

图 5-7 2017 年 3 月松花江沉积物干重含水率及湿重含水率变化

表 5-4 列出了 2017 年 6 月松花江沉积物湿重含水率、干重含水率及 TOC 含量变化。其中沉积物湿重含水率变化范围为 28.01%～78.58%，最高点出现在松花江干流的 SS9 铁力上点位，最低点出现在第二松花江 DS1 松花江村点位，可以看出松花江干流段各点位湿重含水率相差较大。14 个沉积物样品的干重含水率变化范围为 0.24%～28.01%，最高点出现在松花江主干流的 SS12 汤林林场点位，最低点出现在第二松花江的 DS1 松花江村点位，松花江干流段各点位干重含水率相差也较大。

由表 5-4 和图 5-8 可明显看出，从松花江上游到下游，TOC 含量有逐渐升高的趋势，总体变化范围是 0.69%～2.87%，最低点位于松花江流域的 SS2 大顶子山点位，最高点位于松花江干流的 SS7 阁山村点位。

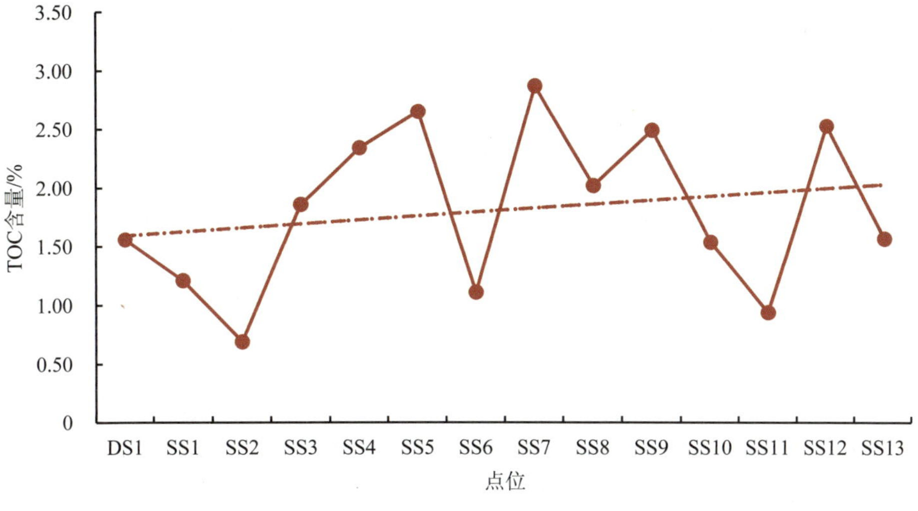

图 5-8 2017 年 6 月松花江沉积物 TOC 含量变化

表 5-4 2017 年 6 月松花江沉积物湿重含水率、干重含水率和 TOC 含量变化

单位：%

编号	采样点位	湿重含水率	干重含水率	TOC 含量
DS1	松花江村	28.01	0.24	1.56
SS1	肇源	39.65	2.91	1.21
SS2	大顶子山	30.30	4.01	0.69
SS3	于光屯	29.30	1.32	1.86
SS4	柴河大桥	45.51	6.72	2.34
SS5	张家屯	32.69	4.23	2.65
SS6	老福民	63.29	3.82	1.11
SS7	阁山村	49.10	10.31	2.87
SS8	佳木斯上	42.95	0.73	2.02
SS9	铁力上	78.58	9.12	2.49
SS10	呼兰河中游	44.47	2.24	1.54
SS11	沙岭村	36.50	0.82	0.94
SS12	汤林林场	71.57	28.01	2.53
SS13	新鹤村	50.45	12.31	1.57

表 5-5 列出了 2017 年 9 月松花江沉积物湿重含水率、干重含水率及 TOC 含量变化。其中沉积物湿重含水率变化范围为 25.74%～85.20%，最高点出现在松花江干流的 SH6 东川屯点位，最低点出现在松花江主干流的 SH16 沙河断面点位，可以看出松花江干流段各点位湿重含水率相差较大。28 个沉积物样品的干重含水率变化范围为 0.14%～12.72%，最高点出现在第二松花江的 DH1 松花江村点位，最低点出现在第二松花江的 DH5 楞场村点位，松花江干流段各点位干重含水率相差也较大。

图 5-9 是 2017 年 9 月松花江沉积物 TOC 含量的沿程变化，可明显看出，从松花江上游到下游，TOC 含量有逐渐升高的趋势，总体变化范围是 0.56%～3.87%，最低点位于松花江流域的 SH15 大石头下点位，最高点位于松花江干流的 DH6 花园口点位（表 5-5）。

表 5-5 2017 年 9 月松花江沉积物湿重含水率、干重含水率和 TOC 含量变化

单位：%

编号	采样点位	湿重含水率	干重含水率	TOC 含量
DH1	松花江村	27.81	12.72	1.24
DH2	新桥屯	30.20	1.23	1.87
DH3	昌邑	42.38	9.51	2.56
DH4	三家子	41.28	0.53	2.44
DH5	楞场村	28.68	0.14	1.34
DH6	花园口	38.77	0.60	3.87
SH1	肇源	35.68	1.46	0.89
SH2	大顶子山	26.36	0.72	1.56
SH3	夏家洼子	28.85	1.02	1.43
SH4	柴河大桥	49.92	3.24	1.08

编号	采样点位	湿重含水率	干重含水率	TOC 含量
SH5	政富村	32.29	0.20	1.89
SH6	东川屯	85.20	8.46	0.77
SH7	桔源林场	74.72	7.03	2.63
SH8	佳木斯上	31.55	1.85	1.25
SH9	南关村	36.79	1.70	0.99
SH10	呼兰河中游	32.04	0.32	1.28
SH11	苇河	32.50	2.54	1.89
SH12	庆阳	32.21	2.45	3.24
SH13	温春大桥	31.74	0.57	2.77
SH14	东崴子村	31.77	0.82	2.64
SH15	大石头下	36.38	1.22	0.56
SH16	沙河断面	25.74	0.96	0.88
SH17	三中	27.18	0.94	1.87
SH18	湖水一村	23.94	0.15	1.28
SH19	桦树青年点	40.84	4.72	1.94
SH20	安兴村	44.95	0.45	2.11
SH21	金沙	42.19	3.71	2.45
SH22	沙牡汇入	31.61	4.37	0.66

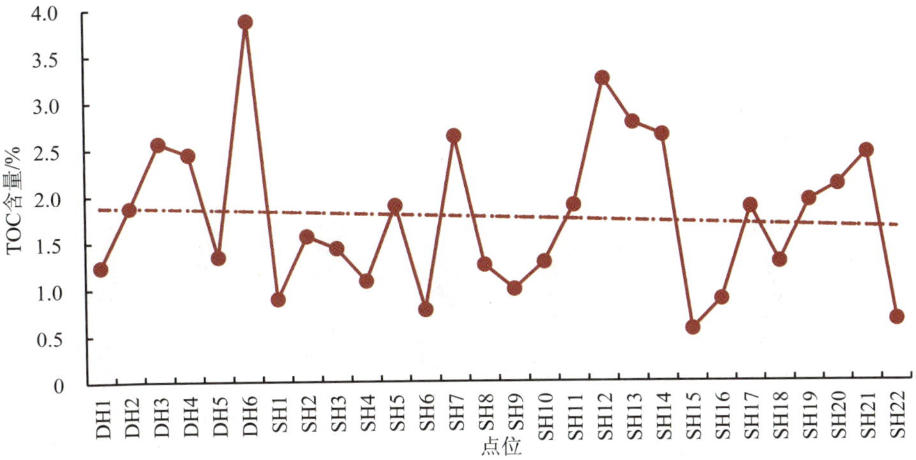

图 5-9　2017 年 9 月松花江沉积物 TOC 含量变化

总体来看，2016 年 9 月嫩江湿重含水率（10.69%～65.40%）与 2017 年 3 月嫩江湿重含水率(40.26%～60.61%)相当,无明显变化;2016 年 9 月第二松花江湿重含水率(19.30%～39.90%）低于 2017 年 3 月第二松花江湿重含水率（29.03%～55.19%）；2016 年松花江干流湿重含水率（5.28%～83.30%）相对于其他月份变化幅度最大，可能是因为 2016 年 9 月采样点位较多，河流位置差异较大，故变化幅度较大。2016 年 9 月、2017 年 6 月和 9 月，TOC 含量均表现出从松花江上游到下游逐渐升高的态势，表明下游有机质含量比上游高。

5.2 沉积物粒径沿程分布特征

沉积物样品按粒径分为 9 类，分别为黏土粒径（<4 μm）、粉沙粒径（4～63 μm）、极细沙粒径（63～125 μm）、细沙粒径（125～250 μm）、中沙粒径（250～500 μm）、粗沙粒径（500～1 000 μm）、极粗沙粒径（1 000～2 000 μm）、沙砾粒径（2 000～4 000 μm）以及砾粒径（4 000～64 000 μm）。通过粒径数据分析嫩江、第二松花江、松花江干流、松花江支流梧桐河及黑龙江干流表层沉积物的主要粒径范围，判断松花江地区沉积物的主要类型，有利于后续有机物及重金属分析。

5.2.1 嫩江沉积物粒径分布特征

如图 5-10 所示，2016 年 7 月和 9 月嫩江除 N3 和 N4 两个点位外，其余点位的主要粒径范围为 4～500 μm，即嫩江表层沉积物以粉沙、极细沙、细沙和中沙为主，4 种粒径和基本达 60%以上。而 N3 点位主要粒径范围为 250～2 000 μm，3 种粒径和占到 70%以上，沉积物以中沙、粗沙和极粗沙为主；N4 点位主要粒径范围为 1 000～64 000 μm，3 种粒径和占到 60%，沉积物以极粗沙、沙砾和砾为主。

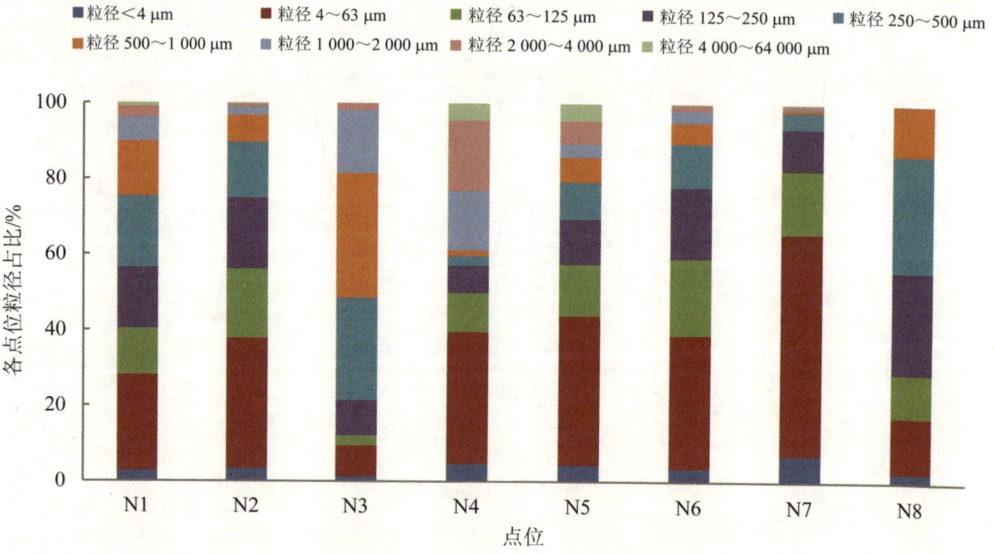

图 5-10 2016 年 7 月和 9 月嫩江沉积物粒径分布

如图 5-11 所示，2017 年 3 月嫩江 4 个点位中，N2 点位主要粒径范围为 2 000～64 000 μm，即 N2 点位以沙砾以及砾粒为主，N4 点位各粒径范围（4～64 000 μm）占比相当，以粉沙、极细沙、细沙、中沙、粗沙、极粗沙、沙砾以及砾粒为主。而 N5 点位主要粒径范围为 4～250 μm 和 4 000～64 000 μm，4 种粒径和占到 79.78%以上，沉积物以粉沙、极细沙、细沙和砾粒为主，N8 点位主要粒径范围为 4～500 μm，沉积物以粉沙、极细沙、细沙、中沙为主。

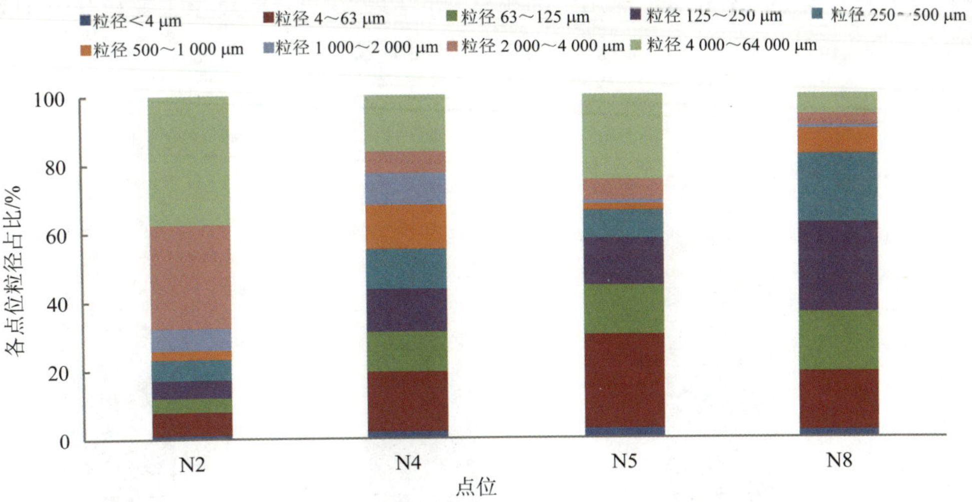

图 5-11　2017 年 3 月嫩江沉积物粒径分布

5.2.2　第二松花江沉积物粒径分布特征

如图 5-12 所示，第二松花江 2016 年 9 月（6 个点位）中 D1、D2、D3 和 D4 点位的主要粒径范围均是 4～250 μm，3 种粒径和占比达 50%以上，沉积物以粉沙、极细沙和细沙为主。D5 点位主要是砾（4 000～64 000 μm），占比达到 68%，这可能是因为采样点位均是沙石。D6 点位主要粒径范围为 125～2 000 μm，以细沙、中沙、粗沙和极粗沙为主。

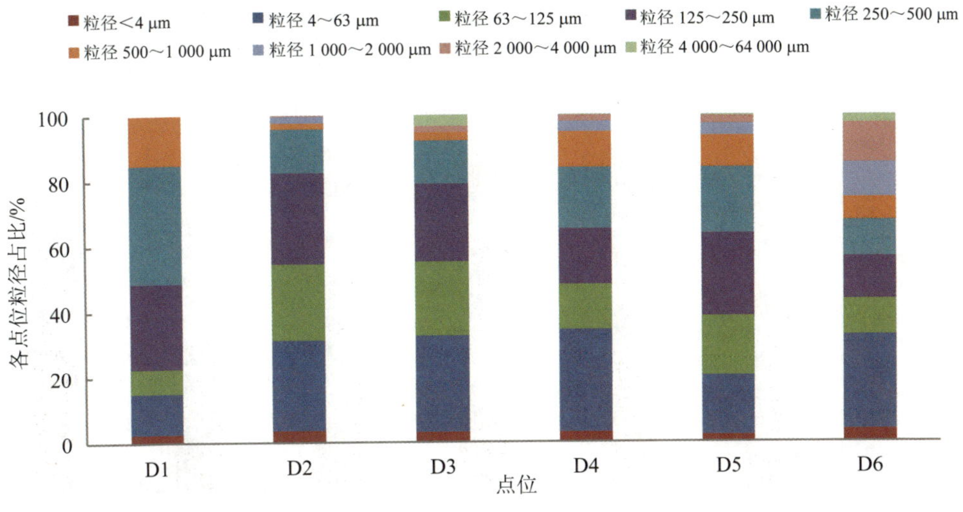

图 5-12　2016 年 9 月第二松花江沉积物粒径分布

如图 5-13 所示，第二松花江段 2017 年 3 月（3 个点位）中 D2、D6 点位的主要粒径范围均为 2 000～64 000 μm，沉积物以沙砾以及砾粒为主。D1 粒径范围为 4～2 000 μm，6 种粒径和占比达到93%，这可能是因为采样点位均是沙石。D6 点位主要粒径范围为 125～2 000 μm，以粉沙、极细沙、细沙、中沙、粗沙和极粗沙为主要组分。

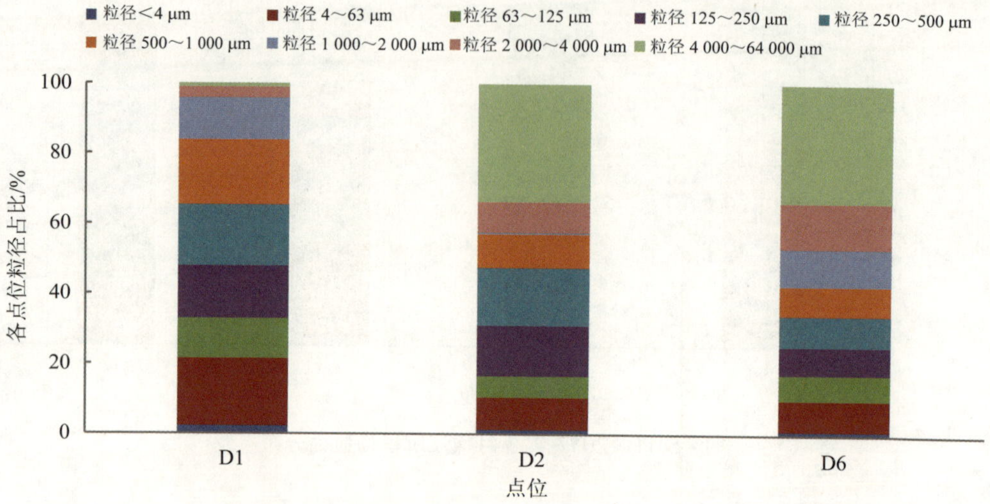

图 5-13　2017 年 3 月第二松花江沉积物粒径分布

如图 5-14 所示，第二松花江段 2017 年 9 月（6 个点位）沉积物粒径的主要范围是 4～500 μm，以粉沙、极细沙、细沙和中沙为主，其和占到粒径总和的 70%以上。个别点位（DH1 和 DH5）不符合此规律，其中 DH1 各个粒径均匀分布，无明显的规律，应是沙土混合物；DH5 点位的主要粒径范围是 500～4 000 μm，主要是粗沙、极粗沙和沙砾，总占比达到 60%以上。

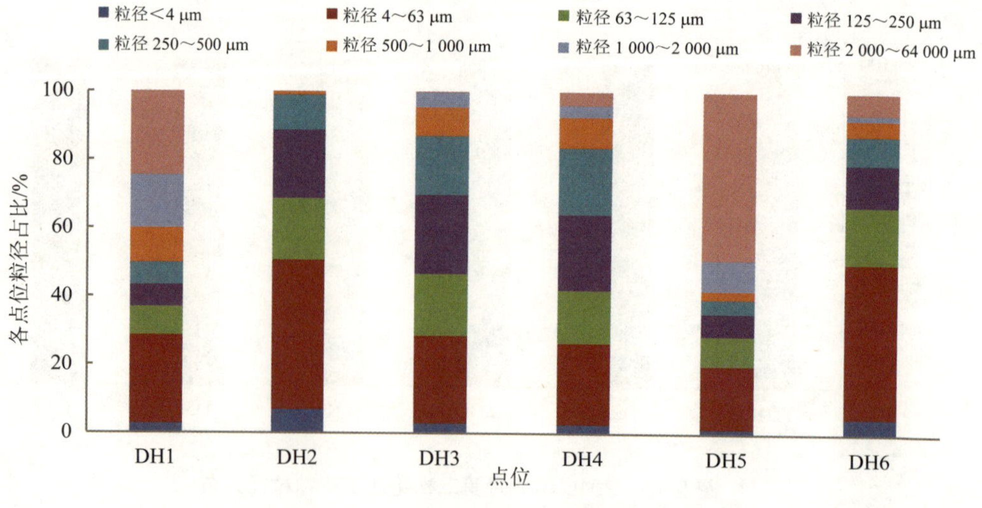

图 5-14　2017 年 9 月第二松花江沉积物粒径分布

5.2.3　松花江干流沉积物粒径分布特征

如图 5-15 所示，松花江干流段 2016 年 9 月（21 个点位）沉积物粒径的主要范围是 4～500 μm，主要以粉沙、极细沙、细沙和中沙为主，其和占到粒径总和的 70%以上。个别点位（S3、S5、S6 和 S7）不符合此规律，其中 S3 各个粒径均匀分布，没有什么明显的规律，应该是沙土混合物；S5、S6 和 S7 点位的主要粒径范围是 500～4 000 μm，主要是粗沙、极粗沙和沙砾，总占比达到 60%以上。

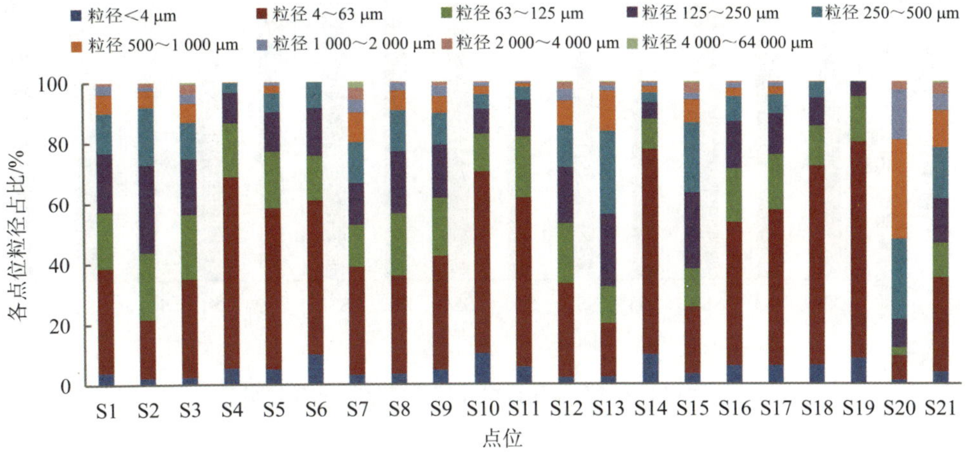

图 5-15　2016 年 9 月松花江干流沉积物粒径分布

如图 5-16 所示，松花江干流段 2017 年 3 月（10 个点位）沉积物粒径的主要范围是 4～500 μm，以粉沙、极细沙、细沙和中沙为主，其和占到粒径总和的 60%以上。个别点位（S20 和 S21）不符合此规律，S20 和 S21 沉积物粒径的主要范围是 2 000～64 000 μm，以沙砾和砾粒为主。

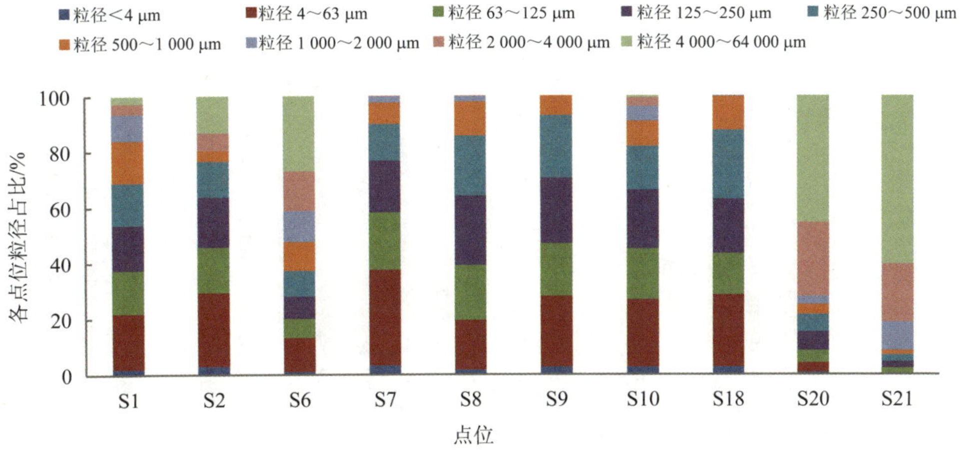

图 5-16　2017 年 3 月松花江干流沉积物粒径分布

如图 5-17 所示，松花江干流段 2017 年 6 月（14 个点位）沉积物粒径的主要范围是 4～500 μm，以粉沙、极细沙、细沙和中沙为主，其和占到粒径总和的 70%以上。个别点位（SS3、SS10 和 SS12）不符合此规律，其中 SS3 各个粒径均匀分布，没有什么明显的规律，应该是沙土混合物；SS10 和 SS12 点位的主要粒径范围是 500～4 000 μm，主要是粗沙、极粗沙和沙砾，总占比达到 60%以上。

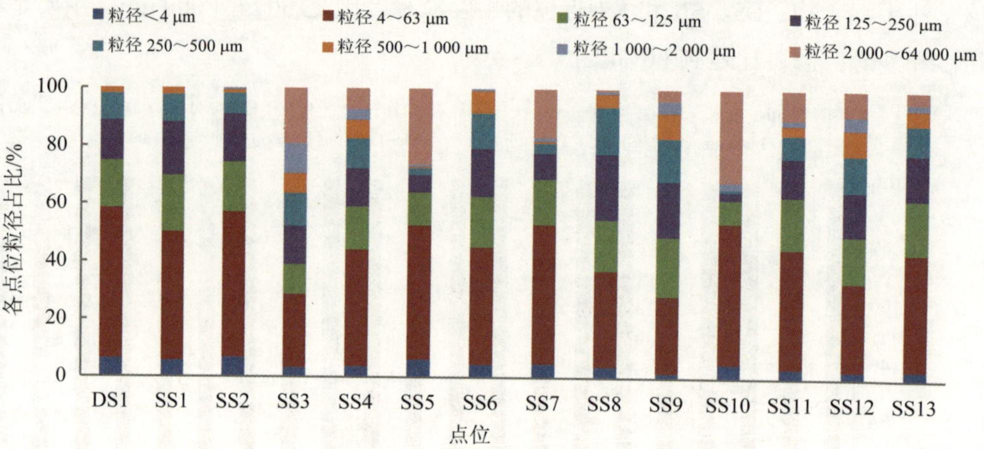

图 5-17 2017 年 6 月松花江干流沉积物粒径分布

如图 5-18 所示，松花江干流段 2017 年 9 月（22 个点位）沉积物粒径的主要范围是 4～500 μm，以粉沙、极细沙、细沙和中沙为主，其和占到粒径总和的 70%以上。个别点位（SH2、SH4、SH13 和 SH19）不符合此规律，SH2、SH4、SH13 和 SH19 点位的主要粒径范围是 500～4 000 μm，主要是粗沙、极粗沙和沙砾，总占比达到 60%以上。

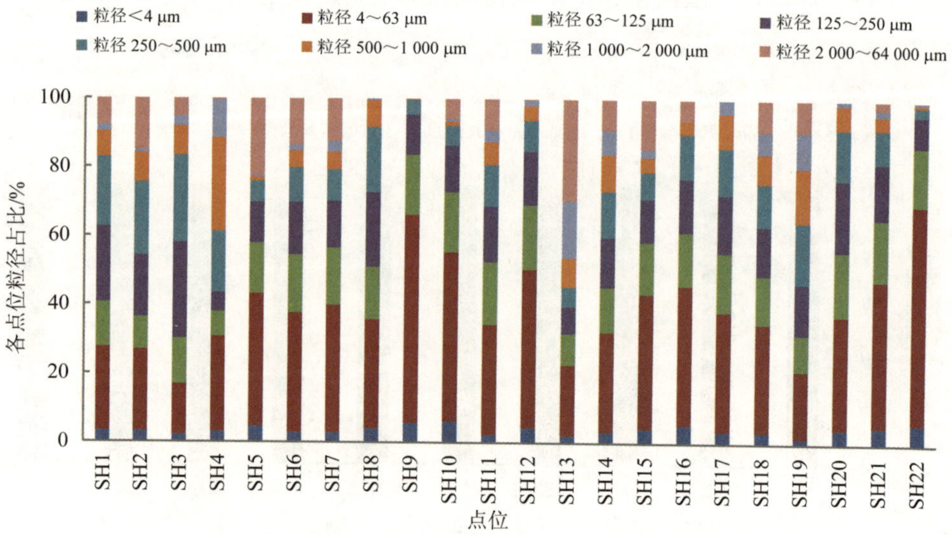

图 5-18 2017 年 9 月松花江干流沉积物粒径分布

5.2.4 梧桐河及黑龙江沉积物粒径分布特征

如图 5-19 所示，梧桐河 6 个点位和黑龙江干流 2 个点位除 S26 外，其余 7 个点位沉积物粒径的主要范围均是 4～500 μm，以粉沙、极细沙、细沙和中沙为主，其和均占到粒径总和的 80%左右，规律较一致。而梧桐河的 S26 点位每个粒径范围均有分布，同松花江干流的 S3 点位差不多，均是沙土混合物。

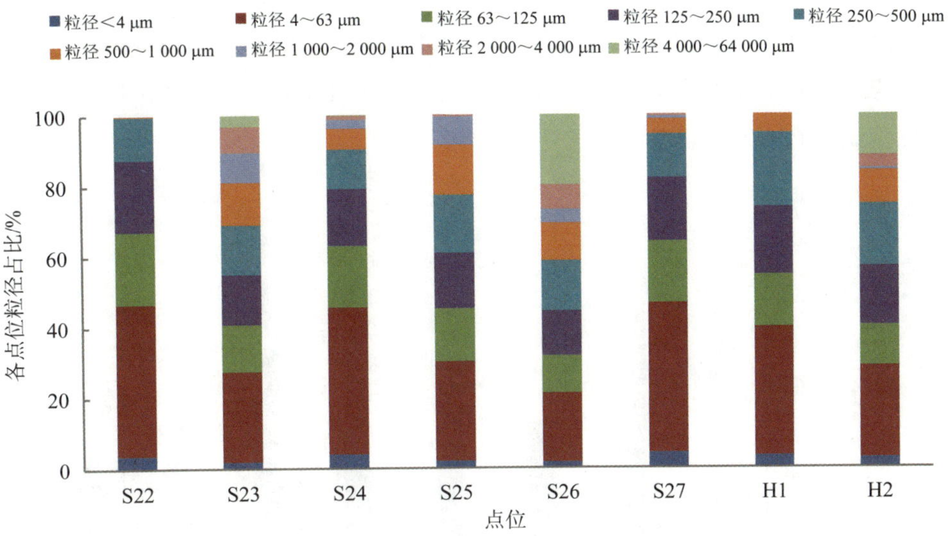

图 5-19　2016 年 9 月梧桐河及黑龙江干流沉积物粒径分布

总体来看，嫩江流域主要粒径范围为 4～500 μm，嫩江表层沉积物主要是粉沙、极细沙、细沙和中沙，沙砾粒径和砾粒占比较小；第二松花江主要粒径范围为 4～500 μm，即表层沉积物以粉沙、极细沙、细沙、中沙为主，个别点位以沙砾以及砾粒为主；松花江干流主要粒径范围为 4～500 μm，以粉沙、极细沙、细沙和中沙为主。由此可见，粉沙、极细沙、细沙和中沙是松花江表层沉积物的主要组成部分。从不同水期来看，枯水期（2017 年 3 月）表层沉积物沙含量较多，粒径整体较大，平水期（2017 年 9 月）细沙占比变大，粒径变小，丰水期（2017 年 6 月）细沙占比最大。这可能是由于降水期河流水位上升导致河流变宽，采样位置与岸边的相对距离变大，地表径流或支流所携带的粗颗粒未到达采样点位就已沉积，同时水位上升后采样点位距离河面相对高度变大，此时的深水弱动力条件有助于沉积物中的细粒径的物质沉降，因而在丰水期和平水期沉积物粒径较小。反之干旱期水位下降，采样位置与岸边的相对距离变小，粗粒径的物质易于到达采样位置并沉积，同时枯水期采样点位与河面相对高度变小，浅水强动力条件使细粒径的物质难以沉降（孙千里等，2001；陈敬安等，2003）。

5.3 沉积物总磷沿程分布特征

5.3.1 嫩江段总磷分布特征

如图 5-20 所示，嫩江段 2016 年 9 月沉积物中总磷含量为 456.95～896.69 mg/kg，其中，最大值出现在 N1 门鲁河大桥点位，最低值出现在 N7 浏园点位，其中嫩江支流总磷含量为 529.80～896.96 mg/kg，最高值出现在 N1 门鲁河大桥点位，最低值出现在 N3 纳谟尔河中游点位；嫩江段干流总磷含量为 456.95～846.85 mg/kg，最高值出现在 N5 博霍头点位，最低值出现在 N7 浏园点位。

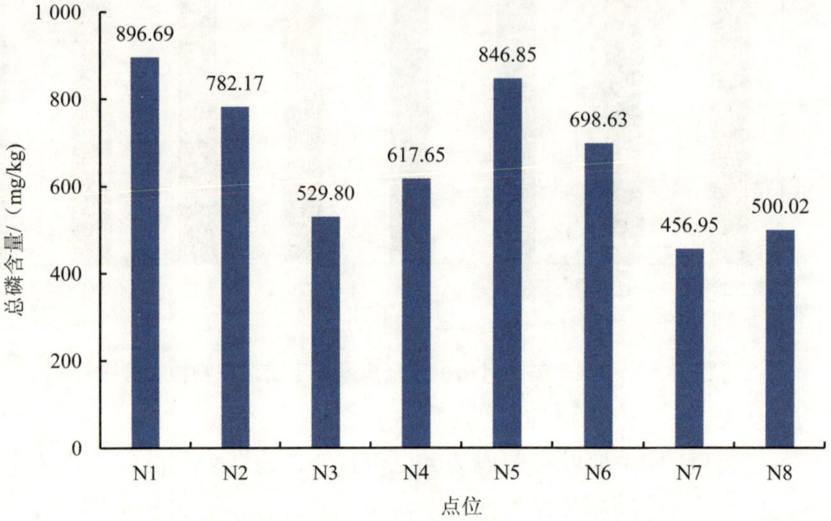

图 5-20　2016 年 9 月嫩江段总磷含量

5.3.2 第二松花江段总磷分布特征

如图 5-21 所示，第二松花江段 2016 年 9 月沉积物中总磷含量为 471.80～1 227.51 mg/kg，其中，最大值出现在 D5 松花江村点位，最低值出现在 D2 万金塔点位，其中第二松花江支流总磷含量为 471.80～1 004.00 mg/kg，最高值出现在 D3 靠山南楼点位，最低值出现在 D2 万金塔点位；第二松花江段干流总磷含量为 741.83～1 227.51 mg/kg，最高值出现在 D5 松花江村点位，最低值出现在 D6 松林点位。

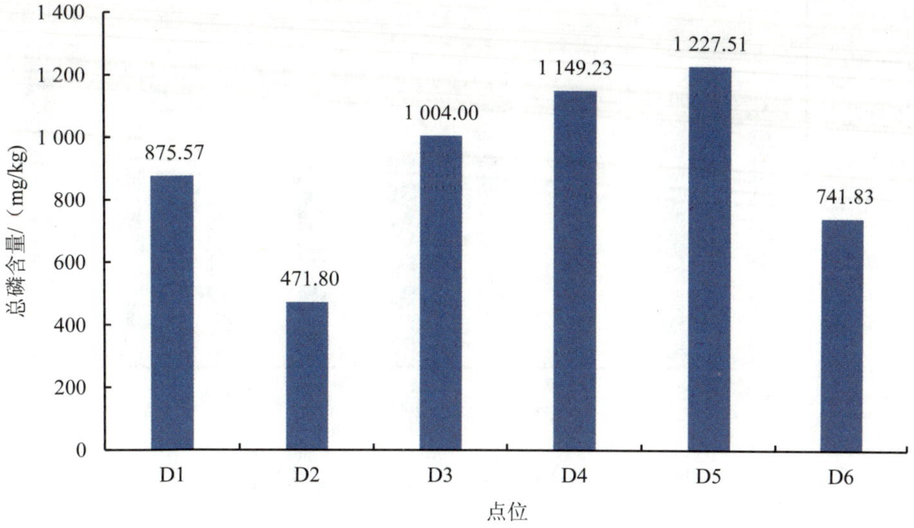

图 5-21　2016 年 9 月第二松花江段总磷含量

5.3.3　松花江段总磷分布特征

如图 5-22 和图 5-23 所示，松花江段 2016 年 9 月沉积物中总磷含量为 423.04～1 598.20 mg/kg，其中，最大值出现在 S1 拉林河中游点位，最低值出现在 S19 佳木斯下点位，其中松花江段支流总磷含量为 554.07～1 598.20 mg/kg，最高值出现在 S1 拉林河中游点位，最低值出现在 S6 果树场点位；松花江主干流总磷含量为 423.04～805.35 mg/kg，最高值出现在 S21 同江点位，最低值出现在 S19 佳木斯下点位。

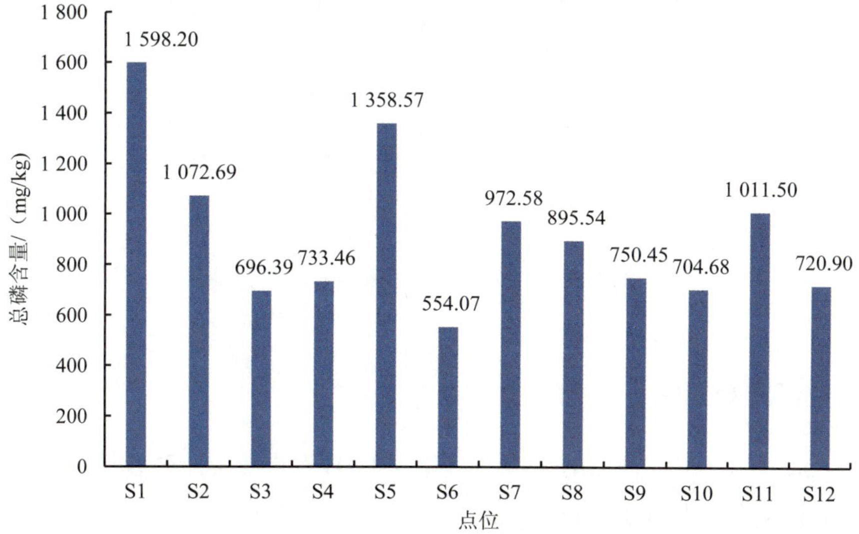

图 5-22　2016 年 9 月松花江支流总磷含量

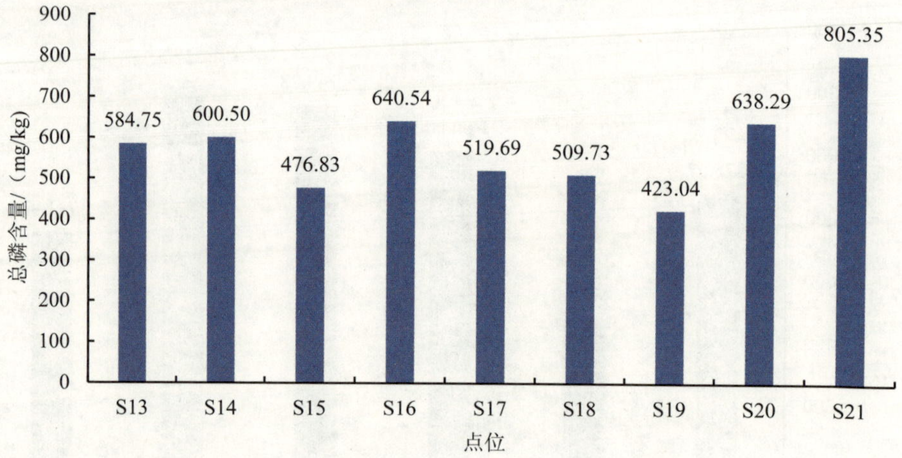

图 5-23　2016 年 9 月松花江主干流总磷含量

5.3.4　梧桐河段总磷分布特征

如图 5-24 所示，梧桐河段 2016 年 9 月沉积物中总磷含量为 648.00～1 112.26 mg/kg，其中，最大值出现在 S22 梧桐河上游点位，最低值出现在 S24 梧桐河农场大桥点位。

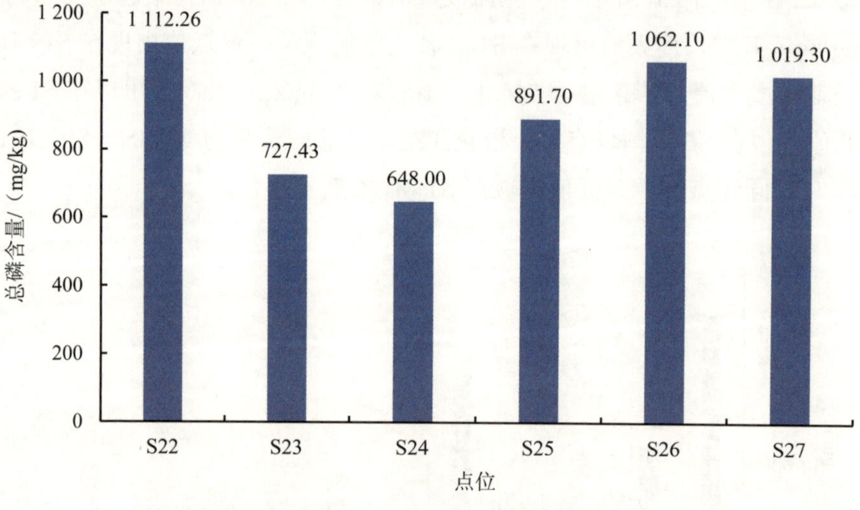

图 5-24　2016 年 9 月梧桐河段总磷含量

5.3.5　黑龙江段总磷分布特征

如图 5-25 所示，黑龙江段 2016 年 9 月沉积物中 H1 东港点位总磷含量为 720.13 mg/kg，H2 名山点位总磷含量为 908.32 mg/kg。

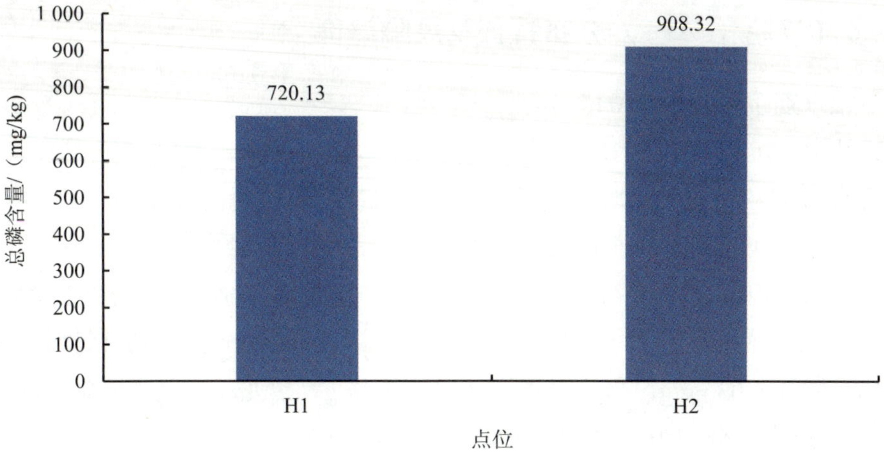

图 5-25　2016 年 9 月黑龙江段总磷含量

综上所述，各江段总磷平均含量排序为：松花江支流（922.42 mg/kg）＞第二松花江（911.66 mg/kg）＞梧桐河（910.13 mg/kg）＞黑龙江（814.23 mg/kg）＞嫩江（666.10 mg/kg）＞松花江干流（577.64 mg/kg）；松花江全流域总磷含量最低值出现在 S19 佳木斯下点位（423.04 mg/kg），水质状况较好；最大值出现在 S1 拉林河中游点位。由此可见，松花江支流总磷含量较高，相对于其他江段，水质状况较差，这可能是由于各支流流经市区，污染排放较为集中。

松花江总磷主要的污染源为生活污水、化肥企业、有机磷农药以及洗涤剂所用的磷酸盐增洁剂（姜厚竹等，2016），有关部门应加强入河排污口监督管理及纳污能力核定，完善缓冲区评价考核指标体系，加大科研力度并提高水污染事件应急监控能力，逐渐完善水质监测的全覆盖，研究并制定和实施更完整的水生态监测方案，提高水生态监测能力，建立松花江流域省界缓冲区水量、水质和水生态监测与报告工作体系，全面掌握这一水功能区水质、水量及水生态变化情况，落实国家最严格的水资源管理制度。

5.4　沉积物有机物分布特征及风险评价

沉积物是水环境中的重要组成部分。通常有毒有机污染物具有较高的疏水性和较低的水溶性（Huang et al.，2008），在进入水环境后很容易与水体中固体颗粒物上的有机质、矿物质等成分发生一系列物理、化学作用，如吸附、分配等，进而转移到固相中，因此沉积物是有毒有机污染物的主要环境归宿之一。此外，附着在沉积物中的有毒有机污染物又会在一定条件下重新进入水相，使沉积物成为造成水体有毒有机污染物“二次污染”的潜在来源（胡雄星等，2011；崔学慧等，2010）。

5.4.1 多环芳烃（PAHs）分布特征及风险评价

5.4.1.1 枯水期沉积物中 PAHs

（1）枯水期沉积物中 PAHs 的赋存水平

2017 年 3 月松花江 19 个点位表层沉积物中ΣPAHs 含量为 272.63～58 936.03 ng/g，平均含量为 2 216.93 ng/g，见图 5-26。其中嫩江表层沉积物中ΣPAHs 含量为 617.95～2 316.38 ng/g，平均含量为 1 494.38 ng/g；第二松花江表层沉积物中ΣPAHs 含量为 1 023.90～5 579.45 ng/g，平均含量为 2 611.92 ng/g；松花江干流表层沉积物中ΣPAHs 含量为 272.63～58 936.03 ng/g，平均含量为 2 566.76 ng/g。黑龙江干流只采集了两个点位的沉积物，ΣPAHs 含量分别为 1 056.13 ng/g 和 1 584.57 ng/g，平均含量 1 320.35 ng/g。其中第二松花江表层沉积物中ΣPAHs 含量最高，高于全江段平均水平，其余江段（嫩江、松花江干流和黑龙江）表层沉积物中ΣPAHs 含量均低于全江段平均含量（表 5-6）。

表 5-6 枯水期松花江各断面沉积物中ΣPAHs 含量

水系	采样点位	编号	水体	地理位置	3 月 ΣPAHs 含量/（ng/g）
嫩江	科洛河大桥	N2	科洛河	125.452E，49.406N	617.95
	乌裕尔河中游	N4	乌裕尔河	125.892E，48.004N	2 316.38
	博霍头	N5	嫩江干流	125.184E，49.192N	1 485.20
	江桥	N8	嫩江干流	123.701E，46.701N	1 557.99
第二松花江	柳河中游	D1	伊通河	126.845E，43.113N	1 023.90
	万金塔	D2	饮马河	125.445E，44.603N	1 232.39
	松林	D6	第二松花江	124.728E，45.301N	5 579.45
松花江干流	拉林河中游	S1	拉林河	127.064E，44.671N	1 536.06
	阿什河中游	S2	阿什河	127.013E，45.409N	1 473.87
	果树场	S6	牡丹江	129.016E，44.061N	3 416.82
	柴河大桥	S7	牡丹江	129.672E，44.766N	58 936.03
	牡丹江口内	S8	松花江干流	129.573E，46.003N	1 463.03
	倭肯河中游	S9	倭肯河	130.543E，46.019N	3 638.38
	桔源林场	S10	东汤旺河	129.379E，48.635N	1 609.89
	佳木斯上	S18	松花江干流	130.666E，47.033N	1 201.62
	西林	S20	松花江干流	131.682E，47.234N	2 119.31
	同江	S21	松花江干流	132.458E，47.661N	272.63
黑龙江	东港	H1	黑龙江干流	132.668E，47.921N	1 584.57
	名山	H2	黑龙江干流	130.688E，47.032N	1 056.13

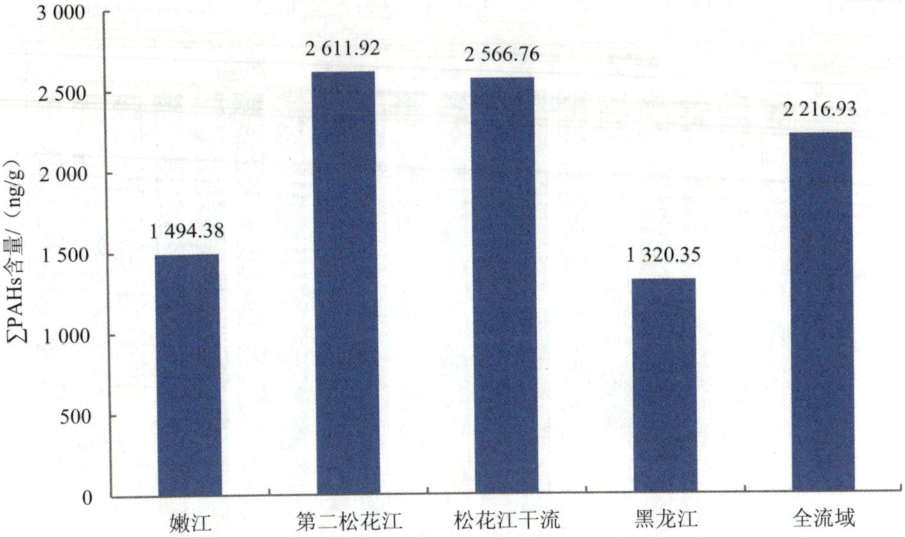

图 5-26　枯水期松花江各江段ΣPAHs 平均含量

（2）枯水期沉积物中 PAHs 的组成特征

总体来看，松花江 19 个河流断面表层沉积物中 16 种 PAHs 均有检出，从各个点位平均值来看，苯并[*a*]蒽（BaA）含量最高，为 628.10 ng/g，其次为苯并[*a*]芘（BaP）、菲（Phe）、䓛（Chr）、芘（Pyr）、芴（Fl）、茚并[1,2,3-*cd*]芘、蒽（An）和苯并[*b*]荧蒽，平均含量分别为 296.84 ng/g、223.89 ng/g、198.59 ng/g、126.86 ng/g、93.83 ng/g、74.34 ng/g、72.58 ng/g 和 57.74 ng/g，其余含量均在 55 ng/g 以下。

按照各环 PAHs 的总含量计算，松花江段 19 个表层沉积物中 2 环、3 环、4 环、5 环、6 环的 PAHs 含量分别占总 PAHs 的 0.76%、7.24%、82.52%、8.05%和 1.43%，占比从大到小依次是 4 环＞5 环＞3 环＞6 环＞2 环。其中高环（4～6 环）的 PAHs 占比较高，这是由于高环 PAHs 沉积物/水分配系数大，易吸附于含有机质的颗粒相中。如图 5-27 所示，不同松花江江段各环 PAHs 的质量百分比，各江段规律一致，均是高环（4～6 环）所占比例较高，低环（2～3 环）PAHs 所占比例较低。在各点位所占比值如图 5-27 所示。

（3）枯水期沉积物中 PAHs 风险评价

本书采用沉积物质量基准法（sediment quality criteria，SQCs）对 PAHs 的风险进行评价，沉积物质量基准法的基础是沉积物的生物效应数据库。常用的两个指标是效应范围低值（effects range low，ERL）和效应范围中值（effects range media，ERM）（Adeleye et al.，2016）。根据 ERL 和 ERM 可以将沉积物中 PAHs 的生态风险分为三个等级，分别是：当研究区域污染物浓度大于 ERM 时，生态风险发生的概率较高（大于 50%），对周边生物体及生态环境会产生经常性生态风险；当研究区域污染物浓度大于 ERL 小于 ERM 时，对周边生物体及生态环境会偶尔产生生态风险；当研究区域污染物浓度小于 ERL 时，发生生态风险的概率较低（小于 10%），几乎不会对周边生物体及生态环境产生危害。

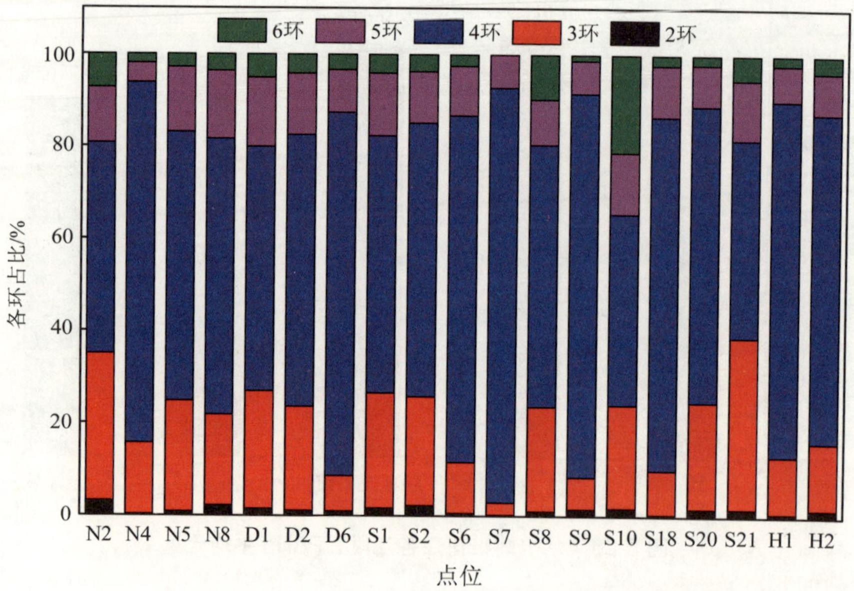

图 5-27 枯水期松花江表层沉积物中各环 PAHs 在各点位组成特征分布

沉积物质量基准法已经比较成熟，目前被学者广泛用于评价海洋和河口沉积物中污染物的生态风险（Qian et al.，2016）。表 5-7 是松花江表层沉积物中 PAHs 含量与 ERL 值和 ERM 值的比较。从 PAHs 的平均含量来看，只有 Fl、BaA 和 ACP 超过 ERL 值，位于 ERL 值和 ERM 值之间，表明上述物质对周边生物体及生态环境会偶尔产生生态风险，其余组分均未超过 ERL 值，表明这些 PAHs 组分具有较低的生态风险水平，发生生态风险的概率较低（小于 10%）。从 PAHs 的最大含量来看，所有组分均超过 ERL 值，其中 15 种介于 ERL 值和 ERM 值之间，表明研究区内有个别点位的 PAHs 最大含量值点位对周边生物体及生态环境会偶尔产生生态风险，而 BaA 的最大含量超过 ERM 值，会对暴露生物产生经常性生态风险，且 BaA 具有强致癌性，应引起关注。

表 5-7 枯水期松花江表层沉积物中 PAHs 含量与 ERL 值和 ERM 值比较

PAHs	ERL	ERM	PAHs 最大含量/（ng/g）	Σ_{12}PAHs 平均含量/（ng/g）
萘（Nap）	160	2 100.00	356.93	44.99
苊烯（Ace）	44.00	640.00	84.16	15.97
苊（Acp）	16.00	500.00	159.64	29.59
芴（Fl）	19.00	540.00	385.83	93.83
菲（Phe）	240.00	1 500.00	888.92	223.89
蒽（An）	85.30	1 100.00	430.42	72.58
荧蒽（Flu）	600.00	5 100.00	1 316.65	168.59
芘（Pyr）	665.00	2 600.00	970.54	126.86

PAHs	ERL	ERM	PAHs 最大含量/（ng/g）	Σ_{12}PAHs 平均含量/（ng/g）
苯并[*a*]蒽（BaA）	261.00	1 600.00	49 207.05	4 364.64
䓛（Chr）	384.00	2 800.00	1 476.69	198.59
苯并[*a*]芘（BaP）	430.00	1 600.00	3 275.15	296.84
二苯并[*a,h*]蒽	63.40	260.00	297.96	39.92

进一步采用加拿大沉积物质量标准来评价松花江表层沉积物中 12 种 PAHs 的污染程度，其质量标准设定的 5 个阈值分别为生物毒性影响的罕见效应含量值（REL）、临界效应含量值（TEL）、偶然效应含量值（OEL）、可能效应含量值（PEL）和频繁效应含量值（FEL），这 5 个阈值的划分可作为环境管理（修复、疏浚、控制污染排放等）执行对策。

表 5-8 枯水期松花江表层沉积物中 PAHs 的污染程度分析

沉积物标准质量范围	生态风险等级	点位
大于 FEL 值	存在高生态风险	N4、D6、S6、S7、S9、S20、S18、H1、S7
介于 PEL 值和 FEL 值之间	潜在风险概率较高	N5、N8、D2、S1、S2、S8、H2
介于 OEL 值和 PEL 值之间	潜在风险概率中等	N1、D1
介于 TEL 值和 OEL 值之间	潜在风险概率较低	S21
介于 REL 值和 TEL 值之间	潜在风险概率最低	—
小于 REL 值	无潜在风险	—

结果显示（表 5-8），嫩江点位 N4（乌裕尔河中游）BaA 含量已超过 FEL 值，N5 和 N8（博霍头和江桥）点位中 BaA 介于 PEL 值和 FEL 值之间，潜在风险概率较高。第二松花江点位 D6（松林）中 BaA 含量已超过 FEL 值，表明 BaA 会对松林点位产生高生态风险。D1（柳河中游）中 BaA 含量介于 OEL 值和 PEL 值之间，表明 BaA 在柳河中游点位潜在风险概率中等。D2（万金塔）BaA 含量介于 PEL 值和 FEL 值之间，潜在风险概率较高，其中 D6 点位中 DbA、BaP、Chr 介于 OEL 值和 PEL 值之间，潜在风险概率中等。松花江 S6、S7、S9、S18 和 S20（果树场、柴河大桥、倭肯河中游、佳木斯上和西林），黑龙江 H1（东港）点位中 12 种 PAHs 中 BaA 含量已超过 FEL 值，其中松花江 S4 和 S6（柴河大桥和倭肯河中游）污染含量水平最高，污染物主要是 Flu、Phe 和 Chr，表明这几种 PAHs 组分（Flu、Phe 和 Chr）对柴河大桥和倭肯河中游点位所在区域产生高生态风险。其中 S1、S2、S8 和 S10（拉林河中游、阿什河中游、牡丹江口内和桔源林场）中 BaA 含量介于 PEL 值和 FEL 值之间，潜在生态风险较高，应引起相关部门的关注，采取相关保护措施，减少或降低污染物的排放。

5.4.1.2 丰水期沉积物中 PAHs

（1）丰水期沉积物 PAHs 的赋存水平

如表 5-9 所示，2017 年 6 月松花江 15 个点位表层沉积物中 ΣPAHs 含量为 901.67～7 384.53 ng/g，平均含量为 2 116.56 ng/g，其中沙岭村点位 ΣPAHs 含量最高。

表 5-9 丰水期表层沉积物中ΣPAHs 含量

干流	采样点位	编号	地理位置		6 月ΣPAHs 含量/（ng/g）
			经度	纬度	
第二松花江	松花江村	DS1	126.19E	44.67N	1 240.98
松花江	肇源	SS1	124.99E	45.49N	1 244.14
松花江	柴河大桥	SS2	129.67E	44.77N	4 942.00
松花江	佳木斯上	SS3	130.67E	47.03N	1 384.36
松花江	新鹤村	SS4	130.43E	47.80N	1 118.87
松花江	东川屯	SS5	127.29E	45.30N	4 085.41
松花江	沙岭村	SS6	129.28E	46.58N	7 384.53
松花江	铁力上	SS7	128.36E	47.24N	1 641.31
松花江	呼兰河中游	SS8	127.34E	46.89N	1 136.17
松花江	大顶子山	SS9	126.91E	46.00N	1 656.47
松花江	于光屯	SS10	126.36E	46.34N	1 051.41
松花江	老福民	SS11	127.78E	46.55N	1 543.78
松花江	阁山村	SS12	127.49E	47.37N	1 142.95
松花江	张家屯	SS13	126.49E	47.46N	901.67
松花江	汤林林场	SS14	129.50E	48.30N	1 274.36

（2）丰水期沉积物中ΣPAHs 含量与 TOC 含量的相关性

许多研究表明，沉积物中 TOC 含量与非极性有机化合物含量可能存在相关性（Mai et al.，2005；Wang et al.，2007），也有一些研究表明，ΣPAHs 含量与 TOC 含量没有正相关性，如早期研究发现澳门河口沉积物中ΣPAHs 含量与炭黑含量的相关性远远高于与 TOC 含量的相关性，这是由于澳门河口主要汇集了珠江三角洲大气来源ΣPAHs（罗孝俊，2004）。而吴启航等（吴启航，2004）在研究ΣPAHs 在广州河段沉积物不同粒径吸附剂中的赋存状态时也发现 TOC 含量与炭黑含量并不能完全解释多环芳烃的分布状况，其主要是与吸附剂的类型及结构有关。黄河兰州段沉积物中有机质含量为 0.08%～0.57%，显示为典型的流速较快的河流环境多环芳烃含量和有机质含量之间的线性相关系数为 0.57，说明沉积物中的有机质对其中多环芳烃的含量有一定的控制作用（田慧，2014）；长江武汉段 TOC 含量为 0.16%～2.09%，与多环芳烃分布有一定相关性（冯精兰，2007）。沉积物中ΣPAHs 含量受许多因素影响，如污染物化学性质、沉积物组分特征（如有机碳含量、矿物组成）以及沉积物的沉积模式等。

对丰水期松花江流域沉积物中ΣPAHs 含量与 TOC 含量相关性作图表明（图 5-28），ΣPAHs 含量与 TOC 含量相关性系数为−0.287，其相关性检验的概率 P 值为 0.3，因此，在 P=0.05 的置信水平下，ΣPAHs 含量与 TOC 含量相关性不显著，可能是该区域沉积物中ΣPAHs 含量较低，导致ΣPAHs 含量与 TOC 含量相关性不显著，也可能是松花江流域ΣPAHs 含量不受 TOC 含量影响。

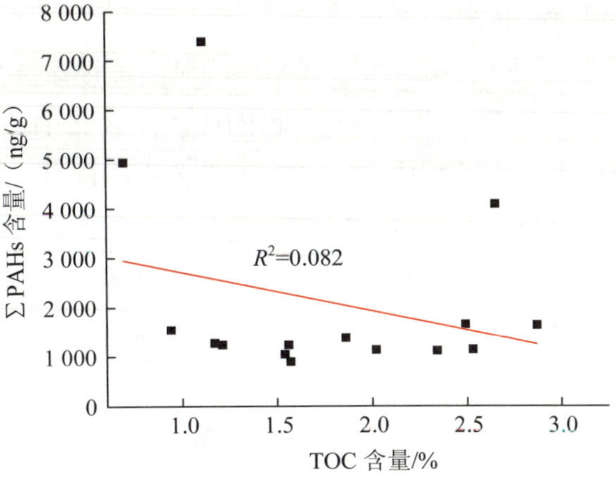

图 5-28　丰水期松花江沉积物中ΣPAHs 含量与 TOC 含量的相关性

（3）丰水期沉积物中 PAHs 的组成特征

根据苯环数将Σ_{16}PAHs 分类，分别为 2 环、3 环、4 环、5 环和 6 环 PAHs。一般而言，低环 PAHs（2 环和 3 环）主要来源于石油化工污染，而高环 PAHs（4 环以上）主要来源于燃烧过程。PAHs 性质的差异，决定了其环境行为不同，其表现出的毒性和致癌性也存在差异，因此研究 PAHs 的组成特征，对于保障河流生态系统健康具有重要意义。

按照各环 PAHs 的总含量计算，松花江流域 14 个表层沉积物中 2 环、3 环、4 环、5 环、6 环的 PAHs 分别占Σ_{16}PAHs 的 2.76%、15.75%、42.63%、24.53%和 14.33%，占比从大到小依次是 4 环＞5 环＞3 环＞6 环＞2 环。可见松花江流域高环 PAHs（4 环以上）占比较高（图 5-29），可以初步判断研究区内 PAHs 主要来自各种物质的燃烧过程。

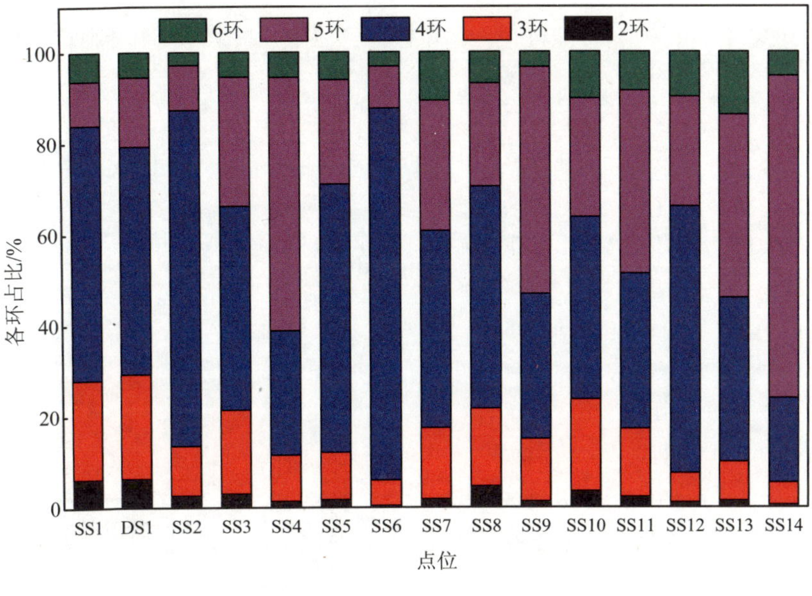

图 5-29　丰水期松花江表层沉积物中 PAHs 组成特征分布

（4）丰水期沉积物中 PAHs 风险评价

采用沉积物质量基准法对丰水期沉积物 PAHs 的风险进行评价。表 5-10 是丰水期松花江表层沉积物中 PAHs 含量与 ERL 值和 ERM 值的比较。从 PAHs 的平均含量来看，只有 Acp 和 BaA 超过了 ERL 值，位于 ERL 值和 ERM 值之间，表明上述物质对周边生物体及生态环境会偶尔产生生态风险；其余 PAHs 组分的平均含量均在 ERL 值之下，表明这些 PAHs 组分具有较低的生态风险水平，发生生态风险的概率较低。从 PAHs 的最大含量来看，Ace、Acp、An、Fl、Phe、Ant、BaA 和 DbA 这 8 种 PAHs 组分的最大含量都超过了 ERL 值，位于 ERL 值和 ERM 值之间，说明研究区内有个别点位的这 8 种 PAHs 组分对周边生物体及生态环境会偶尔产生生态风险。Flu、Pyr、Chr 和 BaP 组分的最大含量均低于 ERL 值，说明研究区内 14 个点位的 Flu、Pyr、Chr 和 BaP 组分均具有较低的生态风险水平，发生生态风险的概率较低。BbF、BkF、InP 和 BgP 这 4 种 PAHs 组分没有规定最低安全值，本研究中这些组分均有检出，须加以重视。

采用沉积物质量标准法评价结果显示（表 5-11），松花江干流 SS2、SS5 和 SS6（柴河大桥、东川屯、沙岭村）点位 12 种 PAHs 生态风险较高，超过 FEL 值，主要超标污染物为 BaA，存在高生态风险，应引起相关部门的重视，应禁止开放式处置并采取措施处置。SS1、DS1、SS3、SS7 和 SS12（肇源、松花江村、佳木斯上、铁力上和阎山村）点位 PAHs 含量介于 PEL 值和 FEL 值之间，潜在风险概率较高，应查明来源，确定整治要求。SS8、SS9、SS10、SS11、SS4、SS13 和 SS14（呼兰河中游、大顶子山、于光屯、老福民、新鹤村、张家屯和汤林林场）点位 12 种 PAHs 介于 OEL 值和 PEL 值之间，潜在风险概率中等。

表 5-10 丰水期松花江表层沉积物中 PAHs 含量与 ERL 值和 ERM 值比较

PAHs	ERL	ERM	PAHs 最大含量/（ng/g）	Σ_{12}PAHs 平均含量/（ng/g）
Nap	160	2 100	131.77	41.67
Ace	44	640	64.67	28.02
Acp	16	500	92.25	42.11
Fl	19	540	63.28	14.76
Phe	240	1 500	244.97	92.70
An	85.3	1 100	111.76	51.21
Flu	600	5 100	392.57	86.35
Pyr	665	2 600	313.50	69.62
BaA	261	1 600	1 146.77	481.88
Chr	384	2 800	263.27	69.12
BaP	430	1 600	663.90	237.03
DbA	63.4	260	128.22	48.72

表 5-11　丰水期松花江表层沉积物中 PAHs 的污染程度分析

沉积物标准质量范围	点位
大于 FEL 值	SS2、SS5、SS6
介于 PEL 值和 FEL 值之间	SS1、DS1、SS3、SS7、SS12
介于 OEL 值和 PEL 值之间	SS8、SS9、SS10、SS11、SS4、SS13、SS14
介于 TEL 值和 OEL 值之间	—
介于 REL 值和 TEL 值之间	—
小于 REL 值	—

5.4.1.3　平水期沉积物中 PAHs

（1）2016 年 9 月平水期沉积物 ΣPAHs 的赋存水平

如表 5-12 所示，2016 年 9 月松花江 43 个点位表层沉积物中 ΣPAHs 含量为 76.46～9 447.24 ng/g，平均含量为 1 435.84 ng/g。其中嫩江表层沉积物中 ΣPAHs 含量为 76.46～7 500.61 ng/g，平均含量为 1 241.24 ng/g；第二松花江表层沉积物中 ΣPAHs 含量为 262.73～9 447.24 ng/g，平均含量为 3 173.45 ng/g；松花江支流表层沉积物中 ΣPAHs 含量为 229.73～7 086.02 ng/g，平均含量为 1 593.40 ng/g；松花江干流表层沉积物中 ΣPAHs 含量为 226.70～1 173.04 ng/g，平均含量为 627.91 ng/g。梧桐河表层沉积物中 ΣPAHs 含量为 171.43～5 090.77 ng/g，平均含量为 1 068.99 ng/g。黑龙江干流只采集了两个点位的沉积物，ΣPAHs 含量分别为 463.47 ng/g、1 121.27 ng/g，平均含量为 792.37 ng/g。第二松花江表层沉积物中 ΣPAHs 含量最高，高于全江段平均水平，其余江段（嫩江、松花江干流、梧桐河和黑龙江干流）表层沉积物中 ΣPAHs 含量均低于全江段平均水平（图 5-30）。第二松花江 PAHs 污染最为严重。

表 5-12　2016 年 9 月平水期松花江各断面沉积物中 ΣPAHs 含量

采样点位	编号	水体	水系	ΣPAHs 含量/（ng/g）
门鲁河大桥	N1	门鲁河	嫩江	592.76
科洛河大桥	N2	科洛河	嫩江	178.25
纳谟尔河中游	N3	纳谟尔河	嫩江	700.21
乌裕尔河中游	N4	乌裕尔河	嫩江	330.68
博霍头	N5	嫩江干流	嫩江	316.01
拉哈	N6	嫩江干流	嫩江	76.46
浏园	N7	嫩江干流	嫩江	7 500.61
江桥	N8	嫩江干流	嫩江	234.91
柳河中游	D1	伊通河	第二松花江	262.73
万金塔	D2	饮马河	第二松花江	2 774.54
靠山南楼	D3	辉发河（柳河）	第二松花江	663.23

采样点位	编号	水体	水系	ΣPAHs 含量/（ng/g）
溪浪口	D4	第二松花江	第二松花江	3 823.27
松花江村	D5	第二松花江	第二松花江	9 447.24
松林	D6	第二松花江	第二松花江	2 069.69
拉林河中游	S1	拉林河	松花江	229.73
阿什河中游	S2	阿什河	松花江	7 086.02
铁力上	S3	呼兰河	松花江	262.08
呼兰河中游	S4	呼兰河	松花江	323.01
大山	S5	牡丹江	松花江	439.25
果树场	S6	牡丹江	松花江	293.66
柴河大桥	S7	牡丹江	松花江	4 052.69
牡丹江口内	S8	牡丹江	松花江	257.93
倭肯河中游	S9	倭肯河	松花江	2 721.41
桔源林场	S10	东汤旺河	松花江	1 535.77
友好	S11	汤旺河	松花江	1 142.05
汤旺河口内	S12	汤旺河	松花江	777.19
肇源	S13	松花江干流	松花江	507.08
朱顺屯	S14	松花江干流	松花江	496.15
大顶子山	S15	松花江干流	松花江	326.75
摆渡镇	S16	松花江干流	松花江	515.41
牡丹江口上	S17	松花江干流	松花江	1 173.04
佳木斯上	S18	松花江干流	松花江	226.70
佳木斯下	S19	松花江干流	松花江	512.23
西林	S20	松花江干流	松花江	765.60
同江	S21	松花江干流	松花江	1 128.26
梧桐河上游	S22	梧桐河	松花江	172.10
梧桐河口内	S23	梧桐河	松花江	368.25
梧桐河农场大桥	S24	梧桐河	松花江	192.81
梧桐河农场渠首（小山）	S25	梧桐河	松花江	418.61
双丰农场老梧桐河大桥	S26	梧桐河	松花江	171.43
双丰农场大桥下	S27	梧桐河	松花江	5 090.77
东港	H1	黑龙江干流	黑龙江干流	1 121.27
名山	H2	黑龙江干流	黑龙江干流	463.47

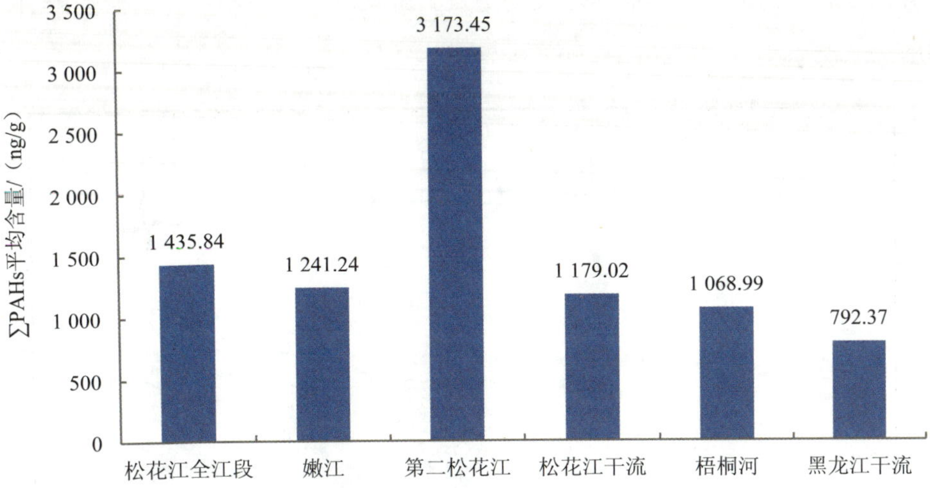

图 5-30 2016 年 9 月平水期松花江各江段ΣPAHs 平均含量

如表 5-13 所示，与国内其他河流相比，松花江表层沉积物中ΣPAHs 的含量高于我国大部分河流湖泊，尤其是太湖、渤海、长江等，仅低于辽河等河流。总体来说松花江表层沉积物中ΣPAHs 含量水平较高，特别是第二松花江的松花江村（D5）、嫩江干流的浏园（N7）和松花江支流阿什河的阿什河中游（S2）等点位。

表 5-13 国内水体沉积物中ΣPAHs 含量（干重）

地点	PAHs 种类	ΣPAHs 含量/（ng/g）	参考文献
松花江	16	76.46～9 447.24	本研究
长江流域	16	10.31～1 239	黄亮，2016
太湖	16	262.06～1 087.22	余云龙等，2013
辽河	17	365～11 589	王丽平等，2015
Bohaibay	16	24.62～280.60	MinWang，2015

整体来看，第二松花江表层沉积物中ΣPAHs 含量高于嫩江、松花江干流、梧桐河和黑龙江干流。从干流和支流来看，松花江支流沉积物中ΣPAHs 含量普遍高于干流，这主要是受支流周边吉化等大型石化化工企业长期排污的影响，支流的污染对干流造成了一定的影响。各个江段各个断面ΣPAHs 沿程变化见图 5-31。

其中嫩江表层沉积物的 8 个点位中，位于嫩江干流的 N7 浏园点位ΣPAHs 含量最高，位于嫩江干流的 N6 拉哈点位的ΣPAHs 含量最低。第二松花江的 6 个采样点位ΣPAHs 含量最高点位为 D5 松花江村点位。松花江干流的 21 个点位中，干流支流阿什河的 S2 阿什河中游点位ΣPAHs 含量最高，松花江干流的 S18 佳木斯上点位ΣPAHs 含量最低。从松花江上游到下游，ΣPAHs 含量有逐渐递减的趋势，这可能是因为上游有部分石化企业或者离中心城市较近，大量排污企业的污染物进入上游支流，导致松花江上游ΣPAHs 污染物含量较高。

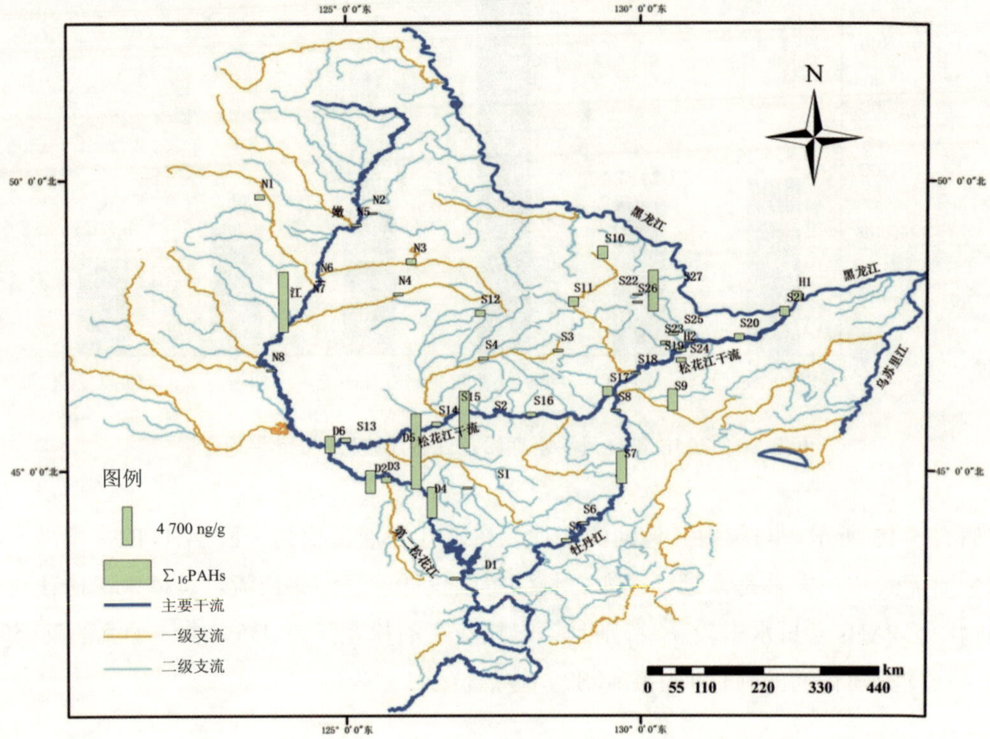

图 5-31 松花江沿程断面表层沉积物中ΣPAHs 变化趋势

（2）2016 年 9 月平水期沉积物中 PAHs 的组成特征

总体来看，松花江 43 个河流断面表层沉积物中 16 种 PAHs 均有检出，其中苯并[*a*]蒽（BaA）、䓛、苯并[*b*]荧蒽（BbF）、苯并[*g,h,i*]苝（BgP）的检出率最高，均为 100%。其余组分不同程度检出。从各个点位平均值来看，苯并[*a*]蒽（BaA）含量最高，为 628.10 ng/g，其次为苯并[*b*]荧蒽（BbF）、苯并[*a*]芘（BaP）、茚并[1,2,3-*cd*]芘（InP）、菲（Phe）和荧蒽（Flu），平均值分别为 151.47 ng/g、123.22 ng/g、80.88 ng/g、77.73 ng/g 和 57.15 ng/g，其余含量均在 55 ng/g 以下。

按照各环 PAHs 的总含量计算，松花江段 43 个表层沉积物中 2 环、3 环、4 环、5 环、6 环的 PAHs 分别占总 PAHs 的 2.69%、21.81%、52.17%、18.65%和 4.67%，占比从大到小依次是 4 环＞3 环＞5 环＞6 环＞2 环。其中高环（4～6 环）的 PAHs 占比较高，这是由于高环 PAHs 沉积物/水分配系数大，易吸附于含有机质的颗粒相中。如图 5-32 所示，是不同松花江江段各环 PAHs 的质量百分比，各江段规律一致，均是高环（4～6 环）PAHs 所占比例较高，低环（2～3 环）PAHs 所占比例较低。

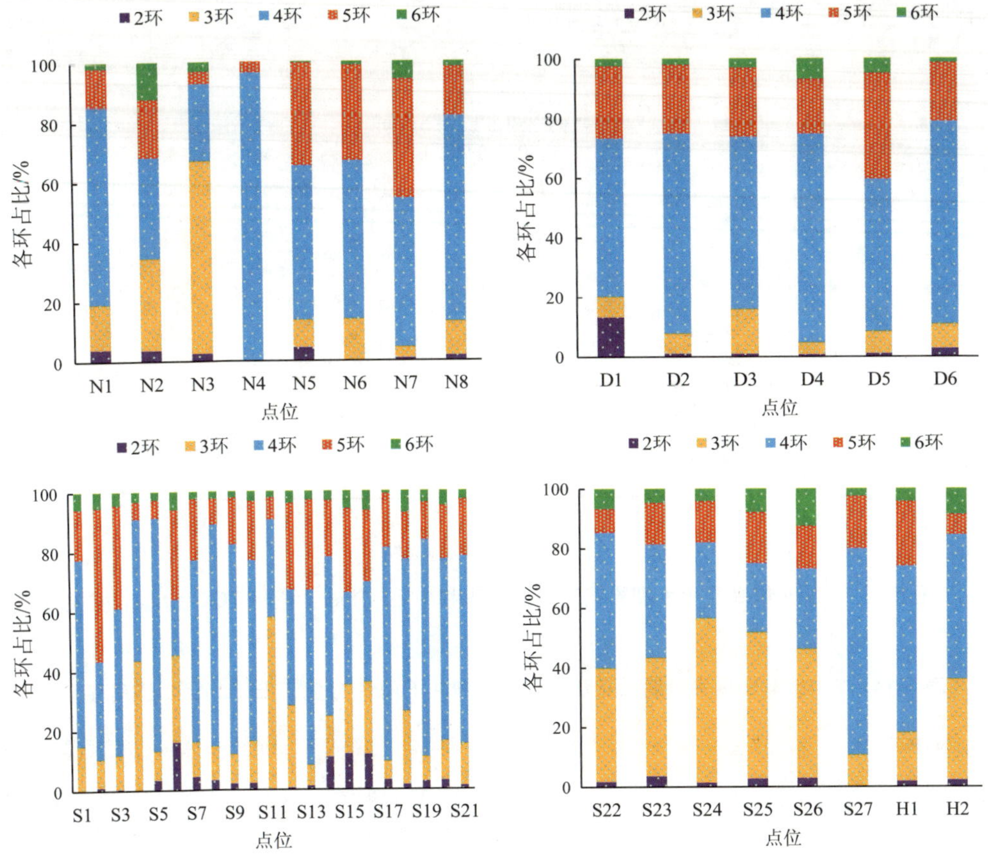

图 5-32 2016 年 9 月平水期松花江各个江段各环 PAHs 质量百分数

（3）2016 年 9 月平水期表层沉积物中ΣPAHs 含量和 TOC 含量相关性分析

本研究中测定了所采表层沉积物中的 TOC 含量，用以评估沉积物中有机碳对ΣPAHs 最终归宿的影响。所采表层沉积物中 TOC 含量为 0.29%～3.25%，对沉积物中ΣPAHs 含量与 TOC 含量之间的相关关系进行分析，见图 5-33。可以看出松花江表层沉积物中 TOC 含量和ΣPAHs 含量相关性不显著，r=0.023 2。说明松花江ΣPAHs 在沉积物中的含量水平不受 TOC 含量的控制。

（4）2016 年 9 月平水期沉积物中 PAHs 风险评价

采用沉积物质量基准法对 PAHs 的风险进行评价。如表 5-14 所示是松花江表层沉积物中 PAHs 含量与 ERL 值和 ERM 值的比较。从 PAHs 的平均含量来看，只有 Fl 和 BaA 超过 ERL 值，位于 ERL 值和 ERM 值之间，有一定的生态风险，其余组分均未超过 ERL 值。从 PAHs 的最大含量来看，除 Ace、Flu、Pyr 和 Chr 外，其余 8 种 PAHs 均超过 ERL 值，其中 7 种介于 ERL 值和 ERM 值之间，会对暴露生物产生偶然性负面生态风险，而 BaA 的最大含量超过 ERM 值（超标率为 9%），会对暴露生物产生经常性生态风险，且 BaA 具有强致癌性，应引起关注。可见松花江表层沉积物中 PAHs 污染总体处于中等水平，12 种

PAHs 中有一半以上对环境存在潜在风险。

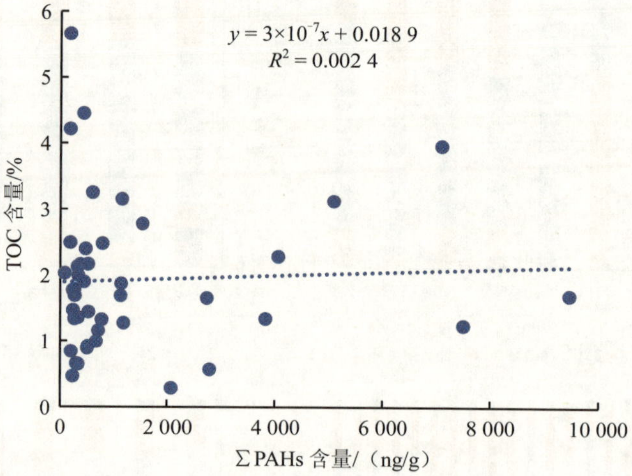

图 5-33　2016 年 9 月平水期松花江表层沉积物中ΣPAHs 含量与 TOC 含量的相关性

表 5-14　2016 年 9 月平水期松花江表层沉积物中 PAHs 含量与 ERL 值和 ERM 值比较

PAHs	ERL	ERM	PAHs 最大含量/（ng/g）	PAHs 平均含量/（ng/g）
Nap	160	2 100	181.89	26.22
Ace	44	640	31.79	6.02
Acp	16	500	27.91	7.66
Fl	19	540	192.39	40.42
Phe	240	1 500	385.26	77.73
An	85.3	1 100	453.07	37.88
Flu	600	5 100	341.99	57.15
Pyr	665	2 600	285.50	50.70
BaA	261	1 600	3 846.32	628.10
Chr	384	2 800	371.23	51.92
BaP	430	1 600	1 002.89	123.22
DbA	63.4	260	160.99	14.30

用加拿大沉积物质量标准设定的 5 个阈值来评价松花江表层沉积物中 12 种 PAHs 的污染程度（表 5-15），把各点位 12 种 PAHs 中至少有一种是超过低值标准的站位编号列于表 5-15 中，将各站位的污染程度区分在各阈值之间。

表 5-15 2016 年 9 月平水期松花江表层沉积物中 PAHs 的污染程度分析

沉积物质量标准范围	采样点位
大于 FEL 值	N7、D2、D4、D5、D6、S2、S7、S9、S10
介于 PEL 值和 FEL 值之间	S11、S17、S21、H1
介于 OEL 值和 PEL 值之间	N1、N3、N4、N8、D3、S4、S5、S8、S13、S19、S25、S27
介于 TEL 值和 OEL 值之间	N2、N5、N6、D1、S1、S3、S6、S12、S14、S15、S16、S18、S20、S22、S23、S24、S26、H2
介于 REL 值和 TEL 值之间	—
小于 REL 值	—

结果显示，嫩江 8 个采样站位（N1、N2、N3、N4、N5、N6、N7、N8）表层沉积物中 12 种 PAHs，N7 点位生态风险最高，超过 FEL 值，主要超标 PAHs 是 BaA 和 BaP，N1、N3、N4、N8 介于 OEL 值和 PEL 值之间，N2、N5、N6 介于 TEL 值和 OEL 值之间，均对水生生物有一定的毒性效应，且支流的毒性高于干流，受污染较严重。第二松花江 6 个采样点位（D1、D2、D3、D4、D5、D6）中，D2、D4、D5 和 D6 的 ΣPAHs 含量均大于 FEL 值，存在较高的水生生物毒性，D4、D5、D6 均为第二松花江干流点位，说明第二松花江干流 PAHs 潜在生态风险较高，D3 介于 OEL 值和 PEL 值之间，D1 介于 TEL 值和 OEL 值之间，这些点位沉积物中的污染物对水生生物毒性效应相对较低。松花江干流的 21 个采样点位（S1～S21）中 S2、S7、S9、S10 4 个点位大于 FEL 值，且这 4 个点位均位于松花江干流的支流，进一步说明松花江支流受 PAHs 污染较严重，对水生生物有一定的毒性效应；其余点位中，S4、S5、S8、S13、S19、S25、S27 介于 OEL 值和 PEL 值之间，S1、S3、S6、S12、S14、S15、S16、S18、S20 介于 TEL 值和 OEL 值之间，均具有一定的潜在风险。应查明来源，开展污染风险评估，确定整治要求并采取行动消除污染物进入途径。松花江干流的 10 个采样点位（S1、S2、S3、S4、S5、S6、S7、S8、S9、S10）中，S1、S3、S5、S6、S9 和 S10 6 个点位大于 FEL 值，S4 介于 PEL 值和 FEL 值之间，潜在生态风险和生物毒性较高，应引起相关部门的关注，采取相关保护措施，减少或降低污染物的排放。S2、S7 介于 OEL 值和 PEL 值之间，这两个点位沉积物中的 PAHs 对水生生物毒性效应较低。

（5）2016 年 9 月平水期沉积物中 PAHs 来源

目前，同分异构体比值法常被用于判断 PAHs 的来源。常用的 PAHs 同分异构体比值有 An/（Phe+An）、Flu/（Flu+Pyr）和 BaA/（BaA + Chr）。表 5-16 列出了每个特征比值范围代表的沉积物中 PAHs 的主要来源，依据常用的 3 个 PAHs 同分异构体比值，对松花江 43 个点位沉积物中 PAHs 的来源进行分析（图 5-34）。

表 5-16　同分异构体比值法判定 PAHs 来源

比值	燃烧源		石油源
	生物燃烧	石油燃烧	
An/（Phe+An）	＞0.1	＞0.1	＜0.1
Flu/（Flu+Pyr）	＞0.5	0.4～0.5	＜0.4
BaA/（BaA + Chr）	＞0.35	＞0.35	＜0.2

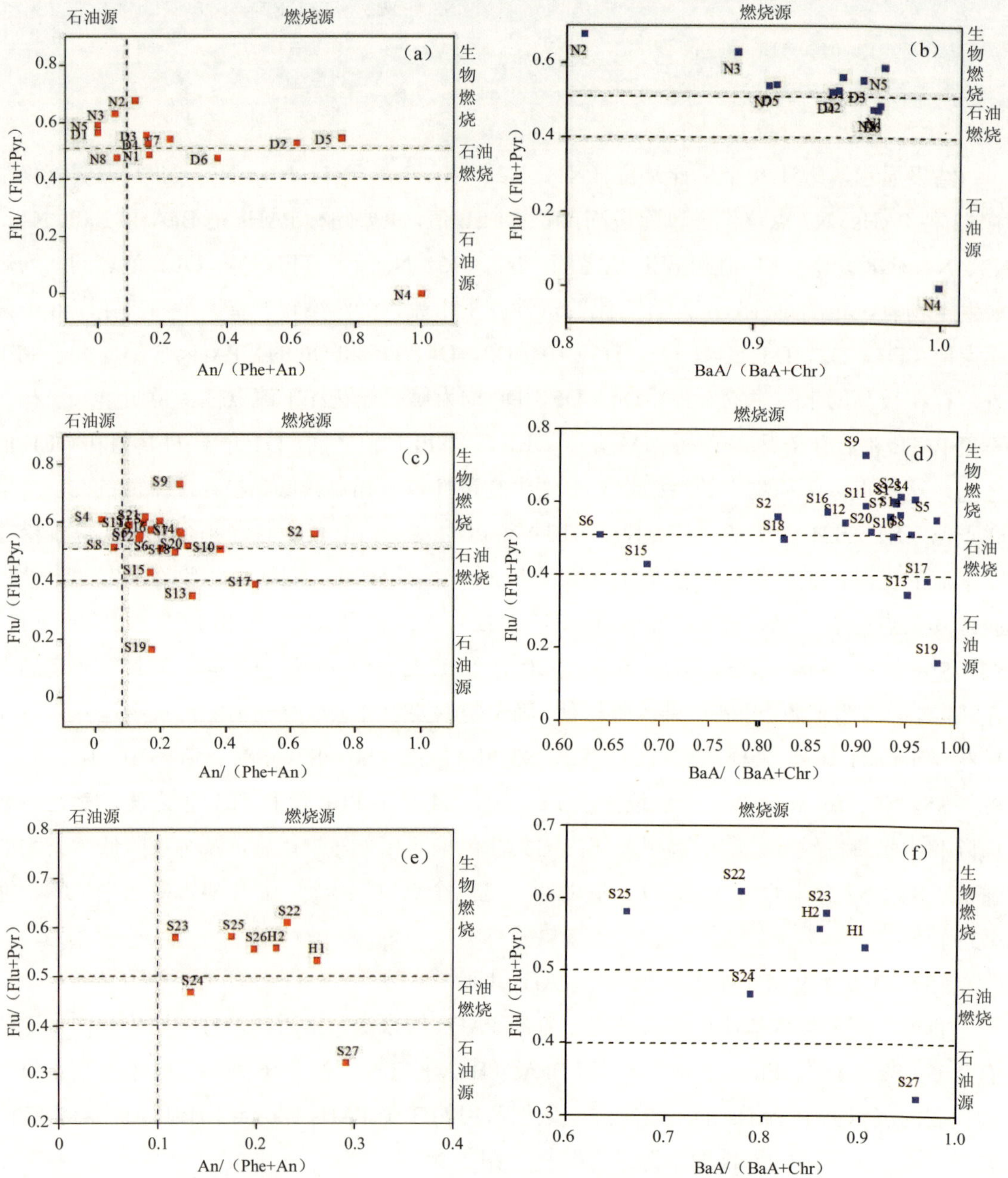

图 5-34　松花江沉积物中 PAHs 同分异构体特征比值

根据嫩江和第二松花江表层沉积物中 An/（Phe+An）的比值，31%的点位表现为石油源（N3、N5、N8、D1），其余点位表现为燃烧源［图 5-34（a）］；根据 BaA/（BaA+ Chr）比值，所有点位均是燃烧源［图 5-34（b）］；根据 Flu/（Flu+Pyr）比值，N4 为石油源，N1、N8、D6 为石油燃烧源，其余为生物燃烧源［图 5-34（a）、图 5-34（b）］。总体上，嫩江和第二松花江沉积物中 PAHs 的燃烧源和石油源同时存在，但燃烧源的贡献率大于石油源，只有个别点位如 N3、N4、N5、N8、D1 有石油源的可能。

根据松花江表层沉积物中 An/（Phe+An）的比值，21 个点位中只有 S4、S8 两个点位表现为石油源（占 9.5%），其余点位均表现为燃烧源［图 5-34（c）］；根据 BaA/（BaA+ Chr）比值，所有点位均是燃烧源［图 5-34（d）］；根据 Flu/（Flu+Pyr）比值，S13、S17、S19 为石油源，S15 为石油燃烧源，其余点位均为生物燃烧源（占 80%）［图 5-34（c）、图 5-34（d）］。总体上，松花江沉积物中 PAHs 主要来源于生物燃烧，只有个别点位如 S13、S15、S17、S19 来源于石油，同嫩江和第二松花江的来源一致。

根据梧桐河和黑龙江干流表层沉积物中 An/（Phe+An）和 BaA/（BaA+ Chr）比值，所有点位均是燃烧源［图 5-34（e）、图 5-34（f）］；根据 Flu/（Flu+Pyr）比值，S27 是石油源，S24 为石油燃烧源，其余点位均为生物燃烧源（占 67%）［图 5-34（e）、图 5-34（f）］。总体上，梧桐河和黑龙江干流沉积物中 PAHs 主要来源于生物燃烧，只有 S24 和 S27 来源于石油。虽然不同的异构体比值判断的结果存在差异，这与异构体的性质有关系，但在一定程度上，比值法仍能反映出主要来源。结合 An/（Phe+An）、Flu/（Flu+Pyr）和 BaA/（BaA + Chr）可以初步推断，松花江地区表层沉积物中 PAHs 的主要来源为生物燃烧，只有个别点位如 N3、N4、N5、N8、D1、S13、S15、S17、S19、S24 和 S27 可能来源于石油和石油燃烧。

（6）2017 年 9 月平水期沉积物 PAHs 的赋存水平

如表 5-17 所示，2017 年 9 月松花江 28 个点位表层沉积物中∑PAHs 含量为 169.76～3 769.19 ng/g，平均含量为 1 448.07 ng/g。其中，第二松花江表层沉积物中∑PAHs 含量为 478.06～1 678.44 ng/g，平均含量为 1 182.05 ng/g；松花江干流表层沉积物中∑PAHs 含量为 169.76～3 769.19 ng/g，平均含量为 1 520.62 ng/g。如图 5-35 所示，松花江干流表层沉积物中的∑PAHs 含量最高，高于全江段平均水平，松花江干流中安兴村点位受 PAHs 污染最为严重。

表 5-17 2017 年 9 月平水期松花江各断面沉积物中∑PAHs 含量

采样点位	水系	编号	经度	纬度	9 月∑PAHs 含量/（ng/g）
松花江村	第二松花江	DH1	126.19E	44.67N	1 678.44
新桥屯	第二松花江	DH2	126.62E	44.60N	478.06
昌邑	第二松花江	DH3	126.49E	43.95N	1 566.26
三家子	第二松花江	DH4	125.97E	43.40N	536.44

采样点位	水系	编号	经度	纬度	9月∑PAHs含量/（ng/g）
楞场村	第二松花江	DH5	127.83E	42.79N	1 366.57
花园口	第二松花江	DH6	127.08E	42.31N	1 466.51
柴河大桥	松花江	SH4	129.67E	44.77N	169.76
桔源林场	松花江	SH7	129.38E	48.64N	2 203.41
佳木斯上	松花江	SH8	130.67E	47.03N	1 269.82
肇源	松花江	SH1	124.99E	45.49N	2 098.25
大顶子山	松花江	SH2	126.91E	46.00N	1 379.37
呼兰河中游	松花江	SH10	127.34E	46.89N	619.91
夏家洼子	松花江	SH3	125.70E	45.38N	2 042.93
政富村	松花江	SH5	126.47E	45.24N	2 284.15
东川屯	松花江	SH6	127.29E	45.30N	505.44
南关村	松花江	SH9	129.36E	45.45N	1 707.38
苇河	松花江	SH11	128.38E	44.96N	2 160.12
庆阳	松花江	SH12	128.78E	45.37N	2 066.27
温春大桥	松花江	SH13	128.52E	44.42N	1 763.06
东崴子村	松花江	SH14	128.29E	43.58N	1 906.03
大石头下	松花江	SH15	128.49E	43.31N	1 470.96
沙河断面	松花江	SH16	128.40E	43.36N	1 533.99
三中	松花江	SH17	128.54E	43.20N	2 522.94
湖水一村	松花江	SH18	130.25E	45.42N	459.92
桦树青年点	松花江	SH19	129.77E	44.05N	687.10
安兴村	松花江	SH20	130.12E	46.22N	3 769.19
金沙	松花江	SH21	131.33E	46.00N	410.26
沙牧汇入	松花江	SH22	127.35E	43.40N	423.31

（7）2017年9月平水期沉积物中∑PAHs含量与TOC含量相关性

对平水期松花江流域沉积物中∑PAHs含量与TOC含量相关性作图表明（图5-36），∑PAHs含量与TOC含量相关性系数为0.253，其相关性检验的概率P值为0.193，因此，在P=0.05的置信水平下，∑PAHs含量与TOC含量相关性不显著。

丰水期和平水期结果表明，∑PAHs含量与TOC含量相关性不显著。这可能与沙质特性沉积物TOC含量较低有关。同时不同地区河流的地理位置、水体环境的差异（如pH、水生生物、动物、植物和光照差异等），也将影响PAHs的水-气交换和降解过程（包括水解、光解和生物降解等）。

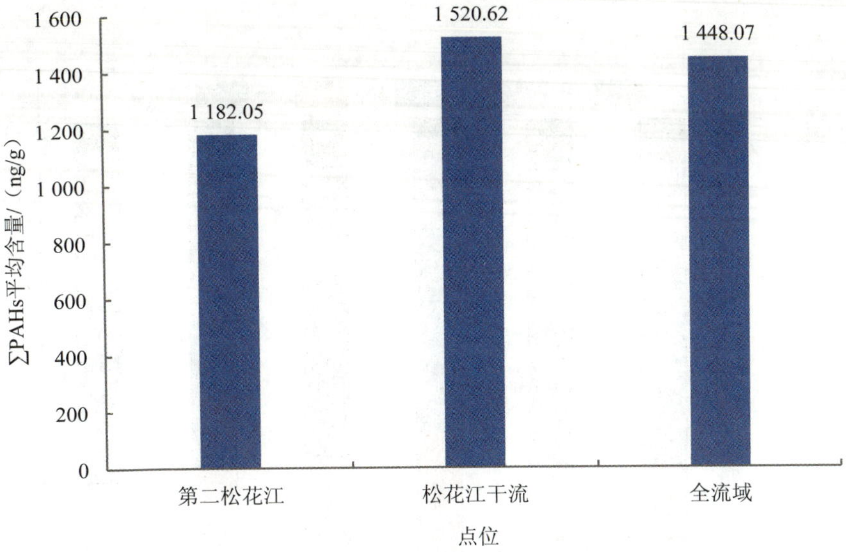

图 5-35 2017 年 9 月平水期松花江各江段ΣPAHs 平均含量

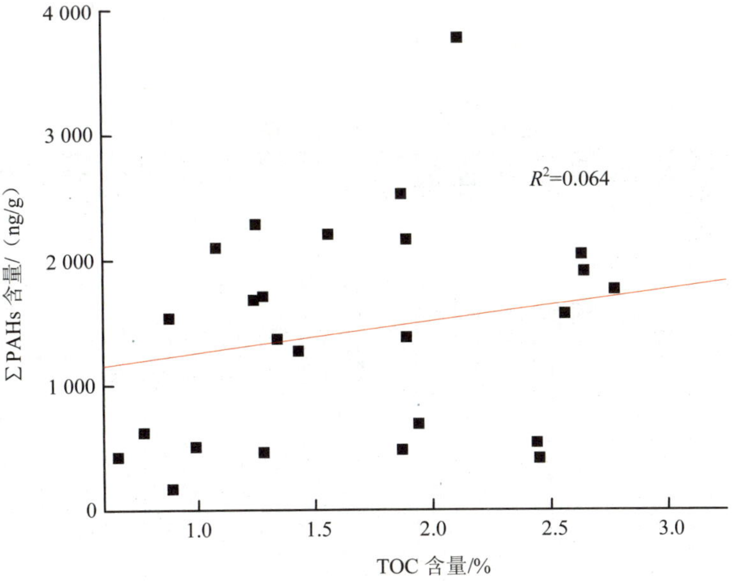

图 5-36 2017 年 9 月平水期松花江表层沉积物中ΣPAHs 含量与 TOC 含量的相关性

（8）2017 年 9 月平水期沉积物中 PAHs 的组成特征

总体来看，松花江 28 个河流断面表层沉积物中 16 种 PAHs 均有检出，从各个点位平均值来看（图 5-37、图 5-38），苯并[*a*]蒽（BaA）含量最高，为 377.24 ng/g，按照各环 PAHs 的总含量计算，松花江段 28 个表层沉积物中 2 环、3 环、4 环、5 环、6 环的 PAHs 分别占总 PAHs 的 3.64%、22.45%、41.00%、24.75%和 8.15%，占比从大到小依次是 4 环＞5 环

>3 环>6 环>2 环。

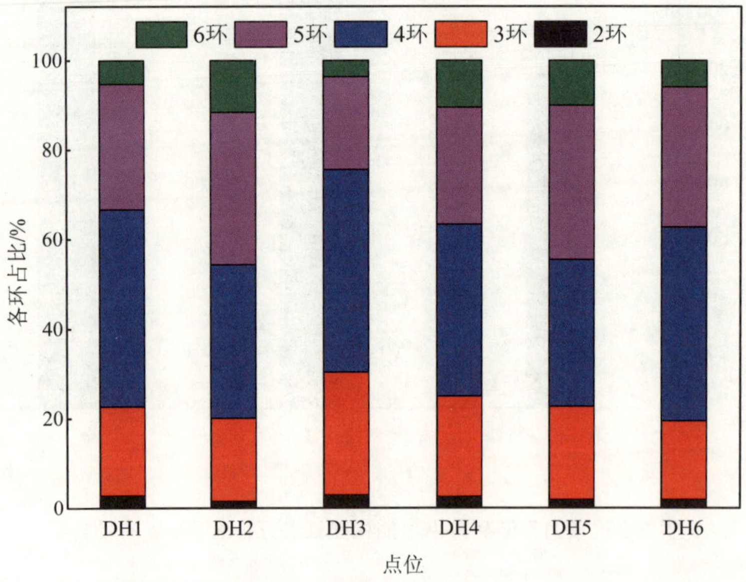

图 5-37 2017 年 9 月平水期第二松花江表层沉积物中 PAHs 在各点位的组成特征分布

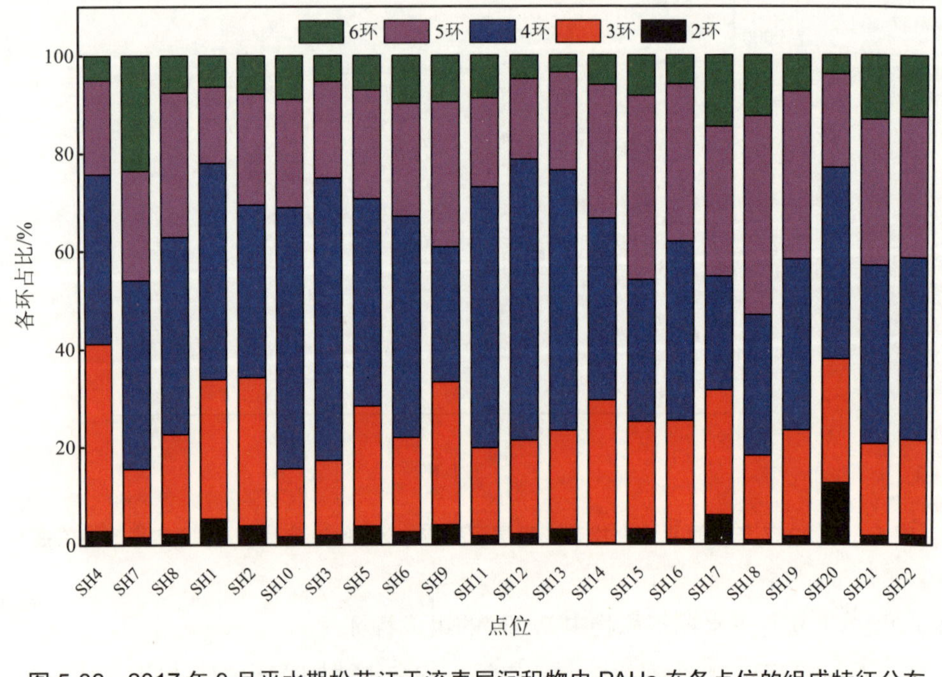

图 5-38 2017 年 9 月平水期松花江干流表层沉积物中 PAHs 在各点位的组成特征分布

（9）2017 年 7 月平水期沉积物中 PAHs 风险评价

表 5-18 是松花江表层沉积物中 PAHs 含量与 ERL 值和 ERM 值的比较。从 PAHs 的平

均含量来看，只有 Acp、BaA 和 DbA 超过 ERL 值，位于 ERL 值和 ERM 值之间，表明上述物质对周边生物体及生态环境会偶尔产生生态风险，但 BaA 和 DbA 是化学强致癌物，未来应重点研究该污染物在松花江流域的来源和途径，并提出相应的管控措施。其余组分均未超过 ERL 值。表明这些 PAHs 组分具有较低的生态风险水平，发生生态风险的概率较低（小于 10%）。如表 5-18 所示，从 PAHs 的最大含量来看，Nap、Ace、Acp、An、Fl、Phe、BaA 和 DbA 这 8 种 PAHs 组分的最大含量值均都超过了 ERL 值，位于 ERL 值和 ERM 值之间，说明研究区内有个别点位的这 8 种 PAHs 组分最大含量值点位对周边生物体及生态环境会偶尔产生生态风险。而二苯并[*a*,*h*]蒽的最大含量超过 ERM 值，会对暴露生物产生经常性生态风险。

表 5-18　2017 年 7 月平水期松花江表层沉积物中 PAHs 含量与 ERL 值和 ERM 值比较

PAHs	ERL	ERM	PAHs 最大含量/（ng/g）	Σ_{16}PAHs 平均含量/（ng/g）
萘（Nap）	160.00	2 100.00	473.67	52.66
苊烯（Ace）	44.00	640.00	95.32	37.05
苊（Acp）	16.00	500.00	113.89	53.82
芴（Fl）	19.00	540.00	60.44	11.72
菲（Phe）	240.00	1 500.00	633.28	155.74
蒽（An）	85.30	1 100.00	151.99	66.74
荧蒽（Flu）	600.00	5 100.00	287.29	86.31
芘（Pyr）	665.00	2 600.00	227.44	72.86
苯并[*a*]蒽	261.00	1 600.00	950.06	337.24
䓛（Chr）	384.00	2 800.00	318.68	97.33
苯并[*b*]荧蒽			211.37	63.27
苯并[*k*]荧蒽			130.15	61.76
苯并[*a*]芘	430.00	1 600.00	367.52	133.69
茚并[1,2,3-*cd*]芘			305.88	99.83
二苯并[*a*,*h*]蒽	63.40	260.00	364.21	73.30
苯并[*g*,*h*,*i*]苝			163.62	44.74

进一步采用沉积物质量标准法对沉积物中 PAHs 生态风险进行评价，结果见表 5-19，松花江干流中 SH3、SH11、SH12、SH7、SH17（夏家洼子、苇河、庆阳、桔源林场和三中）点位沉积物中Σ_{16}PAHs 平均含量超过了 FEL 值，主要超标的 PAHs 组分是 BaA，存在高生态风险，应禁止开放式处置并采取措施处置。第二松花江 DH1 和 DH6（松花江村、花园口）点位，松花江干流 SH1、SH5、SH13、SH20、SH17 和 SH19（肇源、政富村、温春大桥、安兴村、三中和桦树青年点）点位沉积物中Σ_{16}PAHs 平均含量介于 PEL 值和 FEL 值之间，主要超标的 PAHs 是 DbA、Phe 和 BaA，潜在风险较高，应查明来源，确定整治要求。第二松花江 DH3 和 DH5（昌邑和楞场村）和松花江干流 SH8、SH1、SH2、SH9、SH14、SH15、SH16、SH10 和 SH6（佳木斯上、肇源、大顶子山、南关村、东崴子村、大

石头下、沙河断面、呼兰河中游和东川屯）点位沉积物中Σ_{16}PAHs 平均含量介于 OEL 值和 PEL 值之间，潜在风险概率中等。第二松花江 DH2 和 DH4（新桥屯和三家子），松花江干流 SH4、SH18、SH21 和 SH22（柴河大桥、湖水一村、金沙和沙牧汇入）点位沉积物中Σ_{16}PAHs 平均含量介于 TEL 值和 OEL 值之间，这些点位潜在风险较低，应进行长期监测。

表 5-19 松花江表层沉积物中 PAHs 的污染程度分析

沉积物标准质量范围	点位
大于 FEL 值	SH3、SH11、SH12、SH7、SH17
介于 PEL 值和 FEL 值之间	DH1、DH6、SH1、SH5、SH13、SH20、SH17、SH19
介于 OEL 值和 PEL 值之间	DH3、SH8、SH1、SH2、SH9、SH14、SH15、SH16、DH5、SH10、SH6
介于 TEL 值和 OEL 值之间	DH2、DH4、SH4、SH18、SH21、SH22
介于 REL 值和 TEL 值之间	—
小于 REL 值	—

注："—"表示无点位。

本节以枯水期、丰水期和平水期松花江表层沉积物为对象，研究了 PAHs 赋存水平和分布特征，采用沉积物质量基准法和沉积物质量标准法对其生态风险进行了评价，主要结论如下：

松花江干流段 4 个时间段Σ_{16}PAHs 平均含量排序如下：2017 年 3 月（2 566.76 ng/g）＞2017 年 6 月（2 179.10 ng/g）＞2017 年 9 月（1 520.62 ng/g）＞2016 年 9 月（1 435.84 ng/g）。由此可见枯水期ΣPAHs 平均含量高于丰水期和平水期。

各水期 PAHs 组成特征表明，3 个水期 PAHs 组分差异较小，2017 年 3 月和 2017 年 9 月 PAHs 组成占比从大到小依次是 4 环＞5 环＞3 环＞6 环＞2 环；2017 年 6 月和 2016 年 9 月 PAHs 组成占比从大到小依次是 4 环＞3 环＞5 环＞6 环＞2 环；总体来说高环 PAHs 平均占比高于低环平均占比，这主要是因为低环 PAHs 比高环 PAHs 更容易发生微生物降解，高环 PAHs 具有较大的辛醇-水分配系数（K_{ow}），几乎没有生物降解和挥发性质。

根据潜在生态风险评价结果，3 个水期松花江干流超标污染物均为 BaA，对周边生物体及生态环境产生高生态风险，第二松花江沉积物中 DbA、Phe 和 BaA 潜在风险较高，嫩江点位沉积物中 BaA 潜在风险较高；从全流域分析，3 个水期 Acp 和 BaA 这两种 PAHs 组分对周边生物体及生态环境会偶尔产生生态风险，其余组分具有较低的生态风险水平，发生生态风险的概率较低（小于 10%），整体而言，松花江流域沉积物中 PAHs 具有较低的生态风险水平。

5.4.2 PAEs 分布特征及风险评价

PAEs 主要用作各类增塑剂，生产量大、应用面广，在环境中广泛存在（Peterson et al.，1982；Simoneit et al.，2005）。有研究表明，PAEs 在人和动物体内具有类雌激素的作用，可扰乱人和动物的内分泌系统，具有致癌、致畸和致突变作用（Howdeshell et al.，2008；Gao et al.，2015）。由于其具有低水溶解度、高辛醇-水分配系数 K_{ow}，在水环境中极易被悬浮颗粒物吸附，使得沉积物成为 PAEs 的最终环境归宿之一（Hassanzadeh et al.，2014）。因此研究沉积物中∑PAEs 的含量和分布对于分析区域 PAEs 污染状况及评价其生态风险具有重要意义。

5.4.2.1　枯水期沉积物中 PAEs

（1）枯水期沉积物中 PAEs 的赋存水平

如表 5-20 所示，2017 年 3 月松花江 19 个点位表层沉积物中∑PAEs 含量为 6 832.47～36 298.94 ng/g，平均含量为 18 340.12 ng/g。其中嫩江表层沉积物中∑PAEs 含量为 14 411.86～24 619.34 ng/g，平均含量为 19 658.95 ng/g；第二松花江表层沉积物中∑PAEs 含量为 14 323.68～20 959.18 ng/g，平均含量为 17 591.45 ng/g；松花江干流表层沉积物中∑PAEs 含量为 6 832.47～36 298.94 ng/g，平均含量为 18 119.64 ng/g。黑龙江干流只采集了两个点位的沉积物，∑PAEs 含量分别为 16 648.40 ng/g、19 207.30 ng/g，平均含量为 17 927.85 ng/g。嫩江表层沉积物中的∑PAEs 含量最高，高于全江段平均水平，其余江段（第二松花江、松花江干流和黑龙江干流）表层沉积物中的∑PAEs 含量均低于全江段平均水平（图 5-39）。

表 5-20　2017 年 3 月松花江各断面沉积物中∑PAEs 含量

水系	采样点位	编号	水体	地理位置	3 月∑PAEs 含量/（ng/g）
嫩江	科洛河大桥	N2	科洛河	125.452E，49.406N	18 928.46
	乌裕尔河中游	N4	乌裕尔河	125.892E，48.004N	20 676.13
	博霍头	N5	嫩江干流	125.184E，49.192N	24 619.34
	江桥	N8	嫩江干流	123.701E，46.701N	14 411.86
第二松花江	柳河中游	D1	伊通河	126.845E，43.113N	14 323.68
	万金塔	D2	饮马河	125.445E，44.603N	17 491.49
	松林	D6	第二松花江	124.728E，45.301N	20 959.18
松花江干流	拉林河中游	S1	拉林河	127.064E，44.671N	10 367.64
	阿什河中游	S2	阿什河	127.013E，45.409N	13 642.32
	果树场	S6	牡丹江	129.016E，44.061N	20 660.50
	柴河大桥	S7	牡丹江	129.672E，44.766N	18 175.43
	牡丹江口内	S8	松花江干流	129.573E，46.003N	16 076.90
	倭肯河中游	S9	倭肯河	130.543E，46.019N	23 968.76
	桔源林场	S10	东汤旺河	129.379E，48.635N	26 593.27
	佳木斯上	S18	松花江干流	130.666E，47.033N	6 832.47
	西林	S20	松花江干流	131.682E，47.234N	36 298.94
	同江	S21	松花江干流	132.458E，47.661N	8 580.13
黑龙江	东港	H1	黑龙江干流	132.668E，47.921N	19 207.30
	名山	H2	黑龙江干流	130.688E，47.032N	16 648.40

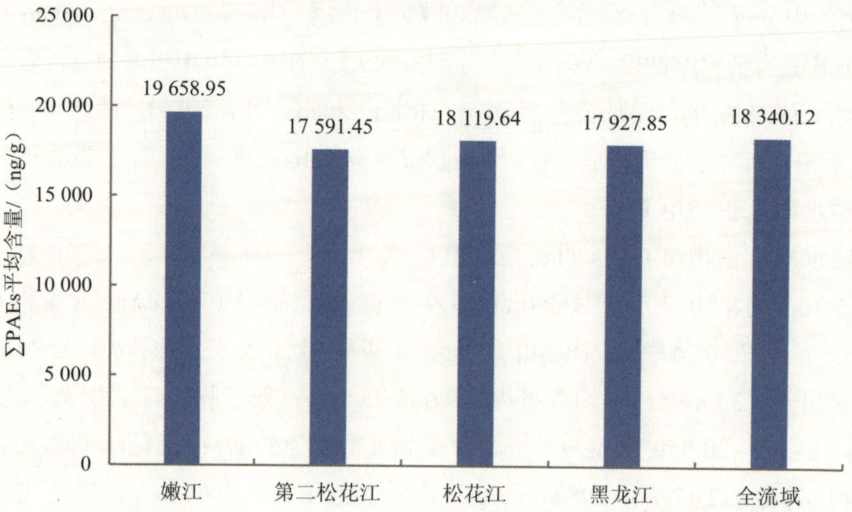

图 5-39　2017 年 3 月松花江各江段∑PAEs 平均含量

（2）枯水期沉积物中 PAEs 的组成特征

总体来看，松花江 19 个河流断面表层沉积物中 6 种 PAEs 均有检出，从各个点位平均值来看，按照 DEHP（10 201.96 ng/g）＞DBP（7 995.31 ng/g）＞DEP（49.22 ng/g）＞BBP（45.14 ng/g）＞DMP（34.80 ng/g）＞DnOP（13.68 ng/g）的顺序递减（图 5-40）。DEHP 检出含量最高，是研究区域主要组分，其含量为 4 808.36～18 909.46 ng/g，平均值为 10 201.96 ng/g。这主要是因为 DEHP 具备挥发性较低、混合性能好、增塑效率高和低温柔软性较好等多种优良性能，是一种应用最广泛的增塑剂，此外，DEHP 是一种分子量较高的长烷基链化合物，易于在沉积物上吸附富集。

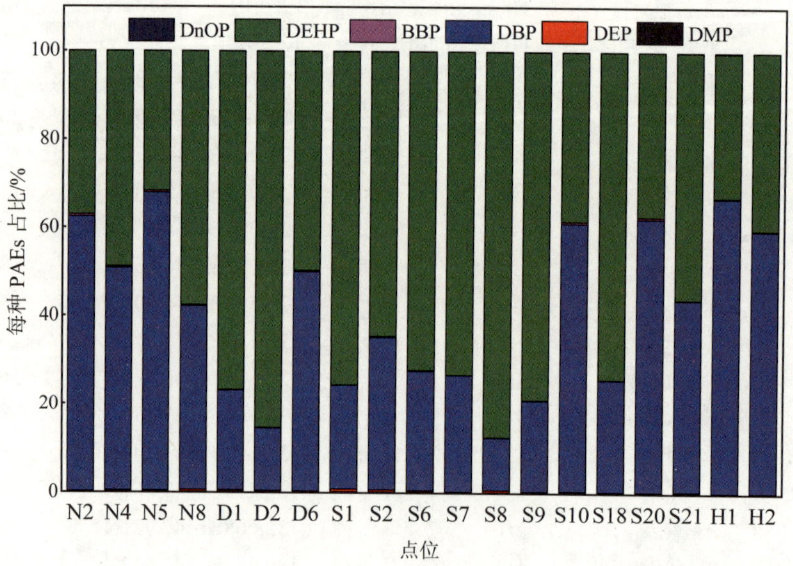

图 5-40　2017 年 3 月松花江表层沉积物中 PAEs 在各点位组成特征分布

（3）枯水期沉积物中 PAEs 风险评价

目前有关 PAEs 生态风险影响评价研究较少，尚未建立起统一的标准。为此，以 ERL 值评价沉积物 PAEs 的生态风险是合理的。除此之外，还采用商值法半定量表征 PAEs 的生态风险，通过从美国国家环境保护局数据库（http：//cfpub.epa.gov/ecotox/）获得 5 种 PAEs 对相对敏感生物的毒性数据，计算得到这 5 种 PAES（DBP、DEHP、DEP、BBP 和 DMP）相对应的预测无影响含量值(PNEC)，并根据风险按熵公式计算出风险熵(Zhao et al.，2000)：

$$HQ=\frac{EC}{PNEC} \tag{5.1}$$

式中，EC 为环境暴露含量值，ng/g；PNEC 为计算得到的预期无影响含量值，ng/g。

HQ 值被分为 4 个级别以评估生态风险：HQ＜0.1，无生态风险；0.1≤HQ＜1，低生态风险水平；1≤HQ＜10，中等生态风险水平；HQ≥10，高生态风险。

本研究参考 VanWezel 等确定的两种 PAEs 的 ERL 值(DBP 和 DEHP 的 ERL 值分别为 700 ng/g 和 1 000 ng/g)，当相对污染系数（RCF=CPAEs/ERL，CPAEs 为 PAEs 环境暴露含量）结果小于 1 时，PAEs 不存在内分泌干扰和生态毒性风险；结果大于 1 时，PAEs 存在内分泌干扰和生态毒性风险(VanWezel et al.，2000)。松花江所有点位表层沉积物中的 DBP 和 DEHP 的 RCF 值均大于 1，表明 DBP 和 DEHP 对研究区域生态环境存在内分泌干扰和生态毒性风险。

采用熵值法进一步评价了松花江沉积物中 5 种 PAEs 对水生生物的风险（表 5-21），5 种 PAEs 的 HQ 值排序如下：DBP＞DEHP＞DEP＞BBP＞DMP。其中 DMP 和 BBP 在各江段的 HQ 值均小于 0.1，表明 DMP 和 BBP 对各江段水生生物均无生态风险。DEP 在各江段的 HQ 值均大于 0.1 而小于 1，表明 DEP 对各江段水生生物生态风险处于低水平。DBP 和 DEHP 在各江段的 HQ 值均大于 10，表明 DBP 和 DEHP 对各江段水生生物具有高生态风险。

表 5-21　2017 年 3 月松花江表层沉积物中 PAEs 的风险评价

PAEs	PNEC/（ng/g）	嫩江 HQ	二松 HQ	松主段 HQ	黑龙江 HQ
DMP	1 303.4	0.0	0.0	0.0	0.0
DEP	211.58	0.3	0.3	0.2	0.1
DBP	141.7	79.0	37.9	48.3	80.0
BBP	1 180.9	0.1	0.0	0.0	0.0
DEHP	246.2	33.7	49.1	45.2	26.4

5.4.2.2　丰水期沉积物中 PAEs

（1）丰水期沉积物中 PAEs 的赋存水平

如表 5-22 所示，2017 年 6 月松花江 15 个点位表层沉积物中 ΣPAEs 含量为 272.29～5 143.48 ng/g，平均含量为 1 736.28 ng/g，其中东川屯点位 ΣPAEs 含量最高。

表 5-22　2017 年 6 月松花江各断面沉积物中 ∑PAEs 平均含量

水系	采样点位	编号	地理位置		6 月 ∑PAEs 含量/(ng/g)
			经度	纬度	
第二松花江	松花江村	DS1	126.19E	44.67N	1 259.30
松花江	肇源	SS1	124.99E	45.49N	481.22
松花江	柴河大桥	SS2	129.67E	44.77N	2 410.09
松花江	佳木斯上	SS3	130.67E	47.03N	3 910.32
松花江	新鹤村	SS4	130.43E	47.80N	604.11
松花江	东川屯	SS5	127.29E	45.30N	5 143.48
松花江	沙岭村	SS6	129.28E	46.58N	1 307.12
松花江	铁力上	SS7	128.36E	47.24N	2 074.62
松花江	呼兰河中游	SS8	127.34E	46.89N	3 324.67
松花江	大顶子山	SS9	126.91E	46.00N	1 567.92
松花江	于光屯	SS10	126.36E	46.34N	1 198.70
松花江	老福民	SS11	127.78E	46.55N	1 805.43
松花江	阁山村	SS12	127.49E	47.37N	362.66
松花江	张家屯	SS13	126.49E	47.46N	272.29
松花江	汤林林场	SS14	129.50E	48.30N	322.25

（2）丰水期沉积物中 ∑PAEs 含量与 TOC 含量相关性

TOC 是影响沉积物中 PAEs 分布的重要因素，它通常被用作评价样品中有机物污染水平的重要依据（胡雄星，2011）。对丰水期松花江流域沉积物中 ∑PAEs 含量与 TOC 含量相关性作图表明（图 5-41），∑PAEs 含量与 TOC 含量相关性系数为 0.269，其相关性检验的概率 P 值为 0.332，因此，在 P=0.05 的置信水平下，∑PAEs 含量与 TOC 含量相关性不显著。

（3）丰水期沉积物中 PAEs 的组成特征

总体来看，松花江 15 个点位表层沉积物中 6 种 PAEs 均有检出，从各个点位平均值来看（图 5-42），按照 DBP（678.68 ng/g）＞BBP（475.26 ng/g）＞DEHP（393.43 ng/g）＞DEP（130.67 ng/g）＞DnOP（49.01 ng/g）＞DMP（9.22 ng/g）的顺序递减。DBP 检出含量最高，是研究区域主要组分，其含量范围为 55.99～2 170.67 ng/g，平均值为 678.68 ng/g。

（4）丰水期沉积物中 PAEs 风险评价

松花江流域 6 个点位（松花江村、佳木斯上、东川屯、铁力上、呼兰河中游和大顶子山）沉积物中的 DBP 平均含量超过 ERL 值，表明 DBP 对这 6 个点位所在区域存在内分泌干扰和生态毒性风险，其余点位未超过 ERL 值，DBP 对这些点位所在区域不存在内分泌干扰和生态毒性风险。其中东川屯 DEHP 超过 ERL 值，表明 DEHP 对东川屯点位所在区域存在内分泌干扰和生态毒性风险，其余点位未超过 ERL 值，DEHP 对这些点位所在区域不存在内分泌干扰和生态毒性风险。

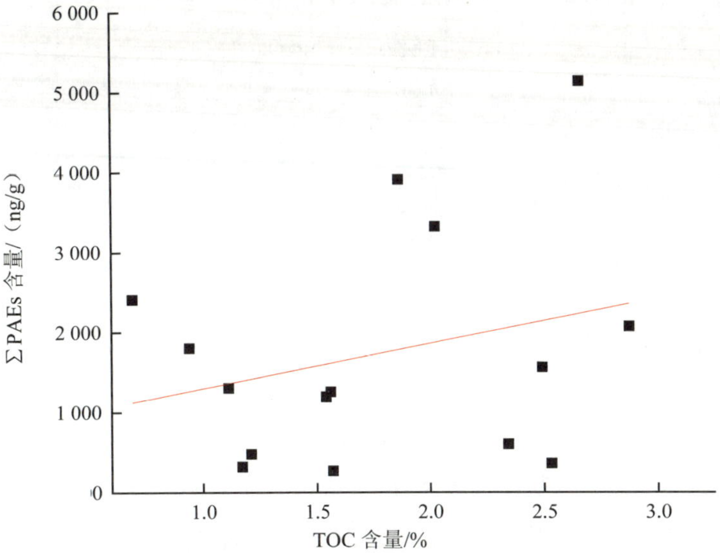

图 5-41　丰水期沉积物中∑PAEs 含量与 TOC 含量的相关性

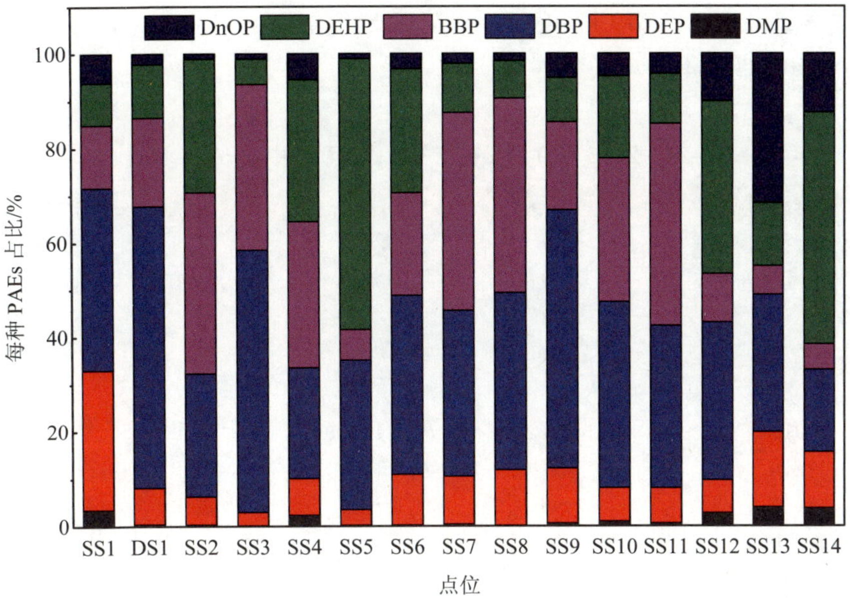

图 5-42　2017 年 6 月松花江表层沉积物中 PAEs 在各点位的组成特征分布

采用熵值法进一步评价了松花江主段沉积物中 5 种 PAEs 对水生生物的风险（表 5-23），5 种 PAEs 的 HQ 值排序如下：DBP＞DEHP＞DEP＞BBP＞DMP。其中 DMP 的 HQ 值小于 0.1，表明 DMP 对松花江主段水生生物无生态风险。DEP 和 BBP 的 HQ 值均大于 0.1 而小于 1，表明 DEP 和 BBP 对水生生物生态风险处于低水平。DBP 和 DEHP 在松花江主段的 HQ 值均大于 1 小于 10，表明 DBP 和 DEHP 对水生生物具有中等生态风险。

表 5-23 松花江表层沉积物中 PAEs 的风险评价

PAEs	PNES（沉积物）/（ng/g）	松花江主段 HQ
DMP	1 303.42	0.01
DEP	211.56	0.63
DBP	141.66	4.75
BBP	1 180.86	0.42
DEHP	246.24	1.67

5.4.2.3 平水期沉积物中 PAEs

（1）2016 年 9 月平水期 PAEs 的赋存水平

表 5-24 详细记录了 2016 年 9 月松花江 43 个点位表层沉积物中ΣPAEs 含量，变化范围为 819.44～24 035.39 ng/g，平均含量为 8 363.57 ng/g。其中嫩江 8 个表层沉积物中ΣPAEs 含量为 832.01～17 817.03 ng/g，平均含量为 5 838.62 ng/g；第二松花江表层沉积物中ΣPAEs 含量为 1 121.80～14 240.60 ng/g，平均含量为 7 129.62 ng/g；松花江干流表层沉积物中ΣPAEs 含量为 819.44～24 035.39 ng/g，平均含量为 7 479.39 ng/g。黑龙江表层沉积物中ΣPAEs 平均含量最高（15 679.17 ng/g），松花江支流梧桐河（13 620.04 ng/g）次之，嫩江污染最轻，具体见图 5-43。

表 5-24 2016 年 9 月松花江各断面沉积物中ΣPAEs 含量

采样点位	编号	水体	水系	ΣPAEs 含量/（ng/g）
门鲁河大桥	N1	门鲁河	嫩江	11 155.18
科洛河大桥	N2	科洛河	嫩江	3 743.37
纳谟尔河中游	N3	纳谟尔河	嫩江	17 817.03
乌裕尔河中游	N4	乌裕尔河	嫩江	832.01
博霍头	N5	嫩江干流	嫩江	2 749.37
拉哈	N6	嫩江干流	嫩江	2 159.16
浏园	N7	嫩江干流	嫩江	6 100.47
江桥	N8	嫩江干流	嫩江	2 152.40
柳河中游	D1	伊通河	第二松花江	1 121.80
万金塔	D2	饮马河	第二松花江	14 068.20
靠山南楼	D3	辉发河（柳河）	第二松花江	14 240.60
溪浪口	D4	第二松花江	第二松花江	1 520.68
松花江村	D5	第二松花江	第二松花江	9 668.80
松林	D6	第二松花江	第二松花江	2 158.69
拉林河中游	S1	拉林河	松花江	6 178.17
阿什河中游	S2	阿什河	松花江	10 686.90
铁力上	S3	呼兰河	松花江	4 570.72
呼兰河中游	S4	呼兰河	松花江	3 491.16
大山	S5	牡丹江	松花江	819.44

采样点位	编号	水体	水系	ΣPAEs 含量/（ng/g）
果树场	S6	牡丹江	松花江	1 451.06
柴河大桥	S7	牡丹江	松花江	6 332.18
牡丹江口内	S8	牡丹江	松花江	1 160.93
倭肯河中游	S9	倭肯河	松花江	3 628.23
桔源林场	S10	东汤旺河	松花江	23 601.70
友好	S11	汤旺河	松花江	22 190.77
汤旺河口内	S12	汤旺河	松花江	24 035.39
肇源	S13	松花江干流	松花江	968.47
朱顺屯	S14	松花江干流	松花江	3 739.86
大顶子山	S15	松花江干流	松花江	1 260.00
摆渡镇	S16	松花江干流	松花江	9 276.32
牡丹江口上	S17	松花江干流	松花江	10 934.57
佳木斯上	S18	松花江干流	松花江	5 643.44
佳木斯下	S19	松花江干流	松花江	2 137.17
西林	S20	松花江干流	松花江	2 018.78
同江	S21	松花江干流	松花江	12 941.99
梧桐河上游	S22	梧桐河	松花江	7 322.89
梧桐河口内	S23	梧桐河	松花江	13 199.84
梧桐河农场大桥	S24	梧桐河	松花江	13 867.57
梧桐河农场渠首（小山）	S25	梧桐河	松花江	17 195.02
双丰农场老梧桐河大桥	S26	梧桐河	松花江	12 051.43
双丰农场大桥下	S27	梧桐河	松花江	18 083.50
东港	H1	黑龙江干流	黑龙江干流	17 125.65
名山	H2	黑龙江干流	黑龙江干流	14 232.69

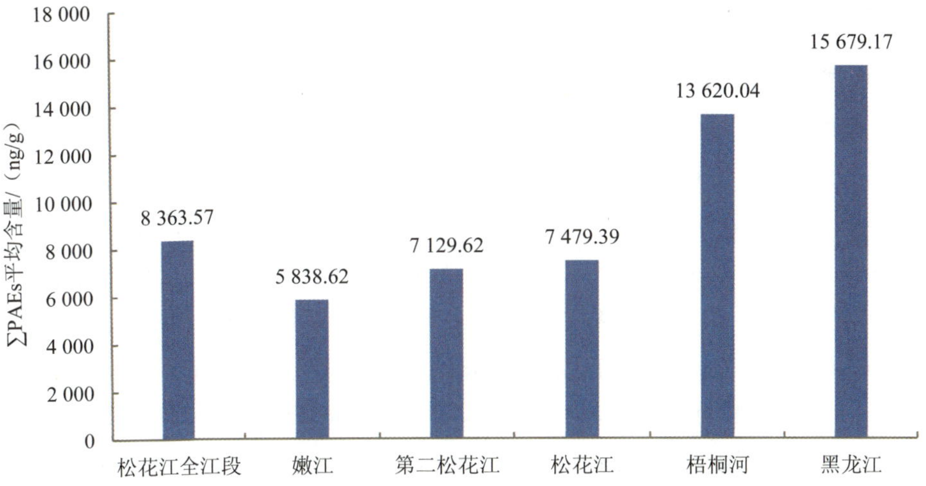

图 5-43 2016 年 9 月松花江各江段ΣPAEs 平均含量

表 5-25 列出了国内外河湖表层沉积物中部分 PAEs 的含量，与世界其他地区河湖及近海表层沉积物中 PAEs 含量比较发现，松花江表层沉积物 PAEs 处于中等偏高水平，污染水平较高的污染物主要是 DBP、DEHP 和 DnOP 等分子量较大、水溶性较低的组分，这与其他学者的研究结果一致。DBP 污染水平与马来西亚 Klang 湖和西班牙 Urdaibai 港口相当，低于太湖、黄河等，同时高于国内珠江、钱塘江等污染较轻的河流。DEHP 作为松花江污染最严重的组分，含量仅次于太湖、长江、黄河、珠江等污染较严重河流，高于我国大部分河流，存在一定的生态风险。

表 5-25　国内外河湖表层沉积物中部分 PAEs 的含量　　单位：ng/g

研究区域	DMP	DEP	DBP	BBP	DEHP	DnOP	参考文献
松花江	0～24.48	0～187.14	27.18～698.56	0～47.68	158.84～22 877.15	0～465.94	本研究
太湖	—	—	1 080～21 520	—	2 220～23 930	—	Wang et al.，2003
黄河	0～1 040	0～11	3 630～72 200	—	5 350～259 000	—	Sha et al.，2007
长江	—	0～1 270	1 400～88 900	—	13 900～322 000	0～1 190	Wang et al.，2008
钱塘江	0～179	0～218	34～241	0～21	365～6 240	0～19	Sun et al.，2013
珠江	0～19	1～91	42～50 300	0～113	415～29 500	0～181	Liu et al.，2014
Klang 湖马来西亚	0～10.1	0～3.4	67～637	—	493～15 015	0～193	Tan et al.，1995
Urdaibai 港口，西班牙	0	0～240	20～790	500～950	10 100～16 800	0	Klamer et al.，2005

注：“—”表示未检出或未有数据报道。

（2）2016 年 9 月平水期沉积物中 PAEs 的组成特征

很多学者的研究结果表明，水溶性较小的 DBP、DEHP 和 DnOP 等是沉积物中 PAEs 含量较高的组分，而水溶性较大的 DMP、DEP 及其他使用并不广泛的 PAEs 在沉积物中的含量处于痕量水平。松花江表层沉积物中的 PAEs 表现出相同的变化趋势，DBP 和 DEHP 成为 6 种 PAEs 中的主要污染组分，平均含量分别为 730.51 ng/g 和 7 568.59 ng/g。这和很多学者们的研究结果一致，如加拿大 False Creek 港口沉积物中 5 种 PAEs 含量均值分别为 0.35 μg/g（DMP）、7.97 μg/g（DEP）、22.40 μg/g（DBP）、31.90 μg/g（DEHP）和 3.87 μg/g（DnOP），其中 DBP 和 DEHP 污染水平最高。西班牙 Urdaibai 河口沉积物中 DMP、DEP、DnOP 含量均低于检测限，但 DnBP、DEHP 和 BBP 的含量水平分别为 0.02～0.79 μg/g、10～17 μg/g、0.50～1.0 μg/g。

松花江 43 个站点表层沉积物中 6 种 PAEs 的检出率分别为 DMP（58.14%）、DEP（93.02%）、DBP（100%）、BBP（20.93%）、DEHP（100%）、DnOP（83.72%），其中 DEHP

检出含量最高，其含量为 158.84～22 877.15 ng/g，平均值为 7 568.59 ng/g，含量最低值（158.84 ng/g）出现在嫩江支流乌裕尔河的乌裕尔河中游点位，其中 86%采样点位的 DEHP 都超过了 1 000 ng/g。

图 5-44 和图 5-45 分别显示了松花江各个江段表层沉积物中 6 种 PAEs 的含量变化和组成比例，可明显看出 6 种 PAEs 中 DEHP 所占份额显著较高，是松花江表层沉积物中 PAEs 类有机污染物最主要的组成成分。DBP 的含量仅次于 DEHP，是松花江第二种主要的 PAEs 类污染物，含量为 27.18～6 984.56 ng/g，平均为 730.51 ng/g，作为一种主要的增塑剂，DBP 在塑胶工业中应用较多，因此污染范围相对较广，相应地在沉积物中也就比较容易检测到。此外 DnOP 的含量也较高（0～465.84 ng/g），由图 5-45 也可以明显看出，DnOP 所占份额位居第三，这可能与松花江流域经济相对发达，工农业发展迅速，各种化工产品消耗巨大，对 DnOP 的应用也相对较多有关。此外，松花江表层沉积物中 DEP 含量为 0～24.48 ng/g，平均含量为 2.86 ng/g，DMP 含量为 0～187.14 ng/g，平均含量为 13.37 ng/g，BBP 含量最低，为 0～47.68 ng/g，平均含量为 3.15 ng/g，是松花江沉积物中检出率最低的一种 PAEs（79%的点位未检出）。N4、D1、S6、S15 等点位的 DBP 含量显著较多，这可能与这些点位周边有较多 PAEs 工业和消费品生产有关，同时也与 PAEs 本身的性质（挥发性、水溶性等）有关。

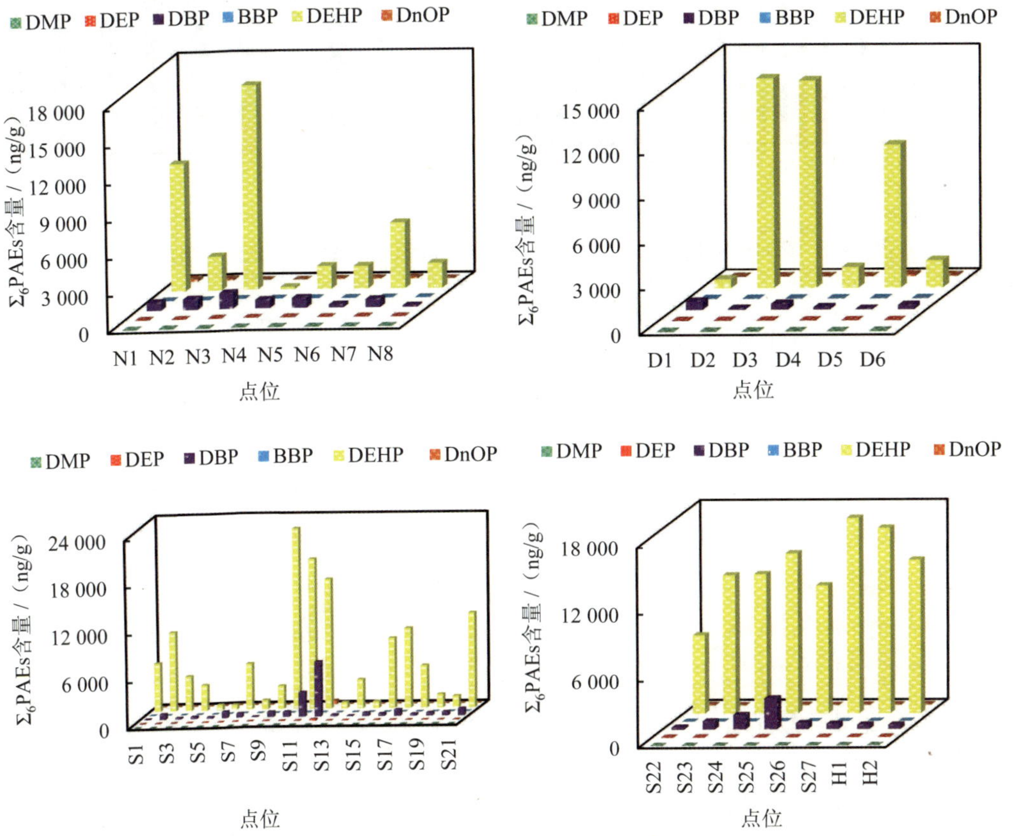

图 5-44　2016 年 9 月松花江各个江段表层沉积物中 6 种 PAEs 含量变化

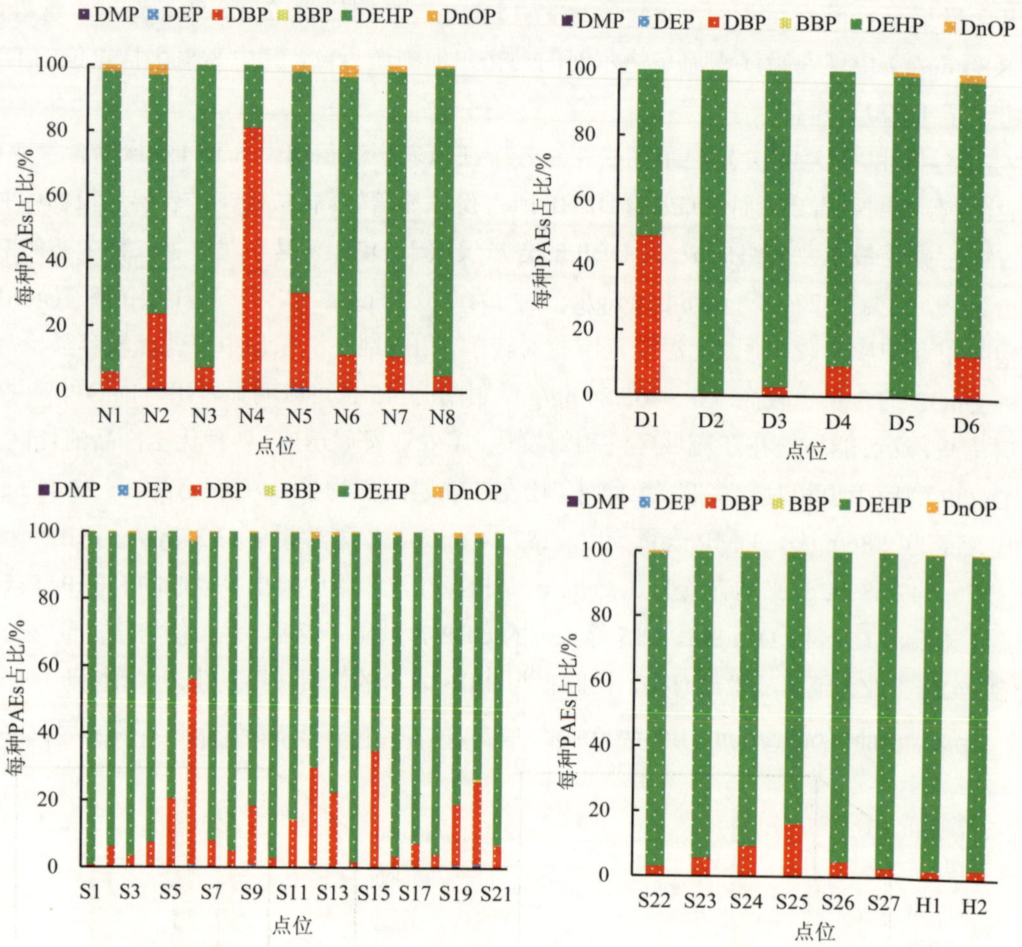

图 5-45　2016 年 9 月松花江各个江段表层沉积物中 6 种 PAEs 的组成比例

（3）2016 年 9 月平水期沉积物中 PAEs 空间分布

汽车、电子、电器、塑料、橡胶和涂料生产、销售区域产生的大量废弃物以及居民区生活垃圾的堆积、运输、雨水浸淋等，汽车、塑料、橡胶、涂料、黏合剂、密封材料等的使用，PAEs、粘贴剂、塑胶溶剂、涂料的生产，PVC 树脂的合成都可使 PAEs 进入城市大气、土壤和水体环境。除城市生活污水、工业废水直接排放外，PAEs 主要通过城市地表（表层土壤、道路）、建筑物顶的雨水冲刷以及大气的干、湿沉降等途径进入城区湖泊水体。松花江表层沉积物中 PAEs 的分布与其进入河流水体的输入途径密切相关。从平均值来看，黑龙江干流两个点位表层沉积物中 PAEs 含量最高，梧桐河次之，松花江干流、第二松花江、嫩江依次递减，嫩江表层沉积物受 PAEs 污染最轻。各个江段各个断面 6 种 PAEs 总含量沿程变化见图 5-46。

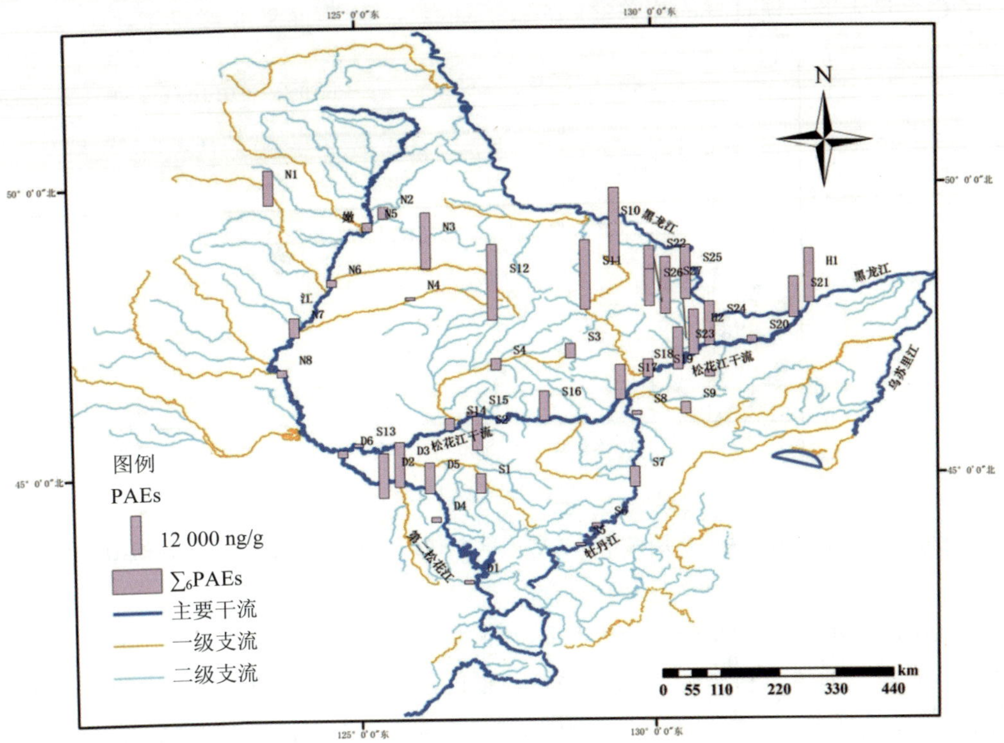

图 5-46　2016 年 9 月松花江各江段 PAEs 空间分布特征示意图

其中嫩江表层沉积物的 8 个点位中，位于嫩江支流纳谟尔河的纳谟尔河中游点位 ∑PAEs 含量最高，达 17 817.03 ng/g，其次是嫩江支流门鲁河的门鲁河中游点位，达 1 115 518 ng/g，总体来看，支流沉积物 PAEs 含量高于干流，支流的污染对干流存在着潜在危害。第二松花江的 6 个点位与嫩江存在着同样的变化趋势，支流沉积物含量较干流高，尤其是第二松花江支流饮马河和柳河，∑PAEs 含量均达到 1×10^5 ng/g，总体含量变化范围为 1 520.68～14 068.26 ng/g，干流污染相对较轻，这可能与采样点位远离城市，受人为活动干扰少相关。松花江干流的 21 个点位中，东汤旺河和汤旺河的 3 个采样点位沉积物的 ∑PAEs 含量均较高，为 22 190.77～24 035.39 ng/g，进一步说明支流受 PAEs 污染较严重；从松花江干流上游到下游，∑PAEs 含量有逐渐递减的趋势，这可能与干流上游有很多石化企业或者离中心城市较近，大量排污企业的污染物进入干流有关。此外梧桐河 4 个点位和黑龙江干流 2 个点位的 PAEs 也均较高，尤其是梧桐河，作为松花江的最大支流，它的污染对松花江干流水环境有着极为关键的作用。

（4）2016 年 9 月平水期表层沉积物中 ∑PAEs 含量和 TOC 含量相关性分析

有机质对有机化合物的吸附作用使得沉积物中的 TOC 含量成为影响有机污染物分布的主要因素。一般而言，沉积物中 TOC 含量越高，有机污染物含量也越高。如图 5-47 分析了松花江表层沉积物中的 6 种 PAEs 含量与 TOC 含量的相关性，R^2=0.143 5，∑PAEs 含量与 TOC 含量未能呈现良好的相关性。

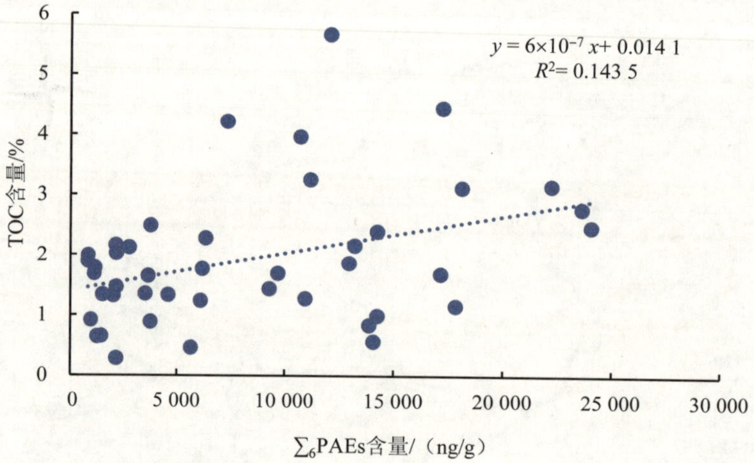

图 5-47　2016 年 9 月平水期松花江表层沉积物中∑PAEs 含量与 TOC 含量的相关性

（5）2016 年 9 月平水期沉积物中 PAEs 风险评价

PAEs 具有高的沸点和辛醇-水分配系数，低的蒸气压和水溶性，易在沉积物中积聚而对底栖生物造成损害，产生生态风险。1995 年，Long 等就对海洋和河口沉积物中有机污染物提出 ERL 和 ERM，评估其潜在生态危害，但其中并未包括 PAEs，VanWezel 等建议沉积物中 DBP 和 DEHP 的 ERL 值分别为 700 ng/g 和 1 000 ng/g。我国原国家海洋局推荐使用美国华盛顿州颁布的质量警戒水平，即各组分均为 610 ng/g。

本研究中，松花江表层沉积物中的 DBP 和 DEHP 分别有 26%和 86%超过了 ERL 值，有 40%和 93%超过了美国华盛顿州颁布的质量警戒水平，但其余 4 种 PAEs 均未超过华盛顿州质量警戒线（表 5-26）。表明 DMP、DEP、BBP 和 DnOP 四种 PAEs 生态风险，潜在危害小。而部分点位受 DBP 和 DEHP 污染较为严重，具有一定的内分泌干扰和生态毒性危害。总体来看，松花江表层沉积物中 DMP、DEP、BBP 和 DnOP 的污染程度和生态风险整体处于较低水平，而 DBP 和 DEHP 的污染相对严重，尤其是 DEHP，相关部门应加以重视。

表 5-26　2016 年 9 月松花江表层沉积物 PAEs 风险评价

单位：ng/g

化合物	ERL	警戒标准	PAEs 含量范围	PAEs 平均含量
DMP	—	610	0～24.48	2.86
DEP	—	610	0～187.14	13.37
BBP	—	610	0～47.68	3.15
DnOP	—	610	0～465.94	45.11
DBP	700	610	27.18～698.56	730.51
DEHP	1 000	610	158.84～22 877.15	7 568.59

（6）2017 年 9 月平水期沉积物中 PAEs 的赋存水平

如表 5-27 所示，2017 年 9 月松花江 28 个点位表层沉积物中 ΣPAEs 含量为 162.29～5 427.33 ng/g，平均含量为 2 445.06 ng/g。第二松花江表层沉积物中 ΣPAEs 含量为 352.46～4 671.99 ng/g，平均含量为 2 532.35 ng/g；松花江干流表层沉积物中 ΣPAEs 含量为 162.29～5 427.33 ng/g，平均含量为 2 421.26 ng/g。其中第二松花江表层沉积物中的 ΣPAEs 含量最高，高于全江段平均水平（图 5-48），松花江干流 SH20 安兴村点位 ΣPAEs 含量最高。

表 5-27　2017 年 9 月松花江各断面沉积物中 ΣPAEs 含量

采样点位	水系	编号	经度	纬度	ΣPAEs 含量/（ng/g）
松花江村	第二松花江	DH1	126.19E	44.67N	3 538.74
新桥屯	第二松花江	DH2	126.62E	44.60N	352.46
昌邑	第二松花江	DH3	126.49E	43.95N	2 912.00
三家子	第二松花江	DH4	125.97E	43.40N	616.31
楞场村	第二松花江	DH5	127.83E	42.79N	4 671.99
花园口	第二松花江	DH6	127.08E	42.31N	3 102.62
柴河大桥	松花江	SH4	129.67E	44.77N	178.93
桔源林场	松花江	SH7	129.38E	48.64N	3 896.28
佳木斯上	松花江	SH8	130.67E	47.03N	2 500.66
肇源	松花江	SH1	124.99E	45.49N	3 928.65
大顶子山	松花江	SH2	126.91E	46.00N	2 302.93
呼兰河中游	松花江	SH10	127.34E	46.89N	213.12
夏家洼子	松花江	SH3	125.70E	45.38N	2 159.81
政富村	松花江	SH5	126.47E	45.24N	4 686.16
东川屯	松花江	SH6	127.29E	45.30N	396.26
南关村	松花江	SH9	129.36E	45.45N	4 177.47
苇河	松花江	SH11	128.38E	44.96N	2 912.45
庆阳	松花江	SH12	128.78E	45.37N	3 277.92
温春大桥	松花江	SH13	128.52E	44.42N	4 907.75
东崴子村	松花江	SH14	128.29E	43.58N	4 220.41
大石头下	松花江	SH15	128.49E	43.31N	1 069.01
沙河断面	松花江	SH16	128.40E	43.36N	2 526.45
三中	松花江	SH17	128.54E	43.20N	2 997.87
湖水一村	松花江	SH18	130.25E	45.42N	205.21
桦树青年点	松花江	SH19	129.77E	44.05N	958.36
安兴村	松花江	SH20	130.12E	46.22N	5 427.33
金沙	松花江	SH21	131.33E	46.00N	162.30
沙牡汇入	松花江	SH22	127.35E	43.40N	162.29

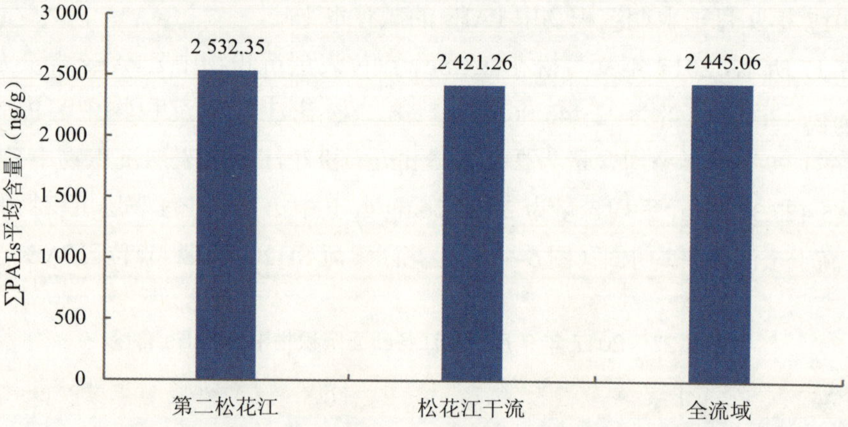

图 5-48　2017 年 9 月松花江各江段ΣPAEs 平均含量

（7）平水期沉积物中ΣPAEs 含量与 TOC 含量相关性

对平水期松花江流域沉积物中ΣPAEs 含量与 TOC 含量相关性作图表明（图 5-49），ΣPAEs 含量与 TOC 含量相关性系数为 0.279，其相关性检验的概率 *P* 值为 0.150，因此，在 *P*=0.05 的置信水平下，ΣPAEs 含量与 TOC 含量相关性不显著。

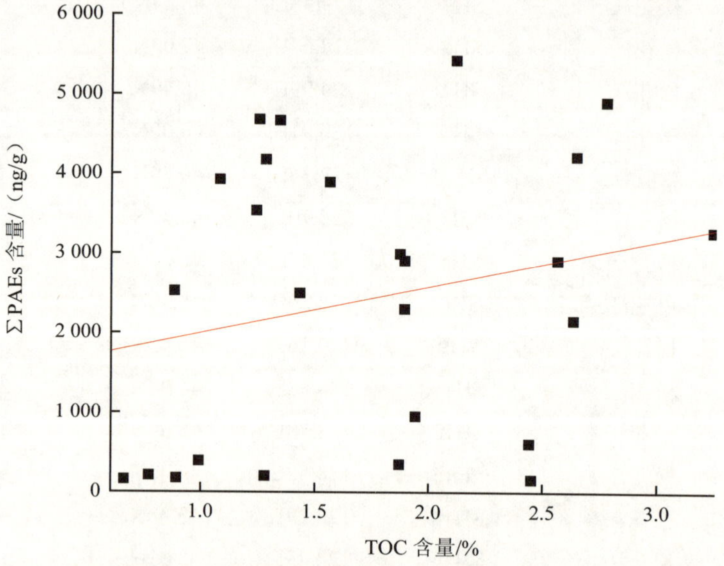

图 5-49　平水期沉积物中ΣPAEs 含量与 TOC 含量的相关性

3 个水期结果表明，ΣPAEs 含量与 TOC 含量相关性不显著，表明松花江流域沉积物中ΣPAEs 含量不受 TOC 含量影响，这可能是由于 PAEs 来源具有区域特征；同时不同功能城区湖泊地理位置、水体环境的差异（如 pH、水生生物、动物、植物和光照等），也将影响 PAEs 的水-气交换和降解过程（包括水解、光解和生物降解等）。

（8）2017 年 9 月平水期沉积物中 PAEs 的组成特征

总体来看，松花江 28 个河流断面表层沉积物中 6 种 PAEs 均有检出，从各个点位平均值来看，按照 DBP（1 236.83 ng/g）>BBP（739.35 ng/g）>DEHP（321.01 ng/g）>DEP（103.39 ng/g）>DnOP（39.06 ng/g）>DMP（5.42 ng/g）的顺序递减。DBP 检出含量最高，是研究区域主要组分，其含量为 38.84~3 641.57 ng/g，平均值为 1 236.83 ng/g（图 5-50、图 5-51）。

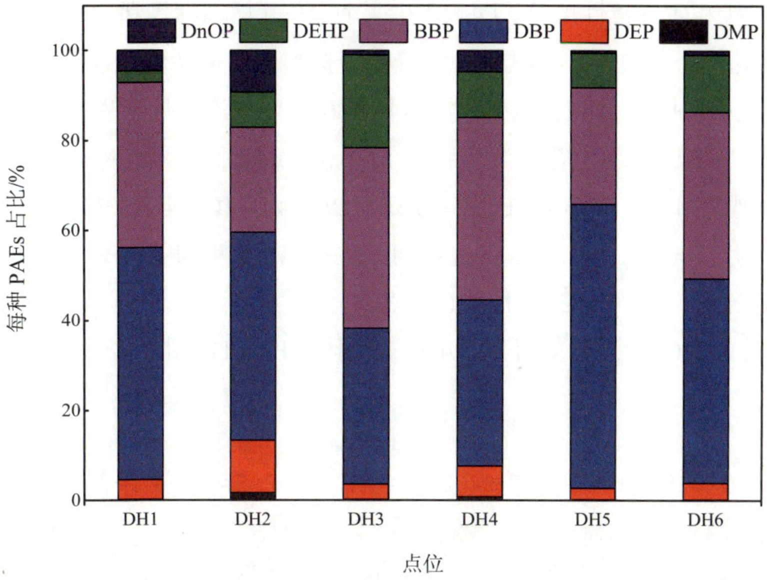

图 5-50　2017 年 9 月第二松花江表层沉积物中 PAEs 在各点位的组成特征分布

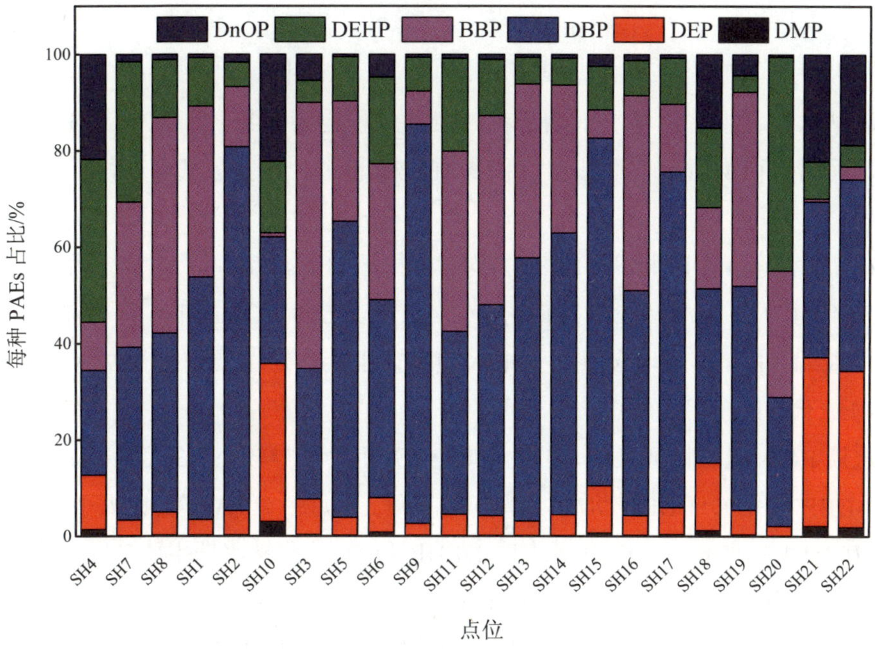

图 5-51　2017 年 9 月松花江干流表层沉积物中 PAEs 在各点位的组成特征分布

（9）2017 年 9 月平水期沉积物中 PAEs 风险评价

松花江干流 18 个点位（松花江村、昌邑、楞场村、花园口、桔源林场、佳木斯上、肇源、大顶子山、政富村、南关村、苇河、庆阳、温春大桥、东崴子村、大石头下、沙河断面、三中和安兴村）沉积物中 DBP 超过 ERL 值，表明 DBP 单体在这 18 个点位所在区域存在内分泌干扰和生态毒性风险，其余点位 DBP 未超过 ERL 值，表明 DBP 单体在该点位所在区域不存在内分泌干扰和生态毒性风险。DEHP 在 2 个点位（桔源林场和安兴村）超过了 ERL 值，DEHP 单体在这两个点位所在区域存在内分泌干扰和生态毒性风险，其余点位 DEHP 未超过 ERL 值，表明 DEHP 单体在该点位所在区域不存在内分泌干扰和生态毒性风险。

采用熵值法进一步评价了松花江沉积物中 5 种 PAEs 对水生生物的风险（表 5-28），5 种 PAEs 的 HQ 值排序如下：DBP＞DEHP＞BBP＞DEP＞DMP。其中 DMP 在各江段的 HQ 值均小于 0.1，表明 DMP 对各江段水生生物均无生态风险。DEP 和 BBP 在各江段的 HQ 值均大于 0.1 而小于 1，表明 DEP 和 BBP 对各江段水生生物生态风险处于低水平。DBP 和 DEHP 在各江段的 HQ 值大于 1 而小于 10，表明 DBP 和 DEHP 对各江段水生生物具有中等生态风险。

表 5-28　2017 年 9 月松花江表层沉积物中 PAEs 的风险评价

PAEs	PNES（沉积物）/（ng/g）	第二松花江 HQ	松花江主段 HQ
DMP	1 303.42	0.00	0.00
DEP	211.58	0.45	0.50
DBP	141.66	8.93	8.68
BBP	1 180.86	0.73	0.60
DEHP	246.24	1.04	1.38

本节以枯水期、丰水期和平水期松花江表层沉积物为对象，研究了 PAEs 赋存水平和分布特征，采用沉积物质量基准法和沉积物质量标准法对其生态风险进行了评价，主要结论如下：

①松花江干流段 4 个时间段 ΣPAEs 平均含量排序如下：2017 年 3 月（18 119.64 ng/g）＞2016 年 9 月（7 479.39 ng/g）＞2017 年 9 月（2 421.26 ng/g）＞2017 年 6 月（1 736.28 ng/g）。由此可见枯水期 ΣPAEs 平均含量高于平水期和丰水期，这主要是因为枯水期河流径流量小，沉积物易于富集在沉积物中。

②各水期 PAEs 组成特征表明，3 个水期 PAEs 组分差异较小，3 月各类 PAEs 大小排序为 DEHP＞DBP＞DEP＞BBP＞DMP＞DnOP，6 月、9 月各类 PAEs 占比大小排序为 DBP＞BBP＞DEHP＞DEP＞DnOP＞DMP。表明 DEHP 和 DBP 为枯水期主要 PAEs 类污染物，而平水期和丰水期沉积物中 DBP、BBP 和 DEHP 这 3 类单体为主体 PAEs 类污染物。

③根据潜在生态风险评价结果，枯水期沉积物中 DBP 和 DEHP 对水生生物具有高生态风险，丰水期和平水期 DBP 和 DEHP 对水生生物具有中等生态风险；3 个水期沉积物中，

DMP 对水生生物均无生态风险；DEP 和 BBP 对水生生物生态风险处于低水平。

5.4.3　硝基苯（NBs）分布特征

5.4.3.1　枯水期沉积物中 NBs 的分布特征

（1）枯水期沉积物中 NBs 的赋存水平

如表 5-29 所示，2017 年 3 月松花江 19 个点位表层沉积物中∑NBs 含量为 103.71～399.16 ng/g，平均含量为 167.39 ng/g。其中嫩江表层沉积物中∑NBs 含量为 126.61～150.54 ng/g，平均含量为 135.35 ng/g；第二松花江表层沉积物中∑NBs 含量为 123.06～160.86 ng/g，平均含量为 139.36 ng/g；松花江干流表层沉积物中∑NBs 含量为 103.71～399.16 ng/g，平均含量为 177.11 ng/g。黑龙江只采集了两个点位的沉积物，∑NBs 含量分别为 169.99 ng/g、165.99 ng/g，平均含量为 167.99 ng/g。其中松花江干流表层沉积物中的∑NBs 含量最高，松花江干流和黑龙江表层沉积物中的∑NBs 含量高于全江段平均水平，其余江段（嫩江、第二松花江）表层沉积物中的∑NBs 含量均低于全江段平均水平（图 5-52）。

表 5-29　2017 年 3 月松花江各断面沉积物中∑NBs 含量

水系	采样点位	编号	水体	地理位置	3 月∑NBs 含量/（ng/g）
嫩江	科洛河大桥	N2	科洛河	125.452E，49.406N	132.61
	乌裕尔河中游	N4	乌裕尔河	125.892E，48.004N	150.54
	博霍头	N5	嫩江干流	125.184E，49.192N	126.61
	江桥	N8	嫩江干流	123.701E，46.701N	131.64
平均值					135.35
第二松花江	柳河中游	D1	伊通河	126.845E，43.113N	123.06
	万金塔	D2	饮马河	125.445E，44.603N	138.16
	松林	D6	第二松花江	124.728E，45.301N	160.86
平均值					139.36
松花江干流	拉林河中游	S1	拉林河	127.064E，44.671N	399.16
	阿什河中游	S2	阿什河	127.013E，45.409N	103.71
	果树场	S6	牡丹江	129.016E，44.061N	119.83
	柴河大桥	S7	牡丹江	129.672E，44.766N	188.37
	牡丹江口内	S8	松花江干流	129.573E，46.003N	169.29
	倭肯河中游	S9	倭肯河	130.543E，46.019N	192.08
	桔源林场	S10	东汤旺河	129.379E，48.635N	168.78
	佳木斯上	S18	松花江干流	130.666E，47.033N	180.13
	西林	S20	松花江干流	131.682E，47.234N	165.66
	同江	S21	松花江干流	132.458E，47.661N	193.88
平均值					177.11
黑龙江	东港	H1	黑龙江干流	132.668E，47.921N	169.99
	名山	H2	黑龙江干流	130.688E，47.032N	165.99
平均值					167.99
全流域平均值					167.39

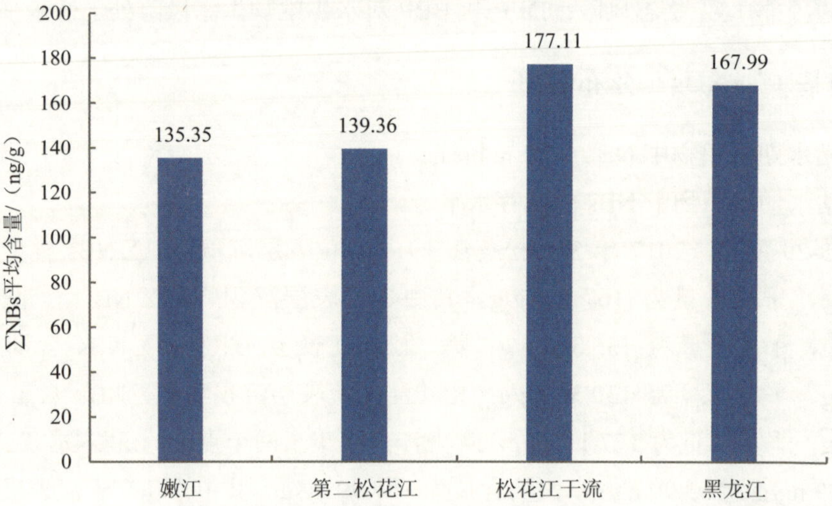

图 5-52　2017 年 3 月各江段ΣNBs 平均含量

（2）枯水期沉积物中 NBs 的组成特征

总体来看，松花江 19 个河流断面表层沉积物中 15 种 NBs 仅有 6 种检出，从各个点位平均值来看，对硝基甲苯含量最高，为 43.21 ng/g，其次为间二硝基苯、2,6-二硝基甲苯、对二硝基苯、2,4-二硝基氯苯，平均值分别为 18.34 ng/g、39.08 ng/g、11.27 ng/g、38.04 ng/g、17.45 ng/g。按照各种 NBs 的总含量计算，松花江 19 个表层沉积物中对硝基甲苯、间二硝基苯、对硝基氯苯、2,6-二硝基甲苯、对二硝基苯、2,4-二硝基氯苯分别占总硝基苯的 25.81%、23.35%、10.96%、6.73%、22.73%和 10.42%，占比从大到小依次是对硝基甲苯＞间二硝基苯＞对二硝基苯＞对硝基氯苯＞2,4-二硝基氯苯＞2,6-二硝基甲苯（图 5-53）。

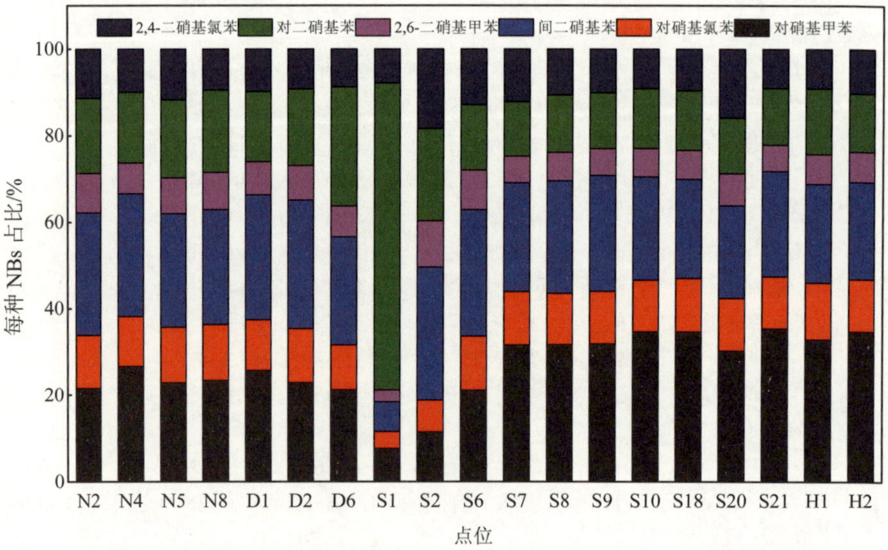

图 5-53　2017 年 3 月松花江表层沉积物中 NBs 在各点位组成特征分布

5.4.3.2 丰水期沉积物中 NBs 的分布特征

（1）丰水期沉积物中 NBs 的赋存水平

如表 5-30 所示，2017 年 6 月松花江 15 个点位表层沉积物中ΣNBs 平均含量为 41.98～80.97 ng/g，平均含量为 59.96 ng/g。其中柴河大桥（SS2 点位）含量最高。

表 5-30 2017 年 6 月松花江各断面沉积物中ΣNBs 含量

干流	采样点位	编号	地理位置		6 月ΣNBs 含量/（ng/g）
			经度	纬度	
第二松花江	松花江村	DS1	126.19E	44.67N	53.81
松花江	肇源	SS1	124.99E	45.49N	53.93
松花江	柴河大桥	SS2	129.67E	44.77N	80.97
松花江	佳木斯上	SS3	130.67E	47.03N	56.67
松花江	新鹤村	SS4	130.43E	47.80N	51.61
松花江	东川屯	SS5	127.29E	45.30N	53.37
松花江	沙岭村	SS6	129.28E	46.58N	62.10
松花江	铁力上	SS7	128.36E	47.24N	73.76
松花江	呼兰河中游	SS8	127.34E	46.89N	65.53
松花江	大顶子山	SS9	126.91E	46.00N	66.74
松花江	于光屯	SS10	126.36E	46.34N	74.37
松花江	老福民	SS11	127.78E	46.55N	61.10
松花江	阁山村	SS12	127.49E	47.37N	45.26
松花江	张家屯	SS13	126.49E	47.46N	58.29
松花江	汤林林场	SS14	129.50E	48.30N	41.98

（2）丰水期沉积物中ΣNBs 含量与 TOC 含量相关性

对丰水期松花江流域沉积物中ΣNBs 含量与 TOC 含量相关性作图表明（图 5-54），ΣNBs 含量与 TOC 含量相关性系数为-0.126，其相关性检验的概率 P 值为 0.655，因此，在 P=0.05 的置信水平下，ΣNBs 含量与 TOC 含量相关性不显著，表明松花江流域沉积物中ΣNBs 含量不受 TOC 含量影响，可能与其他因素有关。

（3）丰水期沉积物中 NBs 的组成特征

总体来看，松花江 15 个河流断面表层沉积物中 15 种 NBs 仅有 4 种检出，从各个点位平均值来看，对硝基甲苯含量最高，为 19.30 ng/g，其次为间二硝基苯、对硝基氯苯和 2,6-二硝基甲苯，平均值分别为 18.30 ng/g、11.33 ng/g 和 11.03 ng/g。

按照各种 NBs 的总含量计算，松花江段 15 个表层沉积物中对硝基甲苯、间二硝基苯、对硝基氯苯、2,6-二硝基甲苯分别占总硝基苯的 32.19%、30.51%、18.90%和 18.40%，占比从大到小依次是对硝基甲苯＞间二硝基苯＞对硝基氯苯＞2,6-二硝基甲苯（图 5-55）。

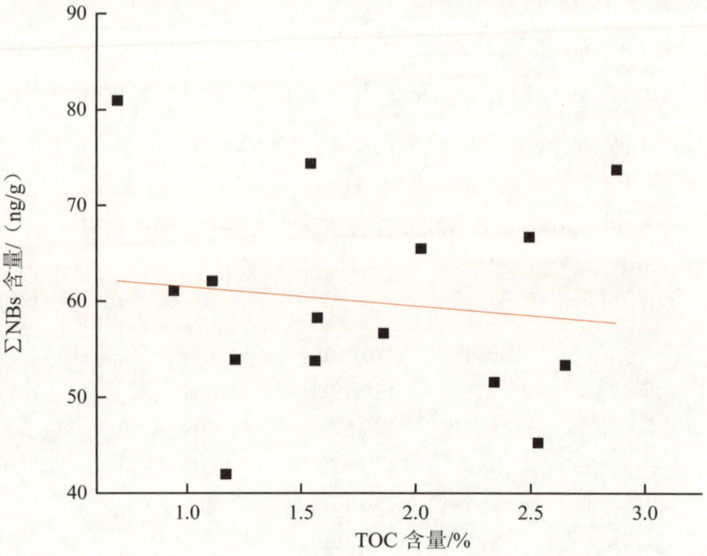

图 5-54　NBs 含量与 TOC 含量的相关性

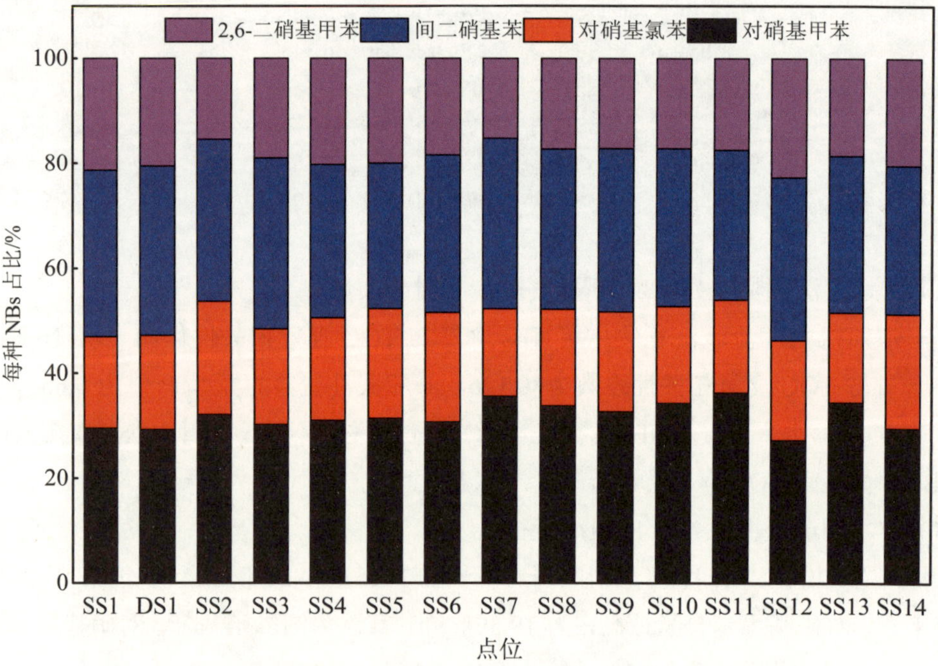

图 5-55　2017 年 6 月松花江表层沉积物中 NBs 在各点位组成特征分布

5.4.3.3　平水期沉积物中 NBs 的分布特征

（1）平水期沉积物中 NBs 的赋存水平

如表 5-31 所示，2017 年 9 月松花江 28 个点位表层沉积物中ΣNBs 含量为 45.46～

85.91 ng/g，平均含量为 58.56 ng/g。第二松花江表层沉积物中∑NBs 含量为 46.76～62.58 ng/g，平均含量为 56.42 ng/g；松花江干流表层沉积物中∑NBs 含量为 45.46～85.91 ng/g，平均含量为 61.81 ng/g。其中松花江干流表层沉积物中的∑NBs 含量较第二松花江高，松花江干流中 SH13 温春大桥点位∑NBs 含量最高（图 5-56）。

表 5-31　2017 年 9 月松花江各断面沉积物中∑NBs 含量

采样点位	水系	编号	经度	纬度	9 月∑NBs 含量/（ng/g）
松花江村	第二松花江	DH1	126.18E	44.67N	46.76
新桥屯	第二松花江	DH2	126.61E	44.60N	57.90
昌邑	第二松花江	DH3	126.48E	43.95N	52.91
三家子	第二松花江	DH4	125.96E	43.39N	61.80
楞场村	第二松花江	DH5	127.83E	42.78N	62.58
花园口	第二松花江	DH6	127.08E	42.30N	56.60
柴河大桥	松花江	SH4	129.67E	44.76N	54.76
桔源林场	松花江	SH7	129.37E	48.63N	72.55
佳木斯上	松花江	SH8	130.66E	47.03N	56.12
肇源	松花江	SH1	124.98E	45.48N	52.78
大顶子山	松花江	SH2	126.91E	46.00N	72.84
呼兰河中游	松花江	SH10	127.34E	46.89N	61.77
夏家洼子	松花江	SH3	125.70E	45.37N	45.46
政富村	松花江	SH5	126.47E	45.23N	67.12
东川屯	松花江	SH6	127.29E	45.29N	59.62
南关村	松花江	SH9	129.36E	45.45N	67.61
苇河	松花江	SH11	128.38E	44.96N	65.30
庆阳	松花江	SH12	128.78E	45.37N	55.33
温春大桥	松花江	SH13	128.52E	44.42N	85.91
东崴子村	松花江	SH14	128.28E	43.58N	55.66
大石头下	松花江	SH15	128.48E	43.31N	68.00
沙河断面	松花江	SH16	128.39E	43.35N	64.20
三中	松花江	SH17	128.54E	43.19N	69.24
湖水一村	松花江	SH18	130.25E	45.42N	63.97
桦树青年点	松花江	SH19	129.77E	44.05N	53.21
安兴村	松花江	SH20	130.12E	46.22N	56.96
金沙	松花江	SH21	131.33E	46.00N	54.84
沙牡汇入	松花江	SH22	127.35E	43.39N	56.59

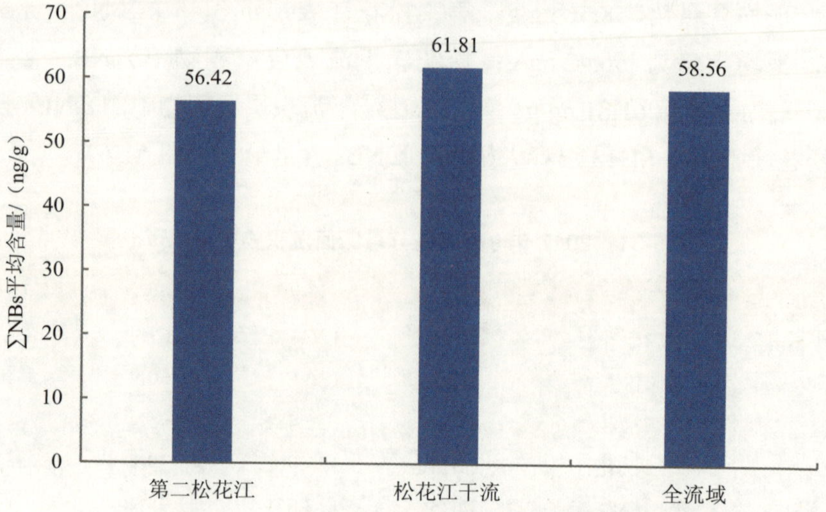

图 5-56　2017 年 9 月松花江各江段ΣNBs 平均含量

（2）平水期沉积物中ΣNBs 含量与 TOC 含量相关性

对平水期松花江流域沉积物中ΣNBs 含量与 TOC 含量相关性作图表明（图 5-57），ΣNBs 含量与 TOC 含量相关性系数为-0.092，其相关性检验的概率 P 值为 0.640，因此，在 P=0.05 的置信水平下，ΣNBs 含量与 TOC 含量相关性不显著，这与丰水期一致。

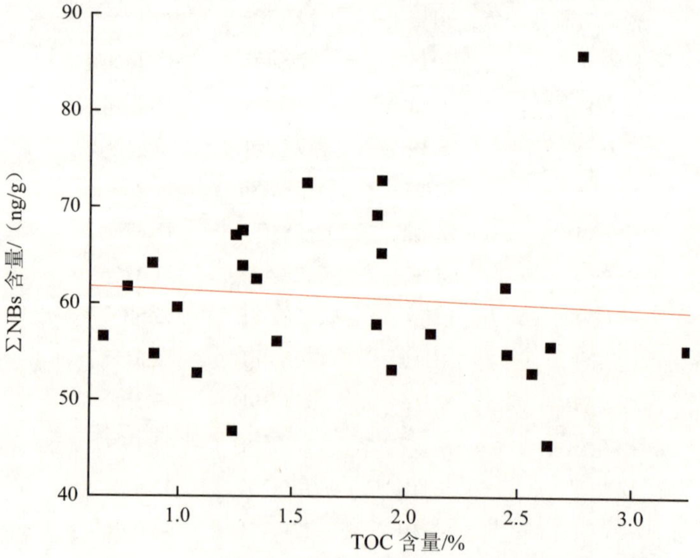

图 5-57　2017 年 9 月ΣNBs 含量与 TOC 含量的相关性

（3）平水期沉积物中 NBs 的组成特征

总体来看，松花江 28 个河流断面表层沉积物中 15 种 NBs 仅有 4 种检出，从各个点位平均值来看，对硝基甲苯含量最高，为 18.82 ng/g，其次为间二硝基苯、2,6-二硝基甲苯、对硝基氯苯，平均值分别为 18.71 ng/g、12.05 ng/g、11.02 ng/g。

按照各种 NBs 的总含量计算，松花江段 28 个表层沉积物中对硝基甲苯、间二硝基苯、对硝基氯苯、2,6-二硝基甲苯分别占总硝基苯的 31.12%、30.85%、19.87%、18.17%，占比从大到小依次是对硝基甲苯＞间二硝基苯＞对硝基氯苯＞2,6-二硝基甲苯（图 5-58、图 5-59）。

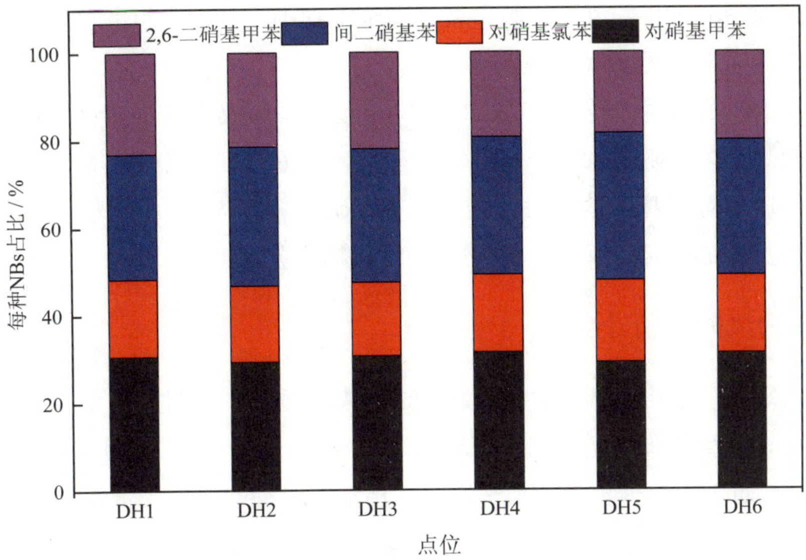

图 5-58　2017 年 9 月第二松花江表层沉积物中 NBs 在各点位组成特征分布

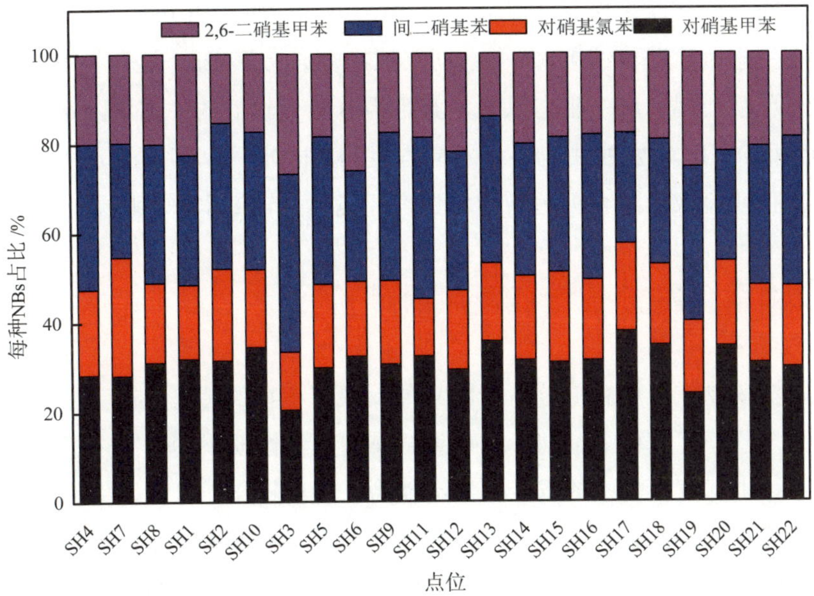

图 5-59　2017 年 9 月松花江干流表层沉积物中 NBs 在各点位组成特征分布

本节以枯水期、丰水期和平水期松花江表层沉积物为对象，研究了 NBs 赋存水平和分布特征，主要结论如下：

①松花江干流段 3 个时间段ΣNBs 平均含量排序如下：3 月（177.11 ng/g）>9 月（61.81 ng/g）>6 月（59.96 ng/g）。第二松花江表层沉积物中 3 月ΣNBs 平均含量（139.36 ng/g）高于 9 月（56.42 ng/g），由此可见枯水期ΣNBs 平均含量高于平水期和丰水期，这主要是因为枯水期河流径流量小，沉积物易于富集在沉积物中。丰水期和平水期松花江流域沉积物中ΣNBs 平均含量不受 TOC 含量影响。

②各水期 NBs 组成特征表明，3 月各类 NBs 单体占比大小排序为对硝基甲苯>间二硝基苯>对二硝基苯>对硝基氯苯>2,4-二硝基氯苯>2,6-二硝基甲苯，6 月、9 月各 NBs 单体占比大小排序为对硝基甲苯>间二硝基苯>对硝基氯苯>2,6-二硝基甲苯。可见对硝基甲苯和间二硝基苯是松花江流域主要 NBs 类污染物组分。

5.4.4 有机物风险评价小结

通过对比研究了松花江流域表层沉积物 3 种有机物在不同时期（枯水期、丰水期和平水期）含量水平以及分布特征。主要结论如下：

3 个不同水期 3 种有机物含量水平表明，枯水期 3 种有机物含量水平显著高于平水期和丰水期。

3 个不同水期 3 种有机物组成特征表明，不同水期 3 种有机物的组分无明显差别，高环 PAHs 平均占比高于低环平均占比；DEHP 和 DBP 为 3 个水期主要 PAEs 类单体污染物；对硝基甲苯和间二硝基苯是松花江流域 NBs 类污染物的主要组分。

根据潜在生态风险评价结果，3 个水期沉积物中 Acp 和 BaA 这两种 PAHs 组分对周边生物体及生态环境会偶尔产生生态风险，其余组分具有较低的生态风险水平；3 个水期沉积物中 DBP 和 DEHP 对水生生物具有不同程度的风险水平，其余组分生态风险处于低水平。总之，松花江流域 3 种有机污染物对生态环境具有较低水平风险。

5.5 沉积物重金属分布特征及风险评价

河流水体沉积物重金属总量分析一般只能反映沉积物的污染状况，不能真实反映沉积物的潜在生态风险。沉积物中不同形态下重金属的化学性质不同，决定了其在环境中的生态效益也不同，水体沉积物中的重金属活动能力、迁移转化、毒性、生物有效性和潜在生态风险更大程度上取决于它们的赋存形态。因此，研究沉积物中重金属的赋存形态是为了更好地了解水环境健康和生态风险评估。重金属赋存形态分析是指对每种金属形态含量的定量分析和每个形态的潜在生态风险的定性分析。关于松花江流域水生态健康以及沉积物中重金属的污染状况，一直以来是研究者关注的重点和热点（沈园等，2016；陆继龙等，

2009；Sun et al.，2011）。

2017 年 3 月枯水期采集松花江流域沉积物样品 17 个，嫩江江段编号为 N2、N4、N5、N8，第二松花江样品编号为 D1、D2、D6，松花江干流编号为 S1、S2、S6、S7、S8、S9、S10、S18、S20、S21。2017 年 6 月丰水期采集松花江流域沉积物样品 14 个，第二松花江样品编号为 DS1，松花江干流样品编号为 SS1～SS13。2017 年 9 月平水期共采集样品 28 个，第二松花江样品编号为 DH1～DH6，松花江干流样品编号为 SH1～SH22。采样点位置信息见表 5-32。具体点位见图 5-60～图 5-62。

表 5-32 松花江表层沉积物中重金属采样点位基本信息

采样点位	水系	3 月编号	6 月编号	9 月编号	经度	纬度
科洛河大桥	嫩江	N2	—	—	125.452E	49.406N
乌裕尔河中游	嫩江	N4	—	—	125.892E	48.004N
博霍头	嫩江	N5	—	—	125.184E	49.192N
江桥	嫩江	N8	—	—	123.701E	46.701N
柳河中游	第二松花江	D1	—	—	126.845E	43.113N
万金塔	第二松花江	D2	—	—	125.445E	44.603N
松林	第二松花江	D6	—	—	124.728E	45.301N
松花江村	第二松花江	—	DS1	DH1	126.189E	44.671N
新桥屯	第二松花江	—	—	DH2	126.615E	44.609N
昌邑	第二松花江	—	—	DH3	126.485E	43.951N
三家子	第二松花江	—	—	DH4	125.967E	43.398N
樗场村	第二松花江	—	—	DH5	127.834E	42.789N
花园口	第二松花江	—	—	DH6	127.080E	42.308N
拉林河中游	松花江	S1	—	—	127.064E	44.671N
阿什河中游	松花江	S2	—	—	127.013E	45.409N
果树场	松花江	S6	—	—	129.016E	44.061N
柴河大桥	松花江	S7	SS4	SH4	129.672E	44.766N
牡丹江口内	松花江	S8	—	—	129.573E	46.003N
倭肯河中游	松花江	S9	—	—	130.543E	46.019N
桔源林场	松花江	S10	—	SH7	129.379E	48.635N
佳木斯上	松花江	S18	SS8	SH8	130.666E	47.033N
西林	松花江	S20			131.682E	47.234N
同江	松花江	S21			132.458E	47.661N
肇源	松花江		SS1	SH1	124.989E	45.487N
大顶子山	松花江		SS2	SH2	126.914E	46.001N
于光屯	松花江		SS3		126.360E	46.340N
张家屯	松花江		SS5		126.490E	47.460N
老福民	松花江		SS6		127.780E	46.550N
阎山村	松花江		SS7		127.490E	47.370N
铁力上	松花江		SS9		128.360E	47.240N
呼兰河中游	松花江		SS10	SH10	127.340E	46.890N

采样点位	水系	3 月编号	6 月编号	9 月编号	经度	纬度
沙岭村	松花江		SS11		129.280E	46.580N
汤林林场	松花江		SS12		129.500E	
新鹤村	松花江		SS13			
夏家洼子	松花江			SH3	125.704E	45.375N
政富村	松花江			SH5	126.471E	45.235N
东川屯	松花江			SH6	127.292E	45.298N
南关村	松花江			SH9	129.360E	45.450N
苇河	松花江			SH11	128.380E	44.960N
庆阳	松花江			SH12	128.780E	45.370N
温春大桥	松花江			SH13	128.520E	44.420N
东崴子村	松花江			SH14	128.286E	43.584N
大石头下	松花江			SH15	128.489E	43.314N
沙河断面	松花江			SH16	128.395E	43.358N
三中	松花江			SH17	128.542E	43.197N
湖水一村	松花江			SH18	130.250E	45.420N
桦树青年点	松花江			SH19	129.770E	44.050N
安兴村	松花江			SH20	130.120E	46.220N
金沙	松花江			SH21	131.330E	46.000N
沙牡汇入	松花江			SH22	127.352E	43.398N

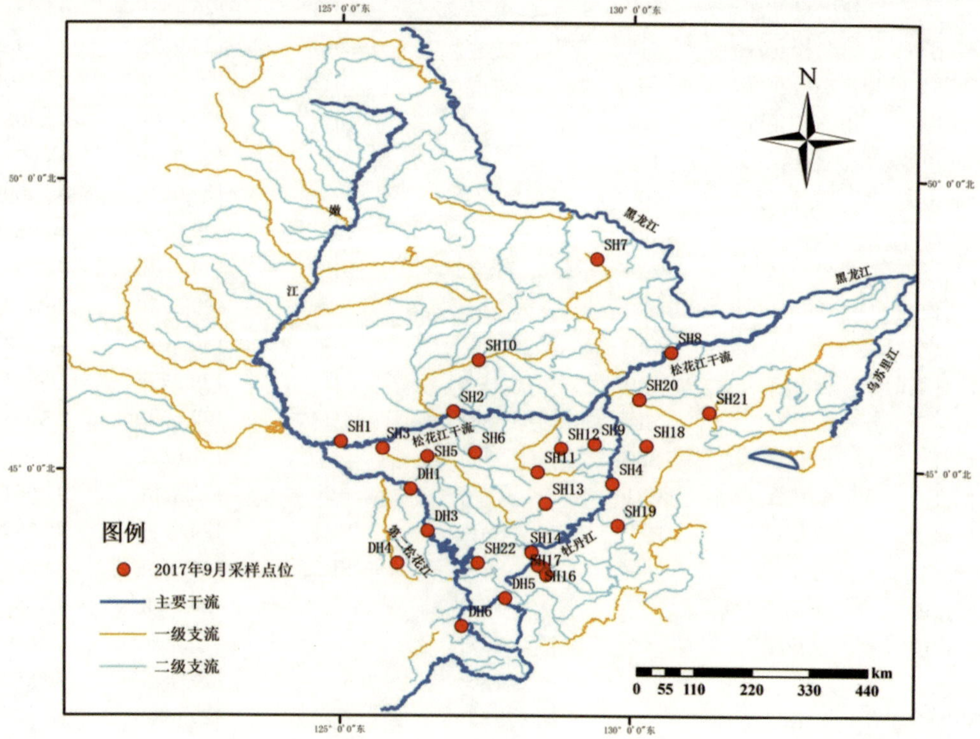

图 5-60 2017 年 9 月采样点位分布示意

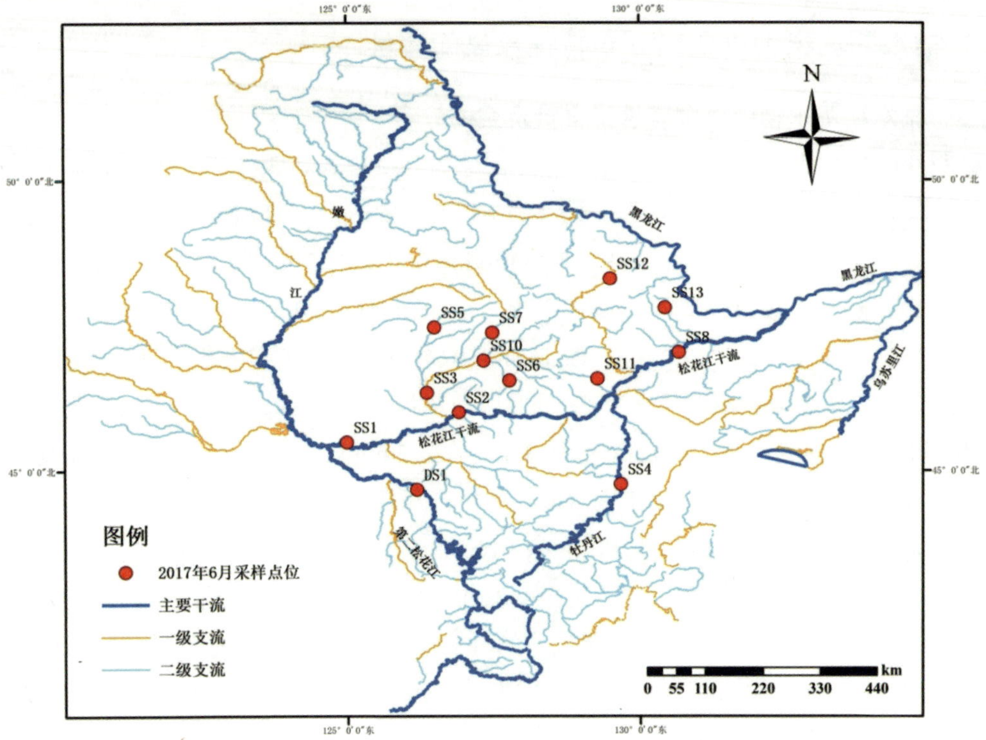

图 5-61　2017 年 6 月采样点位分布示意图

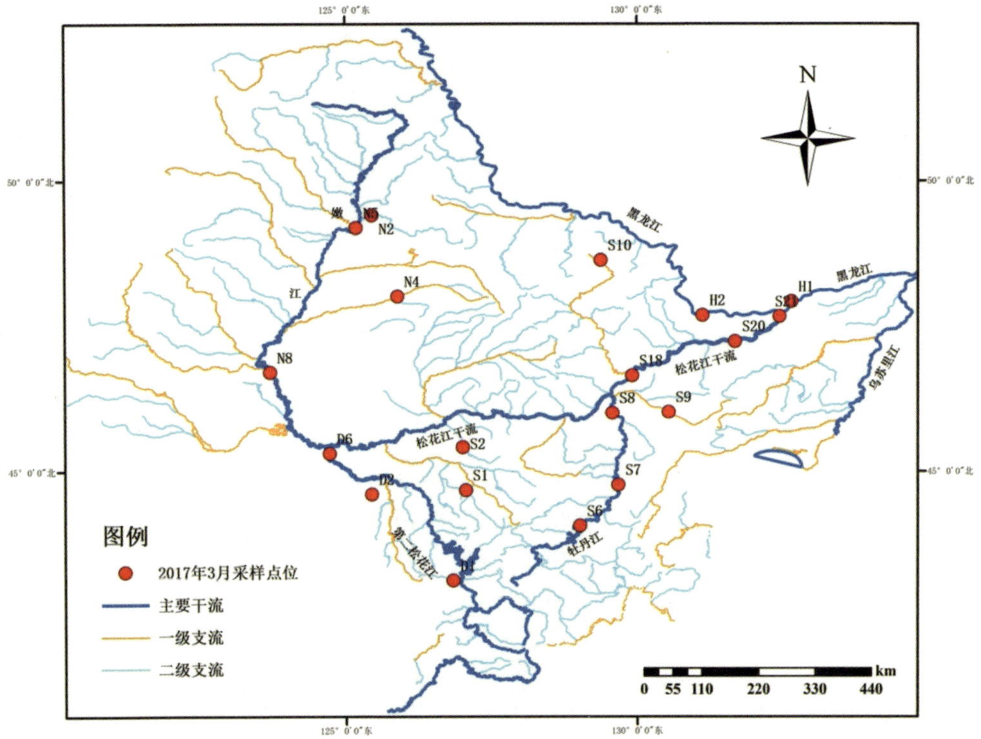

图 5-62　2017 年 3 月采样点位分布示意图

5.5.1 枯水期沉积物重金属分布特征及风险评价

5.5.1.1 枯水期沉积物中重金属总量含量及空间分布

松花江流域枯水期表层沉积物中 11 种重金属含量见表 5-33。Cr、Ni、Zn、Cu、As、Cd、Pb、V、Co、Sn 和 Sb 含量总量分别为 11.64～87.45 mg/kg、2.87～20.94 mg/kg、15.31～41.73 mg/kg、8.08～39.73 mg/kg、1.69～5.23 mg/kg、0.30～2.17 mg/kg、24.33～42.60 mg/kg、5.63～65.39 mg/kg、1.36～8.19 mg/kg、8.20～15.78 mg/kg、0.29～1.55 mg/kg。11 种重金属总量大小顺序为 V＞Cr＞Pb＞Zn＞Cu＞Sn＞Ni＞Co＞As＞Cd＞Sb。其中，Sb 的含量最低，平均含量为 1.01 mg/kg；其次是 Cd，平均含量为 1.56 mg/kg；As、Co、Sn、Pb、Ni、Cu、Zn 和 Cr 8 种重金属的平均含量为 3.43～32.97 mg/kg；V 的含量最大，平均含量为 35.62 mg/kg。Cr、Ni、Zn、Cu、V 和 Co 6 种重金属的平均含量都低于表层沉积物的背景值，呈现无污染或较低的污染，而 As、Cd、Pb、Sn 和 Sb 5 种重金属的平均含量都大于背景值，表明这几种重金属存在一定的污染。其中 Sb 的污染最为严重，平均含量是背景值的 6.7 倍；其次是 Cd，平均含量是背景值的 4.5 倍；Sn 平均含量是背景值的 2.9 倍，As 和 Pb 平均含量是背景值的 2 倍左右。从与背景值比值关系来看，11 种重金属污染程度大小依次为 Sb＞Cd＞Sn＞Pb＞As＞Cu＞Cr＞V＞Zn＞Ni＞Co。Cr 和 V 的变异系数最大，分别为 60.08%和 54.77%，说明两者的空间变异性较大。

表 5-33 枯水期松花江流域沉积物中重金属含量

监测项	平均值/（mg/kg）	最大值/（mg/kg）	最小值/（mg/kg）	变异系数/%	背景值/（mg/kg）
Cr	32.97	87.45	11.64	60.08	63
Ni	9.99	20.94	2.87	48.54	57
Zn	28.79	41.73	15.31	31.64	86
Cu	25.98	39.73	8.08	38.14	38
As	3.43	5.23	1.69	26.53	1.9
Cd	1.56	2.17	0.30	27.56	0.35
Pb	30.22	42.60	24.33	16.21	15
V	35.62	65.39	5.63	54.77	99
Co	4.59	8.19	1.36	44.22	32
Sn	11.79	15.78	8.20	21.63	4.1
Sb	1.01	1.55	0.29	31.68	0.15

从图 5-63 可以看出，2017 年 3 月枯水期松花江流域 17 个表层沉积物中重金属含量范围为 132.21～253.57 mg/kg，平均含量为 185.26 mg/kg。重金属含量最大值出现在松花江干

流段的 S10 点位，含量为 253.57 mg/kg，最小值出现在嫩江段的 N8 点位（温春大桥），含量为 132.21 mg/kg。嫩江流域重金属含量平均为 205.99 mg/kg，第二松花江段重金属含量平均为 174.03 mg/kg，松花江干流段重金属含量平均为 180.33 mg/kg。总体来说，枯水期松花江表层沉积物中重金属含量嫩江流域高于第二松花江段和松花江干流段。

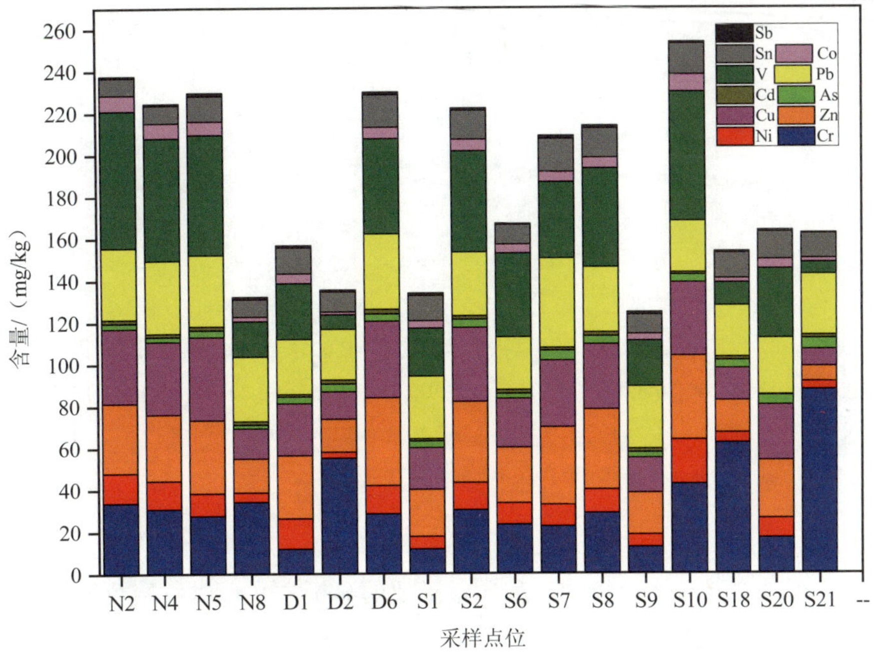

图 5-63 松花江流域枯水期沉积物中重金属总量含量

5.5.1.2 枯水期表层沉积物重金属相关性分析

沉积物重金属的污染来源一般分为自然来源和人类活动影响来源，来源相同的重金属之间具有一定的相关性。

枯水期松花江表层沉积物中 Cr、Ni、Zn、Cu、As、Cd、Pb、V、Co、Sn 和 Sb 11 种重金属相关性矩阵见表 5-34。由相关性系数可知，11 种重金属之间，Ni 和 Cr、Zn、Cu、V、Co 表现出正相关性，在 0.01 水平上有显著性相关，相关性系数分别为 0.620、0.858、0.828、0.854 和 0.915，相关性系数较高，表明它们之间有共同的污染源；Pb 和 Zn、Cu、Sb 有一定的相关性，在 0.05 水平上显著相关，相关性系数分别为 0.491、0.506 和 0.527，说明它们之间有相似的污染源；As 和 Sn 相关性系数为 0.700，两者表现出正相关性，与其他的重金属相关性都很低，表明 As 和 Sn 的污染源相同。Cd 与其他所有的重金属相关性都很低，表明 Cd 的污染源具有显著不同的来源。

（1）相关性分析

表 5-34 枯水期松花江表层沉积物中重金属含量相关性分析

	Cr	Ni	Zn	Cu	As	Cd	Pb	V	Co	Sn	Sb
Cr	1										
Ni	0.620**	1									
Zn	0.355	0.858**	1								
Cu	0.435	0.828**	0.919**	1							
As	0.406	−0.085	0.148	−0.067	1						
Cd	0.263	−0.084	0.059	0.083	−0.337	1					
Pb	−0.262	0.173	0.491*	0.506*	0.054	0.257	1				
V	−0.373	0.854**	0.841**	0.938**	−0.232	0.113	0.394	1			
Co	−0.348	0.915**	0.836**	0.911**	−0.161	−0.021	0.356	0.971**	1		
Sn	−0.051	0.366	0.598*	0.374	0.700**	−0.262	0.220	0.148	0.202	1	
Sb	−0.620	0.082	0.361	0.431	−0.137	0.150	0.527*	0.234	0.168	0.284	1

注：*表示在 0.05 水平上显著相关；**表示在 0.01 水平上显著相关。

（2）主成分分析

主成分分析是多元统计分析中一种非常重要的分析方式，对原始数据进行降维处理，通过变量之间的相关性系数将它们组合成较少的因子，通过因子之间的相关性，来确定沉积物中重金属的污染来源。此方法能够在降低维度的同时保持数据的有效性，一般提取特征值大于 1 的因子为主要成分，通过重金属在不同因子之间的载荷程度，根据当地的自然条件和人类活动进一步判断松花江沉积物中重金属的污染来源。

枯水期松花江沉积物中 Cr、Ni、Zn、Cu、As、Cd、Pb、V、Co、Sn 和 Sb 11 种重金属含量主成分分析见表 5-35。通过分析，提取了 3 个主要成分，第一个主成分的特征值为 5.258，方差贡献率为 47.80%；第二个主成分的特征值为 2.020，方差贡献率为 18.36%；第三个主成分的特征值为 1.537，方差贡献率为 13.97%，3 种主成分累积方差贡献率为 80.13%，具有显著的代表性。Cr、Ni、Zn、Cu、Pb、V 和 Co 对第一主成分的载荷数最大，分别为 0.511、0.871、0.950、0.976、0.534、0.926 和 0.921，说明第一主成分是这 7 种重金属的主要污染来源，由相关性分析可知，这 7 种重金属也表现出很高的相关性，由含量分布可知，Cr、Ni、Zn、Cu、Pb、V 和 Co 7 种重金属的平均含量都低于表层沉积物的背景值，呈现无污染或较低的污染，说明它们的污染受人为干扰比较少，可以推断出第一主成分主要来自自然源。As、Sn 和 Sb 对第二主成分的载荷数最大，分别为 0.945、0.806 和 0.801，说明第二主成分是这 3 种重金属的主要污染来源，根据含量分布，它们都表现出一定的污染程度，受人为干扰比较严重，众所周知，As、Sn 和 Sb 主要来源于一些重工业、企业和制造业的污水排放，因此可以推断出第二主成分主要由工业源组成。Cd 元素对第三主成分载荷数最大，为 0.802，说明第三主成分是 Cd 的主要污染来源，农药化肥、磷肥和杀虫剂一般是 Cd 污染的主要来源，说明丰水期松花江沉积物中 Cd 污染主要是由于人类大量使用农药化肥造成的，因此推断第三主成分主要是农业源。

表 5-35　枯水期松花江流域沉积物中重金属含量主成分分析

元素	因素		
	1	2	3
Cr	0.511	0.330	−0.038
Ni	0.871	0.080	−0.086
Zn	0.950	0.220	0.123
Cu	0.976	−0.018	0.067
As	−0.075	0.945	0.170
Cd	0.032	−0.490	0.802
Pb	0.534	−0.061	0.370
V	0.926	−0.175	0.065
Co	0.921	−0.073	−0.011
Sn	0.420	0.806	0.018
Sb	0.455	0.801	−0.095
特征值	5.258	2.020	1.537
方差贡献率/%	47.80	18.36	13.97
累积方差贡献率/%	47.80	66.16	80.13

5.5.1.3　枯水期表层沉积物重金属生态风险评价

（1）地累积指数法

枯水期松花江沉积物中 Cr、Ni、Zn、Cu、As、Cd、Pb、V、Co、Sn 和 Sb 11 种重金属地累积指数法评价见图 5-64。根据评价结果，重金属的 I_{geo} 污染指数大小依次为 Sb＞Cd＞Sn＞As＞Pb＞Cu＞Cr＞V＞Zn＞Ni＞Co。Cr、Ni、Zn、Cu、V 和 Co 5 种重金属在所有的点位都显示无污染（$I_{geo}<0$）。Sb 的 I_{geo} 污染指数为 $0.38<I_{geo}<2.79$，在所有的点位都呈现出轻度到中度污染，其中在 ND3 点位污染程度最高，达到偏重度污染。Cd 的 I_{geo} 污染指数为 $-0.82<I_{geo}<2.05$，在 SD9 点位无污染（$I_{geo}<0$），在其他点位都表现出低到中度污染，其中在 DD3 点位污染程度最高，达到偏重度污染。Sn 的 I_{geo} 污染指数为 $0.42<I_{geo}<1.36$，在所有的点位呈现轻微到中度污染。Pb 的 I_{geo} 污染指数为 $0.11<I_{geo}<0.92$，在所有点位显示出轻微污染。总体而言，通过地累积指数法，嫩江重金属污染程度大于松花江干流和第二松花江。

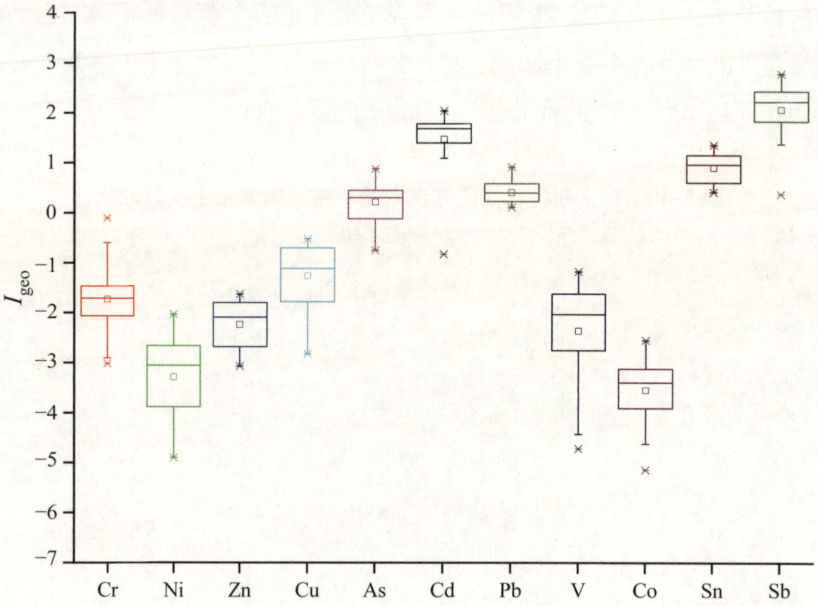

图 5-64 枯水期松花江沉积物中重金属地累积指数法评价结果

（2）潜在生态风险评价法

枯水期松花江沉积物中重金属潜在生态风险评价如图 5-65 所示。由图可知，Cd 具有最高的生态风险，生态风险值（E_r^i）为 25.55～186.31，在 S20 点位属于轻微污染，其他点位都属于中度污染，其中在 D6 点位生态风险最高，为 186.31，表现为偏中度污染；其次是 As，生态风险值为 8.9～27.52，在所有的点位都属于轻微的污染。Pb、Cu、Zn、Ni、Co、Cr 和 V 的生态风险值分别为 8.11～11.58、1.06～5.23、0.18～0.49、0.34～1.84、0.31～1.28、0.40～2.78 和 0.22～1.32。所有采样点处沉积物中沉积物中 Pb、Cu、Zn、Ni、Co、Cr 和 V 的潜在生态风险指数都小于 40，说明在这些重金属表现出轻微的生态风险。重金属污染指数（R_i）大小依次为 Cd＞As＞Pb＞Cu＞Zn＞Co＞Cr＞V＞Ni。根据 R_i 毒性污染指数可知，嫩江采样的 R_i 值范围为 171.27～197.68，平均值为 184.39，N2 生态风险最高，所有采样点位都表现出偏中度污染水平（150＜R_i＜300）；第二松花江采样点 R_i 值范围为 129.16～225.91，平均值为 183.27，D6 生态风险最高，D1 点位 R_i 值为 129.16，表现为中度污染，其他采样点位都表现出偏中度污染水平（150＜R_i＜300）；松花江干流采样点 R_i 值范围为 64.91～194.86，平均值为 158.28，S8 生态风险最高，S20 点位生态风险最低，R_i 值为 64.91，大多数采样点位都表现出偏中度污染水平（150＜R_i＜300）。总体而言，通过潜在生态风险指数评价法，嫩江流域重金属污染程度高于第二松花江和松花江干流。

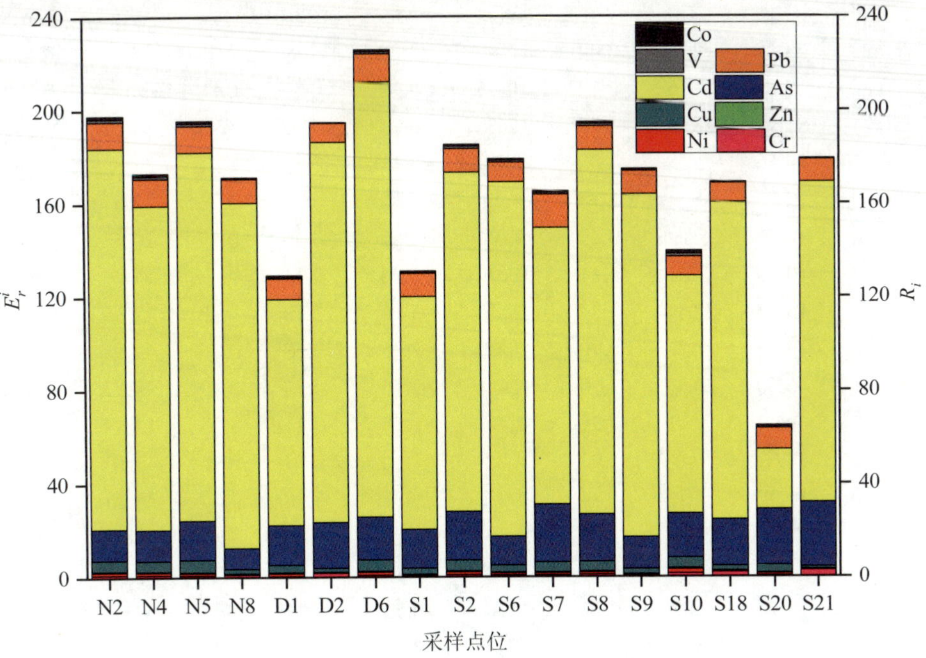

图 5-65　枯水期松花江沉积物中重金属 E_r^i 值和 R_i 值

（3）风险评估指数法（RAC）

枯水期松花江沉积物中重金属风险评估指数值见表 5-36。其中 Cr 为 0.09%～0.82%，Ni 为 3.65%～81.77%，Zn 为 3.80%～32.18%，Cu 为 0.36%～4.79%，As 为 0.76%～25.05%，Cd 为 0.52%～9.87%，Pb 为 0.21%～0.84%，V 为 0.35%～15.7%，Co 为 8.37%～98.32%，Sn 为 0.15%～0.69%，Sb 为 0.01%～0.40%。沉积物平均风险评估指数从大到小依次为 Co＞Ni＞Zn＞As＞Cd＞V＞Cu＞Pb＞Cr＞Sn＞Sb，其中 Co 元素弱酸提取态含量普遍高于其他重金属，具有很高的潜在生态风险，容易发生迁移转化，造成二次污染，最大值出现在 S9 点位，风险水平属于严重污染（RAC＞50%）；Ni 的风险评估最大值出现在 D2 点位，风险水平属于严重污染（RAC＞50%）；Zn 的风险评估最大值出现在 S7 点位，风险水平属于重度污染（30%＜RAC≤50%）；As 的风险评估最大值都位于 N8 点位，风险水平属于中等污染（10%＜RAC≤30%）；Cd 生态风险评估最大值出现在 S20 点位，风险水平属于轻污染（1%＜RAC≤10%）；Cd、Cu 和 Pb 生态风险评估值在所有点位都小于 10%，属于低风险水平。Cr、Sn 和 Sb 生态风险评估值都小于 1%，说明这几种重金属化学性质比较稳定，不容易造成二次污染，无生态风险。

表 5-36　枯水期松花江沉积物中重金属风险评估指数值　　单位：%

	Cr	Ni	Zn	Cu	As	Cd	Pb	V	Co	Sn	Sb
N2	0.51	12.47	5.48	0.84	23.87	1.30	0.37	0.43	21.68	0.35	0.05
N4	0.24	12.60	6.86	0.58	24.17	0.93	0.47	0.58	31.39	0.42	0.09
N5	0.44	16.63	31.67	4.79	17.09	5.05	0.58	0.42	34.53	0.28	0.01

	Cr	Ni	Zn	Cu	As	Cd	Pb	V	Co	Sn	Sb
N8	0.23	48.20	12.94	2.44	25.05	2.08	0.84	2.43	88.71	0.41	0.04
D1	0.82	17.88	5.66	2.34	10.96	5.70	0.53	0.88	44.99	0.38	0.08
D2	0.21	81.77	28.02	4.30	12.60	0.71	0.52	15.7	54.52	0.64	0.16
D6	0.27	14.55	9.25	1.38	6.04	3.11	0.35	0.41	27.82	0.22	0.03
S1	0.64	25.73	15.89	1.78	4.29	6.80	0.24	0.76	42.61	0.30	0.03
S2	0.24	10.77	5.19	0.79	7.05	2.60	0.36	0.49	20.57	0.23	0.07
S6	0.43	10.39	5.24	1.31	13.09	1.04	0.41	0.67	14.96	0.55	0.07
S7	0.51	15.55	32.18	3.07	15.22	3.14	0.78	0.78	42.35	0.27	0.17
S8	0.32	16.75	5.59	0.90	18.00	2.26	0.68	0.86	42.15	0.21	0.12
S9	0.81	45.60	20.58	2.50	15.84	2.15	0.79	0.89	98.32	0.39	0.19
S10	0.27	9.61	3.80	0.36	2.78	1.75	0.21	0.35	12.49	0.15	0.00
S18	0.12	19.07	16.28	1.93	4.88	1.56	0.53	2.96	42.10	0.46	0.22
S20	0.50	14.02	21.13	1.84	3.37	9.87	0.58	0.60	25.56	0.42	0.05
S21	0.09	3.65	5.96	1.33	0.76	0.52	0.38	3.38	8.37	0.69	0.40
最大值	0.82	81.77	32.18	4.79	25.05	9.87	0.84	15.7	98.32	0.69	0.40
最小值	0.09	3.65	3.80	0.36	0.76	0.52	0.21	0.35	8.37	0.15	0.01
平均值	0.39	22.07	13.63	1.91	12.60	2.97	0.51	1.92	38.42	0.38	0.04

综上所述，以枯水期松花江流域 14 个表层沉积物为对象，研究了重金属的空间分布特征和赋存形态特征，采用相关性分析和主成分分析对其污染来源进行解析，并采用地累积指数法、潜在生态风险评价法和风险评估指数法，对其生态风险进行了评价。主要结论如下：

①2017 年 3 月枯水期松花江流域 17 个表层沉积物中重金属含量为 132.21～253.57 mg/kg，平均含量为 185.26 mg/kg。11 种重金属总量含量大小为 V＞Cr＞Pb＞Zn＞Cu＞Sn＞Ni＞Co＞As＞Cd＞Sb。从与背景值比值关系来看，11 种重金属污染程度大小依次为 Sb＞Cd＞Sn＞Pb＞As＞Cu＞Cr＞V＞Zn＞Ni＞Co。总体来看，枯水期松花江表层沉积物中重金属含量嫩江流域高于第二松花江段和松花江干流段。

②Cr、Ni、Cu、Cd、Sn 和 Sb 6 种重金属化学形态以残渣态为主，Co 以弱酸提取态和可还原态为主，Zn 的 4 种形态所占比例比较均匀，As 和 V 以可氧化态为主，Pb 以可还原态和残渣态为主。松花江流域枯水期沉积物中重金属生物可利用形态（F1+F2+F3）占比大小顺序为 V（94.62%）＞Co（93.82%）＞As（82.82%）＞Zn（63.09%）＞Pb（54.43%）＞Ni（43.17%）＞Cu（18.33%）＞Cr（11.27%）＞Sn（5.14%）＞Sb（3.93%）＞Cd（3.01%）。

③由相关性系数可知，11 种重金属之间，Ni 和 Cr、Zn、Cu、V、Co 表现出正相关性，表明这 5 种重金属之间具有共同的污染来源；Pb 和 Zn、Cu、Sb 有一定的相关性，说明它们之间有相似的污染源；Cd 与其他所有的重金属相关性都很低，表明 Cd 的污染源具有显著不同的来源。通过主成分分析，提取了 3 个主要成分，推断出第一主成分主要来自自然源，包括 Cr、Ni、Zn、Cu、Pb、V 和 Co；第二主成分主要由工业源组成，包括 As、Sn 和 Sb；第三主成分主要是农业源，包括 Cd。

④根据地累积指数法评价结果，I_{geo} 污染指数大小依次为 Sb＞Cd＞Sn＞As＞Pb＞Cu＞Cr＞V＞Zn＞Ni＞Co。根据潜在生态风险评价结果，重金属污染指数大小依次为 Cd＞As＞Pb＞Cu＞Zn＞Co＞Cr＞V＞Ni。R_i 值为 64.91～225.91，DD3 生态风险最高。根据风险评估指数法评价结果，沉积物平均风险评估指数从大到小依次为 Co＞Ni＞Zn＞As＞Cd＞V＞Cu＞Pb＞Cr＞Sn＞Sb，其中 Co 元素弱酸提取态含量普遍高于其他重金属，具有很高的潜在生态风险，容易发生迁移转化，造成二次污染。

5.5.2　丰水期沉积物重金属分布特征及风险评价

5.5.2.1　丰水期沉积物中重金属总量含量及空间分布

松花江流域丰水期表层沉积物中 11 种重金属含量见表 5-37。Cr、Ni、Zn、Cu、As、Cd、Pb、V、Co、Sn 和 Sb 含量总量分别为 14.56～51.18 mg/kg、3.73～21.19 mg/kg、6.70～58.89 mg/kg、9.60～50.78 mg/kg、3.27～11.31 mg/kg、0.69～1.97 mg/kg、19.14～42.38 mg/kg、10.91～72.16 mg/kg、2.15～10.80 mg/kg、8.42～14.81 mg/kg 和 0.61～1.94 mg/kg。11 种重金属总量含量平均大小为 V＞Zn＞Cu＞Cr＞Pb＞Ni＞Sn＞Co＞As＞Cd＞Sb。其中，Sb 的含量最低，平均含量为 1.13 mg/kg；其次是 Cd，平均含量为 1.26 mg/kg；As、Co、Sn、Ni、Pb、Cr、Cu 和 Zn 8 种重金属的平均含量为 6.17～34.26 mg/kg；V 的含量最大，平均含量为 47.03 mg/kg。Cr、Ni、Zn、Cu、V 和 Co 6 种重金属的平均含量都低于表层沉积物的背景值，呈现无污染或较低的污染，而 As、Cd、Pb、Sn 和 Sb 5 种重金属的平均含量都大于背景值，表明这几种重金属存在一定的污染。其中 Sb 的污染最为严重，含量是背景值的 7.5 倍；Cd、As 和 Sn 含量是背景值的 3 倍多；Pb 的含量是背景值的近 2 倍。从与背景值比值关系来看，11 种重金属污染程度大小依次为 Sb＞Cd＞As＞Sn＞Pb＞V＞Cr＞Cu＞Zn＞Ni＞Co。Ni 和 As 的变异系数最大，分别为 37.83%和 37.76%，说明两者的空间变异性较大。

表 5-37　丰水期松花江流域沉积物中重金属含量

监测项	平均值/（mg/kg）	最大值/（mg/kg）	最小值/（mg/kg）	变异系数/%	背景值/（mg/kg）
Cr	30.67	51.18	14.56	32.14	63
Ni	12.74	21.19	3.73	37.83	57
Zn	34.26	58.89	6.70	33.80	86
Cu	31.24	50.78	9.60	30.63	38
As	6.17	11.31	3.27	37.76	1.9
Cd	1.26	1.97	0.69	35.71	0.35
Pb	28.89	42.38	19.14	22.22	15
V	47.03	72.16	10.91	36.44	99
Co	6.63	10.80	2.15	34.38	32
Sn	12.44	14.81	8.42	16.80	4.1
Sb	1.13	1.94	0.61	26.54	0.15

从图 5-66 可以看出，2017 年 6 月丰水期松花江流域 14 个表层沉积物中重金属含量为 141.2～291.33 mg/kg。重金属含量最大值出现在松花江干流段 SS11 点位（花园口），含量为 291.33 mg/kg，最小值出现在松花江干流段的 SS13 点位（温春大桥），含量为 141.2 mg/kg。第二松花江段只采集了一个点位 DS1，重金属含量为 191.1 mg/kg，松花江干流段重金属含量平均为 214.09 mg/kg。

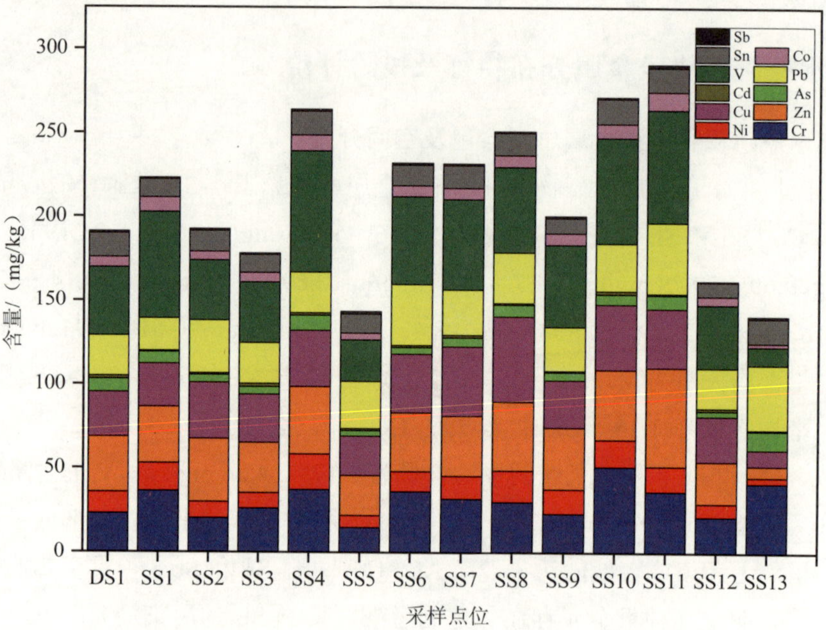

图 5-66 松花江流域丰水期沉积物中重金属总量含量

5.5.2.2 丰水期表层沉积物中重金属相关性分析

（1）相关性分析

表 5-38 丰水期松花江流域沉积物中重金属含量相关性分析

	Cr	Ni	Zn	Cu	As	Cd	Pb	V	Co	Sn	Sb
Cr	1										
Ni	0.369	1									
Zn	0.178	0.737**	1								
Cu	0.125	0.681**	0.730**	1							
As	0.561*	0.203	−0.059	−0.246	1						
Cd	0.053	0.061	0.060	0.228	−0.279	1					
Pb	0.288	−0.254	0.136	−0.015	0.566**	−0.385	1				
V	0.466	0.909**	0.827**	0.627**	0.088	0.118	−0.156	1			
Co	0.431	0.862**	0.884**	0.563*	−0.023	0.066	−0.050	0.968**	1		
Sn	0.594*	0.270	0.228	0.201	0.438*	0.088	0.466*	0.193	0.229	1	
Sb	0.099	0.021	0.381	−0.089	0.708**	−0.342	0.683**	0.093	0.260	0.466	1

注：*表示在 0.05 水平上显著相关；**表示在 0.01 水平上显著相关。

丰水期松花江沉积物中 Cr、Ni、Zn、Cu、As、Cd、Pb、V、Co、Sn 和 Sb 11 种重金属相关性矩阵见表 5-38。由相关性系数可知，11 种重金属之间，Cr 和 As 与 Sn 表现出正相关性，在 0.05 水平上显著性相关，相关性系数分别为 0.561 和 0.594，表明它们之间有相似的污染源；Ni、Cu、V、Co 和 Zn 有很高的相关性，在 0.01 水平上显著相关，其中 Co 和 V 的相关性系数最高为 0.968，Ni 和 V 的相关性系数为 0.909，Co 和 V 的相关性系数为 0.968，Zn 和 Co 的相关性系数为 0.884，Co 和 Ni 的相关性系数为 0.862，表明这 5 种重金属之间具有共同的污染来源。As 与 Cu、Zn、Co、Cd 都呈现出负相关性，相关性系数分别为−0.246、−0.059、−0.023 和−0.279，表明这几种金属污染来源具有较大的差异，互不影响干涉。Pb 与 Sb、As 呈现出正相关，在 0.01 水平上显著相关，相关性系数分别为 0.683 和 0.566，说明它们之间有相似的污染源。Cd 与其他所有的重金属相关性都很低，表明 Cd 的污染具有显著不同的来源。

（2）主成分分析

丰水期松花江沉积物中 Cr、Ni、Zn、Cu、As、Cd、Pb、V、Co、Sn 和 Sb 11 种重金属主成分分析见表 5-39。通过分析，提取了 3 个主要成分，第一主成分的特征值为 4.509，方差贡献率为 40.98%，第二主成分特征值为 2.772，方差贡献率为 25.20%，第三主成分特征值为 1.418，方差贡献率为 12.89%，3 种主成分累积方差贡献率为 79.08%，具有显著的代表性。Cr、Ni、Zn、Cu、V 和 Co 对第一主成分的载荷数最大，分别为 0.536、0.899、0.882、0.702、0.932 和 0.942，说明第一主成分是这 6 种重金属的主要污染来源，由相关性分析可知，这 6 种总金属也表现出很高的相关性，由含量分布可知，Cr、Ni、Zn、Cu、V 和 Co 6 种重金属的平均含量都低于表层沉积物的背景值，呈现无污染或较低的污染，说明它们的污染受人为干扰比较少，可以推断出第一主成分主要来自自然源。As、Pb、Sn 和 Sb 对第二主成分载荷最大，分别为 0.744、0.787、0.656 和 0.693，说明第二主成分是这 4 种重金属的主要污染来源，根据含量分布，它们都有一定的污染程度，受人为干扰比较严重，众所周知，Pb 的污染主要来源于机动车尾气排放，As、Sn 和 Sb 主要来源于一些重工业、企业和制造业的污水排放，因此可以推断出第二主成分主要由交通源和工业源组成。Cd 元素对第三主成分载荷最大，为 0.481，说明第三主成分是 Cd 的主要污染来源，农药化肥、磷肥和杀虫剂一般是 Cd 污染的主要来源，说明丰水期松花江沉积物 Cd 污染主要是由于人类大量使用农药化肥造成的，因此推断第三主成分主要是农业源。

表 5-39　丰水期松花江流域沉积物中重金属含量主成分分析

	因素		
	1	2	3
Cr	0.536	0.424	0.046
Ni	0.899	−0.240	0.103
Zn	0.882	−0.140	−0.391

	因素		
	1	2	3
Cu	0.702	-0.377	-0.151
As	0.255	0.744	0.429
Cd	0.087	-0.459	0.481
Pb	0.087	0.787	-0.379
V	0.932	-0.248	0.011
Co	0.942	-0.130	-0.082
Sn	0.472	0.656	0.339
Sb	0.290	0.693	-0.503
特征值	4.509	2.772	1.418
方差贡献率/%	40.98	25.200	12.89
累积方差贡献率/%	40.98	66.187	79.08

5.5.2.3 丰水期表层沉积物重金属生态风险评价

（1）地累积指数法

丰水期松花江沉积物中 Cr、Ni、Zn、Cu、As、Cd、Pb、V、Co、Sn 和 Sb 11 种重金属地累积指数评价见图 5-67。根据评价结果，重金属的 I_{geo} 污染指数大小依次为 Sb＞Cd＞As＞Sn＞Pb＞Cu＞V＞Cr＞Zn＞Ni＞Co。Cr、Ni、Zn、Cu、V 和 Co 6 种重金属在所有的点位都显示无污染（$I_{geo}<0$）。Sb 的 I_{geo} 污染指数为 $1.45<I_{geo}<2.63$，在所有的点位都呈现出轻度到中度污染，其中在 SS5 点位污染程度最高，呈现出重度污染，As、Cd 和 Sn 的 I_{geo} 污染指数分别为 $0.2<I_{geo}<1.99$、$0.4<I_{geo}<1.88$ 和 $0.45<I_{geo}<1.27$，在所有点位都呈现轻度污染，As 在 SS13 点位污染程度最高，Cd 在 SS3 污染程度最高。Pb 的 I_{geo} 污染指数为 $-0.23<I_{geo}<0.91$，在大多数点位显示出轻微的污染，在 SS1 点位显示无污染（$I_{geo}<0$）。通过地累积指数法，丰水期所有点位的风险程度都呈现无污染（$I_{geo}<0$）。

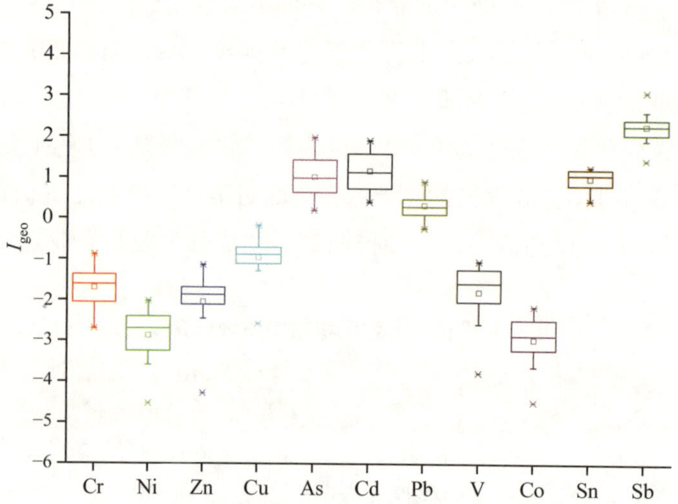

图 5-67 丰水期松花江沉积物中重金属地累积指数法评价结果

（2）潜在生态风险评价法

丰水期松花江沉积物中重金属潜在生态风险评价见图 5-68。由图可知，Cd 具有最高的生态风险，生态风险值为 59.19～169.17，所有点位都属于中度污染，在 SS10 点位生态风险最高；其次为 As，生态风险值为 17.23～59.55，所有点位属于轻度到中度污染，在 SS13 点位生态风险最高；Pb、Cu、Zn、Ni、Co、Cr 和 V 的生态风险值分别为 6.38～14.13、1.27～6.68、0.08～0.69、0.33～1.64、0.34～1.69、0.47～1.32 和 0.22～1.46，所有采样点处沉积物中 Pb、Cu、Zn、Ni、Co、Cr 和 V 的潜在生态风险指数都小于 40，说明在这些重金属表现出轻微的生态风险。重金属 E_r^i 污染指数大小依次为 Cd＞As＞Pb＞Cu＞Ni＞Co＞Cr＞V＞Zn。根据 R_i 毒性污染指数可知，第二松花江 DS1 点位 R_i 值为 212.62，属于偏中度污染水平；松花江干流采样点 R_i 值为 111.74～221.99，平均值为 154.2，其中 SS10 生态风险最高，属于偏中度污染水平，最小值出现在 SS1，R_i 值为 111.74，表现为中度污染水平。总体而言，通过潜在生态风险指数评价法，第二松花江沉积物中重金属污染程度高于松花江干流。

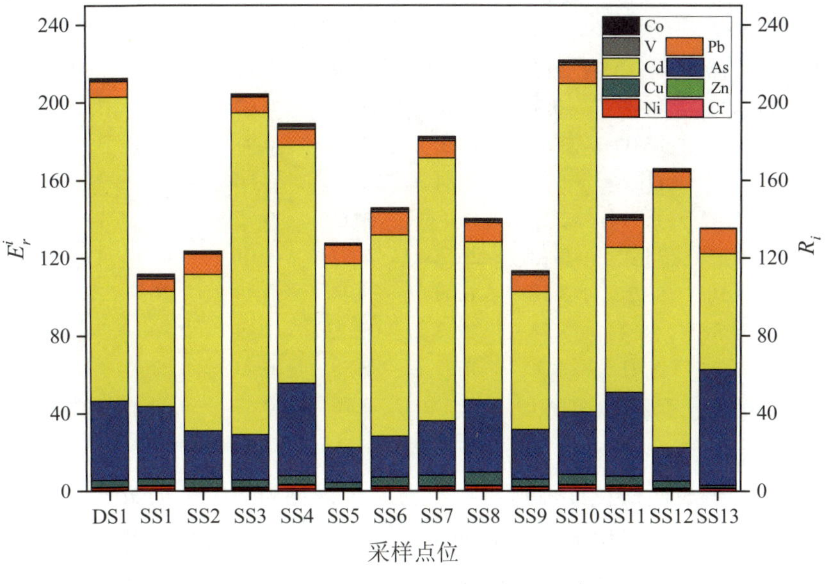

图 5-68 丰水期松花江沉积物中重金属 E_r^i 值和 R_i 值

（3）风险评估指数法

丰水期松花江沉积物中重金属风险评估指数法评价结果见表 5-40。其中，Cr 为 0.18%～0.58%，Ni 为 7.35%～54.50%，Zn 为 8.91%～58.20%，Cu 为 0.7%～3.58%，As 为 4.81%～26.7%，Cd 为 3.88%～12.73%，Pb 为 0.43%～1.39%，V 为 0.27%～2.36%，Co 为 13.22%～78.42%，Sn 为 0.15%～0.73%，Sb 为 0.01%～0.46%。沉积物平均风险评估指数从大到小依次为 Co＞Zn＞Ni＞As＞Cd＞Cu＞V＞Pb＞Sn=Cr＞Sb，其中 Co 元素弱酸提取态含量普遍高于其他重金属，具有很高的潜在生态风险，容易发生迁移转化，造成二次污染，最大

值出现在 SS13 点位，风险水平属于严重污染（RAC＞50%）。Zn 和 Ni 的风险评估最大值也都位于 SS13 点位，风险水平属于严重污染（RAC＞50%）；As 生态风险评估最大值出现在 SS12，属于中等风险（10%＜RAC≤30%）；Cd 生态风险评估最大值出现在 SS9，属于中等风险（10%＜RAC≤30%）；Cu、Pb 和 V 生态风险评估值在所有点位都小于 10%，属于低风险水平。Cr、Sn 和 Sb 生态风险评估值都小于 1%，说明这几种重金属化学性质比较稳定，不容易造成二次污染，无生态风险。

表 5-40　丰水期松花江沉积物中重金属风险评估指数值

单位：%

	Cr	Ni	Zn	Cu	As	Cd	Pb	V	Co	Sn	Sb
DS1	0.37	11.48	13.21	2.22	8.36	3.88	0.89	0.42	22.30	0.35	0.01
SS1	0.19	9.98	14.36	0.88	18.62	10.39	1.29	1.81	29.49	0.15	0.46
SS2	0.38	17.03	25.70	2.20	9.18	9.66	0.50	0.80	30.11	0.33	0.07
SS3	0.34	22.10	35.42	1.91	7.67	5.24	0.66	0.64	30.60	0.46	0.08
SS4	0.37	7.35	14.43	1.44	9.50	5.89	0.83	0.48	13.22	0.25	0.20
SS5	0.56	16.81	20.19	2.05	13.67	6.55	0.79	1.00	23.19	0.37	0.03
SS6	0.32	8.74	52.21	3.11	4.81	8.97	0.54	0.34	19.03	0.52	0.04
SS7	0.38	10.18	41.42	2.83	22.79	5.59	1.39	0.57	25.30	0.35	0.19
SS8	0.34	10.13	11.37	0.7	11.01	7.88	0.62	0.52	15.58	0.23	0.04
SS9	0.43	13.39	16.09	2.61	19.57	12.73	0.91	0.95	32.25	0.73	0.09
SS10	0.18	11.37	11.68	1.58	6.64	4.91	0.80	0.27	28.14	0.32	0.04
SS11	0.33	7.38	8.91	2.15	14.17	10.60	0.77	0.93	14.15	0.33	0.06
SS12	0.58	19.32	34.35	0.93	26.70	7.57	1.01	0.63	41.12	0.32	0.26
SS13	0.19	54.50	58.20	3.58	6.09	8.74	0.43	2.36	78.42	0.19	0.03
最大值	0.58	54.5	58.2	3.58	26.7	12.73	1.39	2.36	78.42	0.73	0.46
最小值	0.18	7.35	8.91	0.7	4.81	3.88	0.43	0.27	13.22	0.15	0.01
平均值	0.35	15.70	25.54	2.01	12.77	7.76	0.82	0.84	30.92	0.35	0.11

综上所述，以丰水期松花江流域 14 个表层沉积物为对象，研究了重金属的空间分布特征和赋存形态特征，采用相关性分析和主成分分析对其污染来源进行解析，并采用地累积指数法、潜在生态风险指数法和风险评估指数法，对其生态风险进行了评价。主要结论如下：

①2017 年 6 月丰水期松花江流域 14 个表层沉积物中重金属含量为 141.2～291.33 mg/kg，重金属含量最大值出现在松花江干流段 SS11 点位（花园口）。11 种重金属总量含量大小为 V＞Zn＞Cu＞Cr＞Pb＞Ni＞Sn＞Co＞As＞Cd＞Sb。从与背景值比值关系来看，11 种重金属污染程度大小依次为 Sb＞Cd＞As＞Sn＞Pb＞V＞Cr＞Cu＞Zn＞Ni＞Co。

②Cr、Ni、Cu、Cd、Sn 和 Sb 6 种重金属化学形态以残渣态为主，Zn 和 Co 以弱酸提取态和可还原态为主，Pb 以可还原态和残渣态为主，V 以可氧化态和残渣态为主，As 的 4 种形态所占比例比较均匀。松花江流域丰水期沉积物中重金属生物可利用形态

（F1+F2+F3）占比大小顺序为 Co（88.35%）>Zn（75.63%）>As（70.14%）>V（68.09%）>Pb（55.80%）>Ni（36.39%）>Cu（11.95%）>Cr（11.35%）>Cd（6.38%）>Sb（4.70%）>Sn（2.80%）。

③由相关性系数可知，11 种重金属之间，Ni、Cu、V、Co 和 Zn 5 种重金属有很高的相关性，表明这 5 种重金属之间具有共同的污染来源；As 与 Cu、Zn、Co、Cd 都呈现出负相关性，表明它们之间来源具有较大的差异，互不影响干涉；Cd 与其他所有的重金属相关性都很低，表明 Cd 的污染源具有显著不同的来源。通过主成分分析，提取了 3 个主要成分，推断出第一主成分主要来自自然源，包括 Cr、Ni、Zn、Cu、V 和 Co；第二主成分主要由交通源和工业源组成，包括 As、Pb、Sn 和 Sb；第三主成分主要是农业源，包括 Cd。

④根据地累积指数法评价结果，I_{geo} 污染指数大小依次为 Sb>Cd>As>Sn>Pb>Cu>V>Cr>Zn>Ni>Co。根据潜在生态风险评价结果，重金属污染指数大小依次为 Cd>As>Pb>Cu>Ni>Co>Cr>V>Zn。R_i 值为 111.74～221.99，SS10 生态风险最高。根据风险评估指数法评价结果，沉积物中重金属平均风险评价指数从大到小依次为 Co>Zn>Ni>As>Cd>Cu>V>Pb>Sn=Cr>Sb，其中 Co 元素弱酸提取态含量普遍高于其他重金属，具有很高的潜在生态风险，容易发生迁移转化，造成二次污染。

5.5.3 平水期沉积物重金属分布特征及风险评价

5.5.3.1 2017 年 9 月平水期沉积物重金属总量含量及空间分布

松花江流域平水期表层沉积物中 11 种重金属含量见表 5-41。Cr、Ni、Zn、Cu、As、Cd、Pb、V、Co、Sn 和 Sb 含量总量分别为 11.34～88.83 mg/kg、5.21～66.54 mg/kg、4.58～87.61 mg/kg、7.34～46.02 mg/kg、5.21～26.22 mg/kg、0.08～2.09 mg/kg、14.49～42.30 mg/kg、16.00～187.12 mg/kg、3.05～24.64 mg/kg、6.18～16.64 mg/kg、0.53～2.21 mg/kg。11 种重金属总量含量大小为 V>Zn>Cr>Cu>Ni>Pb>Sn>As>Co>Cd>Sb。其中，Sb 的含量最低，平均含量为 1.12 mg/kg；其次是 Cd，平均含量为 1.14 mg/kg；Co、As、Sn、Pb、Ni、Cu、Cr 和 Zn 8 种重金属的平均含量为 12.01～55.18 mg/kg；V 的含量最大，平均含量为 78.18 mg/kg。Cr、Ni、Zn、Cu、V 和 Co 6 种重金属的平均含量都低于表层沉积物的背景值，呈现无污染或较低的污染，而 As、Cd、Pb、Sn 和 Sb 5 种重金属的含量都大于背景值，表明这几种重金属存在一定的污染。其中 As 和 Sb 的污染最为严重，重金属含量是背景值的 7 倍多；Cd 和 Sn 含量是背景值的 3 倍多；Pb 的含量略高于背景值。从与背景值比值关系来看，11 种重金属污染程度大小依次为 Sb>As>Sn>Cd>Pb>V>Cr>Cu>Zn>Ni>Co。Ni 和 Cd 的变异系数最大，分别为 49.57%和 49.12%，说明两者的空间变异性较大。

表 5-41　2017 年 9 月平水期松花江流域沉积物中重金属含量

监测项	平均值/（mg/kg）	最大值/（mg/kg）	最小值/（mg/kg）	变异系数/%	背景值/（mg/kg）
Cr	51.38	88.83	11.34	36.92	63
Ni	24.87	66.54	5.21	49.57	57
Zn	55.18	87.61	4.58	33.78	86
Cu	28.12	46.02	7.34	31.11	38
As	13.76	26.22	5.21	34.52	1.9
Cd	1.14	2.09	0.08	49.12	0.35
Pb	24.49	42.30	14.49	19.11	15
V	78.18	187.12	16.00	43.56	99
Co	12.01	24.64	3.05	43.38	32
Sn	13.90	16.64	6.18	13.67	4.1
Sb	1.12	2.21	0.53	30.35	0.15

从图 5-69 可以看出，2017 年 9 月平水期松花江流域 27 个表层沉积物中重金属含量为 101.16～486.03 mg/kg；重金属含量最大值出现在第二松花江段 DH6 点位（花园口），含量为 486.03 mg/kg，最小值出现在松花江干流段的 SH13 点位（温春大桥），含量为 101.16 mg/kg。第二松花江段重金属含量平均为 372.33 mg/kg，松花江干流段重金属含量平均为 292.54 mg/kg，总体来说，平水期松花江表层沉积物中重金属含量第二松花江段高于松花江干流段。

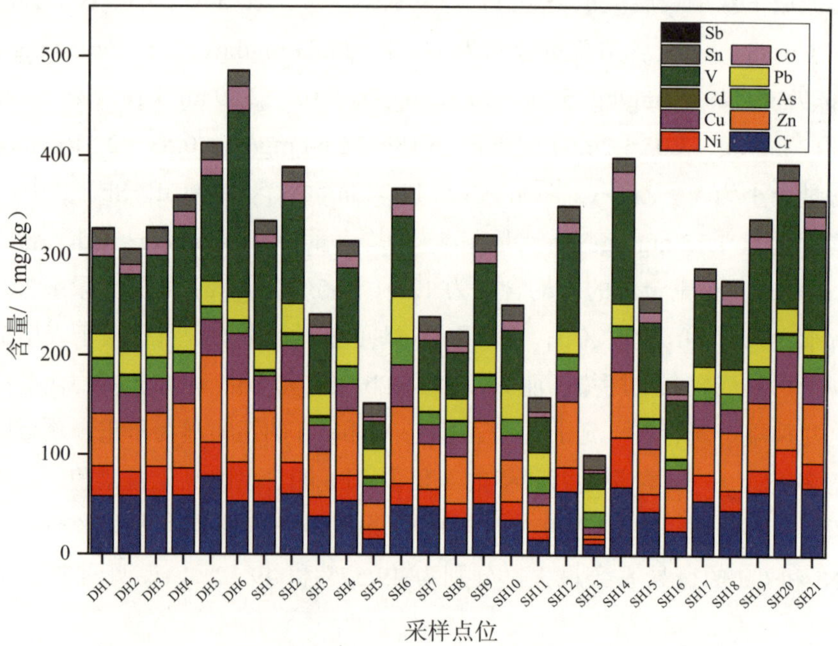

图 5-69　2017 年 9 月松花江流域平水期沉积物中重金属总量含量

5.5.3.2　2017 年 9 月平水期表层沉积物重金属相关性分析

（1）相关性分析

平水期松花江沉积物中 Cr、Ni、Zn、Cu、As、Cd、Pb、V、Co、Sn 和 Sb 11 种重金属相关性矩阵见表 5-42。由相关性系数可知，11 种重金属之间，Cr、Ni、Zn、Cu、As、V、Co 这 7 种重金属呈现出很高的正相关性，在 0.01 水平上有显著的相关性，其中 Ni 和 Co 相关性系数最高，为 0.912，Zn 和 Cu 相关性系数为 0.861，Cr 和 Ni 相关性系数为 0.814，表明这 7 种重金属之间具有共同的污染来源。Sn 与 Ni 和 Co 都呈现负相关性，相关性系数分别为-0.415 和-0.175，表明 Sn、Ni 和 Co 三种重金属来源具有较大的差异，互不影响干涉。Sn 与 As 和 Pb 表现出正相关性，在 0.05 水平上显著相关，相关性系数为分别为 0.438 和 0.398，表明 Sn 与 As 和 Pb 之间具有相似的污染来源。Sb、As 和 Pb 之间表现出很高的正相关性，在 0.01 水平上显著相关，相关性系数分别为 0.708、0.501 和 0.566，表明这 3 种重金属之间具有共同的污染源。Cd 与其他所有的重金属相关性都很低，表明 Cd 的污染具有显著不同的来源。

表 5-42　2017 年 9 月平水期松花江流域沉积物中重金属含量相关性分析

	Cr	Ni	Zn	Cu	As	Cd	Pb	V	Co	Sn	Sb
Cr	1										
Ni	0.814**	1									
Zn	0.779**	0.595**	1								
Cu	0.707**	0.622**	0.861**	1							
As	0.064**	−0.148	0.142	0.245	1						
Cd	0.080	−0.065	−0.001	0.117	−0.205	1					
Pb	−0.181	−0.037	0.166	0.247	0.566**	−0.179	1				
V	0.643**	0.537**	0.832**	0.850**	0.088	0.116	0.036	1			
Co	0.789**	0.912**	0.752**	0.760**	−0.023	−0.056	−0.112	0.770**	1		
Sn	−0.037	−0.415*	0.216	0.150	0.438*	0.057	0.398*	0.326	−0.175	1	
Sb	0.035	−0.093	0.194	0.349	0.708**	0.225	0.501**	0.197	0.050	0.330	1

注：*表示在 0.05 水平上显著相关；**表示在 0.01 水平上显著相关。

（2）主成分分析

平水期松花江沉积物中 Cr、Ni、Zn、Cu、As、Cd、Pb、V、Co、Sn 和 Sb 11 种重金属主成分分析见表 5-43。通过分析，提取了 3 个主要成分，第一主成分的特征值为 4.789，方差贡献率为 43.53%，第二主成分的特征值为 2.775，方差贡献率为 25.23%，第三主成分的特征值为 1.213，方差贡献率为 11.03%，3 种主成分累积方差贡献率为 79.79%，具有显著的代表性。Cr、Ni、Zn、Cu、V 和 Co 对第一主成分的载荷数最大，分别为 0.877、0.807、0.913、0.920、0.878 和 0.919，说明第一主成分是这 6 种重金属的主要污染来源，由相关性分析可知，这 6 种重金属也表现出很高的相关性，由含量分布可知，Cr、Ni、Zn、Cu、

V 和 Co 6 种重金属的平均含量都低于表层沉积物的背景值，呈现无污染或较低的污染，说明它们的污染受人为干扰比较少，可以推断出第一主成分主要来自自然源。As、Pb、Sn 和 Sb 对第二主成分载荷数最大，分别为 0.816、0.796、0.713 和 0.763，说明第二主成分是这 4 种重金属的主要污染来源，根据含量分布，它们都呈现出一定的污染程度，受人为干扰比较严重，众所周知，Pb 的污染主要来源于机动车尾气排放，As、Sn 和 Sb 主要来源于一些重工业、企业和制造业的污水排放，因此可以推断出第二主成分主要由交通源和工业源组成。Cd 元素对第三主成分载荷数最大，为 0.946，说明第三主成分是 Cd 的主要污染来源，农药化肥、磷肥和杀虫剂一般是 Cd 污染的主要来源，说明平水期松花江沉积物 Cd 污染主要是由于人类大量使用农药化肥造成的，因此推断第三主成分主要是农业源。

表 5-43　2017 年 9 月平水期松花江流域沉积物中重金属含量主成分分析

	因素		
	1	2	3
Cr	0.877	−0.189	0.009
Ni	0.807	−0.468	−0.185
Zn	0.913	0.128	−0.002
Cu	0.920	0.211	0.060
As	0.141	0.816	−0.274
Cd	0.051	−0.017	0.946
Pb	0.028	0.796	−0.261
V	0.878	0.119	0.182
Co	0.919	−0.237	−0.136
Sn	0.063	0.713	0.243
Sb	0.216	0.763	0.163
特征值	4.789	2.775	1.213
方差贡献率/%	43.53	25.23	11.03
累积方差贡献率/%	43.53	68.76	79.79

5.5.3.3　2017 年 9 月平水期表层沉积物重金属生态风险评价

（1）地累积指数法

平水期松花江沉积物中 Cr、Ni、Zn、Cu、As、Cd、Pb、V、Co、Sn 和 Sb 11 种重金属地累积指数评价见图 5-70。根据评价结果，重金属的 I_{geo} 污染指数大小依次为 Sb>As>Sn>Cd>Pb>V>Cr>Cu>Zn>Co>Ni。Cr、Ni、Zn、Cu 和 Co 5 种重金属在所有的点位都显示无污染（$I_{geo}<0$）。Sb 和 As 的 I_{geo} 污染指数分别为 $1.23<I_{geo}<3.3$ 和 $0.87<I_{geo}<3.2$，在所有的点位都呈现出轻度到中度污染，其中 Sb 在 DH4 点位污染程度最高，As 在 SH6 点位污染程度最高，都达到偏重度污染。Cd 的 I_{geo} 污染指数为 $-2.71<I_{geo}<1.99$，在 SH6、SH10、SH13、SH14、SH18 和 SH19 点位无污染（$I_{geo}<0$），在其他点位都表现出低

到中度污染。Pb 的 I_{geo} 污染指数为 $-0.63<I_{geo}<0.91$，在大多数点位显示出轻微的污染，在少数点位显示无污染。V 的 I_{geo} 污染指数为 $-3.21<I_{geo}<0.33$，只在 DH6 点位呈现为轻度污染（$I_{geo}=0.33$），在其他点位都表现为无污染（$I_{geo}<0$）。

平水期松花江沉积物中 Cr、Ni、Zn、Cu、As、Cd、Pb、V、Co、Sn 和 Sb 11 种重金属在每个点位的地累积指数评价见图 5-71。由图可知，第二松花江只有 DH2 点位无污染（$I_{geo}<0$），其他点位都有一定的生态风险，其中，DH6 点位生态风险最高，I_{geo} 污染指数为 3.3。松花江干流大多数点位都没有污染（$I_{geo}<0$），SH20 点位生态风险最高，I_{geo} 污染指数为 2.58。总体而言，由地累积指数评价结果可知，第二松花江沉积物中重金属污染程度高于松花江干流。

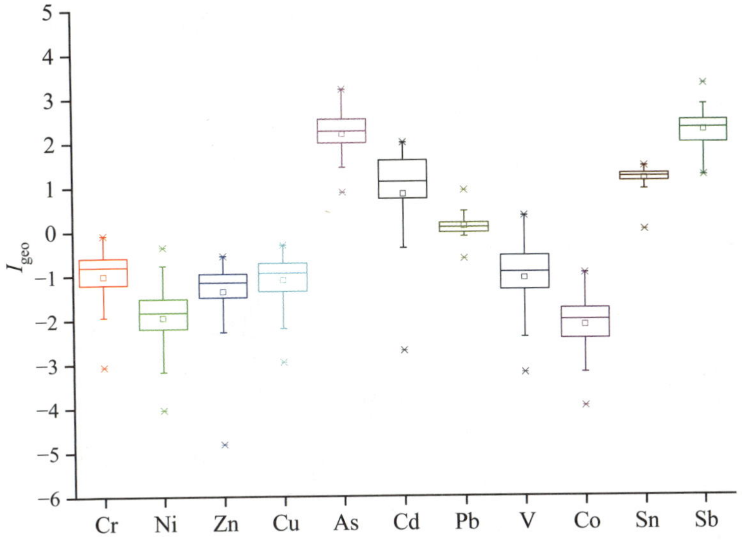

图 5-70　2017 年 9 月平水期松花江沉积物中重金属地累积指数评价结果

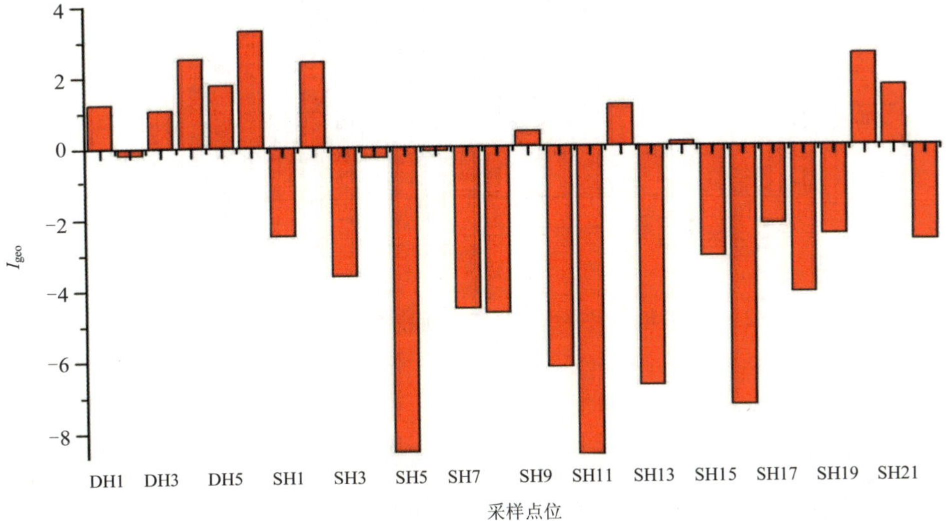

图 5-71　2017 年 9 月平水期松花江各点位沉积物中重金属地累积指数评价结果

（2）潜在生态风险评价法

平水期松花江沉积物中重金属潜在生态风险评价见图 5-72。由图可知，As 和 Cd 都有很高的生态风险，生态风险值分别为 27.42～137.99 和 6.68～179.06，所有的点位都属于轻微到中度污染，其中 As 在 SH6 点位生态风险最高，值为 137.99，表现为中度污染；Cd 在 SH21 点位生态风险最高，值为 179.06，表现为偏强度污染。Pb、Cu、Zn、Ni、Co、Cr 和 V 的生态风险值分别为 4.83～14.1、0.97～6.06、0.05～1.02、0.75～5.84、0.48～3.85、0.36～2.49 和 0.57～3.78。所有采样点处沉积物中沉积物中 Pb、Cu、Zn、Ni、Co、Cr 和 V 的潜在生态风险指数都小于 40，说明在这些重金属表现出轻微的生态风险。重金属污染指数大小依次为 Cd＞As＞Pb＞Cu＞Ni＞Co＞Cr＞V＞Zn。根据 R_i 毒性污染指数可知，第二松花江采样点 R_i 值为 167.66～256.41，平均值为 220.07，DH4 生态风险最高，所有采样点位都表现出偏中度污染水平（150＜R_i＜300）。松花江干流采样点 R_i 值为 112.38～286.18，平均值为 181.97，SH21 生态风险最高，所有采样点位都表现出偏中度污染水平（150＜R_i＜300）。总体而言，由潜在生态风险指数评价结果可知，第二松花江沉积物中重金属污染程度高于松花江干流。

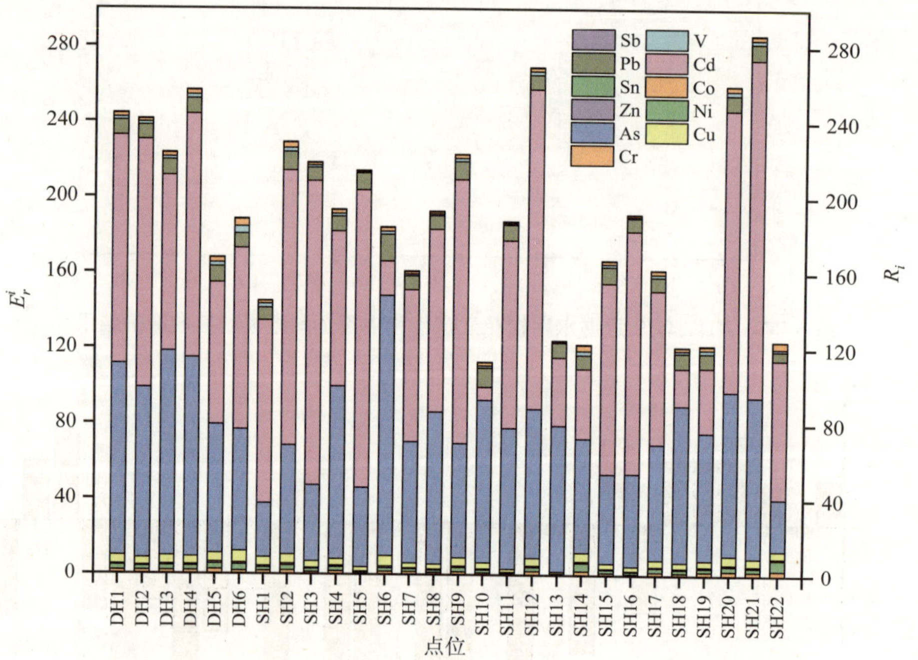

图 5-72　2017 年 9 月平水期松花江沉积物中重金属 E_r^i 值和 R_i 值

（3）风险评估指数法

平水期松花江沉积物中重金属风险评估指数值见表 5-44。其中，Cr 为 0.09%～0.78%，Ni 为 3.50%～30.26%，Zn 为 4.55%～49.69%，Cu 为 0.34%～6.56%，As 为 0.39%～39.45%，Cd 为 2.74%～35.84%，Pb 为 0.07%～2.50%，V 为 0.14%～1.64%，Co 为 6.13%～79.16%，

Sn 为 0.12%～0.41%，Sb 为 0.01%～0.39%。沉积物平均风险评估指数从大到小依次为 Co＞Zn＞Cd＞Ni＞As＞Cu＞Pb＞V＞Cr＞Sn＞Sb，其中 Co 元素弱酸提取态含量普遍高于其他重金属，具有很高的潜在生态风险，容易发生迁移转化，造成二次污染，最大值出现在 SH13 点位，风险水平属于重度污染（RAC＞30%）。Zn 和 As 的风险评估最大值都位于 SH9 点位，风险水平属于重度污染（RAC＞30%）；Ni 只有在 SH13 点位风险水平属于重度污染，其他点位都是中度到轻度污染；Cd 生态风险评估最大值出现在 SH18 点位，风险水平属于重度污染（RAC＞30%）；Cu 生态风险评估值在所有点位都小于 10%，属于低风险水平。Cr 和 Sb 生态风险评估值都小于 1%，说明这几种重金属化学性质比较稳定，不容易造成二次污染，无生态风险。

表 5-44　2017 年 9 月平水期松花江沉积物中重金属风险评估指数值　　单位：%

	Cr	Ni	Zn	Cu	As	Cd	Pb	V	Co	Sn	Sb
DH1	0.17	9.42	25.41	2.06	4.80	8.51	0.68	0.54	16.34	0.22	0.05
DH2	0.17	5.24	9.71	1.80	3.55	4.66	0.77	0.71	10.00	0.27	0.07
DH3	0.20	5.76	20.22	4.44	8.46	12.66	1.23	0.89	17.40	0.28	0.22
DH4	0.14	5.91	9.98	2.11	6.46	6.79	1.12	0.62	20.81	0.26	0.29
DH5	0.12	4.90	7.87	1.58	1.98	12.64	0.64	0.19	18.30	0.20	0.01
DH6	0.17	6.76	7.76	1.16	6.81	7.20	0.91	0.13	11.67	0.23	0.18
SH1	0.19	9.16	8.13	1.33	10.75	8.27	0.85	0.22	21.00	0.26	0.39
SH2	0.19	7.71	8.09	1.24	17.12	4.72	0.64	0.18	11.95	0.21	0.09
SH3	0.29	11.06	34.13	1.77	9.38	9.99	2.50	0.34	49.33	0.25	0.17
SH4	0.22	5.88	29.42	4.58	6.93	9.41	1.33	0.40	16.66	0.35	0.11
SH5	0.65	15.25	48.26	0.86	8.22	10.72	0.67	1.64	25.52	0.15	0.00
SH6	0.21	6.75	25.21	4.19	11.51	29.08	1.58	0.54	23.82	0.28	0.47
SH7	0.22	8.24	25.46	1.14	4.64	8.76	0.73	1.10	26.08	0.16	0.05
SH8	0.27	9.53	13.66	3.79	4.63	7.78	1.53	0.54	17.57	0.41	0.04
SH9	0.29	8.11	49.69	1.47	39.45	14.19	1.05	0.21	29.91	0.21	0.35
SH10	0.27	10.88	15.59	2.12	5.83	28.31	0.86	0.36	22.46	0.23	0.00
SH11	0.64	10.43	25.24	4.24	4.15	9.31	0.77	1.46	34.7	0.28	0.04
SH12	0.16	4.13	9.78	1.33	3.77	5.84	0.89	0.36	9.34	0.24	0.07
SH13	0.78	30.26	27.75	6.56	2.62	18.83	1.10	1.63	79.16	0.35	0.04
SH14	0.12	3.74	4.55	0.27	0.75	13.74	0.07	0.13	6.13	0.20	0.14
SH15	0.39	7.26	23.88	3.69	6.57	8.13	1.46	0.64	20.78	0.30	0.01
SH16	1.21	5.34	17.08	3.17	13.57	8.31	0.82	0.94	17.38	0.33	0.05
SH17	0.16	5.35	11.95	1.01	4.14	7.89	0.55	0.25	12.95	0.26	0.09
SH18	0.17	4.95	9.91	1.34	1.57	35.84	1.10	0.31	22.87	0.38	0.00
SH19	0.24	6.60	8.49	2.70	5.52	20.70	0.55	0.69	10.14	0.23	0.12
SH20	0.09	5.06	3.84	0.34	0.39	2.74	0.11	0.14	8.58	0.12	0.09
SH21	0.13	7.94	7.37	0.69	2.37	3.33	0.53	0.14	18.30	0.17	0.04
SH22	0.09	3.50	5.35	0.56	2.86	7.79	0.51	0.21	9.55	0.38	0.08
最大值	0.78	30.26	49.69	6.56	39.45	35.84	2.50	1.64	79.16	0.41	0.39
最小值	0.09	3.50	4.55	0.34	0.39	2.74	0.07	0.14	6.13	0.12	0.01
平均值	0.28	8.04	17.63	2.20	7.10	11.65	0.91	0.55	21.03	0.26	0.07

综上所述，以平水期松花江流域 27 个表层沉积物为对象，研究了重金属的空间分布特征和赋存形态特征，采用相关性分析和主成分分析对其污染来源进行解析，并采用地累积指数法、潜在生态风险指数法和风险评估指数法，对其生态风险进行了评价。主要结论如下：

①2017 年 9 月平水期松花江流域 27 个表层沉积物中重金属含量为 101.16～486.03 mg/kg，平均含量为 313.54 mg/kg。重金属含量最大值出现在第二松花江段 DH6 点位（花园口），最小值出现在松花江干流段的 SH13 点位（温春大桥），总体来说，平水期松花江表层沉积物中重金属含量第二松花江段高于松花江干流段。11 种重金属总量含量大小为 V＞Zn＞Cr＞Cu＞Ni＞Pb＞Sn＞As＞Co＞Cd＞Sb，从与背景值比值关系来看，11 种重金属污染程度大小依次为 Sb＞As＞Sn＞Cd＞Pb＞V＞Cr＞Cu＞Zn＞Ni＞Co。

②Cr、Ni、Cu、Cd、Sn 和 Sb 6 种重金属化学形态以残渣态为主，Zn 和 Co 以弱酸提取态和可还原态为主，Pb 以可还原态和残渣态为主，V 以可氧化态和残渣态为主，As 的 4 种形态所占比例比较均匀。松花江流域平水期沉积物中重金属生物可利用形态（F1+F2+F3）占比大小顺序为 Co（94.21%）＞Zn（81.73%）＞V（65.21%）＞As（65.08%）＞Pb（55.06%）＞Ni（20.48%）＞Cu（14.05%）＞Cr（10.65%）＞Cd（4.68%）＞Sb（2.62%）＞Sn（1.87%）。

③由相关性系数可知，11 种重金属之间，Cr、Ni、Zn、Cu、As、V、Co 这 7 种重金属呈现出很高的正相关性，表明这 7 种重金属之间具有共同的污染来源；Sn 与 Ni、Co 都呈现出负相关性，表明 Sn、Ni 和 Co 三种重金属来源具有较大的差异，互不影响干涉；Cd 与其他所有的重金属相关性都很低，表明 Cd 的污染具有显著不同的来源。通过主成分分析，提取了 3 个主要成分，第一主成分贡献率为 43.53%，推断出第一主成分主要来自自然源，包括 Cr、Ni、Zn、Cu、V 和 Co；第二主成分贡献率为 25.23%，推断出第二主成分主要由交通源和工业源组成，包括 As、Pb、Sn 和 Sb；第三主成分贡献率为 11.03%，推断第三主成分主要是农业源，包括 Cd。

④根据地累积指数法评价结果，I_{geo} 污染指数大小依次为 Sb＞As＞Sn＞Cd＞Pb＞V＞Cr＞Cu＞Zn＞Co＞Ni。第二松花江 DH6 点位生态风险最高，松花江干流大多数点位都没有污染（$I_{geo}<0$），SH20 点位生态风险最高，由地累积指数评价结果可知，第二松花江沉积物中重金属污染程度高于松花江干流。

⑤根据潜在生态风险评价结果，As 和 Cd 都有很高的生态风险；Pb、Cu、Zn、Ni、Co、Cr 和 V 的潜在生态风险指数都小于 40，说明在这些重金属表现出轻微的生态风险。重金属污染指数大小依次为 Cd＞As＞Pb＞Cu＞Ni＞Co＞Cr＞V＞Zn。R_i 值为 112.38～286.18，平均值为 181.97，SH21 生态风险最高，所有采样点位都表现出偏中度污染水平（$150<R_i<300$）。由潜在生态风险指数评价结果可知，第二松花江沉积物中重金属污染程度高于松花江干流。

⑥根据风险评估指数法评价结果，沉积物平均风险评估指数从大到小依次为 Co＞

Zn＞Cd＞Ni＞As＞Cu＞Pb＞V＞Cr＞Sn＞Sb，其中 Co 元素弱酸提取态含量普遍高于其他重金属，具有很高的潜在生态风险，容易发生迁移转化，造成二次污染。

5.5.3.4　2017 年 9 月平水期沉积物重金属总含量及空间分布

（1）嫩江段重金属分布特征

嫩江段重金属总含量如图 5-73 所示，总含量为 71.46～264.43 mg/kg，其中最低值出现在 N6 拉哈点位，最高值出现在 N3 纳谟尔河中游点位，其中嫩江支流重金属总含量为 155.77～264.43 mg/kg，最高值出现在 N3 纳谟尔河中游点位，最低值出现在 N1 门鲁河大桥点位。嫩江干流中最低值出现在 N6 拉哈点位，总含量为 71.46 mg/kg，最高值出现在 N7 浏园点位，总含量为 172.34 mg/kg。整体来看，嫩江段重金属总含量呈现出支流大于干流的趋势。

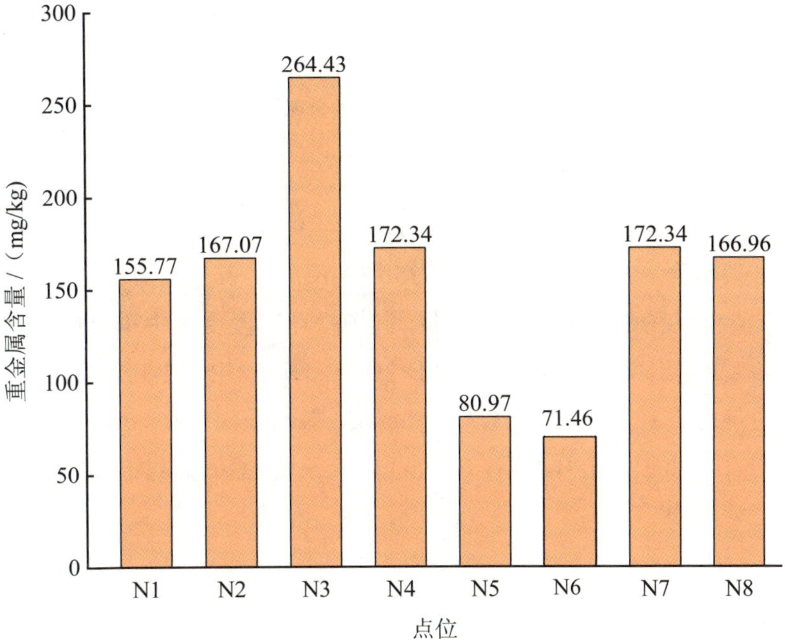

图 5-73　嫩江段重金属分布特征

（2）第二松花江段重金属分布特征

如图 5-74 所示，对第二松花江段 2016 年 9 月沉积物中重金属总含量进行分析，总体来看第二松花江段重金属总含量为 126.23～269.32 mg/kg，其中，最高值出现在 D5 松花江村点位，最低值出现在 D6 松林点位，其中第二松花江段支流重金属总含量为 178.97～266.27 mg/kg，最高值出现在 D3 靠山南楼点位，最低值出现在 D1 柳河中游点位，第二松花江段干流重金属总含量为 126.23～269.32 mg/kg，最高值出现在 D5 松花江村点位，最低值出现在 D6 松林点位。整体来看，第二松花江段重金属总含量呈现出支流大于干流的趋势。

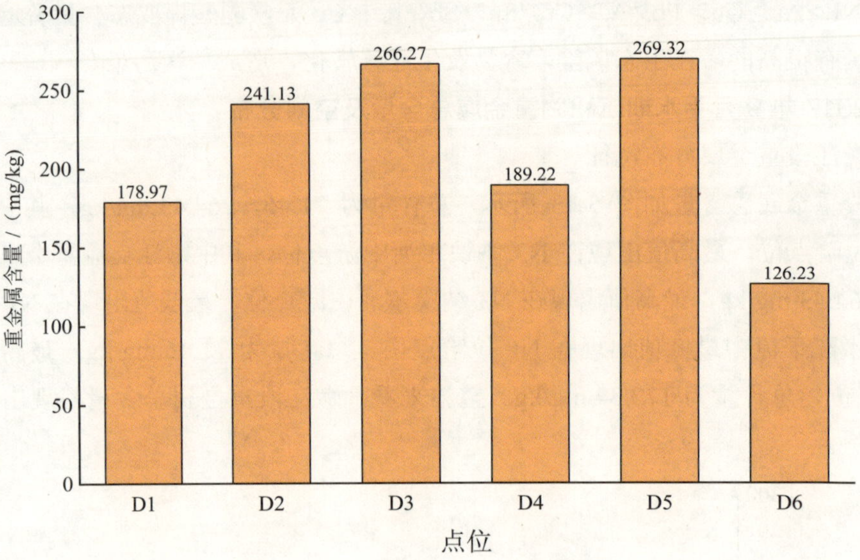

图 5-74　第二松花江段重金属分布特征

（3）松花江段重金属分布特征

如图 5-75 和图 5-76 所示，对松花江段 2016 年 9 月沉积物中重金属总含量进行分析，总体来看松花江段重金属总含量为 90.54～350.37 mg/kg，其中，最高值出现在 S12 汤旺河口内点位，最低值出现在 S10 桔园林场点位，其中松花江段支流中重金属总含量为 90.54～350.37 mg/kg，最高值出现在 S12 汤旺河口内点位，最低值出现在 S10 桔源林场点位，松花江段干流重金属总含量为 99.29～179.09 mg/kg，最高值出现在 S14 朱顺屯点位，最低值出现在 S17 牡丹江口点位。整体来看，松花江段支流重金属总量相差较大，而松花江段干流重金属总量相差较小。

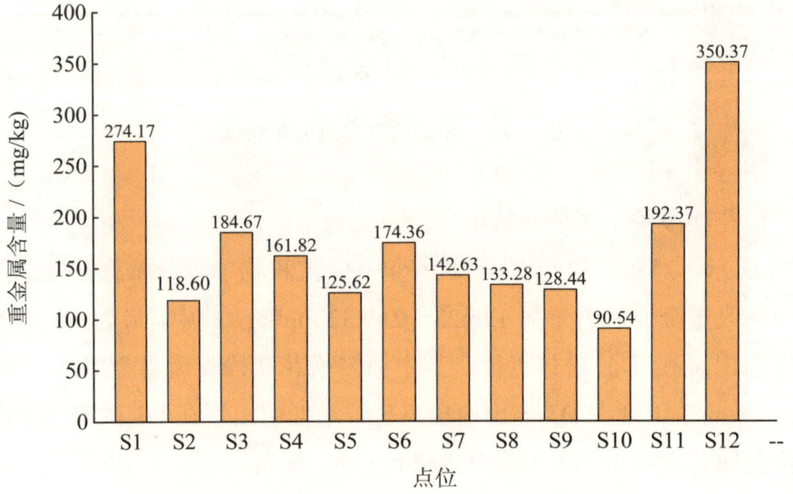

图 5-75　松花江段支流重金属分布特征

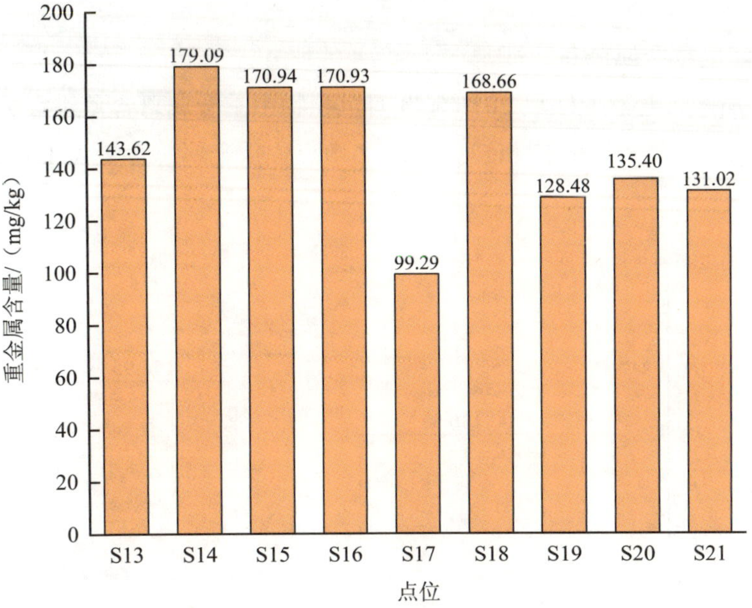

图 5-76 松花江段干流重金属分布特征

（4）梧桐河段重金属分布特征

如图 5-77 所示，对梧桐河段 2016 年 9 月沉积物中重金属总含量进行分析，总体来看梧桐河段重金属总含量为 116.37～302.92 mg/kg，其中，最高值出现在 S26 双丰农场老梧桐河大桥点位，最低值出现在 S23 梧桐河口内点位。

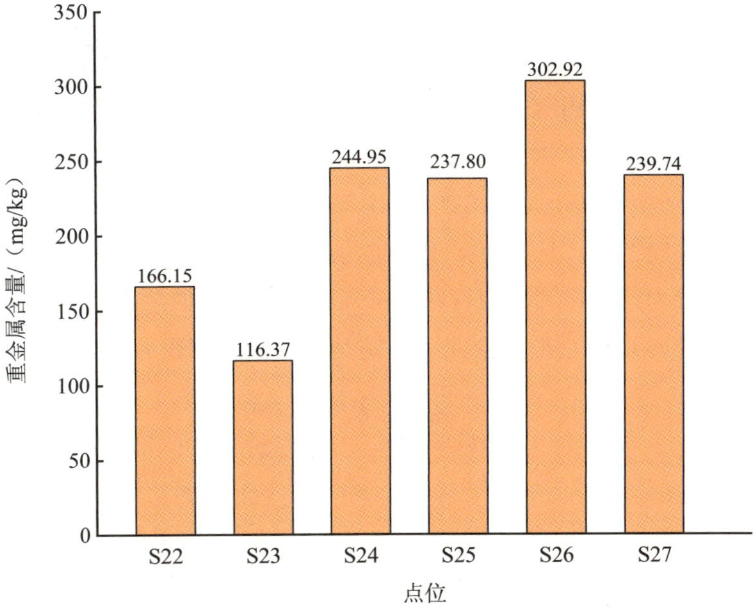

图 5-77 梧桐河段重金属分布特征

（5）黑龙江段重金属分布特征

如图 5-78 所示，对黑龙江段 2016 年 9 月沉积物中重金属总含量进行分析，其中，H1 东港点位重金属总含量为 136.57 mg/kg，H2 名山点位重金属总含量为 156.95 mg/kg。

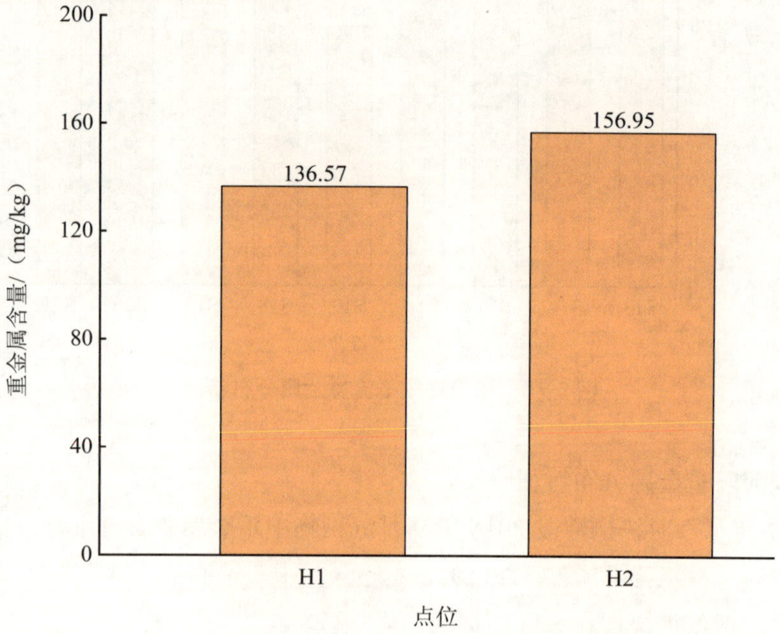

图 5-78　黑龙江段重金属分布特征

图 5-79 是松花江沉积物中 Cu、Pb、Zn、Cd、Cr 以及 As 6 种重金属的含量分布，第二松花江段（D2 万金塔、D3 靠山南楼、D5 松花江村）、松花江段（S12 汤旺河口内）以及梧桐河段（S24 梧桐河农场大桥、S25 小山、S26 双丰农场老梧桐河大桥以及 S27 双丰农场大桥下）污染比较严重。从松花江干流上游到下游，嫩江段重金属污染最低，第二松花江段重金属污染较为严重，其次为松花江干流。但总体来说总含量有从上游到下游逐渐递减的趋势，这可能与上游有很多企业（特别是第二松花江段），大量排污企业的污染物进入水体有关。

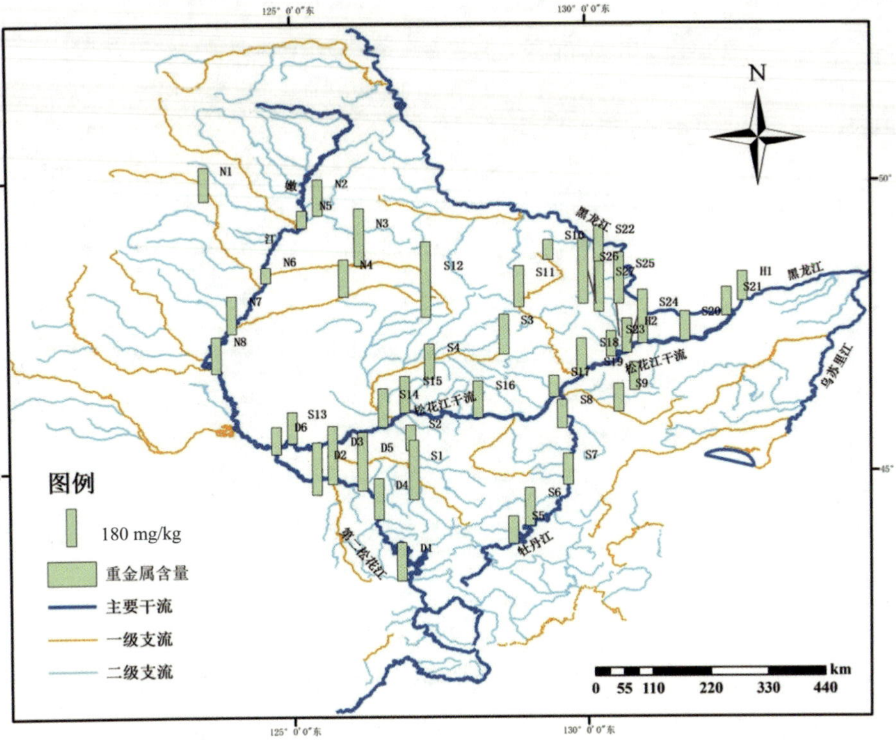

图 5-79　松花江沉积物中重金属含量分布特征

5.5.3.5　2016 年 9 月平水期重金属污染程度

地累积指数法中 B_n 参考松花江表层沉积物中重金属背景值 Cu=23 mg/kg、Pb=8.5 mg/kg、Zn=119 mg/kg、Cd=0.39 mg/kg、Cr=45 mg/kg、As=6.41 mg/kg（刘宝林等，2015），按照公式（5.2）评估不同干流段重金属污染程度。

$$I_{geo}=\log_2[C_n/(k\times B_n)] \tag{5.2}$$

式中，I_{geo} 为地累积指数；C_n 为元素 n 在土壤中的浓度；B_n 为土壤中 n 元素的化学背景值；k 为考虑各地岩石差异引起背景值变化选择的系数，取值为 1.5。

（1）嫩江段

嫩江 9 月支流重金属的地累积指数如表 5-45 所示，As 污染程度最高，需要引起关注，I_{geo} 平均值为 3.56，75%的点位为强污染。其次为 Cd，25%的点位为中等-强污染程度。Cu、Zn 和 Cr 污染程度较低，其次为 Pb。6 种金属污染程度从高到低依次为 As＞Pb＞Cd＞Cu＞Cr＞Zn。

表 5-45 嫩江支流段 9 月重金属地累积指数污染评价结果

地累积指数	分级	污染程度	占比/%					
			Cu	Pb	Zn	Cd	Cr	As
$5<I_{geo}\leqslant10$	6	极严重污染	0	0	0	0	0	0
$4<I_{geo}\leqslant5$	5	强-极严重污染	0	0	0	0	0	25
$3<I_{geo}\leqslant4$	4	强污染	0	0	0	0	0	75
$2<I_{geo}\leqslant3$	3	中等-强污染	0	0	0	25	0	0
$1<I_{geo}\leqslant2$	2	中等污染	0	0	0	0	0	0
$0<I_{geo}\leqslant1$	1	轻度-中等污染	0	100	0	0	0	0
$I_{geo}\leqslant0$	0	无污染	100	0	100	75	100	0
平均 I_{geo}			−1.96	0.65	−2.94	0.04	−1.97	3.56

（2）嫩江干流

嫩江 9 月干流重金属的地累积指数如表 5-46 所示，As 污染程度最高，I_{geo} 平均值为 1.63，4 个点位中 50%的点位为强-极严重污染。其次为 Pb，25%的点位为中等污染。Cu、Zn、Cd 和 Cr 污染程度较低。6 种金属污染程度从高到低依次为 As＞Pb＞Cd＞Cr＞Cu＞Zn。

表 5-46 嫩江干流段 9 月重金属地累积指数污染评价结果

地累积指数	分级	污染程度	占比/%					
			Cu	Pb	Zn	Cd	Cr	As
$5<I_{geo}\leqslant10$	6	极严重污染	0	0	0	0	0	0
$4<I_{geo}\leqslant5$	5	强-极严重污染	0	0	0	0	0	50
$3<I_{geo}\leqslant4$	4	强污染	0	0	0	0	0	0
$2<I_{geo}\leqslant3$	3	中等-强污染	0	0	0	0	0	0
$1<I_{geo}\leqslant2$	2	中等污染	0	25	0	0	0	0
$0<I_{geo}\leqslant1$	1	轻度-中等污染	0	75	0	0	0	0
$I_{geo}\leqslant0$	0	无污染	100	0	100	100	100	50
平均 I_{geo}			−2.35	0.76	−3.03	−0.90	−2.14	1.63

（3）第二松花江支流

第二松花江支流的地累积指数如表 5-47 所示，As 污染程度最高，I_{geo} 平均值为 3.80，66.7%的点位为强污染程度。其次为 Cd，66.7%的点位为中等-强污染程度。Cu、Zn 和 Cr 污染程度较低。6 种金属污染程度从高到低依次为 As＞Cd＞Pb＞Cr＞Cu＞Zn。

表 5-47　第二松花江支流段 7 月重金属地累积指数污染评价结果

地累积指数	分级	污染程度	占比/%					
			Cu	Pb	Zn	Cd	Cr	As
$5<I_{geo}\leqslant 10$	6	极严重污染	0	0	0	0	0	0
$4<I_{geo}\leqslant 5$	5	强-极严重污染	0	0	0	0	0	33.3
$3<I_{geo}\leqslant 4$	4	强污染	0	0	0	0	0	66.7
$2<I_{geo}\leqslant 3$	3	中等-强污染	0	0	0	66.7	0	0
$1<I_{geo}\leqslant 2$	2	中等污染	0	66.7	0	0	0	0
$0<I_{geo}\leqslant 1$	1	轻度-中等污染	0	33.3	0	0	0	0
$I_{geo}\leqslant 0$	0	无污染	100	0	100	33.3	100	0
平均 I_{geo}			-1.95	1.09	-2.53	1.65	-1.69	3.80

（4）第二松花江干流

第二松花江干流的地累积指数如表 5-48 所示，As 污染程度最高，I_{geo} 平均值为 3.06，66.7%的点位为强污染程度，33.3%的点位为中等-强污染程度。其次为 Pd，33.3%的点位属于中等污染程度。Cu、Zn 和 Cr 污染程度较低。6 种金属污染程度从高到低依次为 As＞Pb＞Cd＞Zn=Cr＞Cu。

表 5-48　第二松花江干流段 9 月重金属地累积指数污染评价结果

地累积指数	分级	污染程度	占比/%					
			Cu	Pb	Zn	Cd	Cr	As
$5<I_{geo}\leqslant 10$	6	极严重污染	0	0	0	0	0	0
$4<I_{geo}\leqslant 5$	5	强-极严重污染	0	0	0	0	0	0
$3<I_{geo}\leqslant 4$	4	强污染	0	0	0	0	0	66.7
$2<I_{geo}\leqslant 3$	3	中等-强污染	0	0	0	33.3	0	33.3
$1<I_{geo}\leqslant 2$	2	中等污染	0	33.3	0	0	0	0
$0<I_{geo}\leqslant 1$	1	轻度-中等污染	0	66.7	0	0	0	0
$I_{geo}\leqslant 0$	0	无污染	100	0	100	66.7	100	0
平均 I_{geo}			-2.29	1.08	-1.85	-0.38	-1.85	3.06

（5）松花江支流

松花江支流的地累积指数如表 5-49 所示，As 污染程度最高，I_{geo} 平均值为 3.20，8.3%的点位为强-极严重污染程度，33.3%的点位为中等-强污染程度。其次为 Pd，33.3%的点位为中等污染程度。Cu、Zn 和 Cr 污染程度较低。6 种金属污染程度从高到低依次为 As＞Pb＞Cd＞Cr＞Cu＞Zn。

表 5-49 松花江支流段 9 月重金属地累积指数污染评价结果

地累积指数	分级	污染程度	占比/%					
			Cu	Pb	Zn	Cd	Cr	As
$5<I_{geo}\leq 10$	6	极严重污染	0	0	0	0	0	0
$4<I_{geo}\leq 5$	5	强-极严重污染	0	0	0	0	0	8.3
$3<I_{geo}\leq 4$	4	强污染	0	0	0	8.3	0	0
$2<I_{geo}\leq 3$	3	中等-强污染	0	0	0	16.7	0	33.3
$1<I_{geo}\leq 2$	2	中等污染	0	33.3	0	0	0	0
$0<I_{geo}\leq 1$	1	轻度-中等污染	0	66.7	0	0	0	0
$I_{geo}\leq 0$	0	无污染	100	0	100	75	100	58.4
平均 I_{geo}			−2.59	0.82	−2.80	0.08	−2.12	3.20

（6）松花江主干流

松花江主干流的地累积指数如表 5-50 所示，As 的平均 I_{geo} 等于 3.21，77.8%的点位为强污染程度，22.2%的点位为中等-强污染程度。其次为 Pb，所有点位为轻度-中等污染程度。Cu、Zn 和 Cr 污染程度较低。各金属污染程度从高到低依次为 As＞Pb＞Cd＞Cr＞Cu＞Zn。

表 5-50 松花江主干流段 9 月重金属地累积指数污染评价结果

地累积指数	分级	污染程度	占比/%					
			Cu	Pb	Zn	Cd	Cr	As
$5<I_{geo}\leq 10$	6	极严重污染	0	0	0	0	0	0
$4<I_{geo}\leq 5$	5	强-极严重污染	0	0	0	0	0	0
$3<I_{geo}\leq 4$	4	强污染	0	0	0	11.1	0	77.8
$2<I_{geo}\leq 3$	3	中等-强污染	0	0	0	11.1	0	22.2
$1<I_{geo}\leq 2$	2	中等污染	0	0	0	0	0	0
$0<I_{geo}\leq 1$	1	轻度-中等污染	0	100	0	11.1	0	0
$I_{geo}\leq 0$	0	无污染	100	0	100	66.7	100	0
平均 I_{geo}			−3.05	0.59	−3.41	0.10	−2.43	3.21

（7）黑龙江干流

黑龙江干流 9 月重金属的地累积指数如表 5-51 所示。黑龙江中两个采样点 As 的污染程度最高，其次为 Pb，6 种金属污染程度从高到低依次为 As＞Pb＞Cd＞Cr＞Cu＞Zn。

表 5-51 黑龙江干流段 9 月重金属地累积指数污染评价结果

	I_{geo}（Cu）	I_{geo}（Pb）	I_{geo}（Zn）	I_{geo}（Cd）	I_{geo}（Cr）	I_{geo}（As）
名山	−2.41	0.62	−2.91	−0.73	−2.08	3.24
东港	−2.75	0.41	−3.02	−1.16	−2.26	3.02
平均值	−2.58	0.51	−2.97	−0.94	−2.17	3.13

（8）梧桐河干流

梧桐河干流的地累积指数如表 5-52 所示，9 月梧桐河干流 As 的平均 I_{geo} 等于 3.54，16.7%的点位为强-极严重污染程度，66.6%的点位为强污染程度。其次为 Cd，66.7%的点位为中等-强污染程度。Cu、Zn 和 Cr 污染程度较低。各种金属污染程度从高到低依次为 As＞Cd＞Pb＞Cr＞Zn＞Cu。

表 5-52 梧桐河干流段 9 月重金属地累积指数污染评价结果

地累积指数	分级	污染程度	占比/%					
			Cu	Pb	Zn	Cd	Cr	As
$5<I_{geo}\leqslant 10$	6	极严重污染	0	0	0	0	0	0
$4<I_{geo}\leqslant 5$	5	强-极严重污染	0	0	0	0	0	16.7
$3<I_{geo}\leqslant 4$	4	强污染	0	0	0	0	0	66.6
$2<I_{geo}\leqslant 3$	3	中等-强污染	0	0	0	66.7	0	16.7
$1<I_{geo}\leqslant 2$	2	中等污染	0	0	0	0	0	0
$0<I_{geo}\leqslant 1$	1	轻度-中等污染	0	100	0	0	0	0
$I_{geo}\leqslant 0$	0	无污染	100	0	100	33.3	100	0
平均 I_{geo}			−2.38	0.71	−2.31	1.43	−1.38	3.54

表 5-53 国内外水体沉积物中重金属地累积指数污染评价结果

流域	I_{geo}（Cu）	I_{geo}（Pb）	I_{geo}（Zn）	I_{geo}（Cd）	I_{geo}（Cr）	I_{geo}（As）
淮河（淮南段）	0.57	0.43	0.49	—	0.27	—
珠江出海口	0.19	0.84	3.01	7.41	0.36	3.07
Sinú River	2.4	1.9	3.0	1.6	—	—
嫩江支流	−2.35	0.76	−3.03	−0.90	−2.14	1.63
嫩江干流	−2.35	0.76	−3.03	−0.90	−2.14	1.63
第二松花江支流	−1.95	1.09	−2.53	1.65	−1.69	3.80
第二松花江干流	−2.29	1.08	−1.85	−0.38	−1.85	3.06
松花江支流	−2.59	0.82	−2.80	0.08	−2.12	3.20
松花江主干流	−3.05	0.59	−3.41	0.10	−2.43	3.21
黑龙江干流	−2.58	0.51	−2.97	−0.94	−2.17	3.13
梧桐河干流	−2.38	0.71	−2.31	1.43	−1.38	3.54

由表 5-53 可以得出，整个松花江流域中 Cu、Zn、Cr 的地累积指数污染均处于无污染状态，部分流域的 Pb 和 Cd 的地累积指数处于轻度-中等污染。而对于 As 的地累积指数，

整个松花江流域除嫩江段以外，其余流域 I_{geo}（As）均处于 3～4，为强污染程度。Cu、Zn、Cd、Cr 的 I_{geo} 均低于淮河（淮南段）（陈孝杨等，2006）、珠江出海口（谢文平等，2012）。第二松花江段以及松花江主干流段 I_{geo}（As）与珠江出海口基本持平或略高，为强污染程度。

5.5.3.6 平水期表层沉积物重金属生态风险评价

潜在生态危害指数法中背景值 C_n^i 选松花江表层沉积物中重金属背景，各金属的毒性响应系数主要采取以下数值：Cu=5、Pb=5、Zn=1、Cd=30、Cr=2、As=10（徐争启等，2008），根据公式分别计算潜在生态风险评价指数及系数。

（1）嫩江支流

9 月，嫩江支流的潜在生态风险指数 R_i 为 189.19～593.84，均值为 296.91，Cu、Pb、Zn、Cd 和 Cr 四种金属所有采样点的潜在生态风险参数 E_r^i 都小于 40，属于低生态风险，As 和 Cd 分别有 50%和 25%的点位属于严重生态风险（表 5-54）。

表 5-54 9 月嫩江支流重金属潜在生态风险评价结果

潜在生态风险参数范围	单因子风险程度	潜在生态风险指数 R_i 范围	生态风险	所占比例/%					
				Cu	Pb	Zn	Cd	Cr	As
$E_r^i<40$	低	$R_i<150$	低	100	100	100	75	100	0
$40\leq E_r^i<80$	中	$150\leq R_i<300$	中	0	0	0	0	0	0
$80\leq E_r^i<160$	较重	$300\leq R_i<600$	重度	0	0	0	0	0	50
$160\leq E_r^i<320$	重	$R_i\geq600$	严重	0	0	0	0	0	50
$E_r^i\geq320$	严重			0	0	0	25	0	0

（2）嫩江干流

9 月嫩江干流 6 种重金属在嫩江干流的潜在生态风险指数 R_i 为 46.47～209.22，均值为 127.63，Cu、Pb、Zn、Cd 和 Cr 五种金属所有采样点的潜在生态风险参数 E_r^i 都小于 40，属于低生态风险，As 有 50%的点位属于较重生态风险和重生态风险，需引起重视（表 5-55）。

表 5-55 9 月嫩江干流重金属潜在生态风险评价结果

潜在生态风险参数范围	单因子风险程度	潜在生态风险指数 R_i 范围	生态风险	所占比例/%					
				Cu	Pb	Zn	Cd	Cr	As
$E_r^i<40$	低	$R_i<150$	低	100	100	100	100	100	50
$40\leq E_r^i<80$	中	$150\leq R_i<300$	中	0	0	0	0	0	0
$80\leq E_r^i<160$	较重	$300\leq R_i<600$	重度	0	0	0	0	0	0
$160\leq E_r^i<320$	重	$R_i\geq600$	严重	0	0	0	0	0	50
$E_r^i\geq320$	严重			0	0	0	0	0	0

（3）第二松花江支流

9 月第二松花江支流 6 种重金属的潜在生态风险指数 R_i 为 198.87～602.19，平均值为 446.56。Cu、Pb、Zn 和 Cr 四种金属所有采样点的潜在生态风险参数 E_r^i 都小于 40，属于低生态风险，As 有 66.7%的点位属于严重生态风险（表 5-56）。

表 5-56　9 月第二松花江支流段重金属潜在生态风险评价结果

潜在生态风险参数范围	单因子风险程度	潜在生态风险指数 R_i 范围	生态风险	所占比例/%					
				Cu	Pb	Zn	Cd	Cr	As
$E_r^i<40$	低	$R_i<150$	低	100	100	100	33.4	100	0
$40\leqslant E_r^i<80$	中	$150\leqslant R_i<300$	中	0	0	0	0	0	0
$80\leqslant E_r^i<160$	较重	$300\leqslant R_i<600$	重度	0	0	0	0	0	33.3
$160\leqslant E_r^i<320$	重	$R_i\geqslant600$	严重	0	0	0	33.3	0	66.7
$E_r^i\geqslant320$	严重			0	0	0	33.3	0	0

（4）第二松花江干流

9 月第二松花江干流 6 种重金属的潜在生态风险指数 R_i 为 144.88～221.25，平均值为 181.73，其中 Cu、Pb、Zn、Cr 四种金属所有采样点的潜在生态风险参数 E_r^i 都小于 40，属于低生态风险，Cd 在 3 个点位中有 33.3%的点位属于中等生态风险，所有采样点 As 的潜在生态风险参数 E_r^i 都位于 80～160，属于重度生态风险，需要引起重视（表 5-57）。

表 5-57　9 月第二松花江干流段重金属潜在生态风险评价结果

潜在生态风险参数范围	单因子风险程度	潜在生态风险指数 R_i 范围	生态风险	所占比例/%					
				Cu	Pb	Zn	Cd	Cr	As
$E_r^i<40$	低	$R_i<150$	低	100	100	100	66.7	100	0
$40\leqslant E_r^i<80$	中	$150\leqslant R_i<300$	中	0	0	0	33.3	0	0
$80\leqslant E_r^i<160$	较重	$300\leqslant R_i<600$	重度	0	0	0	0	0	100
$160\leqslant E_r^i<320$	重	$R_i\geqslant600$	严重	0	0	0	0	0	0
$E_r^i\geqslant320$	严重			0	0	0	0	0	0

（5）松花江支流

松花江支流的生态风险评价如表 5-58 所示，9 月松花江支流 6 种重金属的潜在生态风险指数 R_i 为 97.06～809.24，平均值为 269.13，其中 Cu、Pb、Zn 和 Cr 四种金属所有采样点的潜在生态风险参数 E_r^i 都小于 40，属于低生态风险，58.4%的采样点 As 的潜在生态风险参数 E_r^i 都位于 80～160，属于重度生态风险，16.7%的采样点 Cd 的潜在生态风险参数 E_r^i 都位于 160～320，属于严重生态风险，需要引起重视。

表 5-58　9 月松花江支流重金属潜在生态风险评价结果

潜在生态风险参数范围	单因子风险程度	潜在生态风险指数 R_i 范围	生态风险	所占比例/%					
				Cu	Pb	Zn	Cd	Cr	As
$E_r^i<40$	低	$R_i<150$	低	100	100	100	75	100	0
$40\leqslant E_r^i<80$	中	$150\leqslant R_i<300$	中	0	0	0	0	0	8.3
$80\leqslant E_r^i<160$	较重	$300\leqslant R_i<600$	重度	0	0	0	0	0	58.4
$160\leqslant E_r^i<320$	重	$R_i\geqslant600$	严重	0	0	0	16.7	0	33.3
$E_r^i\geqslant320$	严重			0	0	0	8.3	0	0

（6）松花江主干流

松花江主干流重金属潜在生态风险评价如表 5-59 所示，9 月松花江主干流 6 种重金属的潜在生态风险指数 R_i 为 132.44～591.90，平均值为 253.62，其中 Cu、Pb、Zn、Cr 四种金属所有采样点的潜在生态风险参数 E_r^i 都小于 40，属于低生态风险，在 9 个点位中 As 有 77.8%和 22.2%的点位分别属于重度生态风险和严重生态风险，Cd 有 66.7%的点位属于低生态风险，还有部分点位属于重度和严重生态风险，77.8%的点位 As 的在生态风险参数 E_r^i 都位于 80～160，属于重度生态风险，需要引起重视。

表 5-59　9 月松花江干流重金属潜在生态风险评价结果

潜在生态风险参数范围	单因子风险程度	潜在生态风险指数 R_i 范围	生态风险	所占比例/%					
				Cu	Pb	Zn	Cd	Cr	As
$E_r^i<40$	低	$R_i<150$	低	100	100	100	66.7	100	0
$40\leqslant E_r^i<80$	中	$150\leqslant R_i<300$	中	0	0	0	11.1	0	0
$80\leqslant E_r^i<160$	较重	$300\leqslant R_i<600$	重度	0	0	0	0	0	77.8
$160\leqslant E_r^i<320$	重	$R_i\geqslant600$	严重	0	0	0	11.1	0	22.2
$E_r^i\geqslant320$	严重			0	0	0	11.1	0	0

（7）黑龙江干流

黑龙江干流重金属潜在生态风险评价如表 5-60 所示，9 月黑龙江干流 6 种重金属的潜在生态风险指数 R_i 为 153.9～182.8，平均值为 168.3，其中 Cu、Pb、Zn、Cd、Cr 五种金属所有采样点的潜在生态风险参数 E_r^i 都小于 40，属于低生态风险，As 的潜在生态风险参数 E_r^i 都位于 80～160。

表 5-60　9 月黑龙江干流重金属潜在生态风险评价结果

潜在生态风险参数范围	单因子风险程度	潜在生态风险指数 R_i 范围	生态风险	所占比例/%					
				Cu	Pb	Zn	Cd	Cr	As
$E_r^i<40$	低	$R_i<150$	低	100	100	100	100	100	0
$40\leqslant E_r^i<80$	中	$150\leqslant R_i<300$	中	0	0	0	0	0	0
$80\leqslant E_r^i<160$	较重	$300\leqslant R_i<600$	重度	0	0	0	0	0	100
$160\leqslant E_r^i<320$	重	$R_i\geqslant 600$	严重	0	0	0	0	0	0
$E_r^i\geqslant 320$	严重			0	0	0	0	0	0

（8）梧桐河干流

梧桐河干流的生态风险评价如表 5-61 所示，9 月梧桐河干流 6 种重金属的潜在生态风险指数 R_i 为 149.91～567.31，平均值为 375.81，其中 Cu、Pb、Zn 和 Cr 四种金属所有采样点的潜在生态风险参数 E_r^i 都小于 40，属于低生态风险，83.3%的采样点 As 的潜在生态风险参数 E_r^i 都位于 160～320，属于严重度生态风险，66.7%的采样点 Cd 的潜在生态风险参数 E_r^i 都位于 160～320，属于严重生态风险，需要引起重视。

表 5-61　9 月梧桐河干流重金属潜在生态风险评价结果

潜在生态风险参数范围	单因子风险程度	潜在生态风险指数 R_i 范围	生态风险	所占比例/%					
				Cu	Pb	Zn	Cd	Cr	As
$E_r^i<40$	低	$R_i<150$	低	100	100	100	33.3	100	0
$40\leqslant E_r^i<80$	中	$150\leqslant R_i<300$	中	0	0	0	0	0	0
$80\leqslant E_r^i<160$	较重	$300\leqslant R_i<600$	重度	0	0	0	0	0	16.7
$160\leqslant E_r^i<320$	重	$R_i\geqslant 600$	严重	0	0	0	66.7	0	83.3
$E_r^i\geqslant 320$	严重			0	0	0	0	0	0

（9）与其他水体的沉积物生态风险比较

由表 5-62 可知，整个松花江流域 As 和 Cd 具有较高的生态风险，与上海地区主要河流（贾英等，2013）、长江口（方明等，2013）以及湘江（长沙段）（彭利等，2009）比较可知，嫩江干流、第二松花江干流，以及松花江主干流、黑龙江干流以及梧桐河干流绝大部分点位的 E_r^i（Cd）及 E_r^i（Cd）均值较低，属于低生态风险或较重生态风险。而 E_r^i（As）以及 E_r^i（As）均值较高，属于中等生态风险或较重生态风险。与海河流域（尚林源等，2012）相比，嫩江段、第二松花江段、松花江主干流、黑龙江干流以及梧桐河干流绝大部分点位的 E_r^i（Cd）均值较低，属于低生态风险或较重生态风险。

表 5-62 与其他水体沉积物生态风险比较结果

流域	E_r^i		E_r^i 均值	
	Cd	As	Cd	As
上海地区主要河流	394.1～891.0	<40	—	—
长江口	313.4～926.6	<40	621.7	—
湘江（长沙段）	94.2～714	19.3～70.7	292.5	44.33
海河流域	27.5～862.5	—	128.8	—
嫩江支流	18.43～330.24	147.08～243.06	100.84	180.87
嫩江干流	20.19～26.58	12.62～164.52	24.28	88.06
第二松花江支流	30.61～322.52	153.46～256.23	213.13	213.80
第二松花江干流	25.66～48.46	106.97～142.65	35.76	125.96
松花江支流	15.43～472.79	71.52～306.34	104.59	148.20
松花江主干流	21.30～433.36	98.48～200.22	98.42	142.15
黑龙江干流	20.21～27.17	121.81～141.79	23.69	131.80
梧桐河干流	26.33～294.74	106.42～271.35	178.57	181.65

5.5.4 不同水期沉积物重金属含量及污染程度比较

主要对松花江流域不同水期的 11 种重金属含量和赋存形态特征进行了对比，研究了枯水期、平水期和丰水期 3 个水期沉积物中重金属含量之间的变化，为松花江流域的水生态保护及生态修复提供理论依据。

5.5.4.1 沉积物中重金属总量时间分布特征

由于枯水期、平水期和丰水期 3 个时期在松花江流域采样点位都不相同，所属支流也不完全相同，因此将全流域分为上、中、下游对沉积物中重金属含量及污染程度进行研究比较，见表 5-63。

表 5-63 松花江表层沉积物采样点位基本信息

位置	采样点位	3 月编号	6 月编号	9 月编号
上游	科洛河大桥	N2	—	—
	乌裕尔河中游	N4	—	—
	博霍头	N5	—	—
	江桥	N8	—	—
	柳河中游	D1	—	—
	万金塔	D2	—	—
	松林	D6	—	—
	松花江村	—	DS1	DH1

位置	采样点位	3 月编号	6 月编号	9 月编号
上游	新桥屯	—	—	DH2
	昌邑	—	—	DH3
	三家子	—	—	DH4
	楞场村	—	—	DH5
	花园口	—	—	DH6
	肇源		SS1	SH1
	大顶子山		SS2	SH2
	于光屯		SS3	
	张家屯		SS5	
	老福民		SS6	
	阁山村		SS7	
	铁力上		SS9	
中游	拉林河中游	S1	—	—
	阿什河中游	S2	—	—
	果树场	S6	—	—
	柴河大桥	S7	SS4	SH4
	牡丹江口内	S8	—	—
	呼兰河中游		SS10	SH10
	夏家洼子			SH3
	政富村			SH5
	东川屯			SH6
	南关村			SH9
	苇河			SH11
	庆阳			SH12
	温春大桥			SH13
	东崴子村			SH14
	大石头下			SH15
	沙河断面			SH16
	三中			SH17
下游	倭肯河中游	S9	—	—
	桔源林场	S10		SH7
	佳木斯上	S18	SS8	SH8
	西林	S20		
	同江	S21		
	沙岭村		SS11	
	汤林林场		SS12	
	新鹤村		SS13	
	湖水一村			SH18
	桦树青年点			SH19
	安兴村			SH20
	金沙			SH21
	沙牡汇入			SH22

松花江沉积物中枯水期、平水期和丰水期不同江段不同时期重金属含量范围见表 5-64。松花江全流域 3 月枯水期重金属总含量为 124.64～253.57 mg/kg，平均值为 185.26 mg/kg，其中松花江上游段重金属含量为 132.21～237.64 mg/kg，平均值为 192.29 mg/kg；松花江中游段重金属含量为 133.86～222.03 mg/kg，平均值为 189.05 mg/kg；松花江下游段重金属含量为 124.64～253.57 mg/kg，平均值为 171.61 mg/kg。6 月丰水期松花江全流域重金属含量总量为 141.20～291.33 mg/kg，平均值为 222.61 mg/kg，其中松花江上游段重金属含量为 143.30～232.03 mg/kg，平均值为 199.07 mg/kg；松花江中游段重金属含量为 263.93～271.81 mg/kg，平均值为 267.87 mg/kg；松花江下游段重金属含量为 141.22～291.33 mg/kg，平均值为 211.50 mg/kg。9 月平水期松花江全流域重金属含量总量为 101.16～486.03 mg/kg，平均值为 313.54 mg/kg，其中松花江上游段重金属含量为 306.73～486.03 mg/kg，平均值为 368.43 mg/kg；松花江中游段重金属含量为 101.16～399.29 mg/kg，平均值为 260.28 mg/kg；松花江下游段重金属含量为 224.49～393.92 mg/kg，平均值为 312.34 mg/kg。

表 5-64　松花江不同江段不同时期重金属含量范围对比

地点	时期	重金属总量含量范围/（mg/kg）
全流域	3 月枯水期	124.64～253.57
松花江上游	3 月枯水期	132.21～237.64
松花江中游	3 月枯水期	133.86～222.03
松花江下游	3 月枯水期	124.64～253.57
全流域	6 月丰水期	141.20～291.33
松花江上游	6 月丰水期	143.30～232.03
松花江中游	6 月丰水期	263.93～271.81
松花江下游	6 月丰水期	141.22～291.33
全流域	9 月平水期	101.16～486.03
松花江上游	9 月平水期	306.73～486.03
松花江中游	9 月平水期	101.16～399.29
松花江下游	9 月平水期	224.49～393.92

从图 5-80 可以看出，3 月枯水期沉积物重金属含量分布规律为松花江上游段＞松花江中游段＞松花江下游段；6 月丰水期沉积物重金属含量分布规律为松花江中游段＞松花江下游段＞松花江上游段；9 月平水期沉积物重金属含量分布规律为松花江上游段＞松花江下游段＞松花江中游段。总体来说，松花江上游段沉积物重金属含量较高，下游段重金属含量最低，侧面反映出松花江上游面源污染最为严重，可能是因为松花江流域上游曾集中了大量的石油化工等工业企业，建议未来控制流域周边的石化企业的数量，同时加强对上述企业重金属等有毒有害物质的管控，从源头上减少重金属的排放。松花江全流域沉积物重金属总量时间变化规律为平水期＞丰水期＞枯水期，其中平水期松花江上游段重金属含量远高于枯水期和丰水期沉积物重金属含量，松花江中游段重金属含量时间变化规律为丰

水期＞平水期＞枯水期，松花江下游段重金属含量时间变化规律为平水期＞丰水期＞枯水期。9 月平水期松花江各江段表层沉积物重金属含量比 3 月枯水期和 6 月丰水期高，这与临近七八月份雨水期面源和水土流失相对较重，进入河流的重金属较多有关。研究区域表层沉积物中重金属含量的时空分布与刘宝林等的研究结果一致（刘宝林等，2015）。

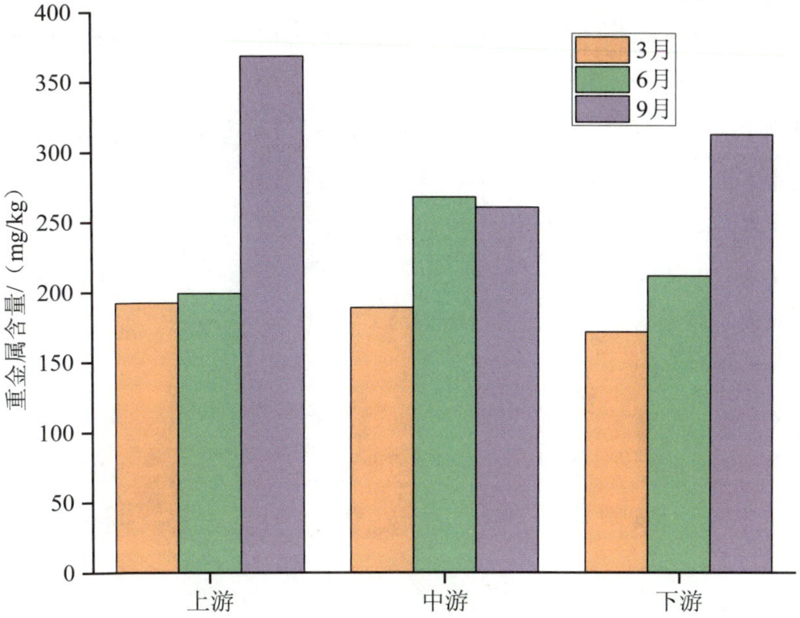

图 5-80 松花江各江段重金属总量平均含量

5.5.4.2 不同时期表层沉积物中重金属污染程度对比

（1）重金属地累积指数法评价结果

松花江沉积物中枯水期、平水期和丰水期不同江段不同时期重金属地累积指数评价结果见表 5-65。可以看出，Cr、Ni、Zn、Cu、V 和 Co 这 6 种重金属在枯水期、平水期和丰水期的 I_{geo} 都小于 0，在松花江全流域都显示无污染状态，说明这几种重金属污染受到人类活动的影响比较小。As 在枯水期、丰水期和平水期的 I_{geo} 指数分别为 0.22、1.02 和 2.18，污染程度为平水期＞丰水期＞枯水期；Cd 在枯水期、丰水期和平水期的 I_{geo} 指数分别为 1.47、1.17 和 0.83，污染程度为枯水期＞丰水期＞平水期；Pb 在枯水期、丰水期和平水期的 I_{geo} 指数分别为 0.41、0.33 和 0.10，污染程度为枯水期＞丰水期＞平水期，其中丰水期下游 I_{geo} 指数小于 0，说明下游污染受人类活动影响较小；Sn 在枯水期、丰水期和平水期的 I_{geo} 指数分别为 0.91、1.00 和 1.16，污染程度为平水期＞丰水期＞枯水期；Sb 在枯水期、丰水期和平水期的 I_{geo} 指数分别为 2.07、2.28 和 2.26，污染程度为丰水期＞平水期＞枯水期；总体而言，在 6 月丰水期和 9 月平水期松花江沉积物中重金属污染程度大小为上游＞中游＞下游。As 和 Pb 在 3 月枯水期污染程度为下游＞中游＞上游；Cd 的污染程度为上游＞

中游＞下游；Sn 的污染程度为中游＞下游＞上游；Sb 的污染程度为中游＞上游＞下游。

表 5-65 不同江段不同时期重金属地累积指数污染评价结果

位置	时期	Cr	Ni	Zn	Cu	As	Cd	Pb	V	Co	Sn	Sb
全流域	3 月枯水期	-1.74	-3.29	-2.24	-1.26	0.22	1.47	0.41	-2.36	-3.55	0.91	2.07
上游	3 月枯水期	-1.69	-3.22	-2.23	-1.12	0.01	1.72	0.47	-2.23	-3.49	0.75	2.23
中游	3 月枯水期	-2.09	-3.11	-2.02	-1.05	0.31	1.55	0.48	-1.98	-3.38	1.06	2.24
下游	3 月枯水期	-1.45	-3.54	-2.48	-1.66	0.44	1.05	0.26	-2.94	-3.80	0.98	1.66
全流域	6 月丰水期	-1.70	-2.87	-2.03	-0.95	1.02	1.17	0.33	-1.79	-2.95	1.00	2.28
上游	6 月丰水期	-1.90	-2.89	-1.97	-0.93	0.82	1.18	0.24	-1.79	-2.99	0.93	2.28
中游	6 月丰水期	-1.94	-2.90	-1.96	-1.00	0.70	1.27	0.17	-1.82	-2.94	0.67	2.25
下游	6 月丰水期	-1.43	-3.09	-2.25	-1.07	1.14	1.24	0.48	-1.92	-3.04	1.07	2.31
全流域	9 月平水期	-1.02	-1.95	-1.37	-1.11	2.18	0.83	0.10	-1.08	-2.14	1.16	2.26
上游	9 月平水期	-0.66	-1.57	-0.96	-0.70	2.28	1.27	0.10	-0.57	-1.77	1.25	2.52
中游	9 月平水期	-1.42	-2.27	-1.72	-1.33	2.14	0.62	0.17	-1.40	-2.45	1.15	2.26
下游	9 月平水期	-0.68	-1.79	-1.18	-1.16	2.16	0.69	-0.04	-1.06	-2.01	1.08	1.95

（2）重金属潜在生态风险指数法评价结果

松花江沉积物中枯水期、平水期和丰水期不同江段不同时期重金属潜在生态风险指数评价结果见表 5-66。由表可知，Cr、Ni、Zn、Cu、V、Co、Sn 和 Sb 这 8 种重金属在枯水期、平水期和丰水期的 E_r^i 值都小于 10，在松花江全流域都显示无污染或低污染状态，说明这几种重金属污染受到人类活动的影响比较小。整个松花江流域中生态风险中 Cd 具有较高的生态风险，Cd 在枯水期、丰水期和平水期的 E_r^i 指数分别为 133.59、107.67 和 97.91，为较重度的污染程度，污染程度依次为枯水期＞丰水期＞平水期；As 在枯水期、丰水期和平水期的 E_r^i 指数分别为 18.06、32.48 和 72.45，在枯水期和丰水期为低污染程度，在平水期为中度污染程度，污染程度大小依次为枯平水期＞丰水期＞枯水期；Pb 在枯水期、丰水期和平水期的 E_r^i 指数分别为 10.08、9.63 和 8.16，属于轻污染程度，污染程度依次为枯水期＞丰水期＞平水期。总体而言，Cd 在枯水期和平水期污染程度大小依次为上游＞中游＞下游，在丰水期污染程度为中游＞上游＞下游；As 在枯水期和丰水期的污染程度为下游＞中游＞上游，在平水期的污染程度为上游＞下游＞中游。Pb 在枯水期和平水期的污染程度大小依次为中游＞上游＞下游，在丰水期污染程度为下游＞上游＞中游。因此，相关部门应该予以重视，重点研究 Cd、As 和 Pb 重金属污染物在松花江流域的来源和途径，并提出相应的管控措施减少重金属污染物的排放。

表 5-66　不同江段不同时期潜在生态风险指数法污染评价结果

位置	时期	Cr	Ni	Zn	Cu	As	Cd	Pb	V	Co	Sn	Sb
全流域	3 月枯水期	1.05	0.88	0.34	3.42	18.06	133.59	10.08	0.72	0.72	1.05	0.88
上游	3 月枯水期	1.01	0.93	0.34	3.74	15.36	150.48	10.48	0.80	0.78	1.01	0.93
中游	3 月枯水期	0.74	0.89	0.38	3.72	19.10	134.14	10.60	0.79	0.73	0.74	0.89
下游	3 月枯水期	1.41	0.78	0.29	2.67	20.81	109.38	8.99	0.54	0.62	1.41	0.78
全流域	6 月丰水期	0.97	1.12	0.40	4.11	32.48	107.67	9.63	0.95	1.04	0.97	1.12
上游	6 月丰水期	0.84	1.05	0.39	3.99	27.29	108.25	9.01	0.90	0.97	0.84	1.05
中游	6 月丰水期	1.40	1.65	0.48	4.76	39.80	145.91	8.81	1.37	25.52	1.40	1.65
下游	6 月丰水期	1.03	1.00	0.39	4.03	39.21	87.40	11.29	0.84	0.98	1.03	1.00
全流域	9 月平水期	1.63	2.18	0.64	3.70	72.45	97.91	8.16	1.58	1.88	1.63	2.18
上游	9 月平水期	1.91	2.58	0.79	4.66	78.20	111.15	8.07	2.11	2.31	1.91	2.58
中游	9 月平水期	1.29	1.79	0.54	3.26	69.82	93.76	8.63	1.28	1.54	1.29	1.79
下游	9 月平水期	1.95	2.46	0.67	3.42	70.75	90.47	7.41	1.52	2.01	1.95	2.46

第6章　松花江水生态完整性评价

本章从物理完整性、化学完整性、生物完整性及生态完整性四个层面，筛选出松花江水生态完整性评价指标，给出了依据流域调查获得的评价参照状态，提出完整性指数计算与分级方法，构建了松花江水生态完整性评价技术体系，并对松花江水生态完整性状态开展了评价。

6.1　松花江物理完整性评价技术研究

6.1.1　物理完整性评价指标筛选

本研究基于松花江水生态退化原因诊断分析，参考美国国家环境保护局快速评价方法，采用专家经验判断法选择指标，根据研究区域地形地貌特征，将松花江干流及支流分为山区河流和平原河流两部分进行物理完整性指标评价，物理完整性指标见表6-1。

表6-1　松花江物理完整性指标

方案层	要素层	指标层	描述
水生态物理完整性指标	地形地貌	河床底质	河流生物栖息空间与河床底质类型有直接的关系，是底栖生物的生存基质，影响其生存和繁衍，底质类型异质性越大，生物多样性越丰富
		栖境复杂性	底栖生物生境的组成类型，其复杂程度与生物生存环境的适宜性有很大的关系，栖息地越复杂性，越能降低物种的竞争程度
		V/*D* 结合特性	主要有4种方式：慢—深、慢—浅、快—深和快—浅，不同的速度（*V*）—深度（*D*）组合代表着生境的异质性，多样化的速度—深度组合可以令同一个河段容纳不同的生物群落
		河流蜿蜒度	是测量点之间河流实际长度与直线距离的比值，蜿蜒度越高通常表明河道越自然
		河岸稳定性	指堤岸耐受侵蚀的潜力，堤岸越稳定，河道就越不容易发生改变，降低了对河流生境的破坏
	水文特征	河水水量状况	指河水充满整个河道的程度，水量过少会限制底质为河流水生生物提供生存环境
	河岸植被	植被多样性	指河岸带植被数量丰富度和物种多样性，河岸植被多样性可间接影响河流生物的生存环境
	水质	河水透明度、气味特征	指河流水质的好坏

方案层	要素层	指标层	描述
水生态物理完整性指标	人类干扰	人类活动强度	包括行人车辆通行、挖沙等活动
		河流连通性	指纵向连通性，以百千米闸坝数量来表征，河流上闸坝越多，对水文连通和生物连通的影响越大
		渠道化状况	指人类对河道结构改造的程度与影响
		河岸土地利用类型	指农业用地对植被造成的破坏，从而改变河道本身的基质特征，使河流生态系统遭到破坏

6.1.2　物理完整性指标评价标准

山区河流和平原河流的物理完整性指标按照表 6-2 的标准进行评估打分。

表 6-2　山区河流和平原河流物理完整性指标评估打分表

评价指标	适用河流类型	好（4）	较好（3）	一般（2）	差（1）
河床底质	山区河流	75%以上是碎石、鹅卵石、大石，泥、沙等沉积物分布面积低于 25%	50% ～ 75% 是碎石、鹅卵石、大石，泥、沙等沉积物分布面积低于 50%	25%～50%是碎石、鹅卵石、大石，其余为泥、沙等沉积物	碎石、鹅卵石、大石少于 25%，其余为泥、沙等沉积物
	平原河流				
栖境复杂性	山区河流	有水生植被、枯枝落叶、倒木、倒凹河岸和巨石等各种小栖境	有水生植被、枯枝落叶和倒凹河岸等小栖境	以 1 种或 2 种小栖境为主	以 1 种小栖境为主，底质多以淤泥或细沙为主
	平原河流	—	—	—	—
V/*D* 结合特性	山区河流	河流流速及水深性状包含慢—深、慢—浅、快—深和快—浅 4 种类型，近乎平均分布	只有 3 种类型出现	只有 2 种类型出现	只有 1 种类型出现
	平原河流				
河流蜿蜒度	山区河流	≥1.80	1.50～1.80	1.15～1.50	<1.15
	平原河流				
河岸稳定性	山区河流	河岸稳定，无侵蚀痕迹，观察范围内（>100 m）小于 5%的河岸面积受到损害	比较稳定，观察范围内有 5%～30%的河岸面积出现侵蚀现象	观察范围内有30%～50%的河岸面积发生侵蚀，且洪水期可能会有较大隐患	观察范围内有 50%以上的河岸面积发生侵蚀
	平原河流	河岸稳定，无侵蚀痕迹，观察范围内（>300 m）有小于 10%的河岸面积受到损害	比较稳定，观察范围内有 10%～35%的河岸面积出现侵蚀现象	观察范围内有35%～60%的河岸面积发生侵蚀，且洪水期可能会有较大隐患	观察范围内有 60%以上的河岸面积发生侵蚀
河水水量状况	山区河流	水量较大，河水淹没到河岸两侧，或仅有少量河道暴露	水量比较大，河水淹没 75%左右的河道	水量一般，河水淹没 25%～75%的河道	水量很小，河道干涸
	平原河流				

评价指标	适用河流类型	好（4）	较好（3）	一般（2）	差（1）
植被多样性	山区河流	河岸周围植被种类很多，面积大，河岸植被覆盖50%以上	河岸周围植被种类比较多，面积一般，河岸植被覆盖25%～50%	河岸周围植被种类比较少，面积较小，河岸植被覆盖少于25%	河岸几乎无植被覆盖
	平原河流				
河水透明度、气味特征	山区河流	很清澈，无任何异味，河水静置后无沉淀物质	较清澈，轻微异味，河水静置后有少量的沉淀物质	较浑浊，有异味，河水静置后有沉淀物质	很浑浊，有大量的刺激性气体逸出，河水静置后沉淀物很多
	平原河流				
人类活动强度	山区河流	无人类活动干扰或少有人类活动干扰	人类活动干扰较小，有少量的步行者或自行车通过	人类活动干扰较大，有少量机动车通过	人类活动干扰很大，为交通必经之路，或为城镇河段，或有采沙等活动
	平原河流				
河流连通性	山区河流	闸坝数量>1.5座/百千米	闸坝数量[1.5，0.9)座/百千米	闸坝数量[0.9，0.3)座/百千米	闸坝数量≤0.3座/百千米
	平原河流				
渠道化状况	山区河流	河道维持自然状态，没有渠道化	河道小部分渠道化，对水生生物影响较小	渠道化程度较高，如两岸有筑堤或桥梁支柱，对水生生物有一定影响	绝大部分河岸固化（水泥等），栖境完全改变，对水生生物影响严重
	平原河流				
河岸土地利用类型	山区河流	河岸两侧无耕地，土壤营养丰富	河岸一侧无耕地，另一侧为耕地	河岸两侧为耕地，需要施加化肥和农药	河岸两侧为耕作废弃的裸露土壤层，营养物质很少
	平原河流				

6.1.3 物理完整性指标权重确定

用熵值法计算各指标及要素的权重（表6-3），按公式（6.1）获得物理完整性指标值。

$$\mathrm{IPI}=\sum_{i=1}^{n}W_i\times S_i \tag{6.1}$$

式中，IPI为物理完整性指标综合指数值，其值为0～1；W_i为表示评价指标在综合评价指标中的权重值，其值为0～1；S_i为评价指标的标准化值，其值为0～1。

表6-3 山区河流和平原河流物理完整性指标评估权重

要素层	指标层	W_i 山区河流	W_i 平原河流
地形地貌	河床底质	0.170	0.200
	栖境复杂性	0.112	—

要素层	指标层	W_i 山区河流	W_i 平原河流
地形地貌	V/D 结合特性	0.097	0.108
	河流蜿蜒度	0.151	0.117
	河岸稳定性	0.044	0.055
水文特征	河水水量状况	0.053	0.044
河岸植被	植被多样性	0.023	0.057
水质	河水透明度、气味特征	0.049	0.046
人类干扰	人类活动强度	0.092	0.078
	河流连通性	0.098	0.125
	渠道化状况	0.036	0.062
	河岸土地利用类型	0.073	0.107

6.1.4　物理完整性评价等级划分

松花江河流物理完整性指标评价按山区河流和平原河流分别建立评价等级标准。以所有指标值的 95 百分位数为最佳，在它与最低值之间 5 等分来划分评价等级阈值（表 6-4）。5 个等级分别为优、良、中、差、劣。

表 6-4　松花江流域物理完整性评价结果等级划分

序号	山区河流物理完整性综合指数值	平原河流物理完整性综合指数值	完整性状况	等级
1	(0.90，1]	(0.75，1]	优	I
2	(0.79，0.90]	(0.67，0.75]	良	II
3	(0.68，0.79]	(0.59，0.67]	中	III
4	(0.57，0.68]	(0.51，0.59]	差	IV
5	(0，0.57]	(0，0.51]	劣	V

根据以上方法得出山区河流和平原河流的物理完整性指数值，绘制以所有山区河流和平原河流点位指数值的累计曲线，取其 75 百分位数作为参照状态，则山区河流物理完整性指数参照状态值为 0.832，平原河流物理完整性指数参照状态值为 0.712，其值皆介于优和良的等级阈值之间。

6.1.5　物理完整性评价结果

（1）山区河流物理完整性评价结果

2016—2018 年 5 次的调查结果显示，2016 年 7 月的 11 个山区河流点位物理完整性指标评价平均值为 0.699，评价等级为“中”，二道松花江源头的两个点位长白山北坡和西坡，以及呼兰河源头的铁力上评价等级最高，为“良”；科洛河大桥和牡丹江口内点位评价等级最低，为“劣”。2016 年 9 月同样获得 11 个山区河流点位有效数据，显示山区点位物理完整性指标评价平均值为 0.708，评价等级为“中”，二道松花江源头的两个点位长白山西坡和二道白河，以及呼兰河源头的铁力上评价等级最高，为“良”；本次调查无评价等级为“劣”的点位，共有 6 个点位评价等级为“差”，分别为桔源林场、科洛河大桥、门鲁河大桥、大山嘴子、牡丹江源头和牡丹江口内。2017 年 6 月调查获得 11 个山区河流点位有效数据，显示调查的山区河流点位物理完整性指标评价平均值在历次调查中最高，达 0.823，评价等级为“良”，其中呼兰河源头的点位铁力上和伊春河上游的胜利上评价等级最高，为“优”；评价等级最低为“中”，共 5 个点位，分别为建农、东兴屯、良种村、加格达奇上和创业村。2017 年 9 月调查获得 7 个山区河流点位，其物理完整性指标评价平均值为 0.764，等级为“中”，牡丹江支流上游点位新兴林场评价得分最高，达 0.983，等级为“优”；牡丹江中游的点位温春大桥评价得分最低，为 0.652，等级为“差”。2018 年 7 月调查获得 13 个山区河流点位有效数据，其物理完整性指标评价平均值为 0.751，等级为“中”，二道松花江源头的两个点位长白山西坡和二道白河，以及呼兰河源头的铁力上评价等级最高，为“优”；牡丹江中游的点位柴河大桥评价得分最低，为 0.527，等级为“劣”。

综合 5 次调查数据，松花江流域山区河流点位物理完整性指标评价平均值为 0.748，等级为“中”。其中评价等级为“优”的占 15.1%，评价等级为“良”的占 22.6%，评价等级为“中”的占 32.1%，评价等级为“差”的占 22.6%，评价等级为“劣”的占 7.6%（图 6-1）。

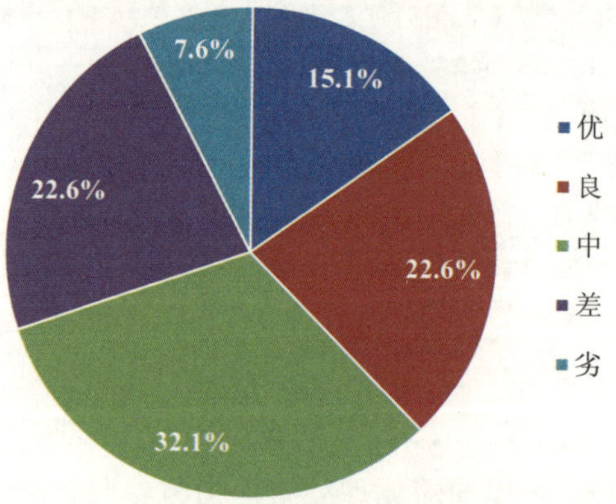

图 6-1　山区河流物理完整性评价各等级比例

（2）平原河流物理完整性评价结果

2016 年 7 月调查获得 29 个平原河流点位有效数据。平原河流点位物理完整性指标评价平均值为 0.605，评价等级为“中”。汤旺河中下游点位汤旺河口内评价等级最高，为“优”；松花江入黑龙江河口处的点位同江、牡丹江下游点位牡丹江口上，以及倭肯河中游点位得分最低，评价等级为“劣”。2016 年 9 月调查获得 19 个平原河流点位有效数据。平原河流点位物理完整性指标评价结果与 7 月相近，平均值为 0.614，评价等级为“中”。汤旺河中下游点位汤旺河口内评价等级最高，为“优”；倭肯河中游点位评价等级最低，为“劣”。2017 年 6 月调查获得 12 个平原河流点位有效数据。平原河流点位物理完整性指标评价平均值为 0.606，等级为“中”。其中嫩江支流诺敏河上游点位斯木科评价等级最高，为“优”；呼兰河中下游点位兰前头村评价等级最低，为“劣”。2017 年 9 月调查获得 11 个平原河流点位有效数据。平原河流点位物理完整性指标评价平均值为0.675，等级为“良”。倭肯河上游点位金沙、蛤蟆河上游点位桦树青年点和干流的大顶子山评价等级最高，为“优”；呼兰河中游点位评价等级最低，为“差”。2018 年 7 月调查获得 29 个平原河流点位有效数据。平原河流点位物理完整性指标评价平均值为 0.594，等级为“中”。其中汤旺河中下游点位汤旺河口内评价得分最高，为 0.765，等级为“优”；松花江入黑龙江河口处的点位同江、松花江干流中游点位朱顺屯、柳河中游点位、伊通河下游点位万金塔以及嫩江下游点位江桥评价等级最低，为“劣”。

综合 5 次调查数据，松花江流域平原河流点位物理完整性指标评价平均值为 0.611，等级为“中”。其中评价等级为“优”的占 7.0%，评价等级为“良”的占 15.0%，评价等级为“中”的占 30.0%，评价等级为“差”的占 38.0%，评价等级为“劣”的占 10.0%（图 6-2）。

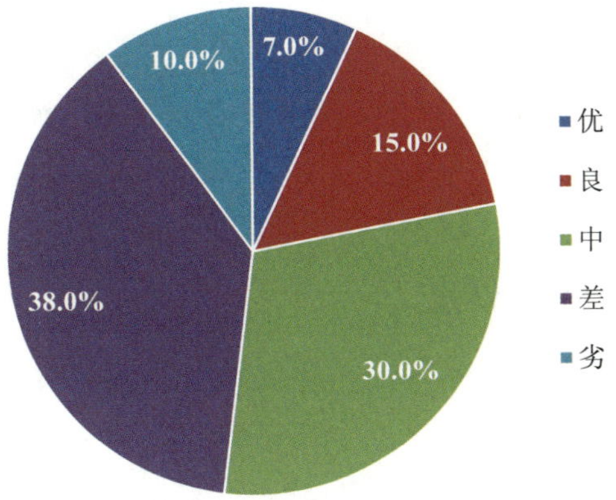

图 6-2　平原河流物理完整性评价各等级比例

从空间分布来看，山区河流物理完整性指标评价等级高的基本位于河流源头，接近平原的点位则评价等级较低。平原河流物理完整性指标评价等级高的基本位于河流中上游，而人类活动干扰较大的中下游点位则评价等级较低。松花江流域物理完整性评价结果见图 6-3。

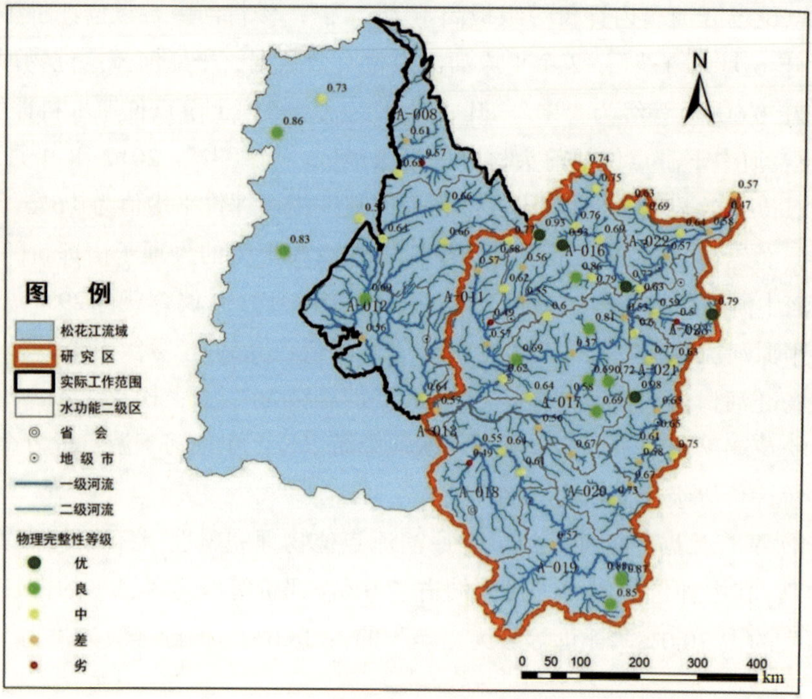

图 6-3 松花江流域物理完整性评价结果

6.2 松花江化学完整性评价技术研究

6.2.1 化学完整性评价指标筛选

根据指标筛选的原则，将指标的筛选过程分为定性筛选和定量筛选两部分。

（1）定性筛选

①对研究流域近 10～15 年的历史数据进行时空趋势分析，揭示各水质指标的时空变化规律，识别随时间和空间变化较大的污染物以及超标率较高的污染物。

②对典型污染物进行水生态风险评估，识别存在生态风险的污染物。

③通过专家咨询，由相关领域专家选出合适的指标。

（2）定量筛选

采用偏最小二乘回归法对流域近 10～15 年的历史水质数据进行时间和空间的趋势分析，揭示各水质指标的时空变化规律，识别随时间和空间变化较大的污染物以及超标率较高的污染物；对典型污染物进行水生态风险评估，识别存在生态风险的污染物；利用回归模型分析人为压力与水质指标之间的关系，识别对人为压力响应较大的水质指标。符合以上任意条件的指标即为流域化学完整性评价指标，具体流程见图 6-4。

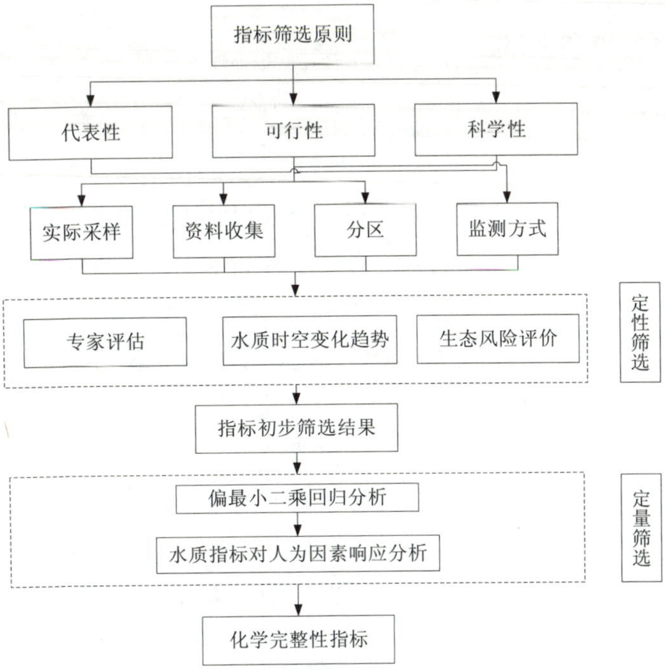

图 6-4　化学完整性指标筛选方法

根据指标筛选的代表性原则以及松花江流域水质的时空变异特征分析，经筛选，获得松花江化学完整性评价指标（表 6-5）。

表 6-5　松花江流域水生态化学完整性指标

	一级指标	二级指标	适用河流类型
水生态化学完整性	理化状况	pH	全流域
		EC	全流域
		DO	全流域
	有机污染状况	COD_{Cr}	全流域
		COD_{Mn}	全流域
		BOD_5	全流域
		LAS	全流域
	营养盐污染状况	NH_3-N	全流域
		NO_3^--N	全流域
		TN	全流域
		TP	全流域
	重金属污染状况	Pb	平原河流
		Cu	平原河流
		Zn	全流域
		Cd	全流域
	有毒有机污染物	石油类	全流域
		挥发酚	全流域

6.2.2 化学完整性评价标准

6.2.2.1 参照状态

确定参照状态的目的在于明确流域水生态系统中的化学要素能够达到的最佳状态，或者期望达到的最佳状态，通过生态完整性评价可以得知现在的水生态系统的化学状况与参照状态之间的差距，因此参照状态的确定有助于提高水生态完整性评价的精确性和准确性。本研究中按照栖息地评价打分的方法来选择参照点位（郑丙辉等，2016）。评价指标体系由河床底质、栖境复杂性、*V—D* 结合特性、河岸稳定性、渠道化状况、河水水量状况、植被多样性、水质状况、人类活动强度和河岸土地利用类型 10 个指标构成。通过现场调查目测评分的方式进行评价，小于 25 百分位数值为“好”的等级，可以作为参照点。同时，在原有栖境评价指标体系的基础上增加了面源污染土地利用状况、点源污染指标。先通过栖境评价指标体系打分获取参照点位，再经过面源及点源的相应限定标准的筛选，若有一项不符合此标准则剔除该参照点位，选取标准见表 6-6，具体流程如图 6-5 所示。

表 6-6 流域化学完整性参照点选取标准

要素	标准
面源污染土地利用状况	1. 汇水区耕地（旱地）面积＜20%，并且与河岸带不连通
	2. 汇水区水田面积＜3%，并且与河岸带不连通
	3. 汇水区城镇用地面积＜1%
	4. 没有明显的畜牧活动
	5. 汇水区天然土地利用覆盖率＞80%
点源污染	1. 没有较大的排污口
	2. 没有已知的泄漏事件或污染事件

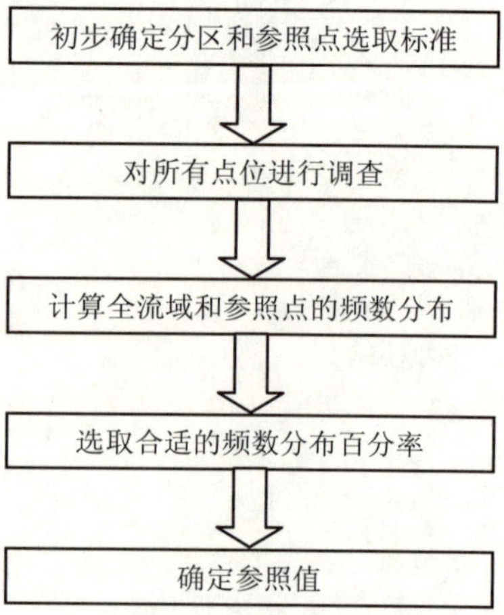

图 6-5 参照状态确定流程

首先将松花江流域所有点位按照地形和海拔分为丘陵山区河流点位和平原河流点位，通过现场实际调查利用栖境评分表对点位进行打分，得到评价结果为“好”的参照位点，最后得到松花江流域的参照点如表 6-7 所示。

表 6-7　松花江参照点位筛选结果

点位编号	参照点位	经度	纬度	分区	点位属性
1	加格达奇上	123.78E	50.55N	丘陵山区	国控点位
7	苗圃	129.29E	48.27N	丘陵山区	国控点位
8	桔源林场	129.36E	48.64N	丘陵山区	采样点
9	友好	128.86E	47.82N	丘陵山区	采样点/国控点位
16	梧桐河口内	130.16E	47.95N	丘陵山区	国控点位
27	汤旺河口内	129.64E	46.73N	丘陵山区	采样点/国控点位
70	牡丹江源头	127.85E	47.11N	丘陵山区	采样点
80	白山大桥	127.22E	42.73N	丘陵山区	国控点位
81	墙缝	126.98E	43.12N	丘陵山区	国控点位
85	头道松花江源头	128.09E	42.36N	丘陵山区	采样点
86	二松源头天池西	127.76E	42.04N	丘陵山区	采样点

以松花江流域 2003—2018 年的水质数据为基础，分别确定不同分区以及不同季节各水质指标的参照状态。以参照点位累计频率 25%～75%的特征值作为参照状态的变化范围，其中 DO 作为正向指标，取累计频率为 25%的特征值作为参照状态的最高值；在平原地区无法找到完全不受人类干扰的参照点，因此选用全部调查点累计频率为 25%的特征值确定水质指标的参照状态，以累计频率 5%～50%的特征值作为参照状态的变化范围，相应的，DO 取累计频率为 75%的特征值作为参照状态，结果如表 6-8 所示。

表 6-8　松花江流域水生态化学完整性参照状态

序号	指标	水期	平原		丘陵山区	
			参照值	变化范围	参照值	变化范围
1	EC/（mS/cm）	丰水期	14.8	7.10～19.99	10.42	8.12～12.93
		平水期	15.5	7.51～20.50	11.35	8.68～13.30
		枯水期	19.7	8.74～25.20	12.5	11.25～14.35
2	DO/（mg/L）	丰水期	8.2	7.30～9.75	8.4	7.70～9.46
		平水期	9.44	8.13～11.29	9.25	7.80～10.50
		枯水期	9.08	8.28～12.49	9.6	8.30～10.85
3	COD_{Cr}/（mg/L）	丰水期	15.98	11.70～18.99	18	12.89～20.00
		平水期	15	11.00～18.60	17	11.89～20.99
		枯水期	13.9	11.00～18.00	13.75	11.47～18.00
4	COD_{Mn}/（mg/L）	丰水期	5.1	3.80～5.70	5.9	4.55～9.12
		平水期	4.87	3.49～5.60	5.13	4.30～6.58
		枯水期	4.24	3.00～5.20	4.9	4.36～5.50

序号	指标	水期	平原		丘陵山区	
			参照值	变化范围	参照值	变化范围
5	BOD_5/（mg/L）	丰水期	1.67	0.92～2.54	1.5	1.0～2.10
		平水期	1.75	0.96～2.60	1.7	1.0～2.30
		枯水期	2.03	1.00～2.79	1	1～2.30
6	NH_3-N/（mg/L）	丰水期	0.27	0.11～0.49	0.32	0.15～0.60
		平水期	0.29	0.13～0.51	0.28	0.17～0.59
		枯水期	0.49	0.16～0.89	0.28	0.12～0.50
7	NO_3^--N/（mg/L）	丰水期	0.25	0.047～0.62	0.26	0.18～0.37
		平水期	0.25	0.040～0.68	0.29	0.23～0.40
		枯水期	0.43	0.09～0.71	0.24	0.21～0.32
8	TN/（mg/L）	丰水期	1.13	0.63～1.74	0.86	0.74～1.13
		平水期	1	0.54～1.66	1.03	0.80～1.42
		枯水期	1.28	0.72～1.76	1.15	0.78～1.16
9	TP/（mg/L）	丰水期	0.08	0.03～0.14	0.05	0.040～0.078
		平水期	0.08	0.038～0.13	0.06	0.036～0.086
		枯水期	0.07	0.033～0.11	0.04	0.02～0.06
10	石油类/（mg/L）	丰水期	0.01		0.01	
		平水期	0.01		0.01	
		枯水期	0.01		0.01	
11	挥发酚/（μg/L）	丰水期	0.01		0.01	
		平水期	0.01		0.01	
		枯水期	0.01		0.01	
12	Pb/（μg/L）	丰水期	0.5	0.2～0.7		
		平水期	0.5	0.2～1.0		
		枯水期	0.5	0.2～0.9		
13	Cu/（μg/L）	丰水期	0.5	0.5～1.8		
		平水期	0.5	0.5～1.7		
		枯水期	0.5	0.5～1.0		
14	Zn/（μg/L）	丰水期	9.5	1.5～14	5.0	
		平水期	10	1.5～15.9	5.0	
		枯水期	10	2.0～12.5	2.0	
15	Cd/（μg/L）	丰水期	0.049	0.019～0.049	0.049	0.019～0.05
		平水期	0.049	0.019～0.049	0.049	0.019～0.05
		枯水期	0.049	0.019～0.049	0.040	0.030～0.05
16	LAS/（mg/L）	丰水期	0.025	0.025～0.030	0.025	0.025～0.030
		平水期	0.025	0.025～0.030	0.025	0.025～0.030
		枯水期	0.025	0.025～0.050	0.025	0.025～0.030

由表 6-8 可知，水质理化指标（EC、DO）、有机污染指标（COD_{Cr}、COD_{Mn}）以及营养类（NH_3-N、TN、TP）的参照值具有较为明显的季节和空间差异，重金属指标（Pb、Cu、Zn、Cd）、有毒有机类指标（挥发酚和石油类）和 LAS 的参照值季节和空间差异不明显。松花江流域的 TN 和高锰酸盐指数的参照值在山区和平原地区都较高，TN 接近或超

过地表水III类的标准，高锰酸盐指数则在丘陵山区的参照值高于平原地区，且在丰水期接近于地表水III类标准。然而丘陵山区的参照位点大多位于河流上游，例如位于小兴安岭腹地的汤旺河口内、枯源林场以及大兴安岭地区的加格达奇上等，这些点位栖境良好、森林覆盖率高，符合参照点位选取的标准，但均表现出 COD_{Mn} 浓度较高甚至超标的现象。原因可能在于，林地覆盖较高的区域土壤中有机质含量较高，丰水期由于降雨频繁、雨量大，在降雨的初始冲刷效应的作用下，土壤中的有机质随地表径流大量进入河道，造成河流中有机物含量增加，高锰酸盐指数升高。不同分区、不同季节间隔指标的参照状态值存在显著的差异，也体现了流域本身自然条件的变化特性，也说明对流域进行分区、分期制定适宜的管理措施非常必要。

6.2.2.2 评价阈值

将参照值与现行《地表水环境质量标准》（GB 3838—2002）进行比较发现，NH_3-N 在 3 个水期的参照值均低于 I 类水质标准值，3 个水期的基准值高于 I 类水质标准值，低于III类水质标准值。河流水生态化学完整性的阈值表示河流的化学状况由“完整”变为“不完整”的临界状态，因此可以认为，当流域人类干扰达到最大时，所获得的水质参数值为此指标的阈值。选择地表水环境质量标准中 V 类水质标准值作为化学指标评价阈值。对于 EC 和 NO_3^--N，通过建立水质指标和人为因素之间的偏最小二乘回归模型（PLSR）来确定其阈值。表 6-9、表 6-10 是人为因素对水质的定量评估，EC 以及 NO_3^--N 与人为因素的 PLSR 模型结果。其中，EC 和 NO_3^--N 在分析过程中经过了 log 转换。EC 的回归模型在平原地区包含两个显著的自变量，分别是城镇用地（UR）和草地边缘密度（3ED），当人类活动最大时，认为 UR 达到 100%，而草地边缘密度为 0；在丘陵山区回归模型的显著自变量为农田（AR）和林地（FO），当人类干扰最大时，认为 AR 达到 100%，而 FO 则为 0。在丰水期 NO_3^--N 的回归模型在平原地区主要包含农田（AR）和农田最大斑块指数（1LPI），当 AR 和 1LPI 最大时，则表示人类干扰为最大；回归模型在丘陵山区主要包括 CONTAG 和 FO 两个自变量，CONTAG 越大，表明斑块的蔓延度越大，优势斑块之间的连接性越好，因此当 CONTAG 趋于 0 时，表示斑块之间连接性较差，景观表现出了多种要素形成的密集格局，景观的破碎化较高，因此当 CONTAG 为 0 时，人类干扰最大。NO_3^--N 的回归模型在平水期主要与 UR 和林地边缘密度（2ED）有关，当 UR 为 100%、2ED 为 0 时，人类干扰达到最大。

表 6-9 丰水期 EC 与 NO_3^--N 与人为因素的偏最小二乘回归分析结果

区域	水质指标	回归模型	R^2
平原	log EC/（mS/cm）	0.106（UR）−0.114（3ED）−8.65	0.55
	log NO_3^--N/（mg/L）	0.183（AR）+0.149（1LPI）−32.79	0.67
丘陵山区	log EC/（mS/cm）	−0.332（FO）+0.211（AR）−19.2	0.65
	log NO_3^--N/（mg/L）	−0.329（CONTAG）−0.315（FO）+0.37	0.63

表 6-10 平水期 EC 与 NO_3^--N 与人为因素的偏最小二乘回归分析结果

区域	水质指标	回归模型	R^2
平原	log EC/（mS/cm）	−0.165（3ED）+0.156（UR）−13.68	0.53
	log NO_3^--N/（mg/L）	0.314（UR）−0.284（2ED）−31.02	0.51
丘陵山区	log EC/（mS/cm）	−0.204（FO）+0.192（AR）−17.28	0.56
	log NO_3^--N/（mg/L）	2ED（−0.209）+0.199（UR）−19.54	0.46

利用 EC 和 NO_3^--N 的回归模型，得到了松花江流域 EC 和 NO_3^--N 的水生态化学完整性阈值。松花江流域在冬季河流冰封，地表径流几乎没有，人为因素对河流的影响大大削弱，因此在冰封期 EC 和 NO_3^--N 的阈值通过查阅文献资料确定，如表 6-11 所示。松花江水生态完整性化学指标阈值如表 6-12 所示。

表 6-11 EC 与 NO_3^--N 的水生态化学完整性阈值

指标	水期	平原	丘陵山区
		阈值	阈值
EC/（mS/cm）	丰水期	89.1	79.4
	平水期	87.09	83.17
	枯水期	90	90
NO_3^--N/（mg/L）	丰水期	2.57	2.32
	平水期	2.40	2.29
	枯水期	2.00	2.00

表 6-12 松花江水生态完整性化学指标阈值

序号	指标	水期	参照值		阈值
			平原	丘陵山区	
1	EC/（mS/cm）	丰水期	14.8	10.42	79.4
		平水期	15.5	11.35	83.17
		枯水期	19.7	12.5	90
2	DO/（mg/L）	丰水期	8.2	8.4	2
		平水期	9.44	9.25	2
		枯水期	9.08	9.6	2
3	COD_{Cr}/（mg/L）	丰水期	15.98	18	40
		平水期	15	17	40
		枯水期	13.9	13.75	40
4	COD_{Mn}/（mg/L）	丰水期	5.1	5.9	15
		平水期	4.87	5.13	15
		枯水期	4.24	4.9	15
5	BOD_5/（mg/L）	丰水期	1.67	1.5	10
		平水期	1.75	1.7	10
		枯水期	2.03	1	10

序号	指标	水期	参照值		阈值
			平原	丘陵山区	
6	NH_3-N/（mg/L）	丰水期	0.27	0.32	2
		平水期	0.29	0.28	2
		枯水期	0.49	0.28	2
7	NO_3^--N/（mg/L）	丰水期	0.25	0.26	2.32
		平水期	0.25	0.29	2.29
		枯水期	0.43	0.24	2.00
8	TN/（mg/L）	丰水期	1.13	0.86	2
		平水期	1	1.03	2
		枯水期	1.28	1.15	2
9	TP/（mg/L）	丰水期	0.08	0.05	0.4
		平水期	0.08	0.06	0.4
		枯水期	0.07	0.04	0.4
10	石油类/（mg/L）	丰水期	0.02	0.005	1.0
		平水期	0.02	0.005	1.0
		枯水期	0.02	0.005	1.0
11	挥发酚/（μg/L）	丰水期	0.1		0.1
		平水期	0.2		0.1
		枯水期	0.2		0.1
12	Pb/（μg/L）	丰水期	0.5		100
		平水期	0.5		100
		枯水期	0.5		100
13	Cu/（μg/L）	丰水期	0.5		1 000
		平水期	0.5		1 000
		枯水期	0.5		1 000
14	Zn/（μg/L）	丰水期	9.5		2 000
		平水期	10		2 000
		枯水期	10		2 000
15	Cd/（μg/L）	丰水期	0.049	0.049	10
		平水期	0.049	0.049	10
		枯水期	0.049	0.040	10
16	LAS/（mg/L）	丰水期	0.025	0.025	0.3
		平水期	0.025	0.025	0.3
		枯水期	0.025	0.025	0.3

6.2.2.3　指标标准化

通常用数据标准化法来消除各指标属性不同导致的不可评价性，一般又可将各个指标划分为正向指标、负向指标以及双向指标，并对不同属性指标采取不同的方法进行标准化处理。所谓正向指标即数值越大代表质量越好，数值越小代表质量越差；负向指标则反之；双向指标则为水体中该指标存在一个最佳的理想值或最佳范围，当偏离该理想值或者最佳范围时，水生态系统的质量均变差。采用研究确定的参照状态（不受人类干扰的最佳状态）

和阈值（指标等级最差状态值）对各类指标进行标准化。

（1）正向指标

水质指标中的正向指标仅有溶解氧（DO）：

$$S_{DO} = \frac{D_{DO} - D_{min}}{D_{max} - D_{min}} \tag{6.2}$$

式中，S_{DO}为溶解氧浓度的标准化值；D_{max}为溶解氧浓度参照值；D_{min}为溶解氧浓度阈值；D_{DO}为断面溶解氧浓度。

（2）负向指标

其他大部分水质指标均为负向指标，即指标值越小越好：

$$S_i = \frac{D_{max} - D_i}{D_{max} - D_{min}} \tag{6.3}$$

式中，S_i为水质指标浓度的标准化值；D_{max}为各水质指标的阈值；D_{min}为各水质指标的参照状态；D_i为断面水质指标的浓度。

（3）双向指标

pH是水质指标中唯一的双向指标，即它的理想状态处于一个范围，依据地表水环境质量标准，pH的最佳范围为6～9。

$$S_{pH} = \frac{7.0 - D_{pH}}{7.0 - D_{min}} \quad 当 D_{pH} \leqslant 7 时 \tag{6.4}$$

$$S_{pH} = \frac{D_{pH} - 7.0}{D_{max} - 7.0} \quad 当 D_{pH} > 7 时 \tag{6.5}$$

化学指标评估方法如下：

$$ICI = \sum_{i=1}^{n} W_i \times S_i \tag{6.6}$$

式中，ICI为化学指标综合指数值；W_i为各化学指标权重值；S_i为各化学指标标准化值。

6.2.2.4 评价周期

通常认为水生态系统对污染物的负面影响作用具有一定的耐受能力，当污染物的负面影响持续时间在某一限度内，且在足够长的时间内不再发生，使其能够自我修复，则不会对水生态平衡产生不可接受的影响。因此，污染物对水生态系统的影响程度与负面影响的强度、持续时间、发生频次有很大关系。因此，美国国家环境保护局在水质基准中除了对浓度阈值做出规定外，还包括频率和周期，即在规定时间内，水体中污染物超过阈值的次数不得超过规定次数，否则会对生态系统造成不可逆的负面影响。当前我国在环境管理中采用年均值对水质进行管理与考核，对整个水生态系统的考虑还不够全面。本研究对水体化学指标的评价结合我国与美国国家环境保护局的方法，以1年作为评价周期，1年内分3个水期对水体化学指标进行评价。

6.2.3　化学完整性指标权重确定

权重的计算方法主要包括主观赋权法和客观赋权法，主观赋权法中的层次分析法以及客观赋权法中的熵权法被大量应用于构建指标体系中，但各有优缺点。主观赋权法根据决策者的主观认识确定权重，受决策者的主观经验影响较大。客观赋权法是根据实际数据经过数学理论和算法确定权重，不受决策者主观因素的影响。但客观赋权法在评价时未考虑评价指标间的差异性，评价结果有可能与人们所认知的存在较大差异。因此在进行指标体系构建时，同时应用两种方法对指标进行赋权较为全面合理。

层次分析法是一种简便、灵活的多维准则决策的数学方法，它可以实现由定性到定量的转化，把复杂的问题系统化、层次化。结构方程模型包括测量模型和结构模型两部分，测量模型是观察变量（量表或问卷等测量工具所得的数据）与潜变量（观察变量间所形成的特质或抽象概念）之间的相互关系，反映了潜变量如何被相对应的显性指标所测量或概念化；而结构模型则是潜在变量与潜在变量所形成的关系，以及模型中其他变量无法解释的变量部分。测量方程描述潜变量与观测变量之间的关系，方程如下：

$$y = \Lambda_y \eta + \varepsilon \tag{6.7}$$

$$x = \Lambda_x \xi + \delta \tag{6.8}$$

式中内因潜变量η连接到内生标识，即观测变量 y；将外因潜变量ξ 连接到外生标识，即观测量 x。矩阵Λ_x和Λ_y分别为反映 x 对ξ 和 y 对η关系强弱程度的系数矩阵，可以理解为相关系数。ε和δ分别是测量误差。

结构方程反映潜变量之间的关系，方程如下：

$$\eta = B\eta + \Gamma\xi + \zeta \tag{6.9}$$

式中内因潜变量和外因潜变量之间通过系数 B 和Γ及误差向量联系起来，其中Γ代表外因潜变量对内因潜变量的影响，B 为内因潜变量之间的相互影响，ζ为结构方程的误差项。

基于流域水生态化学完整性评价的要求，本研究采用层次分析法作为主观赋权法，建立一套关于水生态系统的各因子递进层次结构模型，由专家根据经验对每一层次上的因素进行逐条比较，得到其关于上一层次因子重要性比较的标度。以目标-要素-指标为基础构建水生态化学完整性的 SEM 模型，各自包含的指标为观测变量，通过对结构方程的拟合和路径分析，获得观测变量与潜变量、潜变量与潜变量关系的路径系数，可以计算水生态化学完整性评价体系中方案层和指标层的观众系数，具体方法如下：

假定理化状况、营养盐状况、有机污染状况、重金属污染状况、有毒有机污染状况为潜变量的路径系数，分别为λ_1、λ_2、λ_3、λ_4、λ_5，5 个潜变量的权重为$W_i = \lambda_i / \sum_{i=1}^{5} \lambda_i$。理化状况、营养盐状况、有机污染状况、重金属污染状况和有毒有机污染状况的各观测变量（指标）的路径系数分别为$\omega_{ji}(j=1,2,3,4,5)$。

对应的指标层的权重计算公式为

$$w_{ji}=\omega_{ji}/\sum_{i=1}^{n}\omega_{ji}(j=1,2,3,4,5) \tag{6.10}$$

根据建立的指标体系，以松花江流域2010—2018年水质数据为基础，利用AMOS 7.0软件分别构建以目标-要素-指标为框架的平原和山区水生态化学完整性结构方程模型，并对方程进行拟合和通径分析，确定潜变量（方案层）与观测变量（指标层）之间的通径系数，从而计算指标层和方案层各指标的权重。为保持指标的量纲一致，分析之前对指标进行标准化。

（1）结构方程模型适配度检验

AMOS提供了多种模型拟合指数，用于判定模型的拟合优度，一般选用的模型拟合指数主要包括绝对适配度系数中的卡方（χ^2）检验、均方根残差（RMR）、拟合良好性指标（GFI）和近似误差均方根（RMSEA），增值适配度系数中的标准拟合指数（NFI）、非标准拟合指数（TLI）、增值拟合指数（IFI）、相对拟合指数（RFI）和比较拟合指数（CFI），以及简约适配度系数中的简约后规范指标（PNFI）和简约后匹适指标（PCFI）值。平原以及山区的结构方程模型适配度检验统计量如表6-13所示，两个模型的整体适配度卡方值（χ^2）分别为24.31和14.88，显著性概率值分别为0.067和0.065，均大于0.05，接受虚无假设，假设理论模型与实际数据间可以契合。从其他适配度指标来看，除RMR值以外，其他适配度指数均符合标准，说明模型基本上可以达到适配标准，所建理论模型与实际数据相符合，路径分析模型具有显著意义，具体指标见表6-13。

表6-13　平原结构和山区结构方程模型适配度检验结果

统计检验量	适配的标准或临界值		检验结果		模型适配判断	
	平原结构	山区结构	平原结构	山区结构	平原结构	山区结构
绝对适配度系数						
χ^2	$p>0.05$（未达显著水平）	$p>0.05$（未达显著水平）	24.31（$p=0.067>0.05$）	14.88（$p=0.065$）	是	是
RMR值	<0.05	<0.05	0.088	0.074	否	否
RMSEA值	<0.08	<0.08	0.04	0.069	是	是
GFI值	>0.90以上	>0.90以上	0.963	0.932	是	是
增值适配度系数						
NFI值	>0.90以上	>0.90以上	0.976	0.950	是	是
RFI值	>0.90以上	>0.90以上	0.934	0.909	是	是
IFI值	>0.90以上	>0.90以上	0.981	0.977	是	是
TLI值	>0.90以上	>0.90以上	0.940	0.926	是	是
CFI值	>0.90以上	>0.90以上	0.981	0.972	是	是

统计检验量	适配的标准或临界值		检验结果		模型适配判断	
	平原结构	山区结构	平原结构	山区结构	平原结构	山区结构
简约适配度系数						
PNFI 值	>0.50	>0.50	0.653	0.745	是	是
PCFI 值	>0.50	>0.50	0.656	0.526	是	是

（2）结构方程模型路径分析

运用 AMOS 7.0 软件对构建的结构方程模型进行路径分析，通过比较标准化后的路径系数可以看出，不论在平原地区还是山区，水质理化状况、营养盐状况、有机污染状况、重金属污染状况和有毒有机污染状况均对松花江水生态的化学完整性具有负向影响。观测变量中只有 DO（X3）对所影响的潜变量水质理化状况具有负向影响，其他观测变量均对所影响的潜变量有正向影响。模型的路径系数检验结果如表 6-14 所示。因此可以确定假设模型与实际情况是相符合的。

表 6-14　模型路径系数结果

变量关系	平原		山区	
	显著性	标准化路径系数	显著性	标准化路径系数
化学完整性→有机污染	***	−0.928	***	−0.759
化学完整性→营养盐	***	−0.983	***	−0.420
化学完整性→重金属	***	−0.409	***	−0.570
化学完整性→理化状况	***	−0.697	0.017	−0.484
化学完整性→有毒有机污染	***	−0.800	0.538	−0.137
X4←有机污染	***	0.922	***	0.894
X5←有机污染	***	0.726	***	0.842
X6←有机污染	***	0.928	***	0.292
X7←有机污染	***	0.758	0.045	0.066
X8←营养盐	***	0.968	***	0.906
X9←营养盐	***	0.894	0.122	0.159
X10←营养盐	***	0.968	***	0.262
X11←营养盐	***	0.878	***	0.368
X14←重金属	***	0.777		
X15←重金属	0.038	0.048		
X16←重金属	0.306	0.024	***	0.183
X17←重金属	***	0.932	***	0.479
X1←理化状况	***	0.130	0.014	0.863
X2←理化状况	***	0.138	***	0.160
X3←理化状况	***	−0.518	***	−0.163
X12←有毒有机	***	0.133	0.538	0.074
X13←有毒有机	***	0.800	***	0.324

注：***表示显著性水平 $p<0.01$。

（3）确定评价指标的权重

根据本研究中评价权重的确定方法，利用构建的结构方程观测变量和潜变量、潜变量和潜变量之间的路径系数进行权重的计算，计算结果如表 6-15 所示。

表 6-15　松花江水生态化学完整性指标权重（平原/山区）

要素层	准则层	指标层
水生态化学完整性	理化状况（0.182 6/0.204 2）	pH（0.165 4/0.671 1）
		EC（0.175 6/0.124 4）
		DO（0.659 0/0.204 5）
	有机污染状况（0.243 1/0.320 3）	COD_{Cr}（0.276 5/0.426 9）
		COD_{Mn}（0.217 8/0.402 1）
		BOD_5（0.278 3/0.139 4）
		LAS（0.227 3/0.031 5）
	营养盐污染状况（0.257 5/0.177 2）	NH_3-N（0.261 1/0.534 5）
		NO_3^--N（0.241 1/0.093 8）
		TN（0.261 1/0.154 6）
		TP（0.236 8/0.217 1）
	重金属污染状况（0.107 2/0.240 5）	Pb（0.436 3）
		Cu（0.026 9）
		Zn（0.013 5/0.276 4）
		Cd（0.523 3/0.723 6）
	有毒有机污染状况（0.182 6/0.057 9）	石油类（0.142 6/0.185 9）
		挥发酚（0.857 4/0.814 1）

6.2.4　化学完整性评价等级划分

化学指标经标准化后，计算水生态化学完整性综合指数（CII），其值域为[0，1]，对值域进行 5 等分，得到化学完整性状况等级（表 6-16）。

表 6-16　松花江流域化学完整性评价结果等级划分

序号	化学完整性综合指数值	完整性状况	等级
1	（0.8，1]	优	Ⅰ
2	（0.6，0.8]	良	Ⅱ
3	（0.4，0.6]	中	Ⅲ
4	（0.2，0.4]	差	Ⅳ
5	（0，0.2]	劣	Ⅴ

6.2.5　化学完整性评价结果

以松花江流域 2016 年丰水期、平水期和冰封期的水质数据为例，对流域的化学完整性进行综合评价。利用 ArcGIS 10.2 软件中空间分析工具对丰水期、平水期和冰封期化学完整性综合评价指数值进行空间插值，插值方法为反距离权重法（IDW），结果如图 6-6~图 6-8 所示。

在丰水期，松花江流域有 19.3%的点位化学完整性达到了“优”的状态，72.3%的点位为“良”的状态，而 8.4%的点位为“中”的状态。在平水期，松花江流域有 24.1%的点位化学完整性达到了“优”的状态，较丰水期有所提升，66.3%的点位为“良”的状态，而 9.6%的点位为“中”的状态。在冰封期，松花江流域有 27.7%的点位化学完整性达到了“优”的状态，64.6%的点位为“良”的状态，6.2%的点位为“中”的状态，而 1.5%的点位处于“差”的状态。评价结果表明，松花江流域的化学完整性大部分为“良”的状态，其次为“优”的状态，少部分点位处于“中”的状态。

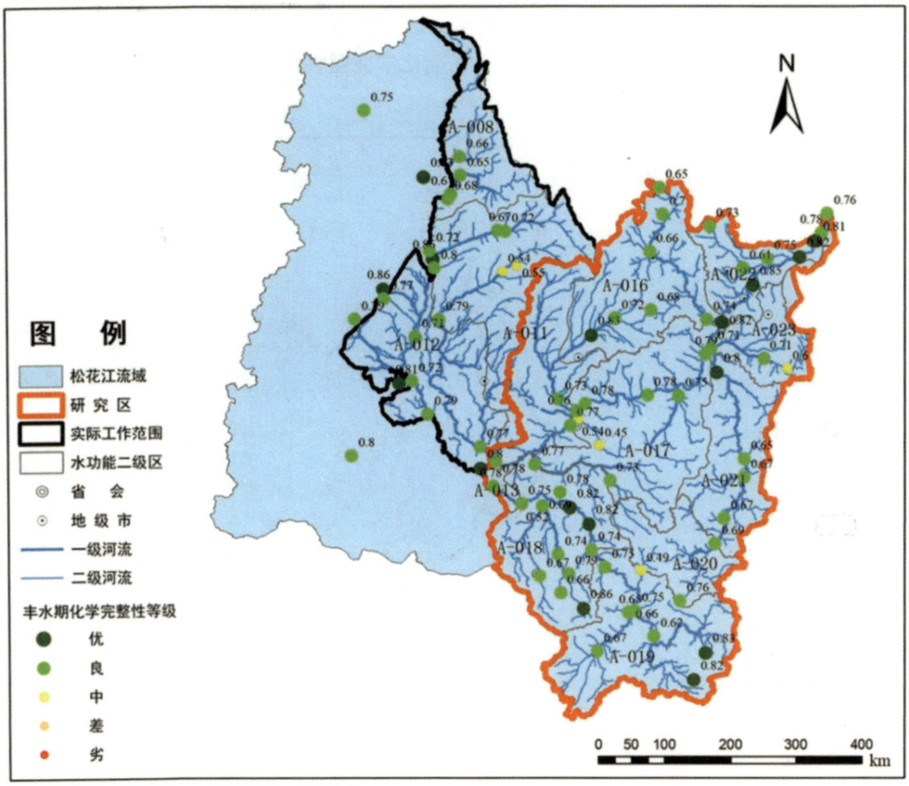

图 6-6　松花江流域丰水期化学完整性评价结果

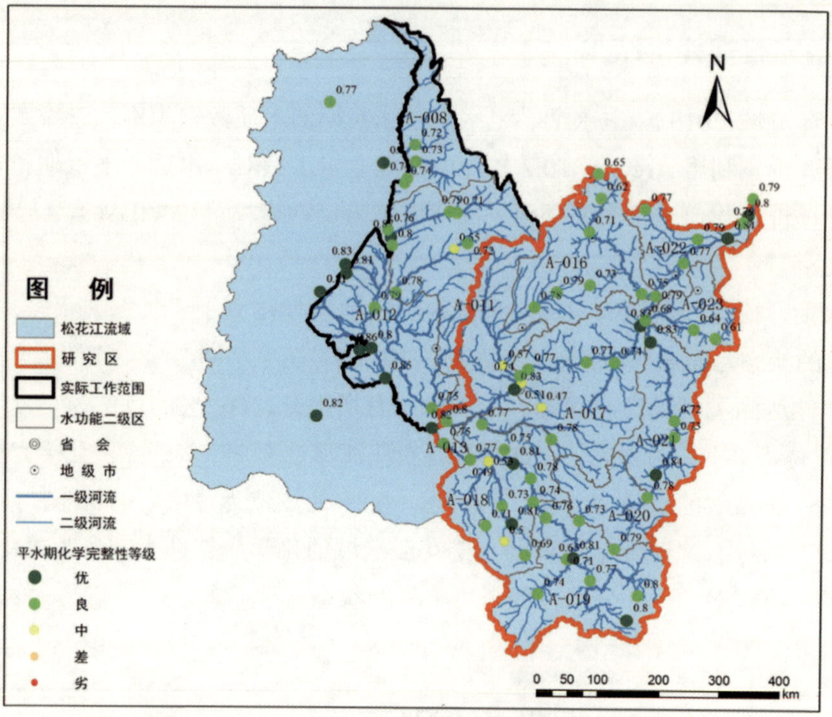

图 6-7 松花江流域平水期化学完整性评价结果

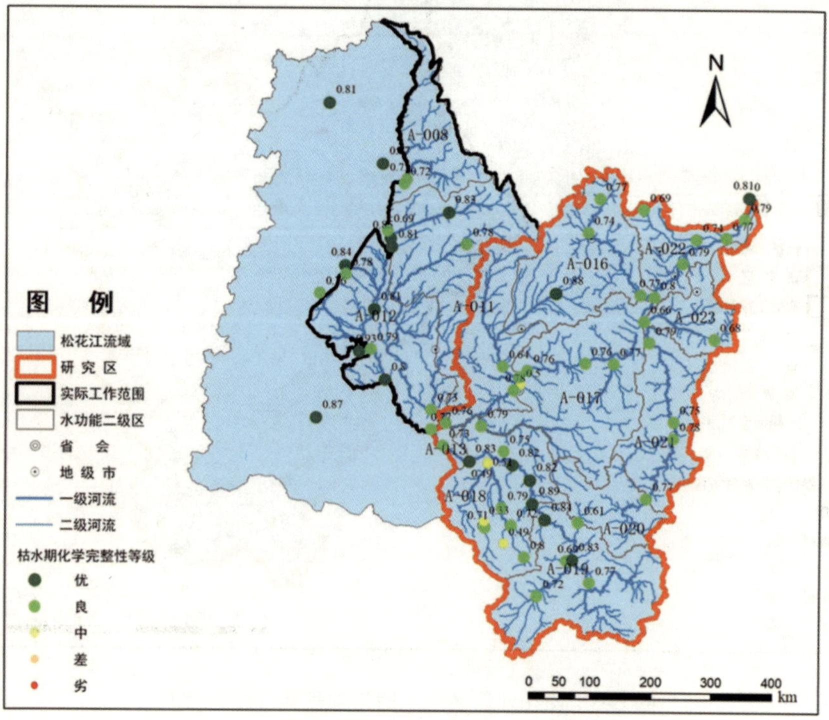

图 6-8 松花江流域冰封期化学完整性评价结果

松花江流域化学完整性综合指数在各季节均表现出了较为明显的空间差异。松花江干流区域中下游的化学完整性要明显好于上游地区，嫩江流域左岸化学完整性明显优于右岸。

丰水期，部分以林地为主要土地利用方式，并位于山区源头处的区域化学完整性程度不高，此外，松花江的支流化学完整性明显低于干流。尤其是伊通河流域、阿什河流域和饮马河流域，大部分点位化学完整性状态为“中”或“差”。这些流域不仅流经哈尔滨、长春、吉林等大城市，还具有较高比例的农业用地，因此人类活动干扰较大。城市和农村生活污水的排放以及丰水期农业面源污染加重导致河流中有机污染状况和营养盐污染状况变差，进而影响河流的化学完整性。

平水期，松花江流域丘陵山区的化学完整性状况明显好于平原地区，流域中化学完整性状况较差的区域主要位于乌裕尔河流域、阿什河流域、伊通河流域、饮马河流域以及倭肯河流域。说明虽然在平水期，降水有所减少，径流作用减弱，但由于松嫩平原和三江平原分布有多处大型灌区，农田中流失的肥料、农药等仍然可通过灌溉渠道进入河流，而平水期河流水位降低，水量减少，对污染物的稀释作用减弱，化学完整性受到一定的影响。

冰封期，松花江流域化学完整性状态为“差”的区域主要位于阿什河流域和伊通河流域。主要原因可能是冰封期河流封冻，地表径流减少，且无法进入河流，因此面源污染对水环境的影响减弱，主要影响流域化学完整性的是生活污水及工业废水的排放。且在冰封期，化学完整性整体表现出丘陵山区好于平原地区的趋势。

根据参照点位和监测点位化学完整性综合指数（CII）箱形图比较结果可以看出（图6-9），在丰水期和平水期参照点位和监测点位之间的差异明显，而在冰封期差异不显著。大部分参照点位在丰水期和平水期都处于“良”或“优”状态，大部分监测点位在丰水期和平水期的化学完整性程度都低于参照点位，说明选定的参照点位在丰水期和平水期确实受到人为干扰较轻，化学状况较为完整，其余监测点位均受到了一定的损害。

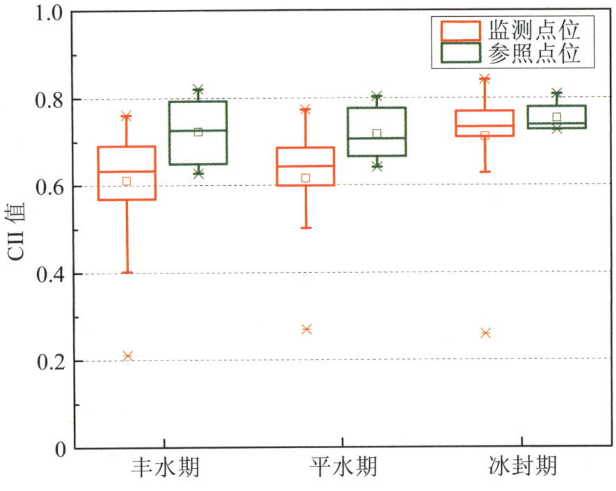

图 6-9　参照点位与其他监测点位 CII 值

为验证本研究指标体系建立的科学性和合理性，将评价结果与已报道的其他研究成果进行对比分析。阴琨（2015）对松花江流域水生态环境质量进行了连续三年的评价研究，2012—2014 年，松花江干流下游水生态环境优于上游，第二松花江流域中下游水生态环境质量较差，氨氮污染较严重的区域主要集中在松嫩平原东部；Y Shen 等（2017）以 2010 年为基准年，研究了在流域尺度的人类干扰对河流生态系统的威胁，结果表明，松花江干流哈尔滨市所在江段的人类干扰对水体的生态安全威胁程度最高；焦珂伟等（2015）基于水质与生物指标对松花江流域的水生态健康进行了评价，结果表明，松花江干流下游地区的水生态健康状况较好，上、中游一般。

上述研究包含了水生态、水质和人类干扰等方面，其研究成果与本研究评价结果一致，即松花江干流下游河流健康状况优于上游，第二松花江流域水生态环境较差。因此，本研究建立的指标体系具有合理性。

6.3 松花江生物完整性评价技术研究

在河流生物完整性评价中，大型底栖动物和着生藻类是广泛应用且取得良好效果的类群，其他生物类群如浮游动物和浮游植物在实践中应用较少，因此本研究采用大型底栖动物和着生藻类两个类群来进行评价。

6.3.1 生物完整性评价指标筛选

根据国内外文献调研，选取以下大型底栖动物及着生藻类参数作为松花江生物完整性评价候选指标（表 6-17）。

表 6-17 松花江生物完整性评价候选指标

方案层	要素层	指标层
水生态生物完整性	物种组成	种类总数
		大型底栖动物种类数
		着生藻类种类数
		EPT（蜉游目、襀翅目、毛翅目）种类数
		蜉蝣目种类数
		摇蚊种类数
		甲壳和软体动物种类数
		EPT 百分比
		蜉蝣目百分比
		摇蚊百分比
		非昆虫类百分比

方案层	要素层	指标层
水生态生物完整性	物种组成	甲壳和软体动物百分比
		寡毛纲及蛭纲百分比
		底栖动物前 3 位优势种百分比
		硅藻种类数
		绿藻种类数
		蓝藻种类数
		着生藻类属的总数
		硅藻属的总数
		绿藻属的总数
		蓝藻属的总数
		硅藻种类数百分比
		绿藻种类数百分比
		蓝藻种类数百分比
		硅藻商指数
		运动型硅藻密度百分比
	现存量参数	大型底栖动物密度
		大型底栖动物生物量
		着生藻类密度
		着生藻类生物量
		叶绿素 a 含量
		去灰干重
		自养指数
		有机质比例
		硅藻密度百分比
		绿藻密度百分比
		蓝藻密度百分比
		桥湾藻密度百分比
		菱形藻密度百分比
		舟形藻密度百分比
		曲克藻密度百分比
		硅藻属指数
	生物多样性指数	大型底栖动物 Shannon-Weiner 指数
		大型底栖动物 Margalef 丰富度指数
		大型底栖动物 Pielous 均匀度指数
		着生藻类 Shannon-Wiener 指数
		着生藻类 Margalef 丰富度指数
		着生藻类 Pielous 均匀度指数

方案层	要素层	指标层
水生态生物完整性	敏感和耐污特性	大型底栖动物敏感种百分比
		大型底栖动物耐受种百分比
		大型底栖动物兼性种百分比
		大型底栖动物优势种百分比
		大型底栖动物 HBI 指数
		大型底栖动物 BMWP 指数
		大型底栖动物 ASPT 指数
	功能摄食类型	大型底栖动物集食者与滤食者百分比
		大型底栖动物捕食者百分比
		大型底栖动物撕食者与刮食者百分比
		大型底栖动物黏附者百分比

6.3.1.1 指标筛选方法

第一步，采用数值分布范围分析方法进行指标筛选。当数值变化范围极小、数值分布较散、标准差大时对候选指标进行剔除。

第二步，采用箱线图及 IQ 值记分法，判断哪些生物参数能够最佳区分参照点位和受损点位；绘制参数值与各类环境压力之间的关系图，或采用多变量排序模型，阐明候选生物参数与环境之间的响应关系。选择具有最强识别力的生物参数，可以为评价未知点位的生物状态提供最优置信度。在这一步骤中，参照点位选择物理完整性评价等级为无干扰或轻微干扰等级的点位，见图 6-10。

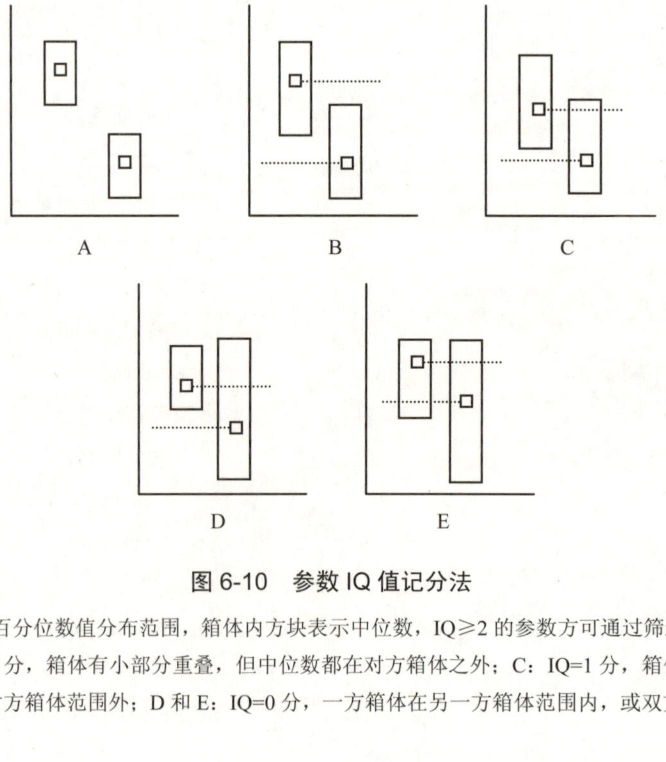

图 6-10 参数 IQ 值记分法

注：箱体表示 25～75 百分位数值分布范围，箱体内方块表示中位数，IQ≥2 的参数方可通过筛选。A：IQ=3 分，箱体无任何重叠；B：IQ=2 分，箱体有小部分重叠，但中位数都在对方箱体之外；C：IQ=1 分，箱体大部分重叠，但至少有一方的中位数处于对方箱体范围外；D 和 E：IQ=0 分，一方箱体在另一方箱体范围内，或双方的中位数都在对方箱体范围内。

第三步，对剩余的指标进行 Pearson 相关性分析，对相关系数$|r|>0.75$ 的指标，选择其中之一即可。

经过以上 3 个步骤，最后留下的指标即可作为生物完整性评价的核心参数。

6.3.1.2　指标筛选过程

针对山区河流和平原河流分别进行评价。经指标值分布范围分析，剔除一部分分布范围过窄或离散的指标。山区河流指标经箱线图分析（图 6-11），尚余大型底栖动物敏感种百分比、大型底栖动物优势种百分比、大型底栖动物黏附者百分比、大型底栖动物 ASPT 指数、着生藻类种类数、硅藻种类数、着生藻类属的总数、硅藻属的总数、绿藻属的总数、蓝藻属的总数等。再经指标间相关性分析，最后筛选出核心参数为大型底栖动物敏感种百分比、大型底栖动物 ASPT 指数和硅藻种类数，山区河流生物完整性指标相关分析见表 6-18。

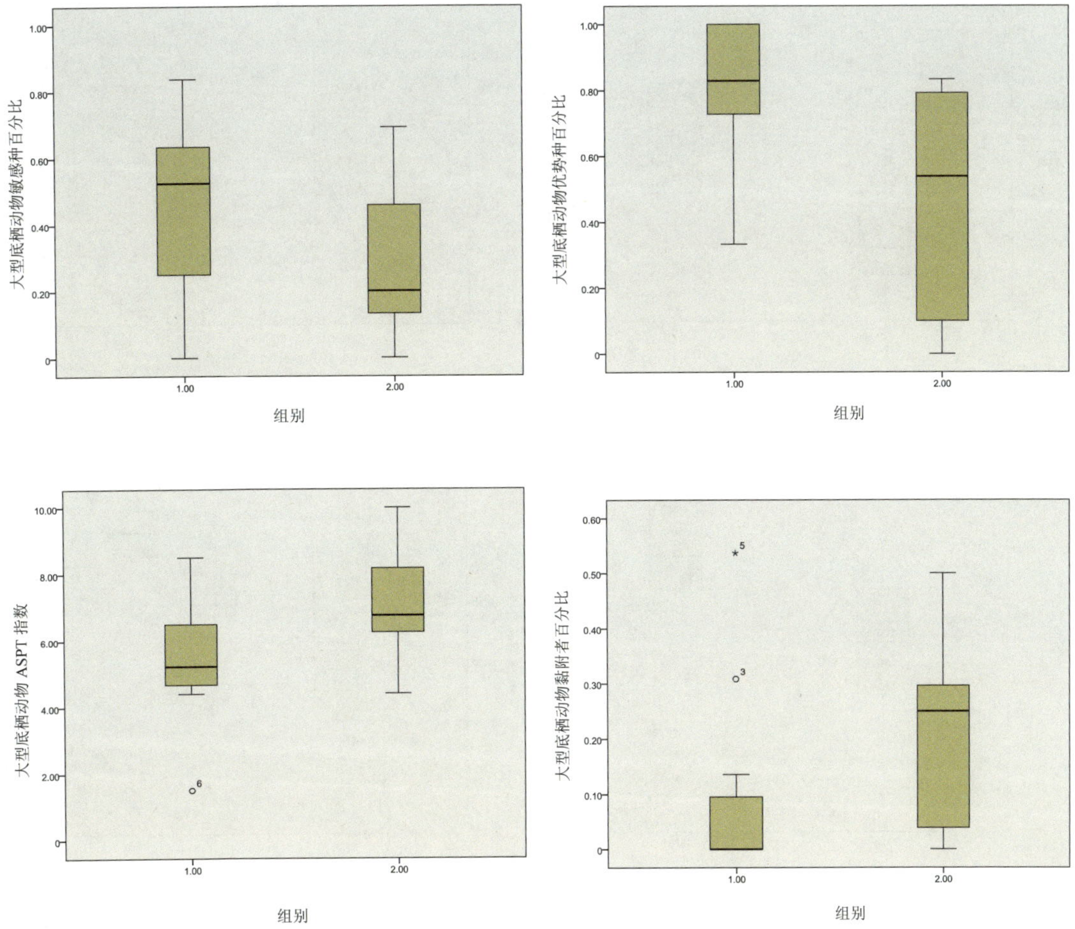

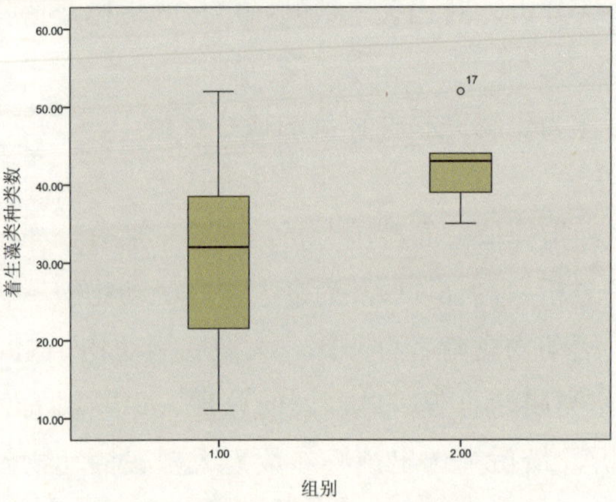
着生藻类种类数
60.00
50.00
40.00
30.00
20.00
10.00
17
1.00
2.00
组别

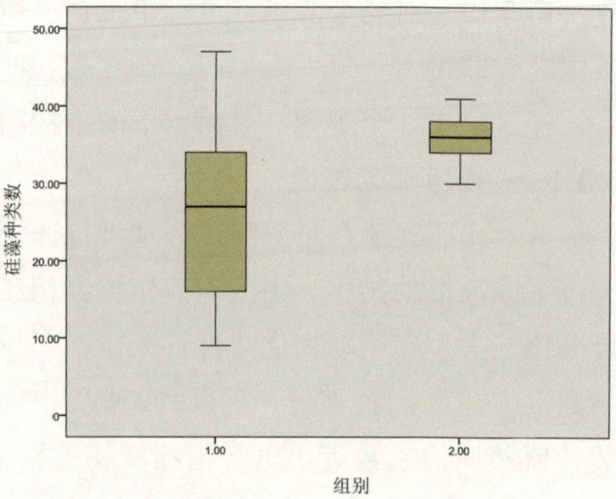
硅藻种类数
50.00
40.00
30.00
20.00
10.00
0
1.00
2.00
组别

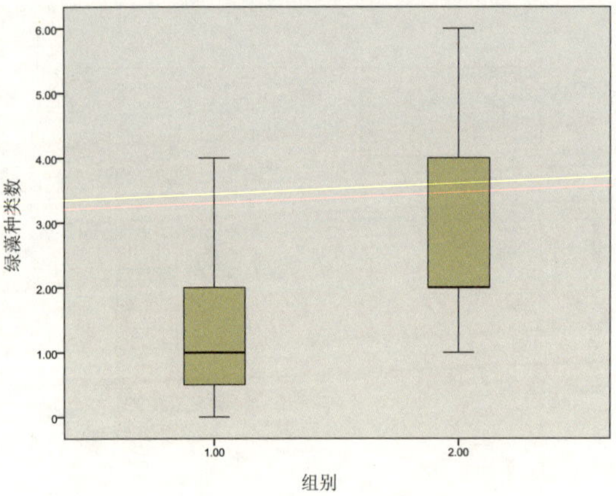
绿藻种类数
6.00
5.00
4.00
3.00
2.00
1.00
0
1.00
2.00
组别

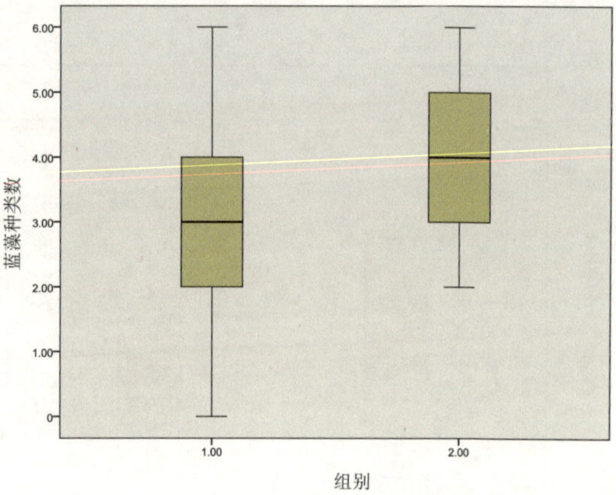
蓝藻种类数
6.00
5.00
4.00
3.00
2.00
1.00
0
1.00
2.00
组别

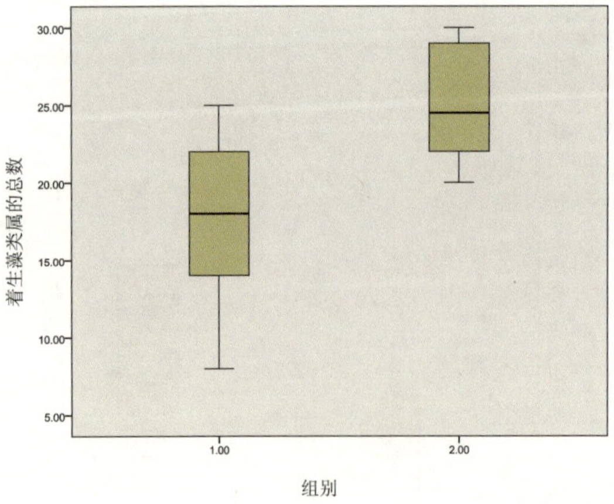
着生藻类属的总数
30.00
25.00
20.00
15.00
10.00
5.00
1.00
2.00
组别

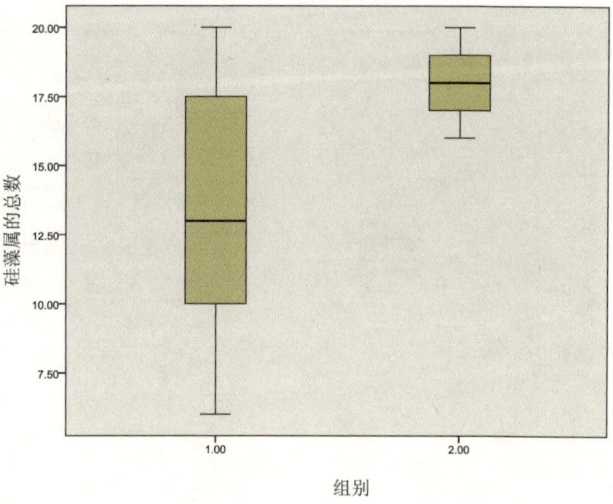
硅藻属的总数
20.00
17.50
15.00
12.50
10.00
7.50
1.00
2.00
组别

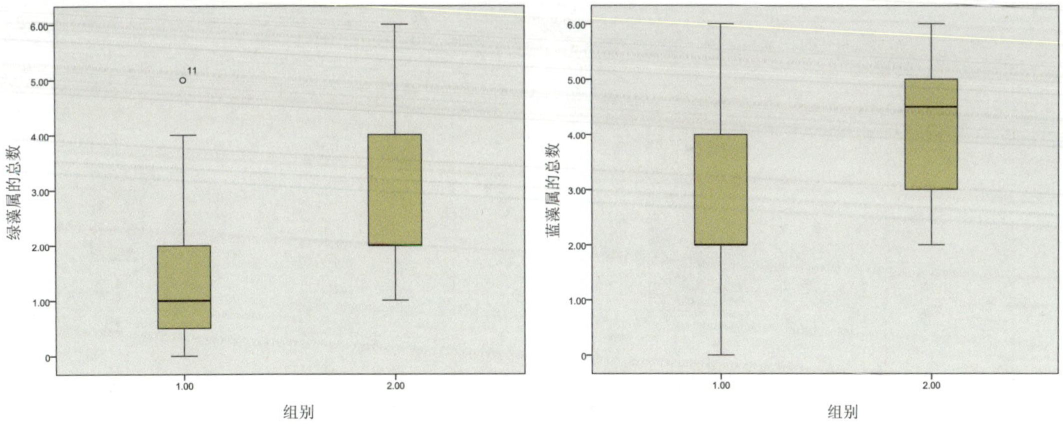

图 6-11　山区河流生物完整性指标箱线图分析

表 6-18　山区河流生物完整性指标相关分析

	大型底栖动物黏附者百分比	大型底栖动物敏感种百分比	大型底栖动物优势种百分比	着生藻类种类数	硅藻种类数	着生藻类属的总数	硅藻属的总数	绿藻属的总数	蓝藻属的总数
大型底栖动物ASPT指数	0.611^{**}	0.328	-0497^{*}	0.012	0.07	0.214	0.073	0.147	0.42
大型底栖动物黏附者百分比		0.2	−0.346	0.174	0.151	0.216	0.182	0.076	0.201
大型底栖动物敏感种百分比			0.121	−0.198	−0.203	−0.17	−0.159	−0.284	0.106
大型底栖动物优势种百分比				−0.216	−0.214	−0.287	−0.31	−0.152	−0.031
着生藻类种类数					0.977^{**}	0.910^{**}	0.887^{**}	0.458^{*}	0.468^{*}
硅藻种类数						0.829^{**}	0.904^{**}	0.286	0.298
着生藻类属的总数							0.889^{**}	0.625^{**}	0.629^{**}
硅藻属的总数								0.269	0.275
绿藻属的总数									0.568^{**}

平原河流指标经箱线图分析，仅剩大型底栖动物优势种百分比和蓝藻种类数百分比。经相关分析，二者无显著相关，所以平原河流生物评价核心指标为底栖动物优势种百分比和蓝藻种类数百分比，见图 6-12、表 6-19。

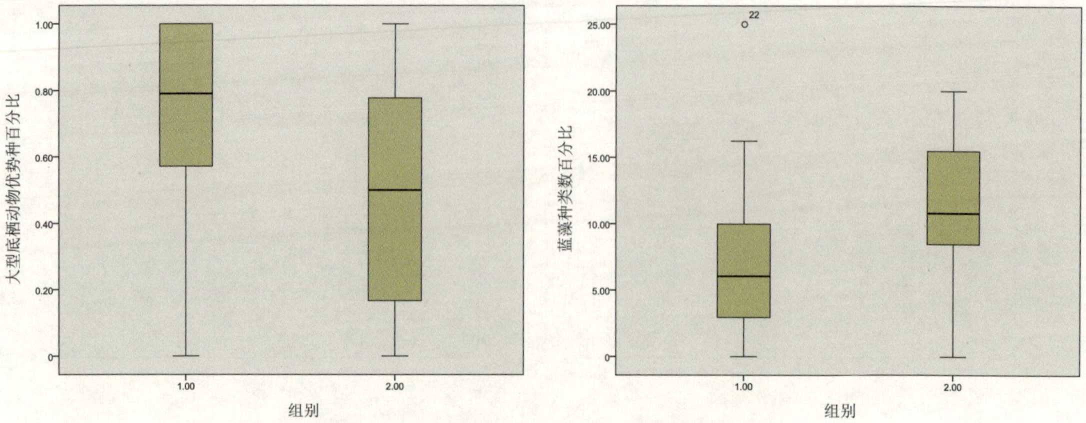

图 6-12　平原河流生物完整性指标箱线图分析

表 6-19　平原河流生物完整性指标相关分析

		蓝藻种类	大型底栖动物优势种百分比
蓝藻种类	相关系数	1	−0.251
	显著性水平（双尾检验）		0.114
	N	43	41

6.3.2　生物完整性评价参照状态确定

对生物完整性指标进行记分的目的是统一评价量纲，标准化值计算如下：

$$V_i' = \frac{V_i}{V_{95\%R}} \tag{6.11}$$

式中，V_i' 为指标的标准化值；$V_{95\%R}$ 为参照点指标 95 百分位数值；V_i 为指标实测值。

对反向生物完整性指标的标准化值计算方法如下：

$$V_i' = 1 - \frac{V_i}{V_{95\%i}} \tag{6.12}$$

松花江干流及支流分为山区河流和平原河流，分别进行生物完整性评价。山区河流核心参数为硅藻种类数、大型底栖动物敏感种百分比和大型底栖动物 ASPT 指数，平原河流核心参数为大型底栖动物优势种百分比和蓝藻种类百分比。按照公式（6.13）计算获得生物完整性指数。

生物完整性指标评估方法如下：

$$\text{IBI} = \sum_{i=1}^{n} W_i \times S_i \tag{6.13}$$

式中，IBI 为生物完整性指标综合指数值；W_i 为各生物完整性指标权重值；S_i 为各生物完整性指标按照前述标准化方法计算获得的标准化值。

硅藻种类数：$S_i=V_i/46.8$

大型底栖动物敏感种百分比：$S_i=V_i/0.8361$

大型底栖动物 ASPT 指数：$S_i=V_i/9.97$

大型底栖动物优势种百分比：$S_i=1-V_i$

蓝藻种类百分比：$S_i=1-V_i/0.2$

绘制山区河流和平原河流生物完整性评价各核心参数所有点位值的累计曲线，分别取正向指标的 75 百分位数和负向指标的 25 百分位数为参照状态值，则山区河流核心参数硅藻种类数、大型底栖动物敏感种百分比和大型底栖动物 ASPT 指数的参照状态值分别为 38、0.55 和 6.95；平原河流生物完整性指数核心参数大型底栖动物优势种百分比和蓝藻种类百分比参照状态值分别为 0.50 和 0.05。

6.3.3 生物完整性评价等级划分

生物完整性指标的评价标准采用所有点位参数值分布的 95 百分位数法来划分，即以 95 百分位数为最佳值，低于该值的分布范围进行 5 等分，靠近 95 百分位数值的一等分代表点位所受干扰较小。松花江河流生物完整性指标评价按山区河流和平原河流分别建立评价等级标准，见表 6-20。

表 6-20　松花江流域生物完整性评价结果等级划分

序号	山区河流生物完整性综合指数值	平原河流生物完整性综合指数值	完整性状况	等级
1	(0.672，1]	(0.660，1]	优	I
2	(0.504，0.672]	(0.495，0.660]	良	II
3	(0.336，0.504]	(0.330，0.495]	中	III
4	(0.168，0.336]	(0.165，0.330]	差	IV
5	(0，0.168]	(0，0.165]	劣	V

6.3.4 生物完整性评价结果

松花江流域调查点位分为山区河流点位和平原河流点位，根据上一节的评价等级划分标准分别进行评价。

（1）山区河流生物完整性评价结果

2016—2018 年 5 次的调查结果显示，2016 年 7 月的山区河流生物完整性评价平均值为 0.566，评价等级为“良”，其中评价结果最好的点位为牡丹江源头（0.801，优），最差的点位为牡丹江口内（0.150，劣）；优、良、中、差、劣 5 个等级点位占比分别为 10.0%、

60.0%、20.0%、0 和 10.0%。2016 年 9 月山区河流生物完整性评价平均值为 0.593，评价等级为“良”，其中评价值最高的点位为大山嘴子（0.801，优），最差的点位为柴河大桥（0.336，差）；优、良、中、差 4 个等级点位占比分别为 28.6%、42.8%、14.3%、14.3%。2017 年 6 月山区河流生物完整性评价平均值为 0.697，评价等级为“优”，其中评价值最高的点位为加格达奇上（0.890，优），最差的点位为柴河大桥（0.408，中）；优、良、中等级点位占比分别为 62.5%、25.0%、12.5%。2017 年 9 月山区河流生物完整性评价平均值为 0.549，评价等级为“良”，其中评价值最高的点位为铁力上（0.838，优），最差的点位为忠义堡（0.281，差）；优、良、中、差等级点位占比分别为 11.1%、55.6%、22.2%和 11.1%。2018 年 7 月山区河流生物完整性评价平均值为 0.586，评价等级为“良”，其中评价值最高的点位为长白山西坡（0.699，优），最差的点位为铁力上（0.513，良）；全部点位评价等级为“优”和“良”，占比分别为 22.2%和 77.8%。

综合 5 次调查数据，松花江流域山区河流点位生物完整性指标评价平均值为 0.611，总体评价等级为“良”。其中评价等级为“优”的占 31.4%，评价等级为“良”的占 49.0%，评价等级为“中”的占 13.7%，评价等级为“差”的占 3.9%，评价等级为“劣”的占 2.0%（图 6-13）。

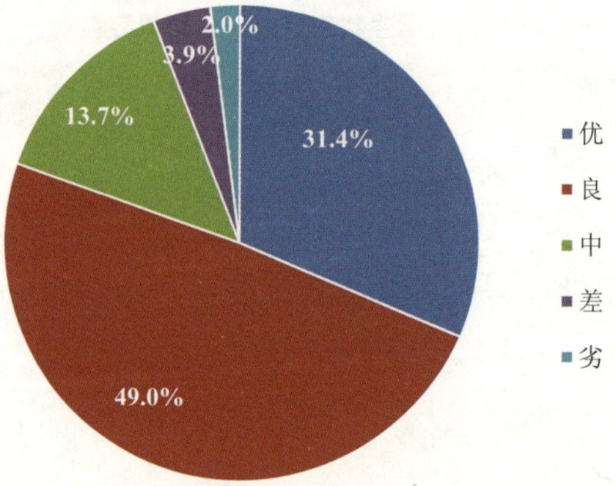

图 6-13　山区河流生物完整性评价各等级比例

生物完整性指数与环境因子的相关性分析，表明物理完整性指标河流水量状况与生物完整性指数存在极显著正相关（P=0.008，n=42），与生物完整性指数的核心指标大型底栖动物敏感种百分比显著正相关（P=0.013，n=42），而河岸土地利用方式与另一核心指标硅藻种类数存在极显著正相关关系（P=0.007，n=42）。在生物完整性指标中，底栖动物物种数（P=0.006，n=51）和丰度（P=0.002，n=51）与生物完整性指数存在极显著正相关。在山区河流中，底栖动物物种数及丰度的增加主要体现在蜉蝣目、毛翅目和襀翅目这类对环境胁迫较为敏感的物种上，而大型底栖动物敏感种百分比则正是山区河流点位的核心指标之一。

（2）平原河流生物完整性评价结果

2016—2018年5次调查结果显示，2016年7月平原河流生物完整性评价平均值为0.484，评价等级为“中”，其中评价结果最好的点位为溪浪口（0.846，优），最差的点位为牡丹江口上（0，劣）；优、良、中、差、劣5个等级点位占比分别为27.8%、16.7%、27.8%、5.6%和22.1%。2016年9月平原河流生物完整性评价平均值为0.449，评价等级为“中”，其中评价结果最好的点位为柳河中游（0.833，优），最差的点位为朱顺屯（0，劣）；优、良、中、差、劣5个等级点位占比分别为9.5%、47.6%、14.3%、23.8%和4.8%。2017年6月平原河流生物完整性评价平均值为0.368，评价等级为“中”，其中评价结果最好的点位为宝山（0.711，优），最差的点位为于广屯（0.162，劣）；优、良、中、差、劣5个等级点位占比分别为9.1%、0、45.5%、36.3%和9.1%。2017年9月平原河流生物完整性评价平均值为0.430，评价等级为“中”，其中评价结果最好的点位为金沙（0.664，优），最差的点位为湖水一村（0.174，差）；优、良、中、差4个等级点位占比分别为7.1%、21.4%、28.6%、42.9%。2018年7月平原河流生物完整性评价平均值为0.360，评价等级为“中”，其中评价结果最好的点位为宝山（0.754，优），最差的点位为松林（0.136，劣）；优、良、中、差、劣5个等级点位占比分别为9.1%、22.7%、9.1%、50.0%和9.1%。

综合5次调查数据，松花江流域平原河流点位生物完整性评价平均值为0.42，总体评价等级为“中”。其中评价等级为“优”的占12.8%，评价等级为“良”的占24.4%，评价等级为“中”的占22.1%，评价等级为“差”的占31.4%，评价等级为“劣”的占9.3%（图6-14）。

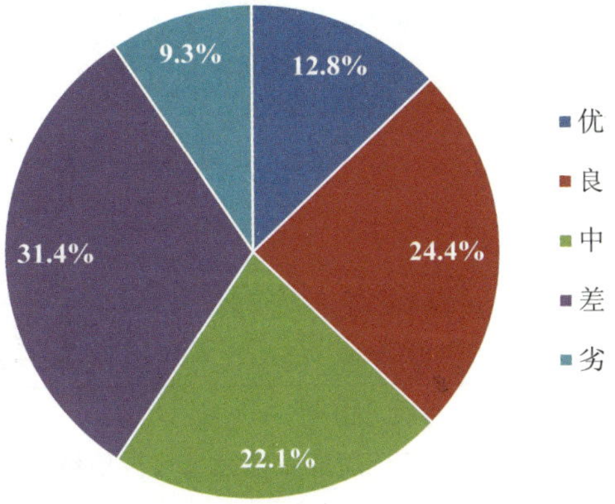

图6-14 平原河流生物完整性评价各等级比例

生物完整性指数与环境因子的相关性分析表明，物理完整性指标河床底质与生物完整性指数显著正相关（P=0.038，n=71），可能与多变的河床底质为底栖动物提供更好的遮蔽和取食场所、为着生藻类提供附着基质有关。在生物完整性指标中，生物完整性指数与底栖动物 Shannon-Wiener 指数显著正相关（P=0.04，n=86），与 Margalef 指数（P=0.002，n=78）和 Pielous 指数（P=0.009，n=72）极显著正相关。这是因为平原河流中，大型底栖动物优势种百分比是生物完整性指数的核心指标之一，底栖动物生物多样性指数高，则其优势种丰度百分比低。由于大型底栖动物优势种百分比指标是一个负向指标，因此与底栖动物 Shannon-Wiener 指数、Margalef 指数和 Pielous 指数呈正相关。

从空间分布来看，山区河流生物完整性指标评价等级高的基本位于河流源头，呈现河流源头优于中、下游的格局。平原河流生物完整性指标评价结果空间分布上呈现支流优于干流，上游优于中、下游的格局。松花江流域生物完整性评价结果如图 6-15 所示。

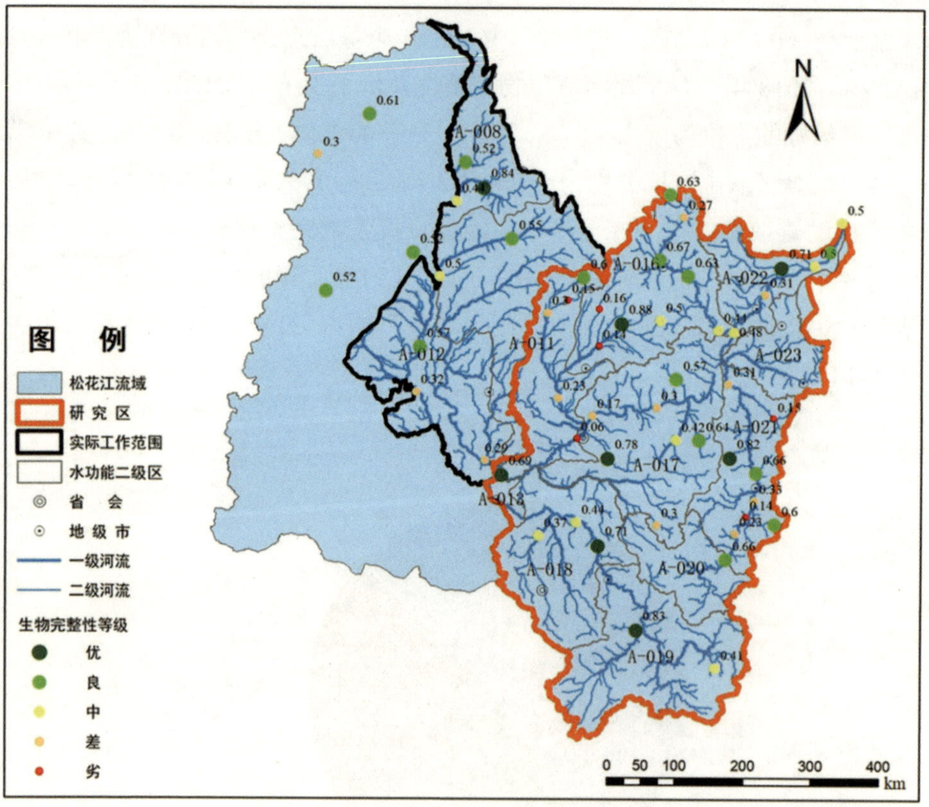

图 6-15 松花江流域生物完整性评价结果

6.4　松花江水生态完整性评价技术研究

6.4.1　水生态完整性指标权重确定

采用加权求和整合物理、化学和生物完整性指数，计算获得水生态完整性评价指数（Index of Hydroecological Integrity，IHI）。

$$\text{IHI}=\sum_{i=1}^{n}W_i\times S_i \qquad (6.14)$$

式中，W_i为评价指标在综合评价指标中的权重值；S_i为评价指标的标准化值。

计算水生态完整性评价指数时，化学完整性指数以 3 个水期中的最低值为准。鉴于部分点位在个别水期可能出现丰水期洪水、枯水期断流等无法采样的情况，则将该点位其余水期评价最低值用于水生态完整性评价，不同完整性类型指标权重见表 6-21。

表 6-21　不同完整性类型指标权重

指标	分值范围	权重
物理完整性	0～1	0.3
化学完整性	0～1	0.3
生物完整性	0～1	0.4

6.4.2　水生态完整性评价等级划分

根据水生态完整性评价指数（IHI）分值大小，将水生态完整性状况分为五级，分别为优、良、中、差和劣，具体值见表 6-22。

表 6-22　水生态完整性评价等级划分标准

水生态完整性状况	优	良	中	差	劣
指数（IHI）	IHI≥0.8	0.8>IHI≥0.6	0.6>IHI≥0.4	0.4>IHI≥0.2	IHI<0.2
描述	生态系统处于未被干扰的自然状态或仅有轻微改变，结构功能完整、具有活力	生态系统的自然生境和群落结构发生了一些变化，但基本功能完好且状态稳定	生态系统的自然生境和群落结构发生了较大变化，甚至出现部分生态功能丧失	生态系统发生显著改变，生态功能大部分丧失	生态系统发生严重改变，生态功能完全丧失，短期难以逆转
表征结果					

6.4.3 水生态完整性评价结果

按照本研究建立的技术流程对松花江水生态完整性进行评价，结果如图 6-16 所示。从评价结果来看，松花江水生态完整性总体评价等级为“中”，个别区域如嫩江上游支流甘河区域、呼兰河上游区域总体评价等级为“良”，水生态完整性较好；松花江干流哈尔滨段、伊通河水生态完整性总体评价等级为“差”，处于中度受损状态。

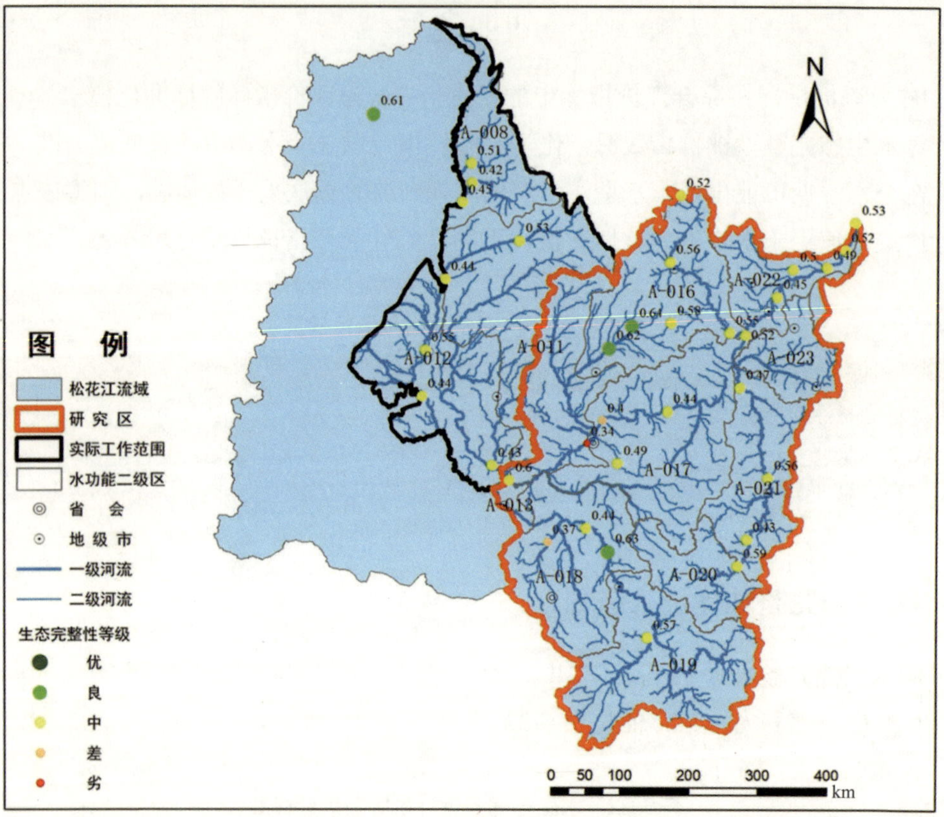

图 6-16 松花江流域水生态完整性评价结果

6.5 流域水生态完整性评价技术

6.5.1 基本原理

人类活动干扰使原本处于缓慢动态变化过程中的水生态系统平衡被显著打破并加速失衡，其具体表现为水质的恶化、生境的破坏和进一步的水生生物种类数量和种群结构的变化。因此，涵盖以上 3 类要素的水生态完整性评价是开展水生态环境保护工作的重要手段和工具。河流水生态完整性评价技术基于河流生态系统的整体性及各要素间的关联性，在系统分析河流水生态退化特征基础上，依据胁迫-状态-响应模型原理，对流域陆（社会经济、陆域景观格局）-岸（滨岸带景观格局）-水（水化学指标）-生物（水生生物）等要素进行联动分析，揭示不同生态指标对人类活动的响应关系及特征，从物理、化学、生物等维度筛选构建河流水生态完整性评价指标体系，确定评价标准，构建评估模型，在物理完整性、化学完整性、生物完整性评价的基础上，最终提出河流水生态完整性评估值。

6.5.2 工艺流程

基于物理、化学、生物 3 类要素的胁迫-响应关系，运用主观-客观赋权法确定各要素、各指标评估权重，形成完整性指数计算模型，并进行分级标准划定，构建流域水生态完整性评价模型。

（1）陆-水响应关系分析，完成指标筛选。通过现场调查、历史资料调研等方式掌握流域生境、水质、水生生物区系特征，建立候选指标体系。建立陆域人类活动指标（土地利用、人口分布等）与候选指标间的相关关系，筛选与之有较强响应关系的指标，完成集物理生境、水体化学、水生生物等在内的河流水生态完整性评价指标体系构建。

（2）参照状态判别与筛选，完成评价标准构建。基于人类活动对水质、生境、水生生物的胁迫分析，筛选近自然河段或受人类活动影响较轻的参照点位，建立流域水生态完整性评价参照值，从而建立水生态“好”与“坏”的边界值。当无参照点位可选时，可综合集成地表水环境质量标准、水生态基准等。

（3）各要素指标权重确定，完成三要素多指标评价结果融合。根据河流物理生境、水体化学、水生生物等不同类型要素的胁迫-响应关系，确定各指标的权重。采用加权求和整合物理、化学和生物完整性指数，计算获得水生态完整性评价指数。

根据水生态完整性评价指数（IHI）分值大小，将水生态完整性状况等级分为五级，分别为优、良、中、差和劣。

流域水生态完整性评价技术工艺流程见图 6-17。

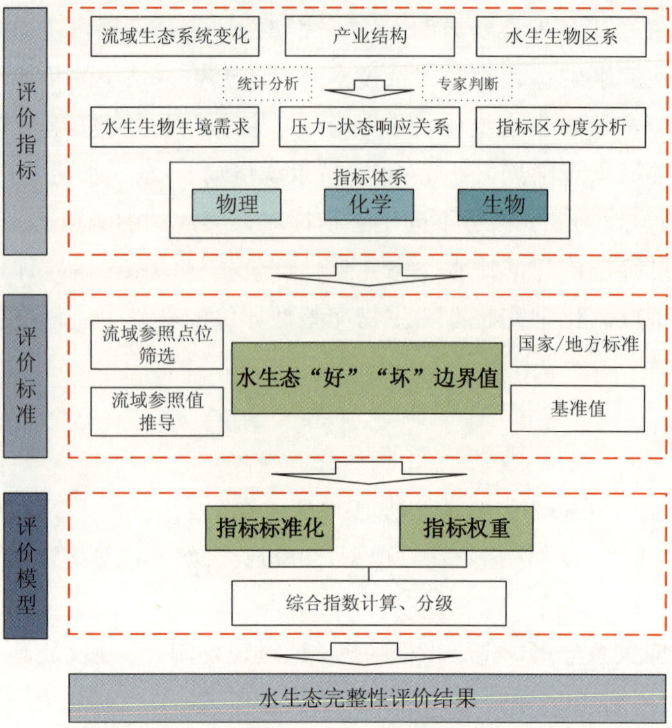

图 6-17 流域水生态完整性评价技术工艺流程

6.5.3 技术创新点

（1）提出水生态完整性评价指标筛选时"科学性、代表性"原则的量化方法，破解评价指标选择主要依赖经验判断的问题。

基于胁迫-状态-响应模型原理，对流域水生态变化的主要驱动因素（陆域景观格局、社会经济活动等）进行量化，使其具备量化分析的基本条件，进而运用偏最小二乘回归（PLSR）、广义可加模型（GAM）等方法建立陆-水耦合关系，在陆-水响应关系的基础上，识别能够反映流域特征的化学、生境和水生生物评价指标，完成评价指标筛选，从而解决了以往指标选择缺乏量化方法，主要依赖经验判断的问题。

（2）提出了基于流域特征的水生态完整性评价标准构建方法，解决了以往水质评价"一刀切"，生境和生物评价缺乏标准的问题。

基于流域水生态系统变化驱动分析，以流域水生态变化的主要驱动因素为重点，建立了甄别近自然河段或受人为活动影响较少的典型区域（断面）的依据，并以此实现水生态完整性评价参照状态（断面）的判别与选择，进一步建立以参照区域（断面）的状态为核心的评价标准，从而解决了水质评价标准"一刀切"，生境和生物评价缺乏标准的问题，同时也实现了反映水生态完整性的3类要素多个指标的异构数据融合。

第 7 章　松花江水生态系统退化驱动机制分析

本章在系统了解松花江生态环境时空演变特征的基础上，从流域景观格局变化、流域水环境质量退化、水生生物群落退化 3 个方面，识别了松花江水生态系统退化的影响因子，并揭示了影响松花江流域生态系统退化的驱动机制。

7.1　流域景观格局变化驱动分析

7.1.1　景观格局变化对径流量的影响

本研究所需要的数据包括流域气候、土壤、水文和地图资料等。模型使用的土壤数据库来源于世界土壤数据库（HWSD）。土地利用数据采用的是 1995 年、2000 年和 2015 年的流域数据。由于 SWAT 模型（Arnold et al.，1998）可以识别的土地利用类型是基于美国的分类方法，因此，需要将流域的土地利用数据重新分类，转化为模型规定的土地利用分类代码。气象数据来源于中国气象数据共享网，收集了研究流域内 9 个标准气象站点 1995—2015 年的逐日气象资料，包括最高气温、最低气温、平均风速、相对湿度、降水和蒸发等数据。

基于 ArcGIS 10.2 平台，根据松花江流域数字高程数据、土壤类型数据、土地利用数据、气象数据等运用 ArcSWAT 2012 建立松花江流域 SWAT 模型数据库。利用数字高程数据提取流域地形特征，包括水系、坡度、坡向及河道参数等，共划分 392 个子流域。根据土壤、土地利用和坡度类型进一步划分出 2 040 个水文响应单元（HRUs）。模型先计算各个水文响应单元的产流量，然后将其汇总到各子流域，最后由子流域汇总到流域出口，计算流域径流特征（图 7-1）。

利用三期土地利用数据，分别模拟在 3 种土地利用情景下的径流量。将获得的 1995 年、2005 年和 2015 年土地利用分类栅格数据添加到已经建好的 SWAT 模型中进行模拟，多年径流量模拟结果如图 7-2 所示。

从图 7-2 可以看出，1995—2015 年的 21 年中，各年径流量在时间上呈波动分布。最大值出现在 2013 年。径流量较大年份还包括 2012 年、2009 年和 1998 年，这 4 年的径流量均超过 1 200 亿 m^3。最小值出现在 2001 年，流量较小年份还有 1999 年和 2008 年，这 3 年的径流量均未超过 750 亿 m^3。从 1995 年到 2005 年再到 2015 年的土地利用情景中，流域模拟径流量逐渐增加，但增加幅度很小。2015 年情景中的各年径流量仅比 1995 年情景增加 0.57%～0.86%。

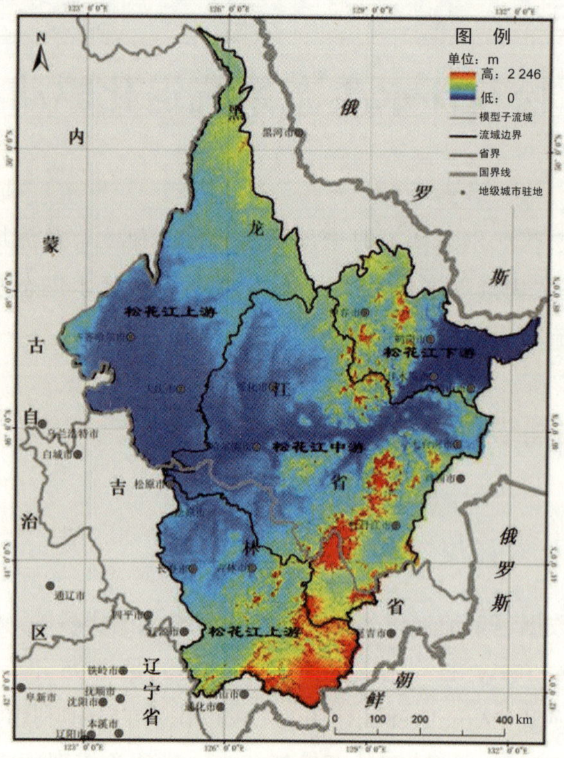

图 7-1 松花江流域 DEM 及 SWAT 模型划分的子流域图

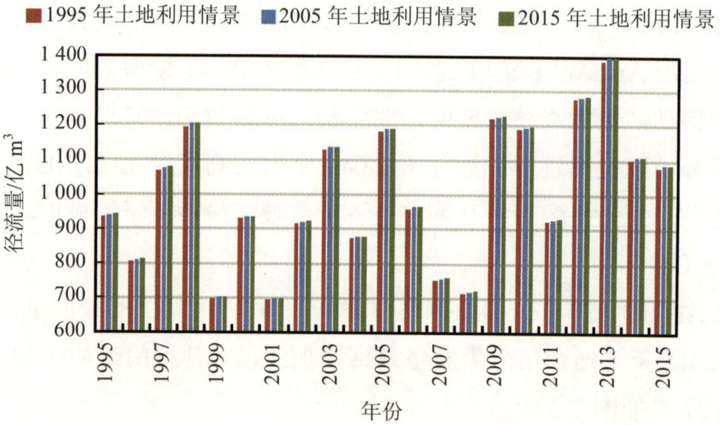

图 7-2 三种土地利用情景下松花江流域多年模拟径流量

从月尺度来看（图 7-3），月径流量在 7—10 月较大，其中 8 月最大。11 月至次年 6 月较小。整体变化趋势基本与降水变化趋势接近。3 月径流量较大，可能与春季积雪融化形成春汛有关。在不同情境下，依旧呈现土地利用年份越新，径流量越大的趋势，但变大的幅度依旧很小，各个月份多年平均变化率在 0.32%～1.27%不等。

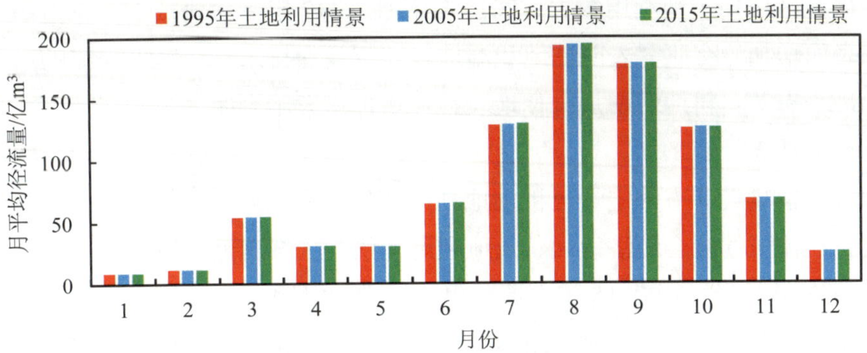

图 7-3　三种土地利用情景下 SWAT 模型模拟流域多年月平均径流量

将 SWAT 模型计算出的各个子流域的径流量，统计 1995—2015 年每个子流域的多年径流量平均值，然后运用 ArcGIS 软件给每个子流域重新赋值并出图（图 7-4 左）。用 2015 年的径流量减去 1995 年的径流量，用以表示 21 年松花江径流量的空间变化情况（图 7-4 右）。从地域上来看，最主要的特点是松花江干流所流经的子流域的多年平均径流量数值相对较高。尤其是从吉林市到哈尔滨市河段和佳木斯市到松花江河口河段径流量更高。从多年径流量变化情况来看，全流域大部分地区呈现略增加趋势（图中绿色、青色、蓝色地区），在少数地区呈减少趋势（图中黄色、橙色、棕色地区）。但是径流量的增、减幅度都很小。

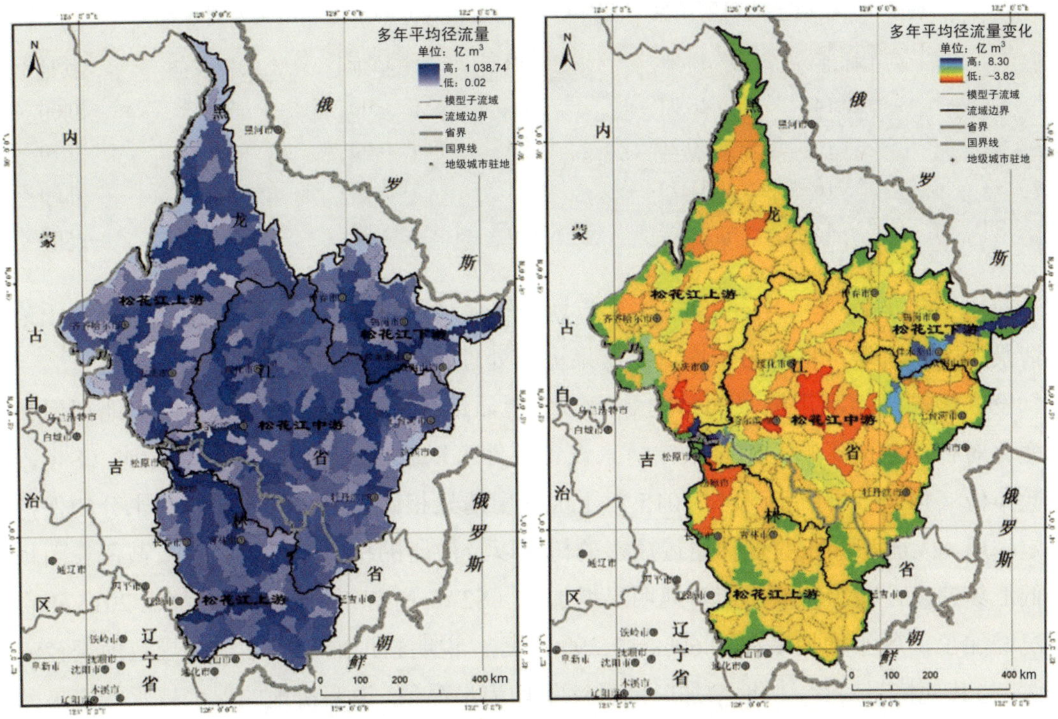

图 7-4　松花江流域多年平均径流量及其变化空间分布图

结合研究区三期土地利用数据，2015 年相比 1995 年，林地减少，耕地增加，湿地减少，人工表面增加。有研究表明林地和湿地能够有效保持水分，地表径流的增多可能与林地和湿地减少有关；耕地的增加会使地表径流增加；人工表面多为硬化地面，会阻挡降水的渗透从而使地表径流增加。

使用极端情景设计方法定量分析土地利用变化对径流量的影响。综合考虑黑龙江和吉林两省松花江流域的社会经济发展、土地利用现状及区域自然环境，假设以下 3 种未来土地极端利用/覆被情景并用 2015 年土地利用情景进行对比。

情景 1：林地恢复（S1）。假设未来松花江流域林地面积增加。在 2015 年松花江流域的土地利用图的基础之上，将草地、未利用地和部分耕地划分为林地。

情景 2：耕地扩张（S2）。假设未来松花江流域会大规模开垦，将这种状况设为情景 2。在 2015 年松花江流域的土地利用图的基础之上，将草地、部分林地和湿地修改为耕地。

情景 3：城镇发展（S3）。根据国内城市化发展加快的特点，以 2015 年土地利用/土地覆被情景为基础，将流域内现有未利用地、部分林地、部分草地和部分湿地划分为人工表面。

情景 4：2015 年实际情景（S4）。将 2015 年土地利用数据作为基础情况，用于与各极端情景对比。

各情景土地利用类型面积百分比见表 7-1。

表 7-1 极端土地利用情景下 SWAT 模型重新划分的土地利用类型面积比 单位：%

	林地	耕地	湿地	草地	人工表面	其他
S1	47.14	46.71	2.26	0.00	3.89	0.00
S2	33.16	60.26	1.99	0.00	3.89	0.70
S3	33.16	51.73	1.52	3.60	9.99	0.00
S4	36.43	51.73	2.26	5.42	4.09	0.07

应用 SWAT 模型和 ArcGIS 软件重新划分土地利用类型，分别模拟在 3 种极端土地利用情景下的径流量。将输出年均流量结果进行处理，绘制图 7-5。

设立极端土地利用情景的目的是能够更明显地区分出松花江流域主要土地利用类型的变化对径流量的影响。结合极端情景设置条件可以看出：当林地明显增加时（S1），大多数年份（14 年）的径流量与 2015 年土地利用情景相比减小。说明林地对水分的保持有一定作用，大面积分布的森林通过茂密的树冠以及散落的枯枝落叶可以有效截留表面径流，降低汇集速度，减少流量。当耕地明显增加时（S2），所有年份的径流量都比 2015 年实际情况增加了，各年增加率在 0.69%～1.29%不等。说明耕地面积的增加会导致地表径流量变大。与其他情景对比，耕地增加时的径流量均为最高值，说明耕地的保水持水效果最差。当人工表面增加时（S3），几乎所有年份的径流量都要比 2015 年土地利用情景的径流量高，但是增加幅度很小，均不足 1%。所以人工表面的增加也会使地表径流增加。

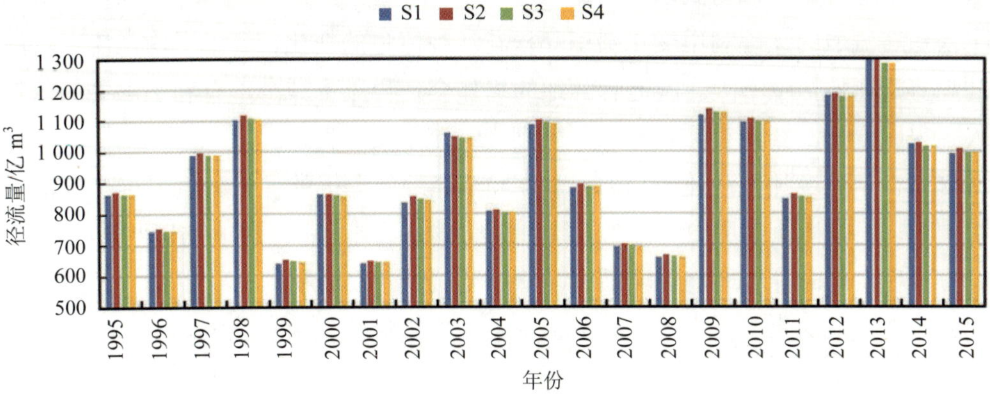

图 7-5　极端土地利用情景下 SWAT 模型模拟流域多年径流量

从月尺度来看（图 7-6），极端土地利用变化并不影响径流量的年内分布，平均径流量变化趋势与实际情景一致。对各极端情景进行比较，当林地增加时（情景 1），9 月至次年 1 月的径流量高于实际情景。2—8 月的径流量低于实际情景。林地发达的根系以及依附的动物使土壤蓬松多孔，有益于雨水的渗透。同时森林地的枯枝落叶增加了土地粗糙度使入渗时间增长，充分补充了地下水的含量，把降水量储存下来。而在枯水期内，在汛期储存的水能够对径流量起到补给作用，因此林地在枯水期内径流深反而变大。当耕地增加（情景 2）和人工表面增加（情景 3）时，径流量都显示出在丰水期高于实际情景，在枯水期低于实际情景的特点。说明农田和人工表面的面积增加会使丰水期的水更多，使枯水期水更少，容易造成洪水或河流干涸。这两种情况均不利于河流水文的稳定。

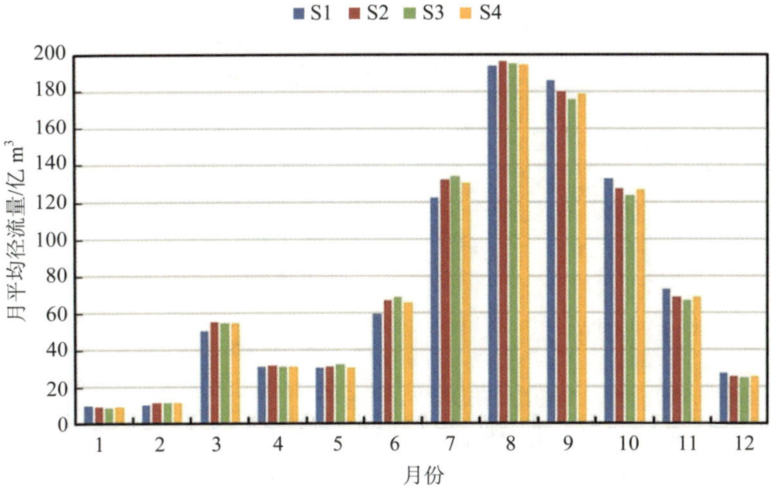

图 7-6　极端土地利用情景下 SWAT 模型模拟多年月平均径流量

通过以上分析，可以得到以下结论：

①松花江流域的土地利用变化会引起松花江径流量的变化，多年平均径流量有波动中增加的趋势，增加幅度不大。湿地和林地的增加会使径流量减少，有利于水文的保持；农田和人工表面增加，会使径流量增加，不利于河流水文的稳定。

②应该在全流域加强河流、湖泊、水库和沼泽地等湿地的保护力度；进一步推行天然林保护工程，加强林地保护力度；在维持耕地红线的基础上，合理地推行“退耕还林”“退耕还湖”工程；同时合理地规划城镇建设，控制城镇建设面积的一味扩张。从而切实有效地防治松花江流域的水土流失，改善河流水文，推进流域水生态稳定。

7.1.2 松花江主要干支流连通性指数

目前松花江流域总体河道连通性指数（环境保护部办公厅，2013）为 7.27，且各水生态功能二级分区河道连通性指数差异显著，具体值见表 7-2。

表 7-2 松花江流域主要河流连通性指数

II级分区	主要河流	河长/km	水库数量/座	连通性指数
A-008	嫩江、科洛河、门鲁河	996.49	25.00	2.51
A-011	扎音河、海伦河、津河、双阳河、努敏河、克音河、通肯河、二道乌龙河、肇兰新河、蜚克图河、泥河、松花江、拉林河、阿什河、呼兰河、嫩江、讷谟尔河、乌裕尔河、鸡爪河	2 147.42	263.00	12.25
A-012	阿伦河、绰尔河、罕达罕河、呼尔达河、济沁河、嫩江、诺敏河、松花江、乌裕尔河、雅鲁河、音河、肇兰新河	918.70	38.00	4.14
A-016	巴兰河、查巴旗河、岔林河、大西林河、都鲁河、格木克河、呼兰河、南岔河、讷谟尔河、努敏河、欧根河、少陵河、双子河、松花江、汤旺河、通肯河、乌裕尔河、梧桐河、五道库河、西北	1 829.36	59.00	3.23
A-017	阿什河、岔林河、蜚克图河、拉林河、亮子河、蚂蚁河、牡丹江、木兰达河、漂河、少陵河、双汾河、松花江	2 055.05	228.00	11.09
A-021	牡丹江、尔站河、二道河、蚂蚁河、三道河、松花江、头道河、倭肯河、乌斯浑河	577.99	67.00	11.59
A-022	松花江、安邦河、巴兰河、都鲁河、鹤立河、汤旺河、梧桐河	695.50	32.00	4.60
A-023	安邦河、八虎力河、松花江、松木河、倭肯河	471.41	55.00	11.67
A-013	额木廷高勒、二道沟、呼尔达河、蛟流河、那金河、群昌水库、松花江、洮儿河、幸福渠	571.83	110.00	19.24
A-018	鳌龙河、岔路河、大荒沟、第二松花江、二道河、会塘沟、夹津沟、卡岔河、拉林河、沐石河、双阳河、四道河、四道河子、团山子河、雾开河、新开河、伊通河、引拉河、饮马河、玉皇庙水库、中央排水路	1 691.14	121.00	7.15

Ⅱ级分区	主要河流	河长/km	水库数量/座	连通性指数
A-019	白江河、白云河、槽子河、大柳河、大沙河、当石河、挡石河、第二松花江、二道白河、二道砬子河、二道松花江、富尔河、富太河、古洞河、海龙水库、横道河、红石湖、辉发河、蛟河、金银别河、凉水河、露水河、漫江、牤牛河、梅河、木箕河、那尔轰河、漂河、三道白河、三道松江河、三通河、三统河、色洛河、沙河、沙河子、圣水河、石槽河、四道白河、松江河、汤河、头道砬子河、头道松花江、五道白河、五里河、小柳河子、一统河、伊通河、珠子河	2 983.06	149.00	5.00
A-020	大威虎河、大杨木沟河、都陵河、尔站北沟、尔站河、尔站西沟河、嘎呀河、干棒河、官地河、海浪河、呼兰河、黄泥河、蛟河、拉法河、拉林河、牡丹江、沙河、石头河、威虎河、西北岔河、细鳞河、义气河、珠尔多河、珠琦河	1 275.18	31.00	2.43
合计		16 213.13	1 178.00	7.27

7.1.3　景观格局变化对源汇过程的影响

松花江流域 2015 年源汇景观指数（Chen et al.，2009）为 1.63，表明源景观对水域面源污染的影响程度要大于汇景观，与松花江流域面源污染较为严重的实际情况相符。不同分区的景观指数差别十分明显（表 7-3）。

表 7-3　松花江流域二级区源汇景观指数

研究对象	1995 年	2005 年	2015 年
A-008	1.56	1.65	1.75
A-011	2.92	2.91	2.89
A-012	1.77	1.92	1.93
A-013	1.98	1.76	1.81
A-016	1.01	0.94	1.04
A-017	1.66	1.27	1.42
A-018	1.85	1.87	1.72
A-019	0.52	0.52	0.52
A-020	0.52	0.53	0.54
A-021	0.65	0.79	0.89
A-022	2.51	2.24	2.39
A-023	2.25	2.37	2.40
全流域	1.48	1.42	1.51

近 20 年来，松花江流域源汇景观指数呈先略有降低后升高的趋势，其中，高程和坡

度指数逐年升高、距离指数先略有降低后升高，表明近 20 年来坡耕地开垦等因素是导致面源污染的重要原因（图 7-7）。

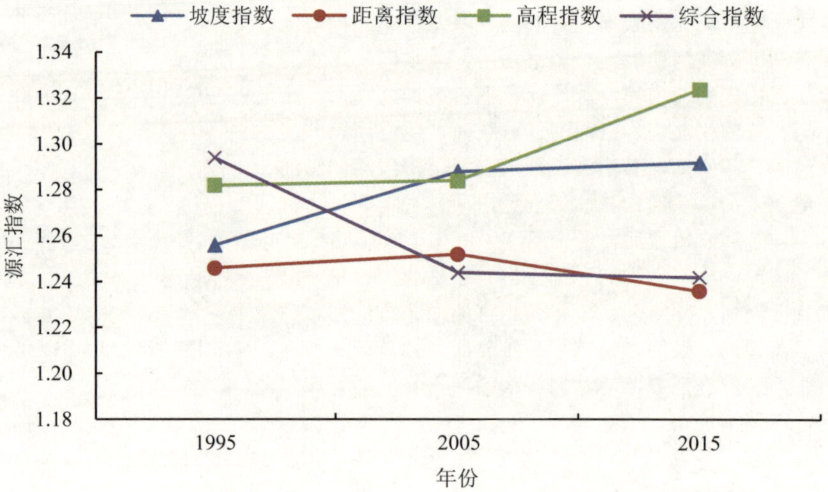

图 7-7　不同时间节点松花江流域源汇景观指数变化

1995—2015 年，各二级区 LWLIelevation 源汇景观指数大致呈升高的趋势，说明随着高程的不断增加，“源”景观的土壤水蚀贡献逐渐大于“汇”景观的贡献。这表明分布在高海拔的“源”景观，如农地，面积逐年增加，而“汇”景观，如林地和草地，面积逐渐减小，从而导致 LWLIelevation 指数上升。也就是说，“源”景观的土壤水蚀作用大于“汇”景观的截流作用，导致流域土壤水蚀量逐年增加。

1995—2015 年，各二级区 LWLIdistance 源汇景观指数也大致呈升高的趋势，这表明在相对距离这个空间要素上，离流域出水口距离较长的“源”景观面积逐渐增多，“汇”景观面积逐步减少。1995—2015 年，远离流域出水口的林地和草地景观持续减少，而农地景观持续增多，这种“源”“汇”景观空间布局不利于水土保持。

土壤水蚀过程受地形坡度的影响较大，坡度越大，土壤水蚀越大，流域产沙越多；且随着坡长的增长，坡面流累积增大，土壤水蚀随之增加，LWLIslope 值越小，水土保持效益越高。松花江流域各个二级分区在 1995 年、2005 年和 2015 年的 LWLIslope 指数除平原区域外都逐年上升。这表明“源”“汇”景观随坡度分布的格局不利于水土保持。

7.1.4　河岸带变化对污染阻滞功能的影响

干流 200 m 河岸带：在 1995 年、2005 年和 2015 年不同时间节点松花江干流河岸带污染阻滞功能指数（环境保护部办公厅，2013）分别为 65.25、64.39 和 64.85，可见整体来看，随着人类活动对河岸带生态系统干扰稳中有增，河岸带阻滞污染物的生态系统服务功能呈减弱趋势。干流 500 m 河岸带：在 1995 年、2005 年和 2015 年不同时间节点松花江干流河岸带污染阻滞功能指数分别为 65.21、65.12 和 67.67，可见整体来看，随着人类活动对河岸带生态系统干扰稳中有增，河岸带阻滞污染物的生态系统服务功能呈减弱趋势。干流 1 000 m 河岸带：在 1995 年、2005 年和 2015 年不同时间节点松花江干流河岸带污染阻滞功能指数分别为 72.36、72.04 和 71.35，可见随着人类活动对河岸带生态系统干扰的加强，河岸带阻滞污染物的生态系统服务功能呈减弱趋势（表 7-4）。

表 7-4　松花江流域 200 m 河岸带二级区污染阻滞功能指数

Ⅱ级分区	1995 年			2005 年			2015 年		
	200 m	500 m	1 000 m	200 m	500 m	1 000 m	200 m	500 m	1 000 m
A-008	83.39	83.39	78.37	81.41	81.41	78.01	81.07	81.07	77.53
A-011	77.35	77.35	70.49	76.61	76.61	71.36	88.02	88.02	75.04
A-012	82.41	82.41	76.94	83.62	83.62	78.55	85.43	85.43	78.52
A-017	74.23	74.23	68.70	68.75	68.75	68.73	66.79	66.79	68.03
A-022	82.99	82.99	67.09	77.59	77.59	62.69	75.41	75.41	60.73
A-013	48.65	56.23	64.19	46.32	55.26	64.31	44.16	54.56	64.35
A-018	44.32	56.32	91.25	45.23	58.17	91.39	46.39	59.61	90.51
A-019	64.32	70.96	72.24	68.96	71.36	70.37	69.57	72.65	67.4
全流域	65.25	65.21	72.36	64.39	65.12	72.04	64.85	67.67	71.35

7.1.5　生态景观格局变化驱动因子选取

生态系统景观格局是自然环境和人类活动长期相互作用形成的。但是人类社会经济活动与自然因子的相互作用研究尚不充分，难以通过调节自然因子优化景观格局状况，进而恢复水生态完整性。因此，本研究旨在识别流域生态景观格局演变的人类活动因子，进而提供社会经济发展优化建议。参照前人相关研究成果，结合松花江流域社会经济发展特征，选取社会经济指标，作为流域生态景观格局演变的潜在驱动因子，结合景观指标、源汇指数分析流域生态系统类型及分布、演变、景观格局变化特征。

根据流域生态系统类型及分布、演变、景观格局变化特征，本研究所选取的景观指标包括农田占比、水域与湿地占比、人工表面占比、PD、ED、LSI、SHDI。所选取作为潜在驱动因子的社会经济指标包括 GDP、一产占比、二产占比、三产占比、工业产值、财政收入、财政支出、化肥施用量、社会消费品销售总额。将景观指标和经济指标进行相关分析及趋势分析等，对生态系统格局演变进行驱动研究。考虑数据的可得性，本研究选取 9 项社会经济指标进行驱动因子识别。

7.1.6 生态景观格局变化驱动因素分析

松花江流域相关性分析结果见表 7-5，由表 7-5 可见湿地面积、ED 与社会经济指标的相关性较为明显。其中，湿地面积与总人口、GDP、一产占比、三产占比、工业产值、财政收入、化肥施用量等社会经济因子的相关性均较大，与 ED 相关性较大的社会经济指标主要包括 GDP、一产占比、三产占比、工业产值、财政收入、财政支出、化肥施用量等。人工表面面积与社会经济指标相关性相对低于湿地面积和 ED，PD 与社会经济指标的相关性相对不明显，主要与财政支出、社会消费品销售总额呈正相关，农田面积、LSI、SHDI 与社会经济指标的相关性一般，其中，农田面积、SHDI 与各指标相关性较一致，GDP 与财政收入为二者主导驱动因子，LSI 与财政支出、社会消费品销售总额等指标的负相关性较明显。

表 7-5 松花江流域生态系统格局与社会经济指标的相关性分析

	总人口	GDP	一产占比	二产占比	三产占比	工业产值	财政收入	财政支出	化肥施用量	社会消费品销售总额
农田面积	0.594	0.999	−0.847	−0.330	0.786	0.990	0.999	0.995	0.973	0.990
湿地面积	−0.941	−0.833	0.999	0.799	−0.997	−0.821	−0.833	−0.773	−0.937	−0.800
人工表面面积	0.950	0.816	−0.998	−0.816	0.999	0.804	0.817	0.754	0.926	0.782
PD	0.005	0.806	−0.371	0.291	0.271	0.818	0.805	0.861	0.651	0.838
ED	0.752	0.977	−0.941	−0.524	0.999	0.973	0.978	0.951	0.990	0.964
LSI	−0.206	−0.909	0.550	−0.092	−0.459	−0.917	−0.908	−0.946	−0.790	−0.931
SHDI	−0.547	−0.998	0.815	0.275	−0.750	−0.990	−0.998	−0.990	−0.959	0.990

根据相关性系数计算结果，本研究选取湿地面积、景观分割度指数（ED）两个景观格局指标，与相应的社会经济因子进行灰色关联度分析（刘思峰等，1999），首先通过初值化将各指标的值进行无量纲化，在此基础上构建求差序列、计算两级最小差与最大差和关联系数。关联系数计算结果见表 7-6。

表 7-6 松花江流域生态系统格局指标与社会经济指标的灰色关联系数

景观格局指标	总人口	GDP	一产占比	二产占比	工业产值	财政收入	财政支出	化肥施用量
湿地面积	0.972	0.713	0.976	0.991	0.719	0.740	—	0.917
景观分割度	0.988	—	—	—	0.722	0.744	0.716	0.929

由表 7-6 可见，对湿地面积增加影响最大的社会经济因子包括总人口、一产占比、二产占比、化肥施用量等。对景观分割度影响最大的社会经济因子包括总人口、化肥施用量。综合来看，松花江流域生态系统景观格局演变的主导驱动因子是总人口数量和化肥

施用量。

人口增长因子：近 20 年来松花江流域人口增长状况如图 7-8 所示，由图 7-8 可见松花江流域总人口整体呈逐年增长趋势，其中，2008 年前人口增长呈现为相对稳定匀速，2008—2011 年人口增长趋于放缓，从 2012 年至 2015 年年末总人口有所减少。

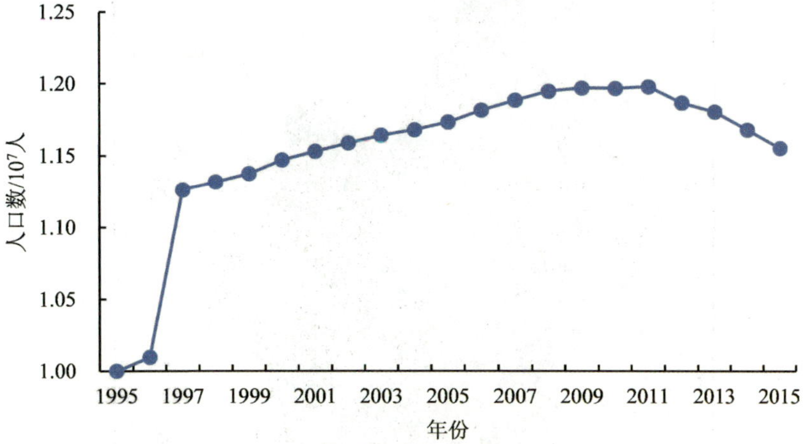

图 7-8 松花江流域 1995—2015 年人口增长状况

化肥施用量：近 20 年来松花江流域化肥施用量变化状况如图 7-9 所示。由图可见施用量变化总体呈逐年上升趋势，其中，1997 年前经历短暂迅速升高阶段，1997 年之后增长开始放缓，其中，2000 年、2001 年出现下降，之后 10 年保持相对稳定增长趋势，2013—2015 年趋于平缓增长。

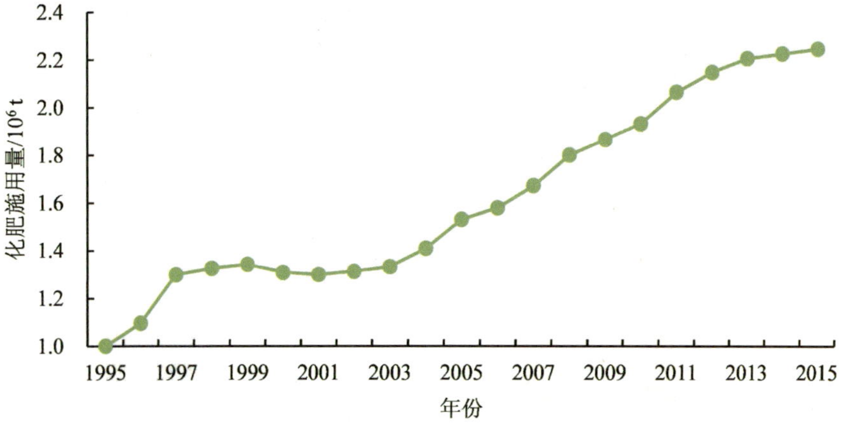

图 7-9 松花江流域 1995—2015 年化肥施用量变化

7.1.7 流域生态景观格局演变趋势分析

根据松花江流域生态系统类型演变预测分析，近 20 年来景观格局演变基本满足 Markov 随机过程模型，据此预测 2025 年生态系统分布状况如图 7-10 所示。

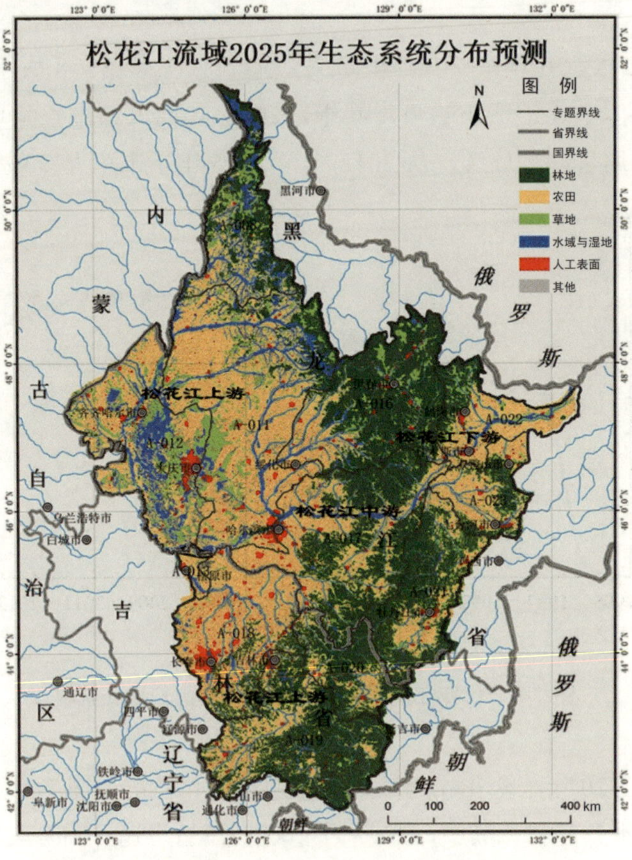

图 7-10　松花江流域 2025 年生态系统分布预测

松花江流域目前与未来生态系统类型对比如图 7-11 所示，由图 7-11 可见按照近 20 年来的发展趋势，2025 年生态系统类型的总体特征是草地和人工表面面积明显增加、水域与湿地略有增加，森林明显减少，农田略有减少，其他生态系统保持稳定。

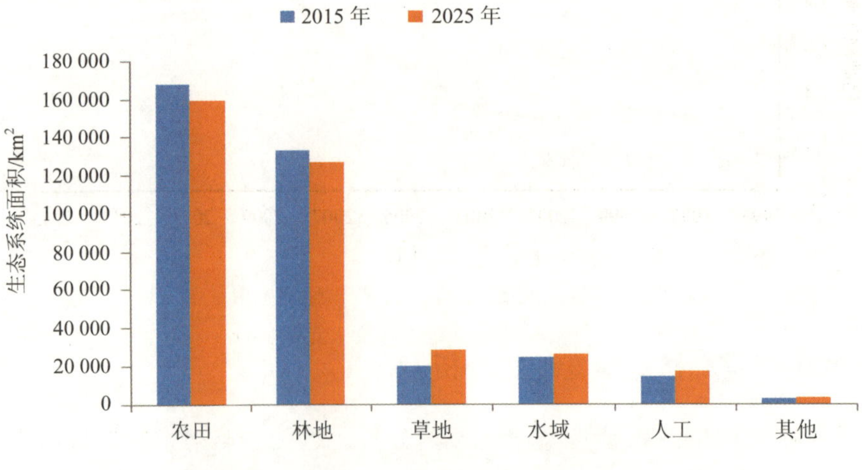

图 7-11　松花江流域 2015 年与 2025 年生态系统类型对比

开展基于未来情境下的生态系统类型预测，以及生态系统景观格局演变的驱动因子分析。建议在未来国土空间开发过程中应进一步加强森林资源的保护，尤其依托天保工程加强天然森林的保护；同时实行严格的建设用地审批，禁止人工建设用地无序扩张侵占自然生态用地；重视森林等自然生态系统的质量管理，防止森林等自然生态系统生产力下降并退化为较低生产力的草地等生态系统。

在社会经济建设工程中，应着重提升发展质量，推进经济增长方式由要素驱动型向创新驱动型转变，以生态文明建设为抓手减少社会经济活动对自然生态系统的不利干扰。顺应国家人口等相关宏观政策，着力提高劳动力整体素质，优化人口结构、提升公众生态环保意识，进一步提升社会经济发展的可持续性水平。在农业发展中，大力发展生态循环型农业，积极开展无公害、绿色、有机农产品认证和生产基地建设，进一步提升农产品质量的同时降低对化肥、农药等农资的依赖，全面削减农业面源污染。

7.2　流域水环境质量退化驱动分析

7.2.1　研究方法

水环境质量是流域生态环境健康的一个基本要素。地表水环境质量的持续退化意味着水环境的生态完整性面临着重要威胁，同时也是流域管理需要解决的一个重要问题。在河流和流域尺度上，水质受复杂的人类活动和自然因素的影响（杨超杰等，2017；李婉等，2011）。人类活动可体现为两个方面，一是点源污染，即城市污水处理厂排放的生活污水或工业废水；二是面源污染，污染物以广域的、分散的、微量的形式进入地表及地下水体。目前，许多地区的点源污染已经得到了一定的控制，所以非点源污染成了流域水体污染的主要因素。主要原因在于，随着人类活动的增加，流域内的土地覆盖逐渐从自然植被转为以人类活动为主导的农业、城镇，从而导致河流水质的退化。面源污染的产出输移过程与流域产、汇流同步，因此，面源污染与流域的水文过程以及流域的景观特征等因素密切联系。

有研究表明，景观特征尤其是土地利用组成和其空间配置是氮素径流产生的主要因素（Hall et al.，1996）。因此，从流域的景观特征角度来了解人为干扰对水质的影响对于流域规划和管理具有重要意义。景观特征包括了景观组成（不同土地利用类型的比例）和景观格局（土地利用的空间构型）。目前，国内外已有相关研究（王晓燕等，2003；Sliva et al.，2001；Lenat et al.，1994）分析了景观组成，即土地利用类型、景观结构（不同类型斑块的大小、形状等）对水质的影响。随着景观生态学的发展，景观格局指数的使用可以实现土地利用空间配置的定量化。近年来，有研究表明，在城市化明显的流域，一些简单的景观格局指数，例如，聚集度、最大斑块指数和斑块密度等，与土地利用类型相比可能是预测水质的重要因素（杨洁等，2017；岳隽等，2008）。目前，大部分研究（王瑛等，2012；黄金良等，2011）使用景观水平上的景观格局指数，这使结果很难被应用在景观和土地利用规划上。有一部分研究（吉冬青等，2015；赵鹏等，2012）开始尝试使用类型水平上的景观格局指数，更好地评估了景观结构对水质的复杂影响机制。因此，将土地利用类型、景观格局（景观水平和类型水平）和人口密度共同作为影响水质的人为因素是有必要的。

反映人类活动的主要因素包括社会经济因素（人口密度变化、经济密度变化）、土地利用和景观格局变化等，可选择的指标见表 7-7。劳动力是人类活动的载体和活动强度产生的最基本条件，人口密度的变化造成人类对自然资源需求量增大，也必然导致人类改变自然环境的强度和频率。随着人类活动的增加，流域内的土地覆盖逐渐从自然植被转为以人类活动为主导的农业、城镇，从而导致水生态系统水质的退化。面源污染的产出输移过程与流域产、汇流同步，因此面源污染与流域的水文过程以及流域的景观特征等因素密切联系。有研究表明，景观特征尤其是土地利用组成及其空间配置是氮素径流产生的主要因素（Hall et al.，1996）。此外，流域内景观格局的变化是人类活动的宏观表现，是影响非点源污染负荷的主要因素之一（Fu et al.，2005；Chen et al.，2003）。因此可以选择土地利用、景观格局特征以及人口密度等因素来量化人类活动干扰，通过建立水质化学指标与这些因素的响应关系，分析化学指标对人类活动干扰的敏感性。

表 7-7 人类活动因素指标的意义

	参数	描述	简写
土地利用	耕地	种植农作物的土地，包括旱地和水田（%）	AR
	林地	指生长乔木、灌木、竹类以及沿海红树林等的土地（%）	FO
	草地	指以生长草本植物为主，覆盖度在 5%以上的各类草地，包括以牧为主的灌丛草地和郁闭度在 10%以下的疏林草地	GR
	水域	指天然陆地水域和水利设施用地	WA
	城乡、工矿、居民用地	指城乡居民点及其以外的工矿、交通等用地	UR
	未利用地	目前还未利用的土地，包括难利用的土地	UN
景观格局	斑块密度	单位面积斑块数量（n/100 hm^2）	PD
	边缘密度	景观每公顷边缘部分的总长度（m/hm^2）	ED
	蔓延度	景观里不同斑块类型的团聚程度或延展趋势	CONTAG
	散布与并列指数	各个斑块类型间的总体散布与并列状况，值越大说明与越多斑块邻近	IJI
	香浓多样性指数	反映景观要素的多少和景观要素所占比例的变化	SHDI
	景观形状指数	反映景观的破碎化程度	LSI
	最大斑块指数	某一斑块类型中的最大斑块占整个景观面积的比例	LPI
社会经济	人口密度	单位面积人口数量（人/km^2）	POP

本研究以 2003—2018 年松花江水质数据为基础，在 GIS 环境下，使用皮尔逊（Pearson's）相关性分析和偏最小二乘回归（PLSR）定量评估了不同地形条件下人为因素（景观特征、社会经济因素）对松花江流域水质的影响。将水质数据按照水期分为丰水期（6 月、7 月、8 月）、平水期（4 月、5 月、9 月、10 月）和冰封期（1 月、2 月、3 月、11 月、12 月）。冰封期时，河流处于封冻状态，几乎没有地表径流进入河流，因此在探究人为因素与水质的定量评估关系时，只考虑丰水期和平水期。子流域的土地利用类型比例可以通过 ArcGIS zonal statistics 功能进行分区计算，景观格局因素可以通过 Fragstats 进行分类计算。社会经济数据可以通过统计年鉴获取，并利用 ArcGIS 叠加在流域上，计算各子流域单位面积的人口密度以及 GDP。

偏最小二乘回归（PLSR）分析结果显示，为保证水质参数的最佳模型的 R^2 与交叉有效性（Q^2）之间的差距达到最小，同时获得最大的 Q^2，大多数水质参数与人为因素的模型提取了两个主成分（表 7-8）。此外，pH 和 EC 的最佳模型在丰水期和平水期都仅提取了一个主成分，而 F^-和 LAS 的最佳模型在丰水期提取了一个主成分。Pb 和 Cu 在两个水期的山区没有获得与人为因素响应的模型，而 SO_4^{2-}和 Cl^-则在丰水期没有获得具有显著意义的模型。因此可以看出，F^-、SO_4^{2-}、Cl^-以及 Cd 对人为因素的响应受到季节变化的影响，Pb、Cu、挥发酚和 LAS 对人为因素的响应则受到地形的影响（表 7-8、表 7-9）。

表 7-8　丰水期水质指标 PLSR 模型结果

Y	平原					丘陵山区				
	R^2	Q^2	成分	Y 解释量/%	Q^2cum	R^2	Q^2	成分	Y 解释量/%	Q^2cum
pH	0.29	0.21	1	29.0	0.21	0.26	0.22	1	26.0	0.22
EC	0.55	0.39	1	44.7	0.14	0.65	0.42	1	33.2	0.18
			2	10.3	0.39			2	31.8	0.42
DO	0.59	0.41	1	26.5	0.20	0.53	0.49	1	32.4	0.28
			2	32.5	0.41			2	20.6	0.49
COD_{Cr}	0.55	0.65	1	29.7	0.37	0.58	0.43	1	37.6	0.22
			2	25.3	0.65			2	20.4	0.43
COD_{Mn}	0.50	0.58	1	31.8	0.41	0.60	0.57	1	48.6	0.39
			2	18.2	0.58			2	11.4	0.57
BOD_5	0.75	0.66	1	54.4	0.42	0.59	0.44	1	46.3	0.32
			2	20.7	0.66			2	12.8	0.44
NH_3-N	0.68	0.52	1	49.6	0.31	0.59	0.42	1	41.7	0.29
			2	18.5	0.52			2	17.3	0.42
NO_3^--N	0.67	0.52	1	42.9	0.39	0.63	0.55	1	43.6	0.28
			2	24.2	0.52			2	19.5	0.55
TN	0.75	0.60	1	65.2	0.44	0.65	0.62	1	55.3	0.48
			2	9.8	0.60			2	9.7	0.62
TP	0.69	0.48	1	57.4	0.37	0.70	0.53	1	59.1	0.41
			2	11.6	0.48			2	10.9	0.53

Y	平原					丘陵山区				
	R^2	Q^2	成分	Y解释量/%	Q^2cum	R^2	Q^2	成分	Y解释量/%	Q^2cum
石油类	0.45	0.47	1	32.7	0.35	0.58	0.50	1	46.9	0.33
			2	12.3	0.47			2	11.1	0.50
挥发酚	0.51	0.32	1	51.0	0.32	0.59	0.43	1	33.8	0.37
								2	25.2	0.43
Cu	0.54	0.41	1	43.5	0.23					
			2	10.5	0.41					
Zn	0.56	0.49	1	43.7	0.33	0.67	0.53	1	56.8	0.36
			2	12.3	0.49			2	10.2	0.53
Cd	0.32	0.26	1	32.0	0.26	0.56	0.59	1	35.8	0.41
								2	20.2	0.59
LAS	0.31	0.21	1	31.3	0.21	0.59	0.43	1	38.9	0.32
								2	20.2	0.43
F^-	0.35	0.28	1	35.1	0.28	0.58	0.37	1	58.2	0.37
SO_4^{2-}										
Cl^-										

表 7-9 平水期水质指标 PLSR 模型结果

Y	平原					丘陵山区				
	R^2	Q^2	成分	Y解释量/%	Q^2cum	R^2	Q^2	成分	Y解释量/%	Q^2cum
pH	0.20	0.18	1	20.3	0.18	0.29	0.17	1	29.2	0.17
EC	0.53	0.67	1	33.5	0.42	0.56	0.59	1	34.8	0.37
			2	19.7	0.67			2	21.2	0.59
DO	0.63	0.54	1	43.1	0.36	0.68	0.54	1	42.7	0.42
			2	19.9	0.54			2	25.4	0.54
COD_{Cr}	0.58	0.48	1	32.5	0.31	0.52	0.51	1	27.4	0.37
			2	25.5	0.48			2	24.6	0.57
COD_{Mn}	0.63	0.58	1	36.7	0.41	0.65	0.56	1	33.2	0.42
			2	26.3	0.58			2	29.8	0.56
BOD_5	0.64	0.54	1	42.2	0.37	0.62	0.55	1	44.3	0.34
			2	21.9	0.54			2	17.7	0.55
NH_3-N	0.68	0.52	1	45.7	0.32	0.66	0.57	1	47.8	0.38
			2	22.3	0.52			2	18.2	0.57
NO_3^--N	0.51	0.66	1	39.2	0.45	0.46	0.53	1	28.7	0.42
			2	11.8	0.66			2	17.4	0.53
TN	0.69	0.55	1	46.2	0.39	0.68	0.53	1	45.8	0.31
			2	22.8	0.55			2	22.2	0.53
TP	0.61	0.64	1	49.3	0.49	0.57	0.59	1	42.5	0.47
			2	11.7	0.64			2	14.8	0.59
石油类	0.35	0.29	1	35.4	0.29	0.38	0.30	1	29.3	0.30
挥发酚	0.32	0.18	1	32.1	0.18					
Cu	0.64	0.59	1	53.2	0.37					
			2	10.9	0.59					

Y	平原					丘陵山区				
	R^2	Q^2	成分	Y 解释量/%	Q^2cum	R^2	Q^2	成分	Y 解释量/%	Q^2cum
Zn	0.48	0.59	1	31.4	0.39					
			2	16.6	0.59					
Cd						0.79	0.64	1	57.3	0.49
								2	21.7	0.64
LAS	0.47	0.42	1	32.4	0.26					
			2	14.8	0.42					
F^-										
SO_4^{2-}	0.66	0.59	1	56.6	0.44	0.70	0.43	1	57.9	0.39
			2	9.5	0.59			2	12.1	0.43
Cl^-	0.77	0.75	1	62.3	0.54	0.62	0.41	1	58.2	0.34
			2	14.7	0.75			2	3.8	0.41

影响松花江流域水质的人为因素因不同水期和地形区域而有所不同。总体来看，最主要因素为类型水平的景观格局指数。

在丰水期，农业用地边缘密度（1ED）在平原地区是对水质参数最具有解释意义的指标。COD_{Cr}、BOD_5、NH_3-N、TN、TP 和 Cd 都与 1ED 呈正相关，且 1ED 是这些水质参数的主导人为因素变量；此外，城镇用地最大斑块指数（5LPI）是影响 DO、石油类和 LAS 的主导因素，与 DO 呈负相关，与石油类和 LAS 呈正相关；COD_{Mn} 和 Pb 的主要影响因素为城镇用地景观形状指数（5LSI），且与 5LSI 呈负相关；城镇用地比例（UR）是 Cu 的主导人为因素，同时对部分水质理化参数、有机物以及营养盐指标具有较为显著的解释意义（VIP＞1）。水质参数在山区的主导因素与平原地区有较大差异，景观类型的最大斑块指数成为影响水质参数的最重要因素，农业用地最大斑块指数（1LPI）是影响 DO、COD_{Cr} 和 NH_3-N 的主导因素，同时草地最大斑块指数（3LPI）是影响 COD_{Mn} 的最显著解释变量；农业用地景观形状指数（1LSI）和城镇用地景观形状指数（5LSI）分别是 TN 和 EC 的最显著解释变量，且呈正相关；土地利用比例在丘陵山区对较多的水质参数具有显著解释意义（VIP＞1），农业用地（AR）是 EC、DO、NH_3-N、NO_3^--N、TN、TP 和 LAS 的主导人为因素之一，而 FO 则对 EC、DO、BOD_5、Zn 和 LAS 有较为显著的解释意义，其中，FO 是影响 Zn 的最主要因素（VIP_{max}）。

在平水期，影响平水期平原地区的土地利用因素主要为城镇用地（UR），是 Cd 的主导影响因子，同时对 EC、DO、NH_3-N 和 Cu 有较为显著的解释能力。城镇用地边缘密度（5ED）在平原地区对水质参数最具有解释意义，NH_3-N、TN、挥发酚和 LAS 都与 5ED 呈正相关。1ED 虽然在平水期平原地区对水质参数的解释能力弱于丰水期，但对 COD_{Cr}、BOD_5、NH_3-N、TN 和 TP 具有较为显著的解释意义（VIP＞1）；景观类型斑块密度 5PD、2PD 和 1PD 分别对 EC、石油类和 Cu 有较强的解释能力；散布与并列指数（IJI）在平原地区是影响 COD_{Cr} 和 COD_{Mn} 的主导因素，并呈负相关；农业用地最大斑块指数（1LPI）

在平原地区对 SO_4^{2-} 和 Cl^- 具有最强的解释能力，且与其呈正相关；与丰水期相似。城镇用地景观性状指数（5LSI）在平水期山区对 EC、DO、TN 和 Cl^- 具有最强的解释能力；林地景观格局在山区对水质参数的解释能力较强，林地景观形状指数（2LSI）则主要影响 pH，并呈正相关；林地斑块密度（2PD）是影响 COD_{Cr} 的主要因素，而林地最大斑块指数（2LPI）对 TP 和石油类具有最强的解释能力；林地边缘密度（2ED）对 BOD_5 和 NH_3-N 具有较为显著的解释能力（VIP＞1），并呈正相关。土地利用比例在山区不是影响水质参数的最主要因素，但对个别水质参数具有较强的解释能力，AR 对 EC 和 TP 具有较强的解释能力；GR 是影响 COD_{Mn} 的最主要因素，同时是影响 Cd 的显著解释指标之一，并呈负相关；UR 和 FO 分别对 NO_3^--N 和石油类具有较为显著的解释能力。

在平原地区影响水质的人为因素以农业用地和城镇用地的景观类型相关指标为主，而在山区，农业用地和城镇用地景观类型相关指数对水质的影响减弱，林地和草地景观类型相关指标对水质的影响增强。在丰水期影响水质的景观类型相关指标以农业用地景观类型相关指标为主，而在平水期，城镇景观类型相关指标对水质的影响能力增强。

在两个水期，人口密度（POP）在平原地区对 DO、TP 和石油类具有较为显著的解释能力（VIP＞1），在山区对水质指标的解释能力不显著（表 7-10、表 7-11）。

表 7-10 丰水期影响水质参数的关键人为因素

Y	具有显著意义的自变量	
	平原	丘陵山区
pH	2PD（−0.324）；3PD（0.256）；IJI（0.243）	2LSI（0.198）；5LPI（0.338）
EC	3ED（−0.114）；UR（0.106）	FO（−0.332）；AR（0.211）
DO	5LPI（−0.287）；5LSI（0.204）；POP（−0.325）	1LPI（−0.126）；AR（−0.122）；FO（0.112）
COD_{Cr}	1ED（0.079）；IJI（−0.086）；5ED（0.059）	1LPI（0.113）；2PD（−0.141）；5LSI（0.135）
COD_{Mn}	5LSI（−0.105）；PD（0.105）；5PD（−0.086）	3LPI（−0.176）；SHDI（0.173）
BOD_5	1ED（0.139）；5ED（0.115）；UR（0.109）	5ED（0.106）；5PD（0.102）；FO（−0.108）
NH_3-N	1ED（0.146）；5ED（0.116）；UR（0.103）	1LPI（0.136）；AR（0.128）
NO_3^--N	AR（0.183）；1LPI（0.149）	CONTAG（−0.329）；FO（−0.315）
TN	1ED（0.159）；5ED（0.153）；UR（0.138）	1LSI（0.108）；AR（0.106）；2LSI（0.106）
TP	1ED（0.139）；LSI（0.126）；POP（0.215）	2LPI（−0.117）；AR（0.116）
石油类	5LPI（0.292）；2LSI（−0.218）；POP（0.253）	1PD（0.188）；1LPI（0.213）
挥发酚	5ED（0.162）；UR（0.156）	UR（0.107）；5ED（0.106）
Cu	UR（0.230）；2LPI（−0.215）	—
Zn	3LPI（−0.233）；3ED（−0.224）；GR（−0.217）	1LPI（0.537）；FO（−0.108）
Cd	1ED（0.177）；IJI（−0.176）	2PD（−0.417）；3LSI（0.395）
LAS	5LPI（0.279）；1ED（0.172）；PD（0.244）	FO（−0.118）；AR（0.103）
F^-	3PD（0.183）	5ED（0.106）
SO_4^{2-}	—	—
Cl^-	—	—

表 7-11　平水期影响水质参数的关键人为因素

Y	具有显著意义的自变量	
	平原	丘陵山区
pH	3ED（0.191）；3LSI（0.174）；IJI（0.170）	2LSI（0.109）；ED（0.108）
EC	3ED（−0.165）；UR（0.156）	FO（−0.204）；AR（0.192）
DO	CONTAG（0.201）；UR（0~0.176）；POP（−0.197）	5LSI（−0.292）；1LPI（−0.230）
COD_{Cr}	IJI（−0.158）；1ED（0.143）；5ED（0.125）	2PD（−0.171）
COD_{Mn}	IJI（−0.101）；1ED（0.109）	GR（−0.215）；SHDI（0.209）
BOD_5	1ED（0.248）；5ED（0.243）	5LPI（0.199）；2ED（0.176）
NH_3-N	5ED（0.182）；1ED（0.169）；UR（0.151）	1LPI（0.161）；2ED（0.109）
NO_3^--N	UR（0.314）；2ED（−0.284）	2ED（−0.209）；UR（0.199）
TN	5ED（0.400）；1ED（0.357）	5LSI（0.201）；1LSI（0.162）
TP	1ED（0.160）；IJI（−0.154）；POP（0.261）	2LPI（−0.132）；AR（0.127）
石油类	2PD（−0.196）；2LSI（−0.181）；POP（0.197）	2LPI（−0.198）；FO（−0.177）
挥发酚	5ED（0.178）；5PD（0.159）	—
Cu	1PD（0.231）；UR（0.199）	—
Zn	ED（0.280）；3LSI（0.226）	—
Cd	UR（0.278）；3PD（0.215）	3PD（0.248）；GR（−0.222）
LAS	5ED（0.206）；IJI（−0.197）；5PD（0.194）	2PD（0.215）；3LSI（−0.232）
F^-	—	—
SO_4^{2-}	1LPI（0.987）；AR（0.231）	IJI（−0.277）；3LPI（−0.241）
Cl^-	1LPI（0.269）；3LSI（−0.489）；SHDI（0.226）	5LSI（0.240）；3LSI（−0.239）

7.2.2　土地利用对水质的影响

许多研究（彭勃等，2019；Shen et al.，2015；Ouyang et al.，2010）表明农业用地和城镇用地可导致邻近水生系统水质的退化，而草地和森林等有植被覆盖的区域对于水质有一定的提升作用，这和本研究的结果一致。根据皮尔逊（Pearson's）相关性分析以及 PLSR 分析可知，城镇用地（UR）主要在平原地区与大部分水质参数显著相关（$p<0.05$ 或 $p<0.01$），且在平水期与其相关的水质参数较丰水期更多，相关性更显著。此外，平原地区的 UR 对部分水质理化参数以及营养物指标具有显著的解释意义（VIP>1），说明平原地区 UR 与其他土地利用类型相比是导致水质退化的主要因素，且在平水期影响水质的主要为点源，而点源污染造成了河流水质营养物和有机物的增加。城镇用地被认为是点源的标志，Ahearn 等认为大多数城镇区域是不透水地面，且地表径流通过市政管网进入污水处理厂并最终排入河流成为点源（Ahearn et al.，2005）。此外，有研究表明，即使是在降水较少的时候，城镇区域的不透水表面也可以产生多种污染物。平原地区平水期农业用地（AR）与丰水期相比与较多的水质理化和营养物指标显著相关，原因可能在于平水期处于农忙期，而期间大量的施肥以及灌溉增加了进入河道的地表径流和污染物，从而造成了河流水质的退化（Bu et al.，2014）；而 AR 在丘陵山区与水质参数的联系较平原地区更为紧密，且对水质理化参数（如 DO、EC）以及营养物参数（如 NH_3-N、TN 和 TP）有较为显著的解释意义（VIP>1），这说明不同地形条件下的土地利用类型对河流水质的影响有所区别，丘陵山区土壤侵蚀的概率大于平原地区，水土流失导致土壤颗粒物随降水和灌溉进入河道影响水质。林地（FO）和草地（GR）在丘陵地区与水质指标相关性更强，与 DO 呈正相关，与其他水质指标呈负相关，FO 对 DO、BOD_5 和石油类有较为显著的解释能力。这说明草地和林地对地表径流中的污染物具有一定的吸收和截留的作用。丘陵山区的农业用地（AR）、林地（FO）和草地（GR）对水质的影响大于平原地区，说明随着海拔或者坡度的增加，水流量的增加会造成土壤侵蚀并提高颗粒物吸收污染的速度。例如，NH_3-N、SO_4^{2-} 等，因此河流水质退化的概率也会升高（Yu et al.，2016）。

皮尔逊相关性分析结果表明，丰水期土地利用类型如农业用地（AR）、林地（FO）、草地（GR）和城镇工矿用地（UR）与水质指标相关性较为显著（$p<0.05$ 或 $p<0.01$）。土地利用类型在山区与更多的水质指标有显著的相关性，AR 不仅在平原地区与 EC、COD_{Cr}、NO_3^--N 和 TP 呈显著的正相关，还在山区与 BOD_5、NH_3-N 和 TN 呈显著的正相关（$p<0.01$）。FO 在平原地区与 pH、EC、COD_{Cr}、TP 和挥发酚成显著负相关（$p<0.05$），而在山区还表现出与 BOD_5、NH_3-N、TN 和 Cu 呈负相关以及和 DO 呈显著正相关（$p<0.05$ 或 $p<0.01$）。GR 在平原地区仅与 EC 呈显著负相关，而在山区还与 TN 和 Zn 呈负相关（$p<0.01$）。UR 在平原地区与 EC、有机物和营养盐类水质指标呈正相关，在山区还表现出与 Cu 和 F^- 呈显著正相关（$p<0.05$ 或 $p<0.01$）。在平水期，FO 和 GR 在山区与较多的水质指标有显著相关性，而 AR、UR 和 WA 则在平原地区与较多的水质指标具有显著相关性（$p<0.01$ 或 $p<0.05$）。此外，与丰水期相比，COD_{Mn} 和 NO_3^--N 都表现出了与个别土地利用类型的相关性，前者在平原地区与 GR 呈负相关，后者则与 UR 呈正相关，而重金属和阴离子在平水期与土地利用类型比例几乎没有显著的相关性（表 7-12、表 7-13）。

表 7-12 松花江流域水化参数与土地利用类型的 Pearson 相关性系数

丰水期	平原						山区					
	AR	FO	GR	WA	UR	UN	AR	FO	GR	WA	UR	UN
pH	0.156	−0.214*	0.093	0.112	0.067	0.141	0.046	−0.210	0.054	0.201	−0.005	0.220
EC	0.374**	−0.268*	−0.330**	0.038	0.393**	−0.091	0.371**	−0.264*	−0.441**	0.163	0.442**	−0.034
DO	−0.088	0.116	0.103	−0.086	−0.070	−0.136	−0.115	0.224*	0.089	−0.119	−0.087	−0.102
COD_{Cr}	0.252*	−0.231*	−0.146	0.037	0.393**	0.022	0.254*	−0.249*	−0.070	0.052	0.109	0.148
COD_{Mn}	0.109	−0.105	−0.180	0.060	0.105	0.100	0.098	−0.109	−0.114	−0.004	−0.062	0.134
BOD_5	0.214	−0.192	−0.127	0.025	0.610**	−0.115	0.435**	−0.443**	−0.206	0.316	0.515**	−0.030
NH_3-N	0.145	−0.114	−0.114	−0.032	0.441**	−0.077	0.306**	−0.244*	−0.091	0.039	0.182	0.092
NO_3^--N	0.363**	0.092	−0.243	0.128	−0.006	−0.248	0.053	−0.085	−0.202	0.179	0.100	−0.153
TN	0.225	−0.169	−0.197	−0.010	0.509**	−0.104	0.422**	−0.340**	−0.360**	0.308	0.408**	−0.007
TP	0.237*	−0.224*	−0.119	0.047	0.317**	0.045	0.416**	−0.416**	−0.147	0.245	0.282**	0.090

丰水期	平原						山区					
	AR	FO	GR	WA	UR	UN	AR	FO	GR	WA	UR	UN
石油类	−0.019	−0.008	−0.049	0.206	0.102	−0.192	0.072	0.038	−0.027	0.112	0.012	0.225
挥发酚	0.255*	−0.264*	−0.044	0.121	0.520**	−0.101	0.170	−0.219*	0.104	0.056	0.206	0.013
Cu	0.112	−0.294	0.104	0.307	0.209	0.264	0.304	−0.543**	0.178	0.301	0.344*	0.081
Zn	0.146	0.047	−0.301	−0.405	0.110	0.057	0.197	0.034	−0.470*	−0.038	0.128	0.040
Cd	0.058	−0.072	−0.041	−0.122	0.068	−0.116	−0.109	0.204	−0.300	−0.107	−0.020	0.429
LAS	−0.121	−0.099	0.007	0.152	−0.072	−0.075	−0.324*	0.441**	−0.255	−0.152	−0.135	−0.217
F^-	−0.076	0.048	0.027	0.003	0.022	0.012	0.299*	−0.300*	−0.098	0.205	0.377**	0.102
SO_4^{2-}	0.160	−0.089	−0.108	0.036	0.096	−0.248	0.230	−0.195	−0.427	0.062	0.112	−0.176
Cl^-	0.453	−0.376	−0.432	0.132	0.083	0.278	0.529	−0.457	−0.573*	0.246	0.231	0.424

注：*：在 0.05 水平上显著相关；**：在 0.01 水平上显著相关；其他无显著相关性。

表 7-13　松花江流域水化参数与土地利用类型的 Pearson 相关性系数

平水期	平原						山区					
	AR	FO	GR	WA	UR	UN	AR	FO	GR	WA	UR	UN
pH	0.185	−0.262*	0.041	0.196	−0.023	0.150	0.126	−0.307**	0.046	0.243*	0.037	0.162
EC	0.409**	−0.335**	−0.273*	0.272*	0.451**	0.017	0.433**	−0.364**	−0.041 4**	0.035	0.525**	0.003
DO	−0.300**	0.232*	0.177	−0.077	−0.336**	−0.009	−0.292**	0.217*	0.287**	0.028	−0.278**	0.039
COD_{Cr}	0.202	−0.144	−0.192	−0.058	0.419**	−0.123	0.193	−0.119	−0.147	0.011	0.099	0.032
COD_{Mn}	0.052	−0.017	−0.222*	−0.033	0.174	−0.033	0.104	−0.078	−0.132	0.017	−0.013	0.085
BOD_5	0.274*	−0.216	−0.168	0.362**	0.662**	−0.187	0.429**	−0.422**	−0.270*	0.011	0.498**	−0.120
NH_3-N	0.203	−0.150	−0.102	0.105	0.516**	−0.120	0.358**	−0.254*	−0.178	−0.058	0.403**	−0.067
NO_3^--N	0.274	−0.243	−0.136	0.133	0.297*	0.020	0.263	−0.261	−0.079	0.081	0.415**	−0.019
TN	0.264*	−0.196	−0.144	0.250*	0.579**	−0.175	0.414**	−0.328**	−0.218	−0.020	0.475**	−0.172
TP	0.283**	−0.246*	−0.159	0.275*	0.367**	0.069	0.434**	−0.428**	−0.274*	−0.007	0.330**	0.103
石油类	0.025	−0.058	−0.309	0.306	0.164	−0.193	−0.036	−0.091	−0.334*	0.408**	0.046	−0.093
挥发酚	0.360*	−0.346*	−0.212	0.325	0.612**	−0.112	0.391*	−0.456**	−0.330*	0.139	0.498**	0.074
Cu	0.135	−0.211	0.027	0.086	0.124	0.206	0.136	−0.383*	0.091	0.215	0.241	0.157
Zn	−0.089	0.044	0.234	−0.289	0.117	0.116	−0.004	0.057	0.175	−0.153	0.035	0.173
Cd	0.085	−0.120	−0.067	−0.019	0.020	−0.175	0.069	−0.009	−0.123	−0.033	0.175	0.157
LAS	0.103	−0.093	0.074	0.074	0.370	0.157	0.003	0.039	−0.172	0.020	−0.175	0.069
F^-	−0.137	0.104	0.042	0.027	−0.079	−0.017	0.140	−0.157	−0.057	0.144	0.097	0.068
SO_4^{2-}	0.004	0.050	0.177	−0.124	−0.115	−0.137	0.327	−0.164	−0.431	0.083	0.076	−0.101
Cl^-	0.432	−0.306	−0.163	−0.040	−0.039	0.123	0.509	−0.253	−0.346	0.113	0.011	0.033

注：*：在 0.05 水平上显著相关；**：在 0.01 水平上显著相关；其他无显著相关性。

7.2.3　生态景观格局对水质的影响

景观格局是影响河流水质的主要因素（Lee et al.，2009；Allan et al.，2004），Pearson's 相关性分析结果表明景观格局指数对丰水期水质影响较大，且在丰水期，斑块密度（PD）、边缘密度（ED）和景观形状指数（LSI）在丘陵山区与较多的水质指标显著相关，PD 和 ED 作为表示景观破碎度的指标，与水质的退化呈显著正相关；LSI 与 TN、石油类和 LAS

呈正相关，表明 LSI 的升高可导致水质变差，原因在于 LSI 越大则代表景观或斑块越离散越不规则，从而造成景观的破碎程度增加，斑块与周围环境接触面积增加，接收污染物的可能性增加，导致水质变差。PLSR 分析结果表明蔓延度（CONTAG）在平水期平原地区对 DO 具有最显著的解释能力，且与 DO 呈正相关，而在丰水期山区对 NO_3^--N 有较为显著的解释能力，且呈负相关。CONTAG 代表景观的复杂程度以及斑块之间的连接性，高蔓延度值说明景观中的某种优势斑块类型形成了良好的连接性；反之，则表示景观是具有多种要素的密集格局，破碎化程度较高。因此，水质退化在破碎化程度较高离散性较低的景观类型中出现的概率较大（Cheng et al.，2018）。

有研究认为景观组成（土地利用）与景观格局指标相比更能解释河流水质（杨强强等，2020），Pearson's 相关性分析以及 PLSR 分析结果表明，类型水平上的景观格局指数对与水质的关系和对水质的解释能力更为显著。在平原地区，农业用地以及城镇用地景观格局指数与水质参数的关系比较密切。在两个水期，对水质指标尤其是 COD_{Cr}、BOD_5 以及营养物指标具有较显著的解释能力的景观格局指数（类型水平）主要为边缘密度（1ED 和 5ED），边缘密度（ED）反映了土地利用格局的复杂程度和景观的空间异质性，高的 ED 代表更大的人类干扰，景观更加破碎，此外，在平水期 1ED 对水质的影响与 5ED 相比更大；景观形状指数（1LSI 和 5LSI）主要在丰水期对 COD_{Mn}、NO_3^--N 和 Pb 具有较强的解释能力，说明水质在丰水期对景观的形状较平水期而言更敏感；最大斑块指数（5LPI）则仅在丰水期对 DO、石油类和 LAS 具有较强的解释能力，而完整且大面积的城镇景观由于大量的不透水表面可导致水质的退化，这与之前的研究一致（Shen et al.，2015；Tu，2013；Lee et al.，2009；Basnyat et al.，1999）。

在山区，农业用地和城镇用地景观格局指数对水质的影响降低，农业用地最大斑块指数（1LPI）在丰水期与 DO 呈负相关，与 COD_{Cr}、NH_3-N、石油类和 Zn 呈正相关，在平水期仅对 DO 和 NH_3-N 有较强的解释能力，说明在山区完整且大面积的耕地景观对水质退化有较大的贡献；林地景观格局指数如景观形状指数（2LSI）、边缘密度（2ED）、斑块密度（2PD）和最大斑块指数（2LPI）对水质的影响与平原地区相比有所增强，2LPI 与水质退化成反比，说明在山区大面积的林地景观有利于截留并吸收随径流进入河流的污染物，而 2PD、2LSI 和 2ED 则与水质退化成正比，说明山区林地景观的破碎化可导致林地吸收净化污染物的能力有所减弱（Li et al.，2018）。具体值见表 7-14～表 7-16。

表 7-14　松花江流域水化参数与景观格局指数（景观水平）的 Pearson's 相关性系数

丰水期	平原						山区					
	PD	ED	LSI	CONTAG	IJI	SHDI	PD	ED	LSI	CONTAG	IJI	SHDI
pH	0.153	0.129	0.073	−0.206	0.231*	0.226*	0.092	0.010	0.046	−0.179	0.317**	0.263*
EC	0.253*	0.108	0.166	0.013	−0.022	0.104	0.312**	0.103	0.182	−0.011	−0.054	0.113

丰水期	平原						山区					
	PD	ED	LSI	CONTAG	IJI	SHDI	PD	ED	LSI	CONTAG	IJI	SHDI
DO	−0.021	0.012	−0.159	−0.144	0.210	0.131	−0.040	0.091	−0.092	−0.191	0.204	0.208
COD_{Cr}	−0.041	−0.048	−0.030	0.098	−0.150	−0.087	−0.247*	−0.226*	−0.140	0.118	−0.133	−0.173
COD_{Mn}	−0.088	−0.098	−0.064	0.054	−0.028	−0.098	−0.194	−0.210	−0.131	0.057	−0.036	−0.124
BOD_5	0.121	0.111	0.073	0.077	−0.170	−0.033	0.166	−0.023	−0.110	0.046	−0.082	−0.086
NH_3-N	0.087	0.059	0.103	0.110	−0.165	−0.038	0.167	0.054	0.194	0.112	−0.112	−0.055
NO_3^--N	0.255	0.154	0.180	0.018	−0.050	0.064	0.231	0.123	0.090	0.058	−0.153	0.021
TN	0.130	0.102	0.152	0.099	−0.216	−0.015	0.220	0.079	0.275*	0.071	−0.191	0.057
TP	0.094	0.137	0.119	0.010	−0.161	−0.001	0.213*	0.121	0.156	−0.065	−0.078	0.108
石油类	−0.157	−0.367*	−0.413**	0.143	0.107	−0.382*	−0.161	−0.339*	−0.397*	0.145	0.113	−0.394*
挥发酚	0.156	0.064	0.025	0.051	−0.090	−0.030	0.175	−0.022	0.043	0.054	−0.006	−0.038
Cu	0.397*	0.171	0.039	−0.165	0.340*	0.147	0.266	0.135	−0.256	−0.086	0.292	0.067
Zn	0.176	−0.084	−0.281	0.123	0.051	−0.171	0.133	−0.114	−0.127	0.013	0.005	−0.094
Cd	0.158	−0.102	−0.175	0.077	0.205	−0.140	0.509*	0.247	−0.065	−0.329	0.235	0.079
LAS	0.088	0.111	0.171	0.157	−0.260	−0.164	0.203	0.166	0.311*	0.040	−0.217	0.022
F^-	−0.133	−0.175	−0.066	0.006	0.221	0.061	0.026	−0.042	0.060	−0.053	0.106	0.193
SO_4^{2-}	−0.563*	−0.452	0.206	0.477*	−0.654**	−0.448	−0.377	−0.391	0.261	0.419	−0.260	−0.220
Cl^-	−0.317	−0.259	0.535*	0.397	−0.388	−0.142	−0.328	−0.355	0.407	0.315	−0.377	−0.130

注：*：在 0.05 水平上显著相关；**：在 0.01 水平上显著相关；其他无显著相关性。

表 7-15　松花江流域水化参数与景观格局指数（景观水平）的 Pearson's 相关性系数

平水期	平原						山区					
	PD	ED	LSI	CONTAG	IJI	SHDI	PD	ED	LSI	CONTAG	IJI	SHDI
pH	0.141	0.114	0.161	−0.161	0.145	0.223*	0.152	0.028	0.120	−0.143	0.244*	0.206
EC	0.179	0.073	0.151	0.015	0.020	0.100	0.236*	0.068	0.195	0.000	0.001	0.089
DO	0.000	−0.015	0.049	0.051	0.026	−0.010	−0.009	−0.020	0.062	0.088	−0.022	−0.056
COD_{Cr}	−0.001	0.007	0.038	0.020	−0.085	0.032	−0.174	−0.183	−0.073	0.073	−0.075	−0.045
COD_{Mn}	−0.055	−0.052	−0.025	−0.015	0.014	−0.011	−0.137	−0.119	−0.062	−0.017	−0.025	−0.018
BOD_5	0.141	0.168	0.079	−0.027	−0.084	0.048	0.220	0.049	−0.004	0.027	−0.058	−0.089
NH_3-N	0.099	0.110	0.094	0.010	−0.084	0.029	0.064	−0.013	0.017	0.079	−0.105	−0.128
NO_3^--N	0.172	0.349*	−0.086	0.291	−0.019	−0.078	−0.109	−0.293	0.052	0.294	−0.092	−0.039
TN	0.116	0.121	0.151	0.026	−0.114	0.048	0.118	0.010	0.245*	0.084	−0.087	0.028
TP	0.086	0.159	0.121	−0.093	−0.050	0.110	0.259*	0.213*	0.159	−0.170	0.010	0.204
石油类	0.071	−0.105	−0.117	−0.006	0.164	−0.096	0.130	−0.004	−0.031	−0.035	0.105	−0.040
挥发酚	0.196	0.058	0.066	−0.009	−0.010	0.031	0.221*	0.068	0.048	−0.098	0.004	0.128
Cu	0.108	0.052	−0.218	−0.198	0.262	0.230	0.342*	0.421*	−0.084	−0.293	0.192	0.269
Zn	0.071	−0.072	−0.004	0.133	−0.085	−0.088	0.178	−0.088	0.077	0.192	−0.188	−0.128
Cd	−0.331	−0.346	−0.046	0.446	−0.151	−0.397	−0.126	0.018	−0.152	−0.147	−0.108	0.098
LAS	0.315*	0.360	0.308*	−0.127	−0.087	0.136	−0.185	0.003	−0.164	−0.051	−0.098	−0.009
F^-	−0.021	−0.092	−0.043	−0.016	0.237	0.070	0.320**	0.193	0.168	−0.141	0.174	0.218
SO_4^{2-}	−0.262	−0.336	−0.030	0.302	−0.213	−0.266	−0.145	−0.337	−0.052	0.312	−0.020	−0.254
Cl^-	−0.009	−0.133	0.350	0.180	0.078	0.064	0.083	−0.138	0.204	0.066	0.110	0.083

注：*：在 0.05 水平上显著相关；**：在 0.01 水平上显著相关；其他无显著相关性。

表 7-16　松花江流域与显著相关的景观格局指数（类型水平）及其 Pearson's 相关性系数

水质指标	丰水期	平水期	丰水期	平水期	丰水期	平水期	丰水期	平水期
	显著正相关指标	显著正相关指标			显著负相关指标	显著负相关指标		
	平原	平原	山区	山区	平原	平原	山区	山区
pH			3ED（0.249）、3LSI（0.249）		2ED（−0.247）	2LPI（−0.287**）	2LPI（−0.229）	2LPI（−0.317**）
EC	5PD（0.431**）、1LPI（0.327*）、1ED（0.256）、5ED（0.445**）、1LSI（0.263）、5LSI（0.396**）	5PD（0.492**）、1LPI（0.359**）、1ED（0.327**）、5ED（0.501**）、1LSI（0.255）、5LSI（0.362**）	5PD（0.476**）、1LPI（0.364**）、1ED（0.262）、5ED（0.490**）、1LSI（0.303**）、5LSI（0.444**）	5PD（0.547**）、1LPI（0.433**）、1ED（0.310**）、5ED（0.556**）、1LSI（0.243）、5LSI（0.422**）	（−0.264）、2ED（−0.228）、3ED（−0.345**）	2LPI（−0.296**）、3LPI（−0.242）、2ED（−0.271）、3ED（−0.281）	3PD（−0.229）、2ED（−0.246）、3ED（−0.501）、3LSI（−0.307**）	2LPI（−0.333**）、3LPI（−0.423）、2ED（−0.262）、3LSI（−0.303）
DO		2ED（0.357）、2LSI（0.369）	2LPI（0.229）	3LPI（0.352**）		5PD（−0.304**）、1LPI（−0.312）、5LPI（−0.218）、5ED（−0.309**）、5LSI（−0.389**）		5PD（−0.282**）、1LPI（−0.272）、5ED（−0.281**）、5LSI（−0.291*）
COD_{Cr}	5PD（0.277）、1LPI（0.253）、5LPI（0.406**）、5ED（0..428**）	5PD（0.308**）、1LPI（0.251）、5LPI（0.431**）、5ED（0.321**）、5LSI（0.372**）	1LPI（0.297**）	1LPI（0.245）、5LSI（0.304）	2LPI（−0.214）		2PD（−0.338**）、2ED（−0.289**）	5LSI（0.304）
COD_{Mn}	1ED（0.248）	5LPI（0.252）、5ED（0.290）、5LSI（0.271）			2ED（−0.328）	3ED（−0.224）	2PD（−0.277**）、2ED（−0.246）	2PD（−0.317**）、2ED（−0.266）

水质指标	丰水期	平水期	丰水期	平水期	丰水期	平水期	丰水期	平水期
	显著正相关指标	显著正相关指标			显著负相关指标	显著负相关指标		
	平原	平原	山区	山区	平原	平原	山区	山区
BOD_5	5PD（0.401**）、5LPI（0.685**）、1ED（0.294）、5ED（0.606**）、5LSI（0.427**）	5PD（0.501**）、1LPI（0.283）、5LPI（0.619**）、1ED（0.314）、5ED（0.632**）、5LSI（0.505**）	5PD（0.545**）、1LPI（0.404**）、5LPI（0.306）、1ED（0.310）、5ED（0.562**）、5LSI（0.330）	5PD（0.526**）、1LPI（0.357**）、5LPI（0.309）、5ED（0.545**）、5LSI（0.352）			2LPI（0.426**）、2ED（−0.421**）	3PD（−0.258）、2LPI（−0.428**）、2ED（−0.439**）、3ED（−0.286）、2LSI（−0.285）、3LSI（−0.359**）
NH_3-N	5PD（0.270）、5LPI（0.512**）、5ED（0.458**）、5LSI（0.345**）	5PD（0.402**）、1LPI（0.246）、5LPI（0.451**）、5ED（0.422**）、5LSI（0.379**）	1LPI（0.275**）、5ED（0.246）、5LSI（0.285）	5PD（0.435**）、1LPI（0.290）、1ED（0.262）、5ED（0.422**）、1LSI（0.295）、5LSI（0.392**）			2LPI（−0.217）、2ED（−0.248）、	3LPI（−0.277）、2ED（−0.244）
NO_3^--N		1ED（0.364）、5ED（0.295）		5PD（0.361）、1LPI（0.313）、1ED（0.304）、5ED（0.396**）	1LSI（−0.394*）		2PD（−0.252）	
TN	5PD（0.383**）、5LPI（0.471**）、1ED（0.274）、5ED（0.478**）、5LSI（0.455**）	5PD（0.486**）、1LPI（0.258）、5LPI（0.465**）、1ED（0.283）、5ED（0.505**）	5PD（−0.353）、1LPI（0.426**）、1ED（0.237）、5ED（0.454**）、1LSI（0.341**）、5LSI（0.483**）	5PD（0.483**）、1LPI（0.336**）、5LPI（0.284）、1ED（0.273）、5ED（0.475**）、5LSI（0.470**）		2ED（−0.277）	2PD（−0.270）、2LPI（−0.318**）、3LPI（−0.338**）、2ED（−0.286）、3ED（−0.274）	2LPI（−0.296）、3LPI（−0.278）、2ED（−0.390**）
TP	5LPI（0.330**）、1ED（0.251）、5LSI（0.392**）	5PD（0.298**）、1LPI（0.282）、5LPI（0.292**）、1ED（0.272）、5ED（0.305**）、5LSI（0.426**）	5PD（0.319**）、1LPI（0.373**）、1ED（0.316**）、5ED（0.316**）	5PD（0.374**）、1LPI（0.359**）、1ED（0.268）、5ED（0.374**）、5LSI（0.319**）	2LPI（−0.280**）	2LPI（−0.287**）	2LPI（−0.441）、2ED（−0.294**）、	3LPI（−0.265）、2ED（−0.348**）

水质指标	丰水期	平水期	丰水期	平水期	丰水期	平水期	丰水期	平水期
	显著正相关指标	显著正相关指标			显著负相关指标	显著负相关指标		
	平原	平原	山区	山区	平原	平原	山区	山区
石油类		5LPI（0.366）			2LSI（−0.226）	2PD（−0.477**）、2LSI（−0.494**）		2PD（−0.385）、2LSI（−0.522**）
挥发酚	5PD（0.473**）、1LPI（0.218）、5LPI（0.453**）、5ED（0.450**）、5LSI（0.392**）	5PD（0.552**）、1LPI（0.418）、5ED（0.568**）	1PD（0.215）、5PD（0.239）、5ED（0.259）、5LSI（0.276）	5PD（0.526**）、1LPI（0.401）、5LPI（0.365）、5ED（0.550**）	2LPI（−0.233）		2LSI（−0.332）	2LPI（−0.449**）、2ED（0.403）、3ED（0.413）、3LSI（−0.373）
Cu			5PD（0.353）、1ED（0.453**）				2LPI（−0.492**）、2ED（−0.354）	2LPI（−0.432**）、2LSI（−0.396）
Zn	2LSI（0.447）	5LPI（0.459）			3LPI3（−0.412）		3LPI（−0.415）	
Cd								
LAS	1PD（0.411**）、1ED（0.309）、1LSI（0.446**）、2LSI（0.361）		5PD（0.396**）、1ED（0.360）、5ED（0.394**）	5PD（0.326）、5ED（0.330）、5LSI（0.341）		2ED（−0.332）	3ED（−0.314）	
F^-	2LSI（0.596**）	1ED（0.288）、2LSI（0.589**）		2PD（0.360）	2ED（−0.912**）			3ED（−0.313）
SO_4^{2-}		1PD（0.483）				3LPI（−0.493）		2PD（−0.467）
Cl^-		1LPI（0.488**）	1LPI（0.579）	1LPI（0.394）		2ED（−0.581**）	3LPI（−0.606）	2ED（−0.205）

注：*：在 0.05 水平上显著相关；**：在 0.01 水平上显著相关；其他无显著相关性。

7.2.4 社会经济对水质的影响

通过 Pearson's 相关性分析发现，人口密度在平原地区与水质指标具有显著的相关性，与 DO 呈显著负相关，与其他水质指标呈显著正相关；PLSR 分析则表明 POP 对 DO、TP 和石油类具有较为显著的解释能力。较大的人口密度意味着有机污染物的大量排放。例如，厨余垃圾、工业废弃物以及人畜废弃物等，这些都导致了水质的退化，而平原地区人口密度较大，人口密度对水质的影响在平原地区与丘陵山区相比更为显著（Chen et al.，2016）。

7.3 基于 eDNA 宏条形码技术的水生生物群落退化分析

7.3.1 研究方法

环境 DNA（environmental DNA，eDNA）是指直接从环境样品（如土壤、空气、水体）中提取到的 DNA，是不同物种遗留在环境中的 DNA 的总称。水体中的环境 DNA 包含生物体经由皮肤、尿液、粪便、黏液等释放到环境中的 DNA 和细胞死亡裂解后释放到环境中的 DNA（Deiner et al.，2017）。环境 DNA-宏条形码技术主要操作流程为采集环境样本，对样本中的环境 DNA 进行提取，基于分子标记基因设计引物对环境 DNA 进行 PCR 扩增及高通量测序。通过生物信息学分析将得到的大量序列聚类为操作分类单元（operational taxonomic units，OTUs）。将代表性序列与数据库中的序列进行比对达到同时对环境样本中多个物种（或高级分类单元）进行鉴定的目的（Zhang et al.，2018；Hänfling et al.，2016）。

（1）DNA 提取、PCR 扩增和高通量测序

1）浮游动物群落实验分析

取 30 mL 代表性样品，12 000 r/min 离心，富集浮游动物用于总 DNA 提取。总 DNA 提取采用 DNeasy Blood & Tissue 试剂盒（Qiagen Canada Inc.，ON，Canada）。DNA 质量和浓度采用紫外分光光度计（NanoDrop，Thermo Scientific Inc.，USA）进行测定。为了扩增浮游动物核小亚基 rDNA V4 区域，采用对浮游动物具有高通用性和高灵敏度的引物（Uni18S：AGGGCAAKYCTGGTGCCAGC；Uni18SR：GRCGGTATCTRATCGYCTT）（Zhan et al.，2013）对浮游动物群落进行扩增。每个样品进行 8 次重复 PCR 扩增以避免扩增偏差。PCR 扩增体系最终体积为 25 μL：100 ng DNA，1×PCR 缓冲液，2 mmol/L Mg^{2+}，0.2 mmol/L dNTP，0.4 μmol 引物和 2 U Taq DNA 聚合酶（LA Taq，Takara Inc.，Janpan）。扩增程序：首先，95℃ 5 min 起始变性；其次，进行 25 个循环扩增，循环程序依次为 95℃ 30 s、50℃ 30 s，72℃ 90 s；最后为 72℃ 10 min 的延伸。PCR 结束后，将 8 个重复 PCR 产物混合，采用 SanPrep Column PCR 产物纯化试剂盒（Sangon Biotech，Shanghai，China）进行纯化。所有纯化后 PCR 产物质量和浓度采用紫外分光光度计进行测量（NanoDrop，Thermo Scientific Inc，USA）。最后，

23 个浮游动物群落的纯化 PCR 产物混合，进行混合建库。测序方式采用 Illuminar MiSeq 平台（San Diego，CA，USA）的 300-bp 双末端策略进行测序。

2）浮游植物群落实验分析

将依据 18SrDNA V4 区设计的引物与代表性甲藻种进行比对，发现此引物与甲藻具有较高的匹配度。因此，将此引物用于浮游植物群落的分析，并着重针对甲藻这一门类。最后，测序方式采用 Illuminar MiSeq 平台（San Diego，CA，USA）的 300-bp 双末端策略进行测序。

3）浮游微生物群落实验分析

基于滤膜收集到的浮游微生物样品，本研究采用 CTAB 法提取浮游微生物群落总 DNA（Huang et al.，2009），并采用 515F/806R 引物扩增微生物 16S 的 V4 区域（Caporaso et al.，2011），扩增程序：94℃预变性 4 min，35 个循环（94℃，45 s；50℃，60 s；72℃，90 s），最后 72℃延长 10 min。纯化后的 PCR 产物送到测序公司使用 Illumina Miseq PE250 测序平台完成高通量测序。

（2）生物信息学分析

1）浮游动物群落 metabarcoding 数据解析

测序原始数据在 USEARCH 中采用最新的 UNOISE3 算法进行处理（Edgar 2016）。UNOISE3 算法可以准确区分核苷酸序列突变和测序错误，有效地将扩增子序列差异准确解析至单核苷酸水平，有助于复杂群落组成的分析。具体步骤为，首先使用 UPARSE 提供的 Python 脚本识别样品标记序列 barcode 并删除引物。随后，进一步对测序数据进行虑错处理，删除低质量序列，包括含有不确定核苷酸（N's）、Phred 评分（Q）<20 或最大预期误差阈值<0.75 的序列（Edgar 2013）。然后将质量过滤后的序列剪齐为 225 bp，序列长度小于 225 的序列被筛除不参与后续分析。然后将数据进行去重复以获得唯一序列。随后，将得到的唯一序列进行去噪处理，以去除错误序列，最后以预测正确的核苷酸序列获得 ZOTU，并获得 ZOTU 的丰度信息（Xiong et al.，2017）。根据 Edgar（2016）建议，我们在降噪步骤中将序列最小丰度设定 4。

ZOTU 的分类注释是采用 Seed 程序（Větrovský et al.，2018），借助 GenBank 数据库比对得到。为了减少比对过程中的不确定性，在比较结果中舍弃了参数 E 值>10^{-80}，覆盖率<80%或相似度<85%的 ZOTU（Zhan et al.，2014）。此外，注释为藻类和脊椎动物的 ZOTU 也被舍弃。在随后分析中，每个 ZOTU 中的序列数目被视为 ZOTU 丰度（Zhan et al.，2014；Xiong et al.，2017）。

2）浮游植物群落 metabarcoding 数据解析

测序数据正向序列用 USEARCH 8.1（Edgar 2013）and RDP（https://pyro.cme.msu.edu/）软件（Cole et al.，2009）进行质量过滤，去除非生物序列（如接头和样品特异的 barcode）并剪齐为 225 bp，删除序列长度<225 的序列。然后，通过对序列进行去除重复处理得到 unique sequence，并进一步通过聚类（97%相似性）获得操作分类单元（operational taxonomic units，OTUs）。OTU 的注释采用软件 SEED 1.46（Větrovský et al.，2018），具体筛选参数与浮游动物 ZOTU 的物种注释相同。

3）浮游微生物群落 metabarcoding 数据解析

原始测序下机序列拆分后去除引物等无效信息，去除低质量序列。过滤后的序列按照 97%的相似度聚类成分类操作单元（operational taxonomic units，OTUs）。使用 RDP 比对代表性序列，参考 SILVA 数据库、获取分类信息（Wang et al.，2007）。去除未比对上的 OTUs 和古菌。对样品序列进行重抽，使每个样品的序列总数均为 19 584 条。计算和绘制稀疏曲线。

（3）统计分析

1）环境变量差异性分析

为了分析 3 个不同扰动程度生境的环境条件差异性，我们基于测量得到的 23 个环境变量，采用欧式距离对样点进行 CLUSTER 聚类分析和非度量多维尺度排序分析（NMDS）。并利用相似性分析（ANOSIM）评估不同环境类型之间的差异程度。此外，采用主成分分析（PCA）对环境变量进行降维，并确定环境变化的主要梯度，在后续的群落环境相互作用分析中以前 3 个代表性环境变化梯度进行分析。在统计分析之前，除 pH 外，环境变量采用 $\log_{10}(x+1)$ 转换，以提高数据集正态性和消除量纲的影响。CLUSTER、NMDS 和 ANOSIM 分析均在 PRIMER 5.0 软件中实现（Clarke＆Gorley，2001）。PCA 分析在 R 语言环境由 rda 函数实现（Oksanen et al.，2015；R Core Team，2015）。

2）空间结构变量提取

环境选择是驱动生物群落演替的机制之一，同时生物类群自身的扩散作用对群落结构也起着重要的作用，扩散作用作为一种随机过程是生物群落演替的另一重要机制（Astorga et al.，2012）。本研究组之前基于海河流域的研究已经表明，在污染河流生态系统中环境选择作用是浮游动物群落演替的主要驱动力，在本研究中不再强调扩散作用对浮游动物群落的影响。但是浮游植物群落的演替主要机制仍不明晰。为了在流域地理尺度上解析污染河流水体浮游植物群落组成差异的主要驱动机制（环境选择作用 vs. 随机扩散作用），本研究基于采样点经纬度对样点间的空间结构进行了解析，提取重要空间特征向量，以在后续分析中表征河流的扩散作用。具体方法为，借助 R 语言中的 SoDa 软件包的 geoXY 函数将经纬度转化为笛卡尔变量。随后，基于笛卡尔函数，采用 dist 函数、欧氏距离计算样点间的地理距离（Lozupone et al.，2007）。最后，用 PCNM 软件包中的 PCNM 函数进行 PCNM 分析，提取 PCNM 向量，并最终筛选得到 7 个具有正特征根的 PCNM 向量（V1～V7），这些向量即作为空间变量，用于预测扩散作用对群落差异性的影响。

（4）不同生境类型的生物类群的组成及多样性变化

1）浮游动物群落组成的差异性分析

为了分析 3 种生境（受不同程度扰动）的浮游动物群落结构的变化，首先，基于群落间 Bray-Curtis 不相似性对群落进行非度量多维尺度排序（NMDS）和相似性分析（ANOSIM），以解析 3 种生境类型［低扰动区（less disturbed area，LDA）、中度扰动区（intermediate disturbed area，IDA）和高度扰动区（high disturbed area，HDA）］中的浮游动物群落组成的差异性。此外，利用相似百分比（SIMPER）分析计算各生境类型之间所有群落的平均不相似性程度，并辨识导致群落结构变化的典型 ZOTU 及典型 ZOTU 对群落结构差异性的贡献率。为了阐明导致浮游动物群落演替的主要污染物，采用了多元统计的冗余分析（RDA）解析群落与环境梯度之间的互作关系。NMDS、ANOSIM 和 SIMPER 的分析采用 PRIMER 5.0 完成（Clarke & Gorley，2001）。RDA 采用 CANOCO 4.5（Lepš & Šmilauer，2003）实现。

2）浮游植物群落组成的差异性分析

为了揭示甲藻群落的空间分布特征，同样采用 NMDS 排序及 ANOSIM 的方法对不同生境的群落进行分析。同样，SIMPER 被用来定量计算各生境类型群落之间的相似性程度及不同生境类型群落间的不相似程度。其中，组间的不相似性分析及组内相似性分析是基于 Bray-Curtis 不相似性开展的。在进行统计分析之前，OTUs 的丰度及所有环境因子（除 pH）经 $\log_{10}(x+1)$ 转化以提高数据的匀质性及方差齐性。

为了进一步分析环境选择作用及扩散作用在甲藻群落结构差异性空间分布格局中的重要性，采用了方差分解分析来预测环境变量和空间变量对甲藻群落空间差异性的解释度。具体步骤为，首先对甲藻群落进行去趋势分析，发现梯度的最大值（3.03）小于 4，表明群落的大多数种类对解释变量呈现线性相关性（Lepš & Šmilauer，2004），可采用基于线性模型的冗余分析（RDA）来解析群落—环境相互关系。由于解释变量之间的共线性问题会导致 I 型错误并过高估计变量的解释度。分别对环境因子和空间变量进行前向选择，筛选出对甲藻群落结构产生显著影响的解释变量。ANOVAS（1 000 次置换）分析用于评估 RDA 及 pRDA 模型的显著性，以上 RDA、pRDA 及 DCA 均在 R 环境下的 vegan 程序包完成（Oksanen et al.，2015；R Core Team，2015）。

3）浮游微生物群落的差异性分析

通过非度量多维尺度（non-measuring multidimensional scaling，NMDS）对环境因子进行聚类。使用相似性分析（analysis of similarity，ANOSIM）检测环境因子之间的差异程度。使用 *U*-test 比较单个环境因子在不同区域间的差异性。上述分析通过 R 语言完成。

使用 OTU 表计算每个样本的 α 多样性指数，包括每个样本的 OTUs 总数和香农多样性。不同样本间的 α 多样性通过 *U*-test 进行检测。通过有权重的 UniFrac 计算和展示 OTU 水平的群落差异。不同区域间群落差异的显著性通过 ANOSIM 进行检测。通过冗余分析（redundancy analysis，RDA）检测环境因子与群落结构之间的关系，并用前向选择筛选最重要的环境因子。上述分析通过 R 语言完成。统计分析之前，所有的环境因子进行 $\log_{10}(x+1)$ 处理。

（5）指示生物

为了确定每种环境类型下的浮游动物指示类群，对每个环境类型中 ZOTU 进行指示指数计算，并采用置换检验得到相应的 *P* 值。并选择 $P<0.05$ 的 ZOTU 作为这一类型扰动程度生境的指示类群。指示分类群分析在 R 编程环境中通过 labdsv 程序包中的 indval 函数完成（Roberts et al.，2016；R Core Team，2015）。

（6）区域特异性微生物类群的识别

将在不同区域内的丰度具有显著差别的微生物类群，定义为区域特性微生物类群。据此，将在低扰动区丰度显著高于高扰动区的类群，称为 LDA 特有组分 OTUs；将在高扰动区丰度显著高于低扰动区的类群，称为 HAD 特有组分 OTUs。为提高结果的准确度，本研究仅保留相对丰度大于 0.01%的科和相对丰度大于 0.001%的属。不同区域之间丰度的差异用 *U*-test 进行检验。上述分析使用 R 语言完成。

7.3.2　样品采集

本节研究所需样品为 2016 年和 2017 年分两次采集，包括水样、底栖生物、浮游动物、浮游微生物和藻类等。其中，对松花江主河段的 24 个采样点、第二松花江的 19 个采样点、梧桐河支流 7 个采样点进行了上述样品的采集工作。根据流域扰动类型分类，最终选择 LDA 分布 5 个样点、IDA 分布 11 个样点和 HDA 分布 7 个样点进行数据分析。具体采样点分布和采集情况如图 7-12 所示。

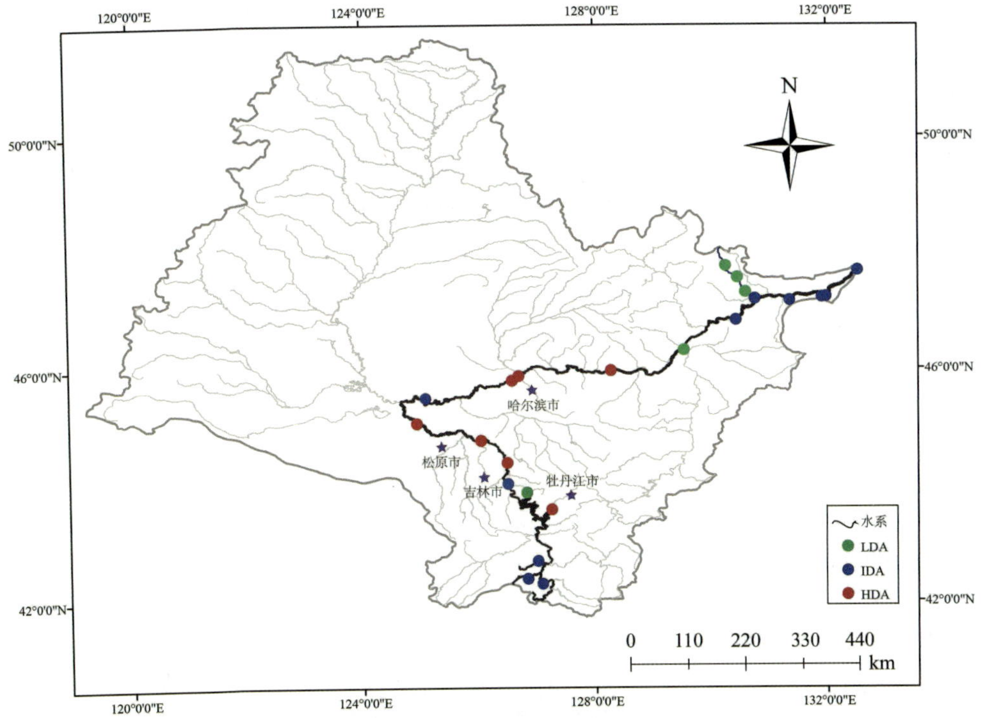

图 7-12　松花江流域采样点分布图

7.3.3 水环境差异分析

非度量多维尺度（NMDS）聚类分析和排序分析表明，受不同程度人为干扰的环境具有不同的环境条件。另外，相似性分析（ANOSIM）也表明在不同程度扰动下河流生境具有不同环境条件（图 7-13）。3 个类型的河段聚为不同的簇，尤其是梧桐河的样点与其他流域显著分开。以上分析结果均表明，松花江流域不同类型河段的水质具有显著差异的环境梯度。

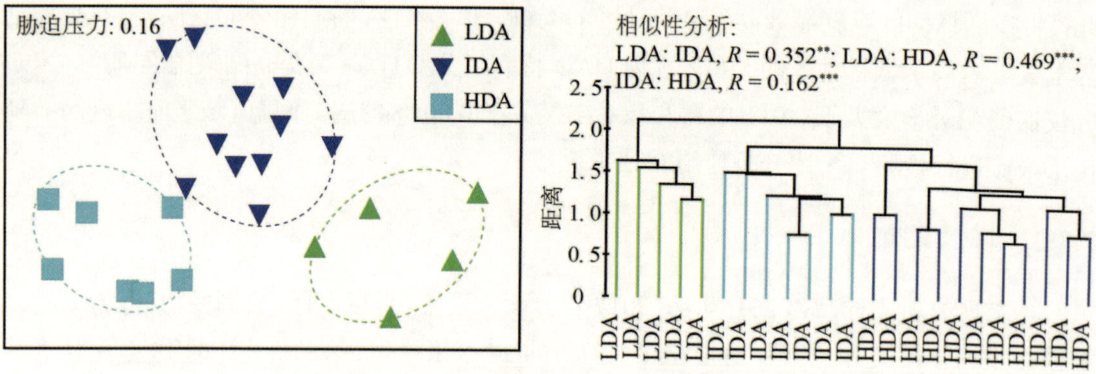

图 7-13　基于环境变量欧氏距离的聚类分析、非度量多维尺度（NMDS）分析及相似性（ANOSIM）分析

注：LDA：低干扰的区域（less disturbed area）；IDA：中干扰区域（intermediate disturbed area）；HAD：高干扰区域（highly disturbed area）。

PCA 分析结果表明，具有不同扰动程度的生境具有不同环境特征（图 7-14），并形成明显的环境梯度。主要梯度包括与人为污染有关的 PCA1 组分，是 EC、TDS、NH_3-N、K、Na、Cr、Cu、As 和 Pb 变量的线性组合；与矿物浓度相关的 PCA2 组分，是 Ca、Mg 和 Fe 的线性组合；与人类活动氮污染排放相关的 PCA3 组分，是 TN、NO_3^--N 的线性组合（表 7-17）。前 3 个重要组分解释了 57%的环境变化，我们将其筛选出来用于后续群落环境之间相互作用分析。

表 7-17　基于 24 个环境变量的主成分分析

	PCA1	PCA2	PCA3	PCA4	PCA5	PCA6	PCA7
Chla	0.52	−0.01	0.57	−0.28	0.21	−0.15	0.22
EC	0.82	−0.51	−0.13	−0.03	0.04	−0.06	−0.07
TDS	0.82	−0.51	−0.13	−0.01	0.04	−0.05	−0.05
pH	−0.02	−0.35	0.55	−0.39	0.41	−0.08	−0.14
ORP	0.16	−0.37	0.15	−0.21	−0.72	0.35	0.14
DO	−0.42	−0.52	0.34	0.13	0.18	0.08	0.47
T	0.11	0.25	0.18	−0.74	−0.29	−0.04	−0.06

	PCA1	PCA2	PCA3	PCA4	PCA5	PCA6	PCA7
COD	0.11	0.27	0.27	−0.41	0.56	0.37	0.28
TN	0.41	0.03	0.64	0.55	0.17	0.04	−0.15
NO_3^--N	0.13	−0.09	0.65	0.38	−0.10	−0.47	0.02
NH_3-N	0.70	0.41	0.22	0.19	−0.34	−0.10	−0.02
TP	0.43	0.28	0.45	0.34	0.14	0.00	−0.24
SRP	0.49	0.51	0.32	0.05	−0.40	0.26	−0.05
Ca	0.38	−0.73	−0.17	0.32	0.10	0.20	0.13
K	0.76	−0.50	−0.13	−0.07	0.13	−0.01	−0.13
Mg	0.48	−0.69	−0.25	0.27	−0.07	0.18	0.19
Na	0.83	−0.23	−0.13	−0.23	0.03	−0.13	−0.22
Cr	0.58	0.44	−0.37	0.30	0.11	−0.01	0.11
Fe	0.46	0.74	0.06	0.09	0.11	0.42	0.12
Mn	−0.33	0.42	−0.48	0.36	0.39	−0.03	−0.24
Cu	0.79	0.39	−0.11	0.27	0.02	0.17	0.12
Zn	0.23	0.38	−0.24	0.06	−0.23	−0.54	0.52
As	0.61	0.18	−0.24	−0.56	0.06	−0.09	−0.26
Pb	0.60	0.30	−0.22	−0.30	0.33	−0.15	0.37
解释比例	27.78%	45.88%	57.35%	67.96%	75.73%	80.82%	85.71%

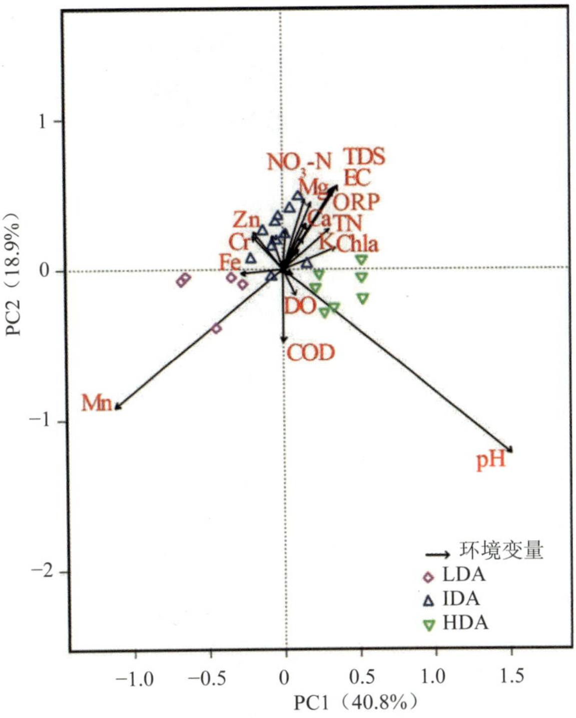

图 7-14　基于欧氏距离的环境变量 PCA 分析

7.3.4 底栖动物群落退化分析

（1）底栖动物群落组成

结合形态学和分子生物学方法共鉴定得到 18 个分类单元、606 个底栖动物（图 7-15）。底栖动物主要分为四大类：水生昆虫、软体动物、甲壳动物和环节动物。其中，水生昆虫 5 种、软体动物 8 种、甲壳动物 3 种、环节动物 2 种。另外，3 个河段共有的底栖动物种类有 5 种，约占 30%。而且不同河段两两之间共有的种类差异较大（图 7-16），松花江（SHJ）和第二松花江（DSHJ）共有种类最多（9 种），而第二松花江和梧桐河（WTH）的共有种类最少（5 种）。对底栖动物群落α-多样性指数统计结果表明梧桐河的物种多样性最高，其次是松花江，而第二松花江最低。例如，松花江、第二松花江和梧桐河的香农指数（H）的平均值依次是 0.72、0.52 和 0.79。

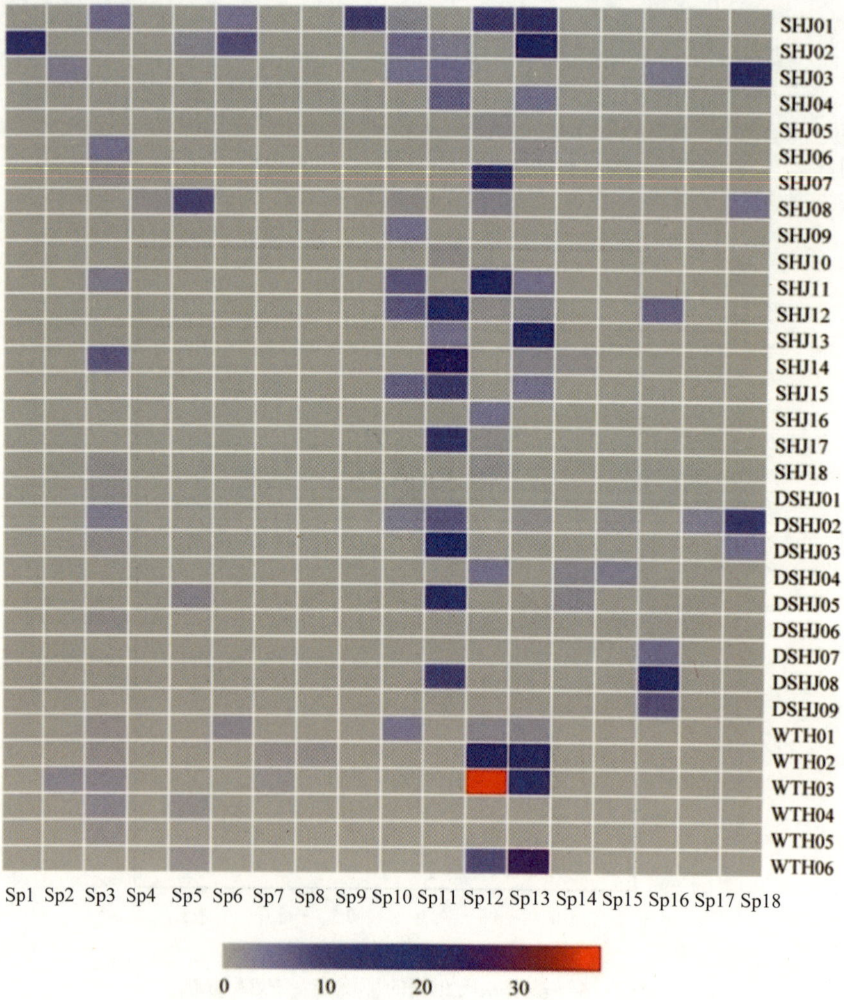

图 7-15 基于大型底栖无脊椎动物丰度的热图分析

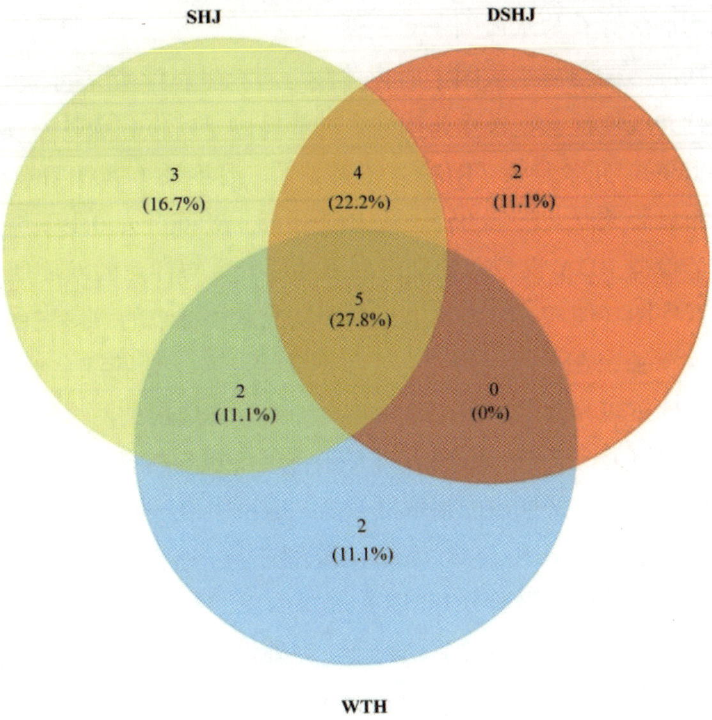

图 7-16　松花江流域三个河段底栖动物种类地理分布韦恩图

底栖动物优势种在松花江流域具有不同的地理分布。对于松花江而言，分布 5 种优势物种，分别是 1 种水生昆虫（箭蜓属）、4 种软体动物（圆顶珠蚌、萝卜螺属、黑龙江短沟蜷和东北田螺）。第二松花江共有 4 种优势底栖动物，包括水生昆虫（箭蜓属）、软体动物（萝卜螺属）、甲壳动物（中华小长臂虾）和环节动物（石蛭）各一种。梧桐河有 3 种优势底栖动物，分别是水生昆虫（箭蜓属）、软体动物（黑龙江短沟蜷和东北田螺）。箭蜓属是 3 个河段共有的优势底栖动物。与其他两个流域相比，中华小长臂虾和石蛭是第二松花江所特有的优势种（表 7-18）。

表 7-18　松花江流域三个河段底栖动物优势种统计表

	纹石蛾	摇蚊科	箭蜓属	红蝼蛄	黄河花蜉	中国圆田螺	乌苏里圆田螺	闪蚬	三角帆蚌
SHJ	0.00	0.00	0.02	0.00	0.00	0.00	0.00	0.00	0.00
DSHJ	0.00	0.00	0.02	0.00	0.00	0.00	0.00	0.00	0.00
WTH	0.00	0.00	0.04	0.00	0.00	0.00	0.00	0.00	0.00
	圆顶珠蚌	萝卜螺属	黑龙江短沟蜷	东北田螺	钩虾	多齿新米虾	中华小长臂虾	宽身白舌蛭	石蛭
SHJ	0.05	0.12	0.08	0.10	0.00	0.00	0.00	0.00	0.01
DSHJ	0.00	0.18	0.00	0.00	0.01	0.01	0.08	0.00	0.03
WTH	0.00	0.00	0.31	0.27	0.00	0.00	0.00	0.00	0.00

（2）底栖动物群落分布与水质因子相关性

解析底栖动物群落结构与水质因子的相关性是河流生态学研究的重点。本研究首先对水质环境因子进行共线性检验，去除共线性大的环境因子，将剩余的水质因子进行前向选择（forward selection），冗余分析（RDA）结果显示，溶解氧（DO）和金属元素 K 与底栖动物群落空间分布显著关联（$P<0.05$），其中校正 R^2（R^2adj）为 0.49。基于以上的两个水质环境变量构建节俭型 RDA 模型，分别得到了环境变量与样点的双序图（图 7-17）和环境变量与物种的双序图（图 7-18）。其中基于环境变量和样点的双序图的结果显示，梧桐河样点成簇分布，单独聚在一起，都分布在第四象限；第二松花江主要分布在第二象限；而松花江的样点的分布较为分散，四个象限均有分布。筛选出的两个水质因子中，溶解氧（DO）主要与第一轴相关，其中，梧桐河的大部分样点分布在溶解氧浓度高的区域，而第二松花江和松花江的大部分采样点的溶解氧较低。这表明溶解氧对底栖动物的群落结构产生重要影响。另外，金属元素 K 与第二轴的相关性更大，沿着 K 的浓度梯度，第二松花江河段样点与梧桐河河段样点显著分开，即 K 是导致第二松花江河段与梧桐河河段的底栖动物群落组成发生显著性差异的主要驱动因子。另外，由环境变量和物种的双序图中，可以得到大部分清洁水体的指示动物主要分布在第一和第四象限，与溶解氧（DO）浓度有较强的正相关关系，与 K 呈较强的负相关，如两种水生昆虫箭蜓属（*Gomphus* sp.）、黄河花蜉（*Potamanthus luteus*）等。而软体动物萝卜螺属（*Radix* sp.）以及甲壳动物钩虾（*Gammarus salinus*）、多齿新米虾（*Neocaridina denticulata*）和中华小长臂虾（*Palaemonetes sinensis*），主要被用于指示水质中度污染，位于第一、第二象限，与水体中的 K 浓度呈较强的正相关，说明这些底栖动物受 K 浓度的影响较大，适合在较高的 K 浓度中生存。

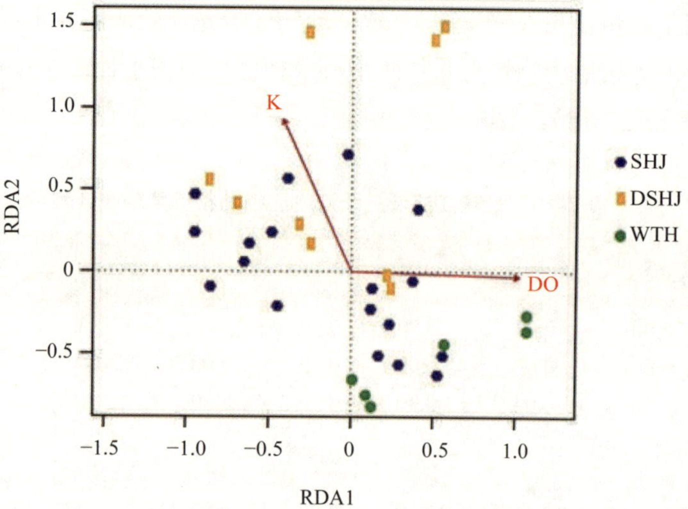

图 7-17　基于冗余分析（RDA）的样点—环境变量双序图

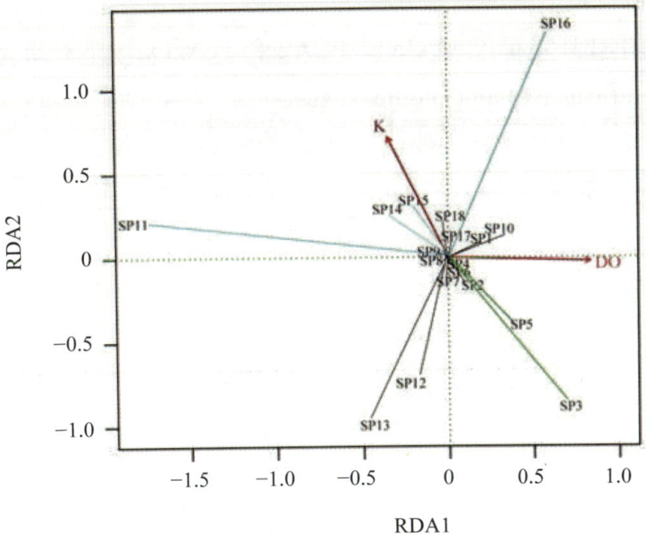

图 7-18　基于冗余分析（RDA）的样点—环境变量双序图

7.3.5　浮游动物群落退化分析

（1）浮游动物群落的变化

NMDS 和 ANOSIM 分析表明，不同程度扰动下浮游动物群落明显不同（图 7-19，Global R = 0.274**）。LDA 浮游动物群落与 IDA 和 HAD 浮游动物群落差异显著，P<0.01，IDA 和 HDA 浮游动物群落差异显著，P 为 0.06。此外，随着扰动程度的增加，浮游动物群落的差异水平也随之增加，当与 LDA 浮游动物群落相比，HAD 群落差异水平高于 IDA（图 7-19，R = 0.469>0.352）。

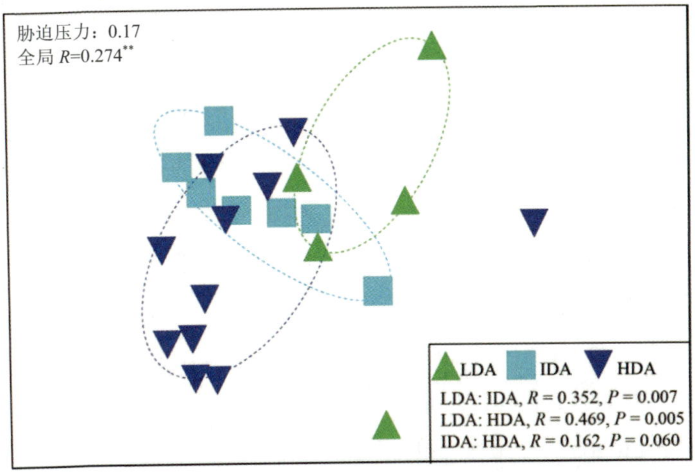

图 7-19　基于 Bray-Curtis 不相似性的群落间非度量多维尺度排序（NMDS）分析

注：LDA：低干扰区域；IDA：中干扰区域；HAD：高干扰区域。

（2）群落与环境变量之间的关系分析

RDA 分析表明主要环境梯度（PCA1、PCA2 和 PCA3）与浮游动物群落组呈显著相关（图 7-20，test of significance of all canonical axes，$F = 1.604$，$P = 0.042\,0$）。具体而言，LDA 和 HAD 浮游动物群落之间的差异主要受 PCA2 和 PCA3 的环境梯度的影响，因为来自 LDA 和 HDA 的浮游动物群落明显分布在这两个环境梯度的不同范围内。PCA2 是栖息地金属元素变化的主梯度，与 LDA 的浮游动物群落呈正相关。同时 LDA 的浮游动物群落与代表营养元素污染梯度的 PCA3 呈负相关。另外，来自 IDA 的浮游动物群落分布在 RDA 排序图的相对中心位置，表明这些浮游动物群落受到 PCA1、PCA2 和 PCA3 的综合影响。

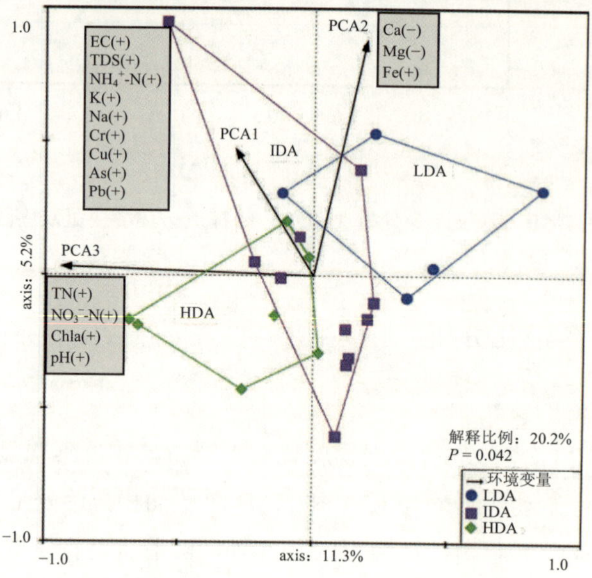

图 7-20　基于浮游动物群落和 PCA 提取的主要的环境变量的 RDA 分析

注：表示三度扰动下的群落，用灰色方框表示主要的环境变量，“+”表示正面关系，“−”表示负面关系。

（3）不同人为干扰程度生境的指示性浮游动物

IndVal 分析结果表明（图 7-21），在 LDA、IDA 和 HDA 中分别鉴定了 19 个、12 个和 95 个 ZOTU 指标种。在 LDA 中，大多数指示 ZOTUs 后生动物的浮游动物（11 个 ZOTUs，57.9%），其中，有桡足类（Copepoda）7 个，腹毛动物（Gastrotricha）2 个，线虫（Nematoda）1 个和扁形动物（Platyhelminthes）1 个。此外，原生动物浮游动物有 8 个 ZOTUs，其中包括最主要的不等鞭毛类（Stramenopiles）（3 个 ZOTUs）和 2 个丝足虫类（Cercozoa）ZOTUs，2 个纤毛虫 ZOTUs 和 1 个变形门（Amoebozoa）ZOTUs。在 IDA，后生动物浮游动物 OTU 数量急剧下降（2 个 ZOTU，16.7%），包括 1 个桡足类（Copepoda）和一个枝角类（Cladocera）ZOTUs。纤毛虫（Protozoa）是最主要的指示生物，其中，纤毛虫有 9 个 ZOTU，包括旋毛纲（Spirotrichea，3 个 ZOTUs），寡膜纲（Oligohymenophorea，2 个 ZOTUs），异毛纲（Heterotrichea，2 个 ZOTUs）和前口类（Prostomatea，2 个 ZOTUs）。

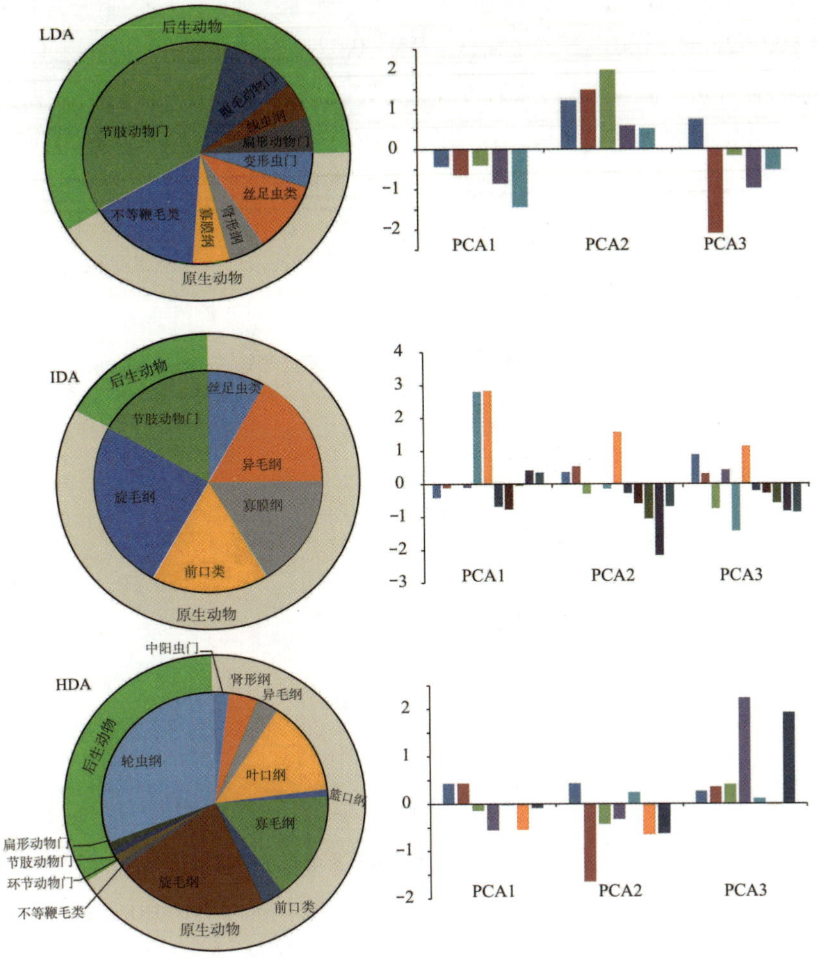

图 7-21　三度扰动下栖息地指示生物的组成特征

注：LDA：低干扰的区域；IDA：中干扰区域；HAD：高度干扰区域。

在 HDA 中，指示生物总数明显增加，原生动物浮游动物（63 个 ZOTUs，67.3%）比后生动物浮游动物（32 个 ZOTU，32.6%）占更多的百分比。在后生动物中，轮虫是主要的类群，有 29 个 ZOTU，在 IDA 和 HAD 中都没有发现。这些轮虫 ZOTU 隶属单巢纲，包括 9 个科和 13 属，其中许多属（如 *Cephalodella* sp.、*Lindia* sp.、*Brachionus* sp.等）在富营养水体常有发现，被公认为是水体富营养化的指示种类。

7.3.6　浮游植物群落退化分析

（1）浮游植物群落结构空间差异性分析

MNDS 排序及 ANOSIM 分析结果表明，不同生境类型的甲藻群落结构无显著性差异（ANOSIM：R=−0.033，P=0.622）。这是由于组间和组内的群落间均具有较高的不相似性，组Ⅰ与组Ⅱ、组Ⅰ与组Ⅲ、组Ⅱ与组Ⅲ的平均不相似性分别为 56.33（$R = 0.119$，$P = 0.167$）、66.77（$R = -0.052$，$P = 0.614$）及 65.23（$R = -0.021$，$P = 0.510$）。而组Ⅰ、组Ⅱ、组Ⅲ的平均相似度分别为 42.25、47.62、29.15。另外，三种生境典型的种类是一致的，具有广泛分布的 OTU8 分别贡献了组Ⅰ、组Ⅱ、组Ⅲ平均相似度的 35.34%、33.11%和 37.34%。同时，OTU8 也是造成组间差异的主要类别之一，它的丰度的变化分别贡献了组Ⅰ与组Ⅱ、组Ⅰ与组Ⅲ、组Ⅱ与组Ⅲ的平均不相似性的 4.46%、5.35%、5.35%（图 7-22）。

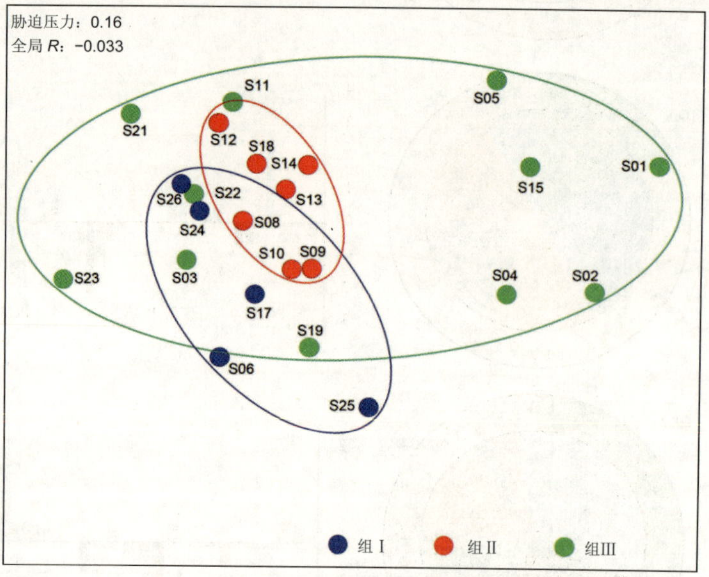

图 7-22 基于 Bray-Curtis 不相似性的浮游植物群落间非度量多维尺度排序（NMDS）分析

注：组Ⅰ：低干扰的区域（LDA）；组Ⅱ：中干扰区域（IDA）；组Ⅲ：高干扰区域（HDA）。

（2）浮游植物群落结构空间差异性驱动机制分析

为了构建简约化的 RDA 模型，进行了前向选择以筛选出影响群落结构的显著的环境因子及空间变量。结果表明，仅有一个环境因子 NO_3^--N 及一个空间变量 V3 与群落组成结构显著相关。基于前向选择得到的解释变量，成功构建了 RDA 模型（$P = 0.013$），但是该模型对甲藻群落结构变异的解释度为 7%。其中，RDA 的前两个轴分别解释了群落结构变异的 12.17%、3.30%（图 7-23）。这个结果也表明与低丰度的种类相比，环境因子和空间变量对 OTU8（角藻）、OTU43（拟多甲藻）和 OTU58（旋沟藻）等高丰度的种类影响较小。因为在此 RDA 模型中排序在前 5 的种类不是高丰度的种类，而是低丰度的种类：OTU204（斯氏藻）、OTU1014（裸甲藻）、OTU577（原多甲藻）、OTU1161（亚历山大藻）与 OTU1042（亚历山大藻）。RDA 模型还表明，环境因子 NO_3^--N 对不同的甲藻种类会产生不同的影响。如 NO_3^--N 浓度的升高会促进 OTU204（斯氏藻）、OTU1014（裸甲藻）、OTU577（原多甲藻）丰度的增加，然而 NO_3^--N 浓度的升高会降低 OTU1161（亚历山大藻）及 OTU1042（亚历山大藻）的丰度。同时，空间变量（V3）一般与甲藻的丰度呈负相关，如随着 V3 增加，OTU204（斯氏藻）、OTU1014（裸甲藻）、OTU577（原多甲藻）的丰度会逐渐降低。

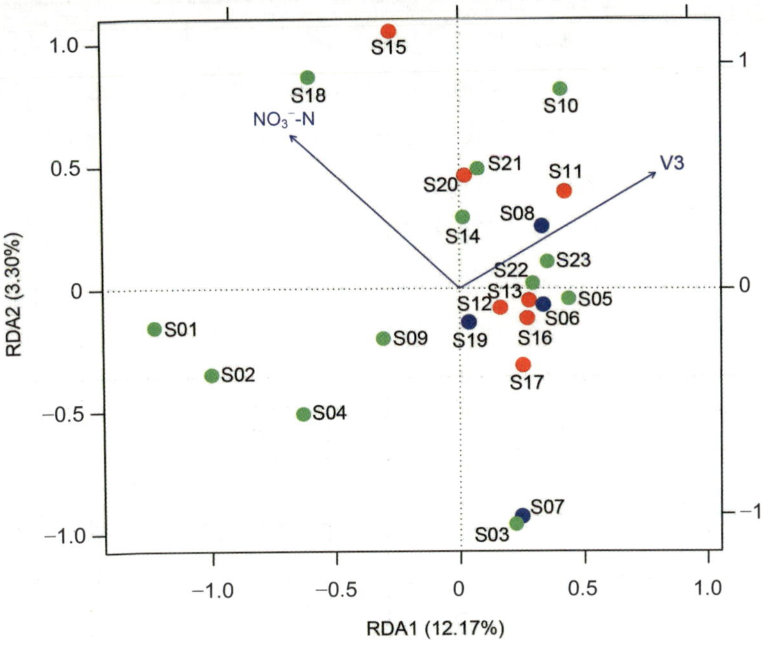

图 7-23　基于浮游植物群落及环境变量、空间变量的 RAD 分析

方差分解结果显示当排除空间因子所产生的影响时，环境因子仅解释了变异的 1.44%且不能对甲藻的群落结构产生显著的影响（$P = 0.16$）；但当排除环境因子所产生的影响时，空间变量能够单独解释变量的 3.4%且影响显著（$P<0.05$，图 7-24）。

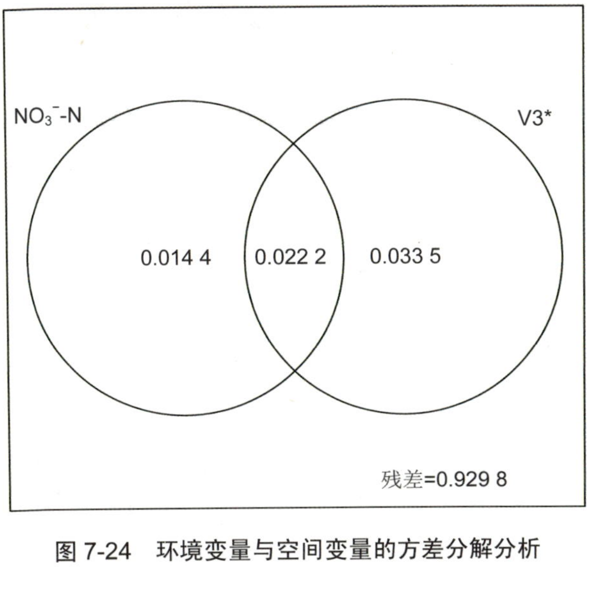

图 7-24　环境变量与空间变量的方差分解分析

7.3.7 浮游微生物群落退化分析

（1）浮游微生物群落生物地理区系分布模式及其影响因子

PCoA的结果显示HDA和LDA两个区域的细菌群落形成两个分离的簇[图7-25(a)]。ANOSIM检验的结果证实，两个区域的群落组成显著不同（$r=0.492$，$P=0.003$）。NMDS的结果显示两个区域的环境因子也聚成不同的簇［图7-25（b）]。ANOSIM检验的结果证实，两个区域的环境条件显著不同（$r = 0.308$，$P = 0.016$）。HDA的叶绿素a浓度和活性磷浓度显著高于LDA（$P<0.05$）。HDA和LDA的叶绿素a浓度分别为5.91～27.65 mg/L（均值19.56 mg/L）和1.00～17.35 mg/L（均值7.27 mg/L），详见表7-19。RDA和前向选择的结果发现，硝态氮是影响群落空间差异的最重要因素（$P<0.05$，图7-26）。

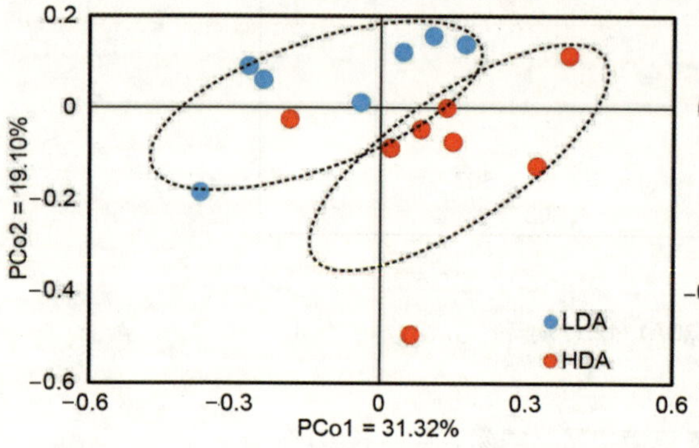

（a）

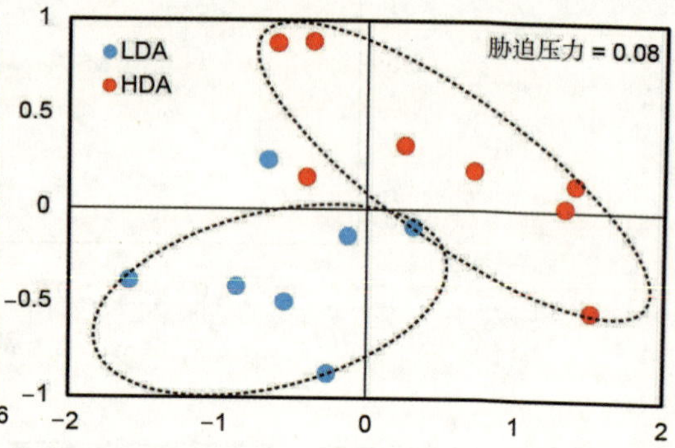

（b）

图7-25 浮游微生物群落组成和环境因子的空间差异

表7-19 两种环境类型环境特征

区域	LDA			HDA		
	平均	最小	最大	平均	最小	最大
Chla	7.27	1.00	17.35	19.56	5.91	27.65
EC	258.47	144.10	434.60	285.56	152.40	609.50
TDS	169.33	90.72	292.90	183.69	94.79	402.90
pH	7.60	7.00	8.03	8.31	7.54	9.19
ORP	242.71	60.00	300.00	247.38	193.00	270.00
DO	10.78	6.12	13.49	8.70	3.36	14.22
COD	26.71	11.00	48.00	32.13	20.00	69.00
TN	6.14	4.12	9.96	6.12	2.31	19.97
NO_3^--N	4.18	1.36	7.54	4.63	0.34	11.61
NH_4-N	0.15	0.00	0.63	0.66	0.04	2.74
TP	0.54	0.13	0.97	0.70	0.25	1.40
SRP	0.04	0.00	0.16	0.15	0.06	0.48

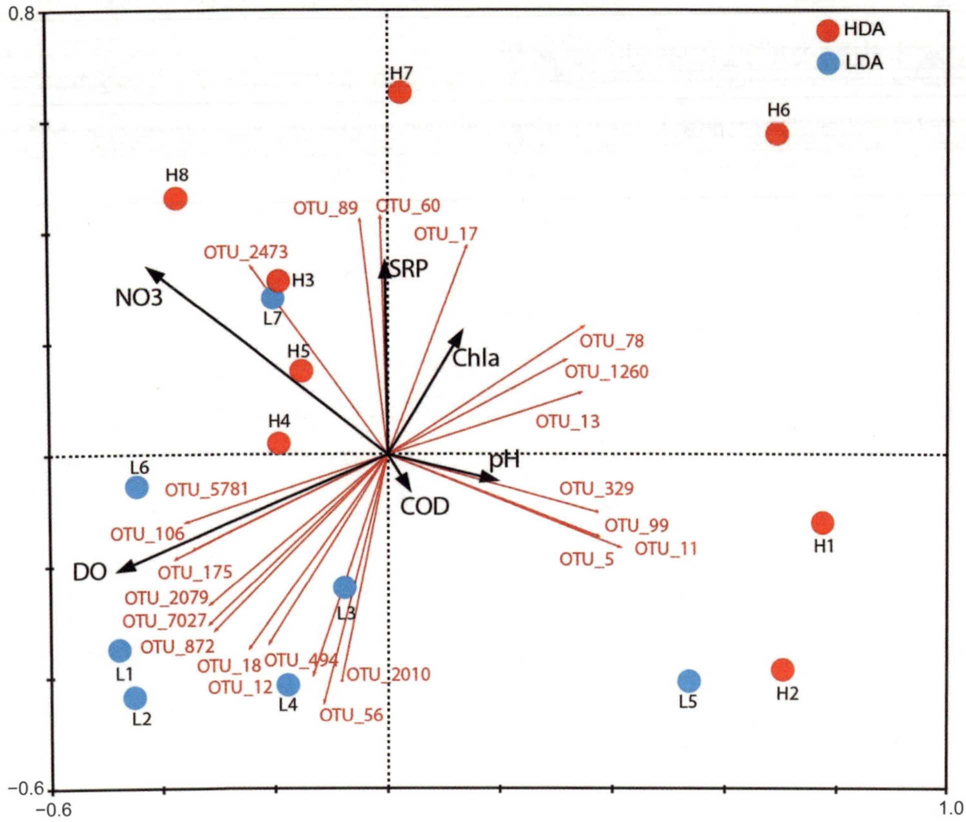

图 7-26　RDA 分析结果展示

注：红色箭头代表 OTUs；黑色箭头代表环境因子；红色圆点代表高扰动地区；蓝色圆点代表低扰动地区。

（2）浮游微生物群落的分类组成以及区域特异性类群的识别

分类组成的结果显示，群落内相对丰度大于 2%的门为变形菌门 Proteobacteria［主要为β-变形菌纲（21.13%）、γ-变形菌纲（20.26%）和α-变形菌纲（9.72%）］、蓝细菌门（26.60%）、拟杆菌门 Bacteroidetes（5.93%）、放线菌门 Actinobacteria（4.69%）、厚壁菌门（3.31%）、浮霉菌门 Planctomycetes（3.02%）和疣微菌门（2.81%）。β-变形菌纲的丰度在 LDA 区域显著高于 HDA 区域（$P<0.05$）。浮霉菌门 Planctomycetes 在 HDA 的丰度显著高于 LDA（$P<0.05$）。

为深入解析两个区域的群落结构特征，将永久性 OTUs 划分成 LDA 特有组分和 HDA 特有组分两个类型。结果显示，LDA 特有的 OTUs 共有 84 个，HDA 特有的 OTUs 共有 69 个。这些特有 OTUs 在两个区域的大部分位点均有出现，因此可以视为有效的指示类群。遗传学分析显示，不同的分类单元主要包含一类 OTUs，说明相近或者相似的微生物类群确实对环境具有相似的响应。

7.3.8 水生生物类群退化驱动机制解析

通过对浮游动物、浮游微生物和浮游藻类的深入分析发现，松花江流域水体营养水平变化是典型水生生物群落退化的主要影响因素。随着人类活动导致的土地利用改变，如农业及城市的发展，大量的营养元素输入河流水体，水体营养水平显著提高（Zhang et al.，2004；Sun et al.，2017），处于不同营养级的水生生物类群发生变化。

（1）松花江浮游动物群落退化原因分析

调查结果表明，随着人类扰动程度增加，河流生境的水环境条件被显著改变，同时浮游动物群落结构组成及多样性也不同。多元统计分析结果表明，生境变化与群落结构差异显著相关，其中，水体营养水平的增加是浮游动物群落退化的关键环境因子，也是河流生态退化的主要原因。随着扰动程度增加，指示物种组成发生明显变化，在较少扰动区域以后生的节肢动物为主，在高度扰动区域，喜好高有机质的轮虫指示种大量增加，同时其他后生类的指示种减少，纤毛虫种类指示种大量增加。因此，河流水体营养水平增加导致的节肢动物种类及其丰度的减少和喜污型轮虫种类、纤毛虫的种类及其丰度的增加是浮游动物群落退化的重要过程及机制。

（2）松花江藻类群落退化原因分析

浮游植物群落的研究结果表明，随着人类扰动程度的增加，甲藻群落在各生境类型并没有呈现明显的差异。多元统计分析结果显示环境因子 NO_3^--N 与甲藻群落空间分布格局显著相关，且扩散作用不是主导群落地理空间分布的主要驱动力。因此，本研究未鉴定的其他环境变量可能是导致甲藻群落沿松花江流域呈现随机分布的原因，即人类扰动程度增加导致的富营养化水平的增加对甲藻群落的影响不明显，但营养元素的增加仍是甲藻群落退化的主要机制。

（3）松花江微生物群落退化原因分析

浮游微生物群落的研究结果表明，随着人类扰动程度增加，浮游细菌群落存在显著差异，NO_3^--N 是导致这种群落差异的主要驱动力。其中，随着人类扰动程度增加，具有生境变化指示性的浮游微生物类群浮霉菌门（Planctomycetes）和β-变形菌纲（Betaproteobacteria）、筛选出丛毛单孢菌科（Comamonadaceae）、黄色单胞菌科（Xanthomonadaceae）和浮霉菌科（Planctomycetaceae）均被检测到。另外，功能性类群，如 FIB 和 SIB 也被频频检出。因此，河流水环境营养元素的增加导致的有害浮游微生物种类及其丰度增加是该类群退化的主要过程和机制。

参考文献

Adeleye A O，Jin H，Di Y，et al.，2016. Distribution and ecological risk of organic pollutants in the sediments and seafood of Yangtze Estuary and Hangzhou Bay，East China Sea[J]. Sci Total Environ，541：1540-1548.

Allan J D，2004. Landscapes and riverscapes：the influence of land use on stream ecosystems[J]. Annual Review of Ecology Evolution and Systematics，35（1）：257-284.

Arnold J G，Srinivasan R，Muttiah R S，et al.，1998. Large area hydrologic modeling and assessment part I：model development1[J]. Journal of the American Water Resources Association，34：73-89.

Astorga A，Oksanen J，Luoto M，et al.，2012 Distance decay of similarity in freshwater communities：do macro-and microorganisms follow the same rules？[J]. Global Ecology and Biogeography，21（3）：365-375.

Caporaso J G，Lauber C L，Walters W A，et al.，2011. Global patterns of 16S rRNA diversity at a depth of millions of sequences per sample[J]. Proceedings of the national academy of sciences，108（Supplement 1）：4516-4522.

Chen L D，Fu B J，Xu J Y，et al.，2003. Location-weighted landscape contrast index：a scale independent approach for landscape pattern evaluation based on “Source-Sink” ecological processes[J]. Acta Ecologica Sinica，23（11）：2406-2413.

Chen L D，Tian H Y，Fu B J，et al.，2009. Development of a new index for integrating landscape patterns with ecological processes at watershed scale[J]. Chinese Geographical Science，19（1）：37-45.

Cole J R，Wang Q，Cardenas E，et al.，2009. The Ribosomal Database Project：improved alignments and new tools for rRNA analysis[J]. Nucleic acids research，37（suppl_1）：D141-D145.

Deiner K，Bik H M，Mächler E，et al.，2017. Environmental DNA metabarcoding：Transforming how we survey animal and plant communities[J]. Molecular ecology，26（21）：5872-5 895.

Edgar R C，2013. UPARSE：highly accurate OTU sequences from microbial amplicon reads[J]. Nature methods，10（10）：996-998.

Fu B J，Zhao W W，Chen L D，et al.，2005. Eco-hydrological effects of landscape pattern change[J]. Landscape and Ecological Engineering，1（1）：25-32.

Gao J，Chi J，2015. Biodegradation of phthalate acid esters by different marine microalgal species[J]. Marine Pollution Bulletin，99（1-2）：70-75.

Hall K J，Schreier H，1996. Urbanization and agricultural intensification in the lower Fraser River Valley：impacts on water use and quality[J]. GeoJournal，40（1）：135-146.

Hänfling B，Lawson Handley L，Read D S，et al.，2016. Environmental DNA metabarcoding of lake fish communities reflects long - term data from established survey methods[J]. Molecular ecology，25（13）：3101-3119.

Hassanzadeh N，Esmaili Sari A，Khodabandeh S，et al.，2014. Occurrence and distribution of two phthalate esters in the sediments of the Anzali wetlands on the coast of the Caspian Sea（Iran）[J]. Marine Pollution Bulletin，89（1-2）：128-135.

Howdeshell K L，Wilson V S，Furr J，et al.，2008. A mixture of five phthalate esters inhibits fetal testicular testosterone production in the sprague-dawley rat in a cumulative，dose-additive manner[J]. Toxicological Sciences，105（1）：153-165.

Huang P C，Tien C J，Sun Y M，et al.，2008. Occurrence of phthalates in sediment and biota：Relationship to aquatic factors and the biota-sediment accumulation factor[J]. Chemosphere，73（4）：539-544.

Huang W E，Ferguson A，Singer A C，et al.，2009. Resolving genetic functions within microbial populations：in situ analyses using rRNA and mRNA stable isotope probing coupled with single-cell Raman-fluorescence in situ hybridization[J]. Applied and environmental microbiology，75（1）：234-241.

Klamer H J，Leonards P E，Lamoree M H，et al.，2005. A chemical and toxicological profile of Dutch North Sea surface sediments[J]. Chemosphere，58（11）：1579-1587.

Lee S W，Hwang S J，Lee S B，et al.，2009. Landscape ecological approach to the relationships of land use patterns in watersheds to water quality characteristics[J]. Landscape and Urban Planning，92（2）：80-89.

Lenat D R，Crawford J K，1994. Effects of land use on water quality and aquatic biota of three North Carolina Piedmont streams[J]. Hydrobiologia，294（3）：185-199.

Lepš J，Šmilauer P，2003. Multivariate analysis of ecological data using CANOCO[D]. Cambridge：Cambridge university press.

Liu H，Cui K，Zeng F，et al.，2014. Occurrence and distribution of phthalate esters in riverine sediments from the Pearl River Delta region，South China[J]. Mar Pollut Bull，83（1）：358-365.

Lozupone C A，Hamady M，Kelley S T，et al.，2007. Quantitative and qualitative β diversity measures lead to different insights into factors that structure microbial communities[J]. Applied and environmental microbiology，73（5）：1576-1585.

Mai B X，Chen S J，Luo X J，et al.，2005. Distribution of polybrominated diphenyl ethers in sediments of the Pearl River Delta and adjacent South China Sea[J]. Environmental Science & Technology，39（10）：3521-3527.

Ouyang W，Skidmore A K，Toxopeus A G，et al.，2010. Long-term vegetation landscape pattern with non-point source nutrient pollution in upper stream of Yellow River basin[J]. Journal of Hydrology，389（3/4）：373-380.

Peterson J C，Freeman D H，1982. Phthalate ester concentration variations in dated sediment cores from the Chesapeake Bay [USA][J]. Environmental Science & Technology，16（8）：464-469.

Qian X，Liang B，Fu W，et al.，2016. Polycyclic aromatic hydrocarbons（PAHs） in surface sediments from the intertidal zone of Bohai Bay，Northeast China：Spatial distribution，composition，sources and ecological risk assessment[J]. Mar Pollut Bull，112（1-2）：349-358.

Sha Y，Xia X，Yang Z，et al.，2007. Distribution of PAEs in the middle and lower reaches of the Yellow River，China[J]. Environ Monit Assess，124（1-3）：277-287.

Shen Z，Hou X，Li W，et al.，2015. Impact of landscape pattern at multiple spatial scales on water quality：A case study in a typical urbanised watershed in China[J]. Ecological Indicators，48：417-427.

Simoneit B R T，Medeiros P M，Didyk B M，2005. Combustion products of plastics as indicators for refuse burning in the atmosphere[J]. Environmental Science and Technology，39（18）：6961-6970.

Sliva L，Willams D D，2001. Buffer zone versus whole catchment approaches to studying land-use impact on water quality[J]. Water Research，35（14）：3462-3472.

Sun H，Han J，Li D，et al.，2017. Organic carbon transport in the Songhua River，NE China：influence of land use[J]. Hydrological Processes，31（11）：2062-2075.

Sun J，Huang J，Zhang A，et al.，2013. Occurrence of phthalate esters in sediments in Qiantang River，China and inference with urbanization and river flow regime[J]. J Hazard Mater，248-249：142-149.

Sun X Y，Zhou Q X，Ren E J，et al.，2011. Spatial and temporal distribution of acetochlor in sediments and riparian soils of the Songhua River Basin in northeastern China. Journal of Environmental Sciences，23（10）：1684-1690.

Tan G H，1995. Residue levels of phthalate esters in water and sediment samples from the Klang River basin[J]. Bulletin of Environmental Contamination & Toxicology，54（2）：171-176.

Větrovský T，Baldrian P，Morais D. 2018. SEED 2：a user-friendly platform for amplicon high-throughput sequencing data analyses[J]. Bioinformatics，34（13）：2292-2294.

Wang F，Xia X，Sha Y，2007. Distribution of Phthalic Acid Esters in Wuhan section of the Yangtze River，China[J]. Journal of Hazardous materials，154（1）：317-324.

Wang F，Xia X，Sha Y，2008. Distribution of phthalic acid esters in Wuhan section of the Yangtze River，China[J]. J Hazard Mater，154（1-3）：317-324.

Wang H，Wang C，Wu W，et al.，2003. Persistent organic pollutants in water and surface sediments of Taihu Lake，China and risk assessment[J]. Chemosphere，50（4）：557-562.

Wang M，Wang C，Hu X，et al.，2015.Distributions and sources of petroleum，aliphatic hydrocarbons and polycyclic aromatic hydrocarbons（PAHs） in surface sediments from Bohai Bay and its adjacent river，China[J]. Mar Pollut Bull，90（1-2）：88-94.

Wang Q，Garrity G M，Tiedje J M，et al.，2007. Naive Bayesian classifier for rapid assignment of rRNA sequences into the new bacterial taxonomy[J]. Applied and environmental microbiology，73（16）：5261-5267.

Xiong W，Ni P，Chen Y，et al.，2017. Zooplankton community structure along a pollution gradient at fine geographical scales in river ecosystems：the importance of species sorting over dispersal[J]. Molecular Ecology，26（16）：4351-4360.

Zhan A，Bailey S A，Heath D D，et al.，2014. Performance comparison of genetic markers for high- throughput sequencing-based biodiversity assessment in complex communities[J]. Molecular Ecology Resources，14（5）：1049-1059.

Zhan A，Hulák M，Sylvester F，et al.，2013. High sensitivity of 454 pyrosequencing for detection of rare species in aquatic communities[J]. Methods in Ecology and Evolution，4（6）：558-565.

Zhang B，Wang Z，Duan H，2004. A study of the land use in Songhua River Basin of China[J]. Report on Amur-Okhotsk Project，2：153-159.

Zhang G K，Chain F J J，Abbott C L，et al.，2018. Metabarcoding using multiplexed markers increases species detection in complex zooplankton communities[J]. Evolutionary Applications，11（10）：1901-1914.

Zhao Z，Tang J，Xie Z，et al.，2013. Perfluoroalkyl acids（PFAAs） in riverine and coastal sediments of Laizhou Bay，North China[J]. Science of the Total Environment，447（2013）：415-423.

陈敬安，万国江，张峰，等，2003. 不同时间尺度下的湖泊沉积物环境记录——以沉积物粒度为例[J]. 中国科学（D 辑：地球科学），（6）：563-568.

陈孝杨，黄河，桑宏庆，2006. 应用地积累指数法评价淮河淮南段沉积物中重金属污染[J]. 安徽科技学院学报，（2）：35-38.

崔学慧，李炳华，陈鸿汉，等，2010. 中国土壤与沉积物中邻苯二甲酸酯污染水平及其吸附研究进展[J]. 生态环境学报，（2）：472-479.

方明，吴友军，刘红，等，2013. 长江口沉积物重金属的分布、来源及潜在生态风险评价[J]. 环境科学学报，33（2）：563-569.

冯精兰，牛军峰，2007. 长江武汉段不同粒径沉积物中多环芳烃（PAHs）分布特征[J]. 环境科学，（7）：1573-1577.

傅桐生，1955. 东北习见的淡水鱼类[J]. 东北师大学报（自然科学版），1：110-132.

和向东，陈枳颖，丁德鼎，等，2020. 异龙湖表层沉积物有机质含量空间分布初步研究[J]. 环境科学导刊，39（6）：18-22.

胡雄星，韩中豪，2011. 苏州河表层沉积物中邻苯二甲酸酯的分布特征及风险评价[J]. 环境监测管理与技术，（S1）：49-52.

环境保护部办公厅，2013. 流域生态健康评估技术指南（试行）[S]. 北京：环境保护部自然生态保护司.

黄金良，李青生，洪华生，等，2011. 九龙江流域土地利用/景观格局-水质的初步关联分析[J]. 环境科学，32（1）：64-72.

黄亮，张经，吴莹，2016. 长江流域表层沉积物中多环芳烃分布特征及来源解析[J]. 生态毒理学报，（2）：566-572.

吉冬青，文雅，魏建兵，等，2015. 流溪河流域景观空间特征与河流水质的关联分析[J]. 生态学报，35（2）：246-253.

贾英，方明，吴友军，等，2013. 上海河流沉积物重金属的污染特征与潜在生态风险[J]. 中国环境科学，33（1）：147-153.

姜厚竹，王英伟，郑国臣，2016. 松花江流域省界缓冲区典型断面水质状况分析研究[J]. 环境科学与管理，41（8）：129-134.

鞠永富，于洪贤，于婷，等，2017. 松花江哈尔滨段浮游动物群落结构特征与水质评价[J]. 湖泊科学，29（3）：646-653.

李婉，张娜，吴芳芳，2011. 北京转河河岸带生态修复对河流水质的影响[J]. 环境科学，32（1）：80-87.

刘宝林，刁格乐，韩笑，等，2015. 松花江表层沉积物重金属空间分布及生态风险评价[J]. 科学技术与工程，15（8）：140-145.

刘思峰，郭天榜，党耀国，1999. 灰色系统理论及其应用[M]. 北京：科学出版社，40-77，179-184.

卢晏生，1985. 松花江污染对浮游生物、着生藻类影响的初步研究[J]. 环境科学，6（1）：33-39.

卢晏生，李再培，云宝琛，等，1988. 松花江水系水生生物的初步研究[J]. 水生生物学报，12（1）：82-84.

陆继龙，郝立波，赵玉岩，等，2009. 第二松花江中下游水体重金属特征及潜在生态风险[J]. 环境科学与技术，32（5）：168-172.

罗孝俊，2004. 珠江三角洲河流、河口和邻近南海海域水体、沉积物中多环芳烃与有机氯农药研究[D]. 广州：中国科学院研究生院（广州地球化学研究所）.

彭勃，付永胜，赵君凤，等，2019. 小流域土地利用景观格局对水质的影响[J]. 生态科学，38（3）：90-99.

彭利，罗钰，朱奕，等，2009. 湘江长沙段沉积物重金属污染状况及潜在生态风险评价[J]. 环境研究与监测，22（3）：1-4.

任慕莲，1981. 黑龙江鱼类[M]. 哈尔滨：黑龙江人民出版社.

任慕莲，1994. 黑龙江的鱼类区系[J]. 水产学杂志，7（1）：1-14.

尚林源，孙然好，王赵明，等，2012. 海河流域北部地区河流沉积物重金属的生态风险评价[J]. 环境科学，33（2）：606-611.

沈园，谭立波，单鹏，2016. 松花江流域沿江重点监控企业水环境潜在污染风险分析[J]. 生态学报，36（9）：2732-2739.

孙千里，周杰，肖举乐. 岱海沉积物粒度特征及其古环境意义[J]. 海洋地质与第四纪地质，2001，（1）：93-95.

田慧，2014. 黄河兰州段水生生态系统多环芳烃污染特征及其生态风险[D]. 兰州：兰州大学王丽平，王安利，南炳旭，等，2015. 大辽河口及其毗邻区域表层沉积物中多环芳烃的分布及其风险评估[J]. 海洋环境科学，(6)：879-884.

王岐山，施白南，郭冶之，等，1959. 松花江流域鱼类初步调查[J]. 吉林师大学报，1：1-99.

王晓燕，王一峋，王晓峰，等，2003. 密云水库小流域土地利用方式与氮磷流失规律[J]. 环境科学研究，16（1）：30-33.

王瑛，张建锋，陈光才，等，2012. 太湖流域典型入湖港口景观格局对河流水质的影响[J]. 生态学报，32（20）：6422-6430.

魏南，2018. 松花江哈尔滨段丰水期浮游植物多样性格局及环境相关性研究[J]. 黑龙江环境通报，42(3)，86-91.

吴启航，麦碧娴，彭平安，等，2004. 不同粒径沉积物中多环芳烃和有机氯农药分布特征[J]. 中国环境监测，(5)：1-6.

谢文平，王少冰，朱新平，等，2012. 珠江下游河段沉积物中重金属含量及污染评价[J]. 环境科学，33(6)：1808-1815.

徐玉慧，姜霞，金相灿，等，2006. 太湖东北部沉积物生物可利用磷的季节性变化[J]. 环境科学，(5)：869-873.

徐争启，倪师军，庹先国，等，2008. 潜在生态危害指数法评价中重金属毒性系数计算[J]. 环境科学与技术，(2)：112-115.

闫齐，2011. 松花江哈尔滨段浮游植物群落结构与环境影响评价研究[D]. 哈尔滨：东北林业大学.

闫兴成，王明玥，许晓光，等，2018. 富营养化湖泊沉积物有机质矿化过程中碳、氮、磷的迁移特征[J]. 湖泊科学，30（2）：306-313.

杨超杰，贺斌，段伟利，等，2017. 太湖典型丘陵水源地水质时空变化及影响因素分析——以平桥河流域为例[J]. 长江流域资源与环境，26（2）：273-281.

杨洁，许有鹏，高斌，等，2017. 城镇化下河流水质变化及其与景观格局关系分析——以太湖流域苏州市为例[J]. 湖泊科学，29（4）：827-835.

杨强强，徐光来，杨先成，等，2020. 青弋江流域土地利用/景观格局对水质的影响[J]. 生态学报，40(24)：9048-9058.

阴琨，2015. 松花江流域水生态环境质量评价研究[D]. 北京：中国地质大学.

于常荣，张耀明，1984. 第二松花江鱼类区系分布特征的调查研究[J]. 海洋湖沼通报，1：57-63.

于宏兵，周启星，2013. 松花江流域生态演变与鱼类生态[M]. 天津：南开大学出版社.

余云龙，李圆圆，林田，等，2013. 太湖表层沉积物中多环芳烃的污染现状及来源分析[J]. 环境化学，(12)：2336-2341.

岳隽，王仰麟，李贵才，等，2008. 深圳市西部库区景观格局与水质的关联特征[J]. 应用生态学报. 19(1)：203-207.

赵鹏，夏北成，秦建桥，等，2012. 流域景观格局与河流水质的多变量相关分析[J]. 生态学报，32（8）：2331-2341.

郑丙辉，张远，富国，等，2006. 三峡水库营养状态评价标准研究[J]. 环境科学学报，（6）：1022-1030.

中国环境监测总站，2014. 松花江水生生物试点监测报告.

周启星，2010. 松花江流域水生态功能分区研究报告.

朱广伟，高光，秦伯强，等，2003. 浅水湖泊沉积物中磷的地球化学特征[J]. 水科学进展，（6）：714-719.

朱林，汪院生，邓建才，等，2015. 长荡湖表层沉积物中营养盐空间分布与污染特征[J]. 水资源保护，31（6）：135-140.

第三篇

梧桐河生态修复关键技术与示范

第 8 章　梧桐河生态环境情势分析

本章介绍了梧桐河流域概况、生态景观格局变化、水生态环境质量状况，并从物理完整性、化学完整性、生物完整性三方面开展了梧桐河水生态受损状况识别与退化原因诊断，为开展水生态完整性修复提供指导依据。

8.1　流域概况

梧桐河是松花江左岸支流之一，发源于小兴安岭南麓，总体呈西北—东南走向，干流河长 237 km，经鹤岗市、萝北和汤原两县，在梧桐河农场南 25 km 处汇入松花江，多年平均流量 22.8 m^3/s（图 8-1）。流域西北部为小兴安岭东坡，属低山丘陵区，海拔 200～700 m，森林茂密，河床下切强烈，呈“V”字形，坡陡流急；东南部为三江平原西北边缘，海拔高程 70～140 m，属平原地貌，主槽呈“U”字形，漫滩面积大，坡度缓，易发生洪涝灾害。流域面积 4 539 km^2，其中，山区 3 577 km^2，丘陵 125 km^2，平原 837 km^2，河道弯曲系数 2～3，河槽宽 30～90 m，河道比降 1/250～1/5 000。流域上游山坡多由斑状花岗岩及麻岩组成，表层有腐质土。在河流平原区多为冲积层，表面是黑壤土，厚度在 0.5～0.8 m，下层为细沙及卵石，河流两岸洼地为沼泽土、草甸土（徐建新等，2018）。

梧桐河流域处在中高纬度地区，流域内多年平均气温在 1.5～3.6℃，年内 7 月、8 月份最热，最高气温 37.7℃；1 月、2 月最寒冷，最低气温−38.8℃。河水一般在 10 月末开始结冰，11 月中旬封冻，4 月初解冻，上半年和下半年平均封冻天数共计 145 d，最大冰厚 1.82 m。梧桐河径流为降水补给、地下水补给和冬季降雪补给。其特点是融雪再分配和消冰水形成的春汛一般出现在 4 月上旬，降水补给形成的径流量占多年平均年径流量的 80%以上。年最大流量多发生 7 月至 8 月中旬，冬季 12 月至翌年 3 月为枯水期。

梧桐河流域内现有水库工程 13 座，中型水库 3 座，分别是细鳞河上的细鳞河水库、鹤立河上的五号水库和小鹤立河水库；小型水库 10 座。小山亮子建有拦河闸坝一座。3 座中型水库均为供水水库，总库容 $12\,049\times10^4$ m^3，兴利库容 $9\,479\times10^4$ m^3，设计年供水量 $5\,183\times10^4$ m^3。10 座小型水库中 6 座为小Ⅰ型，其余 4 座为小Ⅱ型，总库容 $3\,472\times10^4$ m^3，其中 1 座隶属宝泉岭管理局。

梧桐河干流拟建大型水利枢纽工程 1 座，关门嘴子水库工程规划总库容 3.63 亿 m^3，工程任务为供水、灌溉、防洪、发电的综合利用的大型水利枢纽工程。水库坝址位于梧桐河上游，距鹤岗市区北 30 km 处，将成为梧桐河干流上的第一座控制性工程。

梧桐河水量在年内分布不均，丰枯变化显著，以梧桐河中游宝泉岭大桥断面的天然径流量为代表，分析流域年内水文变化。全年水量最大月份为 8 月，最小月份为 2 月。枯水期 12 月至次年 3 月水量占全年的 2.8%，丰水期 6—9 月水量占全年的 68.1%，其他月份占 29.1%。受人类取用水影响，梧桐河流量发生变化。梧桐河上游关门嘴子坝址断面以上基本没有取用水，现状流量为天然流量过程。该断面下游，沿程取用水增加，宝泉岭大桥处，多年平均取用水量占该断面处天然径流量的 7.41%，宝泉岭大桥下游为平原区，农灌用水大幅增加，至小山亮子水闸下游，多年平均减水量占天然径流量的 20%。在不同的典型年，河道的减水量及比例也发生变化，在丰水年（P=25%），宝泉岭大桥断面处减水比例为 5.2%，特枯年（P=95%）减水比例为 22.4%。小山亮子水闸下游断面减水明显，在丰水年减水比例为 16.3%，特枯年减水比例高达 53.1%。

图 8-1 梧桐河流域

8.2　生态景观格局分析

8.2.1　流域生态系统类型变化

（1）生态系统变化总体特征

梧桐河流域生态系统类型如表 8-1 所示，近 20 年来流域生态系统总体稳定，主要变化特征是林地减少，人工表面、水域与湿地增加，其中，林地减少超过 60 km^2，人工表面增加超过 40 km^2、水域与湿地增加约 15 km^2。

表 8-1　梧桐河流域 1995 年、2005 年、2015 年生态系统类型

单位：面积：km^2（占比：%）

生态系统	1995 年	2005 年	2015 年
草地	380.86（8.11）	441.5（9.4）	391.09（8.32）
林地	2 804.84（59.7）	2 732.58（58.16）	2 741.09（58.34）
农田	1 249.08（26.58）	1 253.28（26.67）	1 246.95（26.54）
其他	7.09（0.15）	8.58（0.18）	6.93（0.15）
人工表面	119.47（2.54）	140.93（3）	159.95（3.4）
水域与湿地	137.12（2.92）	121.59（2.59）	152.45（3.24）
合计	4 698.46（100）	4 698.46（100）	4 698.46（100）

近 20 年来梧桐河流域生态系统面积的时间变化如图 8-2 所示，草地、林地、人工表面、水域与湿地面积变化明显，其中，草地先明显增加后明显减少、最终变化较少，林地先明显减少后略有增加，表明近 10 年来加强林地保护初见成效。人工表面持续增加，且增速有所放缓；水域与湿地先有所减少后明显增加，表明近 10 年来建设用地扩张得到一定程度的遏制、水域与湿地养护成效显著。

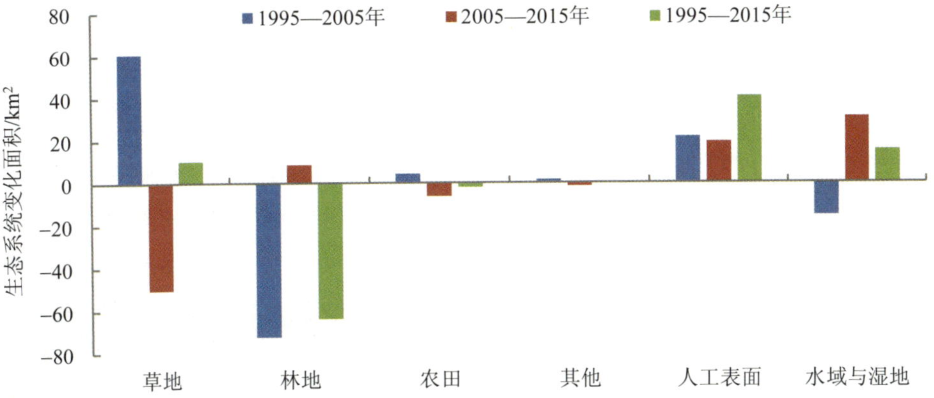

图 8-2　梧桐河流域 1995—2015 年生态系统类型面积变化

1995—2015 年梧桐河流域生态系统转移矩阵如表 8-2 所示，林地主要转变为草地和农田，转移面积分别为接近 80 km^2 和超过 45 km^2；人工表面主要由农田转变而来，转变面积超过 40 km^2，可见近 20 年来建设用地扩张主要通过侵占周边农田实现；水域与湿地的增加主要是由农田转变而来，转变面积超过 35 km^2，原因可能是近年来退耕还湿成效显著。

表 8-2　梧桐河流域 1995—2015 年生态系统转移矩阵　单位：km^2

1995 年 \ 2015 年	草地	林地	农田	其他	人工表面	水域与湿地	总计
草地	297.01	42.58	29.31	0.00	1.05	10.91	380.86
林地	77.48	2 674.89	46.28	0.65	5.54	0.00	2 804.84
农田	13.57	20.70	1 138.05	0.00	41.51	35.25	1 249.08
其他	0.00	0.61	0.04	6.28	0.15	0.00	7.09
人工表面	0.37	0.49	6.99	0.00	111.45	0.17	119.47
水域与湿地	2.66	1.82	26.28	0.00	0.25	106.11	137.12
总计	391.09	2 741.09	1 246.95	6.93	159.95	152.45	4 698.46

梧桐河流域水域与湿地生态系统供给增加 46.33 km^2，其中，沼泽地增加近 30 km^2、滩地增加近 10 km^2。水域与湿地主要由农田转变而来，其中，农田转变为沼泽地近 30 km^2；此外，草地转变为滩地约 8 km^2，具体值见表 8-3。

表 8-3　梧桐河流域 1995—2015 年水域与湿地生态系统转移矩阵　单位：km^2

1995 年 \ 2015 年	河渠	湖泊	水库、坑塘	滩地	沼泽地	合计
草地	0.08	0.44	1.57	7.74	1.08	10.91
农田	2.74	1.90	2.60	0.65	27.36	35.25
人工表面	0.04	0.06	0.00	0.00	0.06	0.17
合计	2.86	2.41	4.17	8.40	28.50	46.33

（2）生态系统变化的空间特征

梧桐河流域林地转变为草地的区域主要分布在梧桐河干流及主要支流周边区域，其中，在上游主要支流周边较为集中，其他区域相对分散。林地转变为农田的区域主要分布在中游干流周边区域，在流域南部、鹤岗市城区周边也有较为明显的分布。

梧桐河流域人工表面和水域与湿地生态系统的增加均主要来源于农田转变。农田转变为人工表面的区域主要集中在鹤岗市城市建成区周边，在萝北县梧桐河干流中游区段周边也有明显分布。农田转变为水域与湿地的区域主要分布在流域中下游梧桐河干流及主要支流周边。

8.2.2　滨岸带生态系统类型变化

（1）100 m 滨岸带生态系统变化

近 20 年来梧桐河干流 100 m 滨岸带生态系统类型变化如表 8-4 所示，主要是水域与湿地增加、农田减少。草地、林地、人工表面生态系统变化不明显，其中，草地略有减少、人工表面和林地略有增加。

表 8-4　梧桐河干流 100 m 滨岸带 1995—2015 年生态系统类型　单位：面积：km^2（占比：%）

类型	1995 年	2005 年	2015 年
草地	9.32（33.75）	14.4（52.16）	8.68（31.43）
林地	1.85（6.69）	1.96（7.1）	1.86（6.74）
农田	4.86（17.62）	0.94（3.4）	1（3.62）
人工表面	0.03（0.12）	0.08（0.29）	0.08（0.29）
水域与湿地	11.55（41.82）	10.23（37.05）	15.99（57.93）
合计	27.61（100）	27.61（100）	27.61（100）

（2）200 m 滨岸带生态系统变化

梧桐河干流 200 m 滨岸带生态系统类型如表 8-5 所示，近 20 年来滨岸带生态系统类型变化的主要特征是水域与湿地增加、农田减少。草地、林地、人工表面生态系统变化不明显，其中，草地略有减少、人工表面和林地略有增加。

表 8-5　梧桐河干流 200 m 滨岸带 1995—2015 年生态系统类型　单位：面积：km^2（占比：%）

类型	1995 年	2005 年	2015 年
草地	17（32.48）	25.15（48.05）	15.7（29.99）
林地	4.01（7.66）	4.27（8.16）	4.05（7.73）
农田	10.64（20.33）	2.71（5.18）	3（5.73）
人工表面	0.13（0.25）	0.21（0.41）	0.21（0.4）
水域与湿地	20.56（39.29）	19.99（38.2）	29.39（56.15）
合计	52.34（100）	52.34（100）	52.34（100）

（3）500 m 滨岸带生态系统变化

梧桐河干流 500 m 滨岸带生态系统类型如表 8-6 所示，近 20 年来滨岸带生态系统类型的主要变化是水域与湿地增加、农田减少。草地、林地、人工表面生态系统变化不明显，其中，草地和林地略有减少、人工表面略有增加。

梧桐河流域生态系统变化总体特征是林地减少，人工表面、水域与湿地增加。其中，林地先减少后有所增加，减少区域主要分布在中上游干流及主要支流周边，主要转变为草地和农田；人工表面持续增加且增速有所放缓，增加区域主要分布在鹤岗市建成区周边，主要由农田转变而来；水域与湿地先有所减少后明显增加，增加区域主要分布在干流中段周边区域，主要由农田转变而来。

表 8-6 梧桐河干流 500 m 滨岸带 1995—2015 年生态系统类型 单位：面积：km^2（占比：%）

生态系统	1995 年	2005 年	2015 年
草地	33.81（28.03）	47.04（39.01）	31.52（26.14）
林地	14.48（12.01）	13.57（11.26）	13.25（10.99）
农田	33.67（27.92）	19.66（16.3）	20.65（17.12）
人工表面	0.86（0.71）	1.07（0.89）	1.09（0.9）
水域与湿地	37.78（31.33）	39.25（32.55）	54.08（44.85）
合计	120.59（100）	120.59（100）	120.59（100）

梧桐河干流滨岸带生态系统变化的主要特征是水域与湿地增加、农田减少。其中水域与湿地持续增加且增速明显加快，主要增加区域在梧桐河干流中段，主要由农田转变而来；农田先明显减少后有所增加，主要减少区域在梧桐河干流中段，主要转变为水域与湿地。

8.2.3 生态景观格局演变特征

1995—2015 年梧桐河全流域景观格局演变特征见表 8-7，由表 8-7 可知梧桐河流域 PD 和 ED 值均升高，表明景观整体破碎度加剧，二者升高趋势放缓表明近 10 年来景观破碎化形势有所缓解。LSI 升高表明斑块形状更加趋于复杂化、SHDI 升高表明景观更加多样化。整体来看，近 20 年来梧桐河流域生态系统景观格局总体演变特征是破碎化加剧，形状更加复杂化、更加多样化，且景观格局状况趋于稳定。

表 8-7 梧桐河流域景观格局指数变化

年份	PD	ED	LSI	SHDI
1995	0.079 6	9.021 9	17.335 3	1.070 2
2005	0.112	10.737 5	20.275	1.101 1
2015	0.113	10.848 5	20.465 2	1.109 3

就不同生态系统类型而言，近 20 年来梧桐河流域各生态系统类型 PD 和 ED 总体均呈升高趋势，其中，草地、农田、人工表面升高明显，表明其景观破碎化严重。森林 PD 降低、ED 和 LSI 升高，表明未出现景观破碎化现象，但斑块形状趋于复杂化。农田、森林 CONT 升高，表明这两种生态系统更加集聚，有利于野生动植物扩散等生态过程的完整性，具体值见表 8-8。

表 8-8　梧桐河流域生态系统类型景观格局指数变化

地类	年份	PD	ED	LSI	CONT
草地	1995	0.012 6	5.535 4	33.347 0	0.765 0
	2005	0.021 9	6.705 4	37.610 0	0.739 8
	2015	0.020 9	6.289 1	37.399 0	0.749 9
农田	1995	0.019 4	1.313 2	13.390 2	0.523 7
	2005	0.024 3	4.336 1	15.503 2	0.724 0
	2015	0.026 0	4.476 5	16.014 9	0.724 5
其他	1995	0.000 4	0.065 6	2.878 5	0.902 8
	2005	0.000 9	0.097 5	3.881 4	0.878 6
	2015	0.000 6	0.077	3.415 1	0.863 9
人工表面	1995	0.027 2	1.039 6	11.296 8	0.769 6
	2005	0.045 5	1.328 6	13.261 1	0.617 8
	2015	0.043 6	1.605 4	15.017 8	0.671 1
森林	1995	0.013 2	6.683 6	16.404 9	0.702 4
	2005	0.008 9	7.616 3	18.706 5	0.756 7
	2015	0.012 3	7.745 9	18.959 9	0.755 1
水域与湿地	1995	0.006 8	3.406 5	12.432 8	0.764 2
	2005	0.010 4	1.391 1	14.828 1	0.792 1
	2015	0.009 6	1.503	14.483 8	0.766 6

8.2.4　人类活动对景观格局的影响

通过收集梧桐河流域相关社会经济资料，结合 2016 年 8 月实地调研，考虑区域生态系统完整性状况和人类活动干扰强度，选取关门嘴子水库建设和人为放牧作为典型案例，分析人类活动对梧桐河景观格局和水生态完整性的影响，典型案例区分布如图 8-3 所示。

其中关门嘴子水库设计工程总库容为 4.03 亿 m^3，防洪库容 0.39 亿 m^3；供水工程近期供水量为 13.42 万 m^3/d，远期供水量为 25.92 万 m^3/d，供水对象为鹤岗市和宝泉岭管理局的城镇居民（生活及工业供水）与鹤岗市煤电化基地（工业供水）；灌溉面积 53.83 万亩，多年平均灌溉年补水量 6 692 万 m^3；水电站装机 8 000 kW，年发电量 2 134 万 kW·h；最大坝高 34.38 m，正常蓄水位 146.50 m，回水长度约 23.53 km。

人为放牧区位于宝泉岭梧桐河大桥下方及周边滨岸带区域，放牧种类为肉牛，放牧量约 20 头（以育肥牛为主）。根据现场观察，这些区域属于长期放牧类型，由牛随意啃食天然草地和低矮灌木，无划区轮牧、植被恢复等自然生态保护措施。

图 8-3 梧桐河干流人为干扰典型案例分布

8.2.4.1 水库建设对景观格局的影响

根据关门嘴子水库工程的设计建设方案，利用流域 DEM 进行淹没区分析，预计关门嘴子水库建设完成后淹没区面积 30.74 km^2。将淹没区与 2015 年流域生态系统分布数据进行空间叠加，得到水库蓄水后，由于库区淹没直接导致生态系统演变状况见图 8-4。

目前淹没区范围内各类型生态系统面积及其占全流域的比例见表 8-9，由表 8-9 可知水库蓄水后主要淹没林地、农田、草地等生态系统，其中林地淹没面积近 13 km^2，但占全流域林地生态系统的比例仅为 0.43%；草地淹没面积 2.52 km^2，占全流域草地面积的 2.37%。

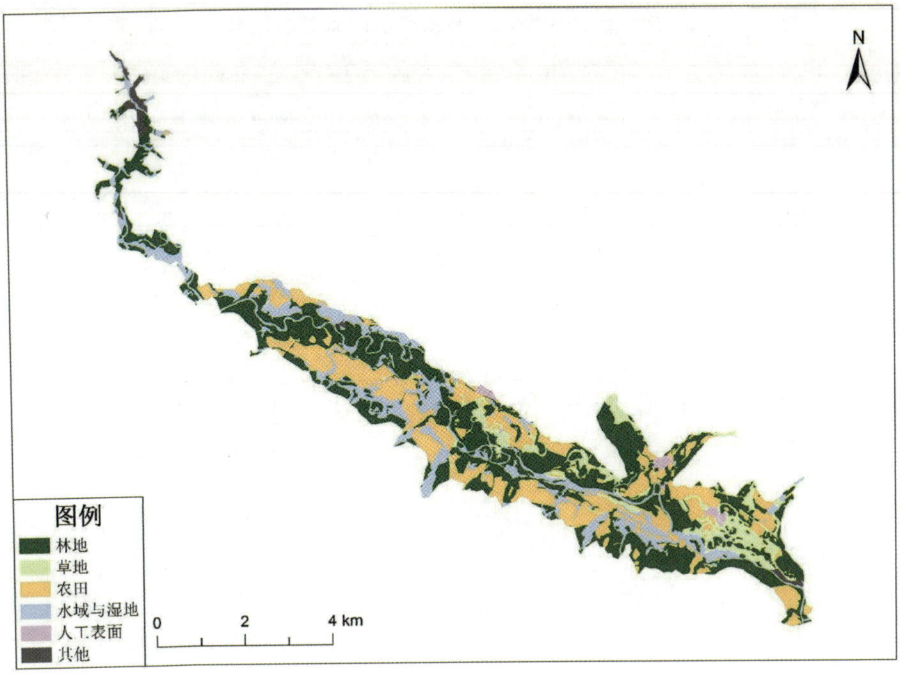

图 8-4　关门嘴子水库淹没区生态系统类型分布

表 8-9　关门嘴子水库淹没区生态系统面积

生态系统类型	淹没区面积/km²	占全流域比例/%
草地	2.52	2.37
林地	12.89	0.43
农田	8.50	0.77
其他	0.46	2.97
人工表面	0.34	0.18
水域与湿地	6.04	2.12
合计	30.74	0.65

关门嘴子水库作为梧桐河干流第一个大型水利工程，必然会对整个流域生态系统完整性造成显著影响，这种影响对于水域和滨岸带的影响尤为明显。如果将河道系统切割成分段，会直接破坏水生态物理完整性。完全改变湿地类型，将上游转变为湖泊湿地，水区域将侵占上游地区陆生动植物生境；下游河流湿地丰枯交替的水文节律发生明显改变，导致生境多样性受损，不能够像天然湿地一样提供多样化的栖息地。水库区水流相对静止必然导致污染物集聚且污染物降解能力减弱，增加了水体富营养化风险；此外，水库区泥沙淤积导致下游输沙量减少，改变了整个河流的水沙运动规律。依赖整个河流生态系统的生物过程被阻断，对很多野生动植物正常的生命活动造成明显影响，进而改变生物群落演替进程，尤其是大坝阻断珍稀鱼类的洄游通道，加剧了鱼类灭绝风险。已有学者（范玉龙等，2017）将大坝对下游生态系统服务的影响总结如表 8-10 所示。

表 8-10 大坝对下游生态系统服务的影响

维度	内容	主要生态系统服务	影响结果	影响渠道
纵向	景观异质性	干扰调节	同质化	直接
	河道分维	避难所	降低	直接
	河道断面	避难所	同质化	直接
	水体	废物处理	物化性质变化	直接
	物种流动	生态系统服务流	扰动与阻隔	直接
	连通性	养分循环泥沙输送	连通性降低	直接
横向	洪泛区	避难所食物生产	丧失功能	周期脉冲
	河岸带	生物多样性	生物多样性减小	间接
	沿河湿地	废物处理生物多样性	补水能力降低	间接
	灌溉	水调节	增强供水能力	时空调控
	工业生活供水	水调节	增强供水能力	时空调控
	土壤	土壤形成	土壤代谢	间接
	湖泊支流	供水	整体性弱化	间接
垂直	地下水	供水	稳定或减少	间接
	小气候	气候调节	水气交换	间接
时间	河流健康	全球变化	流域生态变化	直接/间接

8.2.4.2 放牧活动对景观格局的影响

现场调研典型区人为放牧活动已经对当地生态系统景观格局及其演变造成了明显干扰，并影响到水生态系统的完整性。根据放牧区与周边地区的植被对比，推测本地区原为与周边类似的柳树林主导型森林植被，长期无序放牧导致生态系统生产力降低，目前已经退化为杂类草草甸生态系统，且植被覆盖率较低，有较为明显的裸土地（图 8-5）。

图 8-5 宝泉岭梧桐河大桥周边无序放牧现场照片

无序放牧会对自然生态系统造成多方面的负面影响。牲畜采食导致生态系统初级生产力大量被消耗，消耗量大于积累量必然导致现存植被生物量不断减少，目前放牧区生态系统已经由森林退化为草地、部分出现荒漠化状况，如放牧现状不能有所改变，未来生态系统演变的方向极有可能是生产力继续降低的森林—草地—荒漠。牲畜成为主导的初级消费者，必然导致其他食草性野生动物生存受到威胁，并通过食物链对次级消费者的生存造成负面影响，生态系统的生物地球化学循环结构趋于单一化。同时自然植被减少导致滨岸带护坡能力降低、水土流失等地质灾害加剧，在放牧区靠近梧桐河水域的一侧土壤沙化已经较为明显，同时牛的踩踏导致的堤岸垮塌，进一步加剧了水土流失。此外，牛粪超量排放导致植被生长困难，并改变了土壤的团粒结构，同时牛粪中的大量氮、磷等营养物质随地表径流进入水体，加剧了放牧区及下游区域的水体富营养化风险。

8.3　水生态环境质量分析

8.3.1　水环境质量状况

2015 年 6 月、10 月、12 月对梧桐河流域水质进行了三期监测，分析指标主要包括常规指标（pH、溶解氧、COD、BOD_5、总氮、总磷、氨氮）。共布置 8 个监测断面（图 8-6），结果表明，梧桐河流域水环境质量总体较好，以Ⅲ类水和Ⅳ类水为主。其中，1#～4#断面各时期监测指标均能满足Ⅲ类水质目标；5#～8#断面，除枯水期 5#断面 COD 指标超标外，均能达到Ⅳ类水质目标。

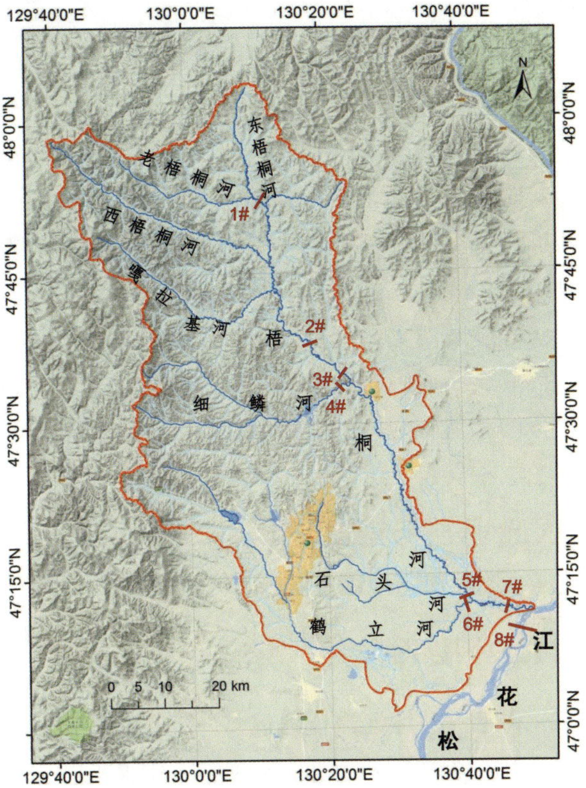

图 8-6　梧桐河地表水水质现状监测断面布设示意图

8.3.2 水生生物组成特征

调查共鉴定出浮游植物 7 门 61 种属，其中，蓝藻门 10 种属，占 16.4%；绿藻门 17 种属，占 27.9%；硅藻门 25 种属，占 41.0%；隐藻门 4 种属，占 6.6%；裸藻门 2 种属，占 3.3%；甲藻门 2 种属，占 3.3%；金藻门 1 种属，占 1.5%。优势种为针杆藻、星杆藻、平板藻、普通小球藻。浮游植物平均密度为 279.26×10^4 个/L。

调查共鉴定出浮游动物 37 种属，其中，原生动物 13 种属，占 35.1%；轮虫 15 种属，占 40.5%；枝角类 5 种属，占 13.5%；桡足类 4 种属，占 10.9%。优势种为砂壳虫、焰毛虫、似铃壳虫、蒲达臂尾轮虫、螺形龟甲轮虫。浮游动物平均密度为 1 656 ind/L。

调查共鉴定出着生硅藻 29 属 122 种（变种）。优势种为小型异极藻、偏肿桥弯藻、弯曲桥弯藻、钝脆杆藻、窄异极藻、变异直链藻。着生硅藻平均密度为 17 6247 ind/L。

调查共鉴定底栖动物 16 科 22 种。其中，夏季调查中，共采集到底栖动物 8 科 11 种，其中，蜉蝣科 3 种，占总数的 27.27%；田螺科 2 种，占总数的 18.18%；椎实螺科、蜻科、肋蜷科、钩虾科、带丝蚓科、蚌科各 1 种，各占总数的 9.09%。底栖动物丰度平均为 2.00ind/m^2，生物量平均为 5.44 g/m^2。秋季调查中，共采集到底栖动物 13 科 15 种，其中，椎实螺科最多，为 3 种，占总数的 20.00%；摇蚊科、田螺科、四节蜉科、石蝇科、蜻科、潜水蝽科、肋蜷科、箭蜓科、钩虾科、大蚊科、长臂虾科、扁蜷螺科均各 1 种，各占总数的 6.67%。底栖动物丰度平均为 1.21ind/m^2，生物量平均为 0.60 g/m^2。

调查共鉴定水生维管束植物共计 3 门 16 科 23 种。其中，禾本科、莎草科各 3 种，各占 13%；泽泻科、伞形花科、蓼科各 2 种，各占 9%；眼子菜科、香蒲科、茨藻科、菱科、雨久花科、天南星科、龙胆科、千屈菜科、睡莲科、菊科、木贼科各 1 种，各占 4%。主要优势种类为芦苇、两栖蓼、香蒲和蒲草类，在不同河段中优势种有所差异。

调查鉴定鱼类 9 目 16 科 54 种，其中，鲤科 26 种，占 48.15%；鳅科 8 种，占 14.81%；鲿科 3 种，占 5.56%，鲇科、塘鳢科、七鳃鳗科、鲑科各 2 种，各占 3.70%；鰕虎鱼科、鳢科、鮨科、刺鱼科、茴鱼科、狗鱼科、鳕科、胡瓜鱼科、杜父鱼科各 1 种，各占 1.85%。优势种为银鲫、大鳍鱊、银鮈、鲤、马口鱼、兴凯鱊、拉氏鱥、鳘、鲶，小型鱼类占优势。

8.4 水生态受损状况识别与退化原因诊断

8.4.1 物理完整性退化原因诊断

（1）大坝及渠首等水利工程破坏河流连通性

梧桐河流域现有中型水库 3 座，小型水库 10 座，排水干、支沟 148 条，排水闸站 8 座，拦河水闸 1 座，比较大的支流有鹤立河、石头河、乌鸡河、朝鲜河、伏尔基河、细鳞河、嘎拉基河等，干流及主要支流总长度约 469.6 km，根据水利工程情况，计算梧桐河流域河道连通性指数为 2.98 座/10^2 km。大坝、渠首等水利工程的大量修建，严重破坏了河流连通性，改变了河流水文环境、河流地形地貌和栖息地环境，增加了河流的破碎度，大幅度降低了生态系统的自我恢复能力。对鱼类而言，洄游性鱼类无法越过大坝或水闸到河流上游的产卵场进行产卵，从而造成洄游性鱼类灭绝或减少，遗传多样性减少。

河道连通性是指自然河道的连通状况，利用每百千米河道的闸坝个数评估河道的连通性，计算公式为

$$R=N/L\times 100$$

式中，N 为闸坝、水电站等水利工程个数，个；L 为河道长度，km。

（2）采沙作业等人为活动造成河滨带生境退化

受到过度采沙、开垦土地、砍伐森林、堤岸硬化、水利工程、放牧等不合理的生产建设活动影响，梧桐河流域植被覆盖率已由中华人民共和国成立初期的 95%下降到 2000 年的 37%左右，滨岸带植被覆盖率的下降，造成局部河滨带水土流失严重，水体流态改变，河道内水生植物受损，河滨带植被缓冲过滤带缺失，两栖动物、昆虫、水生动物生存空间变小和食物来源减少，生物量不断下降等一系列问题，河滨植被带生境的进一步退化，从而导致河流生态系统健康及其完整性受到严重损害。

（3）梧桐河流域水资源利用率低，供水能力不足

梧桐河流域地表水资源量 11.35 亿 m^3，地下水 3.3 亿 m^3，扣除重复计算量 2.22 亿 m^3，水资源总量为 12.42 亿 m^3，2014 年流域总用水 4.43 亿 m^3，地表水供水 2.51 亿 m^3；地下水用水 1.98 亿 m^3；矿井水用水为 0.32 亿 m^3，2014 年梧桐河流域地表水开发率为 19.5%。由于江河无坝自流和提水工程受河川径流的丰枯变化影响大，供水保证率较低。并且井灌水稻的无限制发展及无计划用水，使局部地区地下水位下降，灌溉临界期部分支流断流，干旱缺水现象普遍且越来越严重，水资源供需矛盾加剧，旱灾发生频率越来越高，波及范围越来越大。同一年夏旱或春夏旱、秋涝现象频繁发生。

（4）农灌用水影响鱼类产卵，鱼类个体呈现低龄化和小型化

梧桐河下游河道取水主要用于农业灌溉，取用水量呈现季节性差异，以变化最大的小山亮子闸下断面为例，多年平均条件下，5 月取水量最大，水流量占天然流量的 70%，其次为 6 月和 7 月，分别为 39.53%和 30.5%。丰水年最大用水量发生在 5 月，取水流量也占天然流量的 77.3%，特枯年最大用水量发生在 6 月，占天然流量的 75.6%，且 5—7 月的径流量均减小了 60%以上。根据现场鱼类产卵期调查，鱼类产卵的主要时段为 5—8 月，该时段也正是农灌用水的高峰期，受河流取用水的影响，天然河流流量减小，降低了河道流速，造成春季河流的上涨速率下降，对鱼类繁殖产生较大影响。

此外，鱼类调查数据显示，鱼类的体长和流量有一定的相关性，流量越大，表示有较宽的水面与较深的水体，鱼类食物资源丰富，鱼类有较大的体长。梧桐河下游流量减小显

著，鱼类的体长也变小，导致了鱼类个体的低龄化和小型化（图 8-7）。

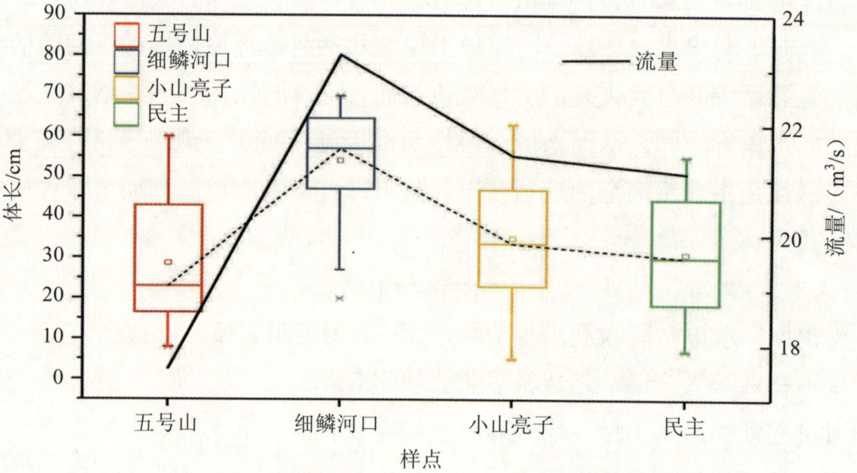

图 8-7 梧桐河鲤科鱼类体长与流量的相关性

8.4.2 化学完整性退化原因诊断

（1）梧桐河流域水质总体较好，个别断面氮、磷含量升高，水质下降风险较大

2016 年夏季梧桐河流域 8 个断面水质调查结果显示，梧桐河流域水环境质量以Ⅲ类水和Ⅳ类水为主，受石头河和鹤立河排污影响，沿程水质下降。其中，上游、中游断面基本符合Ⅱ类及Ⅲ类水质标准，下游支流断面符合Ⅴ类水质标准，下游干流断面符合Ⅳ类水质标准。河流总氮含量较高，平均为 2.14 mg/L，氨氮浓度平均为 0.89 mg/L，总磷浓度平均为 0.16 mg/L，重金属含量较低，部分断面如上游老梧桐河断面、鹤立河断面、梧桐河大桥断面、入江口断面氨氮浓度下降到Ⅳ类水质水平，鹤立河断面总磷下降到Ⅴ类水质水平，入江口断面总磷下降到Ⅳ类水质水平，氮、磷含量从上游到下游有升高的趋势。

另外，梧桐河流域附近存在多种污染源，包括生活污染源、工业污染源、畜牧污染源和农业污染源等。据调查，2014 年流域内鹤岗市区生活污水排放量 2 328.55 万 t，化学需氧量、氨氮排放量分别为 7 711.02 t 和 1 251.40 t；2014 年流域内鹤岗市区主要工业污染源排放污水 2 767.11 万 t、化学需氧量 5 239.41 t 和氨氮 27.70 t；规模化养殖场化学需氧量排放量 5 106.12 t、氨氮 129.33 t；流域农业面源污染中化学需氧量排放量 2 989.91 t，氨氮排放量 115.32 t。化学需氧量排放和氨氮排放都以生活污水排放量最高，分别占总排放量的 36.64%和 82.13%，这些污染源使梧桐河流域水质下降的风险加大。

（2）梧桐河干流沉积物存在重金属污染，砷、镉潜在生态风险大

梧桐河干流的地积累指数如表 8-11 所示，9 月梧桐河干流 As 的平均 I_{geo} 为 3.54，16.7%的点位属于强—极严重污染程度，66.6%的点位属于强污染程度。其次为 Cd，66.7%的点

位属于中等—强污染程度。各种金属污染程度从高到低为 As>Cd>Pb>Cr>Zn>Cu。

表 8-11　梧桐河干流段 9 月重金属地积累指数污染评价结果

地积累指数	分级	污染程度	占比/%					
			Cu	Pb	Zn	Cd	Cr	As
$5<I_{geo}\leqslant 10$	6	极严重污染	0	0	0	0	0	0
$4<I_{geo}\leqslant 5$	5	强—极严重污染	0	0	0	0	0	16.7
$3<I_{geo}\leqslant 4$	4	强污染	0	0	0	0	0	66.6
$2<I_{geo}\leqslant 3$	3	中等—强污染	0	0	0	66.7	0	16.7
$1<I_{geo}\leqslant 2$	2	中等污染	0	0	0	0	0	0
$0<I_{geo}\leqslant 1$	1	轻度—中等污染	0	100	0	0	0	0
$I_{geo}\leqslant 0$	0	无污染	100	0	100	33.3	100	0
平均 I_{geo}			−2.58	0.71	−2.51	1.43	−1.38	3.54

梧桐河干流的生态风险评价结果如表 8-12 所示，9 月梧桐河干流 6 种重金属的潜在生态风险指数 RI 为 149.91～567.31，均值为 375.81，其中，Cu、Pb、Zn 和 Cr 四种金属所有采样点的潜在生态风险参数 E_r^i 都小于 40，属于低生态风险，83.3%的采样点 As 的潜在生态风险参数 E_r^i 都为 160～320，属于重度生态风险，66.7%的采样点 Cd 的潜在生态风险参数 E_r^i 都为 160～320，属于严重生态风险，需要引起重视。

表 8-12　梧桐河干流段 9 月重金属潜在生态风险评价结果

潜在生态风险参数范围	单因子风险程度	潜在生态风险指数 RI 范围	生态风险	所占比例/%					
				Cu	Pb	Zn	Cd	Cr	As
$E_r^i<40$	低	RI<150	低	100	100	100	33.3	100	0
$40\leqslant E_r^i<80$	中	150≤RI<300	中	0	0	0	0	0	0
$80\leqslant E_r^i<160$	较重	300≤RI<600	重度	0	0	0	0	0	16.7
$160\leqslant E_r^i<320$	重	RI≥600	严重	0	0	0	66.7	0	83.3
$E_r^i\geqslant 320$	严重			0	0	0	0	0	0

（3）河流河岸带土地利用强度增加，面源污染呈加剧趋势

梧桐河干流河岸带土地利用程度综合指数分别为 2005 年 218.08、2015 年 218.92、2017 年 230（中下游河段）；河岸带污染阻滞功能指数分别为 2005 年 87.59、2015 年 87、2017 年 84（中下游河段）；源汇景观指数分别为 2005 年 1.41、2015 年 1.49；综上表明，近 10 年来梧桐河干流河岸带土地利用强度增加，污染物阻滞功能减弱，陆域景观格局变化加剧了面源污染，具体值见表 8-13。

表 8-13 梧桐河流域河岸带景观格局变化

	2005 年	2015 年	2017 年（示范区）	景观格局变化对水生态系统的影响
河岸带土地利用程度综合指数	218.08	218.92	230	河岸植被带生境退化
河岸带污染阻滞功能指数	87.59	87	84	污染阻滞功能减弱
源汇景观指数	1.41	1.49	—	面源污染加剧

8.4.3 生物完整性退化原因诊断

（1）区域河流鱼类生境退化，部分珍稀鱼类数量急剧减少

历史上梧桐河流域干流及支流中遍布着较多冷水性鱼类，改革开放以来，由于修建水利工程、采伐林木、过度采砂、开垦土地等使鱼类栖息水域生态环境发生变化，细鳞鲑、哲罗鲑等冷水性鱼类栖息分布范围缩小，现多集中在细鳞河和梧桐河上游干流及部分区域。鱼类繁殖群体已大幅减少，现有的产卵场也大多在细鳞河及上游河段的支流中。

1994 年哲罗鲑产量在 100 尾左右，10 余年来哲罗鲑种群数量减少 90%以上，已近濒危状态；1994 年细鳞鲑产量在 500 尾左右，近 10 年来种群数量明显下降 50%以上，也已近濒危状态。据当地群众反映，20 世纪 50 年代哲罗鲑和细鳞鲑能形成独特的春、秋捕捞汛期，目前已无汛期可言，渔业资源处于衰退濒危状态。江鳕种群数量减少在 80%以上，极少见到 50 cm 以上 2～3 kg 个体；雷氏七鳃鳗和狗鱼的资源量下降明显。梧桐河流域鱼类保护目标见表 8-14。

表 8-14 梧桐河流域鱼类保护目标

类别	保护级别
细鳞鲑	国家二级
哲罗鲑	国家二级
雷氏七鳃鳗	国家二级
怀头鲶	《中国濒危动物鱼类红皮书》
大马哈鱼	国家二级
江鳕	《中国名贵珍稀水生动物》

（2）中下游河段受人为干扰程度较大，食物链长度与鱼类平均营养级低于上游

梧桐河中下游水域的食物链长度为 2.97，上游水域食物链长度为 3.09，食物网纵向对比发现，梧桐河上游鱼类的平均营养级大于中下游，上游平均营养级为 2.52，中下游平均

营养级为 2.1。河流中鱼类的平均营养位置会随着河流扰动的增加而下降，梧桐河上游河段为山区性河道，以林地为主，人为干扰程度较小，中下游河流为平原型河流，人为干扰程度较大，采砂、农垦、水利工程、捕捞等不合理的生产建设活动限制了鱼类食物中次级消费者的丰度，从而缩短了水域食物链长度。

（3）底栖动物栖息生境结构单一，蚌类等关键物种缺失

在 2016 年的调查中共发现底栖动物 11 目 16 科 22 种，种类较少，底栖动物丰度与生物量偏低，栖息生境结构单一，中上游河流淡水蚌类缺失严重。蚌类是水域生物多样性的重要组成部分，通过作用于水体底层环境，参与水体营养物循环，以及作为鳑鲏属、鱊属等鱼类的互利共生者，对河流生态系统的物质循环、能量流动、生物多样性起着巨大的作用。通过梧桐河生态调查发现，梧桐河流域生态系统中蚌类等关键物种分布范围缩小，目前只在下游梧桐河农场大桥和入江口两个采样点发现，出现率为 14.28%，且数量较少，关键物种的缺失影响了整个生态系统的健康发展。

第 9 章　梧桐河物理完整性修复关键技术研究

本章在揭示梧桐河物理完整性受损原因的基础上，以创建优良生物栖息环境为导向，从滨岸带沙化区基质改良、岸坡植物群落构建、河道生态水文调控等方面，开展相关技术研究。

9.1　滨岸带沙化区基质改良技术

（1）背景介绍

有机质、氮、磷、钾等土壤营养成分匮乏，以及含水率低等特性，使沙化区基质难以满足多数植物的生长需求，造成沙化区内植物群落物种单一化，植被密度小且盖度低，生态系统稳定性差。改善沙化环境主要是通过客土覆盖的方法，以营造植物适宜的生长环境，但是这种方法需要客土的量很大，客土的移动及覆盖工程不仅提高了沙化区环境改造成本，还会造成客土提供地的土壤层被严重破坏，得不偿失。

因此本研究借助基质改良单元，通过物理、化学以及生物改良联用方式，移植耐旱、耐贫瘠、种子繁殖型植物种，形成沙质土壤型植物种群/群落；补填有机质丰富、营养物质充足的表土层，形成适宜种子萌发、幼苗生长的小生境，以提高种子萌发率、建苗率；放置生物可降解材质纸杯，截蓄雨水为种子萌发保障水源，降解纸杯自身为幼苗生长保障营养物质，以利于植物种子萌发和幼苗生长；利用植物群落反馈作用，改善沙化区的生境条件，最终构建出稳定、健康的植物群落。

（2）技术要点

1）按需选取基质改良材料

基于本地沙质土壤区植物群落，调查群落的物种组成结构，分析各植物种根系等形态特征、植物种耐旱性等生理特征及植物种繁殖特征，筛选出适于在营养贫乏、含水率低的沙质土壤生活的种子繁殖式土著植物。待植物种子成熟脱落后，自目标植物种种群/群落着生区采集表层土壤，土壤厚度 5 cm。选购可生物降解、无污染的聚乳酸（简称 PLA）、聚丙交酯或淀粉塑料等材质的生态纸杯，纸杯整体呈倒梯形，杯口略宽于杯底，作为后续工序的材料备用。

2）依量分装基质改良单元

在保持土壤原湿度前提下，翻拌混匀含植物种子的土壤；利用生态型纸杯分装含种子的土壤和沙质基质，其中，肥沃土壤与沙质基质的高度比例至少为 3∶10，土壤分装量以土壤刚好与杯口平齐为宜，杯中土壤不进行压实操作（图 9-1）。以此达到施用最少土壤，获得最佳改良效果的目的。

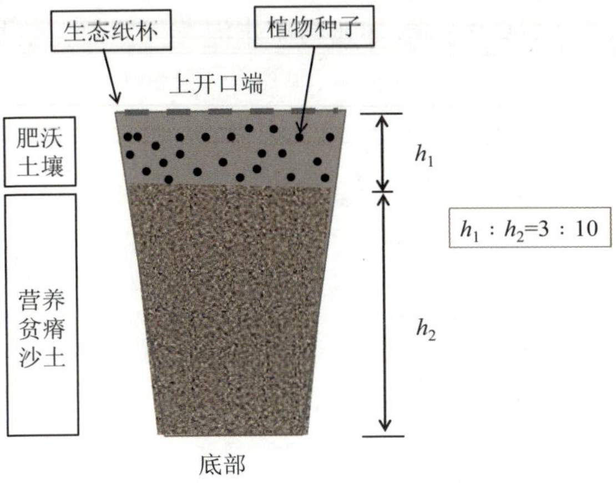

图 9-1 沙化基质快速改良单元模式图

3）整体安置基质改良单元

将上述装有种子、土壤和沙土的纸杯视为基质改良单元，进行整体安置；纸杯杯口在上、杯底在下，竖直安置在沙质区内；基质改良单元间距 0.5 m 为宜，杯口与沙质区表面平齐。

（3）效果分析

经现场样方调查统计后，发现利用改良单元开展沙化基质改良一年后，植物群落的物种数、植物密度和盖度均有明显提高（表 9-1）。植物群落的植物种由 3 种（稗草、狗尾草和狼杷草）增加至 7 种（稗草、狗尾草、狼杷草、大籽蒿、益母草、猪毛蒿和灰菜）。样方内的植物种数由 1.4 种提高至 3.8 种，提高 2 倍多；植株密度由 3.4 株/m^2 提高至 24.8 株/m^2，提高近 7 倍；植被盖度由低于 1%提高至 5%，提高了近 4 倍。

表 9-1 沙化基质改良前后植物群落特征

植被特征	基质改良区	对照区
物种总数/种	7	4
样方植物种数/种	3.8±0.7	1.4±0.5
样方植物密度/（株/m^2）	24.8±6.3	3.4±1.7
样方植物盖度/%	5.0±2.5	低于 1

注：调查地点位于梧桐河大桥处，调查时间 2018 年 8 月，调查样方面积 1 m×1 m；基质改良区与对照区相邻；基质改良区在实施基质快速改良前，与对照区具有相似生境特征。

9.2 滨岸带植物群落构建技术

（1）背景介绍

滨岸带岸坡在失去植被冠层、枯枝落叶和根系的保护后，会因水流冲刷作用、风化作用、降水与径流作用以及反复冻融作用而发生严重水土流失（侯喜禄等，1996；汪有科等，1993）；同时土壤层中的植物根系大量消失，土壤的抗冲击性减弱，引起岸坡上部土层在地表径流作用下发生滑坡、岸坡下部坡体随河流水流流失而悬空崩塌，导致滩槽高差加大、岸坡变陡（张华等，2002；周跃等，2000；吴彦等，1997），从而使岸坡无法为植物、动物等提供适宜生长环境，影响整个河流生态系统健康。

目前，国内外已开始实施大量的河岸带环境介质改造及生物栖息地保护工程。但现有工程措施大多采用了造价昂贵的生态袋、生态护坡基材等，尽管取得一定固岸护坡的作用，却因成本造价较高而不利于大面积推广（刘黎明等，2007）。因此本研究在遵循近自然理念、避免利用硬性护岸方式的基础上，致力于借助成本低的生物质材料打造多样化的生物生境/栖息地，以此达到生态固护岸坡的目的。

（2）技术要点

1）岸坡降坡

根据同一河流相似地貌的河岸带坡度均值，同时参考近 10 年的洪水期最高水位，并结合滨岸带岸坡的横向宽度大小，采用挖掘机将坡度修整降低至 15°～40°，修坡原则为岸坡宽则坡度小，反之亦然。

2）构建灌木层

滨水带区内，以本地灌木种卷边柳、松江柳及蒿柳等柳种为主要建群种，沿河道的常枯水位线平行方向，按间距 1.0 m，挖取宽 30～40 cm、高 20～30 cm 的栽植沟；苗木栽植间距为 1.0 m，苗木的根完整且需带土团，土团直径 20～60 cm、高 10～20 cm。护岸缓冲带内，以榆树等本地植物种为乔灌层建群种，沿河道平行方向，按间距 1.5～2.0 m，栽植榆苗。

3）编织柳篱柳栅

滨水带区内，在上述平行于水流的柳树、木桩上编排柳条。沿河道自然曲度，在邻近水体处的柳行内打木桩 2 排，木桩位于两株柳树中间，木桩铅直迁入岸坡，木桩入土深度为 100～150 cm。柳条从木桩底部向上编至木桩顶端处，柳条要密集，柳条粗端向迎水侧，柳条长度 1.5 m 以上。柳条编排的原则是柳条的粗端在迎水方向，细端在背水侧，倾斜 10°～20°（粗端到细端向上倾斜 10°～20°）。

4）沙质基质改良

柳篱柳栅与岸坡之间的上方空隙处，回填降坡挖掘的剩土方，并对土层进行改良、平整。改良措施主要为沙化基质快速改良技术。

5）构建草本植物层

滨水带岸坡底部的近水区土层表面构建东方藨草种群，以移栽方式建群，移栽株间距 1.5 m；移栽单元为根部带土球的成体植株，土球直径 30 cm、土层厚度 15 cm 以上。丰水位线上下 1 m 范围内构建水蒿种群，以移栽方式建群，移栽株间距 0.5 m，水蒿移栽单元为根部带土球的成体植株，土球直径 20 cm、土层厚度 20 cm 以上。护岸缓冲带的干旱区构建猪毛蒿种群，以移栽方式建群，移栽株间距 0.5 m，猪毛蒿移栽单元为根部带土球的两年生成体植株，土球直径 20 cm、土层厚度 20 cm 以上（图 9-2）。

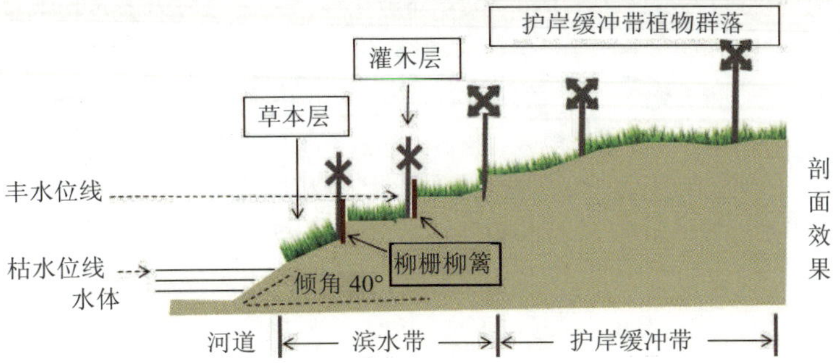

图 9-2　沙质陡坡生态固护模式

（3）效果分析

1）滨岸带岸坡特征

经对比分析沙质陡坡生态固护技术应用前后的滨岸带岸坡坡度、宽度和物质组成数据，发现技术应用后，滨水带和护岸缓冲带的生境条件均发生了改善。其中，滨水带岸坡坡度均值由 85.8°降至 40.8°，为植被着生提供了适宜岸坡条件，同时也为两栖动物上岸下水活动创建了通道；岸坡宽度由无拓宽至 3.6 m（均值），为植被提供了适宜的着生平台，并为两栖动物觅食、嬉戏等活动创造了环境；滨水带和护岸缓冲带岸坡物质组成均呈现出多样化变化，沙质基质中均增添出了草本、灌木植物根系等，改善了岸坡基质的物理结构，提升了岸坡的稳定性（图 9-3、表 9-2）。

图 9-3　沙质陡坡生态固护技术应用前后效果对比图

表 9-2　滨岸带岸坡特征

	滨水带		护岸缓冲带	
	技术应用前	技术应用后	技术应用前	技术应用后
岸坡坡度/（°）	85.8±4.5	40.8±2.5	10～40	10～40
岸坡宽度/m	0	3.6±0.5	大于 5	大于 5
岸坡物质组成	中砂、粗砂、砾石	中砂、粗砂、砾石、木桩、草本和灌木根系、柳栅柳篱	中砂、粗砂、砾石	中砂、粗砂、砾石、植物根系

注：以上数据采集时间分别为 2016 年 6 月（技术应用前）和 2018 年 6 月（技术应用后）。

2）植物群落特征

经现场样方调查统计后，发现利用沙质陡坡生态固护技术两年后，植物群落的物种数和盖度均有明显提高（表 9-3）。植物群落的植物种数由 12 种增加至 56 种，由 6 科 12 属增加至 24 科 49 属。样方内的植物种数由 5.2 种升高至 21.8 种，提高 3 倍多；植被盖度由 57.0%升高至 77.0%。

表 9-3　沙质陡坡生态固护前后植物群落特征

植被特征	技术应用前	技术应用后
物种总数/种	12	56
样方植物种数/种	5.2±0.4	21.8±3.2
样方植物密度/（株/m^2）	20.7±6.1	6.8±2.0
样方植物盖度/%	57.0±26.0	77.0±11.7

注：以上数据采集时间分别为 2016 年 6 月（技术应用前）和 2018 年 6 月（技术应用后）。

3）两栖动物群落特征

样线和样方调查数据均显示，沙质陡坡生态固护技术应用后，滨岸带滨水带区和护岸缓冲带区的两栖动物种群数量均有明显提升，有效恢复了滨岸带的过渡带功能。其中，经沙质陡坡生态固护后的滨水带区，新出现了东北雨蛙种群，种群密度达到 2 只/hm^2；护岸缓冲带区的东北林蛙种群数量由 1 只/hm^2 升高至 5 只/hm^2（表 9-4、图 9-4）。

表 9-4　沙质陡坡生态固护技术应用前后的两栖动物种群特征　　单位：只/hm^2

监测时间	种群密度			
	样线调查		样方调查	
	滨水带区	护岸缓冲带区	滨水带区	护岸缓冲带区
2016 年 6 月（技术应用前）	无	—	无	1（东北林蛙）
2018 年 6 月（技术应用后）	1（东北雨蛙）	—	2（东北雨蛙）	5（东北林蛙）

注：调查结果中的两栖动物个体均为成体，“—”代表未开展调查。

图 9-4　滨岸带两栖动物种群（左图为东北雨蛙，右图为东北林蛙）

9.3　河道生态水文调控技术

（1）背景介绍

梧桐河下游有着大量的河漫滩湿地，湿地植被生长繁育旺盛，河流的生态调控不仅包括满足鱼类生长需求的生态流量，还应包括下游湿地植被生态需水，通过水库常规下泄及人造洪水，达到生态调控。

（2）技术要点

1）湿地补水的生态调度需求

根据梧桐河下游湿地植被生态需水特征，5—6 月是湿地植被水分临界期；7 月和 8 月是湿地植被最大需水期；9 月、10 月生态需水量相对较小。

梧桐河下游沼泽湿地主要分布于梧桐河渠首以下，选取梧桐河渠首断面流量年内过程进行分析（图 9-5），从每年 4 月初开始，梧桐河冰雪融化使河道内流量缓慢增加，在 4 月上旬流量增加幅度略有增大，至 4 月中旬达到峰值；5 月随着融雪过程结束，流量开始缓慢下降，直至雨季到来。区域地处东北三江平原，春季气温较低，植物生长的开花分蘖主要出现在 6 月上旬，可以判断，6 月湿地植被萌发和开花发育所需水分来自土壤中水分的积累，天然状态下，该期间需要地表径流为湿地补充水分。

7 月和 8 月，随着流域降水量增加，洪峰出现频率和峰值明显加大。大多数年份，7 月末出现平滩洪水，为湿地补充水分。到 9 月，随着雨季的结束，河道内流量逐渐减少，部分年份在 9 月末会发生一次小洪水过程，峰值没有达到平滩流量。

对湿地植被来说，7 月和 8 月的平滩洪水尤为重要。为此本次评价将在 7 月和 8 月开展为湿地补水的平滩洪水调度。

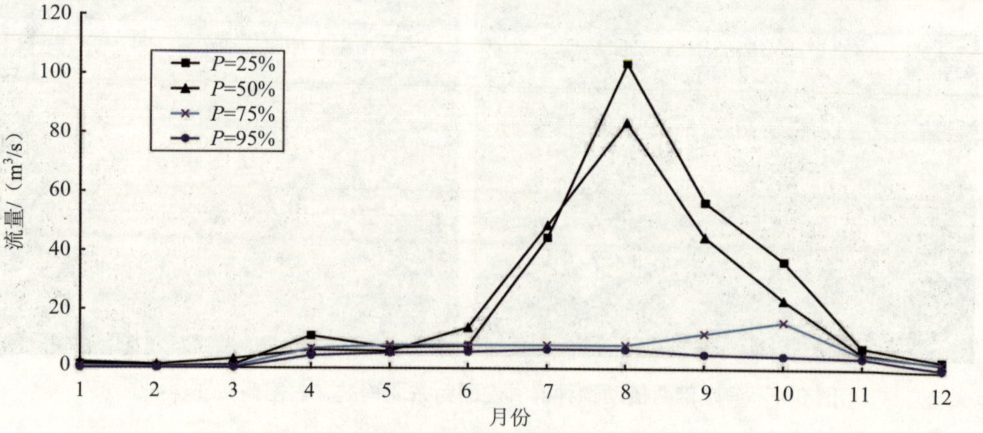

图 9-5　梧桐河渠首下断面流量年内过程

2）生态调度方案

根据前述章节，下游湿地代表断面漫滩流量为 237 m^3/s，流量对应的漫滩概率为每 2.4 年一遇，基本相当于下游湿地每两年至少出现 1 次漫滩的概率。水库在正常来水调度情况下，基本不改变原下游河道漫滩洪水的发生概率，梧桐河下游湿地能够维持原水文基本条件不变。但根据水库工程水文数据，在关门嘴子水库遇到上游来水特枯年份时，即使没有水库工程的建设和调度，原天然状态下下游河道水量也无法满足湿地漫滩要求。为此，提出关门嘴子水库运行后在中常水量及不利来水情况下的生态流量调度方案。

①中常来水流量情况下生态调度方案。在中常来水流量情况下，当水库下泄水量无法满足下游湿地漫滩流量条件时，采取集中弃水量进行统一泄放，以形成人造洪峰的方法为下游湿地提供漫滩水量。以 1973 年来水过程为例，人造洪峰过程见图 9-6。从图中可以看出，生态调度前，水库下泄流量无法满足下游湿地需求，生态调度后，下游湿地区域可形成大于 24 h 的湿地漫滩过程。

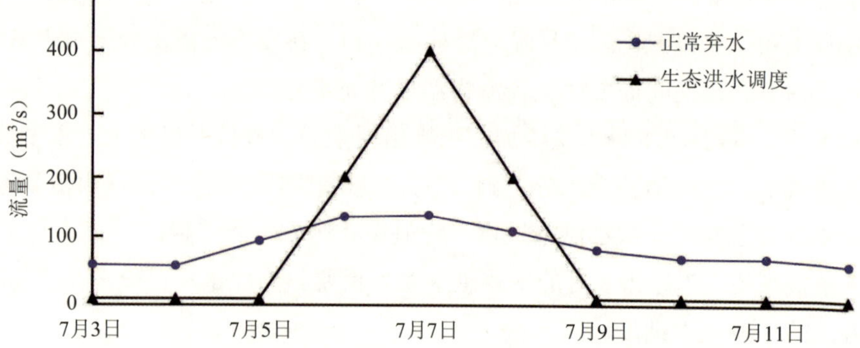

图 9-6　关门嘴子水库坝址断面中常水年人造洪峰流量过程

②不利来水流量情况下生态调度方案。在不利来水情况下尽量改善下游河道湿地的供水条件。因此，特提出关门嘴子水库在特枯年来水情况下的生态调度方案。

该方案的具体思路为，当梧桐河上游来水频率偏枯、来水条件无法满足下游湿地生态需求时，选取适当年份破坏部分农业用水需求，将该部分农业用水量采取集中下泄的方式放至坝下河岸，形成人造洪峰，满足湿地漫滩需求。

关门嘴子水库年蓄满率为 84.13%，其中，50 年水库下泄流量大于 8 000 万 m^3，集中泄放能够满足人造洪峰上滩时间 24 h 以上。在连续枯水年组中选择 95%保证率下的特枯年（1977 年）为例，水库调度方案从当年农业用水规模中，提取 3 500 万 m^3 水量作为坝址人造洪峰水量，在当年的 7—8 月选择适当的时间集中在 40 h 内进行集中泄放，在坝址下游形成人造洪峰过程（洪峰过程、历时及峰值流量见图 9-7，以满足湿地需要。人造洪峰历时 40 h、峰值流量 486 m^3/s。

利用 MIKE11 一维水动力学模型对人造洪峰的漫滩时间效果进行了定量计算，计算结果表明采用上述方案制造的洪峰过程，在下游湿地断面可形成维持 17 h 的漫滩流量过程，能够在特枯水年来水条件下，有效地为河道湿地补充生态所需水量（图 9-7）。

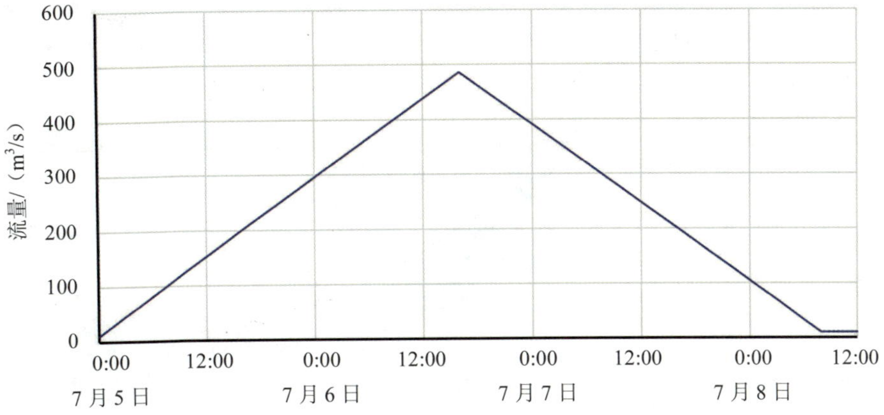

图 9-7 关门嘴子水库坝址断面特枯水年人造洪峰流量过程

（3）生态调度效果分析

以人造洪峰生态调度，为梧桐河下游沼泽湿地提供漫滩水量。为分析生态调度的效果，利用 MIKE 对下游河道构建了相应的水动力学模型，计算获得各个断面平滩流量对应水位下的水位变化特征。同时，采用 1∶5 万 DEM 数据，对应计算结果在 GIS 中进行空间分析，得到各断面平滩流量对应水位下的淹没面积及占现状湿地总面积的百分比，具体见表 9-5。

表 9-5　实施生态调度后漫滩淹没湿地情况

类型	现状面积/km^2	平滩流量淹没面积/km^2	未淹没面积/km^2	调度措施保护面积百分比/%
从苔草沼泽	1.65	1.54	0.09	94.55
苔草—小叶章沼泽	36.99	35.45	1.54	95.83

从表 9-5 可以看出，实施生态调度后，95%以上的沼泽湿地面积均能够得到水分补充，其中，从苔草沼泽未被淹没面积 0.09 km^2，占从苔草面积的比例为 5.45%；苔草—小叶章沼泽 1.54 km^2，占 4.17%。从以上数据来看，生态调度的保护效果明显（图 9-8）。

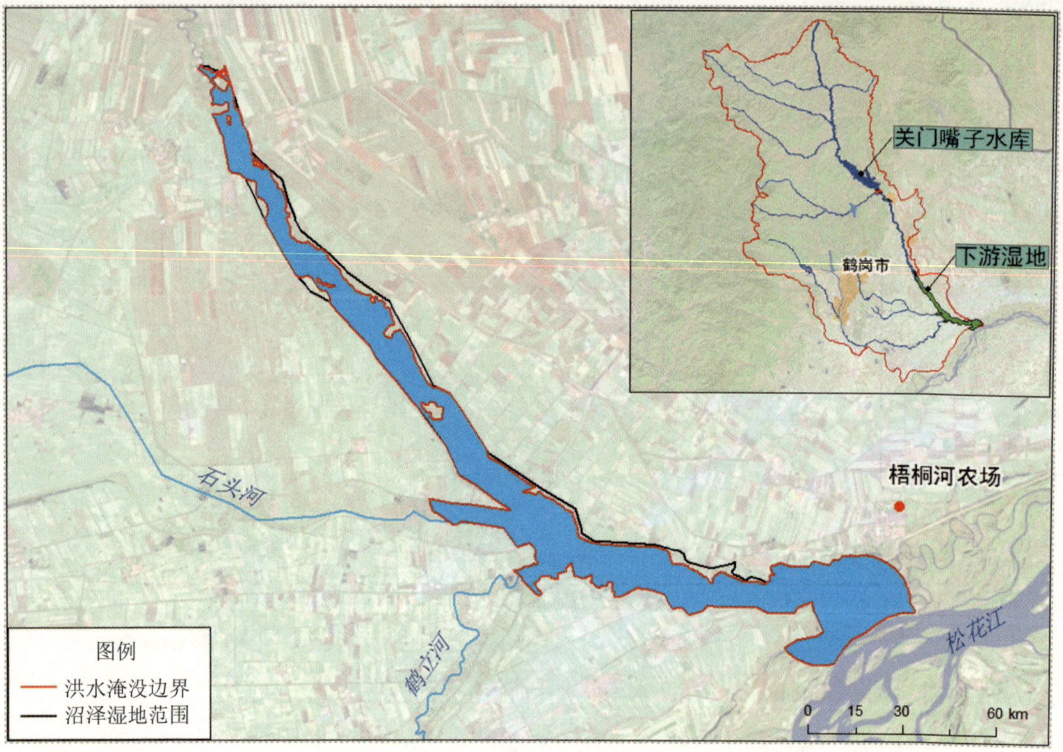

图 9-8　梧桐河下游沼泽湿地受生态调度保护效果

9.4　受损滨岸带生境恢复技术

9.4.1　基本原理

受损滨岸带生境恢复技术是以恢复滨岸带的水陆连通廊道的“过渡带”功能为目标，针对滨岸带原生植被退化、岸坡沙化与坍塌以及生物多样性降低等生态问题，从改善岸坡沙化区环境条件、构建两栖动物栖息地、恢复植物群落等方面入手，联合运用滨岸带沙化区修复、两栖动物栖息地构建、适生区植物群落构建等关键技术，形成一套集合了自主研发和技术集成的特异性、适合寒冷地区受损滨岸带生境恢复的技术体系。

9.4.2　工艺流程

主要工艺流程：确立待修复滨岸带区段→依区域功能、地形地貌进行微地形改造→优化植物、两栖动物的栖息地环境条件→恢复植物群落、两栖动物栖息地，详细工艺见图 9-9。

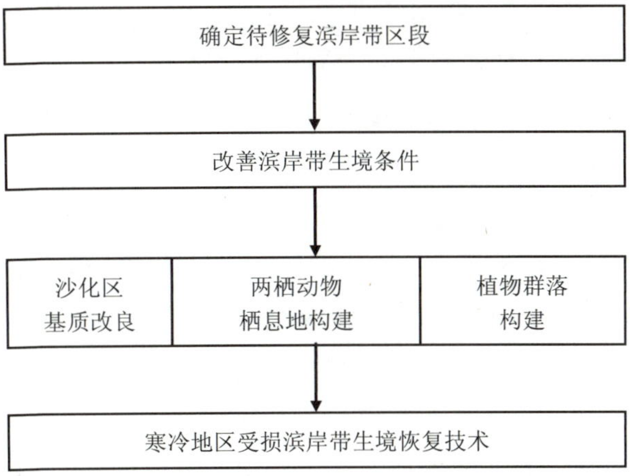

图 9-9　寒冷地区受损滨岸带生境恢复工艺流程图

（1）确定待修复滨岸带区段

选定原生植被退化、岸坡沙化与坍塌以及生物多样性降低等问题突出的滨岸带区段，作为待修复区段。

（2）微地形改造

根据区段内地形地貌特征，依照恢复目标的布局、功能等，实施岸坡坡度调整、两栖动物活动的越冬场等场地构建、植物移植整地等微地形改造。

（3）优化生境条件

针对沙化区，通过补添生物有机质、填充富营养土团，达到改良基质营养物质组分、湿度的目的，从而形成适宜植物着生的基床；同时，栽柳丛提升岸坡基质稳固性，编栅降低岸坡基质流动性，植草增大地表径流拦蓄力，达到改善基质稳定性、植物适生性的目的。

针对两栖动物栖息地，优化场地水流、水深、植物群落结构与密度等，完善、提升产卵育幼、觅食、避难以及冬眠等功能。

针对植物群落发生退化的适生区，基于流域内植物资源种类、生活型、水分生态类型、生态种组和功能群等特征，结合待恢复区的立地条件，依据生态位、演替理论和扩散理论，充分考虑滨岸带植物群落的完整性，水平方向上按照湿生/沼生、中生、旱生，垂直方向上按照乔、灌、草方式，构建结构合理、空间利用率高的植物群落。

9.4.3 技术创新点与主要技术经济指标

（1）技术创新点

本技术以恢复滨岸带生态系统结构与功能完整性为总体目标，从生境条件改善、生物种群健全、生态功能恢复3个层次入手，实现了滨岸带生态系统结构与功能协同恢复，有效避免了现有技术因只注重植物群落恢复工作而带来的功能发挥滞后、生态系统稳定性差等问题。同时，本技术首次采用模块组合的模式，从功能分区角度统筹分析两栖动物栖息地的结构组成，为整体恢复和构建两栖动物栖息地提供了方案和技术指导，使两栖动物栖息地的构建过程更加合理化、简便化、普适化。

（2）主要技术经济指标

滨岸带沙化区修复技术——参考近 10 年洪水期最高水位，并结合滨岸带岸坡的横向宽度大小，将坡度修整降低至15°～40°，修坡原则为岸坡宽则坡度小；反之亦然。按间距1.0 m，构建灌木层柳丛。平行于水流方向，编织柳篱柳栅。利用生物质秸秆丝条絮状物、草本植物种植单元改善基质理化性质。按水淹频度、土壤水分湿度等，因地制宜构建植物群落。

两栖动物栖息地构建技术——水质介于Ⅰ～Ⅲ类天然河流溪沟的河道设置两栖动物成体越冬场；距成体越冬场不超过100 m的岸坡上设置低洼水坑或池塘，其内设置成体产卵育幼场和幼体避难场，幼体避难场的水深不超过 1.5 m。水坑或池塘的底部铺设厚度至少为3 cm的底泥，并种植水生植物、投放微型藻类。在成体越冬场周边设置成体觅食场，并投放昆虫。在水坑或池塘周围，种植灌木植物以及草本植物，以形成幼体、成体迁移通道，通道经成体产卵育幼场和幼体避难场连接至所述成体休眠场和成体觅食场。

适生区植物群落构建技术——根据植物群落特征调查规范，在流域范围内设置监测样方，开展植被种类、高度、盖度的背景调查。以天然类似生境植物群落为参考植物群落，根据水分营养生态幅、适应性、种群扩展难易度等，进行植物筛选。在明确待构建、恢复植物群落区域的土壤营养状况、水分湿度等环境条件的前提下，结合流域内同类型天然植物群落物种组成的特点，进行本土植物种组合；针对每个植物种，均以简便、有效、经济的建群措施，进行植物群落构建。针对不同恢复区域，采用因地制宜的植物群落构建方式。

第 10 章　梧桐河化学完整性修复关键技术研究

本章围绕以寒冷地区河流水质提升为导向的化学完整性修复，从农田化肥减施与营养补偿、稻田排水回灌、畜禽粪便无害化处理与资源化利用、农业面源过滤带构建等方面，开展相关技术研究。

10.1　农田化肥减施与营养补偿技术

（1）背景介绍

我国作为全球重要的寒地水稻生产基地，是全球粳稻种植面积最大、总产量最高的国家，粳稻年产量 7 020 万 t，约占全球粳稻总产量的 68%。长期以来，为减轻人口增加对粮食需求的压力，我国一直将提高单位面积产量和扩大种植面积作为粮食生产的首要任务，但随着农作物种植规模和产量的不断提高，农田土壤退化问题日益严重，由此导致化肥施用量也在不断增加（李俊峰等，2017）。化肥是农业生产不可或缺的生产要素，在补充和平衡土壤养分、提高作物产量和改善品质方面起到非常重要的作用，是保证我国粮食安全的重要物质基础（史常亮等，2016）。目前，我国化肥施用总量世界排名第一，约占全球用量的 30%，而且肥料吸收利用率极低，氮肥为 30%～35%，磷肥为 10%～20%，钾肥为 35%～50%。化肥的过量施用与低效利用直接或间接地导致一系列不良的环境反应，化肥随地表径流转移和地下渗漏导致江河湖泊的富营养化和地下水污染，过高的化肥投入还能造成水稻倒伏、后期贪青迟熟、加重病虫害和稻米品质变劣等不良后果（褚光等，2017）。依赖于水肥资源的大量投入来持续提高作物产量与资源高效利用之间的矛盾已成为国内外关注的热点，也是学术界仍在探索的重大科学命题。发达国家在这个问题上往往采用环境优先的原则，而我国人多地少、资源紧缺（Nalley et al.，2017）。在国家大力倡导“提高化肥利用率，减少化肥施用量”即“两减”的背景下，对我国主要旱田农作物水稻、玉米、大豆的化肥施用技术进行研究，不仅能够优化化肥施用技术，也能够减缓农业面源污染对环境的污染问题，研发丰产节水节肥栽培技术，从源头上减轻污染是化解资源危机和突破水稻生产可持续发展“瓶颈”的必由之路（刘长江等，2011）。

（2）技术要点

水稻化肥减施与营养补偿技术：是以水稻“器官同伸理论”和“叶龄模式理论”为基础，根据北方寒区的气候特点和水稻需肥规律，通过对水稻生育期进程及主茎叶片的长势长相的判断，进行科学施肥，实现水稻节肥高产的施肥技术。该技术减少总化肥施用量的

10%，补偿施用相应的生物有机肥。施用化肥纯养分（$N+P_2O_5+K_2O$）量为 240～260 kg/hm^2，$N:P_2O_5:K_2O$=3∶1∶1.2；分 4 个时期施用：基肥、分蘖肥、调节肥、穗肥，各生长期施肥按照以下比例分配：氮肥，分别作为基肥、分蘖肥、调节肥、穗肥，并且按照质量比例 4∶3∶1∶2 分配；磷肥，全部作为基肥；钾肥，分别作为基肥、穗肥，并且按照质量比例 1∶1 分配；水稻插秧时即水稻 3 叶 1 心期，将氮肥、磷肥、钾肥中所述的基肥全部施入土壤，施肥方法为侧深施肥技术；水稻插秧 5～7 d 即水稻 4 叶龄期，水稻秧苗长出新根时追施肥氮（分蘖肥）；水稻倒 4 叶期，根据水稻功能叶片的长势和叶色，追施氮肥中所述的调节肥，施加在水稻长势弱区域，使水稻植株长势一致；水稻倒 2 叶前半叶期，追施氮肥、钾肥中所述的穗肥。

玉米化肥减施与营养补偿技术：在秋季对玉米进行秸秆全量深翻还田，次年春季施用的基肥中，尿素施用量减少全年施用量的 10%，使用等量生物有机肥替代，达到不减产的目的。

（3）效果分析

稻田上的应用效果：2015—2016 年试验在黑龙江省宝泉岭农场水稻双峰山水稻科技园区完成；试验土壤为暗色草甸土，基础肥力为有机质 33.2 g/kg，全氮 1.2 g/kg，速效磷 20.4 mg/kg，速效钾 157.7 mg/kg，pH 5.75。供试品种：2015 年为垦稻 24，2016 年为垦稻 26；供试肥料为尿素、磷酸二铵和硫酸钾。试验共设 2 个处理，3 次重复：处理 1 为化肥减施与营养补偿技术；处理 2 为水稻常规施肥技术，生长效果见图 10-1。

图 10-1　不同施肥处理水稻生长效果

水稻分蘖期测定水稻秧苗素质结果表明，处理 1 分蘖数、株高和地上地下干重指标均高于处理 2，水稻返青快，水稻秧苗素质好（表 10-1）。

表 10-1　化肥减施与营养补偿对水稻分蘖期生长发育性状的影响

年份	处理	穴数/（穴/m²）	主茎数/（苗/穴）	分蘖数/（个/株）	株高/cm	干重/（g/株）
2015	处理 1	23	3.8	4.9	38.7	16.78
	处理 2	23	3.5	3.5	35.5	13.35
2016	处理 1	23	4.3	4.5	39.9	16.72
	处理 2	23	3.7	4.1	36.7	13.53

水稻分蘖期、幼穗分化期和抽穗期考查水稻干物质积累量性状指标，处理 1 干物质积累量均高于处理 2（表 10-2）。

表 10-2　化肥减施与营养补偿对水稻干物质积累量的影响　单位：g/株

年份	处理	分蘖期	幼穗分化期	抽穗期
2015	处理 1	16.36	40.37	51.25
	处理 2	14.25	35.62	44.78
2016	处理 1	16.79	41.42	52.56
	处理 2	13.26	37.29	46.78

于水稻分蘖期、幼穗分化期、抽穗期和成熟期考察土壤有机质含量指标，水稻生育期有机质含量动态变化呈“V”字形，在不同生育进程期处理 1 有机质含量均高于处理 2（表 10-3）。

表 10-3　化肥减施与营养补偿对土壤理化指标的影响

年份	处理	分蘖期			幼穗分化期			抽穗期			成熟期		
		N	P	K	N	P	K	N	P	K	N	P	K
2015	处理 1	1.23	5.06	374	1.01	2.44	341	1.05	6.02	366	1.28	9.11	414
	处理 2	1.15	4.76	362	0.89	2.33	327	1.04	5.10	337	1.18	8.60	406
2016	处理 1	1.21	4.89	392	0.93	2.56	358	1.04	6.32	355	1.21	9.53	420
	处理 2	1.07	4.61	372	0.90	2.21	337	0.96	5.45	344	1.17	8.41	413

水稻产量结果表明，化肥减施与营养补偿技术具有节肥增产作用，产量较常规施肥处理平均增产 6.18%，肥料利用率平均提高 11.2%（表 10-4）。

表 10-4 化肥减施与营养补偿对水稻产量性状和肥料利用率指标的影响

年份	处理	重复 1	重复 2	重复 3	小区产量/（kg/10 m²）	产量/（kg/hm²）	增产/%	肥料利用率/%
2015	处理 1	9.25	9.56	9.42	9.41	9 410.00	5.38	34.2
	处理 2	8.02	8.46	8.97	8.53	8 930.00	0.00	45.7
2016	处理 1	9.48	9.68	9.79	9.65	9 650.00	6.98	35.1
	处理 2	8.48	8.33	8.45	8.42	9 020.00	0.00	45.9

玉米田上的应用效果：2015—2016 年试验在黑龙江省宝泉岭农场旱田科技园区完成，土壤为草甸白浆土，pH5.7，速效氮 163 mg/kg，速效磷 27.4 mg/kg，速效钾 135 mg/kg。前茬为大豆茬，秋翻地达到播种状态。

试验设 2 个处理，处理 1（对照）面积为 1 hm^2，化肥商品量 490 kg/hm^2，其中，磷酸二铵 100 kg、尿素 300 kg、硫酸钾 100 kg；处理 2 的面积为 1 hm^2，施肥商品量 500 kg/hm^2（减施化肥 50 kg，增施生物有机肥 50 kg）。玉米品种为德美亚 3 号，5 月 15 日播种，9 月 23 日收获，玉米减肥生长效果见图 10-2。

图 10-2 减施化肥处理的玉米生长效果

在生育期间对玉米形态指标调查结果表明，减施化肥、增施生物有机肥效果好，表现出株高、穗位叶面积增加。作物产量比对照增产 1.35%～3.08%（表 10-5）。

表 10-5　减施化肥增施生物有机肥对玉米产量构成因素的影响

处理	穗长/cm	穗粗/cm	秃尖/cm	穗行数	穗粒数	百粒重/g	产量/（kg/hm^2）	增产/%
1	19.8	4.92	0.4	14.9	619	28.7	8 340	0.00
2	18.8	4.87	0.4	14.6	584	29.7	8 597	3.08
1	19.1	4.85	0.5	14.9	599	29.0	8 349	0.00
2	19.7	4.91	0.4	15.7	625	29.4	8 462	1.35

10.2　稻田排水回灌技术

（1）背景介绍

水稻是我国最主要的粮食作物，总产量位居世界第一，占全球水稻产量的 34%～36%。水稻生产在农业生产中具有需水、排水量大的特点，是一类重要的面源污染形式。为了追求高产和经济利益，过量化肥被使用，化肥利用率较低，有数据表明我国稻田氮肥、磷肥能被水稻吸收利用的分别占其施肥量的 30%～35%和 15%～25%，大部分氮、磷经退水过程流失（蔡荣等，2020）。同时由于不合理灌排体系，稻田排水携带大量氮磷进入毗邻水系，恶化地表水环境，造成河流、湖泊甚至海洋的富营养化（姜萍等，2013）。

（2）技术要点

根据水渠灌溉控制面积，将固定水渠划分为干渠、支渠、斗渠和农渠，地表水灌溉从渠首引水的干渠沿海拔地势走向贯穿整个水稻种植区，干渠连接支渠，支渠连接斗渠，斗渠连接稻田进水口，稻田排水口连接排水渠，排水渠连接干渠，排水渠中的水进入下游干渠，成为下游稻田的灌溉水；以此类推，对稻田排水进行重复利用。主渠宽度＞5 m，深度＞5 m；设置排水闸站，主渠及支渠每隔 200 m 设置分水闸；主渠底部低于稻田 3 m。

操作过程：春季灌水与常规灌溉方式一致，由上游到下游逐一灌溉，第一次排水前，利用配套工程三排闸站排干主渠灌溉水，关闭全部闸门，将稻田水保存在主渠和支渠中。第二次灌水期，由上游到下游逐一灌溉，逐一打开水闸。第三次灌水与第二次灌水方法一致。

详细灌水方法：年灌水量为 4 500～5 000 t/hm^2。水稻 3 叶 1 心至 4 叶 1 心期，保持水层不超过苗高 2/3；水稻 4 叶 1 心期，水层上限 3 cm，土壤含水量低于饱和含水量即补水灌溉，灌溉间隔 3～4 d，遇雨可蓄存雨水 3～5 cm；水稻 5 至 6 叶期，水层上限 3 cm，土壤含水量低于饱和含水量补水灌溉，灌溉间隔 4～5 d，遇雨可蓄存雨水 2～3 cm；水稻 7 叶期，分蘖数达到预期穗数的 70%～90%，自然落干至土壤含水量为 60%，晒田 5～7 d，控制无效分蘖，促进上层根系发育，复水多次晒田直到穗分化期，遇雨及时排干田间积水；水稻倒 4 叶至倒 2.5 叶期，水层上限 3～5 cm，自然落干后灌溉，遇雨可蓄存雨水 3～5 cm；水稻倒 2.5 叶至剑叶期，水层上限 3 cm，自然落干后灌溉，遇雨可蓄存雨水 3～5 cm，遇低温冷害天气灌深水 15～20 cm，气温正常恢复浅水灌溉；水稻抽穗开花期，水层保持 3～5 cm；水稻乳熟期，水层 2～3 cm，乳熟末期间歇灌溉；水稻黄熟期，停止灌溉，自然落干。

（3）效果分析

2015—2016 年，排水回灌试验在黑龙江省宝泉岭农场 2 队灌渠进行，试验设计 2 个处理，处理 1：渠水常规灌溉，处理 2：稻田排出水回灌。在泡田期、插秧期和晒田期进行水体氮、磷指标测定和水稻生长发育性状调查。

试验结果表明，稻田排出水 TN 和 TP 指标随着生育期进程逐渐减小，渠系常规灌溉水 TN 和 TP 指标差异较小，稻田排出水 TN 含量高于渠水常规灌溉 6.5～7.5 倍，TP 含量高于渠水常规灌溉指标 1.5～2.0 倍（表 10-6）。

表 10-6　排水回溉对稻田灌溉水氮和磷指标的影响

单位：mg/L

年份	处理	第 1 次回灌（泡田水）		第 2 次回灌（护苗水）		第 3 次回灌（灌浆水）	
		TN	TP	TN	TP	TN	TP
2015	处理 1	6.62	0.28	5.36	0.24	4.39	0.23
	处理 2	0.89	0.18	0.77	0.12	0.65	0.13
2016	处理 1	7.26	0.29	6.27	0.26	5.21	0.25
	处理 2	0.97	0.16	0.85	0.13	0.77	0.12

水稻收获期在试验区连续取样 30 穴进行产量性状调查，稻田排出水回灌技术方法可增加水稻的平方米穗数、穗粒数、千粒重和穴粒重；于试验区的每个处理中随机选取 3 点，每点选 20 m^2，将水稻收获并测产，产量结果表明，由于水稻秧苗素质好，插秧后返青快，节水率提高 14.2%，产量比常规灌溉平均增产 4.19%，粮食平均增产 395.7 kg/hm^2（表 10-7、表 10-8）。

表 10-7　排水回灌对水稻产量构成因子的影响

年份	处理	穴数/（穴/m^2）	茎蘖数/（个/穴）	穗粒数/个	千粒重/g	穴粒重/g	产量/（kg/hm^2）	增产/%
2015	处理 1	25.0	16.5	156.7	25.8	58.9	9 885.3	4.5
	处理 2	25.0	12.6	149.9	25.7	55.3	9 456.7	0.0
2016	处理 1	25.0	16.6	158.6	26.7	58.7	9 786.5	3.9
	处理 2	25.0	12.3	150.2	26.3	53.6	9 423.7	0.0

表 10-8　排水回灌节水效率分析

年份	处理	泡田水回灌/（t/hm^2）	护苗水回灌/（t/hm^2）	灌浆水回灌/（t/hm^2）	回灌总量/（t/hm^2）	总灌溉量/（t/hm^2）	节水率/%
2015	处理 1	300.0	100.0	500.0	900.0	6 500.0	13.8
	处理 2	0	0	0	0	6 500.0	—
2016	处理 1	250.0	120.0	500.0	870.0	6 000.0	14.5
	处理 2	0	0	0	0	6 000.0	—

稻田排水回灌技术测定了排水回灌量，在水稻泡田期、返青期和灌浆期应用排水回灌技术，回灌水总氮和有效磷含量显著高于常规灌溉水，分蘖期植株的分蘖数和干重指标均高于常规灌溉处理，收获期产量构成因子——平方米穗数、穗粒数、千粒重和穴粒重，均高于常规灌溉处理，回灌水总量 880 t/hm^2，排水利用率达到 90%，平均增产 4.19%。

10.3 畜禽粪便无害化处理与资源化利用技术

（1）背景介绍

畜禽粪便无害化处理与资源化利用技术是从牛粪无害化处理的应用价值、养分保全、降低生产成本以及周年发酵等几个方面考虑，设置不同温度条件下不同种类调理剂混拌堆肥处理，比较不同处理在物理（温度）、化学（养分）和生物（微生物数量、种子发芽率）3 种与发酵过程和应用价值密切相关的指标，评价不同调理剂混拌对牛粪无害化处理的影响，筛选出适宜北方寒区规模化牛场牛粪无害化处理的方式（刘超等，2018）。

（2）技术要点

畜禽粪便无害化处理与资源化利用技术是在粪便中加入稻壳或作物秸秆，调节畜禽粪便的含水量为 60%左右，充分混合后，堆成长×宽×高=不限×2 m×1 m 的长条垛，当混合物温度升至 60～65℃时，保持 5～7 d 进行无害化处理，目的是杀死畜禽粪便中的病源菌、虫卵和草籽等有害物，然后每天翻堆一次，当料温降至 35～40℃时，堆肥腐熟，经过自然风干可作为有机肥肥料。

鲜牛粪中加入调理剂，将牛粪与处理剂混合物的含水量调节至 65%，按处理设置添加或不发酵菌剂，封闭发酵 24 h 后，混拌均匀堆成圆台形，底面半径为 1 m，盖塑料薄膜，堆底部留 10 cm，以利于通气。粪堆温度超过 65℃时进行翻拌，而后发酵 25 d 后结束试验。

（3）效果分析

在黑龙江省三龙生物有机肥厂进行试验，试验时间是 2016 年 5 月 20 日—6 月 30 日，试验进行了 40 d，试验设 4 个处理：①畜禽粪便+稻壳；②畜禽粪便+稻壳+发酵剂；③畜禽粪便+草炭；④畜禽粪便+草炭+发酵剂。

畜禽粪便混入一定比例的有机物、稻壳秆和草炭并调节含水量至 60%～65%，闷堆 24 h，加发酵剂，堆成梯形堆，上盖塑料薄膜，堆底部留 10 cm，以利通气，堆温超过 65℃保持 7 d，翻堆保温发酵 30～35 d，待温度不再升高时，结束试验。

试验结果表明，调理剂都可促进畜禽粪便快速升温，完成畜禽粪便无害化处理过程；以草炭为调理剂的堆肥升温过程比以稻壳为调理剂的堆肥升温滞后；畜禽粪便加稻壳处理温度始终高于畜禽粪便加草炭处理，堆肥第 3 天畜禽粪便加稻壳处理堆温升至 70℃，畜禽粪便加草炭处理第 4 天堆温升至 58℃；无害化过程中畜禽粪便加稻壳处理堆温最高升至 71.4℃，畜禽粪便加草炭处理堆温最高升至 59.4℃（图 10-3）。

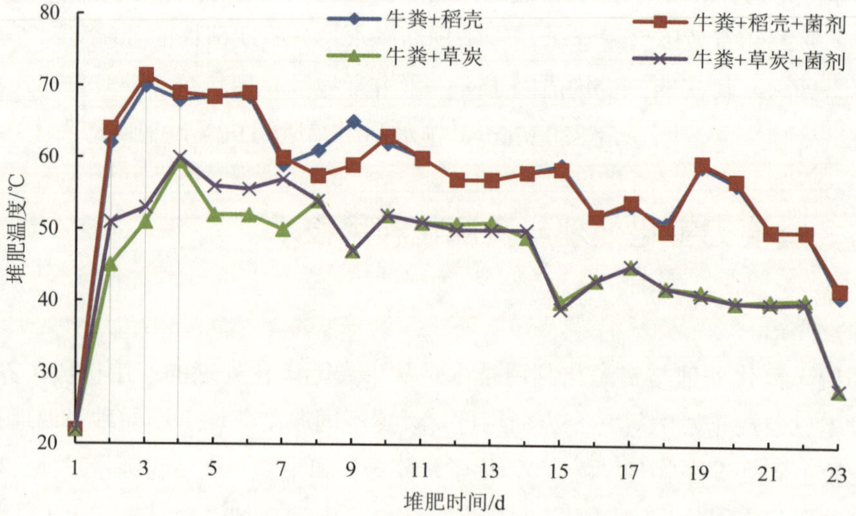

图 10-3　调理剂对畜禽粪便无害化过程堆肥温度变化的影响

畜禽粪便堆肥浸出液对种子萌发率安全评价的结果为：稀释 10 倍的堆肥浸出液对小麦和油菜种子发芽率有一定的抑制作用，50 倍液表现出促进作用；浸出液对油菜种子发芽的表现效果好于小麦（表 10-9）。

表 10-9　堆肥浸出液对小麦、油菜种子发芽率的影响

单位：%

稀释倍数	试验年份	2016 年				2017 年			
	试验作物	小麦		油菜		小麦		油菜	
	处理	发芽率	与对照比	发芽率	与对照比	发芽率	与对照比	发芽率	与对照比
10 倍	稻壳+畜禽粪便	90.0	91.8	89.9	94.6	90.0	91.8	94.2	99.2
	稻壳+畜禽粪便+菌	93.2	95.1	92.0	96.8	93.3	95.2	95.1	100.1
	草炭+畜禽粪便	96.7	98.6	96.0	101.1	93.3	95.2	95.9	100.9
	草炭+畜禽粪便+菌	96.7	98.6	95.0	100.0	96.7	98.6	93.9	98.8
50 倍	稻壳+畜禽粪便	93.3	95.2	91.6	96.4	93.8	95.7	96.1	101.2
	稻壳+畜禽粪便+菌	95.0	96.9	98.0	103.2	98.3	100.3	95.0	100.0
	草炭+畜禽粪便	88.3	90.1	96.1	101.2	91.7	93.6	96.9	102.0
	草炭+畜禽粪便+菌	91.7	93.6	95.1	100.1	93.3	95.2	93.0	97.9
	清水对照	98.0	100.0	95.0	100.0	98.0	100.0	95.0	100.0

10.4 农业面源生物过滤带构建技术

（1）背景介绍

我国北方平原河流农业面源污染过滤带退化的主要因素为人为干扰，无序采沙、非法开垦及不合理的工程建设使河流滨岸带的植被消失、裸地扩大，土壤侵蚀和土壤退化现象随处可见，严重破坏了河流生态系统的稳定性。裸露的沙滩地造成河岸带生物多样性急剧下降，生态系统物质循环与供给能力持续退化，丧失了涵养水源、水土保持、抵御洪水、调节径流、蓄洪防旱及控制污染的功能，导致滨岸带河漫滩等湿地环境逐步消失，农业面源污染过滤缓冲功能丧失（李怀恩等，2010）。

近年来，由于国家和地方对河流自然环境保护的重视和环保投入的加大，滨岸带生境逐渐恢复，但与 20 世纪六七十年代相比，仍然面临滨岸带生物多样性下降、生境功能丧失等生态系统退化问题，我国仍缺少针对受损滨岸带生物过滤功能快速恢复的技术方法（胡雪琴，2015）。本技术利用环保材料改建地形并配置本土典型植被来拦截河流淤泥和消解农业面源污染，属于一种农业面源污染过程控制方法，可应用于农田与河流过渡带，通过降低地表径流流速，吸收和过滤径流中的富营养物质，从而达到消解农业面源污染的目的。

（2）技术要点

1）首先划定农田与河流的过渡区域，分析土壤理化特征。

2）在春季河流枯水期，利用小型机械或工具平整滨岸带凸起的沙土堆。

3）根据河流的水文梯度，将滨岸带划分成两个区，1 区介于常水位与丰水位之间，2 区介于常水位与枯水位之间，分界线需吻合常水位线，每个区域不限定为一块或多块土地。

4）铺设并固定柱形环保材料栅格，按栅格方式铺设并固定可降解柱形环保材料，栅格规格为 1 m^2 的正方形。环保材料选择废旧的木材和木板，材料铺设的立地高度介于 5～15 cm，在地面上铺设需满足严丝合缝。

5）1 区采用铁钉、铁丝、堆石等措施加以固定。2 区在使用铁钉、铁丝、堆石等固定措施的基础上，附加使用直径为 10 cm 的松木杆打桩固定，打桩深度为 1 m，可抵抗 10 年一遇洪水。

6）在物种筛选过程中，应充分考虑滨岸带的水文条件，部分区域具有季节性水淹特征，发挥滨岸带植被多重效能，选择适宜的物种进行植被恢复，利用优势植被物种筛选方法，在植被状况完好的河漫滩或“塔头”湿地筛选 3～5 种湿生植物，其中包含耐水淹湿生植物、耐贫瘠的湿生植物及湿地广布植物种，本研究筛选出由三棱苔草、乌拉苔草与毛果苔草中的一种或多种组合成的“塔头”、松江柳、小叶章。

7）在物种配置过程中，应利用好空间和地力（包括光照、土壤水分和养分等），能够在最短的时间内郁闭土壤，减少水土流失，提高土地可持续利用价值。将已筛选的植物按照其适应的水文条件配置在对应的区域内，塔头与小叶章移栽需带有根、茎。小叶章与松江柳按 2∶1 比例配置在 1 区中，“塔头”与松江柳按 2∶1 比例配置在 2 区中。

8）全部植物按照 1.0 m×1.0 m 的行间距于春季干旱季节种植。松江柳：穴状整地，规格为 30 cm×30 cm，选择两年生扦插繁育的松江柳幼苗，根部带直径 10 cm 的土球，种植深度与枯水期水位线持平；小叶章：穴状整地，规格为 30 cm×30 cm，种植深度为 20 cm，植株的根幅宽度为 20～30 cm，根部需带完整土壤；塔头：穴状整地，规格为 30 cm×30 cm，种植深度为 20 cm，植株的根幅宽度为 20～30 cm，根部需带完整土壤。

（3）效果分析

2017—2018 年，面源污染过程消解试验在黑龙江省宝泉岭农场采砂场进行，试验设计 2 个处理，处理 1：旱田地表径流直排河流，处理 2：旱田地表径流通过过滤带进入河流。在三次大型降雨后进行水体总氮、总磷和土壤养分的测定，生物过滤带构建效果见图 10-4。

图 10-4　生物过滤带构建效果

试验结果表明，通过生物过滤带的地表径流及土壤孔隙水中的 TN 和 TP 略低于直排，生物过滤带构建一年后，土壤的养分含量高于周围对照区域（表 10-10、表 10-11）。

表 10-10　生物过滤带对地图径流水和土壤孔隙水中的 TN、TP 含量的影响　　单位：mg/L

年份	处理	地表径流水		土壤孔隙水	
		TN	TP	TN	TP
2017	处理 1	3.62	0.15	2.36	0.10
	处理 2	2.89	0.11	1.47	0.02
2018	处理 1	4.26	0.19	1.27	0.11
	处理 2	3.97	0.08	0.95	0.03

表 10-11 生物过滤带对土壤养分的影响 单位：g/kg

年份	处理	有机质	TN	TP
2018	处理 1	3.26	0.59	0.07
	处理 2	115.97	2.38	0.15

该技术工程量小、造价低、见效快，随着植被的生长，生物过滤带还具有拦截河流淤泥的作用，能实现对土壤养分的有效提高，并能发挥促淤造陆和控制土壤侵蚀的功能。结合环保材料改建地形与配置本土典型湿地型植被可有效改善植被生长的土壤条件，降低地表径流的速度，加强农业面源污染的截留能力，并为动植物提供良好的栖息环境，提高受损生境的生物多样性。将 3 种典型湿地植被相结合形成生物过滤带，有利于植被演替和对生境自然选择，是一种快速有效的农业面源污染过程消解与河流滨岸带受损生境修复的方法。

10.5 寒冷地区农业面源污染控制技术

10.5.1 基本原理

农业面源污染控制技术是从源头减排和过程消解两个方面进行，在农作物水肥调控、渠系输水过程、畜禽粪便利用等关键环节控制流域内农业面源污染物的排放，将自主研发的农田化肥减施与营养补偿技术、稻田排水回灌技术、畜禽粪便无害化处理与资源化利用技术以及农业面源污染生物过滤带构建技术进行组装集成，实现了减少传统施肥方法中化肥的用量和农田排水的高效利用，并且利用畜禽粪便无害化处理与资源化利用技术生产加工生物有机肥，补偿施用在农田后，提高了农作物对肥料的吸收利用效率，削减了流域内农业面源污染的排放（杨林章等，2013；唐浩等，2011）。

10.5.2 工艺流程

主要工艺流程：利用畜禽粪便加工生产生物肥→替代 10%的化肥（尿素）→利用闸门和高程将稻田排水回灌农田→在河岸带构建生物过滤带消解地表径流中的污染物，具体工艺流程见图 10-5。

具体步骤：

1）首先将畜禽粪便进行无害化处理，接入低温促腐菌种，生产生物肥，减少畜禽粪便向环境中排放；

2）减少作业区当年化肥用量的 10%（指尿素），在基肥中使用生物肥等量补偿；

3）稻田排水之前，利用排水闸站排净主渠中的灌溉水，关闭全部闸门将稻田排水保存在主渠内。在下次灌溉期利用高程差，将上游的稻田排水灌溉到下游农田；

4）在农田与河道的过渡带构建农业面源污染生物过滤带，消解地表径流中的污染物。

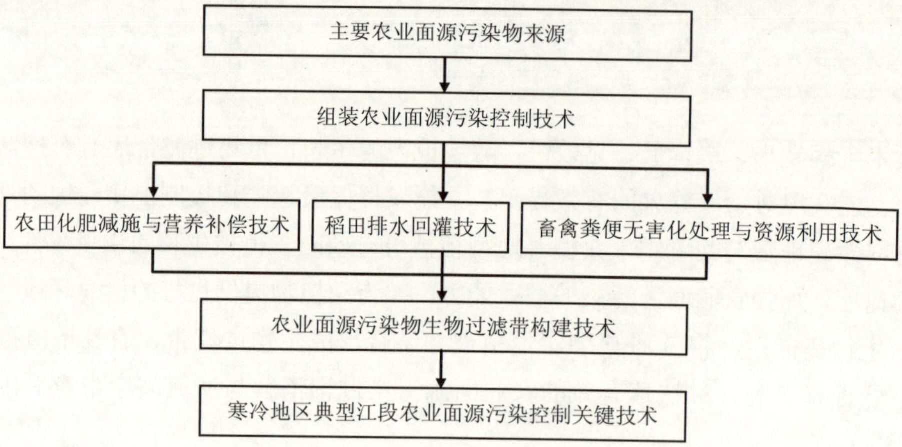

图 10-5　工艺流程图

10.5.3　技术创新点与主要技术经济指标

（1）技术创新点

源头控制技术是在水稻叶龄诊断调控施肥技术、水稻侧深施肥技术及秸秆全量深翻还田技术的基础上，实施化肥减施与营养补偿技术，减施基肥中 10%的化肥，并且利用畜禽粪便无害化处理与资源化利用技术生产生物有机肥，按照施肥总量的 10%对农田进行营养补偿，对稻田实施排水回灌技术减少向河水中排放灌溉水。过程控制技术是利用环保材料改建地形并配置本土典型植被来拦截河流淤泥和消解农业面源污染，全方位控制农业面源污染物的入河量。

（2）主要技术经济指标

1）畜禽粪便中加入稻壳或作物秸秆，调节畜禽粪便的含水量为 60%左右，充分混合后，堆成长×宽×高=不限×2 m×1 m 的长条垛，当堆温升至 60～65℃时，保持 5～7 d 进行无害化处理，杀死畜禽粪便中的病源菌、虫卵和草籽等有害物，然后每天翻堆一次，当料温降至 35～40℃时，堆肥腐熟，经过自然风干制作生物有机肥。

2）在水稻叶龄诊断调控施肥技术的基础上实施稻田化肥减施与营养补偿技术，减施基肥中 10%的化肥，增施 10%的生物有机肥。以水稻叶龄模式理论为基础，根据北方寒区的气候特点和水稻需肥规律，按照水稻叶龄生长发育进程进行调控施肥。化肥纯养分（$N+P_2O_5+K_2O$）为 240～260 kg/hm^2，$N:P_2O_5:K_2O$=3∶1∶1.2；分 4 个时期施用：基肥、分蘖肥、调节肥、穗肥，各生长期施肥按照以下比例分配：氮肥，分别作为基肥、分蘖肥、调节肥、穗肥，并且按照质量比例 4∶3∶1∶2 分配；磷肥，全部作为基肥；钾肥，分别作为基肥、穗肥，并且按照质量比例 1：1 分配；水稻插秧时即水稻 3 叶 1 心期，将氮肥、磷肥、钾肥中所述的基肥全部施入土壤，施肥方法为侧深施肥技术；水稻插秧 5～7 d 即水稻 4 叶龄期，水稻秧苗长出新根时追施肥氮（分蘖肥）；水稻倒 4 叶期，根据水稻功能叶片的长势和叶色，追施氮肥中所述的调节肥，施加在水稻长势弱区域，使水稻植株长势一致；水稻倒 2 叶前半叶期，追施氮肥、钾肥中所述的穗肥。

3）地表水灌溉从渠首引水的干渠沿海拔地势走向贯穿整个水稻种植区，干渠连接支渠，支渠连接斗渠，斗渠连接稻田进水口，稻田排水口连接排水渠，排水渠连接干渠，排水渠中的水进入下游干渠，成为下游稻田的灌溉水；以此类推，对稻田排水进行重复利用。

第 11 章　梧桐河生物完整性修复关键技术研究

本章以营造并维持寒冷地区健康水生态系统为导向，在系统分析河流生物链关键物种缺失状态基础上，遵循以结构完整带动功能完整的原则，针对河流中两栖动物、底栖动物、鱼类等关键生物类群开展修复技术研究。

11.1　两栖动物微生境构建技术

（1）背景介绍

两栖动物是湿地生态系统的重要组成部分，是生态系统能量流动和物质循环中关键的一环。两栖动物对河流的生境质量状况较为敏感，是环境健康的重要指示类群（吴军等，2013；徐士霞等，2003）。然而，受高强度采沙、围垦等人类活动的干扰，松花江流域两栖动物的栖息地退化严重，具体表现为栖息地因滨岸带受损退化成面积大小不一却有明显隔离的光滩斑块或者完全成为大片裸露滩地，而呈现出支离破碎化、面积缩小化趋势；因沙化岸坡坍塌、滩槽高差加大、岸坡变陡，造成两栖动物的离水上岸通道缺失、缓流静水产卵育幼区缺失、摄食嬉戏区缺失等，导致两栖动物群落结构简单化、种群数量缩小化现象突出，同时将两栖动物群落分割成小群落或种群，形成“生态孤岛”，严重阻碍了群落间、种群间的生物自由迁移、交配和基因交流（李成等，2017；高国柱等，2005）。以黑龙江省为例，东北粗皮蛙的种群数量在 2004—2016 年发生明显缩减，其濒危等级由“无危”降至“易危”；东北林蛙也已被载入中国濒危动物红皮书，属于需要保护的“易危”野生动物（江建平等，2016）。

因此，本研究以恢复两栖动物群落结构和种群数量为目标，从栖息地质量决定生物种群数目和大小角度出发，实施两栖动物栖息地的构建。

（2）技术要点

根据两栖动物生命周期的过程及特性，通过化整为零、模块组合模式，从功能分区角度统筹分析两栖动物栖息地的结构组成，将两栖动物栖息地划分为产卵育幼场、觅食场、避难场以及冬眠场四大功能区。依据此方式构建的两栖动物栖息地，可基本满足两栖动物生命活动对能量的需求（图 11-1）。

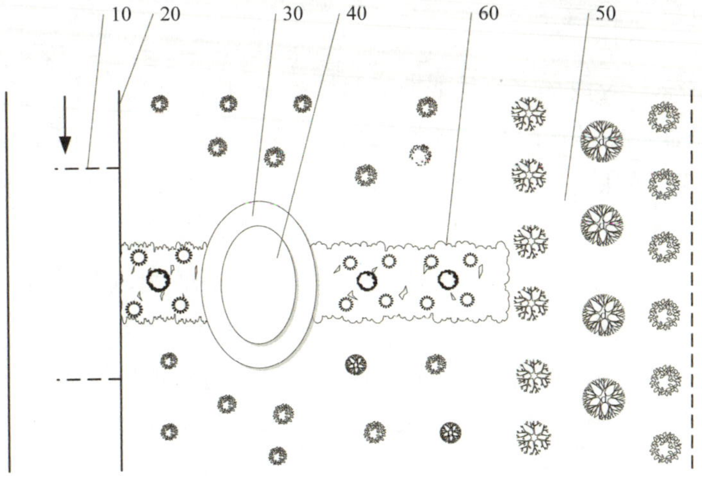

（a）平面示意图

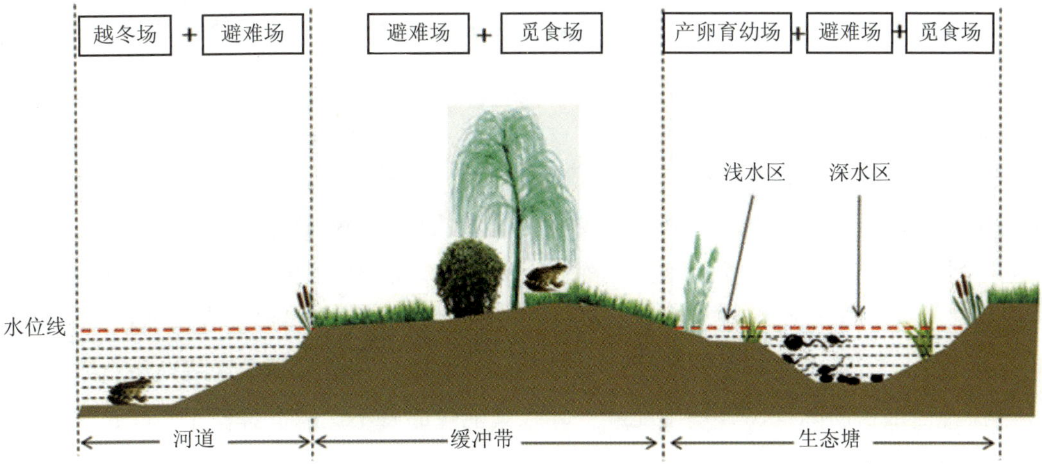

（b）侧面示意图

图 11-1　滨岸带两栖动物栖息地构建模式图

注：10 代表越冬场；20 代表天然溪沟；30 代表产卵育幼场；40 代表幼体避难场；50 代表成体觅食场；60 代表幼体成体迁移通道。

1）产卵育幼场

随着春季气温升高，两栖动物也逐渐解除冬眠、从冬眠隐蔽处爬入产卵场，开始开展求偶、配对以及产卵繁育后代等活动，而这些活动均需一定的环境条件。因此，营造出的适于两栖动物进行产卵和育幼的场所必须满足：①场地尽量远离人类活动区，相对安静的环境利于两栖动物进行产卵；②拥有一定面积的静水区，水体含狸藻、金鱼藻等水草以及枯枝落叶，为两栖动物的卵提供附着物；③静水区的水深 10～30 cm，确保静水区于晴天时具有较高水温，利于卵的孵化；④场地岸坡以小于 45°的缓坡为主，保障蝌蚪变态形成的幼体能逐步过渡到陆地生活。

2）觅食场

蝌蚪态、幼体态以及成体态非休眠期的两栖动物均需进食，来保障个体的生长、发育等过程。因此，觅食场须具备：①水体富含微藻（蓝藻门类、绿藻门类以及硅藻门类等），能为蝌蚪提供充足食物来源；②觅食场周边应构建湿生、半湿生型植物群落，并最大限度保障草本植物的生物量和物种多样性，从而保证昆虫纲、蛛形纲、多足纲、寡毛纲以及腹足纲等纲的昆虫有充足食物来维持种群数量，为肉食性的两栖动物幼体和成体提供食物。

3）避难场

蝌蚪态和幼体态两栖动物的体型偏小，防御性差，是雁鸭类等游禽、鹭类等涉禽、环颈雉等陆禽甚至是乌鸦等鸣禽的食物；成体态两栖动物的体型虽较大，但仍有很多天敌，如鹰隼等猛禽类、狐狸等肉食性动物类。因此，为给两栖动物营造出适宜的避难场所，场地应按具备：①水深 1.0～1.5 m 的深水区，以供两栖动物采取深潜策略来躲避敌害；②水底散布树枝、树叶以及菱等水生植物的根茎，为两栖动物临时躲避敌害提供遮蔽物；③高覆盖度、高密度的岸坡湿生、半湿生植物群落，为两栖动物提供相对隐秘的环境。

4）越冬场

两栖动物不具备完善的体温调节机制，不能维持恒定体温，因此其在冬季严寒时会入蛰休眠，借此来越冬待春。因松花江流域冬季的气温较低，土壤冻层较厚，两栖动物不采用陆地休眠方式，而是进行水下休眠。因此两栖动物的越冬场地营造标准为：①水深 2～3 m，保证冬季水底不结冻，避免两栖动物因冻伤而死亡；②水体具缓慢流动性，保证水体处于富氧状态，避免两栖动物因缺氧而窒息死亡；③水底存有树叶、稀泥、鹅卵石等，为两栖动物提供巢穴；④水体应避免剧烈扰动，为两栖动物提供一个安静的休眠环境，防止两栖动物因惊扰而加快新陈代谢、增大能耗，导致其能量储备不足以支撑整个越冬过程。

（3）效果分析

对比技术应用前后的调查数据结果可发现，两栖动物栖息地构建技术应用后，黑斑侧褶蛙的分布面积显著扩大；同时两栖动物种群密度出现了提高，由 12 只/hm^2 升高至 15 只/hm^2，其中黑斑侧褶蛙的种群密度由 0 只/hm^2 升高至 8 只/hm^2（表 11-1）。

表 11-1 采沙迹地处技术应用前后的两栖动物群落特征

	分布区域		样方的种群密度/（只/hm^2）	
	技术应用前	技术应用后	技术应用前	技术应用后
花背蟾蜍	●	○	4	0
东北林蛙	●	●	4	4
黑斑侧褶蛙	○	●	0	8
东北雨蛙	●	●	4	3

注：○代表样方内没有调查到此物种，●代表样方内调查到此物种。

2018 年的采沙场对岸处样方调查结果显示，花背蟾蜍、东北林蛙、黑斑侧褶蛙和东北雨蛙在两栖动物栖息地构建技术应用区内均有分布；而在未进行两栖动物栖息地构建的对照区内，仅发现了有黑斑侧褶蛙分布。技术应用区相对于对照区拥有较高的两栖动物种群密度，总种群密度分别为 6 只/hm^2 和 1 只/hm^2；且 4 种两栖动物的种群密度均出现了提高，其中，花背蟾蜍和东北雨蛙的种群密度均由 0 只/hm^2 升高至 1 只/hm^2，东北林蛙的种群密度均由 0 只/hm^2 升高至 2 只/hm^2，而黑斑侧褶蛙的种群密度均由 1 只/hm^2 升高至 2 只/hm^2（表 11-2）。

表 11-2 梧桐河采沙厂对岸处技术应用前后的两栖动物群落特征（2018 年）

	分布区域		样方的种群密度（只/hm^2）	
	技术应用区	对照区	技术应用区	对照区
花背蟾蜍	●	○	1	0
东北林蛙	●	○	2	0
黑斑侧褶蛙	●	●	2	1
东北雨蛙	●	○	1	0

注：调查地点均位于梧桐河采沙厂对岸，技术应用区与对照区相邻；技术应用区在实施两栖动物栖息地构建前，与对照区具有相似生境特征。表中，○代表样方内没有调查到此物种，●代表样方内调查到此物种。

11.2 底栖动物微生境构建技术

大型底栖动物作为河流生态系统中的一个重要组成部分，对河流生态系统的物质循环、能量流动具有不可替代的作用和意义。底栖动物种类多、生活周期长，活动场所比较固定，其生长繁殖、种类组成和生物量在不同水体和不同生境下存在明显的差异，对了解生态系统的结构和功能、水环境的监测与评价具有重要的意义（COOK，1976；PRATT，1976）。近些年来，水利工程、挖沙、采矿、农垦、放牧等人为活动，严重破坏了河流的生境多样性，使得河道及滨岸带生境结构单一化，底栖动物种类不断减少，生物量不断下降，最终致使河流生物多样性降低，河流生态环境质量下降，流域生态功能退化（耿艳辉等，2010）。为解决松花江流域内河道及滨岸带生境结构单一化、底栖动物的生存空间变小和食物来源减少的问题，本研究根据不同底栖动物的生活习性特征，构建多样化的底栖动物栖息生境，从而提高其物种多样性及生物量，具体技术包括底栖动物遮蔽物构建技术与底栖动物多样性构建技术。

11.2.1 底栖动物遮蔽物构建技术

（1）背景介绍

河流中自然结构，比如，卵石（浅滩）、大块岩石、倾倒的树木、原木和树枝、河岸带植被，可以作为大型水生动物的庇护所、食物给养或者具有产卵及育幼功能的场所（付岚等，2018）。低坡度河流中，枯木、没入水中的原木和树枝以及河岸带植被，作为大型底栖动物的定居场以及鱼类的庇护所，是最具生产力的生境结构之一。梧桐河生态调查结果也显示，在倾倒的树木、原木和树枝、河岸带水草等自然结构下采集到的底栖动物种类数及丰度明显高于无遮蔽环境下的对照组，本研究中，以增加底栖生物和鱼类栖息生境为目标，根据北方寒冷气候特征和底栖生物生活习性特征，通过在河道中构建不同类型的底栖动物遮蔽物结构，筛选不同遮蔽物基质，优化遮蔽物结构稳定性，从而筛选出适合底栖生物生长繁殖的生境结构。

（2）技术要点

本技术针对底栖动物生境条件单一、河岸带植被缺失、底栖动物庇护所缺失的问题，通过在河岸带缓流水域构建芦苇、杂草、树枝、棕榈树皮、苔草、树根等不同基质的底栖动物遮蔽物结构，增加底栖动物优质生境面积，从而提高其物种多样性及生物量，兼护坡功能。技术的具体实施步骤如下：

1）选定底栖动物生境构建河段

选择流速缓慢的浅水区或分叉型河流缓水区水域作为底栖动物生境构建河段，一般原则是平水期靠近河岸带 4 m 内的水流流速小于 0.4 m/s，水深大于 0.2 m，且所述底栖动物生境构建河段的长度至少为 100 m。

2）制作不同基质遮蔽物

选择树枝、芦苇、杂草等自然材料制作浮床遮蔽物，选择苔草制作框架式苔草遮蔽物，选择棕榈树皮制作棕榈皮遮蔽物，选择枯木树根制作树根遮蔽物。浮床类遮蔽物为 4 m×4 m 框架体结构，4 根支撑框的边框为直径 6～8 cm 的杨树树干、榆树树干、柳树树干或竹竿，相邻两个支撑杆之间的距离为 50～60 cm，植物束分别由多根新鲜树枝、芦苇、小叶章捆绑形成，任一植物束的一端的直径为 6～8 cm，长度为 40～70 cm，多个植物束的一端均匀间隔开固定在多个支撑杆上，且同一支撑杆上相邻两个植物束之间的距离为 20～30 cm；框架式苔草遮蔽物为 2 m×2 m 框架体结构，分布密度为 1～2 株/m^2，苔草植株体的茎部高度至少为 15 cm，从生根部的直径为 20～30 cm，从生根部的高度为 20～25 cm；棕榈皮浮床遮蔽物为 2 m×5 m 框架体结构，棕榈树皮单片面积为 0.12～0.15 m^2，分布密度为 7～9 片/m^2，铁丝固定；树根遮蔽物树根直径为 1～1.5 m，底部固定 20～30 束植物束，植物束由多根新鲜树枝、芦苇、小叶章捆绑形成。

3）分河段固定遮蔽物

底栖动物生境构建河段具体包括两种模式：①慢—深；②慢—浅，一般原则是平水期靠近河岸带的水流流速以 0.4 m/s 区分快和慢，以 0.4 m 的深度区分深和浅。在慢—深河段放置浮床遮蔽物及树根遮蔽物，在慢—浅河段放置苔草遮蔽物，棕榈皮遮蔽物可在不同水深河段放置。河岸设置固定桩及挡杆，遮蔽物框架两端用铁丝固定在岸坡固定桩（柳桩）上，每隔 4 m 固定一个，树根遮蔽物通过钢钎固定，树根中端用铁丝固定在岸坡固定桩

（柳桩）上。

4）遮蔽物基质筛选与维护

遮蔽物放置 1 月后，进行现场数据采集，定量分析不同基质上底栖生物群落和鱼类的种类组成和结构特征，包括物种数、丰富度指数、均匀度指数、香农威纳多样性指数、辛普森指数及生物量，同时评估不同遮蔽物结构的稳定性及受损程度。通过基质筛选与组合优化，筛选出适合底栖生物生长繁殖的遮蔽物结构。

（3）效果分析

经过调查数据分析，不同基质遮蔽物中底栖动物群落结构差异较大，其中，框架式苔草遮蔽物中底栖动物物种数为 9 种，香农威纳多样性指数为 1.94，物种丰富度指数为 3.37；树根遮蔽物中底栖动物物种数为 4 种，香农威纳多样性指数为 0.91，生物量为 49.57 g/m^2，黑龙江短沟蜷成为优势种；树枝遮蔽物中底栖动物物种数为 6 种，香农威纳多样性指数为 1.59，生物量为 1.12 g/m^2；棕榈皮遮蔽物中底栖动物物种数为 7 种，香农威纳多样性指数达到 0.91，短丝蜉科成为优势种，丰度达到 279.48 m^{-2}。

以 PTV＜4 为敏感种，PTV＞6 为耐污种，介于 4～6 为兼性种统计，6 种基质遮蔽物中调查共发现 16 种底栖动物，其中，清洁种出现 5 种，分别为扁蜉科、短丝蜉科、蜉蝣科、石蛾科、纹石蛾；兼性种 7 种，分别为真开氏摇蚊属幼虫、多足摇蚊属、壳粗腹摇蚊属幼虫、尼罗长足摇蚊属、隐摇蚊属幼虫、真突摇蚊属幼虫、黑龙江短沟蜷；耐污种 4 种，分别为摇蚊属幼虫 sp1.、摇蚊属幼虫 sp2.、摇蚊属幼虫 sp3.、卵萝卜螺；其中，优势种为清洁种短丝蜉科、兼性种黑龙江短沟蜷，优势度指数分别达到 29.65%和 5.74%。

经过调查数据分析，不同基质遮蔽物中底栖动物群落结构差异较大，其中，框架式苔草遮蔽物是提高底栖生物多样性效果最好的人工基质遮蔽物；树枝遮蔽物可在不同水期为河流底栖动物提供躲避场所，也为蜉蝣目底栖生物提供了搭建巢穴基质；棕榈皮遮蔽物为短丝蜉科提供了优质生境，是提高清洁种短丝蜉科丰度效果最好的人工基质遮蔽物；树根遮蔽物为黑龙江短沟蜷提供了良好的栖息生境，是提高底栖生物生物量最好的人工基质遮蔽物。

本技术根据北方寒冷气候特征和底栖生物生活习性特征，在河岸带缓流水域构建不同基质的底栖动物遮蔽物结构，快速增加了底栖动物优质生境面积，同时具有一定护坡功能。技术应用后快速提高了底栖动物丰度、物种多样性及生物量，可广泛应用于松花江流域干支流底栖动物生境修复。

11.2.2 底栖动物多样性构建技术

（1）背景介绍

底栖动物群落结构和分布对河流生境的物理结构等环境因素相当敏感，稳定而多孔隙的栖息底质结构可以降低河床扰动对大型底栖动物造成的伤害，为大型底栖动物提供躲避捕食的庇护所，并且滞留更多的有机碎屑，是维持昆虫种类和丰度的关键（任海庆等，2015）。本研究中，以增加底栖生物栖息生境为目标，根据底栖生物生活习性特征，通过构筑生态水槽（洪水期与河道连通）/生态沟渠（全年与河道连通）、构建水生植物群落、固定栖息小生境结构、投放底栖动物，达到提高特定水域底栖动物多样性及生物量的目的。

（2）技术要点

本技术针对底栖动物生境条件单一、底栖动物的定居场及庇护所缺失的问题，通过在浅滩湿地、低洼地蓄水区、岸边带废弃沙坑基础上构筑生态水槽和生态沟渠，之后构建水生植物群落（香蒲、菖蒲、水葱、菱），等待群落稳定后营造底栖动物栖息小生境，最后投放不同种类的底栖动物（卵萝卜螺、中国圆田螺、圆顶珠蚌等），实施鱼蚌增殖，实现增加底栖动物多样性的目的，技术的具体实施步骤如下：

1）构筑生态水槽/生态沟渠

选择浅滩湿地、低洼地蓄水区、岸边带废弃沙坑构筑生态水槽或生态沟渠（图 11-2），生态水槽横截面为倒梯形，上宽 18～23 m、下宽 15～20 m、长度 15～25 m、深度 1～1.5 m，水槽岸坡以小于 45°的缓坡为主；生态沟渠横截面为倒梯形，上宽 4.5～6 m、下宽 3～5 m、长度 50～100 m、深度 1～1.5 m，水槽岸坡以小于 45°的缓坡为主，生态水槽或生态沟渠通过喇叭形的开口沟渠与河道连通，所述开口的高程低于河流常水位线，所述生态水槽或生态沟渠的内部平铺客土。

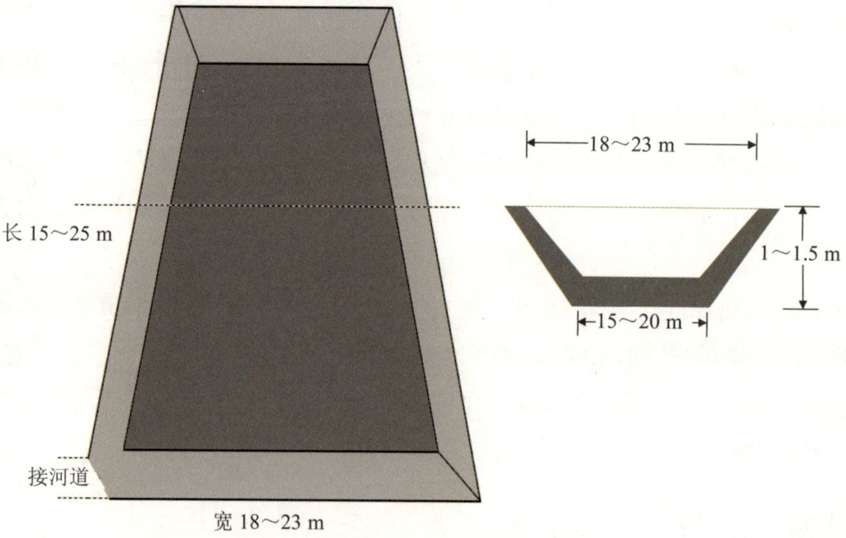

（a）生态水槽

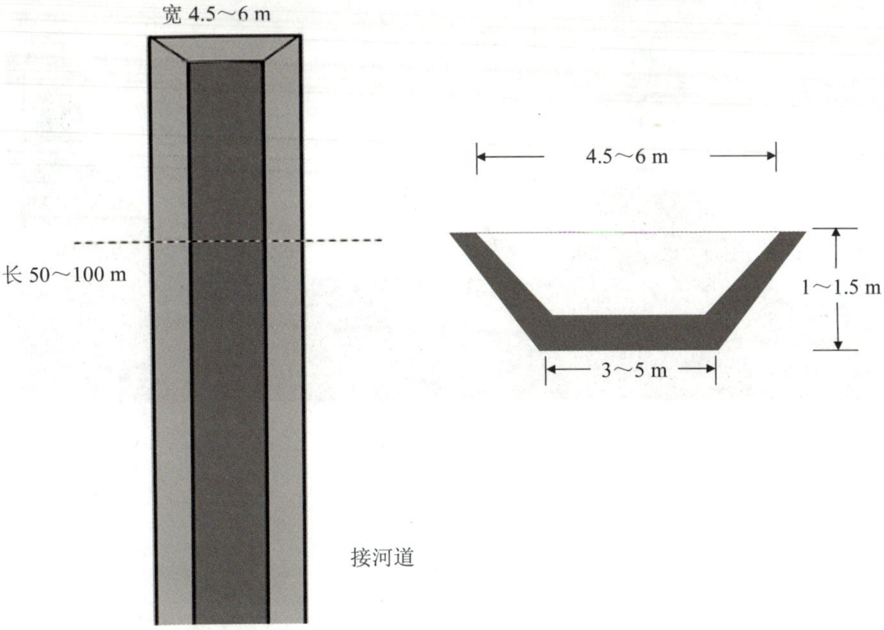

（b）生态沟渠

图 11-2　生态水槽/生态沟渠结构示意图

2）构建水生植物群落

选择当地常见水生植物，如香蒲、菖蒲、水葱、狸藻、菱，在生态水槽构建挺水植物、沉水植物、浮水植物群落。其中，挺水植物为带土挖坑式种植，香蒲植株体高度为 50～100 cm，移栽的挖坑深度为 10～15 cm，菖蒲植株体高度为 50～60 cm，移栽的挖坑深度为 5～10 cm，水葱植株体高度为 70～100 cm，移栽的挖坑深度为 5～10 cm，挺水植物的移栽密度为 10～12 丛/m^2，且 5～6 芽/丛，狸藻和菱种植方式为扦插法种植，种植密度为 2～3 株/m^2，水生植物种植面积占恢复区水面的 10%。

3）小生境营造

采用树根遮蔽物、棕榈皮遮蔽物、苔草等为底栖动物及鱼类营造多种小生境，其中，在生态水槽深水位固定 2～4 个框架式棕榈皮遮蔽物及树根遮蔽物，从而为短丝蜉科、石蛾科、黑龙江短沟蜷等底栖动物提供栖息小生境（图 11-3）。棕榈皮遮蔽物为 2 m×2 m 框架体结构，棕榈树皮单片面积为 0.12～0.15 m^2，分布密度为 7～9 片/m^2，铁丝固定；树根遮蔽物树根直径为 1～1.5 m，底部固定 20～30 束植物束，植物束由多根新鲜树枝、芦苇、小叶章捆绑形成；棕榈皮遮蔽物框架两端用铁丝固定在岸坡固定桩上，树根遮蔽物通过钢钎固定；在生态水槽浅水位移栽 10～20 棵臌囊苔草或乌拉苔草，苔草植株体的茎部高度至少为 15 cm，丛生根部的直径为 20～30 cm，丛生根部的高度为 20～25 cm；在两侧岸坡斑块式栽种东方藨草，移栽密度为 2 棵/m^2，挖坑深度为 5～10 cm。

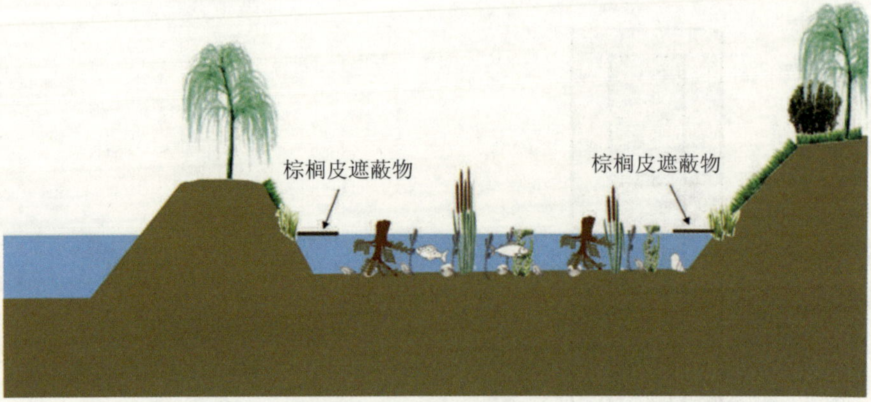

图 11-3　效果示意图

4）投放不同种类的底栖动物

按照 20～30 g/m^2 生物量，投放卵萝卜螺、中国圆田螺等土著底栖软体动物，提高生态水槽底栖软体动物多样性。

5）实施鱼蚌增殖

大鳍鱊、兴凯鱊、黑龙江鳑鲏与河蚌为“互利共生”关系，产卵期雌鱼会将产卵管从河蚌的进水孔插入，把卵产到河蚌的外套腔；河蚌幼体钩介蚴必须寄生到鱼体上，利用它们之间的“互利共生”关系，在繁殖高峰期 6—8 月，实施鱼蚌增殖。一般原则是投放圆顶珠蚌、背角无齿蚌密度为 3～5 个/m^2 水面，宿主鱼密度为 2～3 尾/m^2。

（3）效果分析

2017 年 6 月在宝泉岭示范河段构建生态水槽 1 个，面积为 240 m^2，7—8 月完成生境构建。2018 年 9 月调查显示，生态水槽内有底栖动物 8 种，分别为横纹划蝽、中华黑纹仰蝽、小雀斑龙虱、圆眼粒龙虱、秋赤蜻稚虫、碧翠似伟蜓稚虫、卵萝卜螺、中国圆田螺，生物量达到 26.48 g/m^2，香农威纳多样性指数为 0.82，均匀度指数为 0.27，物种丰富度指数为 1.76，BI 生物指数为 6.19，其中，卵萝卜螺成为绝对优势种，丰度达到 47.33 个/m^2。结果表明，在经历冰封期及洪水期后生态水槽底栖动物多样性仍能维持在较高水平。

2017 年 6 月在志诚采沙场附近构建生态沟渠 1 个，沟渠长 230 m，宽 2.5 m，面积为 575 m^2，9 月完成生境构建。2018 年 9 月调查显示，发现底栖动物 6 种，分别为秀丽白虾、中华小长臂虾、卵萝卜螺、湖球蚬、黑龙江短沟蜷、中国圆田螺，其生物量达到 17.28 g/m^2，香农威纳多样性指数为 1.74，均匀度指数为 0.67，物种丰富度指数为 1.45，BI 生物指数为 6.49。结果表明，构建的生态沟渠具有改善河道内微生境物理稳定性的特征，成为底栖动物一种良好的生境结构，从而能够促进底栖动物群落的恢复，提高河流水生生物的多样性。

本技术充分地利用了滨岸带的地貌特点，利用废弃沙坑构建了生态水槽/生态沟渠，有效降低了河床扰动，为大型底栖动物和喜好静水环境的昆虫提供了稳定的生境，同时在洪水期可为鱼类提供避难所。技术应用后快速提高了底栖动物及昆虫的丰度及多样性，可广泛应用于松花江流域滨岸带区域及采沙坑的生境修复。

11.3　鱼类微生境构建技术

鱼类是河流生态系统的重要组成部分，也是其健康状况的重要指示生物。近些年来，随着社会经济持续高速发展，城镇化率进一步提高，水资源和水生生物资源开发力度空前高涨，对河流生态系统产生了不同程度的胁迫，尤其是水利工程、挖沙采矿等工程措施大量在河道上进行，严重破坏了河流的生境多样性，造成鱼类的生存空间变小和食物来源减少，种类不断减少，数量不断下降，最终致使河流生物多样性降低，渔业资源减少，河流生态环境质量下降，流域生态功能退化（林鹏程等，2014）。为解决松花江流域内鱼类生物多样性降低、鱼类栖息分布范围缩小、种群数量减少、个别种群濒临绝迹等问题，本研究提出了根据不同鱼类的生活习性特征，通过构建急流、缓流和滩槽等丰富多样的水流条件及多样化的生境条件，同时增殖螺、蚌、杂食性鱼类等高级水生动物，从而提高其物种多样性及数量，具体技术包括生态堰坝构建技术、沙洲湿地构建技术、雷氏七鳃鳗生境修复技术。

11.3.1　生态堰坝构建技术

（1）背景介绍

堰坝作为一类主要的栖息地加强结构，其作用表现在以下几个方面：堰坝下游形成的静水区或深潭区，有利于有机质的沉淀，为无脊椎动物提供营养；堰坝下游侧与河道平面有一定的坡度，河水流过堰坝时是一个充氧过程，可以给鱼虾等水生动物提供充足氧气；堰坝内部及下游静水区有助于鱼类、底栖软体动物的滞留，在洪水期为其提供了避难所；岸坡带石笼可减少水流对河床的冲刷，有良好的护岸效果。自然河流应有深浅缓急不一的水势，才能有优质的生境。另外，高低起伏的河床与变化多样的河岸形态对营造浅滩、深潭及多样化的流速都是必不可少的。本研究针对梧桐河示范区原有水流条件单一，河流底质粒径组成单一，生境均一化、低质量等问题，在修复过程中，在河道内设置堆石堰坝、枯木堰坝等特殊结构，堰坝通过调节水流及其与河床或岸坡岩土体的相互作用，在河道内形成多样性地貌和水流条件，快速塑造了缓水区、静水区、急流区等多样化栖息生境，从而增强鱼类和其他水生生物栖息地功能，促使生物多样性提高（刘圣尧等，2014）。

（2）技术要点

1）选定鱼类生境构建河段

选择流速缓慢的浅水区或分叉型河流缓水区水域作为鱼类生境构建河段，一般原则是平水期靠近河岸带 4 m 内的水流流速小于 0.4 m/s，水深大于 0.2 m，且所述鱼类生境构建河段的长度至少为 100 m。

2）构建枯木堰坝

在高坡度河岸带构建枯木堰坝，堰坝高度控制在 0.3 m，长度控制在 1.5～2.5 m（图 11-4）。枯木根部直径为 25～60 cm，树干长度为 2～3 m，树根盘固定 20～30 把草束，且正对上游水流方向，树干端部削尖后插入坡脚土体，树根盘一端适当向上倾斜，树根盘的 1/3～1/2 埋入枯水位以下，树根两端用钢钎固定，相邻两个枯木堰坝之间的距离不小于 10 m。

图 11-4　枯木堰坝结构示意图

3）设置石笼

在枯木堰坝下游岸坡设置多个石笼，任意一个石笼包括一个石块部，其为由多个粒径至少为 15 cm 的不规则石块铺设组成的宽度至少为 1 m、长度至少为 10 m、厚度至少为 20 cm 的不规则结构；固定网，其拦设在石块部与水面接触的一侧，且所述固定网的两端通过木桩或者钢钎固定至受损滨岸带上。

4）构建堆石堰坝

在低坡度河岸带构建堆石堰构，高度控制在 0.3 m，宽度控制在 0.8～1.2 m，长度控制在 2.5～3 m（图 11-5）。顶面使用 20～40 cm 块石，满足抗冲稳定性要求，下游面较大块石之间间距 5～10 cm，有助于鱼类等生物的滞留。堆石堰坝自河岸带向河内延伸的长度不超过 2.5 m，相邻两个堆石堰坝之间的距离不小于 10 m。堆石堰坝包括由不规则石块堆砌成的呈倒置的“V”形和/或倒置的“U”形结构，结构的外围由多个直径为 13～15 cm 的木桩固定，木桩下端插入河床的深度大于 80 cm，相邻两根木桩的间距为 18～20 cm；多个木桩的上端自河面一侧向河岸带一侧呈阶梯式上升，且多个木桩的上端露出水面的高度至少为 18 cm，以使得不规则石块堆砌成的呈倒置的“V”形和/或倒置的“U”形结构的上表面随之形成一斜面。

5）投放底栖软体动物

堰坝构建完成后，在繁殖高峰期 6—8 月，在堰坝上下游按照 500 g/m 投放圆顶珠蚌、中国圆田螺等。

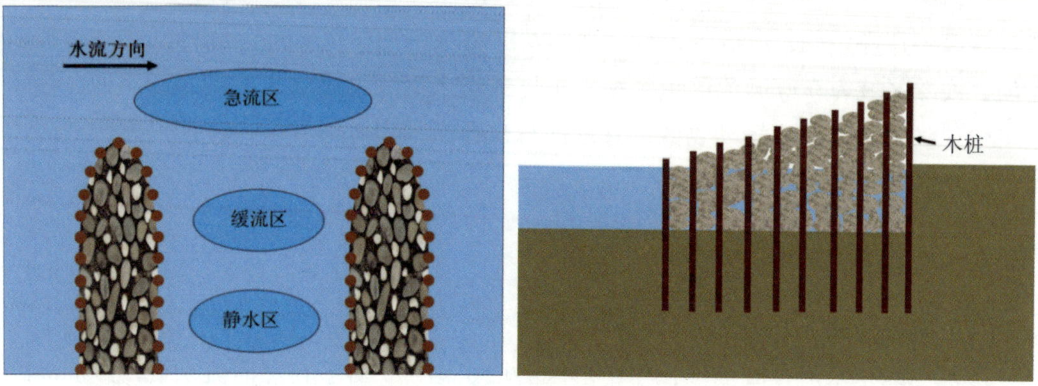

图 11-5　堆石堰坝结构示意图

（3）效果分析

2016 年 9 月调查显示，相同河段内，共发现鱼类 6 种，分别为泥鳅、黑龙江鳑鲏、拉氏鱥、麦穗、中华多刺鱼、犬首鮈，2017 年 6—7 月在宝泉岭示范河段共构建枯木堰坝 3 个，堆石堰坝 2 个，生境构建总长度 80 m，2017 年 9 月调查显示，共发现鱼类 9 种，分别为泥鳅、黑龙江鳑鲏、拉氏鱥、麦穗、黑龙江花鳅、大鳞副泥鳅、北方须鳅、鲇、银鲫，底栖软体动物 1 种，为黑龙江短沟蜷；其中，喜好流水环境的北方须鳅大量出现在枯木堰坝下端及下游浅滩水域，共计 45 条，泥鳅、黑龙江鳑鲏、拉氏鱥、麦穗、鲇、黑龙江花鳅、大鳞副泥鳅出现在堆石堰坝内部及下游静水及缓水区水域，黑龙江短沟蜷大量出现在枯木堰坝下游面及堆石堰坝内部（表 11-3）。与 2016 年相同河段相比：鱼类生物多样性有明显增加，增长率为 50.0%，鱼类数量显著增加。

表 11-3　生态堰坝构建河段鱼类出现情况统计

种类	总重量/g	总数量/尾	平均体重/g	重量比例/%	尾数比例/%
泥鳅	296	70	4.23	19.76	41.67
黑龙江鳑鲏	7	11	0.64	0.47	6.55
拉氏鱥	13	6	2.17	0.87	3.57
麦穗	13	6	2.17	0.87	3.57
黑龙江花鳅	62	18	3.44	4.14	10.71
大鳞副泥鳅	232	6	38.67	15.49	3.57
北方须鳅	728	45	16.18	48.60	26.79
鲇	126	2	63	8.41	1.19
银鲫	21	4	5.25	1.40	2.58
合计	1 498	168			

本技术充分地利用了河流的地貌特点，利用枯木、块石、木桩构建了枯木堰坝和堆石

堰坝，改变了原有河道单一的水流状态，依靠水流的自然力量重塑健康河道的冲淤过程，恢复深潭—浅滩结构，深潭区为喜好深水及静水环境的鱼类和部分底栖动物种类提供优质生境，浅滩区域为喜好激流的鱼类和水生昆虫幼虫等生物提供良好的生存空间。技术应用后可快速扩大鱼类及底栖动物的栖息地面积，提高其生境适宜度，该技术可广泛应用于松花江流域鱼类栖息地的构建。

11.3.2 沙洲湿地构建技术

（1）背景介绍

沙洲岛屿是水流、波浪堆积作用形成的堆积地貌，对于自然河流来说，沙洲岛屿作为河流基质中的一个特殊生境斑块，在生物学上有特殊的生态意义。一方面，稳定的沙洲有利于河流分叉，降低水流流速，从而形成缓水水域；另一方面，植被茂盛的沙洲湿地为野生动物提供了丰富的食物来源和营造避敌的良好条件，为底栖动物、鱼类、两栖类、鸟类等生物提供了栖息场所，成为河流生物多样性最为丰富的地带。本研究中，以增加水生生物、两栖类及鸟类栖息生境为目标，通过沙洲地形空间的塑造及植物的配置来营造多种生境系统，达到以较小的生态空间构建生物多样性的栖息场所，提高河流生境多样性的目的。

（2）技术要点

本技术针对沙洲岛屿植被退化、沙洲不稳定的问题，根据北方寒冷气候特征和沙洲植物的生境需求，筛选出了耐涝能力强、根系发达、繁育能力强、土壤肥力要求低的土著湿生植物，构建了以卷边柳、松江柳、水蒿为主，搭配东方藨草和长芒稗，能够适应沙质底质的植物搭配模式。技术的具体实施步骤如下：

1）植物筛选

根据现场调查自然界沙洲岛屿上植被状况，结合北方寒冷气候特征和沙洲植物的生境需求，通过实验培养（原位和室内）、现场观测，对 7 种植物进行沙洲湿地构建物种筛选，筛选出松江柳、卷边柳、水蒿、东方藨草、长芒稗 5 种根系发达、繁育能力强、土壤肥力要求低、能够适应沙质底质的植物作为沙洲湿地构建物种。

2）选定修复沙洲

河流沙洲四面环水，长度不小于 50 m，寒区河流沙洲的边缘与其临近的河流的河岸距离小于 10 m。

3）确定植物种植模式

依据各植物种自然生活习性，结合沙洲周期性水位变化特征，于沙洲边缘近水区构建极具耐涝性的卷边柳种群、沙洲内部远水区构建湿生型的松江柳种群；于沙洲全区构建湿生型的水蒿、东方藨草、长芒稗种群；其中，表层沙土的含沙量不超过 80%的河流沙洲，在柳树之间斑块式异位移栽东方藨草和长芒稗；表层沙土的含沙量大于 80%的所述河流沙洲，在柳树之间斑块式异位移栽水蒿和长芒稗。

4）异位移栽，提升成活比例

4—8 月在寒区河流沙洲上异位移栽成行 1 龄以上的柳树，移栽密度为 1 株/m^2，柳树的行间距为 0.8～1.2 m，移栽后浇水；且成行柳树的成行方向与寒区河流的流动方向一致，在柳树之间斑块式异位移栽水蒿、东方藨草、长芒稗中的至少两种以形成草本植物种群；其中，9—11 月异位移栽水蒿植株，以带土团根状茎为移栽单元，移栽密度为 3～5 株/m^2；5—7 月异位移栽东方藨草植株，以带土团根状茎为移栽单元，移栽密度为 2～3 株/m^2，移栽后浇水，9 月移栽含有长芒稗种子的种植装置，移栽密度为 3～5 个/m^2，移栽后浇水，达到提高移栽植株体高成活率的目的。

（3）效果分析

结合北方寒冷气候特征和沙洲植物的生境需求，对 7 种备选植物进行了进一步筛选，通过实验培养（原位和室内）、现场观测，统计植物成活率，筛选出了耐涝能力强、根系发达、繁育能力强、土壤肥力要求低的水蒿、卷边柳、松江柳、东方藨草、长芒稗作为沙洲湿地植物群落构建物种。并于 2017 年在宝泉岭梧桐河大桥示范点、小山亮子示范点开展了中试。

在梧桐河小山亮子示范点按以上方法开展了沙洲湿地构建。2016 年 9 月调查显示，沙洲湿地上植被覆盖率为 8%，在沙洲周边的河水中定点采样后，共发现底栖动物 1 种，为石蝇科幼虫，生物量为 0.000 6 g/m^2，丰度为 0.33 个/m^2；共发现鱼类 3 种，分别为黑龙江泥鳅、黑龙江鳑鲏、拉氏鱥，数量共计 18 条。

在进行沙洲湿地生境构建后，2018 年 9 月调查显示，沙洲湿地上卷边柳成活率为 98%，松江柳成活率为 91%，植被覆盖率为 82%，在沙洲湿地周边的河水中定点采样后，共发现底栖动物 6 种，分别为秀丽白虾、中华小长臂虾、卵萝卜螺、湖球蚬、黑龙江短沟蜷、中国圆田螺，生物量为 17.28 g/m^2，丰度为 31.33 个/m^2，香农多样性指数为 1.74；鱼类 5 种，分别为黑龙江鳑鲏、鲫、拉氏鱥、中华多刺鱼、葛氏鲈塘鳢，数量共计 32 条；两栖动物 3 种，分别为花背蟾蜍、黑斑侧褶蛙、东北雨蛙，数量共计 7 只，同时沙洲湿地上出现鸟类足迹。

本技术充分地利用了沙洲形态及底质类型特点，利用筛选出的松江柳、卷边柳、水蒿、东方藨草、长芒稗 5 种植物作为沙洲湿地构建物种，通过开展沙洲湿地构建，为底栖动物、鱼类、两栖类、鸟类等生物提供觅食、筑巢、产卵、避难场所。技术应用后快速提高了底栖动物、鱼类、两栖类等生物的物种多样性与数量，该技术可广泛应用于松花江流域河流沙洲湿地的构建。

11.3.3 雷氏七鳃鳗生境修复技术

（1）背景介绍

雷氏七鳃鳗为古老的无颌脊椎动物，在动物进化和动物地理上有重要的研究价值，主要分布于我国寒温带地区河流的上游或支流的溪流水域，属溪流冷水性鱼类。近几十年来，由于分布区内河道采沙、河流阻塞、水质污染、植被破坏造成水土流失等因素，造成其资源量下降，种群趋于衰败。中国已将其列入《国家重点保护野生鱼类名录》，雷氏七鳃鳗成为我国珍稀濒危水生野生动物之一。梧桐河曾经是雷氏七鳃鳗的主要分布区，但现在资源量已经锐减，近年调查已无鱼产量统计，资源量下降明显。可以预测，如不采取有效保护措施，若干年后雷氏七鳃鳗绝迹的趋势将是不可避免的。本研究中，以恢复雷氏七鳃鳗的栖息生境为目标，根据其生活习性特征，充分地利用了河流的水质及地貌特点，借助河岸植被群落构建、遮蔽物构建等人工措施，从而快速扩大雷氏七鳃鳗的栖息地面积，有助于雷氏七鳃鳗这一珍稀物种的数量恢复。

（2）技术要点

本技术针对雷氏七鳃鳗适宜生境面积减少、生境条件单一、栖息环境稳定性差的问题，采用“河段选择—堆石堰坝构筑—河岸植被群落构建—遮蔽物构建—底质粒径改造”的生境构建技术，快速扩大雷氏七鳃鳗的栖息地面积，提高其生境适宜度，从而达到扩大栖息分布范围，恢复种群数量的目的，技术的具体实施步骤如下：

1）选定雷氏七鳃鳗生境修复河段

选择当前存活至少一条雷氏七鳃鳗且流速缓慢的浅水区作为雷氏七鳃鳗生境构建河段，生境构建河段的水质符合或优于Ⅳ类水体，水温为20℃以下，平水期靠近生境构建河段岸边带4 m河面宽度范围内水域流速在0.1～0.4 m/s，水深小于等于0.6 m，生境构建河段的长度至少为200 m。

2）构筑多个堆石堰坝

在生境构建河段的上游，沿所述河岸带的延伸方向构筑多个堆石堰坝，堆石堰坝间形成的缓流区、静水区以及堰坝坝头部分形成的急流区增加了河流流场多样性，营造了多样化的河流栖息地，为部分底栖动物和鱼类提供了多样化栖息生境，从而为雷氏七鳃鳗提供了丰富的寄主鱼类；堆石堰坝自河岸带向河内延伸的长度不超过 2.5 m，相邻两个堆石堰坝之间的距离不小于10 m（图11-6）。堆石堰坝包括由不规则石块堆砌成的呈倒置的“V”形和/或倒置的“U”形结构，结构的外围由多个直径为13～15 cm的木桩固定，木桩下端插入河床的深度大于80 cm，相邻两根木桩的间距为18～20 cm；多个木桩的上端自河面一侧向河岸带一侧呈阶梯式上升，且多个木桩的上端露出水面的高度至少为18 cm，以使得不规则石块堆砌成的呈倒置的“V”形和/或倒置的“U”形结构的上表面随之形成一斜面。

3）河岸植被群落构建

在堆石堰坝之间的靠近河岸带水域移栽菖蒲（前排）和东方藨草（后排），菖蒲植株体高度为50～60 cm，移栽的挖坑深度为5～10 cm，移栽密度为10～12 丛/m，且5～6 芽/丛，斑块式移栽，每个斑块的宽度1.5～2 m，斑块间距为1.8～2.1 m。东方藨草匍匐茎长度大于30 cm，移栽的挖坑深度为5～10 cm，移栽密度为2 棵/m。

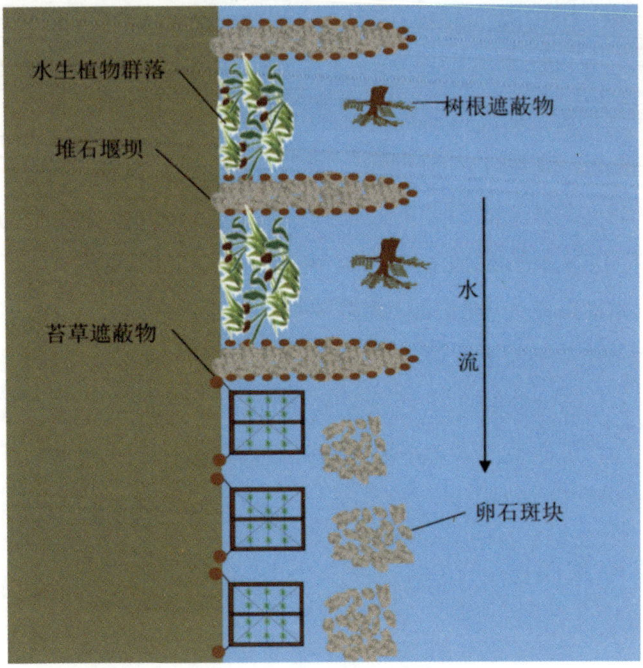

图 11-6 雷氏七鳃鳗栖息地示意图

4）遮蔽物构建

在多个堆石堰坝之后的缓流浅水水域间隔开设置多个框架式苔草遮蔽物，在多个堆石堰坝之后的缓流深水水域间隔开设置多个树根遮蔽物，从而为雷氏七鳃鳗幼体及成体提供庇护场所。框架式苔草遮蔽物设置水域的水深小于 0.25 m，植株体为乌拉苔草或臌囊苔草，且多个植株体的茎部高度至少为 15 cm，多个植株体的丛生根部的直径为 20～30 cm，丛生根部的高度为 20～25 cm，多个植株体的分布密度为 3～4 束/m^2；树根遮蔽物所设水域的流速小于 0.2 m/s，树根遮蔽物树根直径为 1～1.5 m，底部固定 20～30 束植物束，植物束由多根新鲜树枝、小叶章捆绑形成。河岸设置固定桩及挡杆，苔草遮蔽物框架两端用铁丝固定在岸坡固定桩（柳桩）上，树根遮蔽物通过钢钎固定，树根中端用铁丝固定在岸坡固定桩（柳桩）上。

5）底质粒径改造

雷氏七鳃鳗产卵方式为挖坑筑巢产卵，因此在缓流水域的河床上分区域投放天然卵石，可为雷氏七鳃鳗产卵提供基质，此外，卵石上植物碎屑和附着藻类又可为雷氏七鳃鳗幼体提供食物来源。一般原则是，天然卵石直径大于等于 2 cm，多个卵石斑块的总延伸长度不超过 50 m，其中，在河面的延伸方向上，多个卵石斑块与所述多个苔草遮蔽物相互错开设置。

（3）效果分析

2016 年 9 月调查显示，相同河段内，共发现鱼类 9 种，分别为雷氏七鳃鳗、泥鳅、蛇鮈、黑龙江鳑鲏、鲫、拉氏鱥、麦穗、葛氏鲈塘鳢、北方须鳅，雷氏七鳃鳗及幼体为 21 条；2017 年 6—7 月在宝泉岭示范河段进行雷氏七鳃鳗生境构建后，2017 年 7 月调查显示，共发现鱼类 14 种，分别为雷氏七鳃鳗、泥鳅、蛇鮈、黑龙江鳑鲏、鲫、拉氏鱥、麦穗、北方须鳅、中华多刺鱼、湖鱥、兴凯银鮈、黑龙江泥鳅、大鳞副泥鳅、黑龙江花鳅，雷氏七鳃鳗及幼体 32 条；其中，雷氏七鳃鳗幼体出现在框架式苔草遮蔽物中，雷氏七鳃鳗成体出现在植被群落构建区及树根鱼巢底部；与 2016 年相同河段相比：雷氏七鳃鳗种群数量有明显增加，具体增长率为 52.5%；鱼类种类也有明显增加，具体增加率为 55.6%。

本技术充分地利用了河流的水质及地貌特点，技术中苔草、菖蒲、香蒲、卵石、树根均就地取材，技术应用后可快速扩大雷氏七鳃鳗的栖息地面积，提高其生境适宜度，同时也在一定程度上改善了其他鱼类及底栖生物的栖息环境，该技术可广泛应用于松花江流域支流河段雷氏七鳃鳗栖息地的构建。

11.3.4 鱼类产卵场基质改善技术

（1）背景介绍

河岸带植被及水生植物在鱼类产卵期可为产黏性卵、沉性卵的鱼类提供产卵场，也可以作为鱼苗庇护和索饵的场所。但由于农田灌溉用水、自然补水不足等，导致水位下降，河岸产生岸坡消落区，使原有的水生植物脱离水体而裸露，河中缺乏水生植物，导致产黏性卵鱼类的产卵场消失。本研究中，以修复鱼类产卵场基质为目标，通过在河漫滩裸露区域种植湿地性植物，筛选不同的湿地性植物，优化湿地性植物的种植方式，从而改善鱼类产卵场基质。

（2）技术要点

针对鱼类繁殖周期和人类灌溉周期重叠、河滩裸露、产黏性卵鱼类无处产卵等问题，为改善鱼类原有产卵场基质，根据产黏性卵、沉性卵等鱼类的生态习性，以及北方寒冷气候特征和独特的水文状况，筛选适宜当地生长、资源量比较大的植物作为产卵场基质改善的材料，通过仿生态种植土著植物改善产卵场基质。技术的具体实施步骤如下：

1）选定鱼类产卵场基质改善的河段

一般选择缓流水区且河漫滩裸露的河滩进行人工鱼巢的布设，鱼类产卵场基质改善的一般原则是选择平水期裸露的河漫滩以及浅水区（0～50 cm），流速 0.1～0.3 m/s 的水域。

2）湿地植物的选择和种植

从就近湿地移栽苔草（塔头），苔草根部直径：30～35 cm，根部高度：20～25 cm，每个塔头之间的距离为 0.4～0.7 m；小叶章，高度 35～45 cm，从就近河岸带进行移栽，模拟就近岸上小叶章的自然分布，参考自然分布状态，均匀式种植，每株之间的距离 2～3 cm；芦苇，从就近的河岸带进行移栽，高度 70～90 cm，参考自然分布状态，均匀式种植，每株之间的距离 5～8 cm；蒲草，从就近的池塘中移栽，高度 50～60 cm，参考自然分布状态，均匀式种植，每株之间的距离为 2～3 m；柳枝，从就近河岸带进行剪取，高度 50～60 cm，参考自然状态，均匀式种植，每株之间的距离为 5～8 cm。5 种就近的质地植物，均移植到平水期裸露的河岸带以及浅水区（0～50 cm），流速 0.1～0.3 m/s 的水域。

3）不同湿地植物的筛选和维护

种植苔草 1 200 余株，分别种植在梧桐河入江口的 2 号区，共 6 排（与岸上水草衔接，覆盖整个消落区），每排长约 210 m，每排间隔 0.6～0.8 m，，约 1 060 m^2；小叶章，种植在梧桐河入江口的 2 号点，共计约 200 m^2；芦苇，在 2 号点进行种植，面积约为 100 m^2，呈长方形，长约 25 m，宽约 4 m；蒲草，在 2 号点进行种植，面积约为 60 m^2，呈长方形，长约 15 m，宽约 4 m；柳枝，在 2 号点进行种植，种植面积为 40 m^2，10 m 长，4 m 宽。每天抽查一次做效果分析。

（3）效果分析

从成活率来看，苔草＞芦苇＞蒲草＞柳枝＞小叶章。自 6 月 2 日—7 月 16 日，在 2 号点共发现鱼类产卵两次，产卵基质均为苔草，第一次产卵期为 6 月 22—28 日，共 7 d，每平方米平均数量为 1 700 粒；第二次产卵期为 7 月 3—6 日，共 4 d，结果显示每平方米平均数量为 1 200 粒。小叶章、蒲草、芦苇、柳枝作为鱼类产卵场基质时，均未发现鱼卵，发现鱼苗和幼鱼。因此，结果表明，苔草是 5 种植物中最适合进行鱼类产卵基质改善的湿地植物。同时项目监测了鱼类产卵期间水温和水位的变化，结果显示每平方米鱼卵数量与水温变化无明显相关性，但与水位变化有一定的关系，具体的相关关系需要进一步验证。

在鱼类产卵场基质均为苔草时，在不同水深条件下，鱼类产卵的位置均位于浅水区。对产卵的水深进行分析显示，两次产卵最小水深为 29 cm，最大水深为 41.6 cm，平均水深为 35.1±5.54 cm（表 11-4）。

表 11-4　人工种植苔草产卵期间的水深　　单位：cm

产卵次数	平均水深	最小水深	最大水深
第一次	33±3.61	30	37
第二次	37.2±7.11	29	41.6
综合	35.1±5.54	29	41.6

在裸露的河漫滩或浅水区种植苔草是改善鱼类产卵场的最佳技术之一。本技术基于滨岸带植被特征，利用河岸带就近的湿地植物，改善了产黏性卵鱼类的产卵基质，同时为鱼苗提供了庇护场和索饵场，也为底栖生物提供了稳定的生境。技术应用后快速改善了鱼类的产卵基质，可广泛用于松花江流域裸露滨岸带区域。

11.3.5 鱼类人工鱼巢设置技术

（1）背景介绍

农业用水是威胁梧桐河鱼类多样性最主要的因素，农业灌溉期与鱼类的产卵期基本重叠，导致水位在鱼类产卵的季节无法掩盖水草从而使鱼类的产卵场丧失。本研究通过多种材料（臌囊苔草、小叶章、柳枝、榆树枝、棕榈皮等）的人工鱼巢实验，从效果、经济成本、工作量等多个方面进行筛选，确定了适宜的人工鱼巢。以黑龙江野鲤为示范对象，根据黑龙江野鲤的生活习性特征，构建黑龙江野鲤等产黏性卵、沉性卵等鱼类产卵场地强化修复和恢复集成技术，从而提高黑龙江野鲤产卵附着率。

（2）技术要点

以鱼类能在人工鱼巢上产卵为目标，根据北方寒冷气候特征和独特的水文状况，针对鱼类喜欢在流速较缓的浅水的新鲜水草上产卵等特点，对适合的人工鱼巢方式及作为产卵场基质的材料进行筛选，筛选适宜当地生长、资源量比较大、利于环保的植物作为产卵场基质的材料。通过对框架式、仿生态人工种植式和根系浮板式等多种人工鱼巢制作、铺设和实验，从效果、经济成本、工作量等多个方面进行筛选，确定适宜的人工鱼巢方式。在人工鱼巢设置过程中，结合河流的地貌特点，合理铺设人工鱼巢，吸引鱼类在繁殖期来人工鱼巢上产卵，从而改善鱼类的产卵条件，增加鱼类资源，增强鱼类的栖息地功能，促使生物多样性提高。

技术的具体实施步骤如下：

1）选定人工鱼巢构建的河段

一般选择缓流水区且河漫滩裸露的河滩进行人工鱼巢的布设，人工鱼巢布设位置选择一般原则是平水期靠近河岸带 2 m 内，水深 20～100 cm，流速 0.1～0.3 m/s 的水域。

2）制作不同附着材料的人工鱼巢

取 4 根木方，扎成规格为 4 m×4 m 的正方形支撑框架。另选用 7 根木方，间隔 0.5 m，均匀固定至支撑框对应的两个边沿上。不同框架分别固定臌囊苔草、小叶章、柳枝、榆树枝、棕榈皮 5 种材料。选择生长旺盛的臌囊苔菜和小叶章，从其末端剪裁成长度 40～80 cm 的单棵植物，然后将若干个单棵植物整齐地在根部上 10～15 cm 处捆绑成直径为 10～15 cm 的草把并悬挂在横杆上，根部朝上，散开的部分在水下，每束之间间隔 50 cm；对于柳枝和榆树枝，选择长度为 50～60 cm 的枝条，然后将若干个单棵枝条整齐地在根部上 10～15 cm 处捆绑成直径为 10～15 cm 的柳枝把和榆树枝把并悬挂在横杆上，根部朝上，散开的部分在水下，每束之间间隔 50 cm；对于棕榈皮，每隔 20 cm 铺设一张宽度约 50 cm 的棕榈皮，将棕榈皮的底部分开细丝，以便于鱼类产卵。

3）布设人工鱼巢

人工鱼巢一般布设在离河岸距离为 0～2 m，水深 20～100 cm，流速 0.1～0.3 m/s 的水域。对单个鱼巢顺水方向的上两个角进行固定，靠近岸的 1 角固定木桩（利于涨水时鱼巢自动上浮），远离岸的 1 角用绳子（直径 10 mm）牵引固定在岸上的木桩上，防止水流使鱼巢变形和大幅度移动。框架上加的横杆与水流呈垂直方向。人工鱼巢布设位置。分别是梧桐河入江口的 1 号区、3 号区、4 号区、5 号区及干流的 6 号区。每个示范点布置人工鱼巢 10 个，每种材料 2 个，共 50 个人工鱼巢。

4）人工鱼巢筛选

人工鱼巢布设完毕后，选取人工鱼巢 4 个边角处及中央处（各 1 m^2），进行抽查监测，定量分析不同基质上鱼卵数量，通过基质筛选，筛选出适合鱼类产卵繁殖的人工鱼巢。

（3）效果分析

人工鱼巢在 2017 年 6 月 2 日之前布设完毕，自 2017 年 6 月 2 日—7 月 16 日（历时 45 d）。经过监测数据分析，仅在用臌囊苔草（塔头）及柳枝、小叶章构建的人工鱼巢上发现鱼卵，其中臌囊苔草（塔头）附卵率超过 2 000 粒/m^2，小叶章 1 370 粒/m^2，柳枝 630 粒/m^2（图 11-7）。5 个实验区均发现鱼卵，平均附卵率为 2 000 粒/m^2 以上，最大密度达到 2 300 粒/m^2（图 11-8）。并发现幼鱼和水生昆虫幼虫。第一次产卵期为 6 月 22—29 日，共 8 d，人工鱼巢附卵率达 2 000 粒/m^2 以上，其中 6 月 25 日卵粒最多，达 2 300 粒/m^2；第二次产卵期为 7 月 2—7 日，共 6 d，人工鱼巢附卵率达 1 600 粒/m^2 以上。

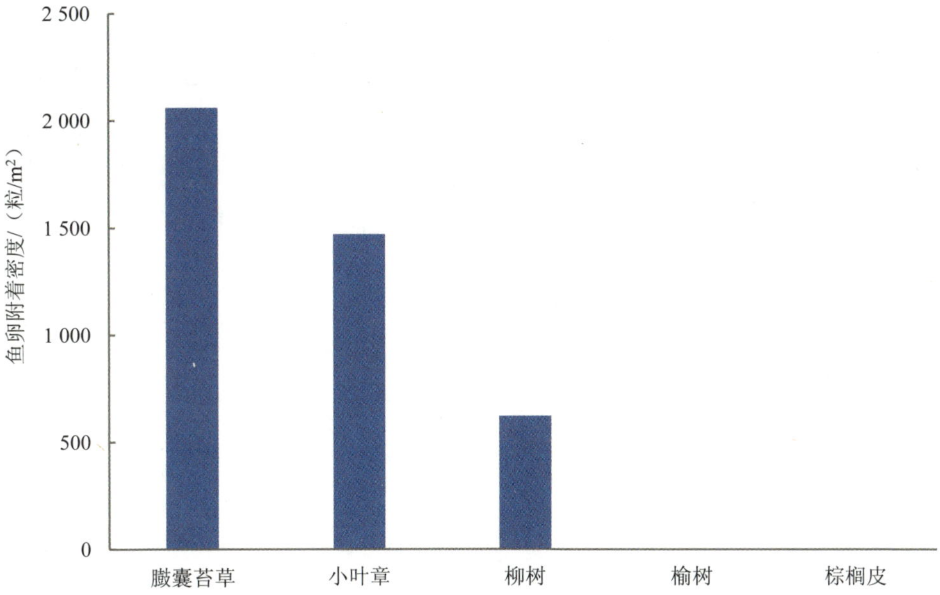

图 11-7　2017 不同材料鱼卵附着密度

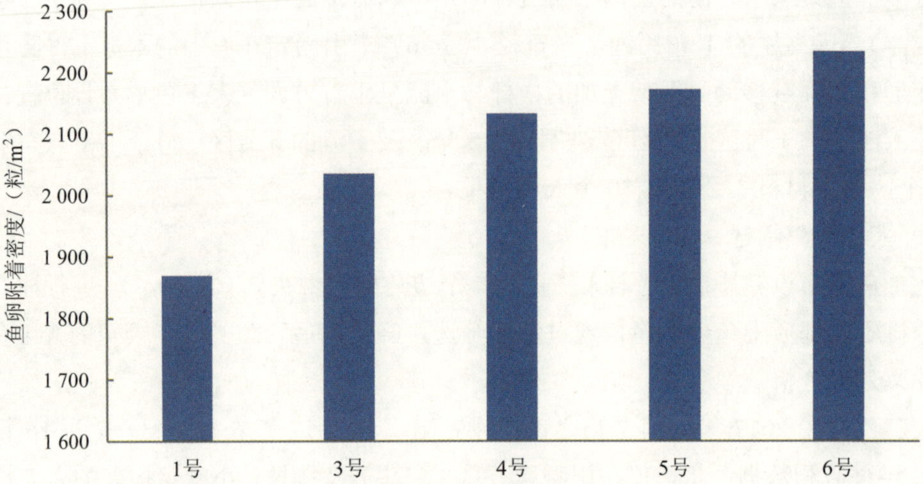

图 11-8　2017 不同实验区鱼卵附着密度

经过调查数据分析，不同附着材料的人工鱼巢附卵率差异较为显著。其中菹囊苔草为附着材料的人工鱼巢附卵率最高，同时也是鱼苗的庇护场；以小叶章为附着材料的人工鱼巢，附卵率次之；以柳枝为附着材料的人工鱼巢，附卵率较低。同时 5 种材料的人工鱼巢因为具有良好的遮荫效果，同时也为小型鱼类如鳑鲏亚科、花鳅属鱼类及黑龙江野鲤的鱼苗等提供了庇护场。

本技术根据北方寒冷气候特征和产黏性卵鱼类的生活习性特征，在河岸带缓流水域构建适合产黏性卵鱼类繁殖的人工鱼巢，快速为产黏性卵鱼类提供了产卵场，同时也为鱼苗提供了索饵场。技术应用后可快速地为鱼类提供适宜的产卵场地，改善鱼类的产卵条件，增加鱼类资源，提高水生生物多样性，该技术可广泛应用于松花江流域干支流产黏性鱼类产卵场的修复。

11.4　珍稀鱼类增殖放流技术

11.4.1　珍稀鱼类放流标记技术

（1）背景介绍

鱼类标志技术在 16 世纪就有了记载，最初主要用于研究鱼类的运动和洄游。1986 年以来，标志技术开始在鱼类种群的评估上得到应用，并作为一种重要研究手段应用于鱼类种群估算、资源评估、洄游和分布研究等领域。国内鱼类标志放流技术起步较晚，相关的研究报道较少。鱼类的标志方法有很多种，不同鱼类标志方法的效果不同，通过文献调研以及相关的标记实验研究，确定评价适宜标记的指标，包括以下 6 个方面：①存活率；

②保持率；③生长率；④可操作性；⑤易监测性；⑥成本（危起伟等，2014）。目前，鱼类标记方法主要有 CWT 标记、外挂标记、超声波标记、VIE 标记。

（2）技术要点

VIE 标记属于内藏可视标记，内藏可视标记主要有 3 种类型：内藏可视橡胶标（简称 VIE 标）、内藏可视字母数字标（visible implant alphanumeric tag，简称 VIA 标）和内藏可视荧光灯丝标（visible implant fluorescent filament tag，简称 VIF 标），国内常用的为 VIE 标。VIE 标是采用某种橡胶材料和颜料的混合物，注射鱼体时呈现液态，一段时间后呈现固态。可视标均有不同的颜色，可以用于区分不同批次标记的鱼体。内藏可视标一般注入鱼体比较透明的组织，如脂眼睑、头部薄且色素较少的软组织和脂鳍。操作简单，成本较低，适合幼鱼大批量标记。

（3）效果分析

结合各种标记方法的特点以及相关实验结果，最终确定选用内藏可视橡胶标记（VIE 标记）对施氏鲟和达氏鳇进行标记（图 11-9、图 11-10）。确定标记方法之后，通过实验进一步确定最适宜的标记位置。实验方法：各选择 180 条大小基本相同、健康状况良好的施氏鲟、达氏鳇放入同一个可控水族缸内饲养，2 个月后进行分池，保证养殖水温等环境相同，施氏鲟、达氏鳇各分为 3 组，每组 60 条，一组为对照组，二组为标记在鳃盖透明处，三组为标记在吻部腹面，控制荧光颜料和凝固剂比例为 10∶1，VIE 荧光标记注射长度为 0.5～1 cm，分别在施氏鲟、达氏鳇不同部位进行标记。每天投喂 3 次，分别为 6：00、14：00 和 22：00，所选择的饲料为鲟鳇鱼专用饲料。养殖条件相同，尽量避开人为误差。

图 11-9　鲟鳇鱼标记室内实验

图 11-10　鲟鳇鱼的吻部腹面的 VIE 标记

经过 5 个月的实验，施氏鲟对照组的存活率为 82%，VIE 标记鳃盖部位的存活率为 81%，标记吻部腹面的存活率为 82%；标记在鳃盖部位的 VIE 保持率为 99%，标记在吻部腹面的保持率仅为 87%（图 11-11）。达氏鳇对照组的存活率为 78%，VIE 标记鳃盖部位的存活率为 79%，标记吻部腹面的存活率为 78%；标记在鳃盖部位的 VIE 保持率为 99%，标记在吻部腹面的保持率仅为 76%（图 11-12）。通过实验表明，对于施氏鲟和达氏鳇，VIE 标记的最佳位置为鳃盖部位。

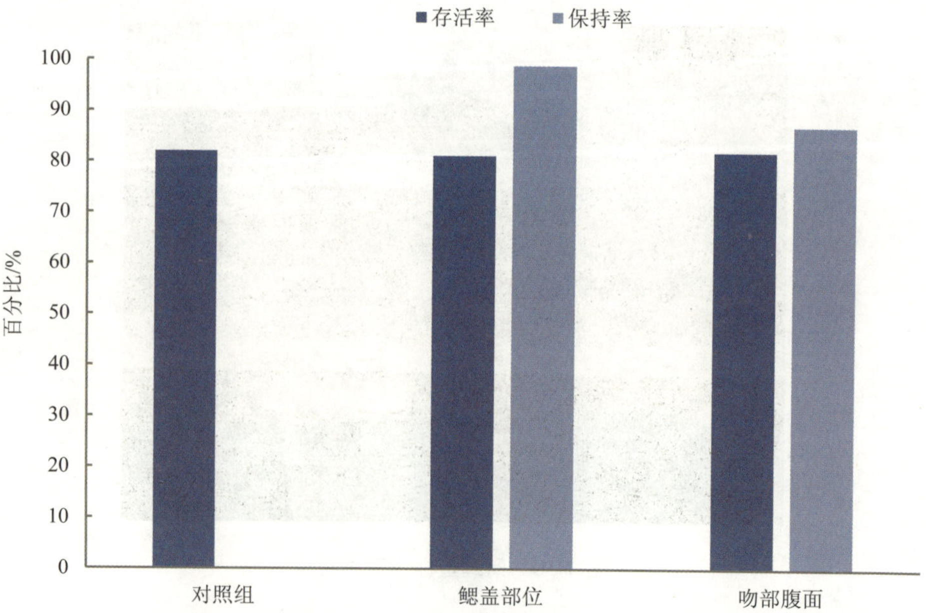

图 11-11　施氏鲟 VIE 标记实验结果

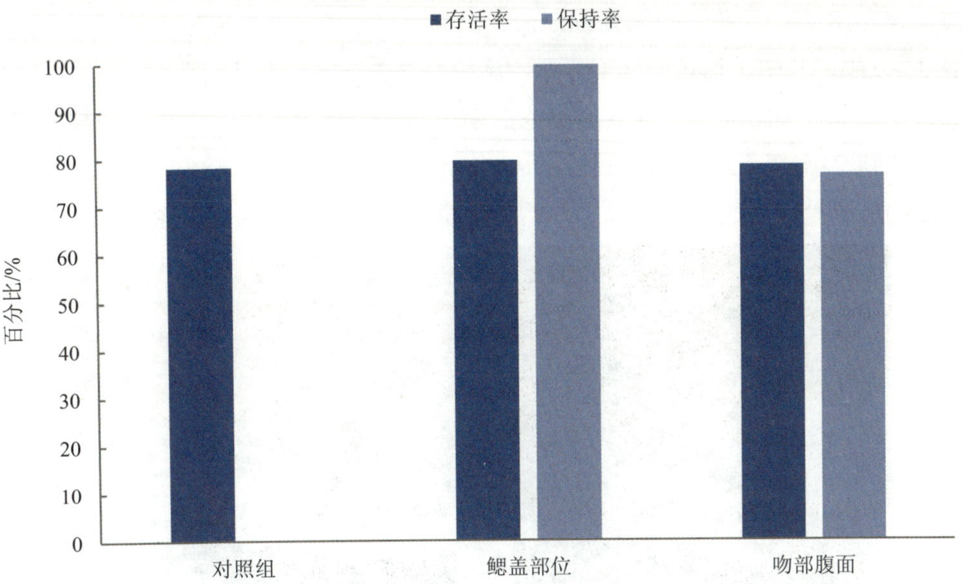

图 11-12　达氏鳇 VIE 标记实验结果

11.4.2　珍稀鱼类增殖放流评估技术

（1）背景介绍

2016—2018 年针对在松花江同江段放流的具有 VIE 标记的施氏鲟和达氏鳇，对标记放流的鱼类进行长期监测，统计其回捕率。对于回捕到的个体，记录其体长、全长和体重等基础生物学数据，以及回捕的时间、距离放流的地点，并带回实验室解剖，对食性进行鉴定。回捕率为一定时间后回捕的个体数与总放流个体数的百分比。

（2）技术要点

通过聘请专业渔民对标记放流的鱼类进行长期监测，统计其回捕率。对于回捕到的个体，记录其体长、全长和体重等基础生物学数据，从回捕率、生长状况等方面对珍稀鱼类增殖放流效果进行评估。增殖放流效果评估技术的具体实施步骤如下：

将完成 VIE 标记的施氏鲟和达氏鳇运输到放流地点，运输时间在 3 h 以上，则停食应在 8～24 h，运输时间在 6 h 以上应降温运输，降温幅度在 10～15℃，鱼和水所占容积约占整个包装袋的 1/3，氧气容积约占 2/3，每个车厢底层放置一层冰袋。标记放流的鱼在浅水水域（0.5～2 m）的缓水区（0.1～0.3 m/s）进行放流。放流后 3 d 开始监测，使用三层流刺网进行捕捞，上午和下午各 1 次。对监测到的放流鱼，记录个数、捕捞时间、捕捞地点，测量放流鱼的全长和体重，然后留下一部分进行解剖取其肠道，另外一部分再次放入江中。统计分析数据，计算其回捕率，估算其资源量恢复情况。

（3）效果分析

2016—2018 年在松花江佳木斯同江段、梧桐河、汤旺河共放流施氏鲟、达氏鳇和大马哈鱼等 21 万尾，其中，达氏鳇 1.3 万尾，施氏鲟 7.7 万尾、大马哈鱼 12 万尾，且达氏鳇和施氏鲟全部进行 VIE 荧光标记，运输成活率达到 98%以上。放流 1 年后回捕显示，施氏鲟回捕率达到 2.4%以上，达氏鳇回捕率达到 1.9%以上，且在松花江同江段示范区施氏鲟和达氏鳇的资源量恢复达到 10%以上，鲟鳇鱼资源得到较好的恢复（图 11-13）。

图 11-13　回捕到的鲟鳇鱼（带有标记）

在松花江支流汤旺河下游、梧桐河下游等进行大马哈鱼放流，共放流 12 万尾，由于大马哈鱼为溯河产卵洄游鱼类，洄游繁殖期为 4～5 年，因此在增殖放流效果评估方面，无法进行深入研究。

11.5 珍稀鱼类生态恢复技术

11.5.1 基本原理

目前珍稀鱼类资源恢复方法主要包括增殖放流和鱼类产卵场修复两方面。增殖放流是对珍稀鱼类资源恢复的直接技术手段，首先，通过对野生亲体或子一代个体进行人工催产获得受精卵，进行受精卵的人工孵化和仔鱼的培育，获得放流的幼鱼。其次，对幼鱼进行标记和回捕监测，对增殖放流效果进行评估。本技术通过放流来补充自然资源量，减缓自然种群资源下降的趋势，实现自然资源的恢复。鱼类栖息地产卵场修复技术是通过在河床上人工种植水生植物，模拟和重建自然环境下鱼类产卵场，为鱼类提供受精卵的附着基质，从而促进鱼类资源的恢复。

11.5.2 工艺流程

主要从两个方面对珍稀鱼类生态进行恢复，具体工艺流程如下（图 11-14）。

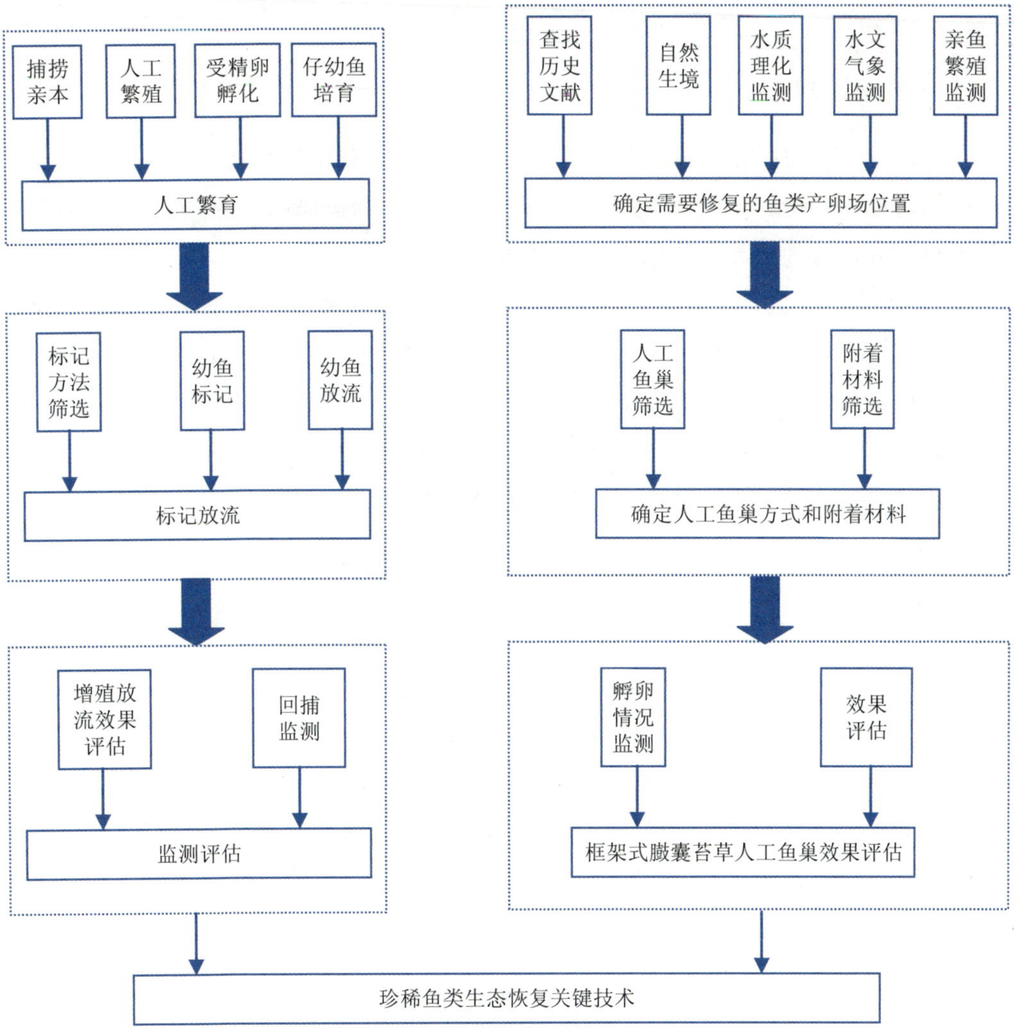

图 11-14 工艺流程图

（1）对珍稀鱼类进行人工增殖放流

分为三步，第一步对珍稀鱼类进行人工繁育，流程为“捕捞亲本—人工催产和繁殖—受精卵孵化—仔幼鱼培育”；第二步为对放流的幼鱼进行标记，流程为“确定标记方法—标记幼鱼—放流幼鱼”；第三步为对标记放流的鱼类进行监测评估，流程为“回捕—增殖放流效果评估”。

（2）对鱼类产卵场进行修复

分为三步，第一步，通过查找历史文献和实地调查，确定需要修复的鱼类产卵场；第二步，通过对框架式、仿生态人工种植式和根系浮板式等多种人工鱼巢进行制作、铺设和示范，从效果、经济成本、工作量等多个方面进行筛选，确定适宜的人工鱼巢方式为框架式人工鱼巢；第三步，对以臌囊苔草为孵卵材料的框架式人工鱼巢的孵卵效果进行效果监测和评估。

11.5.3 技术创新点

1）本技术利用 VIE 荧光标记对施氏鲟和达氏鳇等珍稀放流鱼类进行标记，标记位置为鱼体鳃盖透明组织处，该技术减少了工作量，降低了标记成本，提高了标记的保持率，延长了保持时间，有效提高了珍稀鱼类放流效果评估结果的准确性。

2）本技术通过对框架式、仿生态人工种植式和根系浮板式等多种人工鱼巢的筛选，确定了框架式人工鱼巢为最佳人工鱼巢；通过对当地孵卵材料的筛选，确定了适合作为产卵场基质的材料为臌囊苔草，孵卵率达到 2 000 粒/m^2。

11.6 基于关键种群恢复的生物链修复技术

11.6.1 基本原理

根据北方寒冷气候特征和底栖动物、目标鱼类生活习性特征，在流速缓慢的浅水区、分叉型河流缓水区、浅滩湿地、低洼地蓄水区等水域，通过底栖动物遮避物构建、河岸植物群落恢复、生态堰坝构建、沙洲湿地修复等技术处理，形成多样化生境类型，达到以较小的生态空间构建生物多样性的栖息场所的目的，提高了河流生境多样性，恢复了食物链（网）中的“关键种”。其次利用鳑鲏属、鱊属等和蚌类的“互利共生”关系，实施鱼蚌增殖，按照不同生物量及比例投放土著底栖动物、杂食性鱼类及动物食性鱼类等，通过上行效应对食物网的结构和稳定性产生影响，优化河道生物群落结构，修复河道自然良性生态系统食物网的结构和功能，从而促进水生生物物种多样性的恢复。

11.6.2 工艺流程

本技术针对生物栖息地适宜性差、种群单调、关键物种缺失的问题，采用“河段选择—小生境改造—构筑河岸抛石带与堆石堰坝—实施鱼蚌增殖—增殖放流土著水生生物”的生境构建技术，快速扩大鱼类、底栖动物、两栖类、鸟类栖息地面积，补全生态系统关键种，为顶级捕食者提供丰富食物来源，从而建立完整的生物食物链（网）结构，达到恢复鱼类营养级的目的，具体工艺见图 11-15。

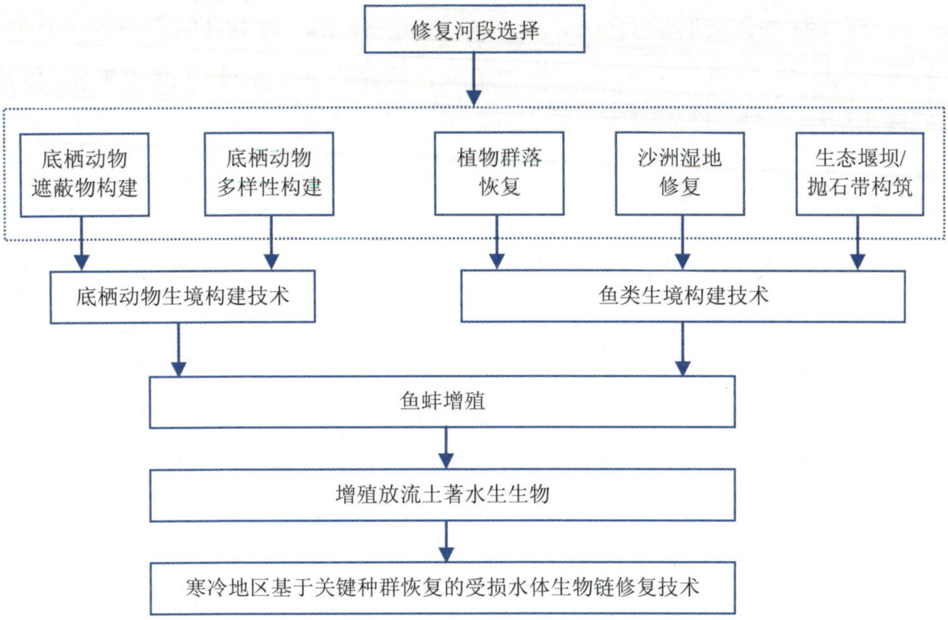

图 11-15　工艺流程图

（1）河段选择

选择流速缓慢的浅水区或分叉型河流缓水区水域作为生境构建河段，一般原则是平水期靠近河岸带 4 m 内的水流流速小于 0.4 m/s，水深大于 0.2 m，且所述生境构建河段的长度至少为 200 m。

（2）小生境改造

沙洲区种植卷边柳、松江柳、水蒿等能够适应沙质底质的的植物，进行沙洲保育，形成植被茂盛的沙洲岛屿，作为生物丰水期觅食、筑巢、产卵、避难的场所；在靠近河岸带水域移栽菖蒲（前排）和东方藨草（后排），构建河岸植被群落，所述河岸植被群落的长度至少为 40 m；在缓流浅水水域间隔开设置多个苔草遮蔽物或种植臌囊苔草，在缓流深水水域间隔开设置多个棕榈皮遮蔽物，相邻两棵臌囊苔草之间的距离为 0.9～1.1 m，作为部分底栖动物及鱼类产卵场及遮蔽场，具体规格参数同上。

（3）构筑河岸抛石带与堆石堰坝

在河岸带平水位线均匀铺设抛石，抛石的延伸长度至少为 100 m，每个斑块式铺设的抛石的宽度不超过 1 m，长度不少于 10 m，相邻两个斑块间距至少为 10 m，抛石最小粒径为 4 cm。堆石堰构高度控制在 0.3 m，宽度控制在 0.8～1.2 m，长度控制在 2.5～3 m。顶面使用 20～40 cm 块石，满足抗冲稳定性要求，下游面较大块石之间间距为 5～10 cm，有助于鱼类等生物的滞留。

（4）实施鱼蚌增殖

在大鳍鱊、兴凯鱊、黑龙江鳑鲏产卵期，雌鱼会将产卵管从河蚌的进水孔插入，把卵产到河蚌的外套腔；河蚌幼体钩介蚴，必须寄生到鱼体上，利用它们之间的“互利共生”关系，在繁殖高峰期 6—8 月，实施鱼蚌增殖。一般原则是在水深 0.2～0.4 m、流速小于 0.4 m/s 的浅水缓流水域，投放圆顶珠蚌、背角无齿蚌的密度为 3～5 个/m^2，宿主鱼密度为 2～3 尾/m^2。

（5）增殖放流土著水生生物

示范区小型杂食性鱼类居多，以外源有机碎屑为营养基础。随着栖息生境的恢复，食物来源增加，高阶消费者对其食源存在“有利捕食”效应，与初级生产者的上行效应相比，下行效应的作用并不明显。因此补充基础资源，添加中间营养级物种，补充缺失的较高营养级物种，利用上行效应影响食物网的结构和功能。以河岸带长度为单位，按照 450～550 g/m 投放卵萝卜螺、中国圆田螺、秀丽白虾等土著底栖动物，按照 45～55 g/m 投放鰲、拉氏鱥、黑龙江花鳅等杂食性鱼类，按照 4.5～5.5 g/m 投放葛氏鲈塘鳢、鲇、犬首鮈等动物食性鱼类。

11.6.3 技术创新点与主要技术经济指标

（1）技术创新点

本技术基于河流水文条件、底栖动物和鱼类生境的改善，恢复食物链（网）中的“关键种”，再按照不同生物量及比例逐步投放螺、蚌、杂食性鱼类等高级水生动物，优化河道生物群落结构，从而修复河道自然良性生态系统食物链的结构和功能。

（2）主要技术经济指标

1）沙洲区种植卷边柳、松江柳、水蒿、东方藨草、长芒稗 5 种根系发达、繁育能力强、土壤肥力要求低、能够适应沙质底质的植物，4—8 月异位移栽成行 1 龄以上的柳树，移栽密度为 1 株/m^2，柳树的行间距为 0.8～1.2 m，移栽后浇水；且成行柳树的成行方向与寒区河流的流动方向一致，在柳树之间斑块式异位移栽水蒿、东方藨草、长芒稗中的至少两种以形成草本植物种群。

2）以河岸带长度为单位，按照 450～550 g/m 投放卵萝卜螺、中国圆田螺、秀丽白虾等土著底栖动物，按照 45～55 g/m 投放鰲、拉氏鱥、黑龙江花鳅等杂食性鱼类，按照 4.5～5.5 g/m 投放葛氏鲈塘鳢、鲇、犬首鮈等动物食性鱼类。

第 12 章　生态修复示范工程建设与效果评估

本章系统介绍了在松花江梧桐河支流开展示范工程设计、建设、监测以及效果评估情况，主要包括农业面源污染控制示范工程、受损滨岸带生境修复示范工程、受损水体生态修复示范工程以及珍稀鱼类恢复示范工程。

12.1　综合示范区概况

本研究在松花江中下游梧桐河汇入松花江的干支流结合处河段建成综合示范区，河段长度 58 km。在示范区内，分别开展农业面源污染控制、受损滨岸带生境修复、受损水体生态修复、珍稀鱼类生态恢复等工程示范（图 12-1），并获取必要的工程参数，为全面开展松花江生态修复工作提供技术支撑。

12.2　农业面源污染控制示范工程

12.2.1　示范工程概况

（1）示范工程位置及范围

农业面源污染控制示范点位于黑龙江省宝泉岭农场（图 12-1）。农田化肥减施与营养补偿技术示范面积约 2 km^2，其中稻田和玉米田各 1 km^2，稻田排水回灌技术示范 1 km^2（与稻田化肥减施与营养补偿技术示范为同一地块），畜禽粪便利用技术示范点 1 个。在该区域的示范内容为农田化肥减施与营养补偿技术、稻田排水回灌技术及畜禽粪便无害化处理技术与资源化利用技术等，该技术示范可提高生物有机肥利用率、排水利用率及畜禽粪便资源利用率。

（2）示范工程主要内容

针对梧桐河流域内的稻田和玉米田、畜禽养殖等产生的农业面源污染物，在农作物水肥调控、渠系输水过程、畜禽粪便利用等关键环节开展农业面源污染物的排放控制，实施农业面源污染控制工程示范。

（3）示范工程建设目标

实施农业面源污染控制面积不低于 2 km^2，农田化肥用量降低 10%以上，畜禽粪便利用率为 90%以上，农田排水利用率为 80%以上。

图 12-1　示范工程总布置图

（4）工程平面布置

农业面源污染示范点示意图见图 12-2。

图 12-2　梧桐河农业面源污染示范点示意图

12.2.2　示范工程方案设计

（1）农业面源源头减排方案设计

稻田化肥减施与营养补偿是在水稻叶龄诊断调控施肥技术的基础上实施水稻化肥减施与营养补偿技术，减施基肥中的化肥 10%，增施生物有机肥 10%。以水稻叶龄模式理论为基础，根据北方寒区的气候特点和水稻需肥规律，按照水稻叶龄生长发育进程进行调控施肥。玉米田化肥减施与营养补偿是在秋季对玉米田进行秸秆全量深翻还田，在次年春季施用的基肥中，尿素施用量减少全年施用量的 10%，使用等量生物有机肥替代，实现作物不减产。稻田排水回灌是将地表水灌溉从渠首引水的干渠沿海拔地势走向贯穿整个水稻种植区，干渠连接支渠，支渠连接斗渠，斗渠连接稻田进水口，稻田排水口连接排水渠，排水渠连接干渠，排水渠中的水进入下游干渠，成为下游稻田的灌溉水；以此类推，对稻田排水进行重复利用。畜禽粪便无害化处理与资源化利用是在粪便中加入稻壳或作物秸秆，调节畜禽粪便的含水量为 60%左右，充分混合后，堆成长条垛，进行无害化处理，杀死畜禽粪便中的病源菌、虫卵和草籽等有害物，堆肥腐熟后，经过自然风干制作有机肥肥料。

（2）农业面源过程消解方案设计

根据河流的水文条件，利用优势植被筛选方法，在植被状况完好的河漫滩区域筛选 3～5 种典型湿地植被，将已筛选的植被按照其适应的水文条件配置在对应的生物过滤带内。该技术具有吸收和控制地表径流中的农业面源污染物的功能，以及发挥促淤造陆和控制土壤侵蚀的效果，是一种快速有效的农业面源污染控制方法，具体技术包括农业面源污染生物过滤带构建技术。

12.2.3 示范工程建设

农业面源污染控制示范点位于黑龙江宝泉岭农场。农田化肥减施与营养补偿技术示范面积约 2 km^2，其中稻田和玉米田各 1 km^2，稻田排水回灌技术示范 1 km^2（与稻田化肥减施与营养补偿技术示范为同一地块），畜禽粪便无害化处理与资源化利用技术示范点 1 个。在该区域的示范内容为化肥减施与营养补偿技术、稻田排水回灌技术及畜禽粪便无害化处理与资源化利用技术等，该技术示范可提高生物有机肥利用率、排水利用率及畜禽粪便资源利用率。

12.2.4 示范工程监测

（1）监测范围

宝泉岭农场稻田玉米田示范点及宝泉岭养牛场。

（2）监测指标

1）稻田、玉米田化肥用量。

2）排水回灌利用率。

3）畜禽粪便资源化利用率。

（3）监测时间

2016 年 5 月、6 月和 8 月，2018 年 5 月、6 月和 8 月。

（4）监测方法

1）农田化肥用量

2016 年秋季，实地走访一线职工及生产部，调查其提供的生产记录，并由宝泉岭农场生产部和梧桐河农场科技科出具证明文件，确定示范前稻田与玉米田的化肥用量。

2016 年 4 月，由黑龙江省农垦科学院分别与宝泉岭农场、梧桐河农场签订示范区减少施用化肥协议，确定化肥减施与营养补偿技术示范的化肥施用方法。第三方监测单位以协议为依据，实地调查生产作业情况，评估 2017 年与 2018 年化肥减施与营养补偿技术的实施情况，以不减产为考核标准，计算减少施用化肥比例。

2）水稻田排水利用率

于 2016 年 5 月、6 月、8 月，前往宝泉岭农场实地调查示范区建设前稻田的排水回灌利用情况，根据主灌渠排水闸的排水量与稻田理论总排水量，评估稻田排水利用率。计算公式如下：

$$P=(Q\times t)/(V\times S) \tag{12.1}$$

式中，P 代表排水利用率；Q 代表流速；t 代表排水时长；V 代表单位面积排水量；S 代表排水回灌示范区面积。

示范区完工后，于 2018 年 5 月、6 月、8 月，前往宝泉岭农场实地调查该农场水稻田的排水回灌利用情况，根据主灌渠排水闸的排水与灌水全氮含量及排水量，计算稻田排水回灌率。

3）畜禽粪便利用率

2016 年秋季，前往宝泉岭农场养牛基地调查牛粪产出量，计算分析当前现有设施基础下的牛粪利用率。2018 年年初，黑龙江省农垦科学院与宝泉岭农场养牛基地签订科技合作协议，在该养牛基地地下储粪池保存生粪，由黑龙江农垦三龙生物肥有限公司进行回收并实施畜禽粪便无害化处理技术，并加工生产有机肥。根据利用比例计算畜禽粪便利用技术示范的牛粪利用率。

（5）监测结果

1）化肥减施监测结果

2016 年秋季，示范前，稻田与玉米田的化肥平均施用量分别为 513 kg/hm^2、500 kg/hm^2。示范后，化肥平均施用量为 450 kg/hm^2，稻田与旱田的化肥减用比例为 12.28%、10%（具体值见表 12-1、表 12-2）。

表 12-1　示范前后稻田施肥量统计

施肥时间	示范前			示范后				总化肥减施比例/%
	尿素/kg	二胺/kg	钾肥/kg	尿素/kg	二胺/kg	钾肥/kg	生物肥/kg	
4 月 20—22 日	125	100	50	90	100	50	30	
5 月 18—20 日	125	0	0	100	0	0	20	
6 月 10—12 日	63	0	50	60	0	50	0	
合计	513			450			50	12.28

表 12-2　示范前后玉米田施肥量统计

施肥时间	示范前			示范后				总化肥减施比例/%
	尿素/kg	二胺/kg	钾肥/kg	尿素/kg	二胺/kg	钾肥/kg	生物肥/kg	
4 月 25—27 日	200	100	100	150	100	100	50	
6 月 10—12 日	100	0	0	100	0	0	0	
合计	500			450			50	10

2）排水回灌监测结果

示范区建成后，稻田理论排水量为 1 467 t，主渠末端水闸排水量为 0 t，理论排水回灌率为 100%，扣除水渠内 10.4%的排水流失率，示范区内稻田排水回灌率为 89.6%（表 12-3）。

表 12-3 示范区稻田排水回灌比例

排水时间	稻田		主渠末端水闸			理论排水回灌率/%
	单位排水量/（t/亩）	排水量/t	流速/（t/h）	排放时间/h	排水量/t	
5 月 10 日	0.36	546	0	0	0	
6 月 25 日	0.44	662	0	0	0	
8 月 25 日	0.17	259	0	0	0	
合计	1 467					100

3）畜禽粪便利用监测结果

2016 年秋季，示范区建设前宝泉岭农场养牛基地养牛数量为 531 头，每头牛每天平均排粪量约为 20 kg，每年产粪共计 3 876 t，含水率为 76%，干物质年产量为 930 t。通过晾晒、堆放，次年产出农家肥约 360 t。

示范区建成后，基地当年养牛数量为 583 头，每年产粪共计 4 256 t，干物质年产量为 1 021 t。通过地下储粪池保存，覆膜发酵处理，发酵后干物质产出 931 t。牛粪综合利用率 91.2%。

12.2.5 示范工程效果评估

（1）稻田农业面源污染源头控制技术示范点

示范田设在黑龙江省宝泉岭农场 2 连 15-1、15-2、10-1、10-2、27-1、30-1 号地，地理坐标：130°30′04″E，47°23′33″N，土地属性为国有，租地用户为农场试验站，示范田面积：100 hm^2（1 km^2），土壤类型为暗色草甸土，土壤有机质为 41.7 g/kg，土壤全氮为 2.1 g/kg，土壤全磷为 35.3 mg/kg，土壤速效磷为 0.158 mg/kg，土壤速效钾为 15.7 mg/kg，土壤 pH 为 5.4；示范时间：2016 年 5 月—2018 年 10 月；示范技术：排水回灌技术、水稻叶龄诊断调控灌溉施肥技术。示范田基本信息见表 12-4。

表 12-4 水稻示范田基本信息（总面积：109 hm^2）

地号	种植面积/hm^2	坐标	水稻品种	施肥量/（kg/hm^2）	水稻产量/（kg/hm^2）
15-1	10.5	130°30′04″E 47°23′33″N	稼禾 18	450	9 150
15-2	16.8	130°29′52″E 47°23′22″N	稼禾 18	450	9 060
10-1	21.9	130°29′57″E 47°23′01″N	稼禾 18	450	9 210
10-2	16.7	130°30′07″E 47°23′02″N	稼禾 18	450	9 330
27-1	20.6	130°30′15″E 47°23′02″N	稼禾 18	450	8 960
30-1	22.5	130°30′24″E 47°23′01″N	稼禾 18	450	8 970

本项示范的目标为农田化肥用量降低 10%，农田排水利用率达到 80%，2014—2018 年水稻示范田施肥与灌溉水量见表 12-5。

表 12-5　2014—2018 年水稻示范田施肥与灌溉水用量

年份	水稻品种	水稻产量/（kg/hm²）	化肥施用量/（kg/hm²）	灌溉水量/（t/hm²）
2014	稼禾 18	8 930	500	2 900
2015	稼禾 18	9 000	450	2 800
2016	稼禾 18	9 050	450	3 000
2017	稼禾 18	9 050	450	2 500
2018	稼禾 18	9 050	450	2 400

稻田排水回灌技术示范：地表水灌溉从渠首引水的干渠沿海拔地势走向贯穿整个水稻种植区，干渠连接支渠，支渠连接斗渠，斗渠连接水稻田进水口，上游水稻田排水口连接排水渠，排水渠连接下游干渠，排水渠中的水进入下游干渠，成为下游水稻田的灌溉水；以此类推，对稻田排水进行重复利用。

水稻化肥减施与营养补偿技术示范：在水稻叶龄调控施肥技术的基础上，减施化肥 10%，增施生物有机肥 10%，通过增施生物有机肥保证作物不减产。

1）稻田排水回灌技术示范效果

稻田排水分 3 个时期：泡田水、分蘖期晒田水和成熟期晒田水，评估的排水量为 300～400 t/hm²，排水经过灌溉水渠，被下游稻田重复利用，即可节约水资源，还减轻了农业面源污染，应用本项技术示范，经过 4 年的示范评估，排水利用率为 83.33%～85.71%（表 12-6）。

表 12-6　2014—2018 年水稻示范田灌溉排水利用率

年份	水稻品种	水稻产量/（kg/hm²）	排水总量/（t/200 hm²）	排水回灌总量/（t/200 hm²）	排水回灌率/%
2014	稼禾 18	8 930	60 000	0	0
2015	稼禾 18	9 000	60 000	50 000	83.33
2016	稼禾 18	9 050	65 000	55 000	84.62
2017	稼禾 18	9 050	70 000	60 000	85.71
2018	稼禾 18	9 100	65 000	55 000	84.62

2）水稻化肥减施与营养补偿技术示范效果

水稻施用化肥（二铵、尿素和氯化钾）商品量为 450～500 kg/hm²，本示范田化肥施用量为 450 kg/hm²，200 hm² 示范田每年施用化肥总量为 90 t，减施 10%化肥量，增施生物有机肥 10%，可保证水稻不减产，化肥减施技术主要是减少基肥中的化肥施用量（表 12-7）。

表 12-7 2014—2018 年水稻示范田化肥施用情况

年份	水稻品种	水稻产量/（kg/hm^2）	化肥施用量/（t/200 hm^2）	化肥减施量/（t/200 hm^2）	化肥减施率/%
2014	稼禾 18	8 930	90	0	0
2015	稼禾 18	9 000	90	9	10
2016	稼禾 18	9 050	90	9	10
2017	稼禾 18	9 050	90	9	10
2018	稼禾 18	9 100	90	9	10

（2）玉米田农业面源污染源头控制技术示范点

示范田设在黑龙江省宝泉岭农场 24 连 1-2、1-3 号地，地理坐标：130°35′26″E，47°22′44″N，土地属性为国有，租地用户为农场试验站，示范田面积：100 hm^2（1 km^2），土壤类型为沙壤土，土壤有机质为 34.7 g/kg，土壤全氮为 1.5 g/kg，土壤全磷为 17.7 mg/kg，土壤速效磷为 0.106 mg/kg，土壤速效钾为 12.7 mg/kg，土壤 pH 为 5.6；示范时间：2016 年 5 月—2018 年 10 月；示范技术：玉米田化肥减施与营养补偿技术。示范田详细信息见表 12-8。

表 12-8 示范田信息（总面积：107 hm^2）

地号	种植面积/hm^2	坐标	玉米品种	施肥量/（kg/hm^2）	玉米产量/（kg/hm^2）
1-2	81.5	130°35′37″E 47°24′45″N	德美亚 3	450	16 770
1-3	25.7	130°36′15″E 47°24′45″N	德美亚 3	450	16 770

本项示范的目标为化肥减施技术示范，在目前农场常用施肥量的基础上，减施化肥 10%，增施生物有机肥 10%，通过增施生物有机肥保证作物不减产。

玉米施用化肥（二铵、尿素和氯化钾）商品量为 450～500 kg/hm^2，本示范田化肥施用量为 450 kg/hm^2，每公顷每年施用化肥总量为 16.5 t，减施 10%化肥量，增施生物有机肥 10%，可保证玉米不减产，化肥减施技术主要是减少基肥中的化肥施用量（表 12-9、表 12-10）。

表 12-9 2014—2018 年玉米示范田施肥量

年份	玉米品种	玉米产量/（kg/hm^2）	施肥量/（kg/hm^2）
2014	德美亚 3	16 500	500
2015	德美亚 3	16 500	450
2016	德美亚 3	16 500	450
2017	德美亚 3	16 770	450
2018	德美亚 3	16 800	450

表 12-10　2014—2018 年玉米示范田化肥施用情况

年份	玉米品种	玉米产量/（kg/hm^2）	化肥施用量/（kg/hm^2）	化肥减施量/（kg/hm^2）	化肥减施率/%
2014	德美亚 3	16 500	500	0	0
2015	德美亚 3	16 500	500	0	10
2016	德美亚 3	16 500	450	50	10
2017	德美亚 3	16 770	450	50	10
2018	德美亚 3	16 800	450	50	10

12.2.6　小结

针对松花江流域面源污染日趋严重的问题，突破了农业面源污染控制技术。采用单项技术突破与技术集成创新相结合的研究方法，通过源头减排技术（化肥减施与营养补偿、排水回灌和畜禽粪便资源化利用技术）和过程消解技术（生物过滤带构建技术），在农作物水肥调控、渠系输水过程、畜禽粪便利用等关键环节控制流域内农田 N、P 和灌溉水的排放，减轻农业面源污染，并在梧桐河农场和宝泉岭农场的示范田及部分河段完成了农业面源污染控制关键技术示范。示范区生态调查及第三方监测结果表明，示范区农田的化肥减施比例为 10.5%，粮食不减产；水稻田排水回灌利用率为 89.6%；牛粪综合利用率为 91.2%。实现了节本增效、节能减排的目标。

12.3　受损滨岸带生境修复示范工程

12.3.1　示范工程概况

（1）示范工程位置及范围

示范工程研究区域位于黑龙江省鹤岗市辖区与萝北县分界处的梧桐河中下游流域。受损滨岸带生境修复示范工程包括梧桐河大桥示范点、小山亮子示范点以及梧桐河农场大桥示范点。梧桐河大桥示范点位于梧桐河中游宝泉岭农垦管理局梧桐河大桥附近，修复长度为 600 m。示范工程实施之前，区内主要为荒地及裸露滩地，人为干扰主要为放牧、采沙、建设施工等，滨岸带植被缺失、地表裸露、岸坡沙化与崩塌严重。小山亮子示范点位于梧桐河农场小山亮子村，修复长度约为 200 m。实施生态修复之前，区内主要为荒地及裸露滩地，存在植被缺失、地表裸露、基质沙化严重现象，人为干扰主要为放牧、采沙等。梧桐河农场大桥示范点，位于宝泉岭农垦管理局梧桐河农场大桥附近，滨岸带修复长度为 300 m。实施生态修复之前，区内主要为植被退化区，存在植物群落退化、层次结构缺失等现象，人为干扰主要为放牧、围垦等。

（2）示范工程主要内容

针对滨岸带原生植被退化、岸坡沙化与坍塌以及生物多样性降低等生态问题，从改善滨岸带沙化区环境条件、构建两栖动物栖息地、恢复植物群落等方面入手，运用两栖动物栖息地构建与适生区植物群落构建等关键技术，实施受损滨岸带生境修复工程示范。

（3）示范工程建设目标

示范区内实施生境修复河段长度 30 km 以上，近自然河道恢复比例提高 20%以上；滨岸带物种多样性提高 30%以上，适生区域植被覆盖率达到 80%以上。

（4）工程平面布置

依据示范工程区生态环境特征，采取的主要技术手段及布局如图 12-3 所示。

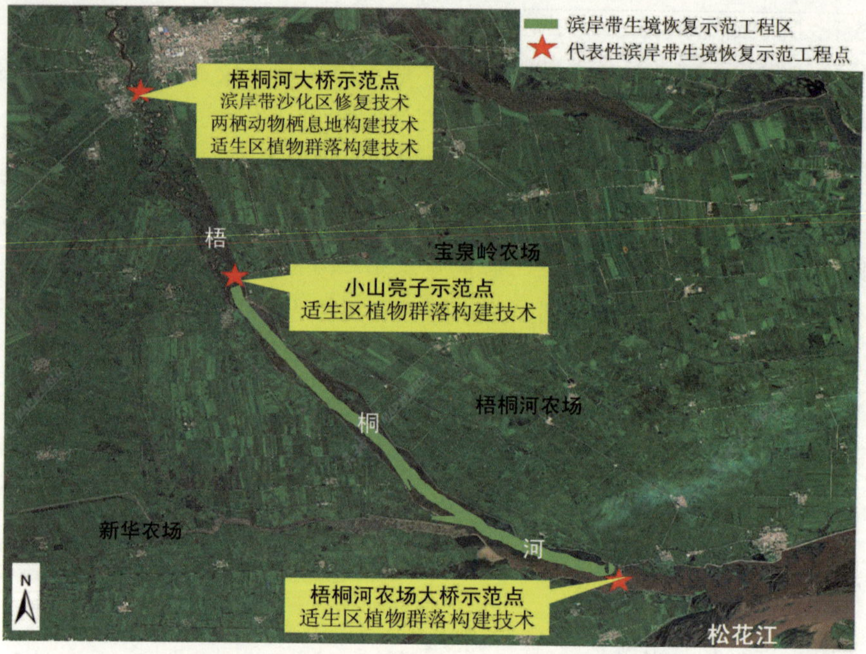

图 12-3 示范点位置及技术应用情况示意图

12.3.2 示范工程方案设计

（1）滨岸带沙化区修复方案设计

通过降坡度扩增植物群落着生区，栽柳丛提升岸坡基质稳固性，编栅降低岸坡基质流动性，植草增大地表径流拦蓄力，达到改善基质稳定性、植物适生性的目的，从而提升滨岸带植被覆盖度、物种多样性；通过补添生物有机质、填充富营养土团，达到改良基质营养物质组分的目的，从而形成适宜植物着生的基床，最终构建稳定的滨岸带生态系统，恢复滨岸带物质、能量和信息的廊道功能。具体技术包括沙化基质快速改良技术和沙质陡坡生态固护技术。

（2）两栖动物栖息地构建方案设计

根据两栖动物生命周期的过程及特性，从功能分区角度统筹分析两栖动物栖息地的结构组成，将两栖动物栖息地划分为产卵育幼场、觅食场、避难场以及冬眠场四大功能区。依据此方式构建的两栖动物栖息地，包含两栖动物繁殖、发育、摄食以及越冬场等场所，可基本满足两栖动物生命活动对能量的需求。具体技术包括两栖动物栖息地构建技术。

（3）适生区植物群落生态修复方案设计

基于流域内植物种类、生活型、水分需求、生态种组和功能群等特征，结合待恢复区的立地条件，依据生态位、演替理论和扩散理论，充分考虑滨岸带植物群落的完整性，水平方向上按照湿生/沼生、中生、旱生的分类，垂直方向上按照乔、灌、草方式，构建结构合理、空间利用率高的植物群落。具体技术包括植物群落选配技术、植物种群扩繁技术和植物移栽技术。

12.3.3　示范工程建设

（1）梧桐河大桥示范点

1）工程区现状

宝泉岭大桥工程示范点位于宝泉岭农垦管理局宝泉岭大桥处，区内主要为荒地及裸露滩地，人为干扰主要为放牧、采沙、建设施工等，滨岸带植被缺失、岸坡沙化与崩塌严重。示范技术主要包括植物群落构建技术、动物栖息地构建技术、滨岸带沙化区修复技术。

2）工艺流程

示范工程开展的主要流程包括确定实施工程示范的滨岸带区段，借助沙化区修复技术、两栖动物栖息地构建技术和适生区植物群落构建技术开展滨岸带生境修复，从而实现受损滨岸带生境恢复（图 12-4）。

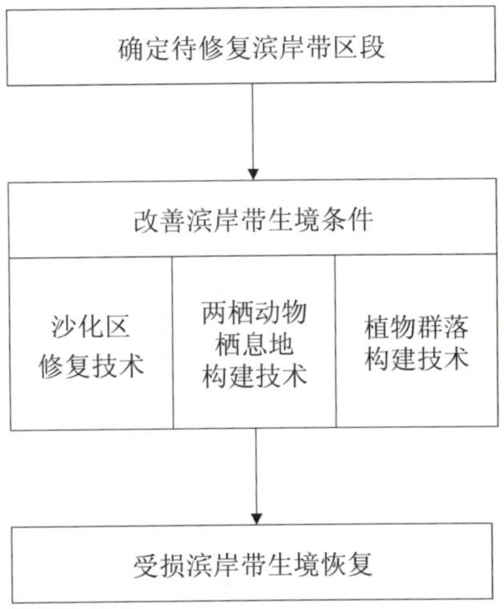

图 12-4　梧桐河大桥示范点生境恢复工艺流程

（2）小山亮子示范点

1）工程区现状

小山亮子工程示范点位于宝泉岭农垦管理局小山亮子村附近，区内主要为荒地及裸露滩地，存在植被缺失、基质沙化严重现象，人为干扰主要为放牧、采沙等。示范技术为植物群落构建技术。

2）工艺流程

开展植物群落背景值调查，确定植物群落配置物种；针对备选植物种开展植物种群扩繁和植物移植，初步完成植物群落的构建（图 12-5）。

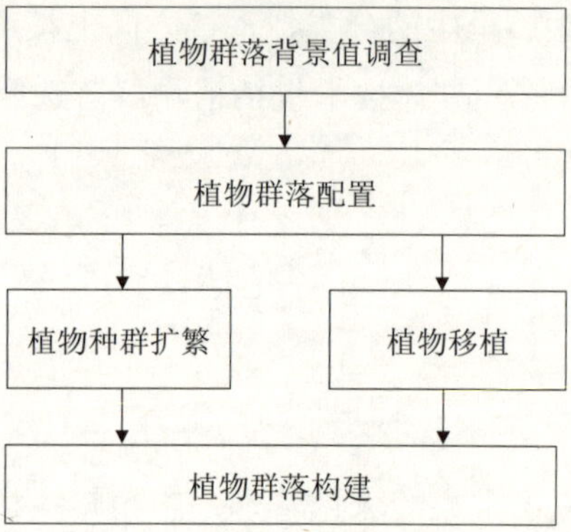

图 12-5 小山亮子示范点植物群落构建工艺流程

（3）梧桐河农场大桥示范点

1）工程区现状

梧桐河农场大桥工程示范点位于宝泉岭农垦管理局梧桐河农场大桥附近，区内主要为植被退化区，存在植物群落退化、层次结构缺失、物种多样性差等问题，人为干扰主要为放牧、围垦等。示范技术为植物群落构建技术。

2）工艺流程

根据待修复区域的生境特征，自植物群落特征数据库配置植物群落；针对备选植物种开展植物种群扩繁和植物移植，完成植物群落的构建，具体工艺流程见图 12-6。

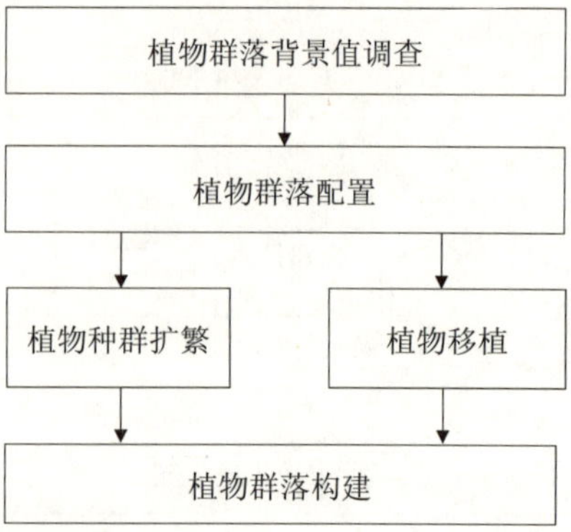

图 12-6 梧桐河农场大桥示范点植物群落构建工艺流程

12.3.4　示范工程监测

12.3.4.1　监测方案

（1）监测范围

梧桐河大桥至梧桐河农场大桥段。

（2）监测指标

1）植物群落：植被种类、高度、盖度。

2）昆虫群落：种类组成、密度。

3）两栖爬行动物群落：种类组成、密度。

（3）监测时间

示范工程建设前：2016 年 6 月，示范工程建设后：2018 年 8 月和 9 月。

（4）采样分析方法

1）植物群落

采用样方法，其中乔灌样方 5 m×5 m 测样方、草本样方 1 m×1 m 测样方，记录并计算样方内植被种类、高度、盖度。

2）昆虫群落

网捕法——①扫网，对草地等的非特定昆虫目标进行扫网网捕，主要收集隐藏在杂草及灌木丛中的昆虫（包括直翅目等有翅或革翅目等无翅种类）；②空网，用于采集鳞翅目、膜翅目、双翅目、蜻蜓目、脉翅目等善于飞行的昆虫；③捞网，用于采集鞘翅目水龟虫科、龙虱科、半翅目黾蝽科等水生昆虫成虫，以及膜翅目、蜻蜓目等昆虫的水生幼虫；④刮网，用于采集鞘翅目天牛科、金龟科等生活在树皮、朽木上的昆虫。

陷阱法——选择草地间空地、花丛集中地等典型地点，诱捕瓶中放置食糖等诱捕剂对地表昆虫、食蜜昆虫等进行陷阱诱捕。

振落法——对灌木、幼龄乔木等小型树木上的假死昆虫、寄生昆虫、附生昆虫等不善飞行昆虫的寄主、宿主植物进行突然振击，使其落入网中。主要收集鞘翅目、革翅目、半翅目成虫和鳞翅目幼虫。

灯诱法——利用昆虫成虫的趋光性用黑光灯对昆虫进行诱捕。主要收集夜行性鳞翅目蛾类、鞘翅目、螳螂目等昆虫的成虫。

3）两栖爬行动物

采用样线和样方相结合方式。根据各个不同示范样区的生境类型、面积大小及形状，在区域内随机设置样方和样线以进行调查，样线多采用 100 m×20 m 样带，样方主要采用 100 m×100 m 和 100 m×50 m。

12.3.4.2 监测结果

（1）植被方面

工程前，梧桐河大桥示范点植物群落构成种均值约为 5.6 种/m^2，植被覆盖度均值约为 54.3%；小山亮子示范点植物群落构成种均值约为 6.3 种/m^2，植被覆盖度约为 59.1%；梧桐河农场大桥示范点植物群落构成种均值约为 4.3 种/m^2，植被覆盖度均值约为 73.1%。

工程后，工程区内植物群落结构发生明显改变，植物种数明显增加，植被覆盖度和物种生物多样性均明显提高。2018 年 8 月，梧桐河大桥示范点植物群落构成种均值约为 14.9 种/m^2，植被覆盖度均值约为 79.2%；小山亮子示范点植物群落构成种均值约为 7.8 种/m^2，植被覆盖度均值约为 76.8%；梧桐河农场大桥示范点植物群落构成种均值约为 5.8 种/m^2，植被覆盖度均值约为 98.0%。9 月，3 处示范点的植物群落构成种均值分别约为 13.2 种/m^2、7.4 种/m^2 和 5.3 种/m^2，植被覆盖度均值分别约为 81.0%、90.7%和 81.4%。

（2）昆虫方面

工程前，梧桐河大桥示范点共记录观测到 8 目（蜻蜓目、直翅目、半翅目、鞘翅目、脉翅目、鳞翅目、双翅目和膜翅目）36 种昆虫；小山亮子示范点共记录观测到 9 目（蜻蜓目、直翅目、半翅目、革翅目、鞘翅目、脉翅目、鳞翅目、双翅目和膜翅目）33 种昆虫；梧桐河农场大桥示范点共调查记录到 8 目（蜻蜓目、直翅目、半翅目、革翅目、鞘翅目、鳞翅目、双翅目和膜翅目）44 种昆虫。

工程后，示范区内昆虫群落结构发生了较大变化，包括物种数量和昆虫科目数。梧桐河大桥示范点共记录观测到 9 目（蜻蜓目、直翅目、半翅目、革翅目、鞘翅目、脉翅目、鳞翅目、双翅目和膜翅目）47 种昆虫；小山亮子示范点记录观测到 9 目（蜻蜓目、直翅目、半翅目、革翅目、鞘翅目、脉翅目、鳞翅目、双翅目和膜翅目）44 种昆虫；梧桐河农场大桥示范点共记录到 8 目（蜻蜓目、直翅目、半翅目、鞘翅目、脉翅目、鳞翅目、双翅目和膜翅目）39 种昆虫。

（3）两栖动物

工程后，梧桐河大桥示范点黑斑侧褶蛙和东北林蛙的分布区均有所扩大；东北林蛙、黑斑侧褶蛙和东北雨蛙的种群数量有所提高，其中东北林蛙的种群密度由 2016 年的 0 只/hm^2 增加至 2018 年的 2 只/hm^2、黑斑侧褶蛙的种群密度由 2016 年的 0 只/hm^2 增加至 2018 年的 7 只/hm^2、东北雨蛙的种群密度由 2016 年的 1 只/hm^2 增加至 2018 年的 2 只/hm^2（表 12-11、表 12-12）。

表 12-11 技术应用前后两栖动物种类与分布调查

	工程前	工程后
花背蟾蜍	○	○
东北林蛙	○	●

	工程前	工程后
黑斑侧褶蛙	○	●
东北雨蛙	●	●

注：○代表样方内没有调查到此物种，●代表样方内调查到此物种。

表 12-12　梧桐河大桥示范点两栖动物种群密度

物种	样方的种群密度/（只/hm^2）		样方的种群密度/（只/hm^2）	
	2017 年	2018 年	2017 年	2018 年
花背蟾蜍	0	0	0	0
东北林蛙	0	2	0	0
黑斑侧褶蛙	0	0	0	7
东北雨蛙	0	0	1	2

此外，实施两栖动物栖息地构建技术示范一年后，在构建的两处两栖动物产卵育幼场内，均发现了东北林蛙成体蛙、幼蛙及蛙卵，蛙卵团数达到了 18 团/塘，成体蛙数量为 8.5 只/塘，幼蛙密度 4～28 只/m^2；在成体觅食场和幼体与成体迁移通道内，也均发现东北林蛙成体蛙数量增加，技术应用后较应用前数量增加了 1～2 倍，同时还发现了幼蛙（表 12-13、图 12-7）。

表 12-13　两栖动物栖息地构建技术应用前后的两栖动物种群特征

地点		调查时间	位置	
			成体觅食场和幼体、成体迁移通道	产卵育幼场
梧桐河大桥	技术应用前	2016年4月	—	无产卵育幼场
		2016年7月	成体蛙 1×10^{-4} 只/m^2	无产卵育幼场
	技术应用后	2018年4月	—	近岸处 11 团蛙卵、5 只成体蛙；远岸处 6 团蛙卵、2 只成体蛙
		2018年7月	成体蛙 2×10^{-4} 只/m^2、幼蛙 1×10^{-4} 只/m^2	近岸处幼蛙 23 只/m^2；远岸处幼蛙 6 只/m^2
采沙迹地	技术应用前	2016年4月	—	无产卵育幼场
		2016年7月	成体蛙 1×10^{-4} 只/m^2	无产卵育幼场
	技术应用后	2018年4月	—	近岸处 13 团蛙卵、6 只成体蛙；远岸处 6 团蛙卵、4 只成体蛙
		2018年7月	成体蛙 3×10^{-4} 只/m^2、幼蛙 2×10^{-4} 只/m^2	近岸处幼蛙 28 只/m^2；远岸处幼蛙 4 只/m^2

图 12-7　两栖动物产卵育幼活动

12.3.5　示范工程效果评估

（1）滨岸带植被覆盖率分析

经工程示范后，示范工程区域内的植被覆盖度低、物种多样性低以及岸坡崩塌等生态问题均得到有效解决，3 处示范点的适生区域植被覆盖率达到 80%以上。其中，梧桐河大桥示范点植被覆盖度由 54.3%提高到了 80.1%，覆盖度提高比例约为 48%（图 12-8）。

示范前（2016 年 6 月）　　示范后（2018 年 9 月）

图 12-8　梧桐河大桥示范点工程示范前后植物群落变化效果

小山亮子示范点植被覆盖度由 59.1%提高到了 83.7%，覆盖度提高比例约为 42%（图 12-9）。

示范前（2016 年 6 月）　　　　示范后（2018 年 9 月）

图 12-9　小山亮子示范点工程示范前后植物群落变化效果

梧桐河农场大桥示范点植被覆盖度由 73.1%提高到了 89.7%，覆盖度提高比例约为 23%。

（2）滨岸带物种多样性分析

1）昆虫物种多样性分析

梧桐河大桥示范点，昆虫群落香农多样性指数、均匀度指数均有所升高，其中香农多样性指数由 1.794 升高到了 1.980，均匀度指数由 0.339 升高到了 0.375；优势度指数变化不大，由 0.850 变化至 0.839（图 12-10）。就昆虫种群数量而言，示范后蜻蜓目、半翅目、革翅目、鞘翅目、脉翅目、鳞翅目和膜翅目昆虫密度增加（图 12-11）。其中，鳞翅目昆虫北冷珍蛱蝶（*Clossiana selene*）、明珍蛱蝶（*Clossiana oscarus*）密度最大，蜻蜓目昆虫东亚异痣蟌（*Ischnura asiatica*）密度最大，半翅目昆虫横纹菜蝽（*Eurydema gebleri*）密度最大，且以上种类为该样地优势种。

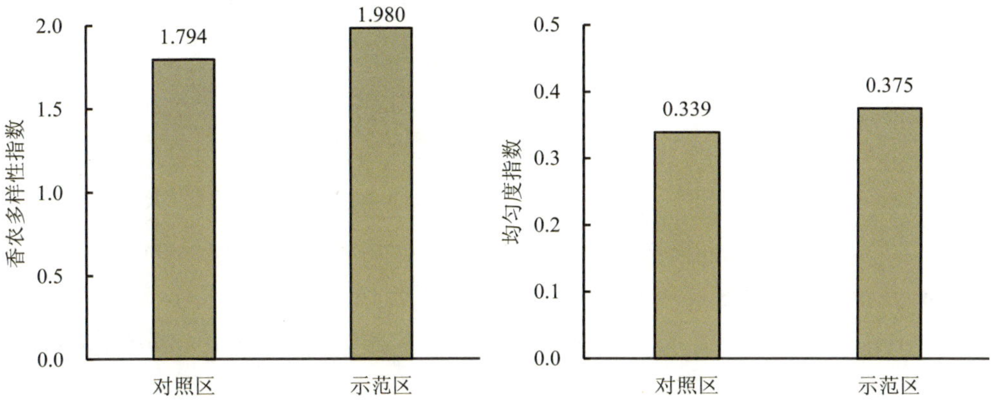

（a）香农多样性指数　　　　（b）均匀度指数

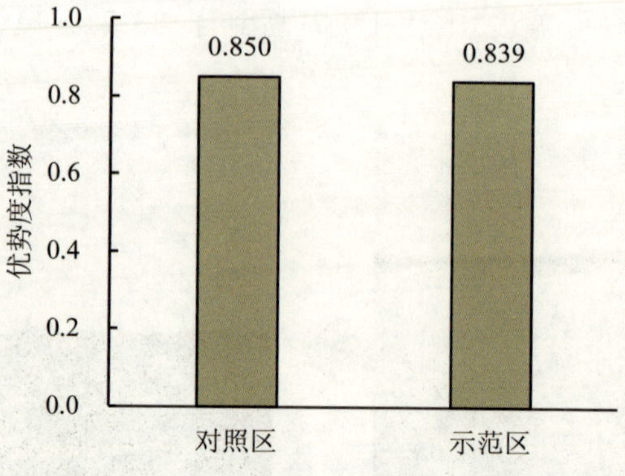

（c）优势度指数

图 12-10 示范工程对梧桐河大桥昆虫群落优势度的影响

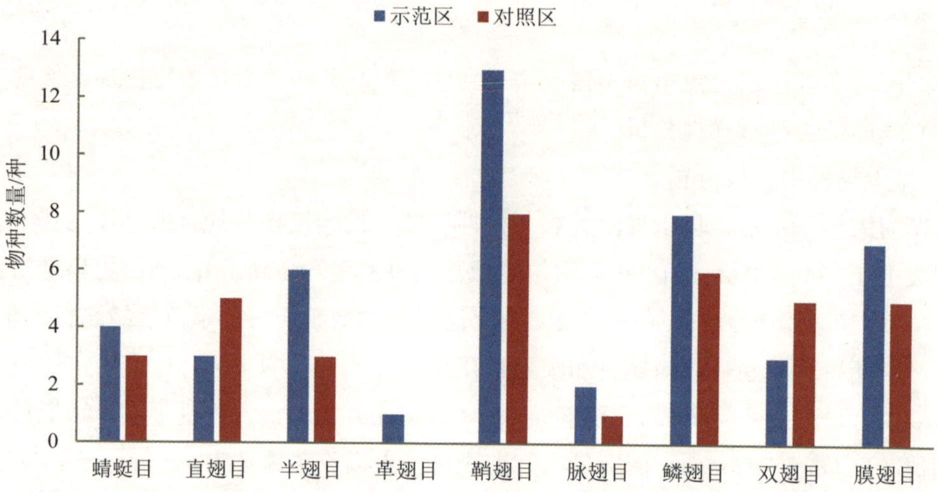

图 12-11 梧桐河大桥工程示范前后昆虫群落的变化

小山亮子示范点，昆虫群落香农多样性指数、均匀度指数和优势度指数均有所升高，其中香农多样性指数由 1.599 升高到了 1.916，均匀度指数由 0.302 升高到了 0.362，优势度指数由 0.857 升高到了 0.861（图 12-12）。工程示范后，鳞翅目孔雀蛱蝶（*Vanessaio gfeisha*）、黑纹粉蝶（Pieris meleta），蜻蜓目褐带赤蜻（*Sympetrum pedemontanum*）、三叶黄丝蟌（*Sympecma paedisca*）、黑色蟌（*Agrion atratum*），直翅目中华稻蝗（*Oxya chinensis*）、黑色油葫芦（*Gryllus testaceus*），膜翅目熊蜂，脉翅目多斑草蛉（*Chysopa intima*）密度最大（图 12-13）。

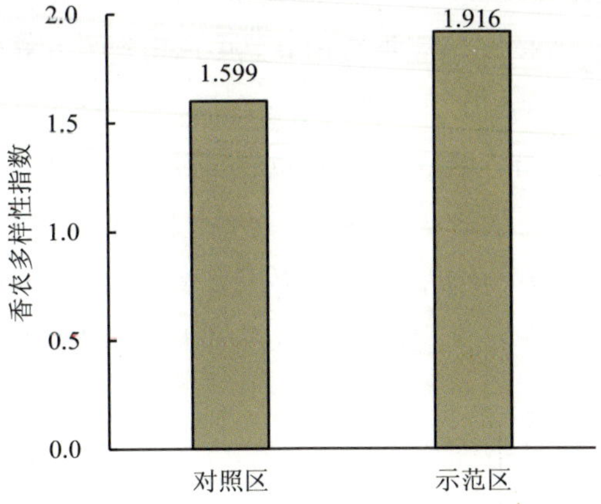

（a）香农多样性指数

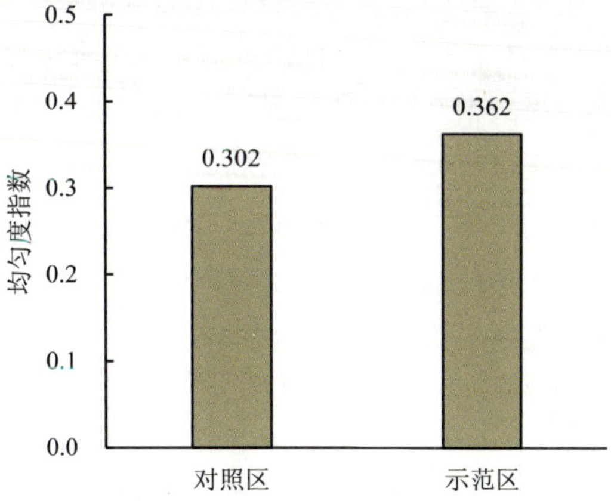

（b）均匀度指数

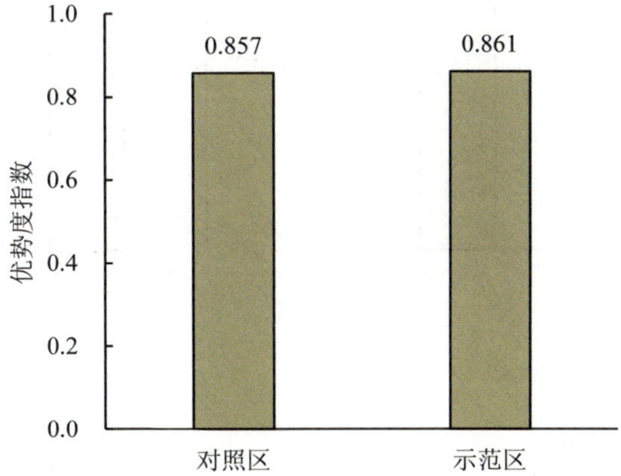

（c）优势度指数

图 12-12　示范工程对小山亮子昆虫群落优势度的影响

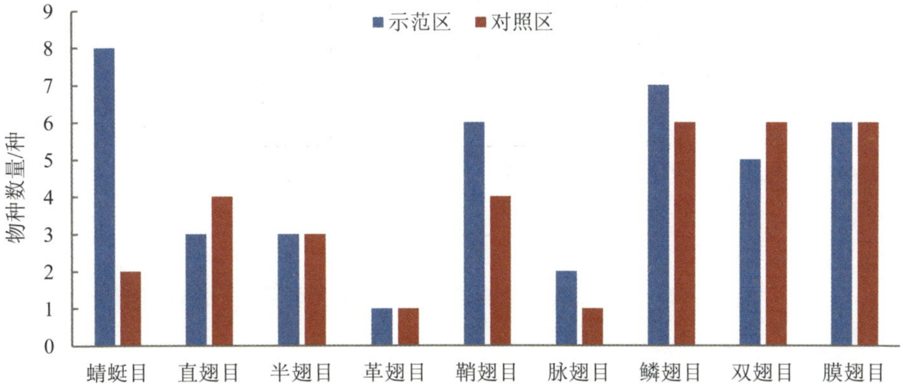

图 12-13　小山亮子工程示范前后昆虫群落的变化

梧桐河农场大桥示范点，昆虫群落香农多样性指数、均匀度指数和优势度指数均发生了变化，其中香农多样性指数由 1.580 变化为 1.568，均匀度指数由 0.299 升高到了 0.300，优势度指数由 0.837 升高到了 0.854（图 12-14）。示范工程区内，土壤湿润，昆虫群落中主要有蜻蜓目三叶黄丝蟌（*Sympecma paedisca*）、褐带赤蜻（*Sympetrum pedemontanum*）、半翅目大青叶蝉（*Tettigoniella viridis*）、脉翅目多斑草铃（*Chysopa intima*）、条斑次蚁蛉（*Deutoleon lineatus*），鞘翅目赤杨叶甲（*Agelastica coerulea*）种群数量密集，为优势种；直翅目昆虫、膜翅目蚁科昆虫较少。此样区大型昆虫较少（图 12-15），小型昆虫密集度高。

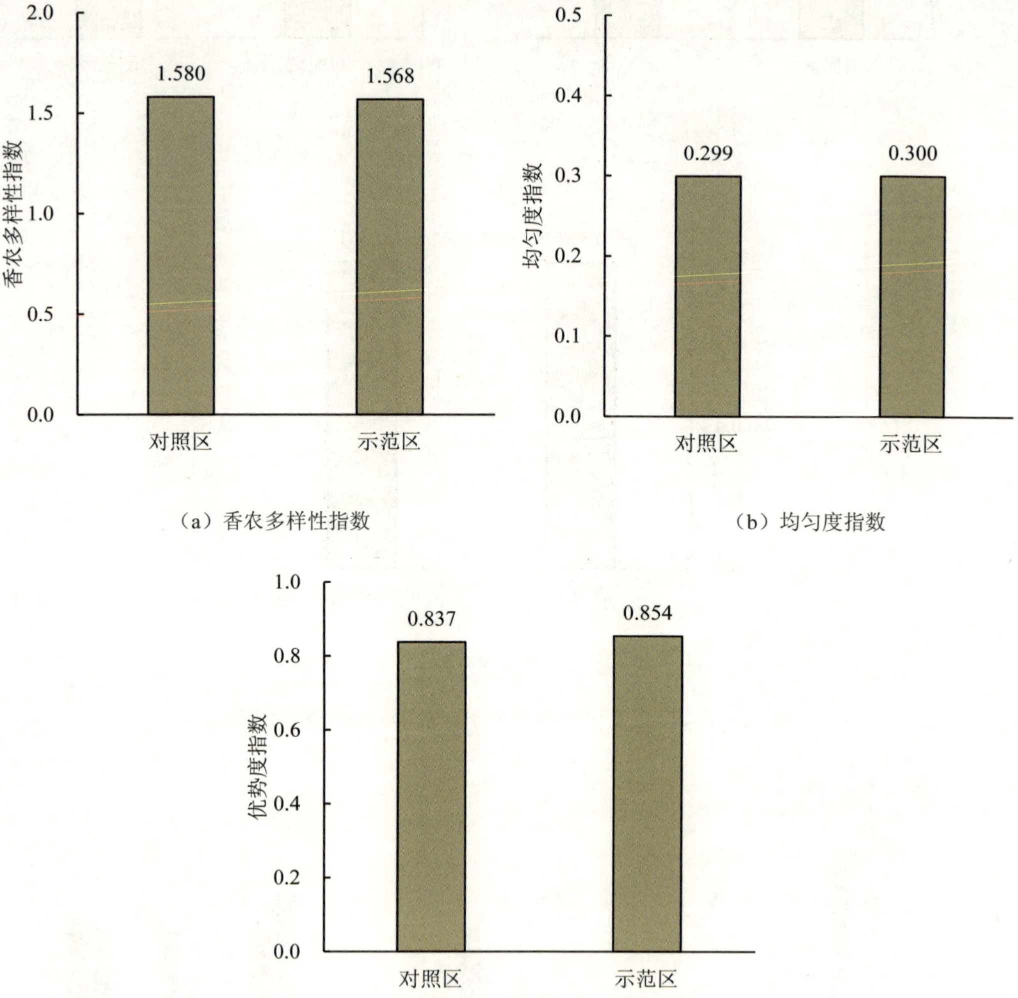

（a）香农多样性指数

（b）均匀度指数

（c）优势度指数

图 12-14 示范工程对梧桐河农场大桥昆虫群落优势度的影响

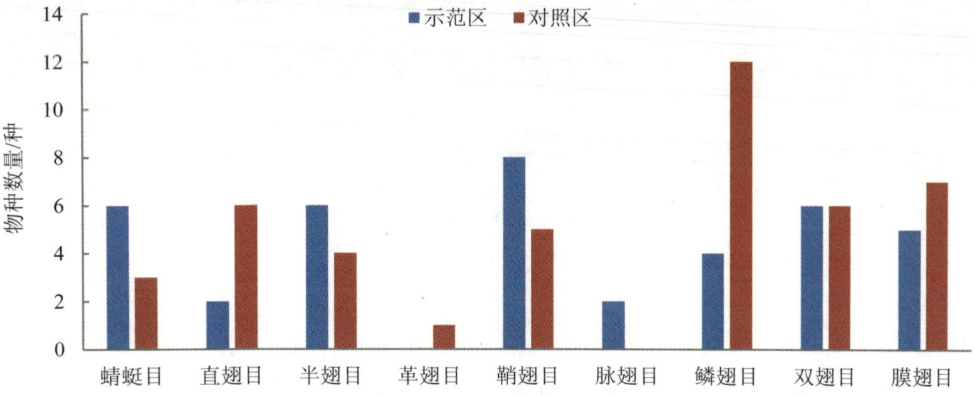

图 12-15　梧桐河农场大桥工程示范前后昆虫群落的变化

2）两栖动物物种多样性分析

梧桐河大桥示范点，两栖动物的物种数由 1 种增加到 3 种，种类数增加 2 倍，示范区可见到东北雨蛙、东北林蛙和黑斑侧褶蛙活动迹象；密度由 1 只/hm^2 升高到 11 只/hm^2，密度值增加 10 倍（图 12-16）。

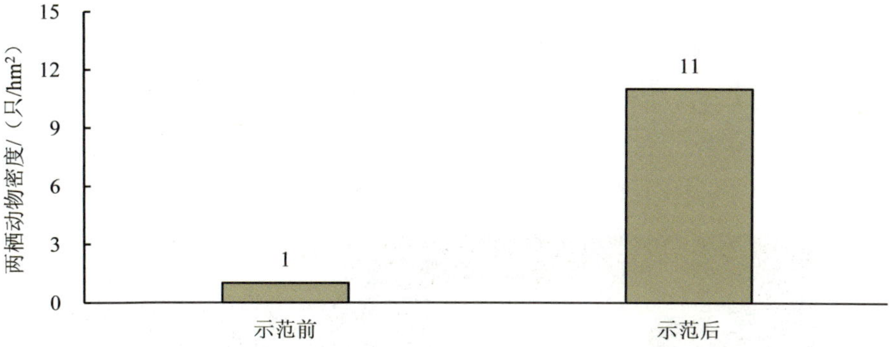

图 12-16　示范工程对梧桐河农场大桥两栖动物群落密度的影响

12.3.6　小结

针对松花江滨岸带原生植被退化、岸坡沙化与坍塌、生物多样性降低等问题，突破了受损滨岸带生境修复技术。从生境条件改善、生物种群健全、生态功能修复 3 个层面入手，实现了滨岸带生态系统结构与功能协同修复，同时本技术首次采用模块组合的模式，从功能分区角度统筹分析两栖动物栖息地的结构组成，为整体恢复和构建两栖动物栖息地提供了方案和技术指导，使得两栖动物栖息地的构建过程更加合理化、简便化、普适化。在梧桐河中下游平原型河段进行了受损滨岸带生境修复技术示范，示范河段长 32 km，示范区生态调查及第三方监测结果表明，示范区适生区域植被覆盖度由 60.4%提高到 84.25%，植物群落香农多样性指数由 1.19 增至 1.60，实现了植物着生基质改善、植被覆盖度和物种多样性的提高，以及两栖动物种群数量的增加。

12.4 受损水体生态修复示范工程

12.4.1 示范工程概况

（1）示范工程位置及范围

示范工程研究区域位于黑龙江省鹤岗市辖区与萝北县分界处的梧桐河中下游流域。受损水体生态修复示范工程包括梧桐河大桥示范点、小山亮子示范点。梧桐河大桥示范点位于梧桐河中游宝泉岭农垦管理局梧桐河大桥附近，修复长度为 500 m。小山亮子示范点位于梧桐河农场小山亮子村，修复长度约为 300 m。

（2）示范工程主要内容

针对梧桐河流域内河道及滨岸带生境结构单一化、生物多样性降低、珍稀鱼类减少的问题，运用底栖动物及鱼类生境构建技术，实施受损水体生态修复工程示范。

（3）示范工程建设目标

示范区内鲤鱼、鲫鱼等野生鱼类种群明显恢复；示范区水生生物适生区域的生物多样性提高 30%以上；示范区生物链长度增加 1 个营养级；底栖动物生物量增加 20%以上。

（4）工程平面布置

依据示范工程区生态环境特征，采取的技术手段如图 12-17 所示。

图 12-17 示范点位置及技术应用情况示意图

12.4.2 示范工程方案设计

（1）底栖动物生境修复方案设计

根据北方寒冷气候特征和底栖生物生活习性特征，通过在河岸带缓流水域构建适合底栖动物生长繁殖的遮蔽物结构、在浅滩湿地/低洼地蓄水区/岸边带废弃沙坑的基础上构筑生态水槽或生态沟渠，构建多样化的底栖动物栖息生境，同时构建水生植物群落、实施鱼蚌增殖，从而提高其物种多样性及生物量。

（2）鱼类生境修复方案设计

根据不同鱼类的生活习性特征，利用枯木、石块、树根、木桩、适宜植物以及其他生态工程材料在河流局部区域构建栖息地加强结构，营造交替的浅滩-深潭序列，形成静水区、缓水区、浅滩、深潭等多样化的栖息生境，改善水生生物栖息生境条件，同时增殖螺、蚌、杂食性鱼类等高级水生动物，从而提高其物种多样性及生物量，具体技术包括生态堰坝构建技术、沙洲湿地构建技术、雷氏七鳃鳗生境修复技术。

12.4.3 示范工程建设

（1）宝泉岭梧桐河大桥

1）工程区现状

工程区位于宝泉岭农垦管理局梧桐河大桥，修复长度为 500 m。该示范点位于梧桐河中游，实施生态修复之前，区内主要为荒地及裸露滩地，人为干扰主要为放牧、采沙、建设施工等，滨岸带植被缺失、岸坡沙化与崩塌严重，生态环境质量状况一般。示范技术主要包括底栖动物遮蔽物构建、底栖动物多样性构建、生态堰坝构建、雷氏七鳃鳗生境修复等技术。

2）工艺流程

工艺流程为河段选择→底栖动物生境构建/鱼类生境构建→实施鱼蚌增殖→增殖放流土著水生生物，示意图如图 12-18 所示。

（2）小山亮子

1）工程区现状

工程区位于宝泉岭农垦管理局梧桐河农场小山亮子村，修复长度约为 300 m。示范工程实施之前，沙洲稳定性低，滨岸带植被缺失，生物栖息地适宜性差，主要人为干扰为农垦及采沙等，生态环境质量状况一般。示范技术主要包括底栖动物群落多样性修复、鱼类营养级恢复、鱼类栖息地构建等技术。

2）工艺流程

工艺流程为河段选择→底栖动物生境构建/鱼类生境构建→实施鱼蚌增殖→增殖放流土著水生生物，示意图如图 12-19 所示。

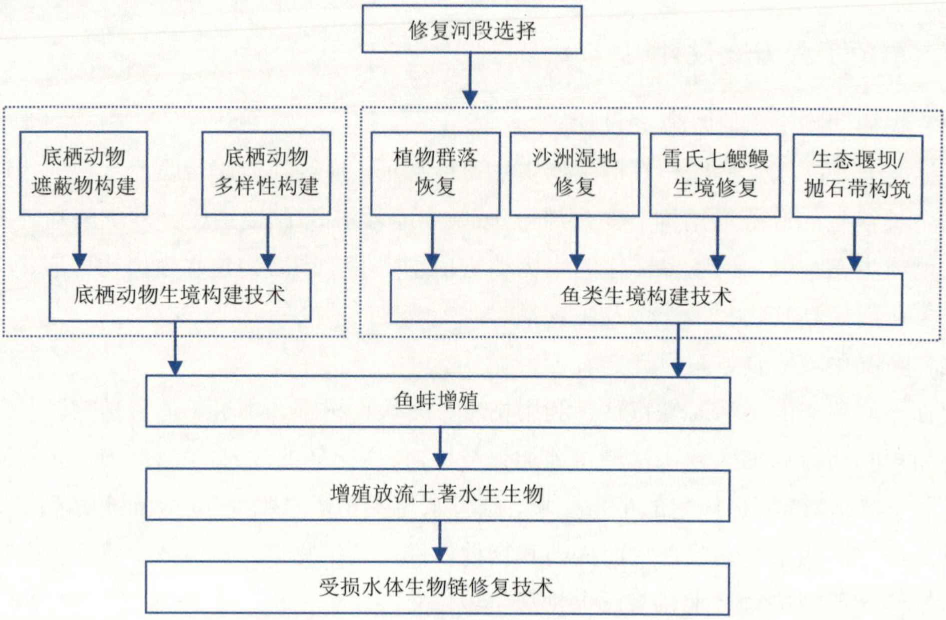

图 12-18　梧桐河大桥示范区工艺流程

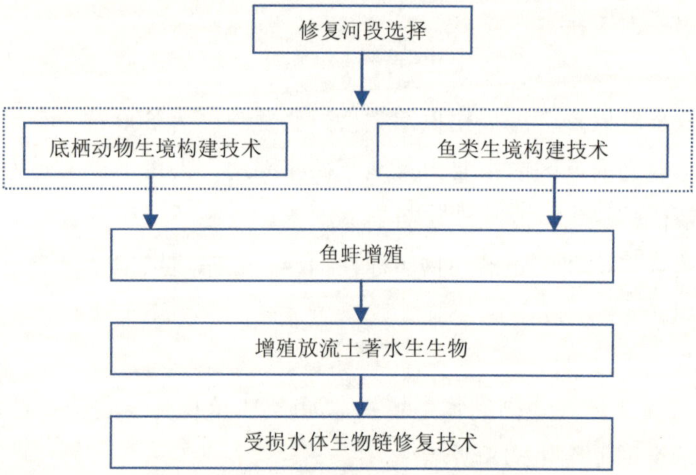

图 12-19　小山亮子示范区工艺流程

12.4.4　示范工程监测

12.4.4.1　监测方案

（1）监测范围

梧桐河大桥示范点、小山亮子示范点。

（2）监测指标

1）底栖动物：种类组成、丰度、生物量。

2）鱼类：种类组成、数量、重量、体长、营养级。

（3）监测时间

2016 年 6 月和 2018 年 8 月、9 月。

（4）采样分析方法

1）底栖动物

沿河岸选择 200 m 范围（水深不超过 1 m），并在其中设置 20 个重复采样位点。每次采样，固定抄网位置，网口面朝水流方向，用足尖、足跟搅乱抄网向上 0.5 m 范围内的底质。如遇较大的石块，可用手捡起，剥离其上附着的生物。每采集 2～3 次，在流水中冲洗网中采集到的样品。底栖动物样品带回实验室进行鉴定并计数。

2）鱼类

每个采样点内用电鱼机电捕 30 min，尽量采集石头、遮蔽物、水生植物、沙子、草丛、底泥等各种生境样品。鱼类营养级样品采集主要用网捕、电捕、钓捕。鱼类样品带回实验室进行分类、鉴定并计数，并测量各样本形态学参数，即全长、体长、体重，再取其背部肌肉（白肌），−20℃冷冻或 60℃烘干，研磨过 60 目筛后进行稳定同位素测定。

12.4.4.2 监测结果

（1）底栖动物

施工前对梧桐河大桥工程区、小山亮子工程区底栖动物进行调查，根据调查结果分析，共记录底栖动物 5 科 5 属 5 种，分别为黑龙江短沟蜷（*Semisulcospira amurensis*）、东北田螺（*Viviparus chui* Yen）、中华小长臂虾（*Palaemonetes sinensis*）、卵萝卜螺（*Radix ovata*）、滑子虫（*Aphelochirus*）。其中，梧桐河大桥示范点底栖动物为 2 种，小山亮子示范点底栖动物为 3 种。

梧桐河大桥示范点底栖动物香农多样性指数为 0.54，丰富度指数为 0.93，生物量为 2.91 g/m^2，小山亮子示范点底栖动物香农多样性指数为 1.58，丰富度指数为 1.82，生物量为 0.02 g/m^2。

施工后，工程区内底栖动物群落结构发生明显改变，底栖动物生物量明显增加，生物多样性明显提高。根据调查结果，共记录底栖动物 13 科 14 属 14 种，共增加 10 科 11 属 11 种。其中，梧桐河大桥示范点底栖动物为 11 种，小山亮子示范点底栖动物为 8 种。

示范工程建成后，各示范点底栖动物物种多样性指数明显提高，梧桐河大桥示范点、小山亮子示范点香农多样性指数分别达到 1.09 和 2.17，丰富度指数分别达到 2.40 和 2.61，生物量分别达到 8.92 g/m^2 和 5.83 g/m^2（表 12-14、表 12-15）。

表 12-14 梧桐河大桥示范点底栖动物监测结果

监测时间	监测日期	物种数	生物量/（g/m^2）	香农多样性指数	丰富度指数
施工前	2016 年 6 月	2	2.91	0.54	0.93
施工后	2018 年 8 月	8	5.06	1.64	2.44
	2018 年 9 月	11	8.92	1.09	2.40

表 12-15　小山亮子示范点底栖动物监测结果

监测时间	监测日期	总物种数	生物量/（g/m^2）	香农多样性指数	丰富度指数
施工前	2016 年 6 月	3	0.02	1.58	1.82
施工后	2018 年 8 月	9	8.81	2.80	4.33
	2018 年 9 月	8	5.83	2.17	2.61

（2）鱼类

施工前对梧桐河大桥工程区、小山亮子工程区鱼类进行调查，根据调查结果，共记录鱼类 17 种，分别为雷氏七鳃鳗（*Lampetra reissneri*）、泥鳅（*Misgurnus anguillicaudatus*）、拉氏鱥（*Phoxinus lagowskii*）、大鳍鱊（*Acheilognathus macropterus*）、黑龙江泥鳅（*Misgurnus mohoity*）、大鳞副泥鳅（*Paramisgurnus dabryanus*）、黑龙江鳑鲏（*Rhodeus sericeus*）、银鲫（*Carassius auratus gibelio*）、黑龙江花鳅（*Cobitis lutheri*）、兴凯银鮈（*Squalidus chankaensis*）、北方泥鳅（*Misgurnus bipartitus*）、麦穗鱼（*Pseudorasbora parva*）、北方花鳅（*Cobitis granoei*）、蛇鮈（*Saurogobio dabryi*）、平口鮈（*Ladislavia taczanowski*）、鰲（*Hemiculter leucisculus*）、湖鱥（*Phoxinus percnurus*）。其中，宝泉岭梧桐河大桥示范点鱼类为 17 种，小山亮子示范点鱼类为 13 种。

梧桐河大桥示范点鱼类香农多样性指数为 3.49，丰富度指数为 2.92，数量为 239 尾，小山亮子示范点鱼类香农多样性指数为 2.48，丰富度指数为 2.06，数量为 337 尾。

施工后，工程区内鱼类种类数有所增加，生物多样性有所提高，鱼类数量明显增加。根据调查结果，共记录鱼类 24 种，共增加 9 种。其中，梧桐河大桥示范点鱼类为 19 种，小山亮子示范点鱼类为 15 种。

示范工程建成后，各示范点鱼类物种多样性指数有所提高，梧桐河大桥示范点、小山亮子示范点香农多样性指数分别达到 3.63 和 2.61，丰富度指数分别达到 3.14 和 2.55，鱼类数量分别达到 308 尾和 388 尾（表 12-16、表 12-17）。

表 12-16　梧桐河大桥示范点鱼类监测结果

监测时间	监测日期	物种数	数量/尾	香农多样性指数	丰富度指数
施工前	2016 年 6 月	17	239	3.49	2.92
施工后	2018 年 8 月	17	332	3.67	2.76
	2018 年 9 月	19	308	3.63	3.14

表 12-17　小山亮子示范点鱼类监测结果

监测时间	监测日期	总物种数	数量/尾	香农多样性指数	丰富度指数
施工前	2016 年 6 月	13	337	2.48	2.06
施工后	2018 年 8 月	13	416	2.57	1.99
	2018 年 9 月	15	388	2.61	2.55

（3）鱼类营养级

鱼类营养级（trophic level，TL）的计算公式为

$$\mathrm{TL}=\frac{\delta^{15}N_{\mathrm{sample}}-\delta^{15}N_{\mathrm{baseline}}}{\Delta\delta^{15}N}+\lambda$$

式中，$\delta^{15}N_{\mathrm{sample}}$为每种生物或每类群生物的$\delta^{15}N$；$\delta^{15}N_{\mathrm{sample}}$为基线生物的$\delta^{15}N$；$\Delta\delta^{15}N$为一个营养级的氮富集度；$\lambda$为基准生物的营养级，初级生产者为 1，初级消费者为 2。

国内外普遍选择生态系统中生命周期长、食性简单的初级消费者为基准生物进行营养级计算，本研究选取中国圆田螺作为基线生物。富集度是生态系统食物链和营养级定量分析中的另一关键因子，选取 3.4‰作为$\Delta\delta^{15}N$以计算施工前后鱼类的营养级。

施工前对梧桐河大桥工程区、小山亮子工程区鱼类营养级进行计算，根据计算结果，示范前梧桐河大桥示范点 15 种鱼类的平均营养级为 1.65，营养级最高的鱼类为蛇鮈，食物链长度为 2.23。示范前，小山亮子示范点 12 种鱼类的平均营养级为 1.81，营养级最高的鱼类为蛇鮈，食物链长度为 2.23。

示范工程建成后，各示范点鱼类物种数、平均营养级及食物链长度均有所提高，营养级较高的肉食性鱼类鲇、马口鱼等肉食性鱼类在示范区内出现，同时鳅科鱼类种类也有所增加。示范后梧桐河大桥示范点 16 种鱼类的平均营养级为 2.45，营养级最高的为鲇，食物链长度为 3.35，示范后，小山亮子示范点 14 种鱼类的平均营养级为 2.53，营养级最高的鱼类为鲇，食物链长度为 3.09（表 12-18、表 12-19）。

表 12-18　梧桐河大桥示范点鱼类营养级监测结果

监测时间	监测日期	物种数	营养级最高物种	平均营养级	食物链长度
施工前	2016 年 6 月	15	蛇鮈	1.65	2.23
施工后	2018 年 9 月	16	鲇	2.45	3.35

表 12-19　小山亮子示范点鱼类营养级监测结果

监测时间	监测日期	物种数	营养级最高物种	平均营养级	食物链长度
施工前	2016 年 6 月	12	蛇鮈	1.81	2.23
施工后	2018 年 9 月	14	鲇	2.53	3.09

12.4.5　示范工程效果评估

根据生态修复前后水生生物多样性、鱼类营养级、食物链长度结果，科学评估梧桐河示范河段生态修复效果。结果表明，示范工程实施后示范区内底栖动物物种多样性、鱼类物种多样性及数量、鱼类营养级、食物链长度均比示范前有所改善。

12.4.5.1 水生生物多样性分析

（1）底栖动物修复效果

对比工程建设前（2016 年 9 月）与工程建设后（2018 年 8 月、9 月）示范区内的底栖动物各类参数变化：梧桐河大桥示范点物种数由 2 种持续增加至 11 种；生物量由 2.91 g/m^2 增加至 8.92 g/m^2；香农多样性指数由 0.54 增加至 1.09；辛普森多样性指数由 0.22 增加至 0.33；物种丰富度由 0.93 增加至 2.40；BI 生物指数由 5.05 增加至 6.80；物种均匀度指数由 0.78 下降到 0.46（图 12-20～图 12-22）。工程实施后，示范区内新出现了色蟌、扁蛭等敏感物种（PV≤3），表明环境条件得到显著改善。

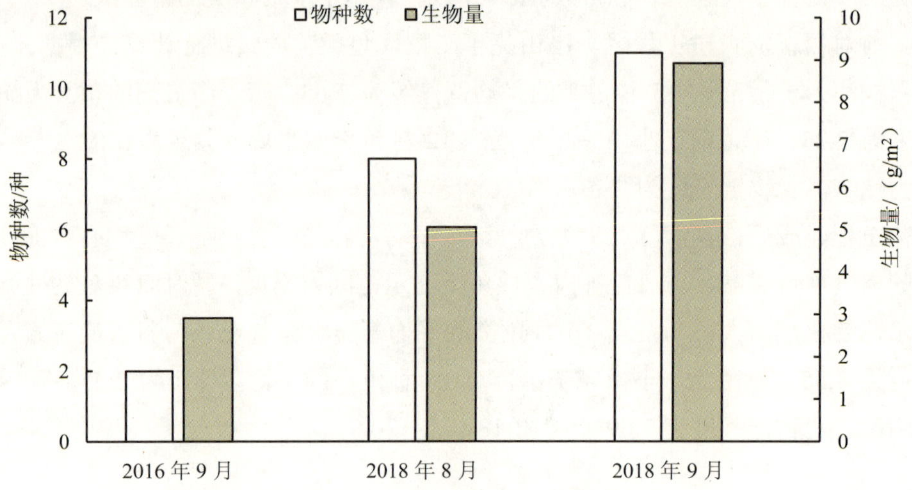

图 12-20 梧桐河大桥示范点底栖动物种类和生物量

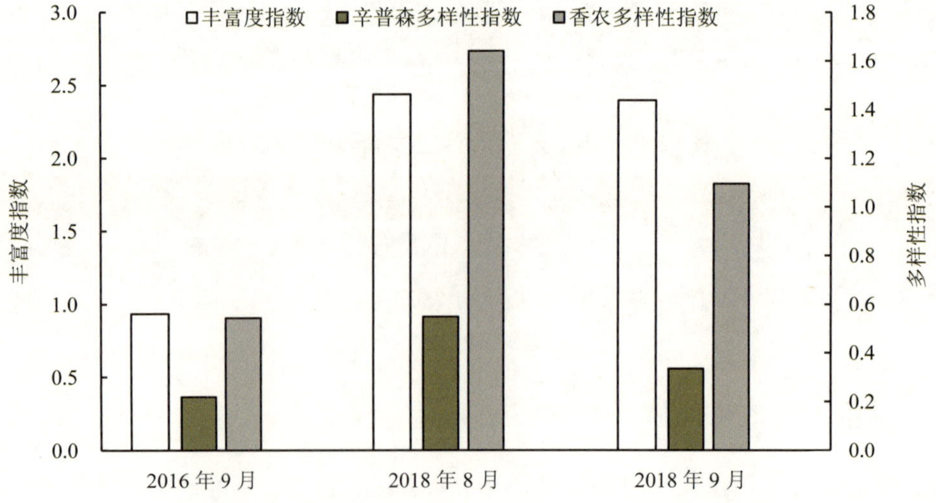

图 12-21 梧桐河大桥示范点底栖动物生物多样性指数

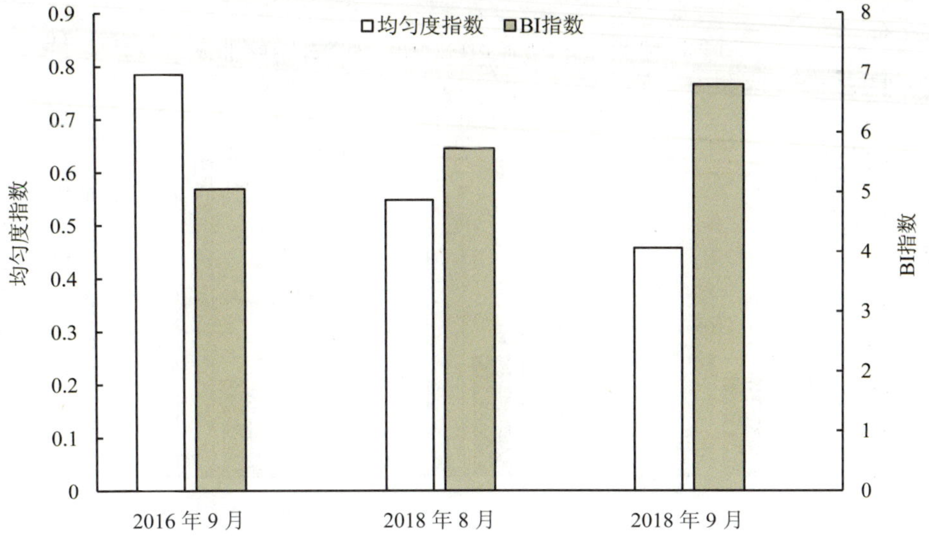

图 12-22　梧桐河大桥示范点底栖动物均匀度指数和 BI 指数

小山亮子示范点物种数由 3 种增加至 8 种；生物量由 0.02 g/m^2 增加至 5.83 g/m^2；香农多样性指数由 1.58 增加至 2.17；辛普森多样性指数由 0.67 下降至 0.66；物种丰富度由 1.82 增加至 2.61；BI 生物指数稳定在 6.09 左右；底栖动物物种均匀度指数由 1.44 下降为 1.04（图 12-23～图 12-25）。工程实施后，示范区内新出现四节蜉幼虫、箭蜓稚虫、似动蜉幼虫等一般耐污物种（PTV≤7），表明环境条件得到一定改善。

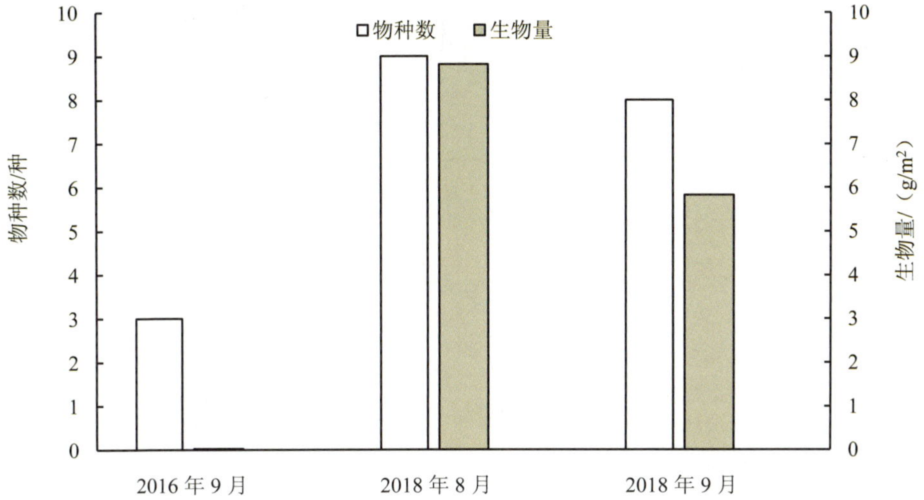

图 12-23　小山亮子示范点底栖动物种类和生物量

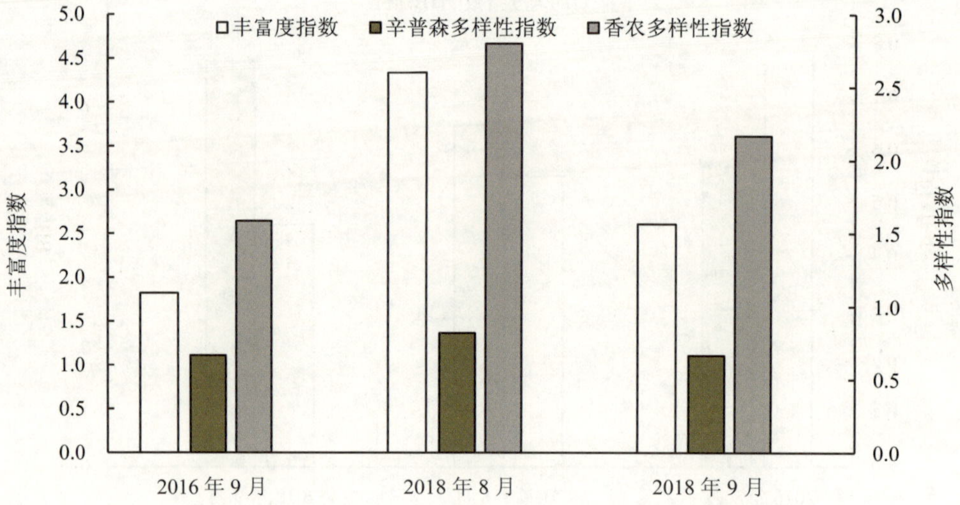

图 12-24　小山亮子示范点底栖动物生物多样性指数

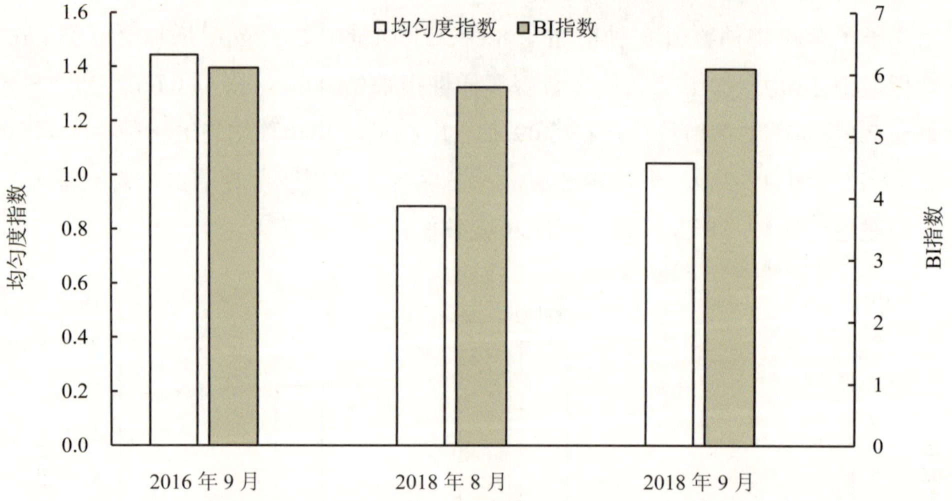

图 12-25　小山亮子示范点底栖动物均匀度指数和 BI 指数

（2）鱼类恢复效果

对比工程建设前（2016 年 9 月）与工程建设后（2018 年 8 月、9 月）示范区内的鱼类物种各类参数变化：梧桐河大桥示范点物种数由 17 种增加至 19 种，其中新增加鱼类物种有鲇、中华多刺鱼、葛氏鲈塘鳢、北方须鳅、细体鮈；数量由 239 尾增加至 332 尾，后降至 308 尾；香农多样性指数由 3.49 增加至 3.67，后降至 3.63；辛普森多样性指数维持在 0.9 附近，基本保持不变；物种丰富度由 2.92 先下降为 2.76 后增加至 3.14；物种均匀度维持在 1.23 以上（图 12-26～图 12-28）。

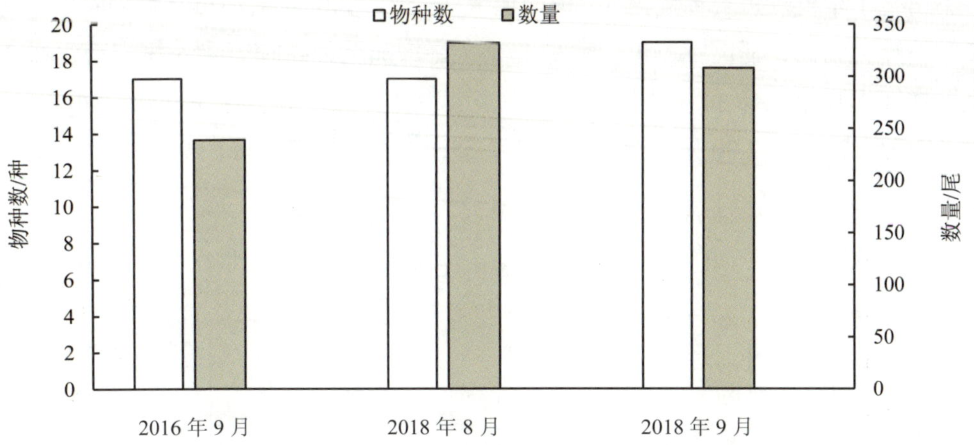

图 12-26　梧桐河大桥示范点鱼类种类和数量

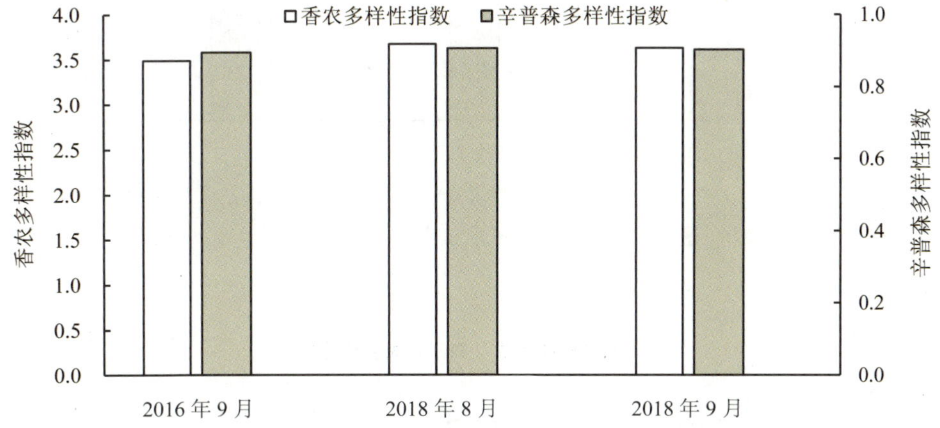

图 12-27　梧桐河大桥示范点鱼类生物多样性指数

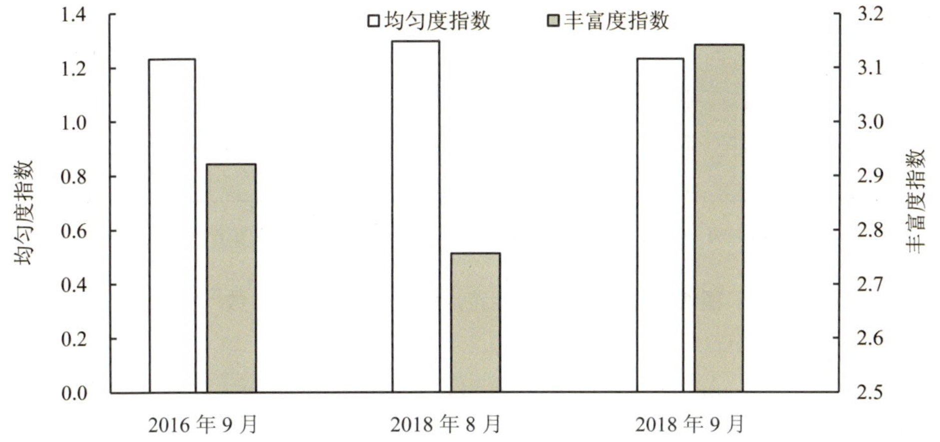

图 12-28　梧桐河大桥示范点鱼类物种丰富度指数和均匀度指数

小山亮子示范点鱼类种数由 13 种增加至 15 种，其中新增加鱼类物种有鲇、马口鱼、葛氏鲈塘鳢、湖鱥、瓦氏雅罗鱼；数量由 337 尾增加至最高时的 416 尾，稳定在 388 尾；香农多样性指数由 2.48 持续增加至 2.61；辛普森多样性指数维持在 0.76 附近，基本保持不变；物种丰富度由 2.06 先下降后增加至 2.55；物种均匀度维持在 0.96 以上（图 12-29～图 12-31）。

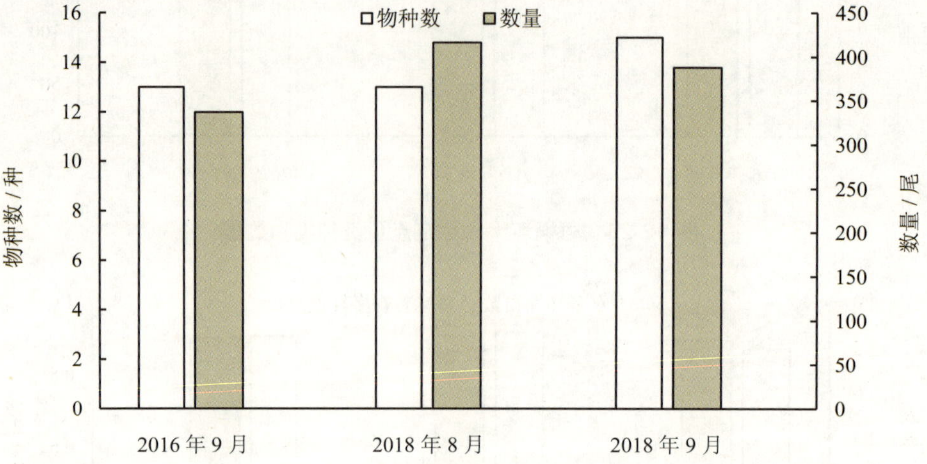

图 12-29　小山亮子示范点鱼类种类和数量

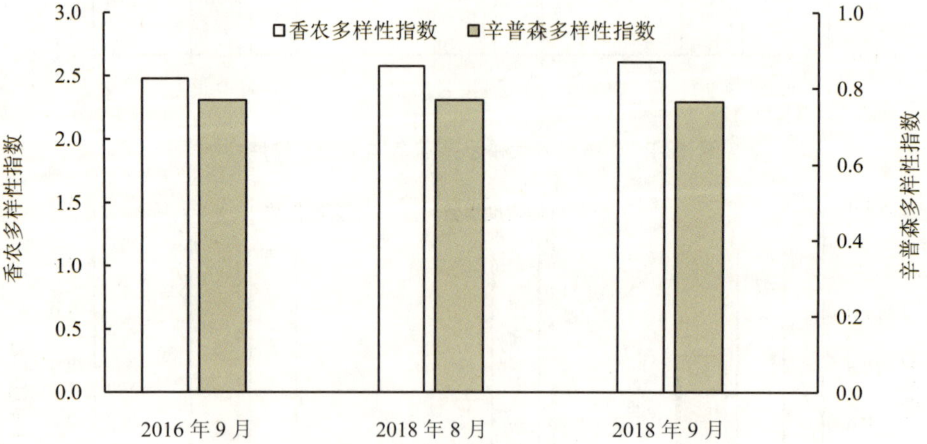

图 12-30　小山亮子示范点鱼类生物多样性指数

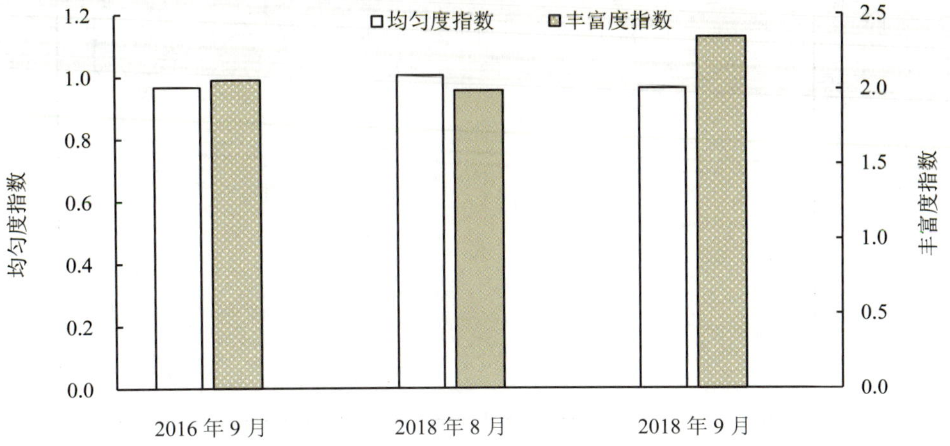

图 12-31　小山亮子示范点鱼类物种丰富度指数和均匀度指数

12.4.5.2　平均营养级及食物链长度分析

（1）示范前主要鱼类营养层级

示范前，梧桐河大桥示范点 15 种鱼类的平均营养级为 1.65，营养级最高的为蛇鮈，营养级为 2.23，营养级最低的为大鳞副泥鳅，营养级为 0.81。营养级在 2～3 的鱼类有 4 种，营养级小于 2 的鱼类有 11 种。每种鱼类的不同个体间的营养层级范围变化不大（表 12-20、图 12-32）。

表 12-20　示范前（小山亮子、梧桐河大桥）主要鱼类的营养级

物种名	小山亮子		梧桐河大桥	
	均值	范围	均值	范围
雷氏七鳃鳗	1.29	1.21～1.4	0.86	0.76～0.99
大鳞副泥鳅	/	/	0.81	0.74～0.92
湖鱥	/	/	1.45	1.07～1.82
黑龙江花鳅	/	/	1.67	1.54～1.91
银鲫	1.73	1.5～1.92	1.82	1.76～1.88
鳘	2.03	1.97～2.13	1.94	1.78～2.21
平口鮈	/	/	2.01	1.9～2.14
犬首鮈	1.71	1.7～1.71	/	/
黑龙江泥鳅	1.44	1.4～1.49	1.41	1.37～1.44
拉氏鱥	1.49	1.39～1.61	1.32	1.23～1.5
麦穗鱼	1.6	1.46～1.85	1.67	1.5～1.82
黑龙江鳑鲏	2.00	1.78～2.24	2.00	1.63～2.13
大鳍鱊	1.86	1.65～2.03	1.75	1.7～1.79
北方花鳅	1.6	1.44～1.76	1.48	1.38～1.63
兴凯银鮈	/	/	2.03	1.97～2.1
蛇鮈	2.23	2.05～2.59	2.23	1.95～2.57
葛氏鲈塘鳢	2.12	2.03～2.25	/	/

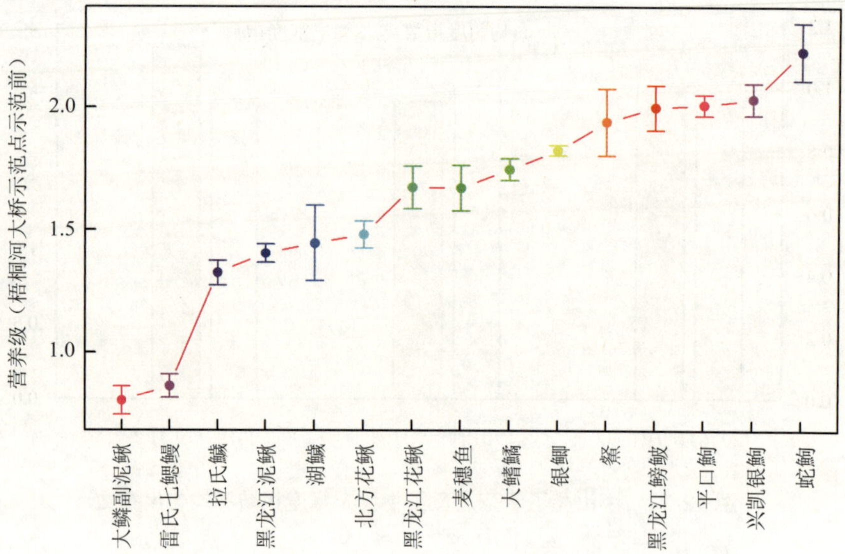

图 12-32　示范前梧桐河大桥示范点主要鱼类的营养层级分布

示范前，小山亮子示范点 12 种鱼类的平均营养级为 1.81，营养级最高的鱼类为蛇鮈，营养层级为 2.23，最低的为雷氏七鳃鳗，营养层级为 1.29。营养级在 2～3 的鱼类有 4 种，营养级小于 2 的鱼类有 8 种。每种鱼类的不同个体间的营养层级范围变化不大，10 种鱼类的营养层级变化范围均小于 1 个营养级（表 12-20、图 12-33）。

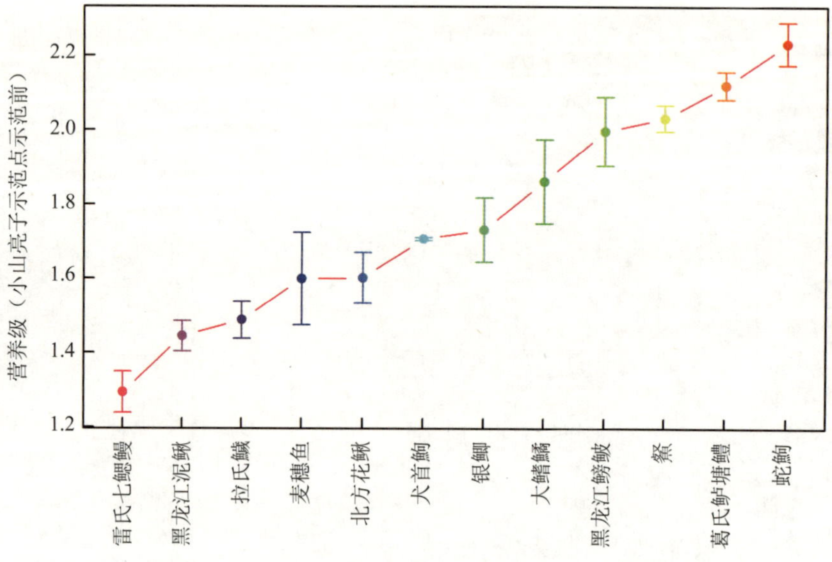

图 12-33　示范前小山亮子示范点主要鱼类的营养层级分布

（2）示范后主要鱼类营养层级

示范后，梧桐河大桥示范点 16 种鱼类的平均营养级为 2.45，营养级最高的为鲇，营养级为 3.35，营养级最低的为黑龙江泥鳅，营养级为 1.39。营养级在 2~3 的鱼类有 15 种，营养级小于 2 的鱼类有 1 种。每种鱼类的不同个体间的营养层级范围变化不大，均在 1 个营养层级内（表 12-21、图 12-34）。

表 12-21 示范后（小山亮子、梧桐河大桥）主要鱼类的营养级

物种名	小山亮子		梧桐河大桥	
	均值	范围	均值	范围
雷氏七鳃鳗	1.32	1.15～1.49	/	/
黑龙江泥鳅	1.42	1.42	1.39	1.39
银鲫	2.51	2.28～2.58	2.52	2.28～2.81
黑龙江鳑鲏	2.56	2.54～2.41	2.42	2.5～2.55
葛氏鲈塘鳢	2.48	2.54～2.66	2.55	2.52～2.59
麦穗鱼	1.99	1.88～2.1	2.19	2.01～2.44
北鳅	/	/	2.07	2.07
拉氏鱥	2.09	2.01～2.16	2.19	2.02～2.54
兴凯银鮈	/	/	2.78	2.72～2.9
北方花鳅	/	/	2.22	2.22
北方须鳅	/	/	2.03	1.95～2.17
平口鮈	/	/	2.71	2.71
瓦氏雅罗鱼	2.43	2.08～2.64	/	/
中华多刺鱼	/	/	2.81	2.76～2.86
马口鱼	2.93	2.93	/	/
大鳍鱊	2.56	2.26～2.47	2.4	2.52～2.47
犬首鮈	2.19	2.15～2.23	/	/
东北颌须鮈	/	/	2.95	2.95
鰲	2.57	2.42～2.72	/	/
蛇鮈	2.7	2.55～2.86	2.99	2.85～3.13
鲇	3.09	2.99～3.21	3.35	3.21～3.49

示范后，小山亮子示范点 14 种鱼类的平均营养级为 2.53，营养级最高的鱼类为鲇，营养层级为 3.09，最低的为雷氏七鳃鳗，营养层级为 1.32。营养级在 2～3 的鱼类有 11 种，营养级小于 2 的鱼类有 3 种。每种鱼类的不同个体间的营养层级范围变化均不大（表 12-21、图 12-35）。

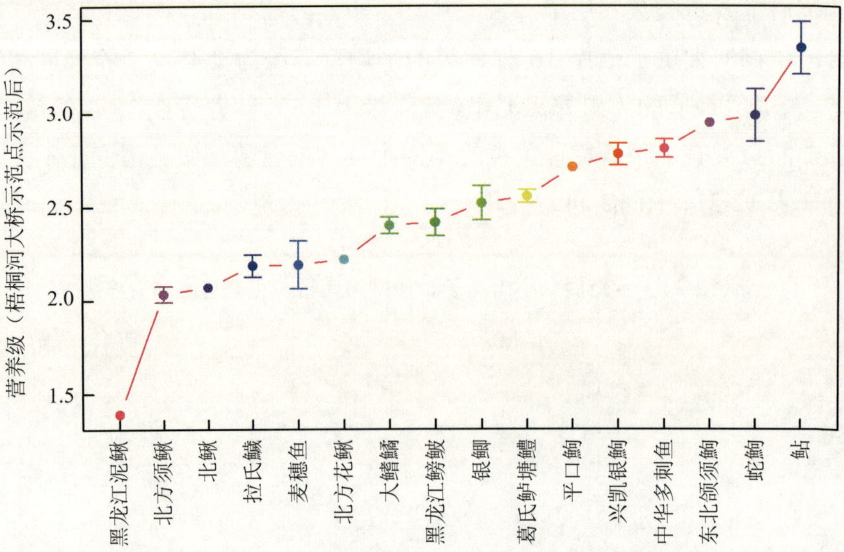

图 12-34　示范后梧桐河大桥示范点主要鱼类的营养层级分布

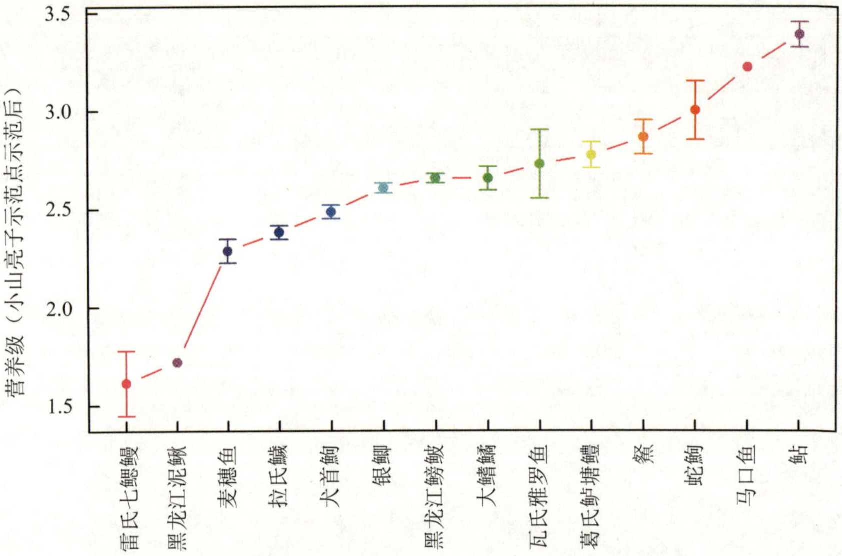

图 12-35　示范后小山亮子示范点主要鱼类的营养层级分布

结果分析表明，工程实施前梧桐河大桥示范点平均营养级为 1.65，食物链长度为 2.23，工程实施后，示范区平均营养级为 2.45，食物链长度为 3.35，较示范前增加了 0.8 个平均营养级，食物链长度提高 1.12。

工程实施前，小山亮子示范点平均营养级为 1.81，食物链长度为 2.23，工程实施后，示范区平均营养级为 2.53，食物链长度为 3.09，较示范前增加了 0.52 个平均营养级，食物链长度提高 0.86。

（3）食物网结构图分析

根据示范前后（示范前：2016 年 6 月；示范后：2017 年 9 月、2018 年 8 月和 9 月）4 次调查的结果，分析得出梧桐河大桥示范点及小山亮子示范点食物网结构（图 12-36 和图 12-37，红色标记物种为示范后新出现种类）。

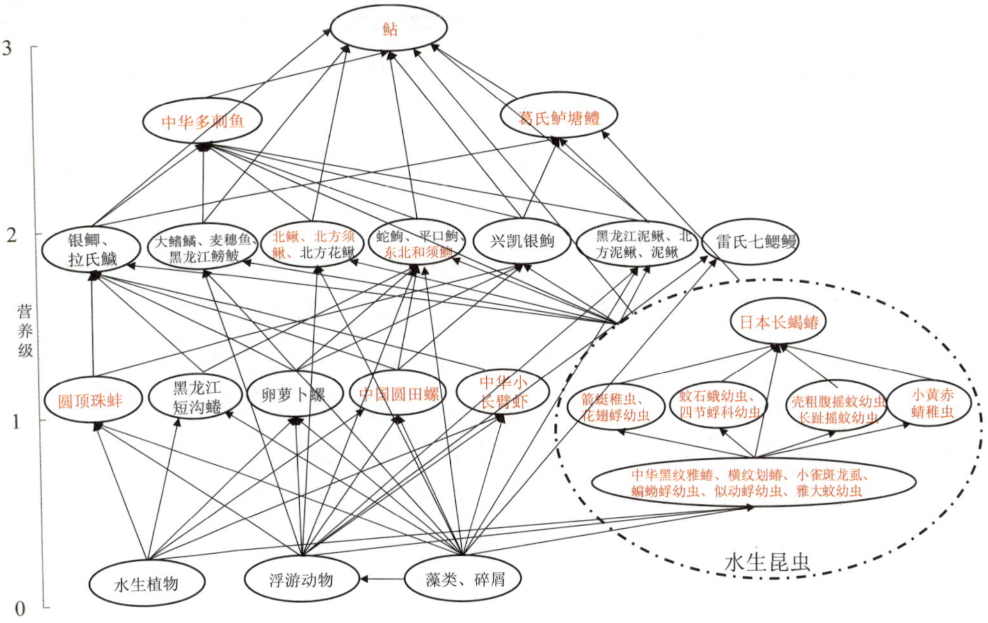

图 12-36　梧桐河大桥示范点食物链结构

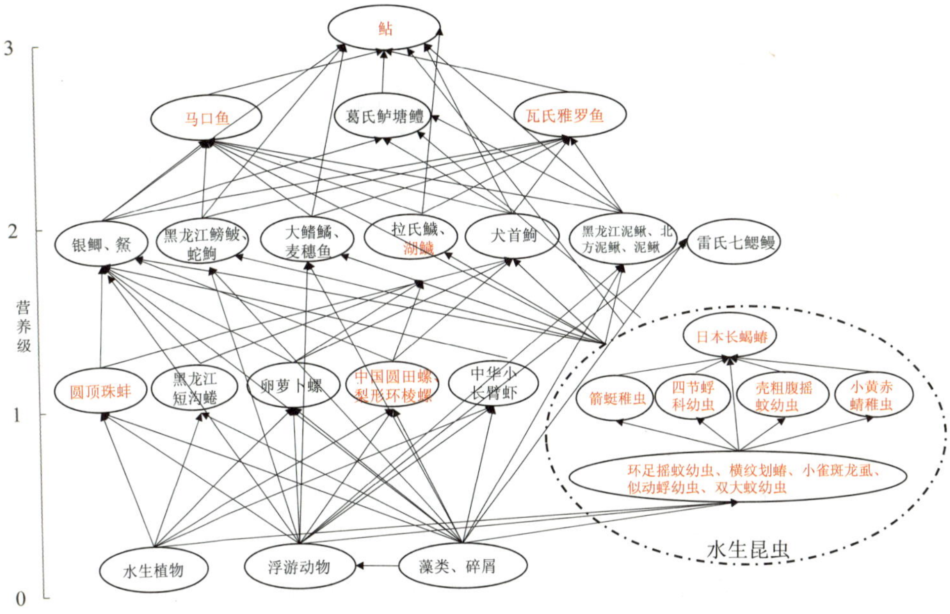

图 12-37　小山亮子示范点食物链结构

由图 12-36 和图 12-37 可知，示范前梧桐河大桥示范点的食物网结构较简单，底栖动物调查仅发现黑龙江短沟蜷及卵萝卜螺，鱼类以泥鳅、黑龙江泥鳅、拉氏鱥、大鳍鱊、黑龙江鳑鲏等小型杂食性鱼类为主，肉食性鱼类仅有兴凯银鮈一种。示范后底栖动物种类及生物量明显增加，卵萝卜螺、黑龙江短沟蜷等软体动物物种丰度大幅增加，新增加横纹划蝽、小雀斑龙虱、扁蜉蝣幼虫、微动蜉幼虫、山地亚美蜉幼虫等水生昆虫。底栖动物作为杂食性鱼类和肉食性鱼类的重要食物饵料，在食物网中起着关键作用，其种类和数量的增加为更高一级的消费者提供了充足的食物来源，因此调查发现示范后新增多种鱼类，包括鲇、中华多刺鱼、葛氏鲈塘鳢等肉食性鱼类，北方须鳅、北鳅、东北颌须鮈等杂食性鱼类，整个示范河段水域食物链有所增长，食物网更加复杂。

示范前，小山亮子示范点的食物网结构简单，底栖动物种类较少，仅有小长臂虾、卵萝卜螺、滑子虫，鱼类种类也相对较少，以拉氏鱥、大鳍鱊、黑龙江鳑鲏、银鲫等小型杂食性鱼类为主，肉食性鱼类有犬首鮈、葛氏鲈塘鳢两种。示范后，底栖动物种类及生物量明显增加，新增加圆顶珠蚌、中国原田螺、梨形环棱螺等软体动物，卵萝卜螺物种丰度大幅增加，新增加苇氏巴蛭、日本长蝎蝽、双大蚊幼虫、环足摇蚊幼虫、横纹划蝽、小雀斑龙虱、小黄赤蜻稚虫等水生昆虫。底栖动物种类和数量的大幅增加为一些杂食性和肉食性鱼类提供了充足的食物来源，其种类和数量也得到提高，新增加的肉食性鱼类有鲇，新增加的动物食性为主的杂食性鱼类有马口鱼，新增加的其他杂食性鱼类有湖鱥、瓦氏雅罗鱼。底栖动物及鱼类通过营养生境的重叠及捕食者与被捕食者的相互捕食关系，使示范河段水生生物之间形成了更加错综复杂的食物网。

（4）影响示范工程食物链长度因素分析

鱼类营养级以主要消费者和基线生物的$\delta^{15}N$值计算得出。梧桐河大桥示范点示范前$\delta^{15}N$ 值最高的是蛇鮈，示范后中华多刺鱼、葛氏鲈塘鳢等肉食性鱼类，以及东北颌须鮈等杂食性鱼类出现，其$\delta^{15}N$ 值均较其他鱼类高，因此增加了梧桐河大桥示范点的食物链长度。同理，示范前，小山亮子示范点$\delta^{15}N$ 值最高的是蛇鮈，示范后以马口鱼、鲇等$\delta^{15}N$ 值最高，营养级更高物种的出现增加了小山亮子示范点的食物链长度。

目前影响食物链长度的假说主要有资源可利用性假说、生产空间假说、生态系统大小假说、干扰假说（张欢等，2013）。资源可利用性假说认为食物链长度由可供给高营养级生物的基础资源和能量利用效率所决定。生产空间假说认为生产力空间与初级生产力共同决定了系统物种的多样性和群落的组成，进而决定了食物链长度。生态系统大小假说认为生态系统大小与食物链长度成正比。干扰假说认为食物链长度随着干扰的增加而变短，也有研究证明干扰并未缩短食物链长度。本研究主要通过鱼类生境构建技术来提升示范区食物链长度，选取底栖动物生物量作为衡量资源可利用性的指标，图 12-38 结果表明，小山亮子示范点和梧桐河大桥示范点示范前后食物链长度与底栖动物生物量显著正相关（R^2=0.55，df=177，P＜0.005）。根据第三方检测报告，桐梧河大桥示范点底栖动物生物量由 2.91 g/m^2 提高到 8.92 g/m^2；小山亮子示范点底栖动物生物量由 0.02 g/m^2 提高到 5.82 g/m^2。示范后底栖动物生物量的增加导致鱼类能量来源路径的变化，一些杂食性鱼类转而依赖以底栖生物为基础的能量来源，增加了能量的流动路径，顶级捕食者耦联着的不同时空尺度循环的物质循环路径，维持着食物网的稳定性，导致示范工程后食物链长度增长。

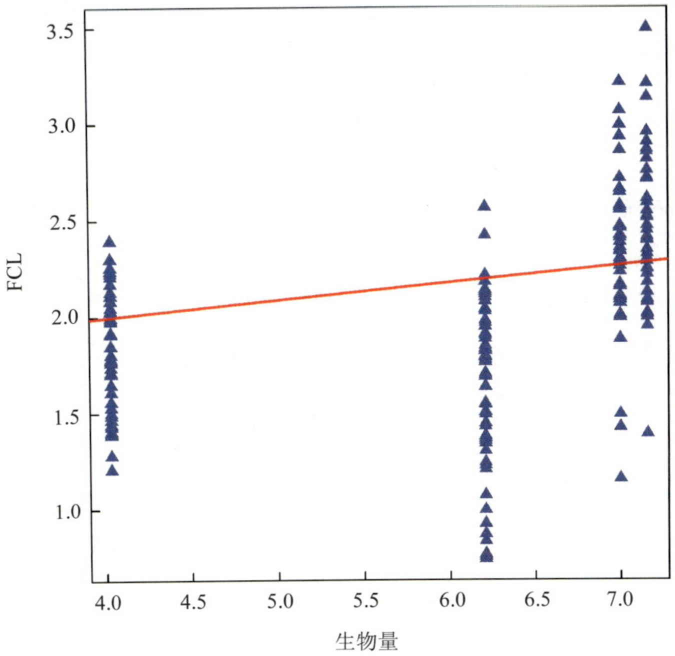

图 12-38　示范前后食物链长度与底栖动物生物量的变化趋势

12.4.6　小结

针对松花江水生生物生境受损、生物多样性降低等问题，突破了寒冷地区基于关键种群恢复的受损水体生物链修复技术。在底栖动物及鱼类生境改善的基础上，恢复食物链（网）中的“关键种”，其次利用鳑鲏属、鱊属等和蚌类的“互利共生”关系，实施鱼蚌增殖，再按照不同生物量及比例投放土著底栖动物、杂食性鱼类及动物食性鱼类等，通过上行效应对食物网的结构和稳定性产生影响，优化河道生物群落结构，从而修复河道自然良性生态系统食物网的结构和功能。在梧桐河中下游平原型河段进行了受损水体生态修复技术示范，示范河段长 22 km，示范区生态调查及第三方监测结果表明，示范区内麦穗、黑龙江鳑鲏、鲇和雷氏七鳃鳗等野生鱼类种群明显恢复，食物链长度由 2.23 增加到 3.22，示范区内底栖动物物种数由 5 种提高到 14 种，生物量由 1.47 g/m^2 提高到 7.37 g/m^2，香农多样性指数提高 53%。

12.5 珍稀鱼类恢复示范工程

12.5.1 示范工程概况

（1）示范工程位置及范围

示范工程位于黑龙江省佳木斯市辖区松花江下游（佳木斯至同江段）。珍稀鱼类恢复示范工程包括 2 个示范区和 1 个示范点，2 个示范区分别为松花江佳木斯市同江曙光村段和汤旺河汤原县香兰镇双河村段，1 个示范点位于佳木斯市汤原县梧桐河农场的梧桐河入江口及相连接的松花江干流段。

（2）示范工程主要内容

针对松花江珍稀鱼类资源减少、产卵场破坏等问题，运用珍稀鱼类产卵场基质改善技术、人工鱼巢设置技术、珍稀鱼类增殖放流技术，实施珍稀鱼类恢复工程示范。

（3）示范工程建设目标

每年放归大马哈鱼等珍稀鱼类 3～4 种，总放归数量不低于 20 万尾，其中 1～2 种珍稀鱼类种群数量恢复 10%以上；建成 2～3 个总面积不低于 6 000 m^2 的鱼类产卵场等适生生境技术示范区；示范区内人工鱼巢孵卵率达到 2 000 粒/m^2 以上。

（4）工程平面布置

依据示范工程区生态环境特征，采取的技术手段如图 12-39 所示。

图 12-39 示范点位置及技术应用情况示意图

12.5.2　示范工程方案设计

（1）珍稀鱼类恢复方案设计

从存活率、保持率、生长率、可操作性、易监测性、成本 6 个方面，开展施氏鲟和达氏鳇幼鱼标记技术筛选，确定其最佳标记方法；同时聘请专业渔民对标记放流的鱼类进行长期监测，从回捕率等方面对珍稀鱼类增殖放流效果进行评估。具体技术包括珍稀鱼类放流标记技术、珍稀鱼类增殖放流效果评估技术。

（2）鱼类受损生境的生态修复方案设计

根据产黏性卵、沉性卵等鱼类的生态习性，以及北方寒冷气候特征和独特的水文状况，通过仿生态种植土著植物，改善鱼类产卵场基质；同时结合河流的地貌特点，合理铺设人工鱼巢，改善鱼类的产卵条件，从而增加鱼类资源，增强鱼类的栖息地功能，提高鱼类生物多样性。具体技术包括产卵场基质改善技术和人工鱼巢设置技术。

12.5.3　示范工程建设

（1）增殖放流点

1）示范区现状

选择历史上为大马哈鱼、鲟鳇鱼重要产卵场及洄游通道的同江曙光村段、汤旺河香兰镇双河村段、梧桐河农场大桥河段作为增殖放流示范区。通过在以上示范区内增殖放流人工培育鱼苗，结合梧桐河滨岸带及水体修复示范工程，达到综合示范区水生生物多样性明显恢复的目的。

2）工艺流程

工艺流程见图 12-40。

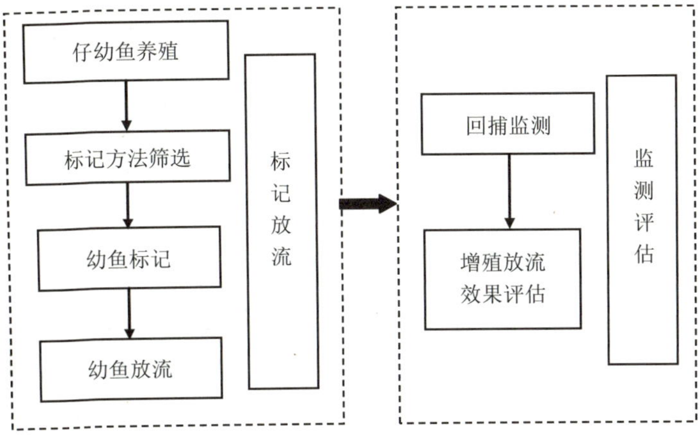

图 12-40　工艺流程

（2）梧桐河入江口及相连接的松花江干流段

1）工程区现状

示范点位于佳木斯市汤原县梧桐河农场的梧桐河入江口及相连接的松花江干流段，示范长度约 2.5 km，示范面积为 9 000 m^2，其中框架式人工鱼巢示范长度为 1.7 km，面积为 6 600 m^2，产卵场改善基质的长度约 0.8 km，面积为 2 400 m^2。

2）工艺流程

工艺流程见图 12-41。

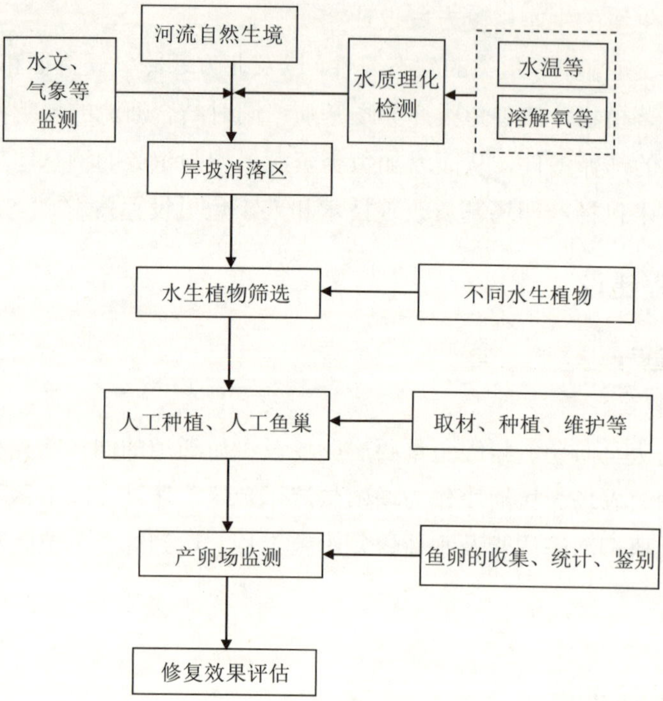

图 12-41 工艺流程

12.5.4 示范工程监测

12.5.4.1 监测方案

（1）监测范围

松花江佳木斯市同江曙光村江段、汤原县汤旺河西鸣凤村码头和松花江汤原县梧桐河南屯码头示范点。

（2）监测指标

1）标记情况：标记放流鱼的种类、体长和全长，标记情况（标记颜色、标记位置）。

2）回捕的放流鱼：种类、标记情况、数量、重量、全长。

3）人工鱼巢：单个面积、个数、总面积。

4）人工鱼巢附卵率：鱼卵密度。

5）增殖放流：放流鱼苗种类、数量。

（3）监测时间

2016 年 5—6 月，2017 年 6—7 月、9 月和 2018 年 5—7 月及各放流时间点。

（4）监测方法

标记情况：随机抽查标记好的施氏鲟和达氏鳇各 30 尾，测量其全长、体重，记录其标记颜色、标记位置等。

回捕的放流鱼：随机抽查 2 d，到现场跟随捕捞船进行监测，检查捕捞到的施氏鲟和达氏鳇是否有标记，并记录其数量、重量和全长。

人工鱼巢：记录单个鱼巢的面积、个数以及整个人工鱼巢的总面积。

人工鱼巢附卵率：对 5 个点位的人工鱼巢进行定量检查，每个点位随机抽查面积为 5 m^2，鱼巢铺设后，上午 10:00—11:00，下午 3:00—4:00 检查人工鱼巢有无卵粒，并做好记录。

增殖放流：在示范区内，对大马哈鱼、鲟鳇鱼等放流苗种的种类和数量进行记录。

12.5.4.2 监测结果

（1）放流鱼标记情况及回捕情况

2017 年 9 月 16 日于松花江同江曙光村段，对即将放流且已经进行 VIE 荧光标记的施氏鲟和达氏鳇各随机抽查 30 尾，标记颜色均为黄色，标记位置均为鳃盖透组织处。施氏鲟全长范围为 15.5～18.9 cm，体重范围为 9.9～22.9 g；达氏鳇全长范围为 13.3～17.8 cm，体重范围为 8.9～23.6 g。

工程实施前（2016 年 5 月），曙光村当地专业渔民反映，每船 5—6 月平均能捕到 1～2 尾施氏鲟幼鱼。施氏鲟和达氏鳇增殖放流后，2018 年 5—6 月，平均每条船捕捞到施氏鲟和达氏鳇 42.5 尾，其中施氏鲟每船平均为 38 尾，达氏鳇每船为 4.5 尾。对工程实施前后进行对比，施氏鲟的资源量恢复近 20 倍，达氏鳇的资源量恢复近 2 倍以上。

（2）人工鱼巢

工程建设前（2016 年 6 月），平水期河岸多为裸露滩地，工程建设后，在浅水区位构建了鱼类产卵场。单个鱼巢面积为 16 m^2，合计为 170 个，人工鱼巢总面积约为 6 600 m^2，长度约为 1.7 km。

（3）鱼卵

分别对 1 号点、3～6 号点的框架式人工鱼巢进行鱼巢附卵率监测。框架式人工鱼巢附卵率密度最大为 2 579 粒/m^2，最小为 1 561 粒/m^2，平均为 2 076 粒/m^2。其中，在 5 号点梧桐河入江口的位置鱼巢附卵率最大，平均值为 2 245 粒/m^2，其次为 1 号点和 6 号点，平均值分别为 2 069 粒/m^2 和 2 066 粒/m^2。

（4）增殖放流

于 2016 年 9 月 14 日—2018 年 9 月 28 日，在松花江同江段示范区、梧桐河示范区、汤旺河示范区分别开展了 8 次增殖放流鱼苗监测，放流鱼苗种类包括施氏鲟、达氏鳇、大马哈鱼。

12.5.5 示范工程效果评估

梧桐河示范区产卵场面积达到 6 600 m^2，附卵率超过 2 000 粒/m^2，经过分子鉴定，鱼卵为珍稀鱼类黑龙江野鲤，且在人工鱼巢下发现了大量的鱼苗及幼鱼。

对于施氏鲟和达氏鳇的标记技术，确定选择 VIE 进行标记，标记位置为鳃盖透明处，5 个月内，施氏鲟存活率达到 81%，VIE 保持率达到 99%；达氏鳇存活率为 78%，VIE 保持率达到 99%。且在 2016 年 9 月中旬放流在松花江同江段示范区的施氏鲟，在 2017 年 5 月初监测到 1 尾，时间长达 232 d，标记仍较为明显。2016—2018 年共放流施氏鲟、达氏鳇和大马哈鱼等 21 万尾，其中鲟鳇鱼 9 万尾、大马哈鱼 12 万尾。松花江佳木斯段示范区施氏鲟和达氏鳇的种群数量恢复达到 10%以上，鲟鳇鱼资源得到较好的恢复（图 12-42）。

图 12-42 回捕的鲟鳇鱼

12.5.6 小结

针对松花江珍稀鱼类资源减少、产卵场破坏等问题，突破了珍稀鱼类生态恢复关键技术。从珍稀鱼类增殖放流和鱼类产卵场修复两方面开展珍稀鱼类的恢复，通过 VIE 标记放流技术提高了施氏鲟和达氏鳇幼鱼标记成活率、标记保持率和回捕个体标记识别率；通过产卵场基质改善技术、人工鱼巢设置技术筛选出了适合寒区河流野生鱼类繁殖的人工鱼巢。在松花江同江段、梧桐河、汤旺河共放流珍稀鱼类 21 万尾，其中在汤旺河和梧桐河放流大马哈鱼 12 万尾，在同江段放流施氏鲟 7.7 万尾、达氏鳇 1.3 万尾，松花江同江段示范区施氏鲟和达氏鳇的资源量恢复达到 10%以上，鲟鳇鱼资源得到较好的恢复；在梧桐河下游江段及入江口进行人工鱼巢工程示范，示范面积 6 600 m^2，示范区生态调查及第三方监测结果表明，人工鱼巢附卵率最大为 2 579 粒/m^2，最小为 1 561 粒/m^2，平均为 2 076 粒/m^2。

12.6　综合示范区水生态完整性评价

为全面评估综合示范区经上述物理、化学、生物恢复措施的整体性效果，对梧桐河示范区水生态完整性状态开展了评价。评价范围为梧桐河大桥至梧桐河农场大桥段。

梧桐河大桥示范点物理完整性指数示范工程建设前为 0.50，示范工程建设后为 0.67；小山亮子示范点物理完整性指数示范工程建设前为 0.58，示范工程建设后为 0.69；梧桐河农场大桥物理完整性指数示范工程前为 0.39，示范工程建设后为 0.45。示范工程建设前后示范工程点物理完整性指数均明显增加，表明物理完整性得到较好的改善（图 12-43）。

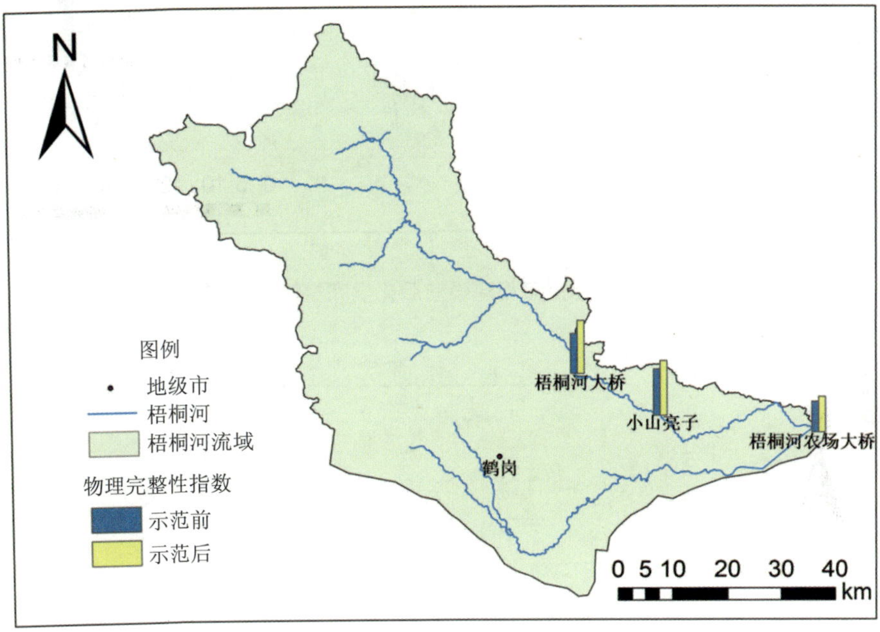

图 12-43　示范工程建设前后物理完整性指数变化

梧桐河大桥示范点化学完整性指数示范工程建设前为 0.66，示范工程建设后为 0.66；小山亮子示范点化学完整性指数示范工程建设前为 0.64，示范工程建设后为 0.66；梧桐河农场大桥示范点化学完整性指数示范工程建设前为 0.66，示范工程建设后为 0.66。示范工程建设前后示范工程点化学完整性指数均变化不大，表明示范工程点水质保持稳定（图 12-44）。

梧桐河大桥示范点生物完整性指数示范工程建设前为 0.31，示范工程建设后为 0.41；小山亮子示范点生物完整性指数示范工程建设前为 0.34，示范工程建设后为 0.38；梧桐河农场大桥示范点生物完整性指数示范工程前为 0.38，示范工程建设后为 0.50。示范工程建设前后示范工程点生物完整性指数均明显增加，表明示范工程点生物完整性得到明显的恢复（图 12-45）。

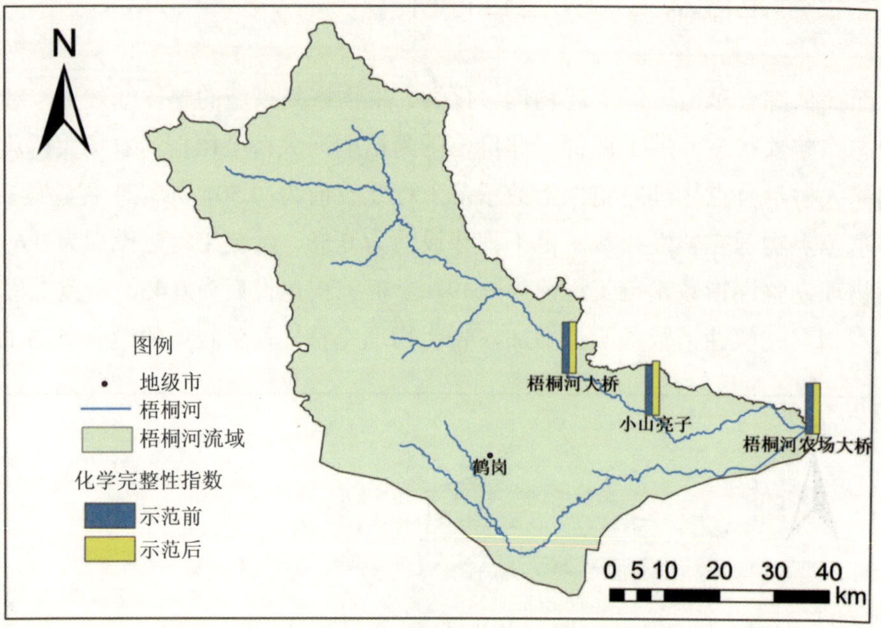

图 12-44　示范工程建设前后化学完整性指数变化

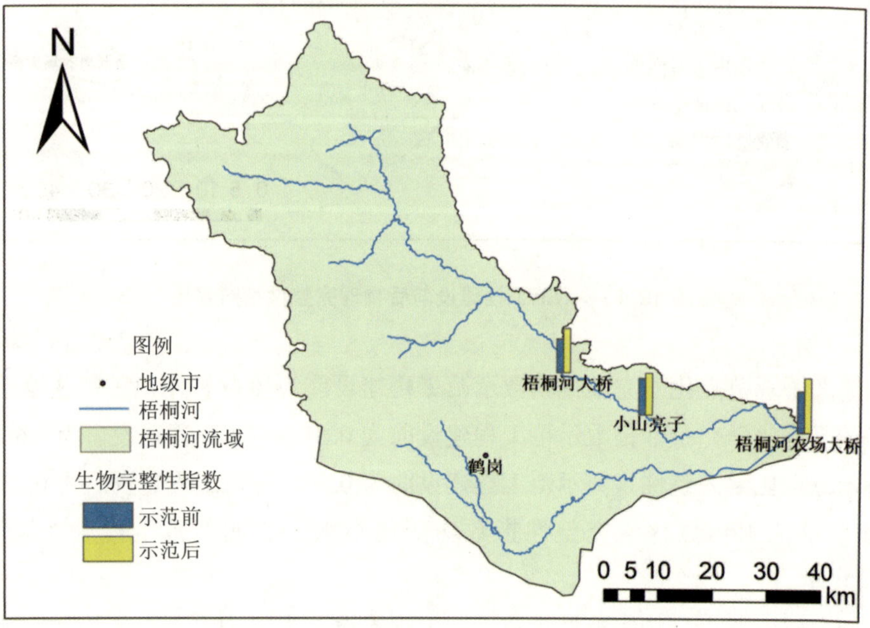

图 12-45　示范工程建设前后生物完整性指数变化

梧桐河大桥示范点水生态完整性指数示范工程建设前为 0.47，示范工程建设后为 0.56；小山亮子示范点水生态完整性指数示范工程建设前为 0.50，示范工程建设后为 0.57；梧桐河农场大桥示范点水生态完整性指数示范工程建设前为 0.47，示范工程建设后为 0.53。示范工程建设前后示范工程点水生态完整性指数均明显增加，表明示范工程点水生态完整性得到明显恢复（图 12-46）。

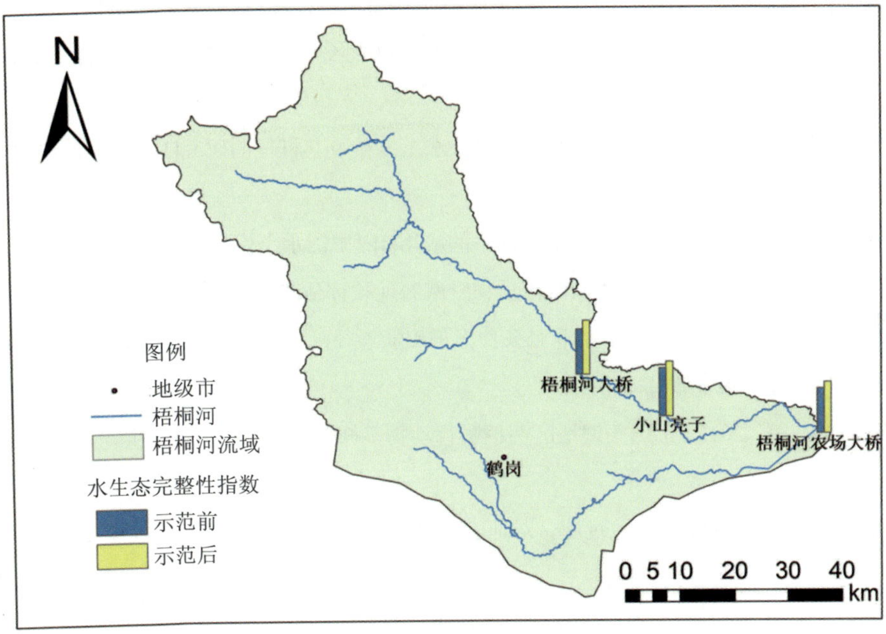

图 12-46　示范工程建设前后水生态完整性指数变化

参考文献

COOK S E K，1976. Quest for an Index of Community Structure Sensitive to Water Pollution [J]. Environmental Pollution，11：269-288.

Nalley L L，Tack J，Durand A，et al.，2017. The production，consumption，and environmental impacts of rice hybridization in the United States[J]. Agronomy Journal，109（1）：193-203.

PRATT J M，COLER R A，1976. A Procedure for the Routine Biological Evaluation of Urban Runoff in Small Rivers[J]. Water Research，10：1019-1025.

蔡荣，陶素敏，2020. 中国农业化肥投入效率空间差异及动态变迁[J]. 华中农业大学学报（社会科学版），（6）：57-66，163.

褚光，陈婷婷，陈松，等，2017. 灌溉模式与施氮量交互作用对水稻产量以及水、氮利用效率的影响[J]. 中国水稻科学，31（5）：513-523.

范玉龙，胡楠，丁圣彦，2017. 大坝对下游景观格局及生态系统服务的影响[J]. 生态学杂志，36（1）：240-247.

付岚，江源，刘琦，等，2018. 基于大型底栖动物完整性指数 B-IBI 的东江流域水生态健康评价[J]. 生态环境学报，27（8）：1502-1511.

高国柱，吴孝兵，2005. 两栖动物种群数量减少的原因探讨[J]. 安徽技术示范学院学报，19（1）：37-41.

耿艳辉，闵庆文，吕爱锋，等，2010. 泾河流域不同生态功能区可持续发展能力评价[J]. 中国人口・资源与环境，20（9）：127-133.

侯喜禄，白岗栓，曹清玉，1996. 黄土丘陵区森林保持水土效益及其机理的研究[J]. 水土保持研究，3(2)：98-103.

胡雪琴，2015. 生物过滤带在农业面源污染防治中的应用[J]. 中国水土保持，（8）：35-38.

江建平，谢锋，臧春鑫，等，2016. 中国两栖动物受威胁现状评估[J]. 生物多样性，24（5）：588-597.

姜萍，袁永坤，朱日恒，等，2013. 节水灌溉条件下稻田氮素径流与渗漏流失特征研究[J]. 农业环境科学学报，32（8）：1592-1596.

李成，谢锋，车静，等，2017. 中国关键地区两栖爬行动物多样性监测与研究[J]. 生物多样性，25（3）：246-254.

李怀恩，邓娜，杨寅群，等，2010. 植被过滤带对地表径流中污染物的净化效果[J]. 农业工程学报，26(7)：81-86.

李俊峰，杨建昌，2017. 水分与氮素及其互作对水稻产量和水肥利用效率的影响研究进展[J]. 中国水稻科学，31（3）：327-334.

林鹏程，刘飞，高欣，等，2014. 鱼类生物完整性评价体系的构建及其在赤水河的应用[J]. 淡水渔业，44（6）：81-86，92.

刘长江，高崇升，金剑，等，2011. 黑龙江水稻高产栽培技术与模式研究[J]. 中国稻米，17（5）：49-52.

刘超，徐谞，顾文文，等，2018. 典型畜禽粪便配伍食用菌菌渣堆肥研究[J]. 中国农学通报，34（21）：84-90.

刘黎明，邱卫民，许文年，等，2007. 传统护坡与生态护坡比较与分析[J]. 三峡大学学报（自然科学版），29（6）：528-532.

刘圣尧，谢鸿，2014. 生态鱼道在低水头堰坝工程中的应用[J]. 浙江水利科技，42（4）：60-62.

任海庆，袁兴中，刘红，等，2015. 环境因子对河流底栖无脊椎动物群落结构的影响[J]. 生态学报，35(10)：3148-3156.

史常亮，郭焱，朱俊峰，2016. 中国粮食生产中化肥过量施用评价及影响因素研究[J]. 农业现代化研究，37（4）：671-679.

唐浩，熊丽君，黄沈发，等，2011. 农业面源污染防治研究现状与展望[J]. 环境科学与技术，34（S2）：107-112.

汪有科，吴饮孝，赵鸿雁，等，1993. 林地枯落物抗冲机理研究[J]. 水土保持学报，（7）：75-80.

危起伟，杜浩，2014. 长江珍稀鱼类增殖放流技术手册[M]. 北京：科学出版社.

吴军，高逖，徐海根，等，2013. 两栖动物监测方法和国外监测计划研究[J]. 生态与农村环境学报，29(6)：784-788.

吴彦，刘世全，1997. 植物根系对土壤抗侵蚀能力的影响[J]. 应用与微生物学报，2（3）：119-124.

徐建新，赵尚飞，杜彦良，等，2018. 梧桐河生态流量分析[J]. 华北水利水电大学学报（自然科学版），39（6）：78-83.

徐士霞，李旭东，王跃招，2003. 两栖动物在水体污染生物监测中作为指示生物的研究概况[J]. 动物学杂志，38（6）：110-114.

杨林章，冯彦房，施卫明，等，2013. 我国农业面源污染治理技术研究进展[J]. 中国生态农业学报，21(1)：96-101.

张华，李锋瑞，张铜会，等，2002.春季裸露沙质农田土壤风蚀量及变异特征[J]. 水土保持学报，16（1）：29-32.

张欢，何亮，张培育，等，2013. 食物链长度理论研究进展[J]. 生态学报，33（24）：7630-7643.

周跃，骆华松，徐强，等，2000. 乔木的斜向支撑效能及其坡面稳定意义[J]. 山地学报，18（4）：306-312.

第四篇

松花江水生态修复总体战略

第 13 章　松花江水生态修复目标和技术路线图

本章针对松花江不同江段水生态完整性受损的主要问题，从物理完整性、化学完整性和生物完整性角度明确生态修复的技术手段和难易程度，合理确定生态修复的阶段性目标，分类型构建松花江全流域水生态修复技术路线。

13.1　研究方法

根据松花江流域水生态二级功能分区（如水源涵养与水文调节水生态功能区、农业生产支撑功能区等）和不同区段的特点，系统总结生态系统结构与功能基本属性，构建“水生态现状及完整性评价—问题识别—技术筛选—战略集成”的方法体系。

首先，针对封冻型河流松花江不同分区和区段现状布设监测点位，全面调查并系统诊断流域范围内污染物结构、流域经济社会生态环境、河流水质现状和水生生物空间分布状况，结合前期研究基础和点位监测数据，进行全面调查、系统评价，开展流域污染物负荷估算和水生态完整性评价工作。结合各功能区特点，综合分析河流水质量演变过程，研究河流水污染过程、趋势与水生态特征及退化影响因素，耦合区域经济社会发展特点及趋势，分析在不同发展阶段的污染过程、效应和模式，明确河流水污染结构和核心约束要素，探讨社会经济系统演变与河流完整性之间的关系。从流域水系格局、土地利用、水污染结构、流域经济社会特征、水生生物分布、水质状况等多方面入手，诊断松花江水生态完整性存在的问题，从物理完整性、化学完整性和生物完整性角度明确生态恢复的技术手段和难易程度，合理确定生态恢复的阶段性目标。

其次，针对松花江水生态完整性受损识别的问题，遵循定量化、全面性、可行性、针对性 4 个原则进行技术评估，按照层次分析法原理，将封冻型河流水生态恢复与重建技术分为物理、化学和生物三大类恢复措施；结合经济性指标、技术性能指标和环境效益指标多指标，分类制定各技术评估指标调查表。力图全面、精准地评价各类水生态恢复与重建技术，筛选出具有经济型、适用性、先进性和可行性的关键技术，构建封冻型河流水生态恢复集成技术体系库。

再次，针对松花江流域范围内的不同分区和区段进行深入调查研究，采集基础地理信息、水文、污染源、社会经济统计数据等，分析水样理化指标、沉积物理化指标、浮游动植物指标、水生植物指标、底栖生物指标等，评估松花江不同区段物理完整性、化学完整性和生物完整性现状及退化的原因。

最后，结合松花江不同分区范围内不同工业、农业、畜禽养殖业、植被覆盖率等社会自然经济条件，根据识别的主要水生态问题，有重点地实施筛选集成的松花江流域适合的物理、化学、生物完整性恢复技术措施，构建松花江水生态完整性恢复战略方案。

松花江水生态完整性恢复研究方法见图 13-1。

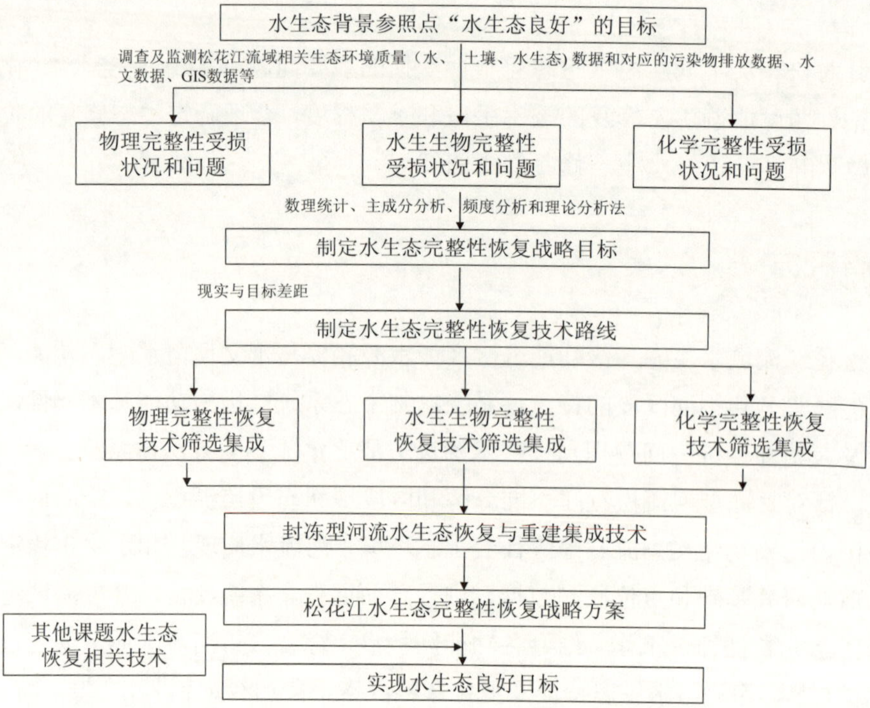

图 13-1　松花江水生态完整性恢复研究方法

13.2　水生态修复战略目标

在松花江水生态完整性评价的基础上，识别出松花江水生态受损的主要问题和原因如下：

（1）物理完整性受损问题：河流连通性破坏严重，生态系统呈现水域与湿地减少、农田和人工表面增加，景观格局总体呈破碎化、斑块形状复杂化、生态系统单一化的趋势，人为开发导致了滨岸带生态系统变化、阻滞能力和防洪调蓄能力下降，水资源利用率低，农业用水占比达 81%，农灌用水影响鱼类产卵。

（2）化学完整性受损问题：从常规监测指标来看，松花江水质趋于好转，2018 年总体为轻度污染，DO 总体升高，水质状况总体为轻度污染，水质良好，但水化学完整性距离水生态良好目标还有一定的差距，城市段和部分支流污染严重，部分有机物生态风险需重视。

（3）生物完整性受损问题：生物多样性减少，大型鱼类资源衰退严重，小型鱼类资源呈现增加的趋势，少数土著种（群）灭绝，生态状况亟须进一步改善。

松花江流域景观变化的主要驱动力为社会经济因素，主导驱动因子是总人口数量和化肥施用量。

营养元素变化是松花江浮游动物、甲藻、微生物群落退化的主要原因。

针对识别出的上述水生态完整性受损问题，以实现水生态“良好”为目标，从水生态物理完整性、化学完整性和生物完整性等多个角度出发，分析生态修复的技术手段和难易程度，应用层次分析、专家咨询等方法，确定要素层和指标层权重，从时间和空间纬度出发，制定分阶段河流水生态修复的战略途径与对策，指导河流水生态修复重点任务和空间实施布局。

13.2.1　水生态参照状态确定

根据《全国流域水生态环境功能区划（征求意见稿）》，松花江流域黑龙江省和吉林省涉及 12 个水生态环境功能Ⅱ级区（图 13-2、表 13-1）。

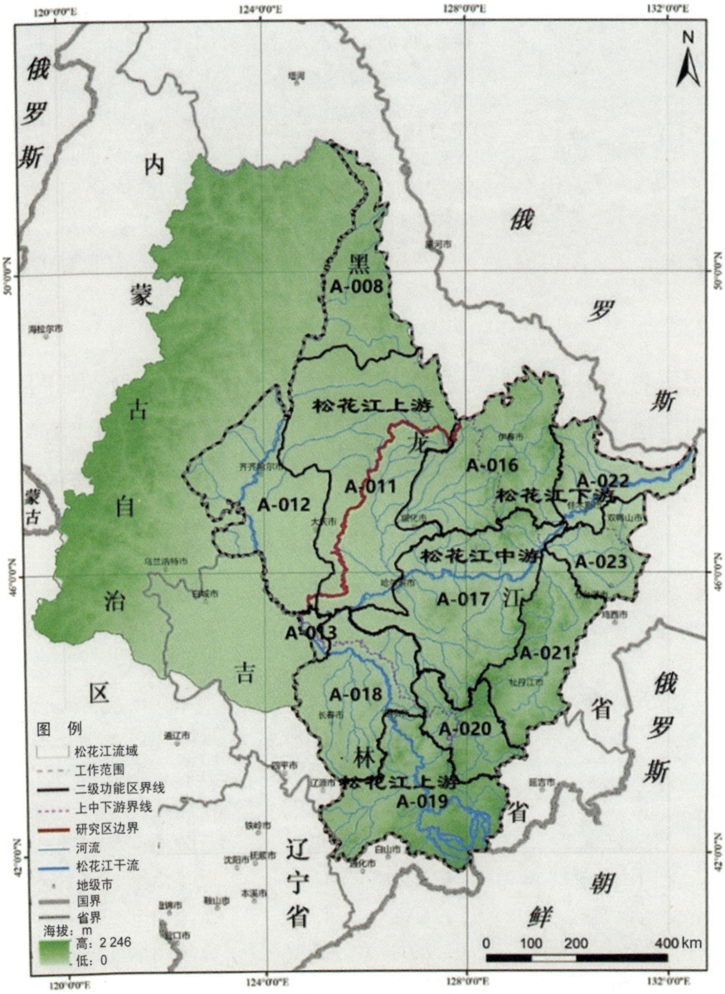

图 13-2　松花江流域研究区范围与水生态功能Ⅱ级分区

表 13-1 松花江流域研究范围内水生态环境功能Ⅱ级区分类

功能区类别	所属江段	包含的松花江功能区编号	相关水质监测断面	覆盖地区
1. 水源涵养与水文调节功能区	嫩江	A-008	博霍头、富源村、繁荣村	黑河市、齐齐哈尔市
	第二松花江	A-016	友好、汤旺河口内、绥望桥	伊春市、佳木斯市、绥化市
	松花江干流	A-020	蛟河口、大山、肖家船口	吉林市、延边朝鲜族自治州
2. 生境维持功能区	松花江	A-021	牡丹江口内、海浪、柴河铁路桥、海浪河口内	哈尔滨市、牡丹江市
3. 水生珍稀特有物种栖息地与洄游通道功能区	嫩江/第二松花江	A-013	松林、宁江、到保大桥、月亮湖下、西双河大桥、嘉荫	松原市、白城市、伊春市、黑河市
	松花江	A-017	蚂蚁河口内、摆渡镇、朱顺屯、兴盛乡、苗家、大顶子山、阿什河口内	哈尔滨市
	第二松花江	A-019	白山大桥、墙缝、兰旗大桥、哨口、池北铁桥、官厅桥、福兴、兴隆	吉林市、长白山保护开发管理委员会、通化市
4. 农业生产支撑功能区	嫩江	A-012	查哈阳乡、肇源、浏园、江桥、白沙滩、嫩江口内	齐齐哈尔市、大庆市、白城市
	松花江	A-022	佳木斯下、佳木斯上、梧桐河口内、同江	佳木斯市
	松花江	A-023	兴农排灌站、倭肯河口内、抢肯	双鸭山市、哈尔滨市、七台河市
5. 城市生活支撑功能区	嫩江	A-011	龙安桥、拉哈、呼兰河口内、榆林镇鞍山屯、纳谟尔河口	齐齐哈尔市、黑河市、哈尔滨市、绥化市
	第二松花江	A-018	老山头、宝泉镇上（黑）	长春市、吉林市

1）点位确定

将松花江流域所有点位按照地形和海拔分为丘陵山区河流点位和平原河流点位，通过现场实际调查，利用栖境评分表对点位进行打分，得到评价结果为“好”的参照位点，再利用面源污染和土地利用标准进一步筛选参照点，最后得到松花江流域的参照点(表 13-2)。

表 13-2 松花江参照点位筛选结果

点位编号	点位名称	经度	纬度	分区	点位属性
1	加格达奇上	123.78	50.55	丘陵山区	国控点位
7	苗圃	129.29	48.27	丘陵山区	国控点位
8	桔源林场	129.36	48.64	丘陵山区	采样点
9	友好	128.86	47.82	丘陵山区	采样点/国控点位
16	梧桐河口内	130.16	47.95	丘陵山区	国控点位
27	汤旺河口内	129.64	46.73	丘陵山区	采样点/国控点位
70	牡丹江源头	127.85	47.11	丘陵山区	采样点
80	白山大桥	127.22	42.73	丘陵山区	国控点位
81	墙缝	126.98	43.12	丘陵山区	国控点位
85	头道松花江源头	128.09	42.36	丘陵山区	采样点
86	二松源头天池西	127.76	42.04	丘陵山区	采样点

所有的参照点位都位于丘陵山区，而平原地区的点位没有符合标准的参照点位。筛选过程中，可以发现确定参照点位的最主要限制性因素是农业的影响，即耕地面积的占比，其次为城镇面积占比。原因可能在于松花江流域的平原地区主要土地利用方式为农业用地，农业生产集约化程度高，农事活动导致营养盐、农药等物质通过点源和非点源的方式进入河流，过程中还对滨岸带植被以及河道形态造成一定的影响。此外，大城市主要集中在平原地区，人口密度较丘陵山区而言相对较大，经济发展相对快速。因此在平原地区基本找不到不受人为干扰的参照点位。

2）参照值的确定

以松花江流域 2003—2018 年的水质数据为基础，分别确定不同分区以及不同季节各水质指标的参照状态。以参照点位累计频率 25%～75%的特征值为参照状态的变化范围，其中 DO 作为正向指标，取累计频率为 25%的特征值作为参照状态的最高值；在平原地区无法找到完全不受人类干扰的参照点，因此选用全部调查点 25%频率作为水质指标的参照状态，以累计频率 5%～50%的特征值为参照状态的变化范围，相应地，DO 取累计频率为 75%的特征值作为参照状态，结果如表 13-3。

表 13-3 松花江流域水生态化学完整性参照状态

序号	指标		平原		丘陵山区	
			参照值	变化范围	参照值	变化范围
1	EC/（mS/cm）	丰水期	14.8	7.10～19.99	10.42	8.12～12.93
		平水期	15.5	7.51～20.50	11.35	8.68～13.30
		枯水期	19.7	8.74～25.20	12.5	11.25～14.35
2	DO/（mg/L）	丰水期	8.2	7.30～9.75	8.4	7.70～9.46
		平水期	9.44	8.13～11.29	9.25	7.80～10.50
		枯水期	9.08	8.28～12.49	9.6	8.30～10.85
3	COD/（mg/L）	丰水期	15.98	11.70～18.99	18	12.89～20.00
		平水期	15	11.00～18.60	17	11.89～20.99
		枯水期	13.9	11.00～18.00	13.75	11.47～18.00
4	COD_{Mn}/（mg/L）	丰水期	5.1	3.80～5.70	5.9	4.55～9.12
		平水期	4.87	3.49～5.60	5.13	4.30～6.58
		枯水期	4.24	3.00～5.20	4.9	4.36～5.50
5	BOD_5/（mg/L）	丰水期	1.67	0.92～2.54	1.5	1.0～2.10
		平水期	1.75	0.96～2.60	1.7	1.0～2.30
		枯水期	2.03	1.00～2.79	1	1～2.30
6	NH_3-N/（mg/L）	丰水期	0.27	0.11～0.49	0.32	0.15～0.60
		平水期	0.29	0.13～0.51	0.28	0.17～0.59
		枯水期	0.49	0.16～0.89	0.28	0.12～0.50
7	NO_3^--N/（mg/L）	丰水期	0.25	0.047～0.62	0.26	0.18～0.37
		平水期	0.25	0.040～0.68	0.29	0.23～0.40
		枯水期	0.43	0.09～0.71	0.24	0.21～0.32

序号	指标		平原		丘陵山区	
			参照值	变化范围	参照值	变化范围
8	TN/（mg/L）	丰水期	1.13	0.63～1.74	0.86	0.74～1.13
		平水期	1	0.54～1.66	1.03	0.80～1.42
		枯水期	1.28	0.72～1.76	1.15	0.78～1.16
9	TP/（mg/L）	丰水期	0.08	0.03～0.14	0.05	0.040～0.078
		平水期	0.08	0.038～0.13	0.06	0.036～0.086
		枯水期	0.07	0.033～0.11	0.04	0.02～0.06
10	石油类/（mg/L）	丰水期	0.01		0.01	
		平水期	0.01		0.01	
		枯水期	0.01		0.01	
11	挥发酚/（μg/L）	丰水期	0.01		0.01	
		平水期	0.01		0.01	
		枯水期	0.01		0.01	
12	Pb/（μg/L）	丰水期	0.5	0.2～0.7	—	
		平水期	0.5	0.2～1.0	—	
		枯水期	0.5	0.2～0.9	—	
13	Cu/（μg/L）	丰水期	0.5	0.5～1.8	—	
		平水期	0.5	0.5～1.7	—	
		枯水期	0.5	0.5～1.0	—	
14	Zn（μg/L）	丰水期	9.5	1.5～14	5.0	
		平水期	10	1.5～15.9	5.0	
		枯水期	10	2.0～12.5	2.0	
15	Cd/（μg/L）	丰水期	0.049	0.019～0.049	0.049	0.019～0.05
		平水期	0.049	0.019～0.049	0.049	0.019～0.05
		枯水期	0.049	0.019～0.049	0.040	0.030～0.05
16	LAS/（mg/L）	丰水期	0.025	0.025～0.030	0.025	0.025～0.030
		平水期	0.025	0.025～0.030	0.025	0.025～0.030
		枯水期	0.025	0.025～0.050	0.025	0.025～0.030

由表 13-3 可知，水质理化指标（EC、DO）、有机污染指标（COD_{Cr}、COD_{Mn}）以及营养类指标（NH_3-N、TN、TP）的参照值具有较为明显的季节和空间差异，重金属指标（Pb、Cu、Zn、Cd）、有毒有机类指标（挥发酚和石油类）和 LAS 的参照值季节和空间差异不明显。松花江流域的 TN 和 COD_{Mn} 的参照值在山区和平原地区都较高，TN 接近或超过地表水III类标准，COD_{Mn} 在丘陵山区的参照值高于平原地区，且在丰水期接近于地表水III类标准。然而丘陵山区的参照位点大多位于河流上游，例如，位于小兴安岭腹地的汤旺河口内、桔源林场以及大兴安岭地区的加格达奇上等，这些点位栖境良好，森林覆盖率高，符合参照点位选取的标准，但均体现出 COD_{Mn} 浓度较高甚至超标的现象。原因可能在于，林地覆盖较高的区域土壤中有机质含量较高，丰水期由于降雨频繁、雨量大，在降雨的初始冲刷效应的作用下，土壤中的有机质随地表径流大量进入河道，造成河流中有机物含量增加，高锰酸盐指数升高。不同分区、不同季节间隔指标的参照状态值存在显著的差异，也体现

了流域本身自然条件的变化特性，也说明对流域进行分区、分期制定适宜的管理措施非常必要。

13.2.2　水生态修复指标筛选

物理指标/水文状况：主要涉及流量和水流动力学、与地下水体的联系、河流的连续性、形态条件（河流深度、宽度，河床结构和底质，河岸区结构）。

化学指标：一般指标如温度、DO、pH、酸中和能力、盐度；特征污染物：已确定排入水体的重点污染物。

生物指标：浮游植物构成和丰度，水生植物群落的构成和丰度，底栖无脊椎动物区系的构成和丰度，鱼类构成、丰度和年龄组成。

物理和生物指标难以定量化，因此本研究在研究制定松花江水生态恢复战略目标时，仍以化学指标为定量化指标，物理和生物指标采用定性指标。

13.2.3　水生态修复战略目标

基于松花江水生态完整性评价结果，确定了以优先修复和保障松花江河流生态系统服务功能、兼顾生物多样性的总体战略目标，包括物理、化学和生物 3 类指标。

13.2.3.1　总体目标

各规划期，干支流水质得到阶段性改善，达到其规划的水质和水生态目标，2050 年干支流水质全部达标，全流域物理完整性受损点修复，土著和珍稀鱼类种群数量基本稳定，基本实现水生态良好目标。

13.2.3.2　中期目标（2030 年）

2030 年，水环境质量得到总体改善，松花江、第二松花江及其主要支流水环境风险得到有效防范，干流水质全部达到规划功能要求，主要支流达标；干支流水质明显改善，全部干流及部分主要支流物理完整性受损点得到修复，土著和珍稀鱼类种群数量明显增加，初步实现水生态良好。

13.2.3.3　远期目标（2050 年）

水生态环境质量全面改善，松花江、第二松花江及其全部支流水环境风险得到有效防范，干支流水质全部达标，水质全面改善；全流域物理完整性受损点得到修复，土著和珍稀鱼类种群数量稳定，实现水生态良好。

13.3　水生态修复技术路线图

根据战略目标和阶段目标、水生态修复指标等，结合不同时间节点的战略任务、技术重点以及区域社会经济发展需求，科学布局时间节点，确定松花江水生态修复技术路线图。

在水生态功能分区的基础上，针对松花江水生态良好的总体目标和分阶段目标，科学划分时间节点，按照物理完整性恢复、化学完整性恢复、生物完整性恢复的需求，分类型构建松花江全流域水生态修复技术路线图。确定不同阶段重点战略任务和技术重点，优化水生态修复战略思路。分析各战略任务的特征目标，包括水污染控制指标、受损滨岸带修复指标和水生态修复指标等，结合流域水生态修复需求和社会经济发展，分阶段布局实施。筛选集成污染削减、水生态修复和管理等技术方法，兼顾松花江冰封期长的特点，形成松花江水生态修复技术路线（图 13-3～图 13-6）。

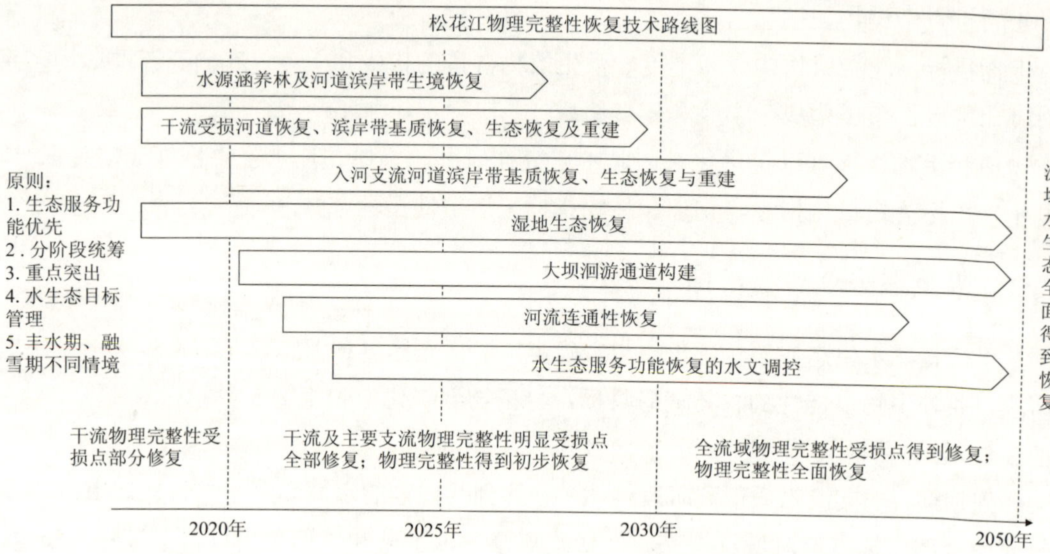

图 13-3　松花江物理完整性恢复技术路线图

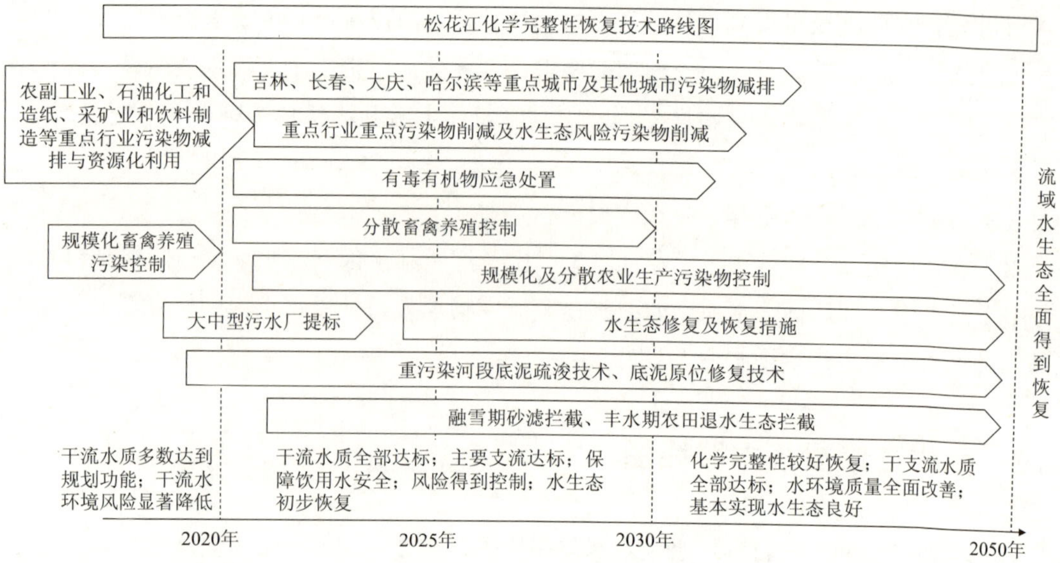

图 13-4　松花江化学完整性恢复技术路线图

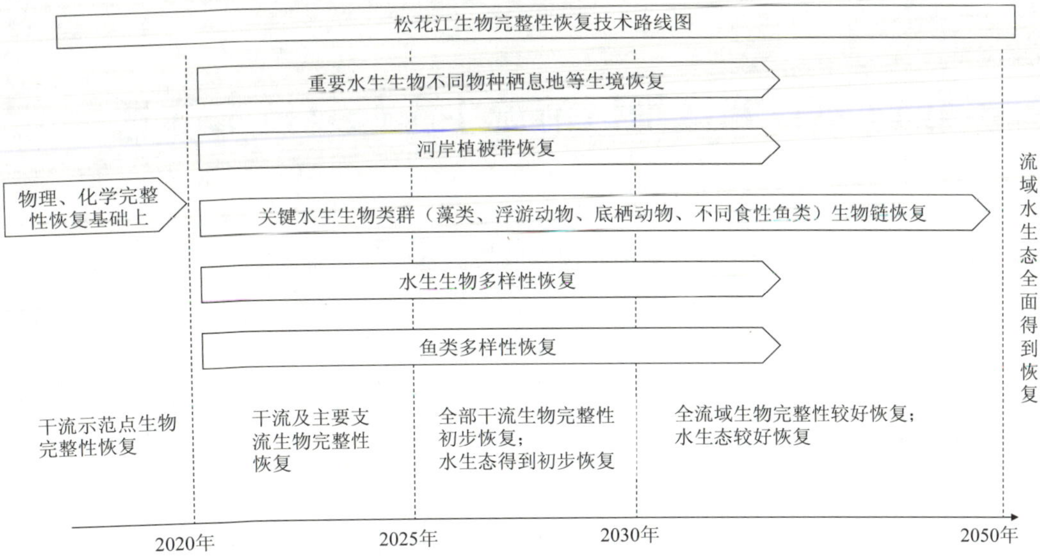

图 13-5　松花江生物完整性恢复技术路线图

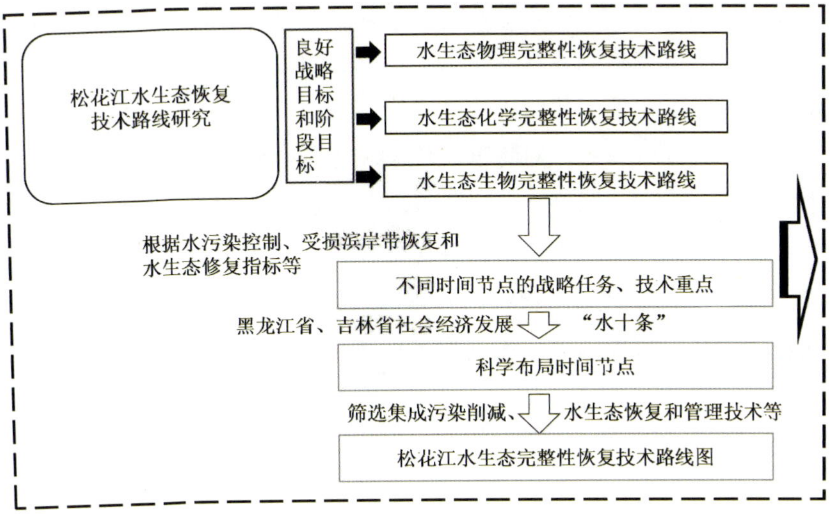

图 13-6　松花江水生态完整性恢复技术路线图

第 14 章　寒冷地区河流生态修复技术筛选

本章在调研国内外河流生态修复相关技术成果的基础上，结合梧桐河示范区研发与应用的技术案例，通过建立的技术评估体系进行筛选，从物理完整性、化学完整性、生物完整性 3 个维度，提出适用于寒冷地区的河流水生态修复技术。

14.1　研究方法

针对寒冷地区河流水生态完整性受损问题，按照河段分阶段、分目标、分类型治理原则，筛选出具有经济型、可行性、科学性的适用性技术。按照“问题识别—现状评价—技术筛选—技术比选—示范应用”的思路，首先，根据流域社会经济、自然地理、水文水质特征情况划分功能区范围，布设生境参照点位，开展典型流域范围内河流的底质、栖息环境复杂性、河岸稳定性、植被状况、水质、人类活动强度、水质水量时空分布特征、鱼类资源、底栖动物分布等流域物理、化学、生物特征调查；其次，通过 PLS、权重分析法等多种方法构建水生态环境评价体系，对物理、化学和生态完整性进行评估。对已有相关技术进行归集整理，筛选出技术就绪度高、成熟度较好的物理、化学、生物修复技术。通过层次分析法、专家打分法等方法建立技术指标评估体系，对关键技术的经济合理性、环境效益、技术性能和社会效益进行科学评价，实现各类技术的集成，最终构建具有适宜性、可行性、针对性和经济性的寒冷地区河流受损水生态修复技术体系。

14.1.1　关键技术筛选评估体系的建立

按照层次分析法原理，遵循定量化、全面性、可行性、针对性 4 项原则进行技术评估，将河流水生态修复技术分为物理恢复类、化学恢复类和生物恢复类三大类；按照技术的经济性指标、技术性能指标和环境效益指标等，分类制定技术评估指标调查表。力图全面精准评价各类水生态修复技术，筛选出具有经济性、适用性、先进性和可行性的关键技术，以进行集成优化创新。

14.1.2　物理完整性恢复技术评估体系

在松花江流域水生态系统退化影响因子识别的基础上，研究制定物理完整性评价指标的筛选原则。通过数值分布特征分析、识别能力分析、冗余度分析、信噪比分析等一系列统计分析过程，筛选并构建松花江物理完整性评价核心指标体系。候选指标包括水文状况、河道形态、滨岸带结构和陆域结构等。选择基本未受人为干扰或遭受人为干扰较少的典型区域，进行上述各项物理完整性指标的测定，并将测定结果作为流域参照值，结合遥感和GIS技术，根据松花江流域20～30年遥感影像资料，确定各个分区物理完整性评价阈值。确定各项物理完整性评价指标的量化方法，并结合算术平均、加权平均、多元统计、综合评价模型等数学方法对指标进行无量纲化，对每项指标对应的具体环境压力设定不同的分类等级，再根据已有的文献资料和数据结构，对主要的物理完整性指标设定对应的权重，最终计算点位的得分，从而建立一套完整的物理完整性评价计分体系。物理完整性恢复技术评估体系和评估指标调查表分别见表14-1和图14-1。

物理完整性恢复技术主要针对水源涵养林、河道、滨岸带生境、人工湿地和水文连通性等几个方面的受损状况进行修复，完善生态结构、恢复生态功能。

表14-1　物理完整性恢复技术评估指标调查表

技术名称				
技术领域及拟解决问题				
技术使用条件				
经济效益	本技术投资成本			
	已有同类技术投资成本			
	本技术运行、管理成本			
	本技术收益来源及收益额			
技术性能	技术成熟度（9级[1]）		技术专利获得数	
	技术推广应用程度（5级[2]）		技术创新类型（3种[3]）	
环境效益	修复前植被覆盖率		修复后植被覆盖率	
	修复湿地面积		修复后湿地面积	
	修复前滨岸带面积		修复后滨岸带面积	
	外来物种生物量		当地物种生物量	
	修复前水体COD浓度		修复后水体COD浓度	
	修复前水体NH_3-N浓度		修复后水体NH_3-N浓度	
	修复前水体TN浓度		修复后水体TN浓度	
	修复前水体TP浓度		修复后水体TP浓度	
数据起止时间				
主管部门或依托单位评分值				
备注（二次污染及其他需要说明的问题）				

注：[1] 技术就绪度为9级：①发现基本原理；②形成技术方案；③开展小试研究；④开展中试研究；⑤形成工艺包或产品；⑥工程示范或形成产品、平台；⑦通过第三方评估或用户验证认可；⑧规范化/标准化；⑨得到推广应用。

[2] 技术推广应用程度5级：①高——已推广至全国大部分地区乃至国外；②较高——已推广至国内部分地区；③一般——已推广至国内某一地区，且在该地区解决相关环境问题时占重要份额；④较低——已推广至国内某一地区，但在该地区解决相关环境问题时占一般份额；⑤低——尚未进行推广应用。

[3] 技术创新类型分为原始创新、引进创新、集成创新。

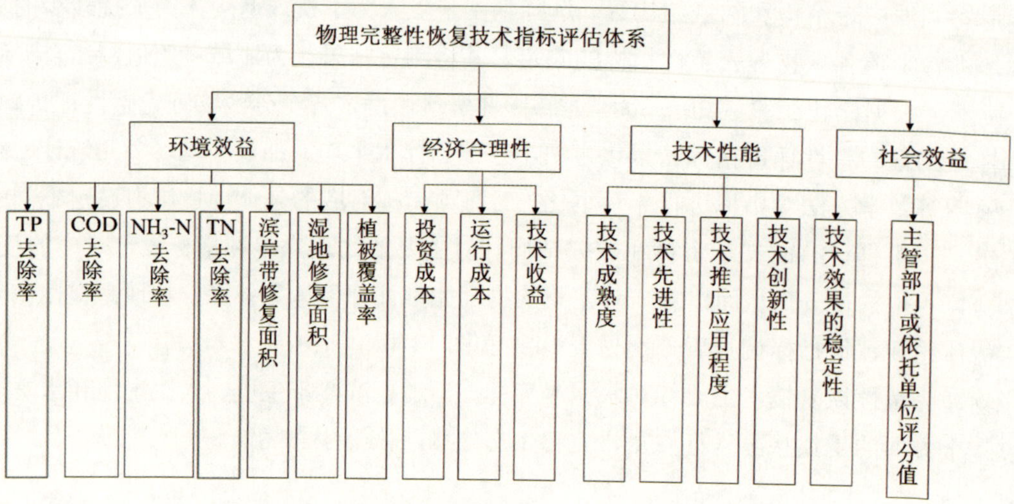

图 14-1 物理完整性恢复技术指标评估体系

14.1.3 化学完整性恢复技术评估体系

针对松花江流域的水生态功能分区，基于典型区域的水化学及水污染特征，研究制定化学完整性评价指标的筛选原则。通过数值分布特征分析、识别能力分析、冗余度分析、信噪比分析等一系列统计分析过程，筛选并构建松花江化学完整性评价核心指标体系。在松花江流域的各个水生态功能分区，选择基本未受人为干扰或遭受人为污染较少的典型区域作为系统参照点位，进行上述各项化学水质参数的测定，作为流域本底值，结合相关研究已建立的松花江流域元素背景值，确定各个区段化学完整性评价阈值。针对松花江流域的水生态功能分区，结合算术平均、加权平均、多元统计、综合评价模型等数学方法对松花江化学完整性评价的指标进行无量纲化，对每项指标对应的具体环境压力设定不同的分类等级，再根据已有的文献资料和数据结构，对主要的化学完整性指标设定对应的权重，最终计算点位的得分，从而建立一套完整的化学完整性评价计分体系。

化学完整性恢复技术主要包括点源污染防治技术、面源污染防治技术和内源污染防治技术 3 类。为保证评估体系针对性和科学性，本研究针对 3 类技术的技术特点，分别制定评估体系和技术评估指标调查表。

14.1.3.1 面源污染防治技术指标体系

此类技术主要针对各种农村生活和农业生产面源污染，提高污染物去除水平，实现处理副产物的无害化处理，降低入河（湖）污染物总量。面源污染防治技术指标评估体系见图 14-2。

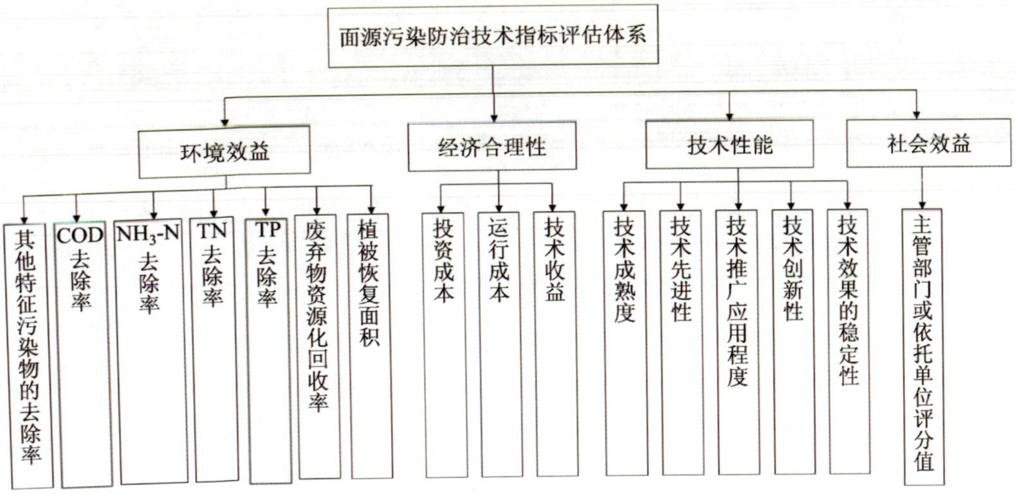

图 14-2 面源污染防治技术指标评估体系

面源污染物防治技术从源头削减、过程控制和末端治理 3 个方面进行集成，主要考虑农村生活、农业生产面源污染物的去除效果和稳定性，其关键技术主要有面源污染物源头削减技术、融雪期面源污染防治技术、丰水期污染防治技术 3 种。该类技术可根据实际情况划分为面源污染物源头削减技术（Ⅰ类）和面源污染物过程控制技术（Ⅱ类）两类，其技术评估指标调查表见表 14-2 和表 14-3。

表 14-2 Ⅰ类技术评估指标调查表

技术名称				
技术领域及拟解决问题				
技术使用条件				
经济效益	本技术投资成本			
	已有同类技术投资成本			
	本技术运行、管理成本			
	本技术收益来源及收益额			
技术性能	技术成熟度（9 级[1]）		技术专利获得数	
	技术推广应用程度（5 级[2]）		技术创新类型（3 种[3]）	
	技术实施前能耗（水、电、药剂原材料等）			
	技术实施后能耗（水、电、药剂原材料等）			
环境效益	COD 减排率/%			
	NH_3-N 减排率/%			
	TN 减排率/%			
	TP 减排率/%			
	其他特征污染物减排率/%			
	废弃物资源化回收率/%			

数据起止时间	
主管部门或依托单位评分值	
备注（其他需要说明的问题）	

注：[1] 技术就绪度为 9 级：①发现基本原理；②形成技术方案；③开展小试研究；④开展中试研究；⑤形成工艺包或产品；⑥工程示范或形成产品、平台；⑦通过第三方评估或用户验证认可；⑧规范化/标准化；⑨得到推广应用。

[2] 技术推广应用程度 5 级：①高——已推广至全国大部分地区乃至国外；②较高——已推广至国内部分地区；③一般——已推广至国内某一地区，且在该地区解决相关环境问题时占重要份额；④较低——已推广至国内某一地区，但在该地区解决相关环境问题时占一般份额；⑤低——尚未进行推广应用。

[3] 技术创新类型分为原始创新、引进创新、集成创新。

表 14-3 II 类技术评估指标调查表

技术名称				
技术领域及拟解决问题				
技术使用条件				
经济效益	本技术投资成本			
	已有同类技术投资成			
	本技术运行、管理成本			
	本技术收益来源及收益额			
技术性能	技术成熟度（9 级[1]）		技术专利获得数	
	技术推广应用程度（5 级[2]）		技术创新类型（3 种[3]）	
请根据实际情况填写以下几项				
环境效益	修复前植被覆盖率		修复后植被覆盖率	
	修复前水体 COD 浓度		修复后水体 COD 浓度	
	修复前水体 NH_3-N 浓度		修复后水体 NH_3-N 浓度	
	修复前水体 TN 浓度		修复后水体 TN 浓度	
	修复前水体 TP 浓度		修复后水体 TP 浓度	
数据起止时间				
主管部门或依托单位评分值				
备注（其他需要说明的问题）				

注：[1] 技术就绪度为 9 级：①发现基本原理；②形成技术方案；③开展小试研究；④开展中试研究；⑤形成工艺包或产品；⑥工程示范或形成产品、平台；⑦通过第三方评估或用户验证认可；⑧规范化/标准化；⑨得到推广应用。

[2] 技术推广应用程度 5 级：①高——已推广至全国大部分地区乃至国外；②较高——已推广至国内部分地区；③一般——已推广至国内某一地区，且在该地区解决相关环境问题时占重要份额；④较低——已推广至国内某一地区，但在该地区解决相关环境问题时占一般份额；⑤低——尚未进行推广应用。

[3] 技术创新类型分为原始创新、引进创新、集成创新。

14.1.3.2 点源污染防治技术指标体系

此类技术主要以重点行业和城镇居民生活两大类污染物治理为目标，以理论创新、工艺创新和集成创新等多种方式，通过产业结构调整、清洁生产、循环经济等方法，改进工艺或设备，降低能耗、水耗与原材料消耗，增加废弃物的再生利用率与资源化利用率，实现污染物的减量化和资源化目标。点源污染防治技术指标评估体系和评估指标调查表分别见图 14-3 和表 14-4。

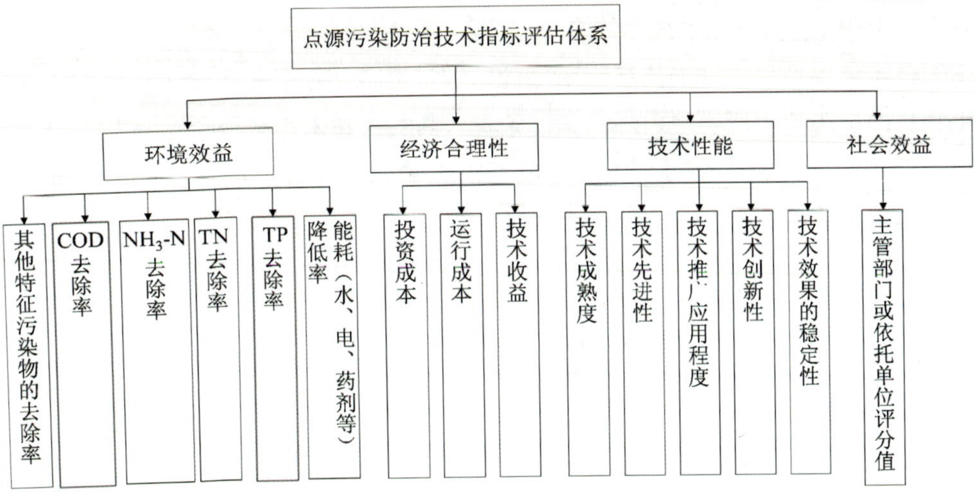

图 14-3　点源污染防治技术指标评估体系

表 14-4　点源污染治理技术评估指标调查表

技术名称				
技术领域及拟解决问题				
技术使用条件				
经济效益	本技术投资成本			
	已有同类技术投资成本			
	本技术运行、管理成本			
	本技术收益来源及收益额			
技术性能	技术成熟度（9 级[1]）		技术专利获得数	
	技术推广应用程度（5 级[2]）		技术创新类型（3 种[3]）	
	实施前能耗（水、电、药剂等）			
	实施后能耗（水、电、药剂等）			
环境效益	以 COD、NH_3-N、TN、TP 为主要去除对象的技术请填 1～4			
	1. COD 去除率/%	最高	最低	平均
	2. NH_3-N 减排率/%	最高	最低	平均
	3. TN 减排率/%	最高	最低	平均
	4. TP 减排率/%	最高	最低	平均
	以其他污染物（如重金属、抗生素）为主要去除对象的技术自行填写去除指标			
	去除率/%	最高	最低	平均
	去除率/%	最高	最低	平均
	去除率/%	最高	最低	平均
	去除率/%	最高	最低	平均
数据起止时间				
主管部门或依托单位评分值				
备注（二次污染及其他需要说明的问题）				

注：[1] 技术就绪度为 9 级：①发现基本原理；②形成技术方案；③开展小试研究；④开展中试研究；⑤形成工艺包或产品；⑥工程示范或形成产品、平台；⑦通过第三方评估或用户验证认可；⑧规范化/标准化；⑨得到推广应用。

[2] 技术推广应用程度 5 级：①高——已推广至全国大部分地区乃至国外；②较高——已推广至国内部分地区；③一般——已推广至国内某一地区，且在该地区解决相关环境问题时占重要份额；④较低——已推广至国内某一地区，但在该地区解决相关环境问题时占一般份额；⑤低——尚未进行推广应用。

[3] 技术创新类型分为原始创新、引进创新、集成创新。

14.1.3.3 内源污染防治技术指标体系

本类技术主要通过物理隔离层阻断底泥营养液释放、底泥疏浚、化学混凝、人工造流、强化生物自净能力等手段实现内源污染的治理，其关键技术主要分为原位修复技术和异位修复技术两类。底泥疏浚会对水生态造成严重影响，破坏整个水体食物链，进而降低水体自净能力，应谨慎使用。内源污染防治技术指标评估体系和评估指标调查表分别见图 14-4 和表 14-5。

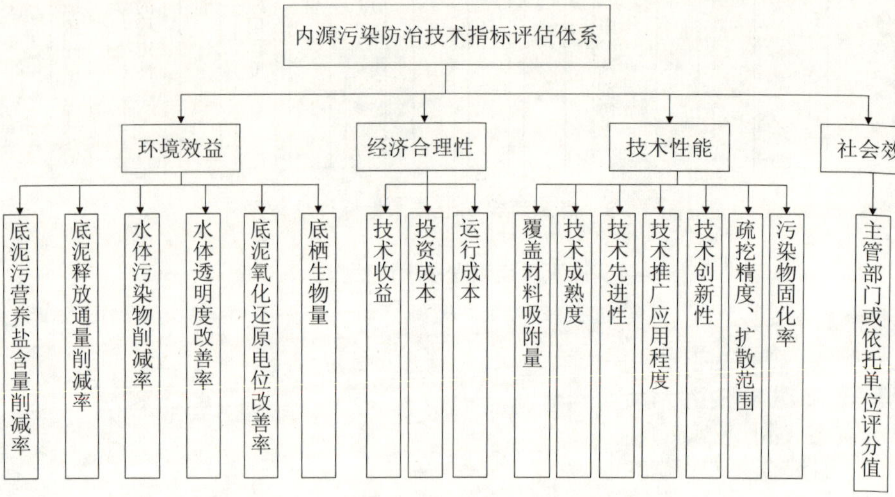

图 14-4 内源污染防治技术指标评估体系

表 14-5 内源污染防治技术评估指标调查表

技术名称				
技术领域及拟解决问题				
技术使用条件				
经济效益	本技术投资成本			
	已有同类技术投资成本			
	本技术运行、管理成本			
	本技术收益来源及收益额			
技术性能	技术成熟度（9级[1]）		技术专利获得数	
	技术推广应用程度（5级[2]）		技术创新类型（3种[3]）	
	疏浚类技术：1. 疏挖精度/cm			
	2. 扩散范围/m			
	原位处理类技术：1. 覆盖材料吸附量			
	2. 污染物固化率			

环境效益	疏浚类技术			
	表层底泥污染物含量削减率（COD、TN、TP）			
	原位处理技术			
	泥源污染物负荷削减率（COD、TN、TP 等）			
	通用指标			
	1. 底泥污染物释放通量（COD、TN、TP 等）			
	2. 水体污染物削减率（SS、COD、TN 等）			
	3. 水体透明度改善率			
	4. 底泥氧化还原点位改善率			
	5. 底栖生物量（实施前、实施后）			
数据起止时间				
主管部门或依托单位评分值				
备注（二次污染及其他需要说明的问题）				

注：[1] 技术就绪度为 9 级：①发现基本原理；②形成技术方案；③开展小试研究；④开展中试研究；⑤形成工艺包或产品；⑥工程示范或形成产品、平台；⑦通过第三方评估或用户验证认可；⑧规范化/标准化；⑨得到推广应用。

[2] 技术推广应用程度 5 级：①高——已推广至全国大部分地区乃至国外；②较高——已推广至国内部分地区；③一般——已推广至国内某一地区，且在该地区解决相关环境问题时占重要份额；④较低——已推广至国内某一地区，但在该地区解决相关环境问题时占一般份额；⑤低——尚未进行推广应用。

[3] 技术创新类型分为原始创新、引进创新、集成创新。

14.1.4　生物完整性恢复技术评估体系

针对不同生物类群、不同生态指标对环境压力的敏感程度存在显著差异这一特点，研究制定生物完整性评价指标的筛选原则。针对松花江流域的水生态功能分区，基于典型区域的生物区系特征，通过数值分布特征分析、识别能力分析、冗余度分析、信噪比分析等一系列统计分析过程，筛选并构建松花江生物完整性评价核心指标体系。候选参数包括物种丰富度、物种组成、耐受性、生物多样性、习性/食性等方面的参数。在松花江流域的各个水生态功能分区中，选择基本未受人为干扰或遭受人为干扰较少的典型区域，进行大型底栖动物、着生藻类等生物类群调查，计算上述各项生物指标，将计算结果作为流域本底参照值，结合已有研究成果和松花江流域水生生物历史调查资料，确定各个区段生物完整性评价阈值。针对松花江流域的水生态功能分区，结合算术平均、加权平均、多元统计、综合评价模型等数学方法对松花江生物完整性评价的指标进行无量纲化，对每项指标对应的具体环境压力设定不同的分类等级，再根据已有的文献资料和数据结构，对主要的生物完整性指标设定对应的权重，最终计算点位的得分，从而建立一套完整的生物完整性评价计分体系。生物完整性恢复技术指标评估体系和评估指标调查表分别见图 14-5 和表 14-6。

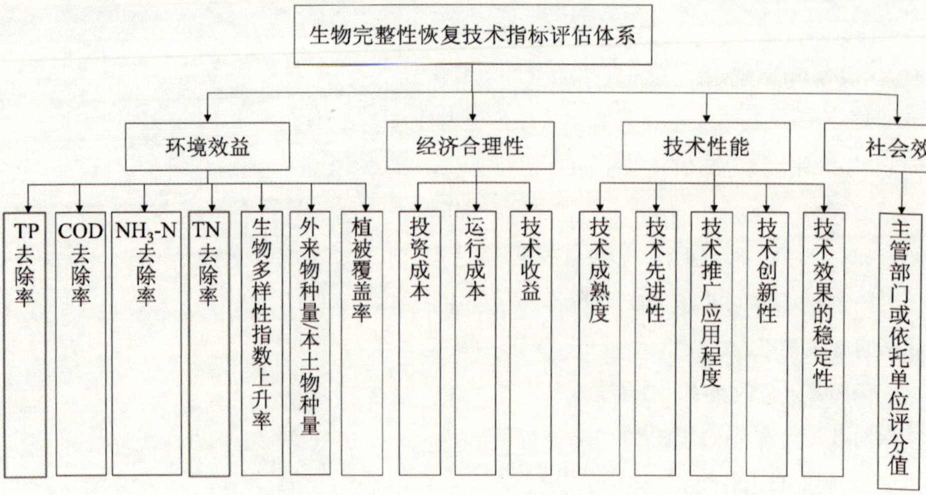

图 14-5　生物完整性恢复技术指标评估体系

表 14-6　生物完整性恢复技术评估指标调查表

技术名称				
技术领域及拟解决问题				
技术使用条件				
经济效益	本技术投资成本			
	已有同类技术投资成本			
	本技术运行、管理成本			
	本技术收益来源及收益额			
技术性能	技术成熟度（9 级[1]）		技术专利获得数	
	技术推广应用程度（5 级[2]）		技术创新类型（3 种[3]）	
环境效益	修复前植被覆盖率		修复后植被覆盖率	
	修复前生物多样性指数		修复后生物多样性指数	
	修复前物种种类数		修复后物种种类数	
	外来物种生物量		当地物种生物量	
	修复前水体 COD 浓度		修复后水体 COD 浓度	
	修复前水体 NH_3-N 浓度		修复后水体 NH_3-N 浓度	
	修复前水体 TN 浓度		修复后水体 TN 浓度	
	修复前水体 TP 浓度		修复后水体 TP 浓度	
数据起止时间				
主管部门或依托单位评分值				
备注（二次污染及其他需要说明的问题）				

注：[1] 技术就绪度为 9 级：①发现基本原理；②形成技术方案；③开展小试研究；④开展中试研究；⑤形成工艺包或产品；⑥工程示范或形成产品、平台；⑦通过第三方评估或用户验证认可；⑧规范化/标准化；⑨得到推广应用。

[2] 技术推广应用程度 5 级：①高——已推广至全国大部分地区乃至国外；②较高——已推广至国内部分地区；③一般——已推广至国内某一地区，且在该地区解决相关环境问题时占重要份额；④较低——已推广至国内某一地区，但在该地区解决相关环境问题时占一般份额；⑤低——尚未进行推广应用。

[3] 技术创新类型分为原始创新、引进创新、集成创新。

此类技术主要对破损或受损的河/湖滨带、水体系统的生物完整性进行恢复，完善生态结构，修复生态功能。根据对象不同可分为河岸植被带修复技术和水生生物多样性恢复技术。

14.1.5 技术评估方法和过程

第一步按其不同性质进行技术分类；第二步按不同类别技术分别建立相应的评估指标体系，技术体系如图 14-2～图 14-5 所示，分为 3 个指标层次；第三步根据层次分析法（1～9 标度法），对指标体系中的各项指标进行两两重要性判断，主要方法为专家调查打分法，并计算各项指标对应的权重，按照评估量化公式计算各评估指标指数；第四步构建综合评估效益指数及所属子因素分级赋值标准，采用专家调查、会议研讨等方式，构建指标相应定量标准，即分为低、较低、中、较高、高五级（赋值 1、3、5、7、9），随后得出综合效益指数的加权平均值。

14.2 松花江物理完整性恢复技术筛选

针对物理完整性方面的（河流水文参数、河流形态结构、河岸带状况、河床表层生境和河床泥沙）受损状况和问题，即河流连通性破坏严重，生态系统呈现水域与湿地减少、农田和人工表面增加的趋势，景观格局总体呈破碎化、斑块形状复杂化、生态系统单一化的趋势，人为开发导致了滨岸带生态系统变化、阻滞能力和防洪调蓄能力下降，水资源利用率低，农灌用水影响鱼类产卵等，从技术经济可行性、效能有效性等方面筛选水源涵养林及河道滨岸带生境修复技术（促进乡土水生态物种的恢复），入河支流河道滨岸带基质修复、生态修复及重建技术，湿地生态修复技术等，防治水土流失，构建保障流域清水入河的“清水产流机制”技术体系；筛选大坝洄游通道构建技术、河流连通性恢复技术，保障水生态服务功能的生态需水量等，构建服务于水生态服务功能恢复的水文调控技术体系。

物理完整性恢复是构建保障流域清水入河的“清水产流机制”技术体系的基础，对恢复流域水生态完整性有着重大意义（袁哲，2021）。本研究重点对水源涵养林、河道滨岸带生境、河滨湿地及水文连通性等修复技术进行筛选（图 14-6）。

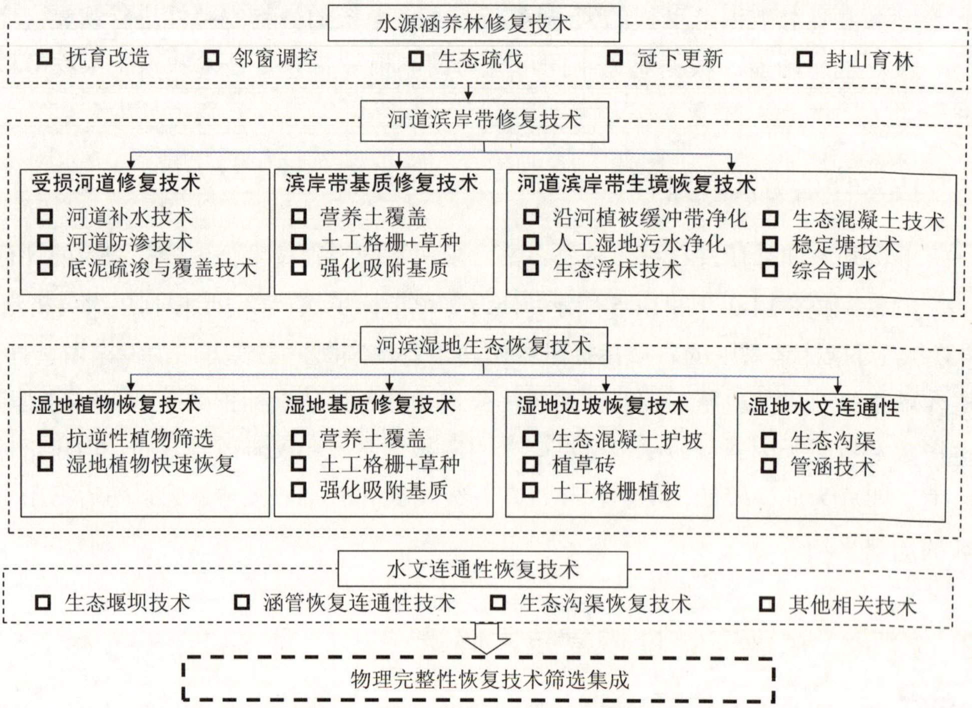

图 14-6　物理完整性恢复技术筛选集成

14.2.1　水源涵养林修复技术

水源涵养林是一项具备特殊含义的防护树林，主要位于河川、水库和湖泊的周围，包括天然林和人工林（彭向文，2018）。如果这些森林具有良好的林分组成，在水源区占有一定的面积，则在调节气候、调洪削峰、涵养水源、保持水土、改良土壤等方面具有独特的生态环境效应（房春果，2020）。尤其是位于河川、水库、湖泊的上游集水区内大面积的原始森林、次生林和人工林，能够起到涵养水源、改善水文、调节水流、利用水利以及保护可饮水水源的重要作用。水源涵养林保护具有生态效益、经济效益和社会效益，松花江建设水源涵养林的有效方法主要有 3 种。

一是建设水源涵养林要遵循因地制宜的方法和原理，根据可持续发展的原则进行，要具有科学性，结合当地的土壤土质结构和地理环境，有针对性地选择适合当地环境的树种，依据科学文化知识合理调整。

二是发挥人与自然的协调性、动物与植被的和谐型，互帮互助，相辅相成，互相促进，共同繁荣。

三是要注意林木植被的实用性和永久性，选择生命力旺盛、不易枯萎、树龄长的树种，要规划好水源林的位置和面积，对于次生林的生长也应视情况人为加密补种，适当清除老化的残枝枯木，为森林的健康生长提供良好的生长环境。

14.2.2 滨岸带修复技术

河道滨岸带生态系统作为陆地和水域的交错地带，是河流生态系统和陆地生态系统进行物质、能量和信息交换的一个重要过渡带，成为两者相互作用的重要桥梁和纽带（黄凯，2007；Naiman & Decamps，1997）。它具有截留和净化污染物、提供生物栖息地、保持生物多样性、固岸和降低侵蚀、涵养水源、改变立地小环境等生态、环境功能，能保护河流水质，减缓陆地系统输入对水生系统的直接影响，所以又称河岸缓冲，是控制地表水水质最直接有效的天然屏障。河道滨岸带也可泛指一切邻近河流、湖泊、池塘、湿地以及其他特殊水体并且有显著资源价值的地带。河道滨岸带具有四维结构特征，即：①纵向：上游—下游；②横向：河床—泛滥平原；③垂直方向：河川径流—地下水；④时间变化、河岸形态变化及河岸生物群落演替等方向。其主要功能有：①对自然河岸廊以及与之相联系的地表和地下水径流的保护功能；②对开放的野生动植物生境以及其他特殊地和旅行廊道的保护功能；③可提供多用途的娱乐场所和舒适的生活环境。

随着社会经济的快速发展，虽然一直以来重视河流的环境保护，但松花江的很多入河支流滨岸带呈现出不同程度的破坏，河流滨岸带植物大量减少，水土严重流失，部分河流滨岸带形状由弯曲变成直线，减少了水生生物的生存空间，降低了水生生物的多样性，此外部分河流滨岸带的硬质面阻断了水陆间物质、能量交换，水体富营养化严重，破坏了生态系统完整性，部分河流滨岸带景观功能变差，使人与自然产生隔绝，不能亲近自然；污染物造成部分河段水质日趋恶化，严重影响干流的水环境质量。国际实践经验表明，对污染河流的治理，必须实施污染源控制和生态修复相结合的办法。

结合封冻型河流水文水质和气象特点，针对流域内河道受损严重、滨岸带基质不良和滨岸带生态功能退化的问题，重点研究集成受损河道修复技术、河道滨岸带（沟渠）基质修复技术和河道滨岸带生境修复技术。

14.2.2.1 受损河道修复技术

河道生态系统是流域生态系统的一部分，人类在水利方面对河流的研究和开发利用已达到相当高的水平，但从生态角度研究河道生态修复是近年才开始的。日本和西方一些发达国家起步较早，致力于消除人类活动对河流系统的不利影响，为修复河道生态系统做了大量的研究工作。

河道生态修复应是一个完整的生态系统，它不仅包括植物，还包括动物及微生物，系统内部之间，以及系统与相邻系统之间均发生着物质能量和信息的交换，具有很强的动态性，真正意义上的生态修复应该是在保证边坡稳定的基础上，以营造边坡及河道内生物多样性为目标。在水、土、生物之间，形成物质、信息和能量循环体系，通过良性循环，进行自我组织和自我修复，使生态修复不仅具有景观效果，还能修复受污染的河流水体，提高河道的自净能力，从而为整条河流生态系统的健康提供保障。

针对不同的河道问题有不同的修复技术。河流几何形态修复可以通过保留天然的河道弯曲与湿地，恢复河道的连续性，创建浅滩与深潭，采用生态景观型梯形断面，采用复式断面等方式实施。河岸生态修复可以通过保持自然状态，利用天然材料，实行河流生物环境普查等方式实施。缓冲带生态修复可以采用缓冲带起伏变化的营造，绿化空间高低不一的划分，采用复式设计等。松花江受损河道可以采用河道补水技术、河道防渗技术和底泥疏浚与覆盖技术。

河道补水技术：河道补水技术是通过上游水利设施的人工调控与调配，给下游河河道补充水量，可以冲刷稀释污染水域，改善湿地动植物生境，维持良好河流生态系统。

河道防渗技术：对于生态用水得不到保证的河流水系，可以采用衬砌技术，防止水源下渗损失；同时也要创造适宜的动植物生长环境，维持湿地生态系统的完整性，保持一定的自我恢复能力。

底泥疏浚与覆盖技术：对于长期处于污染状态的河流，底泥积累了较多的污染物，必须要进行底泥疏浚与覆盖，从而能较快减少对上覆水体的污染，还可以解决内源释放而造成的二次污染问题。这种技术方案工程量大，费用高，而且还存在对底质生态系统破坏问题，所以要特别谨慎使用。

14.2.2.2 河道滨岸带（沟渠）基质修复技术

河道滨岸带生态基质的修复不仅涉及河道内的水质，还涉及河流的底泥、河岸结构、河岸植被或湿地等相关空间要素。因此，修复的方法较多，概括起来主要包括物理修复、化学修复、生物修复和生态工程修复 4 大类。

针对封冻型河流河道滨岸带受损的情况，采用生态工程修复技术。生态工程修复技术是目前受损环境修复最常采用的技术手段之一，与环境工程和其他修复技术相比具有诸多优势。其最显著差别首先是生态工程具有空间上的系统完整性，也就是说，它是在生态系统层次上或尺度上开展的修复，而非一个环节上的单项治理；其二是修复的目标上，它将增强系统自身的能力作为重点，也就是将增强生态系统的自净能力作为修复的终极目标，这是生态修复工程与其他治理措施的最本质的区别，也是决定其诸多属性的根本所在；其三是可持续性，即生态工程修复是通过对系统结构和功能的修复使受损的组分或能力得到恢复，进入“正常自然状态”，而这在本质上就是可持续的自然生态系统的特征。

在对支流滨岸带进行规划设计时，应具备全局和大局意识，着眼于整个流域进行规划布局，同时采用工程技术和管理措施治理河流污染和生态破坏。修复过程中，可以充分利用水流特性及生长在其中的生物来改变水环境，进而对河流生态系统起到调控作用。将水泥或混凝土等阻碍河流滨岸带的材料换成植物、卵石、岩石等利于河流滨岸带的可持续发展的材料。河流滨岸带的生态修复要兼顾安全性、景观性和生态性原则，此外还要满足适宜性和经济性等要求，满足当地发展需要，比如可通过拆除水泥或混凝土的滨岸，将其恢复成纵向曲折、横向有自然落差、有浅滩、有深潭、有植物等自然形态的滨岸。设计中要充分考虑当地环境的特色，利用当地的自然资源。

14.2.2.3 河道（沟渠）滨岸带生境修复技术

河岸带生态重建的理论基础是恢复生态学，即通过对一定生境条件下河岸带生态系统退化的原因及退化机理的诊断，运用生物、生态及工程的技术与方法，依据人为设定的目标，使河岸带生态系统的结构、功能和生态学潜力尽可能地恢复到原有的或更高的水平。

根据松花江流域河岸带的构成和生态系统特征，河岸带的生态重建可概括为河岸带生物重建、河岸缓冲带生境重建和河岸带生态系统结构与功能恢复 3 个部分。相应地，松花江河岸带的生态重建技术也可以划分为三大类：

河岸带生物重建技术类：主要包括物种选育和培植技术、物种引入技术、物种保护技术、种群动态调控技术、种群行为控制技术、群落结构优化配置与组建技术、群落演替控制与重建技术等。

河岸缓冲带生境重建技术类：河岸缓冲带是指河道与陆地的交界区域，在河岸带生物重建的基础上建立起来的河流两岸一定宽度的植被，是河岸带生态重建的标志，其目的是通过采取各类技术措施，提高生境的异质性和稳定性，发挥河岸缓冲带的功能。河岸缓冲带技术包括河岸带坡面工程技术、土壤恢复技术以及河岸水土流失控制技术等。

河岸带生态系统结构与功能恢复技术类：主要包括生态系统总体设计技术、生态系统构建与集成技术等。

针对松花江位于北方寒冷地区、冰封期较长等特点，以及河道滨岸带目前存在的问题，在河道滨岸带生态修复与重建技术中，主要技术有以下 8 种：

（1）沿岸植被缓冲带净化技术

在水岸带种植根系发达的植物，由此构成缓冲带，依靠植物吸收营养盐、起过滤作用和依靠减缓波浪的作用进行沉淀、脱氮等，同时缓冲带形成的动物栖息地和景观，起到保护、恢复自然环境的作用。

（2）人工湿地污水净化技术

利用湿地中基质、水生植物和微生物之间的三重协同作用，通过过滤、吸附、沉淀、离子交换、植物吸收和微生物分解来实现对污水的高效净化。根据流态的不同可分为表流湿地和淹没流湿地，常设置在入河口附近。

（3）生态浮床技术

该技术应用上类似于陆域植物的种收办法，在临近河道滨岸带局部水域种植各种适宜的陆生植物和湿生植物。在美化、绿化水域景观的同时，通过根系的吸收和吸附作用，吸收水体中的氮、磷等元素，并通过收获植物体的方式将其带离水体，从而达到净化水质、改善景观的目的。

（4）生态混凝土技术

生态混凝土具有多孔结构，用它对河道进行护砌可为微生物的富集和栖息提供基质条件，同时植物也能在其中生长，进而可营造具有生物多样性的生境。在采用生态混凝土预制球砌块护砌的河道，TN、TP 的去除率明显高于采用“三面光”护砌的处理。在工程实践中该方法应综合在河岸、河床种植植物的措施，以形成健康完整的水、陆生态系统，取得更佳的生态效益。

（5）人工湿地技术

人工湿地一般由人工基质和生长在其上的水生植物（如芦苇、香蒲等）组成，形成基质植物微生物生态系统，利用湿地中填料、水生植物和微生物之间的相互作用，通过一系列物理、化学及生物过程实现对污水的净化。

（6）人工浮岛技术

人工浮岛技术是利用生态学原理，在受污染河道，用木头、泡沫等轻质材料搭建浮岛，以浮岛为载体，在水面上种植高等水生植物，通过植物根部的吸收、吸附作用和物种竞争机制，削减富集水体中的氮、磷及有机质，净化水质，并可创造适宜多种生物生息繁衍的栖息地环境。该技术主要适用于富营养化及有机污染的河流，其工程量小，维护简单，处理效果好，避免重复污染，可实现资源持续利用。

（7）稳定塘技术

稳定塘技术是利用天然水体的自净能力，使被污染的河水在一种类似于池塘的处理设备内经长时间缓慢流动和停留，通过生物的代谢活动降解有机污染物的修复技术，适用于富营养化河流。对于中小河流，可以直接在河道上筑坝拦水，这时的稳定塘称为河道滞留塘。一条河流，可以构建一级或多级滞留塘。

（8）综合调水

综合调水是河流污染治理的重要辅助措施，调水的目的是通过引入污染河道上游或附近的清洁水源以改善下游污染河道水质。调水增大了污染河道的水量，加速河水流动，促进污水的稀释，使河水在河道中的停留时间缩短，污染河水不易在河道中滞留而导致黑臭。同时，调水时河道水动力学条件的改善使水体复氧量增加，有利于河道自净能力的提高。但是这种方法只能使水体中的污染物质得到稀释，并没有在真正意义上取出这些物质，而且调水工程消耗大，并受季节限制。

14.2.3 河滨湿地修复技术

湿地是分布于陆地生态系统与水生生态系统之间的过渡性生态系统。湿地被称为“地球之肾”，它具有强大的净化污水能力，湿地是自然环境中自净能力最强的生态系统之一，同森林相比，它是同等地域森林净化能力的 1.5 倍（杨帆，2014；肖素荣，2003）。河滨湿地生态修复技术包括河漫滩湿地生态修复、护坡生态修复、河道空间再造生态修复、湿地生物修复等。

湿地修复技术按人类干预程度不同可分为人工修复技术和自然修复技术两类。按照湿地修复区域的不同，可分为湿地植物修复、湿地动物修复、湿地基质修复、湿地水文连通性修复和湿地边坡生态修复等。

湿地植物修复：封冻型河流湿地典型的湿地植物主要有沼柳、塔头、芦苇、香蒲、睡莲和荷花等，其适生区域因人类活动强度增大、水质逐渐恶化、土壤基质受损等情况而受到一定损害。针对沿江水质净化和生境保护目标，利用微地貌修饰、湿地水文-植被耦合控制技术、湿地土壤种子库筛选与应用技术、芽苗移栽、原位土壤移栽、扦插移栽、植被分根移栽等植被移栽技术，可实现湿地植物快速恢复，突破物种自然生长恢复速度慢，耐盐、耐寒、耐毒性差的问题。

湿地动物修复：湿地生物主要有底栖动物、浮游动物、鱼类、两栖动物、鸟类等，湿地中能量和养分在食物链中循环，与湿地植物共同构成典型湿地生态系统，生物多样性提高对保持湿地稳定性有着重要作用。基于生境诱导的水生生物群落构建技术、松花江珍稀鱼类增殖放流关键技术等，对封冻型河流湿地动物修复有着重要意义。

湿地基质修复：湿地基质不仅可以为植物提供合适的生长环境，基质还可以提高湿地内生物膜附着量，加速营养物质在上覆水中基质和生物膜内的传质过程，实现水质净化，大量学者针对湿地基质开展了研究工作。目前常用的湿地基质主要可分为强化脱氮基质、强化除磷基质和促渗防堵塞基质 3 类，其材质主要有活性炭、农业固体废物、矿渣、石灰石、种植营养土等。

湿地水文连通性修复：有学者在研究中发现修复、建立、形成和管理合适的湿地等水文对于湿地恢复和建造有着重要作用，水文连通性的破坏将直接导致湿地退化。封冻型河流流域范围内，大坝、拦水堤、水闸等水利工程的建设造成河道纵向连通性隔断，使得湿地呈现斑驳化、碎片化发展趋势，因此构建生态堰坝、洄游通道等对于修复湿地生态系统有着重要作用。

湿地边坡生态修复：湿地边坡不仅是湿地系统的边界，而且为湿地内的水生生物提供一定的着生环境和养分，我国自 20 世纪以来，大量使用浆砌石、混凝体等刚性材料进行护坡，不仅使得湿地保水蓄水能力降低，还会损害水生生物栖息地，造成湿地系统退化。近年来，有学者开展湿地生态护坡材料和技术的研发，其主要有植草砖、框格混凝体植被、土工格栅植被等。采用生态护坡方法进行湿地边坡加固，不仅可以有效防止水利侵蚀造成边坡失稳、有一定的保水蓄水能力，而且可以为水生生物提供栖息环境。

14.2.4 水文连通修复技术

水文连通性不仅会对湿地系统的生态环境、水生动物资源有着重大影响，还会影响水功能区水质状况，水文连通性越好，水流自净能力越强，此外水生生物多样性也需通过水文连通性来实现，其在时空尺度上对大型无脊椎动物、小型动物、湿地植被等的组成和多样性有着重要影响。总体而言，水文连通状况直接影响河流生态系统物质和能量的交换，水文连通性所导致的生境特征直接决定着水生植物的分布和生理生态特征。松花江水文连通技术应该以自然恢复、水文、地势、连通性、经济原则为基础，以恢复斑驳碎片化湿地、水域连通性，保证洄游鱼类洄游通道和水生动植物多样性为目的，开展水文连通修复技术，主要措施有生态坝、涵管、生态沟渠等。

水文连通修复技术繁杂，其技术选取是一个多层次、多因素的动态决策过程，其涉及自然条件、水文地质、技术先进可行性、社会效益、环境效益和技术成本等多个方面。封冻型河流流域范围广，水文连通修复技术应遵循自然恢复、水文、地势、连通性和社会经济等原则。

自然恢复原则：自然恢复是没有通过大的人工措施，而是通过河流自身动态变化过程来进行的恢复。主要可利用研究区自身水文周期、自然肥力、植物种质资源等自然力量来进行恢复。其成功主要依赖于稳定的水源或水流、接近河流自然的程度。对河流连通性恢复时，一般会选择河流本身的一些水文、地势、水流形态，例如，建立生态坝时，在生态坝上面种植适合的植被，建立涵管是为了保持稳定的水流，生态沟渠的位置要遵守河道本身的蜿蜒化走向，营造自然流路。在保护区的核心区内，一些河心洲、岛，人为干扰少，宜采用自然恢复的方式。保护河流生态系统结构的完整性和稳定性，避免造成自然植被和生态景观的再破坏，以及引起新的环境问题。

水文原则：河流水文是维持河流存在、控制河流发生和类型分异等的最基本的因子。河流水文情势及淹水周期、泛滥频率、生态过程等水文条件对采用相应的水文调控技术恢复河流水文过程具有很大的影响。例如，建立生态坝、涵管时，生态坝的长度、高度均是根据水文情况来确定，而对于生态坝泄口的开放情况是根据水位来进行动态调控。

地势原则：地貌特征对湿地的水文规律和水文现象的时空分布规律具有很大的影响。根据由地形图生成的研究区 DEM，可知地势高低和海拔，并通过消除局部地势或者基质堆积太高地形来进行河流连通性的恢复。

连通性原则：水文连通可维持河流生态系统的完整性，同时还会影响水功能区水质状况，水文连通性越好，水流的自净能力和纳污能力越强。同时对水生生物多样性也会有很大的影响。

社会经济原则：河流水文连通性恢复是在经济原则的基础上进行，水文连通度通过各种措施恢复得越好，成本可能也会越大，因此要考虑各种因素、原则制定出比较合理的优化方案。

水文连通修复技术主要可包括生态坝构建技术、涵管技术、生态沟渠技术等，其根据区域地质和水文地质条件的不同可进行优选。

生态坝构建恢复水文连通技术：生态坝即土石方堰坝的另一种形式，其将沙土、营养基质和植物种子进行合理配比、科学优化、有效结合后，作为一种美观、经济、便捷、耐用的新型筑坝材料，在实际应用中，生态坝不仅可以作为调蓄、泄水构筑物，而且可以保留洄游通道，提高河流与湿地间的水力联系，保证其水文连通性。另外，坝体上自然生长的植被可为鱼类和底栖动物提供饵料等，恢复区域生物链，其根部有一定固着作用，通过加速坝体水分循环，防止坝体在水力侵蚀作用下溃坝。此外，生态坝之间预留 80 cm×50 cm 的可调节泄水口，形成半人工水库，起到调蓄数量作用，防止湿地和河道滨岸带在枯水期、丰水期因水量变化而退化。总体而言，生态坝是一种经济廉价、施工方便、效果较好且具有一定美观作用的坝体，对于调蓄水量，恢复湿地、河道的水文连通性有着重要作用。

管涵恢复水文连通技术：管涵是指埋在地下的水管，其跨径一般小于 5 m，在不具备修筑桥涵条件或临时占用河道的位置时有着较强的可操作性。在修筑管涵时应注意以下几点：①对当地河道水文、地质条件进行详细调查，永久性管涵泄水量应满足设计洪水泄水要求。②管涵承载力应满足路面荷载需求。③管涵长度应大于路基宽度。④水流经管涵时，因断面变化，其对管涵边坡造成一定冲击，应根据水利冲刷条件对管涵边坡进行加固，断面收缩位置筑“八”字墙，一般可选用的边坡加固方法有土工格栅+草籽、营养土覆盖+草籽、植草砖、混凝土、浆砌石等。⑤在悬浮物浓度高和泥沙含量大的河段建设管涵时，还应考虑管涵疏浚措施。

生态沟渠恢复水文连通技术：生态沟渠是指以排水和灌溉为主要目的的人工水道，它不仅具有汇水、蓄水保水、水流通道的作用，而且担负着水质净化及维持生物多样性的功能，它可以为鸟类和其他动物提供食物源、水源和迁徙通道，维持区域的食物链，也可以作为破碎化景观生境斑块之间的自然廊道。因此，生态沟渠是维持水文连通性重要的工程措施之一。

除了上面 3 种水文连通技术，根据由地形图生成的研究区 DEM，充分了解地形地势条件，消除局部地势或者基质堆积而成的高地形；还可以建立暗管泄水技术，把河道多余的水分排到湿地；还可以在一些地方设置鱼道，为鱼类游动迁徙提供生态廊道，从而恢复动物的多样性。在具体恢复实践中，要对多种工程技术进行综合应用，提高河道的水力联系，从而提高研究区的水文连通性。

14.3　松花江化学完整性恢复技术筛选

14.3.1　点源污染防治技术

结合松花江点源污染结构特点，本节从重点行业、有毒有机物应急处置、城镇生活点源 3 个层面进行技术筛选（图 14-7）。

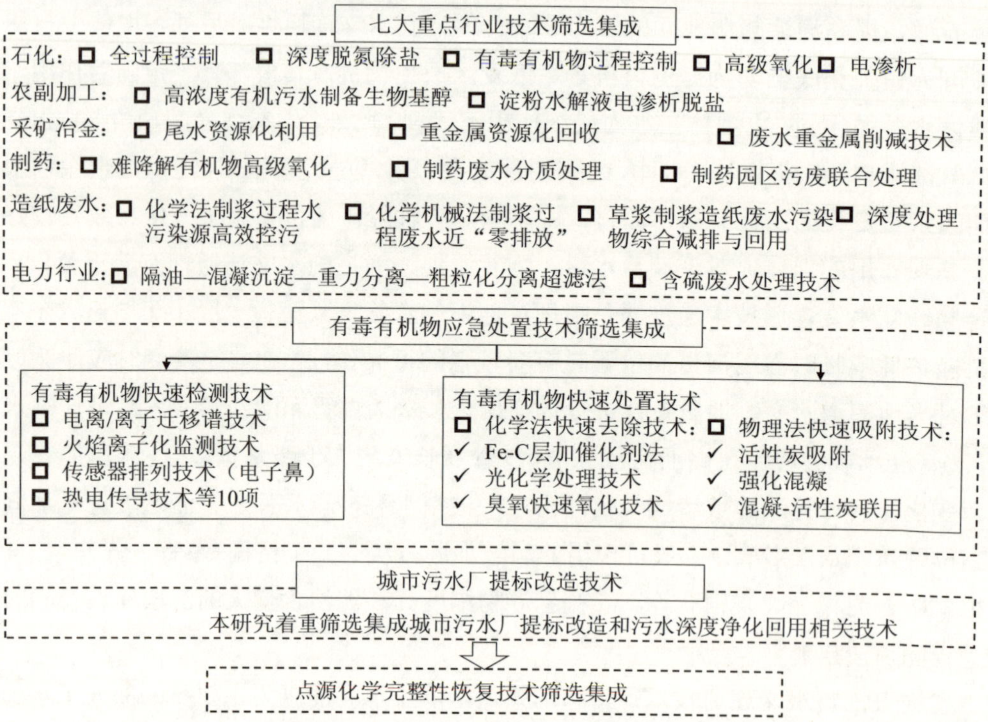

图 14-7 点源化学完整性修复技术筛选

14.3.1.1 重点行业污染物削减及水生态风险污染物削减技术

针对水生态化学完整性方面的受损状况和问题，结合流域社会经济发展状况，针对不同水生态区，围绕水生态完整性恢复目标，在环境优化经济、优化产业结构及布局的基础上，针对引起水生态完整性受损的重点点源，从技术经济可行性、效能有效性等方面筛选集成重点行业重点污染物削减及水生态风险污染物削减技术、有毒有机物应急处置关键技术等。

（1）石油化工业废水污染防治技术

石油化工废水的污染物主要来源于石油化工产品加工的生产工艺所产生的废弃物，而且大多数的存在形式是乳状液体。相较于其他的废水而言，石油化工废水中富含较多的油、有机物等多种类型的污染物，因此对石油化工废水的处理难度较大，通常采用多种物理、化学、生物等不同的组合技术进行，废水达到行业排放标准之后才予以排放。

处理石油化工废水的基本方法有化学法、物理法和生化法。其中，化学法包括絮凝、氧化法（臭氧氧化、光催化氧化、湿式氧化等）等。物理法包括气浮法、吸附、膜分离等。生化法包括厌氧处理法（升流式厌氧污泥床、厌氧固定膜反应器等）和好氧处理法（序批式间歇活性污泥法、高效好氧生物反应器、生物接触氧化、膜生物反应器等）（唐成玉等，2015）。

石油化工废水污染物种类较多，因此水质情况复杂，如采用单一的好氧或厌氧处理，很难达到排放要求，而将厌氧（或缺氧）和好氧处理有效结合的组合工艺处理效果好，已广泛应用。目前的组合工艺有水解酸化-厌氧生物处理-曝气生物滤池联合处理法、二段 SBR 法、水解酸化-好氧处理法等（殷永泉等，2006）。

石油化工废水可分为含油废水、含硫废水和含酚废水 3 类。针对不同的石油化工废水采取不同的处理工艺。传统的石油化工废水除油工艺包括隔油——级气浮与二级气浮—高分子絮凝剂处理。首先，使含油废水流经斜板隔油池，对含油废水的一些浮油、分散油和水进行分离；其次，当第一道过滤后的水进入气浮池之后，使用气浮法可以将八九成的乳化油去除；再次，添加高分子絮凝剂进一步处理废水中的分散油；最后，进入生化处理系统，对废水进一步处理。在炼油厂进行二次加工时，所排放的分离罐排水、富气洗涤水中会出现含硫废水。由于含硫废水中有着较高的 H_2S、氨等污染物，会使水中的溶解氧消耗殆尽，最终致使水体中生物大面积死亡。一般对于含硫废水处理采取空气氧化和水蒸气汽提。对于空气氧化法来说，其操作较易、费用不高，但是仅适用在含硫较低的废水处理。对于水蒸气汽提法，其适用于高含硫废水，但是在处理的过程中经常会出现在塔釜积油等问题，降低了含硫废水的处理效果。所以，目前需要探索出经济高效的含硫废水的处理工艺；酚不仅是一种致癌物，而且当水体中酚类含量高于 10 mg/L 时，还会造成水中生物大量死亡。所以，对于废水中的酚的排放量有严格限制。现在，含酚废水大多是使用物理法、化学氧化法以及生物法等进行处理。

在松花江石化行业污染防治的具体实践中，应当根据具体石化行业的产品类型和工艺生产单元从基本方法里选出部分处理单元进行组合，同时集合松花江流域冬季气温低的特点，选择集成相应的污染防治技术。松花江流域的吉林市、松源市、七台河市、大庆市和哈尔滨市的石油化工行业在当地的行业产值中均占较大比例，应当作为污染防治的重点。

（2）农副加工业废水污染防治技术

农副食品废水具有有机物浓度高、水质和水量变化幅度大的特点，如果未经处理直接进入水体后，水中的悬浮物会降低水体的透光性，影响水生植物的光合作用及水体自净过程，甚至堵塞水生动物的腮，导致鱼类等的死亡。另外，有机物降解还会大量消耗水体中的溶解氧。

农副加工产业废水的基本处理方法包括物理化学法（混凝法和气浮法）和生物法（氧化沟法、生物接触氧化工艺、厌氧/缺氧/好氧活性污泥法等）。目前应用的组合工艺包括气浮+生物接触氧化法工艺、2ABR+SBR 工艺、4SBR 工艺等。

（3）采矿业、冶金废水污染防治技术

根据松花江流域各城市各行业 GDP 占比及各污染物排放情况汇总表，采矿业是鹤岗、七台河、双鸭山和吉林等市的重要支撑产业。采矿业废水主要是选矿废水，选矿厂在碎矿和选矿过程中所排放的废水称为选矿废水，选矿废水包括冲洗水、选矿废水、冷却水、药剂制备废水和选矿工艺废水。选矿废水包含的重点污染物是悬浮物、残余药剂（包括起泡剂、脂肪酸和黄药类捕收剂和浮选调整剂等）和各种离子（包括 Ca^{2+}、Mg^{2+}、CO_3^{2-}、SO_4^{2-}、Cu^{2+}、Pb^{2+}、Zn^{2+}、Fe^{2+}等）。目前，国内外处理选矿废水的主要方法大致为化学沉淀法、离子交换法、气浮法、酸碱中和法、吸附法、混凝沉降法、化学氧化法以及生物法等（张胜东等，2016）。但是在选矿厂生产实践中最常用的处理方法为自然降解法、酸碱中和法、混凝沉降法、化学氧化法、人工湿地法和生物法等。

（4）医药业废水污染防治技术

医药废水主要来源于 4 种生产类型：抗生素的生产、中成药的生产、合成药物的生产、各类医药剂的洗涤水。废水成分较为复杂，有机污染物类别繁多，主要包括生产过程中各类的原料和溶剂，伴随各种化学反应和副产物的形成，废水的浓度较高，毒性较大，形成的颜色较深，生物降解极其困难。而在医药化工企业常用药的生产过程中，其废水一般有四大类：①在主要生产过程中排放的废水，如溶剂回收的残液、废母液、滤液、其他母液。②在辅助生产过程中所排放的废水，如蒸馏设备的冷凝水、动力设备的冷却水、工艺环节的冷却水、水环真空设备的排水、循环系统的冷却排污水等。③日常工作中的冲洗水，如过滤设备的冲洗水、制药设备的冲洗水、地面的冲洗水、树脂柱上的冲洗水。④员工生活中产生的污水。

制药废水品种多，生产规模差别大，单位产品排放污水量大，废水组分复杂，污染物浓度高，含有大量有毒有害物质，色度深及含盐量高，含有难降解物质和有抑菌作用的抗生素，可生化性差，属于难治理的工业废水之一。目前为止，常用的处理制药工业废水的方法有物化法（包括混凝法、吸附法、电解法、气浮法等）、生化法（UASB 法及其组合工艺）、化学法（包括臭氧氧化法、Fenton 试剂法、光催化氧化法和湿式氧化法等）、其他组合工艺。物化法是作为生化处理的预处理；化学法是采用可行性试剂对制药废水进行的化学反应，可以控制试剂量，避免二次污染，是处理制药废水最为普遍的方式；生化法包括厌氧处理法和好氧处理法，厌氧处理法包括 UASB 法（结构简单，效率较高，水力停留时间较短，但是技术要求严格，驯化困难）、水解酸化法（可将大分子有机污染物分解为小分子污染物，提高可生化反应；反应速度较快，投资小，成本降低）；好氧氧化法包括生物流化床法（可以有效地加大同废水的接触面积，占地面积小，反应迅速）、普通活性污泥法、吸附生物降解法、生物活性法、生物膜法、循环式活性污泥法等。此外，微电解法（内电解法）通过具有较强还原性的新生态氢和亚铁离子破坏医药废水中的难降解有机物的化学结构，进而提高医药废水可生化性，同时降解某些有色物质，从而降低废水的色度，目前被医药企业广泛应用。微电解技术与 UASB、A-O、SBR 等生化技术，接触氧化、Fenton 氧化等化学方法，气浮、吹脱、混凝沉淀等物理技术结合的组合工艺也是近几年医药废水处理的研究热点。包括内电解混凝沉淀—厌氧— 好氧工艺、铁碳微电解-光催化氧化技术、铁碳曝气微电解、铁碳微电解-UASB-接触氧化-气浮工艺、微电解-厌氧水解-SBR 工艺和微电解-UASB-接触氧化法等集合工艺。这些集合工艺通过内电解法和预处理中的物理化学法提高医药废水的可生化性，后接生物处理对可生化性提高的医药废水进行深度处理，能够较彻底地处理医药废水。近年来，超临界水氧化法（SCWO）因其在难降解有毒有机废水方面的独特优势也被作为医药废水的处理工艺加以研究。

（5）造纸业废水污染防治技术

造纸废水按其产生环节分为制浆废液、中段水和纸机白水。制浆废液通过常规的碱回收工艺可以得到回收利用；纸机白水通过气浮或多盘真空过滤等处理后可直接回用于生产；通常所说的造纸废水主要指的是中段水，它含有木素、半纤维素、糖类、残碱、无机盐、挥发酸、有机氯化物等，具有排放量大、COD 高、pH 变化幅度大、色度高、有硫醇类恶臭气味、可生化性差等特点。重点污染物为纤维、木素及其衍生物以及造纸过程中用到的表面活性剂、挥发性有机酸等。其中，表面活性剂和挥发性有机酸是具有水生态风险的有毒有机物。

国内制浆造纸企业的综合废水处理大多采用一级沉降、二级生化的方法进行处理。部分企业还在生化后增加了三级絮凝处理，从而保证废水达标排放。造纸废水处理常用方法分为物理法、物理化学法和生物法。常用物理法有气浮、吸附和砂滤等，其中涡凹气浮作为一种新型气浮法具有能耗低、节省空间等优点。物理化学法包括混凝法、化学氧化法和电化学法等。生物法包括好氧法、厌氧法和酶处理法等，具体工艺有活性污泥法、好氧生物流化床法、缺氧-好氧两端活性污泥法、循环式活性污泥系统等（许效天等，2009）。

目前处理造纸废水的联合工艺中应用较多的是臭氧氧化-固定床生物膜反应器工艺、化学絮凝-气浮串联生物接触氧化工艺、厌氧-混凝工艺等。近几年出现的造纸废水处理的新技术包括人工湿地处理技术、漆酶处理技术、电化学-固定化微生物技术、仿酶-混凝法处理废水工艺等（刘翠，2016）。

松花江流域的牡丹江市、吉林市、通化市和呼伦贝尔市的造纸年产量较大。可根据各市各企业的实际场地提供、成本预算等情况选择合适的物理化学和生化处理的组合工艺。

（6）电力行业废水污染防治技术

电力行业包含的企业种类有发电厂、各级供电局（公司）、变电站、电力设计院、各级调度中心和线路维护及架设公司等。这其中各类发电厂是电力行业废水的主要来源。松花江流域的发电厂以火力发电为主。火力发电厂是用水大户，同时也是污染大户，火力发电厂废水虽然污染物浓度不高但是由于排水量大使得排污总量较大，因此对环境的污染程度比较严重。火电厂产生的废水主要有冷却塔排污水、脱硫废水、酸碱废水、含煤废水、含油废水、冲灰废水及生活污水等。pH、悬浮物、氟污染是火电厂排水的重点污染物。目前，火电厂一般均建有工业废水和脱硫废水处理设施，对其他废水的处理工艺和设备不多，一般只是简单地化为工业废水统一处理。目前火电厂常用的脱硫废水处理方法为，将脱硫后废水经中和、絮凝及沉淀处理，除去废水中含有的悬浮物及重金属，沉淀下来的污泥脱水后运送至渣场进行综合处理或利用。此种处理方式仍然存在处理后废水对外排放问题，存在污染环境的潜在风险。为实现脱硫废水零排放，近年来新兴起的脱硫废水处理零排放技术包括蒸发法和浓缩法，蒸发法又可分为系统内蒸发法（烟道喷淋蒸发）和系统外蒸发法（另增设蒸发系统），浓缩法主要是采取膜渗透的方式进行浓缩处理，也有浓缩法与蒸发法联用的技术工艺。这些工艺路线能够有效实现脱硫废水零排放处理，但运行成本较高。对于冲灰废水，主要采取的方法有浓缩水力除灰、干除灰渣和灰水闭路循环等。含油废水处理方法主要有沉淀法、絮凝床处理法、隔油-混凝沉淀-重力分离-粗粒化分离技术超滤法、粉煤灰处理工艺和高效气浮法等。而生物接触氧化法、氧化絮凝复合床（OFR）和厌氧-缺氧-好氧生物脱氮除磷则主要用于火电厂产生的生活污水处理。废水在同一发电厂的回用或是作为其他对用水水质要求不高的工厂用水也成为发电厂废水处理的另一种选择。

（7）饮料行业废水污染防治技术

饮料在生产过程中不仅要消耗掉大量的优质水资源，还会产生高浓度有机废水。果蔬及含乳饮料企业的生产废水主要来自前处理及设备反冲洗排水、冲洗车间排水，配料洗锅水、CIP 清洗罐废水等，废水浓度较高。由于饮料原料多样，制品种类繁多，因而所产生的废水水质差异很大。但各种饮料废水均有共同点，通常固体杂质多，有机物含量高，BOD_5、COD 含量高，可生化性好，酸碱程度不一，毒性相对较小。

完整的饮料废水处理工艺包括前期处理阶段（格栅、集水井、调节池、中和池等）、物化处理阶段（气浮等）和生化处理阶段（A/O、活性污泥工艺、生物接触氧化池等）。针对饮料废水，目前主要采用厌氧+好氧工艺进行处理。包括 UASB+生物接触氧化工艺和 UASB+活性污泥好氧系统等。此外，混凝气浮-水解酸化-接触氧化工艺（DAF-A/O）、曝气调节-水解酸化-MBBR-混凝沉淀工艺和气浮/水解酸化/接触氧化/BAF 工艺等组合工艺也在近几年得到应用。

14.3.1.2 有毒有机物应急处置关键技术

松花江流域的有毒有机物主要包括来自石化行业苯系物、醇类、醛类和卤代烃类，医药行业的苯酚、甲酚等，造纸行业废水中漂染废水中的色素和表面活性剂、挥发性有机酸等。当流域中的有毒有机物浓度突然增大时需要一种能快速有效抑制其扩散并进一步吸收降解的方法。松花江流域的有毒有机物应急处置技术的选择应根据流域内各个地区有毒有机物的排放来源和排放量具体选择。选择时应该遵循快速、简捷、高效的原则，同时考虑工艺的成本，做到经济有效。具体可选择成本较低的活性炭法吸收高浓度的有毒有机污染物，也可选择和活性炭具有同等吸附效力但成本更低的新型纳米层状结构材料作为吸附剂。当然，一次性使用的活性炭和纳米材料构成的二次污染也应引起重视并应对其采取相应的措施降低或规避风险。

有毒有机污染物快速检测技术：有研究表明以正己烷为萃取剂，采用液液微萃取，用气相色谱可快速准确地检测水中的苯系物。在松花江污染期间，通过将该方法与其他方法对比确实显示出该方法安全、简便、快速、准确等特点。除上述快速检测技术之外，根据《简式核生化防护年鉴》2001 年提供的资料，国内外常用的有毒有害物质现场快速检测技术还有电离/离子迁移谱技术、火焰光度法检测技术、红外光谱法技术、电化学检测技术、湿化学检测技术、表面声波技术、光电离检测技术、传感器排列技术（电子鼻）、热电传导技术、火焰离子化监测技术等 10 类技术，根据当地实际情况进行快速检测技术选择，对于化学事故中应急救援尤为重要。

水中有毒有害有机物的应急处置技术可分为化学法和物理法两类。其中，化学法主要有臭氧氧化技术、光化学处理技术、Fe-C 层加催化剂技术等有毒有害有机物快速氧化技术，物理法主要有活性炭吸附技术、氯化铁-活性炭吸附技术和聚合氯化铝-活性炭吸附技术等有毒有害有机物快速吸附技术。

化学法快速去除有毒有害有机物技术：臭氧快速氧化技术的原理为利用臭氧的强氧化能力，将水中多数有机物分解为小分子物质，提高有毒有害有机物的可生化性，有利于后续处理工艺的处理效率；光化学处理技术的原理是有机污染物吸收光能后进入激发态，因其电子跃迁而通过化学反应将其去除，但单纯的紫外光处理效果并不能完全满足要求，目前仍有大量学者在进行光化学方面的深入研究时发现，紫外光与某些氧化剂联合时，由于有机物受紫外光辐射，分子被活化，因而很容易与氧化剂发生作用被除去，该法具有快速简捷等优点，作为应急处理装置时可同时启用多台紫外设备；Fe-C 层加催化剂法是用圆柱形的浸滤柱，上层装活性炭，下层装废铁屑。该法利用上层活性炭吸附和氧化性毒害有机物与下层废铁屑发生化学反应而去除水中的有毒有害有机物，同时 C-Fe 在系统中形成的微电极系统，还可以加速 Fe 单质中的电子向系统内转移，加速化学反应进程，相对于传统活性炭吸附法具有简便易行、经济效应高、更能稳定达标排放等优点。

物理法快速吸附有毒有害有机物技术：活性炭吸附是工程应用最广的去除水中有机污染物的方法，它对色、嗅、味、农药、消毒副产物和微量有机污染物等都具有一定的吸附能力，研究表明它对 SMP、腐殖酸和富里酸等荧光物质的去除率均能达到 90%以上，并且由于常被作为一次性吸附剂使用，所以一般作为有机物污染高峰时的应急措施；混凝利用吸附电中和、压缩双电层、吸附架桥和沉淀网捕等作用对废水中颗粒态和大分子有机物具有良好的去除效果，与活性炭联用时，对水中有毒有害有机物和大分子物质有着良好的去除效果，通常该技术被作为有机物污染高峰时的应急处理措施。

14.3.1.3 城镇生活点源污染防治技术

随着城镇化进程加快，城市人口的增多，城镇生活污水排放量逐年增加。其污水性质特征受多种因素影响而呈现较大差异，如生活水平和生活习惯、地域和气候条件、城镇污水中工业废水所占比例及城镇排水体制等。松花江流域范围内生活污水的物理、化学和生物特性由于地理位置特殊性和工业废水占比较高的特点而存在一定差异。

目前污水处理常用的生物处理方法主要有活性污泥法、生物膜法和厌氧生物处理法

3 种，国内外针对上述生物处理法已做了大量研究，成熟度较高，这类生物处理法是最为经济有效的污水处理方式。封冻型河流多数位于我国老重工业基地，其污水处理技术发展起步相对较早。但同样存在污水处理厂缺乏有效维护，多数已不能满足国家环境保护的要求的问题，针对以上特点，着重筛选集成城市污水厂提标改造和污水深度净化回用相关技术，各污水厂可结合实际情况进行比选。

14.3.2 面源污染防治技术

农业面源污染是指在农业生产活动中，氮和磷等营养物质、农药以及其他有机或无机污染物质，通过农田的地表径流和农田渗漏，形成的水环境的污染，主要包括化肥污染、农药污染、集约化养殖场污染、生活污水垃圾污染。主要表现形式：①以氮、磷等富营养形式污染水体，主要来自农用化肥、畜禽鱼粪尿和生活污水；②以有机磷、有机氯、重金属等毒害形式污染水体，主要来自农药、除草剂和部分化肥。农业面源污染治理常见的技术措施有：①农田面源污染防治技术；②畜禽养殖业面源污染防治技术；③生活垃圾无害化处理技术；④生活污水无害化处理技术；等等。

结合寒冷地区河流的地域特点，按照“源头削减—过程控制—末端治理”的思路体系，筛选出面源污染源头削减技术、融雪期面源污染过程控制技术和丰水期面源污染工程控制技术 3 类技术（图 14-8）。

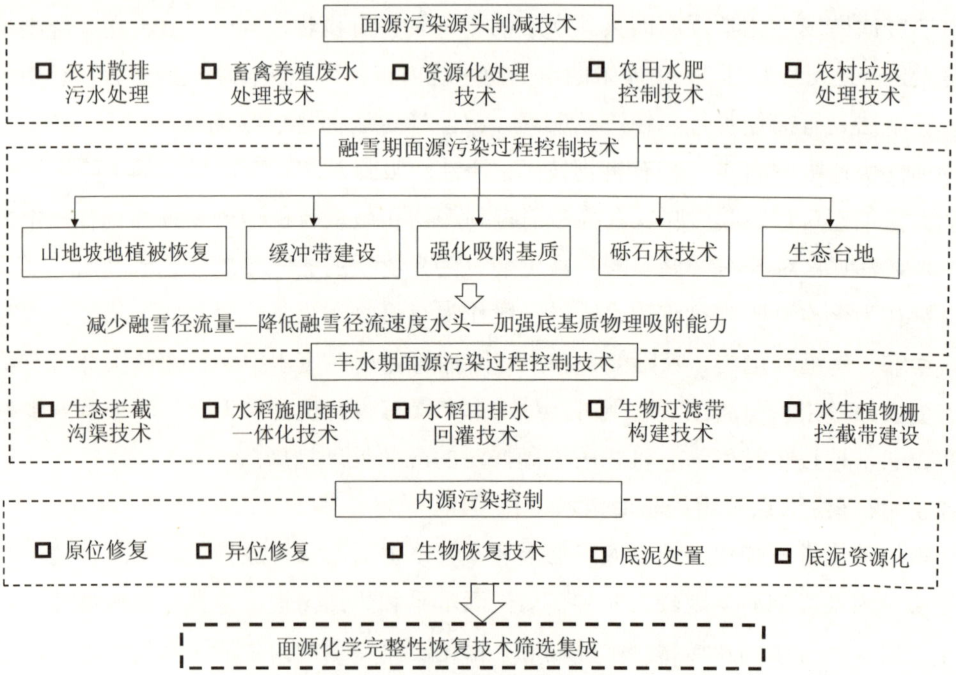

图 14-8 面源/内源化学完整性恢复技术筛选

14.3.2.1　面源污染源头削减技术

面源污染源头削减技术主要是针对畜禽养殖废水、农村散排污水、农田化肥、农村垃圾等废弃物随地表径流和地下渗流进入水系统，造成的水系统污染的问题，对污水和废弃物进行减量化、资源化处理。主要涉及农村散排污水处理技术、畜禽养殖废水处理及资源化回收技术、农田水肥控制技术和农村垃圾处理等 4 个方面。

14.3.2.2　融雪期面源污染过程控制技术

融雪期面源污染是寒冷地区河流的一种典型特征，一般发生在温度骤升季节，大量积雪随温度升高而融化，其地表径流具有水量大、水力冲刷能力强、污染浓度高、具有初期效应等特点，与丰水期径流有显著区别。针对使水生态受损的融雪期，在调整农业种植结构，畜禽养殖污染防治的基础上，筛选集成融雪期生态拦截污染防治技术。通过进行农田径流的生态拦截，治理微污染河流对改善入河支流水质、减少面源污染负荷具有重要价值。融雪期面源污染防治可以通过“减少融雪径流量—降低融雪径流速度水头—加强底基质物理吸附能力”的思路构建拦截系统，作为整体处理工程的一个前置处理系统之一，其主要措施有山地坡地植被恢复、缓冲湿地建设、强化吸附基质技术、砾石床技术、生态台地建设等。

山地坡地植被恢复：山地植被恢复对控制融雪期径流面源污染有着重大意义：①山地植被恢复可以延缓林下积雪和周围环境的能量交换，减少融雪径流量的产生。②山地植被覆盖率高，可降低径流系数，防止融雪径流量过大冲刷地表。③山地树木、草木落叶具有一定保水蓄水能力，起到水源涵养的作用。山地植被恢复的技术主要有人工修复和自然修复，在选择恢复技术时，应结合山地自然条件，采取优化树种组合、抚育改造、林窗调控、效应带改造、生态疏伐、冠下更新红松、封山育林等措施，加快山地坡地植被恢复速度。

缓冲带建设：缓冲带在融雪期虽没有植物吸附降解作用、微生物代谢能力低下，但其对控制融雪期径流仍有重要作用：①植物根茎可降低区域径流系数，减小融雪径流速度水头，降低水力冲刷作用；②湿地基质对径流中的 MLSS、磷等污染物有一定的吸附作用；③植物落叶、腐败残枝等有机物可提供一定的碳源，加速湿地启动；④缓冲湿地可起到径流调蓄作用，防止大量污染物快速涌入河道，造成水质下降。缓冲湿地建设应按照因地制宜的原则进行规划，尽量选择闲置的河塘，防止占用土地，植物选择过程中应着重考虑复苏期在融雪径流发生之前、耐寒性能好的植物。

强化吸附基质：对于融雪期径流面源污染的控制，基质吸附作用是主要去除途径，选取合适的吸附基质材料是控制融雪期面源污染的重点。基质筛选的主要原则有：①尽量选取比表面积大的基质材料，增加吸附点位；②基质材料应与目标污染物形成稳定化学键，如磷吸附材料通常选取 Ca、Fe、Al 等含量高的基质材料；③选取与目标污染物电荷相反的吸附材料，如黏土吸附了 OH^-而带负电荷，其可带正电荷的离子发生电位中和。④尽量选取经济廉价、便于更换的基质填料。

砾石床技术：砾石床技术是通过填料的拦截、沉淀、惯性、扩散、水动力学等迁移机制及填料表面附着微生物的吸附、代谢、降解作用而构成的物理-生物处理系统。砾石床的构建既可以降低融雪期径流系数、起到调蓄峰值流量的作用，又可以通过物理吸附、筛滤、截留等作用，降低污染物负荷，对融雪期径流污染控制有着重要意义。砾石床技术在选用过程中，应着重选用比表面积大、防堵塞性能好、具有一定抗压强度的填料。

生态台地建设：河流生态台地的建设目的主要是利用湿地及缓冲带的原理，在满足适宜性和边坡稳定性的前提下，于河道内构建复式断面，利用台地上种植的水生植物对农田地表径流进行初步的拦截和沉降；生态台地的高程低于农田排水口，且其高程设置在与设计常水位相近位置，使得其上生长的水生植物在水位的变动过程中能处于干湿交替的生长环境中，促进植物根系复氧；融雪径流高峰期，台地植被覆盖率低，因此台地跌水高度应经过验算，防止冲击水头过大导致台地基质养分流失，加重面源污染。

14.3.2.3 丰水期面源污染过程控制技术

针对使水生态受损的丰水期面源污染，在调整农业种植结构、畜禽养殖污染防治的基础上，筛选集成丰水期生物埂技术、植被缓冲带技术等，为松花江地区丰水期面源污染防治提供有效可靠的技术支持。

生态拦截沟渠技术：生态拦截沟渠与自然沟渠、生态丁形潜坝以及入水体前的池塘等都可以对面源污染物氮、磷进行阻断与拦截。沟渠通过土壤的吸附作用、植物的吸附作用以及微生物的降解作用实现养分的阻断与拦截。生态丁形潜坝通过丁形潜坝系统中基质的吸附作用以及框架浮床系统中植物的吸收作用对面源污染物氮、磷进行阻断与拦截。

水稻施肥插秧一体化技术：主要原理是利用缓释肥料，形成水稻施肥插秧一体化技术，既满足水稻生长需求，又减少养分流失。该技术是在插秧的同时，用专用机械将缓控肥料一次性集中施于秧苗一侧 3～5 cm 处，深度 5 cm，从而形成一个贮肥库逐渐释放养分满足水稻生育的需求，不需追肥，提高了肥料利用率，减少化肥流失。施肥插秧一体化技术可以在肥料减量 15%的条件下实现水稻增产，减少氮、磷排放，氨氮减少 38.9%～51.4%，TP 减少 14.0%～37.2%，可有效降低流域退水负荷，提高退水水质。

水稻田排水回灌技术：技术要点是在地表水灌溉时，采用从渠首引水的干渠沿海拔地势走向贯穿整个水稻种植区的方式进行，干渠连接支渠，支渠连接斗渠，斗渠连接水稻田进水口，水稻田排水口连接排水渠，排水渠连接干渠，排水渠中的水进入下游干渠，成为下游水稻田的灌溉水；以此类推，对水稻田排水进行重复利用。

生物过滤带构建技术：是利用环保材料改建地形并配置本土典型植被来拦截河流淤泥和消解农业面源污染，属于一种农业面源污染过程控制方法，可应用于农田与河流过渡带，通过降低地表径流流速，吸收和过滤径流中的富营养物质，从而达到消解农业面源污染的目的。

水生植物栅拦截带的建设：目的是减少悬浮物等对透水坝堵塞的影响，充分利用水生植物对颗粒物等的吸附和拦截作用，保障后续透水坝的正常运行。植物栅建设的选取主要遵循以下原则：①尽量选择在农田出水口的下方，以最大限度地拦截地表径流和农田排水；②与透水坝紧邻但又同时要保证一定的安全距离，防止植物栅本身对透水坝的影响；③尽量选在水面开阔处，以减少水力冲刷。

14.3.3　河流内源污染防治技术

在滨岸带生态修复及点面源污染防治的基础上，筛选重污染河段底泥疏浚技术、底泥原位修复技术等。

14.3.3.1　重污染河段底泥疏浚技术

疏浚方案的好坏直接关系到疏浚效果的好坏，必须慎重对待。一般情况，实施疏浚工程的目的主要有两方面内容：①改善江河泄洪能力、改善航道通行条件、增强湖库调蓄能力；②清除内源污染，改善江河湖库水环境，为进一步修复污染水体创造条件。

以改善水环境为目的的疏浚，其疏浚方案的制定应重点考虑以下问题：①应对污染底泥的沉积特征、分布规律、理化性质等有比较清楚的了解；②应在比较精确的测量数据的基础上确定合理的疏挖深度、完成沉积物总量测算及总量调查；③对疏挖范围及规模、疏浚作业区的划分及工程量、疏挖方式及机械配置、工作制度及工期等做出科学合理的安排；④对底泥堆放场地的选择、处置工艺的选取等都要有明确的技术方案，尤其要提出综合利用方案（颜少清，2016）。

针对封冻型河流重点污染污染河段出现的问题，底泥疏浚技术方案应考虑以下 3 个方面。

（1）疏浚设备选择

为最大限度地体现对松花江较脆弱的生态系统和水生生物的保护，松花江底泥疏浚应坚持采用对生态影响较小的水下疏浚施工方法，做到底泥疏浚不干扰水库其他功能作用的发挥，减少疏浚对生态系统的不利影响。根据封冻型河流污染底泥特点及疏浚设备选择要求，在排除明显不满足松花江生态疏浚特点和疏浚过程环境保护要求的疏浚施工设备后，对密闭抓斗式、环保绞吸式、气力泵挖泥船等几种主要设备的性能特点进行分析比较。结合污染底泥疏浚的性质及要求，参考其他水库疏浚工程经验，疏浚施工设备推荐采用绞吸式挖泥船，其工作原理是利用机械式的挖泥刀具对土层绞割，通过离心式泥浆泵把挖掘的泥浆吸入并提升，通过输泥管输至岸边目的地进行脱水干化处理。

（2）疏浚施工工艺

环保绞吸式挖泥船施工工艺为：

1）绞刀定位。绞吸式挖泥船在清淤施工区内定位后，松放挖泥船船前斗桥绞车钢缆，绞刀头呈垂直扇形慢速下放入水，按照开挖深度数据，通过深度监控仪表操作，对绞刀放设深度进行精确复位，并调整绞刀头开挖倾角。

2）绞刀开挖。即开始启动绞车液压马达，绞刀头低速旋转，切削挖掘淤泥。

3）泥浆输送及排弃。通过挖泥船上离心泵的作用吸取绞刀切削挖掘的淤泥，并提升、加压，泥浆通过排泥管线封闭输送上陆处理。

4）船体短线爬行、扇形横挖、直线前进。挖泥船在施工生产时，定位桩打设在库底泥层中，实现对船体中心定位，并通过两个定位桩交替落桩推动挖泥船位移，使船体在反作用力下短线爬行。挖泥船依靠船前端左右绞车收放锚缆，使船身以船尾定位桩为中心，船长为半径，绞刀头左右扇形移动，实现挖泥船扇形横挖法作业。疏浚船舶在近岸区作业时，采用停止绞刀转动、只吸不绞的工作状态进行疏浚作业。

（3）底泥处置方式

底泥堆放场会受到自然降雨的冲刷，底泥堆放场泥浆余水中可能含有重金属及氮、磷等污染物，这些问题可能导致污染物随径流影响周围水环境。此外，底泥处置还涉及政策、经济、立法等诸多问题，对周围环境也有诸多影响，存在环境风险与生态风险。因此，底泥处置方式应给予足够关注。目前，污染底泥的处置技术主要有堆存封闭法、污染泥集装化、生物修复和资源化利用等。底泥处置应首先将底泥集中在处置场。底泥处置场的选择应综合考虑可容纳的底泥体积，悬浮固体含量，底泥颗粒分布、比重、流变性或者塑性、沉降特征等因素。而且疏浚底泥中往往含有各种类型的污染物质，很容易对环境造成二次污染，必须要有切实可行的处置方案。国际上一些发达国家甚至要求在疏浚前对污染底泥进行生态风险评估。此外，底泥的流变特性，导致底泥处置场需要比较大的面积，在需要疏挖的地区，人口又往往比较密集，这时就必须全面考虑底泥的综合利用（李茶青等，2006）。

14.3.3.2 底泥原位修复技术

（1）原位覆盖技术

原位覆盖技术不需要移动底泥，直接采用沙石、粉尘灰、炉灰渣、人工合成物等材料在底泥上方形成一层或多层覆盖物，从而阻止底泥与上覆水的接触，防止受污染底泥中的有害物质扩散到水体中。最早的底泥原位覆盖技术是美国于1978年首先使用(唐艳,2011)，在流动性不大的水体中采用沙土覆盖的的方式，随后推广到其他国家。实验证明，原位覆盖技术能够有效阻止底泥中的耗氧性物质、重金属污染物、持久性有机污染物和氮、磷营养盐等进入水体，对水质改善具有显著作用。但原位覆盖技术也存在减小水体容量、改变河道及湖底坡度等缺陷，此外，水流流速较快、水动力较强的区域也不适合使用原位覆盖技术。

（2）原位生物修复技术

原位生物修复技术是近年发展起来的一种新型底泥修复技术。这种技术利用水生植物、微生物等的生命活动，对水体中的污染物进行吸附、转移、转化和降解作用，从而净化水体并重建水生生态系统（王鹤霏，2013）。在原位生物修复技术中，主要采用向底泥中加入具有降解污染物能力的微生物、转基因工程菌和栽种沉水植物的措施（刘成，2012）。这种技术不需要向水体投放化学试剂，工程造价相对较低，修复效果较好，有利于水体生物多样性的恢复。

（3）原位化学修复技术

原位化学修复技术是向受污染的水体中投放多种化学药剂或酶制剂，通过化学反应消除底泥中的污染物或改变原有污染物的性状，为后续微生物降解作用提供有利条件（王超等，2014）。根据投放试剂的种类，可以将原位化学修复技术分为原位还原修复技术和原位氧化修复技术。原位还原修复技术是向底泥中加入还原剂，使底泥的氧化还原电位发生改变，营造适合微生物降解污染物的还原性环境。原位氧化修复技术是向底泥中加入氧化剂或向底泥上覆水充氧，使氧化还原电位提高，从而降低污染物的毒性，这种方法费用低、见效快。

14.4 松花江生物完整性恢复技术筛选

在松花江水生态完整性评价的基础上，根据松花江不同水生态区不同河段的水生生物完整性受胁迫状况，从技术经济可行性、效能有效性方面筛选集成重要水生生物不同物种栖息地等生境修复技术（包括河岸植被带等）、水生生物及鱼类多样性恢复技术（图 14-9）。

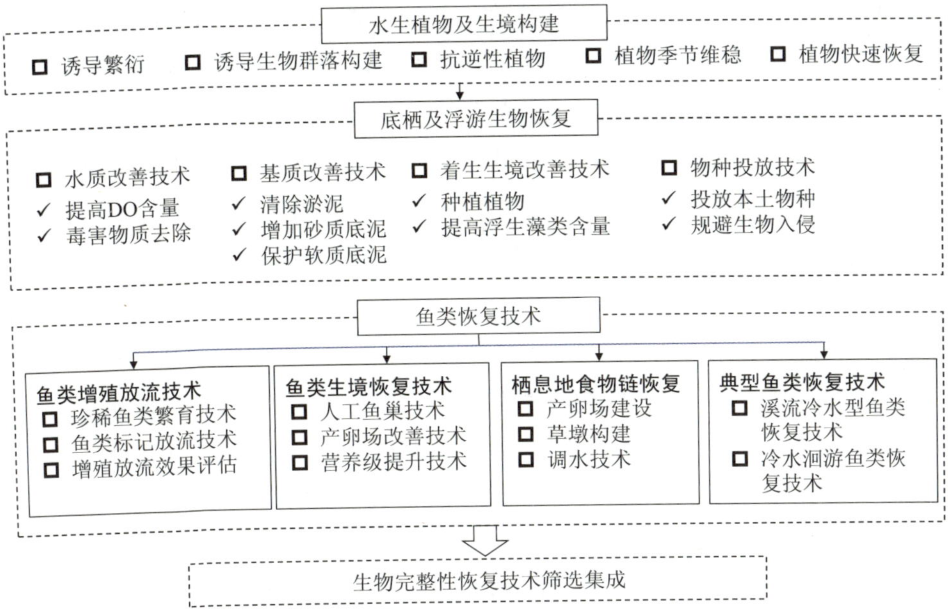

图 14-9 生物完整性修复技术筛选

14.4.1 水生植物修复及生境构建技术

水生植物是构成河流生态系统的最基本元素之一，依托河道滨岸带、河道湿地、生态浮床、生态网箱等为载体，为微生物、底栖动物、两栖动物、鱼类和鸟类提供栖息环境，形成完整的水生态能量传递链。湿地植物一般具有需水量高、需求肥力强、耐水淹的生态学特性，是构成完整水生态系统的重要一环，是恢复封冻型河流水生态完整性的必要条件之一。

水生植物对河流水体溶解氧平衡、营养盐分去除、水体中 SS 去除有着重要意义（严拾伟，2021），此外，其边缘效应、廊道效应和干扰效应等对河流生物多样性恢复起着至关重要的作用。水生植物群落构建的技术通过生态学原理，考虑生态因子作用的基本规律，构建湿地、河道滨岸带等生物生境系统，筛选与集成水生植物修复及生境构建技术（汪洋，2009）。

14.4.2 底栖动物修复技术

底栖动物作为水生态系统中的重要组成，不仅在物质循环和能量传递中占据重要地位，其摄食、排泄、掘穴等生命活动也能够改变生存环境的理化性质，影响污染物的迁移转化等环境行为，进而影响环境修复过程（沈月含，2020）。

底栖动物修复依赖于水质、底质条件的改善与水草的恢复。底质条件是很多底栖动物修复的基本条件。不同底质的类型适合于不同类型的动物，底质条件修复的主要措施有清除污染的淤泥、增加沙质底质比例、保护部分软泥底质等；水质修复技术主要有提高溶解氧含量，减少非离子氨、硫化氢的毒害等；着生生境修复措施主要有种植植物和浮生藻类，以及人工投放本土生物等。

14.4.3 鱼类恢复关键技术

松花江鱼类物种既有平原河流种类，如草鱼、鲢鱼、黑鱼等温水性鱼类，又有冷水型鱼类，如细鳞鲑、白鲑等冷水性鱼类。针对松花江水域中的鱼类，根据其起源、分布和生态习性，将其分为 6 个区系：①古近纪区系类群，包括雷氏七鳃鳗、怀头鲇等；②北欧淡水区系类群，主要为一些耐寒的种类，主要有白鲑、云南裂腹鱼、江鳕等；③北方平原区系群，主要为狗鱼、雅罗鱼等；④北方山区区系群，形成于北半球寒带山麓区的种类，主要为洛氏鱥、条鳅等；⑤江河平原区系群，多为适于开阔水域的中上层鱼类，主要有青鱼、草鱼等；⑥亚热带平原区系群，多为适应高温、耐缺氧的种类，主要包括黄黝鱼、乌鳢等。主要恢复措施有鱼类生境恢复（如鱼巢、产卵场基质修复、食物链修复等）、鱼类增殖放流技术等。

鱼类生境恢复技术：鱼类生境主要包括“三场一通道”，即产卵场、索饵场、越冬场和洄游通道，目前面临的生境问题主要有生境萎缩、生境片段化和栖息地环境恶化，其已经成为造成鱼类数量锐减的主要原因之一，亟待开展相关鱼类生境修复技术研究。生境修复措施主要有建设人工鱼巢、修复产卵场基质、提升鱼类营养级、规范采沙行为、恢复鱼类生境连通性、恢复湖洲滩地植被和改善鱼类栖息地环境等（陈光荣，2007）。

鱼类增殖放流技术：增殖放流目标定位不能仅局限于提升增殖种类的资源量，还应确保野生资源群体的环境适应性、遗传资源多样性不会因为投放人工繁育苗种而发生退化和降低；应充分考虑增殖水域生态系统的承载能力，注重其结构和功能的维持和稳定，绝不能以破坏增殖水域环境和原生自然生态系统平衡为代价，片面追求增殖放流可能带来的渔业增产收益。

第 15 章　松花江分区水生态修复战略方案

本章基于不同水生态功能区水生态完整性评价结果，通过筛选松花江物理完整性恢复、生物完整性恢复、化学完整性恢复等技术措施，结合区域社会经济发展规划等，分区（水源涵养与水文调节功能区、生境维持功能区、水生珍稀特有物种栖息地与洄游通道功能区、农业生产支撑功能区、城市生活支撑功能区）提出松花江水生态修复战略方案。

15.1　水源涵养与水文调节功能区水生态修复方案

（1）生态环境现状

重点控制区域内 A-008、A-016 和 A-020 分别位于黑龙江大兴安岭东北部、黑龙江小兴安岭山地丘陵和吉林牡丹江上游山地森林区域，均为水源涵养和水文调节功能区。研究表明，森林、草地和湿地生态系统的水源涵养能力较高，因此功能区范围内各用地类型的变化（表 15-1）对水生态环境有着重大影响。

表 15-1　水源涵养与水文调节功能区用地类型变化

单位：km^2

功能区编号	用地类型	1995 年	2005 年	2015 年
A-008	草地面积	1 473.0	1 488.1	1 326.0
	农田面积	4 866.8	6 348.4	6 794.1
	其他面积	21.0	8.5	6.6
	人工表面面积	175.2	184.8	189.3
	森林面积	9 422.8	9 295.3	9 042.7
	水域与湿地面积	4 926.4	3 560.0	3 526.4
A-016	草地面积	2 190.2	2 399.5	2 120.6
	农田面积	7 967.0	6 622.8	7 698.3
	其他面积	1.8	0.3	1.0
	人工表面面积	543.7	718.2	767.4
	森林面积	24 529.2	24 627.6	25 011.8
	水域与湿地面积	1 946.7	2 810.1	1 579.5
A-020	草地面积	251.9	209.8	287.3
	农田面积	4 293.7	3 327.1	4 327.1
	其他面积	39.9	565.8	49.1
	人工表面面积	288.4	239.5	322.0
	森林面积	10 880.8	11 440.1	10 766.5
	水域与湿地面积	156.1	110.2	159.5

黑龙江大兴安岭东北部——水源涵养与水文调节功能区（A-008）在 1995—2015 年，森林生态系统面积持续减少；水域与湿地持续减少，但后期减少速度明显变慢；草地先增后减，总体呈减少趋势；农田持续增加；人工表面持续增加；其他生态系统类型持续减少。

黑龙江小兴安岭山地丘陵——水源涵养与水文调节功能区（A-016）在 1995—2015 年，森林持续增加；草地先增后减，总体呈减少趋势；水域与湿地先增后减，总体呈减少趋势；农田先减后增，总体呈减少趋势；人工表面持续增加；其他生态系统类型总体呈减少趋势。

吉林牡丹江上游山地森林——水源涵养与水文调节功能区（A-020）在 1995—2015 年，森林生态系统面积先增后减，总体呈减少趋势；草地先减后增，总体呈增加趋势；农田面积先减后增，总体变化不大；水域与湿地先减后增，总体呈增加趋势；人工表面总体呈增加趋势；其他生态系统类型先减后增，总体呈增加趋势。

可以看出，各功能区农田面积和人工表面面积 1995—2015 年总体呈增长趋势，草地、森林、湿地系统面积势必有一定减少，可根据各区域实际情况制定物理、化学和生物修复方案。

水源涵养与水文调节功能区 2016—2017 年水质以Ⅲ类水为主。主要超标断面为淘海、黑山头、富源村、高力板和肖家船口等。主要超标指标为化学需氧量、溶解氧、高锰酸盐指数、五日生化需氧量、总磷、氨氮和石油类等。因此，要改善该地区的水质，应削减还原性物质、氨氮和石油类污染物的排放。而饮料制造、石油化工、金属制造是主要氨氮来源；金属制造和设备制造则是主要的石油类污染物来源。农副加工业、造纸业和饮料制造业是化学需氧量的主要来源。

水源涵养与水文调节功能区包括 A-008、A-016、A-020 三个功能区，2017 年水质现状以Ⅱ类和Ⅲ类水为主，2020 年、2025 年及 2050 年水质目标为维持Ⅲ类。

（2）方案目标

水源涵养与水文调节功能区包括 A-005、A-008、A-016、A-020 四个功能区，2017 年水质现状以Ⅱ类和Ⅲ类水为主，2020 年、2025 年及 2050 年水质目标为维持Ⅲ类。物理完整性受损点 2020 年部分得到修复，2030 年多数得到修复，2050 年全部得到修复；土著和珍稀鱼类种群数量 2020 年有所增加，2030 年进一步增加，2050 年基本稳定。

（3）重点任务

物理完整性恢复措施方案：对于水生态物理完整性方面的受损状况和问题，在集成筛选采沙坑修复等河道滨岸带修复和生境恢复技术，水源涵养林的建设、养护和恢复技术，沿江湿地生境生态修复和恢复技术，入河支流河道滨岸带基质修复、生态修复及重建技术，受损河道修复技术，河流弯曲度和连通性恢复技术，生态需水量保障的水文调控技术，大坝洄游通道构建技术等 9 类技术的基础上，针对该类功能区，提出水源涵养与水文调节功能区的物理完整性恢复方案，重点恢复松花江干流中上游的 A-008 的水质。

化学完整性恢复措施方案：该区 13 个监测断面中水质年均值达到Ⅱ类标准的断面有 3

个，占比 23.1%；水质年均值达到Ⅲ类标准的断面有 7 个，占比 53.8%；未能满足水质标准的断面（Ⅳ类）有 3 个，占比 23.1%。从水质特点来看，超标因子主要为 COD_{Mn}、COD_{Cr} 和 NH_3-N，部分断面还出现石油类污染物超标情况。

嫩江县 10 家涉水重点工业源主要来自烟煤和无烟煤开采洗选、铜矿采选、白酒制造等，汤原县 6 家涉水重点工业源主要来自乳制品制造等；伊春市友好区的 3 家涉水重点工业源为牲畜屠宰等；舒兰市 18 家涉水重点工业源主要来自褐煤开采洗选、化学药品原料药造等；敦化市 13 家涉水重点工业源主要来自中成药生产、化学药品原料药制造等；蛟河市 10 家涉水重点工业源主要来自火力发电，肉、禽类罐头制造等；需加强对上述工业源的污染防控，保障其达标排放，并实施清洁生产。伊春市在整个流域中属于化学需氧量和氨氮排放量较高的城市，需重点关注。

总体来讲，该功能区水质较好，工企业分布较少，人口居住密度相对较小。水化学完整性修复以面源污染物防控为主，点源污染物防控为辅，兼以内源污染物防控，形成恢复水化学完整性的系统治理方案。

点源污染物控制的主要措施有：①进行产业结构调整、转型及布局优化。②针对该区域内多家企业有毒有机物、重金属等有害污染物的排放特征，筛选污染物防控技术措施，制定工业污染防控方案。③建立水生态风险污染物防控、有毒有机物应急处置方案，定期进行应急处置方案演练，以防突发水污染事件。④加强区域范围内生活源污染物治理，建立数据反馈和应急措施。

面源污染防控的主要措施有：①农业面源污染防控，重点为融雪期沙滤拦截作用和丰水期农田退水污染物防控。②制定畜禽污染防控方案。③制定面源拦截生态工程方案。

内源污染防控的主要措施有：①实施重污染河段底泥疏浚工程。②针对干、支流特点，制定内源污染物削减方案。

生物完整性恢复措施方案：针对该类水生态功能二级区生物完整性方面的受损状况和问题，围绕水生态完整性恢复目标，在物理完整性恢复和化学完整性恢复的基础上，从生物完整性入手，提出重要水生生物不同物种栖息地恢复措施，流域底栖生物、水生生物和鱼类群落多样性恢复措施，形成松花江分类型、分生境生物完整性恢复措施和方案。

15.2 生境维持功能区水生态修复方案

（1）生态环境现状

重点规划范围内的黑龙江牡丹江中下游山地（A-021）属于生境维持功能区，调研结果（表 15-2）显示，1995—2015 年，该功能区森林生态系统面积持续减少；草地生态系统先增后减，总体呈增加趋势；水域与湿地生态系统先减后增，总体呈减少趋势；农田面积持续增加；人工表面持续增加；其他生态系统类型面积变化不大。

表 15-2 生境维持功能区用地类型变化

单位：km^2

功能区编号	用地类型	1995 年	2005 年	2015 年
A-021	草地面积	922.2	1 314.3	1 216.2
	农田面积	5 833.5	6 839.1	7 230.1
	其他面积	1.6	1.1	3.0
	人工表面面积	478.8	516.4	538.0
	森林面积	18 838.2	17 498.3	17 122.1
	水域与湿地面积	494.4	399.5	459.3

有研究表明，森林、草地、湿地等自然生态系统的环境质量和生物多样性较高，农田和人工表面环境质量和生物多样性相对较低，因此应对各项用地类型减少对生态系统的影响进行评估后，制定相应的技术措施。

本功能区范围内化学完整性较好，但生物完整性受到一定威胁，其治理主要以物理完整性恢复为基础，以生物完整性恢复为目标，同时应采取措施对功能区范围内对化学完整性影响较大的点源和面源污染进行治理。

生境维持功能区各水生态功能二级区监测断面 2016—2017 水质主要为Ⅲ类。超标断面均位于延边朝鲜族自治州。主要超标指数为石油类、氨氮、总磷和化学需氧量。而延边朝鲜族自治州的主要经济产业为医药、轻工业和农副产品加工。其中，轻工业和农副加工业为氨氮的主要来源。为恢复生境维持功能区的生态环境，应重点控制延边朝鲜族自治州的轻工业和农副加工业，同时在物理和生物措施技术上禁止开垦、放牧、砍伐林地等，通过科学管理，抚育成林、成草，发挥生态的自我繁衍和修复能力，加快植被恢复和生态系统改善。

研究期该功能区内排放有毒有机物及重金属等有害污染物的工业企业共计 29 家，行业类型以烟煤和无烟煤开采洗选、褐煤开采洗选等采矿业为主。其中，延边朝鲜族自治州共 15 家企业（珲春紫金矿业有限公司多金属分公司、珲春吉春矿业有限公司等），黑河市共 8 家企业（黑河市金三角煤矿、黑龙江省泽龙矿业有限责任公司等），牡丹江市 4 家企业（东宁金厂乡鑫城金矿有限责任公司等），哈尔滨市 2 家企业。

（2）方案目标

生境维持功能区包括 A-006、A-021、A-026 三个功能区，2017 年水质现状以Ⅱ类和Ⅲ类水为主，2020 年、2030 年及 2050 年水质目标为维持Ⅲ类；物理完整性受损点 2020 年部分得到修复，2030 年多数得到修复，2050 年全部得到修复；土著和珍稀鱼类种群数量 2020 年有所增加，2030 年进一步增加，2050 年基本稳定。

（3）重点任务

物理完整性恢复措施方案：对于水生态物理完整性方面的受损状况和问题，在集成筛选采沙坑修复等河道滨岸带修复和生境修复技术，水源涵养林的建设、养护和修复技术，沿江湿地生境修复技术，入河支流河道滨岸带基质修复、生态修复及重建技术，受损河道修复技术，河流弯曲度和连通性恢复技术，生态需水量保障的水文调控技术，大坝洄游通道构建技术等9类技术的基础上，针对该类功能区，提出生境维持功能区的物理完整性恢复方案。

化学完整性恢复措施方案：生境维持功能区 18 个监测断面中，水质年均值达到Ⅲ类标准的有9个，占比50%；水质年均值达到Ⅳ类标准的断面有6个，占比33.3%；水质年均值达到Ⅴ类标准的有2个，占比11.1%；水质年均值为劣Ⅴ类的有1个，占比5.6%。生境维持功能区达到水质标准（Ⅲ类）的断面数量为9个。超标断面为伊春市嘉荫县的嘉荫断面，超标物质为化学需氧量和高锰酸盐指数；牡丹江市的柴河铁路桥和海浪断面，超标物质为粪大肠菌群数；延边朝鲜族自治州的延吉下、西崴子、石井（小河龙）、崇善、圈河和榆树川断面，超标物质为氨氮、化学需氧量、生化需氧量、总磷和粪大肠菌群数。

伊春市嘉荫县 3 家涉水重点工业源主要来自金矿采选等；牡丹江市 27 家涉水重点工业源主要来自烟叶复烤、热力生产和供应等；珲春市 24 家涉水重点工业源主要来自黏土砖瓦及建筑砌块制造、褐煤开采洗选等；汪清县 30 家涉水重点工业源主要来自纤维板制造、热力生产和供应等；黑河市 55 家涉水重点工业源主要来自白酒制造、啤酒制造等；龙井市14家涉水重点工业源主要来自机制纸及纸板制造等；延吉市27家涉水重点工业源主要来自其他烟草制品制造、烟叶复烤等；安图县6家涉水重点工业源主要来自铁矿采选、中成药生产等。

该区域水质较好，工企业分布较少，人口居住密度相对较小。水化学完整性修复以面源污染防控为主，以点源污染防控为辅，兼以内源污染防控，形成恢复水化学完整性的系统治理方案。

点源污染防控的主要措施有：①进行产业结构调整、转型及布局优化。②针对该区域内多家企业有毒有机物、重金属等有害污染物的排放特征，筛选污染物防控技术措施，制定工业污染防控方案。③建立水生态风险污染物防控、有毒有机物应急处置方案，定期进行应急处置方案演练，以防突发水污染事件。④加强区域范围内生活源污染物治理，建立数据反馈和应急措施。

面源污染防控的主要措施有：①农业面源污染防控，重点为融雪期沙滤拦截作用和丰水期农田退水污染物防控。②制定畜禽污染防控方案。③制定面源拦截生态工程方案。

内源污染物防控的主要措施有：①实施重污染河段底泥疏浚工程。②针对干、支流特点，制定内源污染物削减方案。

生物完整性恢复措施方案：针对该类水生态功能二级区生物完整性方面的受损状况和问题，围绕水生态完整性恢复目标，在物理完整性恢复和化学完整性恢复的基础上，从生物完整性入手，提出重要水生生物物种栖息地修复措施，流域底栖生物、水生生物和鱼类群落多样性恢复措施，形成松花江分类型、分生境生物完整性恢复措施和方案。

15.3　水生珍稀特有物种栖息地与洄游通道功能区水生态修复方案

（1）生态环境现状

重点规划范围内的吉林松嫩平原西部（A-013）、黑龙江松花江中游丘陵（A-017）、吉林长白山山地（A-019）三个地区均属于水生珍稀特有物种栖息地与洄游通道功能区。该功能区是重要濒危、稀有和特有保护物种的栖息地以及产卵场、育幼场或者索饵场，其生态环境恢复对于濒危、稀有和特有保护物种保护有着重大意义。各功能区内用地类型近 20 年变化情况如表 15-3 所示。

表 15-3　水生珍稀特有物种栖息地与洄游通道功能区用地类型变化　　单位：km^2

功能区编号	用地类型	1995 年	2005 年	2015 年
A-013	草地面积	37.4	47.3	36.1
	农田面积	1 689.9	1 587.7	1 680.4
	其他面积	32.7	91.7	34.9
	人工表面面积	125.2	141.5	136.1
	森林面积	42.3	161.3	42.3
	水域与湿地面积	291.1	203	293.7
A-017	草地面积	1 407.2	1 457.4	841.8
	农田面积	22 002.9	19 148.0	20 253.2
	其他面积	3.3	21.1	18.6
	人工表面面积	1 313.2	1 657.7	1 744.3
	森林面积	20 552.8	23 499.7	23 119.0
	水域与湿地面积	2 596.2	2 091.7	1 898.7
A-019	草地面积	656.7	1 147	732.9
	农田面积	12 335	9 758.5	12 323
	其他面积	37.5	240.8	43.1
	人工表面面积	1 132	1 019.4	1 263.8
	森林面积	27 420.9	29 606.9	27 265
	水域与湿地面积	841.3	642.7	796

吉林松嫩平原西部（A-013）在 1995—2015 年，水域与湿地生态系统先减后增，总体呈减少趋势；森林生态系统先增后减，总体呈增加趋势；草地呈持续减少趋势；农田生态系统持续增加；人工表面持续增加；其他生态系统类型持续减少。

黑龙江松花江中游丘陵（A-017）在 1995—2015 年，水域与湿地生态系统面积呈持续减少趋势；森林生态系统先增后减，但后期减少幅度很小，总体呈增加趋势；草地呈先增后减的趋势；农田生态系统面积先减后增，总体呈减少趋势；人工表面持续增加；其他生态系统面积先增后减。

吉林长白山山地（A-019）在1995—2015年，水域与湿地生态系统面积呈先减后增的趋势；森林生态系统先增后减，总体呈减少趋势；草地、农田、人工表面与其他类型生态系统总面积变化不大。

总体来看，农田、人工表面面积增加不多，自然生态系统保留较为完整。但由于功能区范围内大坝等水利工程的建设，水生态系统呈现碎片化、斑块形状复杂化、生态系统单一化的发展趋势，应根据实际情况，在必要地区建设生态洄游通道、管涵、生态堰堤等工程，修复水文连通性，保障水生态完整性。

该功能区监测断面2016—2017年水质整体以Ⅱ、Ⅲ、Ⅳ类水质为主。超标断面较多，主要是到保大桥、阿什河口内、官厅桥、福兴和兴隆几个断面。超标指标有氨氮、总磷、化学需氧量和高锰酸钾指数等，其中以氨氮超标最为严重。以上几个超标断面分别位于白城市、哈尔滨市、吉林市（官厅桥、福兴监测断面）和通化市。白城市的氨氮排放主要来源于采矿业、石油化工业和农副加工业；而哈尔滨市的氨氮主要来源于石油化工行业；吉林市则以金属制造业、石油化工业和电力行业为主要氨氮排放行业；石油化工业、农副加工行业和采矿业是通化市的主要氨氮来源。综上所述，石油化工业、采矿业和农副加工业是水生珍稀特有物种栖息地与洄游通道类功能区的主要污染来源行业。因此，为了恢复水生珍稀特有物种栖息地与洄游通道功能区，应该控制各个企业的氨氮排放，加大管理制度。制定相关的污染环境管理与综合防治方法，加强清洁生产。

研究期该功能区内排放有毒有机物及重金属等有害污染物的工业企业共计39家，行业类型以石油及煤炭开采、机械制造业为主。其中，松原市和哈尔滨市各有10家企业（哈尔滨建成集团有限公司、中国蓝星哈尔滨石化有限公司、中国石油天然气股份有限公司吉林油田分公司扶余采油厂等），白城市共7家企业（白城市盛华汽车零部件制造股份有限公司、白城市福佳机械制造有限公司等），吉林市6家企业（吉林恒联精密铸造科技有限公司等），伊春市和白山市分别有3家企业。

（2）方案目标

水生珍稀特有物种栖息地与洄游通道功能区有A-013、A-017、A-019三个二级功能区，2017年水质现状以Ⅲ类水为主，2020年、2030年及2050年水质目标为维持Ⅲ类；物理完整性受损点2020年部分得到修复，2030年多数得到修复，2050年全部得到修复；土著和珍稀鱼类种群数量2020年有所增加，2030年进一步增加，2050年基本稳定。

（3）重点任务

物理完整性恢复措施方案：对于水生态物理完整性方面的受损状况和问题，在集成筛选采沙坑修复等河道滨岸带修复和生境修复技术，水源涵养林的建设、养护和修复技术，沿江湿地生境修复技术，入河支流河道滨岸带基质修复、生态修复及重建技术，受损河道修复技术，河流弯曲度和连通性恢复技术，生态需水量保障的水文调控技术，大坝洄游通道构建技术等9类技术的基础上，针对该类功能区，提出生境维持功能区的物理完整性恢复方案。

化学完整性恢复措施方案：水生珍稀特有物种栖息地与洄游通道功能区 23 个监测断面中，达到Ⅲ类标准的断面有 18 个，占比 78.3%；达到Ⅳ类标准的断面有 3 个，占比 13%；达到Ⅴ类标准的断面有 1 个，占比 4.3%；达到劣Ⅴ类标准的断面有 1 个，占比 4.3%。总体而言，水生珍稀特有物种栖息地和洄游通道功能区 23 个监测断面中，达到水质标准（Ⅲ类）的有 18 个，占比 78.3%。未达标的断面中有 2 个为Ⅴ类和劣Ⅴ类水质，超标因子主要为氨氮、五日生化需氧量、总磷、石油类等。

该类功能区整体水质以Ⅱ、Ⅲ、Ⅳ类水质为主。主要超标指标有氨氮、总磷、化学需氧量和高锰酸钾指数等，其中以氨氮超标最为严重。以上几个超标断面分别位于白城市、哈尔滨市、吉林市（官厅桥、福兴监测断面）和通化市。石油化工业、采矿业和农副加工业是水生珍稀特有物种栖息地与洄游通道类功能区的主要污染来源行业。

该类功能区覆盖面积较大，主要生态服务功能为水生珍稀特有物种栖息地与洄游通道。因此该类功能区水质对氨氮、化学需氧量和总磷等营养物质的要求较高。过高或过低都会导致水生珍稀特有物种的数量下降。由于功能区覆盖面积大，污染情况复杂，部分河段可能存在农田和城市面源污染，农田部分可采取生物梗和植被缓冲坡，城市面源污染较为严重的，则应加强城市透水路面和绿化带建设。河流底泥存在的内源污染则可以根据具体河段选择底泥疏浚或原位修复技术。

点源污染防控的主要措施有：①进行产业结构调整、转型及布局优化。②针对该区域内多家企业有毒有机物、重金属等有害污染物的排放特征，筛选污染物防控技术措施，制定工业污染防控方案。③建立水生态风险污染物防控、有毒有机物应急处置方案，定期进行应急处置方案演练，以防突发水污染事件。④加强区域范围内生活源污染物治理，建立数据反馈和应急机制。

面源污染防控的主要措施有：①农业面源污染防控，重点为融雪期沙滤拦截作用和丰水期农田退水污染物防控。②制定畜禽污染防控方案。③制定面源拦截生态工程方案。

内源污染防控的主要措施有：①实施重污染河段底泥疏浚工程。②针对干、支流特点，制定内源污染物削减方案。

生物完整性恢复措施关键点包括：①重要水生生物物种栖息地生境修复方案：加强水域环境管理，采取工业点源污染先防后治、生活污水资源化、生态途径治理农业面源污染等措施。促进水源涵养林植被修复，禁止开垦、放牧、砍伐林地等措施；加快河岸植被修复和生态系统改善。②流域底栖动物恢复方案：选定底栖动物生境构建河段、制作不同基质遮蔽物、分河段固定遮蔽物和遮蔽物基质筛选与维护。通过在浅滩湿地、低洼地蓄水区、岸边带废弃沙坑基础上构筑生态水槽，构建水生植物群落，最后投放不同种类的底栖动物。③鱼类恢复技术方案：恢复其鱼类产卵场、水禽栖息地功能，开展人工繁殖和放流，加强管理。

15.4 农业生产支撑功能区水生态修复方案

（1）生态环境现状

重点规划范围内的黑龙江松嫩中部平原草甸沼泽（A-012）、黑龙江三江平原西部（A-022）和黑龙江倭肯河丘陵平原（A-023）均为农业生产支撑功能区。各功能区内用地类型近 20 年变化情况如表 15-4 所示。

表 15-4 农业生产支撑功能区用地类型变化

单位：km^2

功能区编号	用地类型	1995 年	2005 年	2015 年
A-012	草地面积	7 704.9	6 541.6	6 345.9
	农田面积	19 817.4	20 691.2	20 878.2
	其他面积	1 593.6	1 432.6	1 211.7
	人工表面面积	1 410.8	2 117.6	2 165.8
	森林面积	1 290.1	1 413.5	1 322.7
	水域与湿地面积	6 656.3	6 276.5	6 548.7
A-022	草地面积	1 015.3	1 428.3	1 219.3
	农田面积	8 993.2	9 488.9	9 524.8
	其他面积	12.4	9.5	8.5
	人工表面面积	482.0	530.1	586.1
	森林面积	4 736.3	4 560.8	4 559.9
	水域与湿地面积	1 634.6	856.3	975.2
A-023	草地面积	475.7	646.0	509.2
	农田面积	7 575.8	8 192.1	8 329.8
	其他面积	2.3	0.4	0.9
	人工表面面积	502.7	459.3	551.9
	森林面积	5 046.3	4 371.2	4 485.9
	水域与湿地面积	649.3	583.1	374.4

黑龙江松嫩中部平原草甸沼泽（A-012）在 1995—2015 年，农田生态系统持续增加；森林生态系统先增后减，总体呈增加趋势；草地呈持续减少趋势；水域与湿地生态系统先减后增，总体呈减少趋势；人工表面持续增加；其他生态系统类型持续减少。

黑龙江三江平原西部（A-022）在 1995—2015 年，农田生态系统面积持续增加；森林生态系统面积持续减少；草地先增后减，总体呈增加趋势；水域与湿地生态系统先减后增，总体呈减少趋势；人工表面持续增加；其他生态系统类型持续减少。

黑龙江倭肯河丘陵平原（A-023）在 1995—2015 年，农田生态系统面积持续增加；森林生态系统先减后增，总体呈减少趋势；草地先增后减，总体呈增加趋势；水域与湿地生态系统持续减少；人工表面持续增加；其他生态系统类型变化不大。

从表 15-4 中可以看出，农业生产支撑功能区内，农田生态系统和人工表面面积在 1995—2015 年呈增长态势，可见该区域在 20 年间农业生产支撑功能发挥得较好，但草地、森林、水域湿地面积退化势必会造成生态完整性的破坏，应结合各二级功能区物理完整性、化学完整性、生物完整性的实际情况，选择具有针对性的战略恢复技术。

本功能区范围内物理完整性、化学完整性、生物完整性均受到不同程度的损害，其修复技术措施应以物理修复为基础，化学修复为核心，并对底栖生物、浮游生物和鱼类进行修复，保障功能区水环境健康和水生态完整性。

该功能区监测断面 2016—2017 年水质以Ⅲ、Ⅳ类水质为主。主要超标指数为高锰酸盐指数、化学需氧量、氨氮、五日生化需氧量、石油类、总磷。超标站点分别位于鹤岗市、佳木斯市、双鸭山市、哈尔滨市和七台河市。其中，鹤岗市以采矿业和农副加工业为主要经济支撑产业；而佳木斯市行业产值比例前三位分别是农副加工、设备制造和电力行业；双鸭山市的主要产业为金属制造业、采矿业和石油化工业；哈尔滨市则是东北设备制造、石油化工和农副加工业的主要聚集地之一；七台河市以采矿业、石油化工和电力行业为主要经济产业。以上各市的主要产业的发展均会导致水中高浓度的化学需氧量、氨氮、五日生化需氧量、石油类和总磷。该功能区应重点控制超标严重城市的设备制造业、石油化工和农副加工业等。

（2）方案目标

农业生产支撑功能区包括 A-012、A-015、A-022、A-023 四个功能区，2017 年水质现状以Ⅲ类水为主，2020 年、2025 年及 2050 年水质目标为维持Ⅲ类。物理完整性受损点 2020 年部分得到修复，2030 年多数得到修复，2050 年全部得到修复；土著和珍稀鱼类种群数量 2020 年有所增加，2030 年进一步增加，2050 年基本稳定。

（3）重点任务

物理完整性恢复方案：集成筛选采沙坑修复等河道滨岸带修复和生境修复技术，水源涵养林的建设、养护和修复技术，沿江湿地生境修复技术，入河支流河道滨岸带基质修复、生态修复及重建技术，受损河道修复技术，河流弯曲度和连通性恢复技术，生态需水量保障的水文调控技术等。

化学完整性恢复方案：4 个农业生产支撑功能区中的 12 个监测断面中，达到Ⅲ类标准的断面有 4 个，占比 33.3%；达到Ⅳ类标准的断面有 6 个，占比 50%；达到Ⅴ类标准的断面有 1 个，占比 8.3%；达到劣Ⅴ类标准的断面有 1 个，占比 8.3%。主要超标因子为高锰酸盐指数、化学需氧量、氨氮、五日生化需氧量、石油类、总磷、氟化物。

研究期该功能区内排放有毒有机物及重金属等有害污染物的工业企业共计 112 家，行业类型以石油化工、煤炭开采、炼焦、冶金等为主。企业主要分布于七台河市（共 44 家，七台河市七虎力煤矿、七台河市招发焦化有限公司等）、鹤岗市（28 家，鹤岗乌金石墨有限公司、黑龙江哈星药业有限公司等）、大庆市（24 家，大庆头台油田开发有限责任公司、大庆油田电力集团宏伟热电厂等），佳木斯市、双鸭山市和齐齐哈尔市共计16家。

该功能区水质较差，人口密度相对较大，工企业分布较为密集。因此，该区域水化学完整性修复应兼顾面源和点源污染防控，以内源污染防控为辅，形成恢复水化学完整性的系统治理方案。

点源污染防控的主要措施有：①进行产业结构调整、转型及布局优化。②针对该区域内多家企业有毒有机物、重金属等有害污染物的排放特征，筛选污染物防控技术措施，制定工业污染防控方案。③建立水生态风险污染物防控、有毒有机物应急处置方案，定期进行应急处置方案演练，以防突发水污染事件。④加强区域范围内生活源污染物治理，建立数据反馈和应急措施。

面源污染防控的主要措施有：①农业面源污染防控，重点为融雪期沙滤拦截作用和丰水期农田退水污染物防控。②制定畜禽污染防控方案。③制定面源拦截生态工程方案。

内源污染防控的主要措施有：①实施重污染河段底泥疏浚工程。②针对干、支流特点，制定内源污染物削减方案。

生物完整性恢复措施要点包括：重要水生生物物种栖息地修复，工业点源污染、生活污水、农业面源污染治理，水源涵养林植被修复，恢复鱼类产卵场，人工繁殖和放流。

15.5 城市生活支撑功能区水生态修复方案

（1）生态环境现状

重点规划范围内的黑龙江松嫩平原东部（A-011）和吉林第二松花江中游丘陵（A-018）均属于城市生活支撑功能区。

城市生活支撑功能区是依据我国500万人口以上城市分布，结合主体功能区中城市化战略格局分布，通过识别二级区内中大都市群和重点城镇群分布数量所划分的（杨振山等，2021；谢高地等，2009）。各功能区内用地类型近20年变化情况如表15-5所示。

表15-5 城市生活支撑功能区用地类型变化

单位：km^2

功能区编号	用地类型	1995年	2005年	2015年
A-011	草地面积	4 946.8	5 084.1	5 150.6
	农田面积	42 339.3	43 177.7	43 574.3
	其他面积	1 224.2	1 431.8	1 084.0
	人工表面面积	2 527.3	2 850.8	3 024.7
	森林面积	6 658.9	6 327.0	6 049.6
	水域与湿地面积	8 146.2	6 971.5	6 959.7
A-018	草地面积	296.0	696.6	301.6
	农田面积	25 437.4	24 769.6	25 209.3
	其他面积	116.0	645.9	409.3

功能区编号	用地类型	1995 年	2005 年	2015 年
A-018	人工表面面积	2 785.2	2 559.3	3 094.5
	森林面积	4 623.0	4 639.9	4 574.1
	水域与湿地面积	1 288.9	1 184.1	957.8

黑龙江松嫩平原东部农业植被-城市生活支撑功能区（A-011）在 1995—2015 年，森林持续减少；草地持续增加；农田持续增加；水域与湿地持续减少，但减少速度明显变慢；人工表面持续增加；其他生态系统类型先增后减，总体呈减少趋势。

吉林第二松花江中游丘陵-城市生活支撑功能区（A-018）在 1995—2015 年，森林生态系统面积先增后减，总体呈减少趋势；草地先增后减，总体呈增加趋势；农田先减后增，总体呈减少趋势；水域与湿地持续减少，且减少速度变快；人工表面总体呈增加趋势；其他生态系统类型先增后减，总体呈增加趋势。

人工表面的持续增加，代表了城镇面积的持续扩张。同时代表了城镇周边生态系统面积的减少和破坏。功能区内部森林和湿地生态系统面积减少较多。这些均表示该功能区城市生活支撑功能正在减弱，生态完整性遭到严重破坏。

该功能区范围内生态完整性差，物理完整性、化学完整性、生物完整性均遭受到不同程度的破坏，其修复措施应以物理完整性恢复为基础，化学完整性恢复为核心，并对底栖动物、浮游生物、鱼类等进行保护和修复，保证其生物完整性，本功能区的水生态完整性恢复是研究的重点。

研究期该功能区内排放有毒有机物及重金属等有害污染物的工业企业共计 67 家，行业类型以制造业为主。企业主要分布于长春市和吉林市，分别为 23 家和 19 家，企业主要包括长春一汽综合利用有限公司、中车长春轨道客车股份有限公司、吉林航空维修有限责任公司等，齐齐哈尔市 15 家（富裕晨鸣纸业有限责任公司、黑龙江昊华化工有限公司等），哈尔滨市 10 家（哈尔滨飞机工业集团有限责任公司、哈尔滨轨道交通装备有限责任公司等）。

该功能区也是东北大中型城市的聚集地，水质整体较差，受污染严重。超标断面有龙安桥、呼兰河口内、讷谟尔河口、老山头、靠山大桥、靠山南楼、珍屯和砖瓦窑桥断面，这些监测断面位于长春、哈尔滨和齐齐哈尔等城市。其中，靠山大桥、靠山南楼、珍屯和砖瓦窑桥断面超标最为严重，主要超标指标为氨氮、总磷和化学需氧量，而这 4 个监测断面均位于长春市，部分未收集处理的城市生活污水是导致氨氮、总磷和化学需氧量严重超标的主要原因之一。工业污水方面，设备制造业虽占长春市行业产值的 80%左右，但农副加工行业和饮料制造业所产生的部分未达标废水和处理水是河流中氨氮和化学需氧量的主要来源之一。

（2）方案目标

重要城市生活支撑功能区包括 A-011、A-018 两个功能区，2017 年水质现状以III类和

Ⅳ水为主，也存在劣Ⅴ类断面，2020 年、2030 年及 2050 年水质目标为维持Ⅲ类。物理完整性受损点 2020 年部分得到修复，2030 年多数得到修复，2050 年全部得到修复；土著和珍稀鱼类种群数量 2020 年有所增加，2030 年进一步增加，2050 年基本稳定。

（3）重点任务

物理完整性恢复方案：在集成筛选采沙坑修复等河道滨岸带修复技术，水源涵养林的建设、养护和修复技术，沿江湿地生境生态修复技术，入河支流河道滨岸带基质修复、生态修复及重建技术，受损河道修复技术，河流弯曲度和连通性恢复技术，生态需水量保障的水文调控技术，大坝洄游通道构建技术等 9 类技术的基础上，提出生境维持功能区的物理完整性恢复方案，重点关注 A-011 和 A-018 的水域与湿地恢复。

化学完整性恢复方案：2 个城市生活支撑功能区的 20 个监测断面中，达到Ⅲ类标准的断面有 9 个，占比 45%；达到Ⅳ类标准的断面有 6 个，占比 30%；达到劣Ⅴ类标准的断面有 5 个，占比 25%。主要超标因子为氨氮、总磷、五日生化需氧量、化学需氧量、高锰酸盐指数、挥发酚、阴离子表面活性剂、石油类。城市生活支撑功能区达标率均低于其他几个功能区，可见人类生产生活活动仍是造成水质恶化的主要因素之一。

研究期巴彦县 8 家涉水重点工业源主要来自纤维板制造、食用植物油加工等；呼兰区 33 家涉水重点工业源主要来自娱乐船和运动船制造、谷物磨制、酱油生产等；北安市 5 家涉水重点工业源主要来自火力发电、水泥制造、乳制品制造等；拜泉县 22 家涉水重点工业源主要来自淀粉及淀粉制品制造等；依安县 9 家涉水重点工业源主要来自日用陶瓷制品制造、制糖业、淀粉及淀粉制品制造等；北林区 17 家涉水重点工业源主要来自烟叶复烤、乳制品制造等；海伦市 10 家涉水重点工业源主要来自热力生产和供应、其他未列明农副食品加工等；兰西县 8 家涉水重点工业源主要来自加工纸制造、肉制品及副产品加工等；明水县 8 家涉水重点工业源主要来自热力生产和供应、火力发电、化学药品原料药制造等；青冈县 5 家涉水重点工业源主要来自淀粉及淀粉制品制造、炸药及火工产品制造等；五大连池市 4 家涉水重点工业源主要来自热力生产和供应、啤酒制造、白酒制造；富裕县 12 家涉水重点工业源主要来自乳制品制造、白酒制造、机制纸及纸板制造等；克东县 16 家涉水重点工业源主要来自豆制品制造、饲料加工、其他通用设备制造业；克山县 40 家涉水重点工业源主要来自热力生产和供应、食用植物油加工等；讷河市 64 家涉水重点工业源主要来自淀粉及淀粉制品制造、白酒制造等；扶余县 45 家涉水重点工业源主要来自白酒制造、热力生产和供应等；德惠市 26 家涉水重点工业源主要来自其他农业服务、热力生产和供应、禽类屠宰等；农安县 29 家涉水重点工业源主要来自热力生产和供应、禽类屠宰、原油加工及石油制品制造、牲畜屠宰、乳制品制造、火力发电、白酒制造、啤酒制造、复混肥料制造、有机化学原料制造；九台市 38 家涉水重点工业源主要来自热力生产和供应、水果和坚果加工等；公主岭市 51 家涉水重点工业源主要来自牲畜屠宰、有机化学原料制造、热力生产和供应、淀粉及淀粉制品制造等；朝阳区 10 家涉水重点工业源主要来自建筑装饰搪瓷制品制造、汽车零部件及配件制造、热力生产和供应、燃气生产和供应业、玻璃包装容器制造、金属表面处理及热处理加工；二道区 19 家涉水重点工业源主要来自热力生产和供应、金属表面处理及热处理加工等；宽城区 32 家涉水重点工业源主要来自其他水泥类似制品制造、热力生产和供应等；绿园区 32 家涉水重点工业源主要来自中药饮片加工、豆制品制造等；南关区 9 家涉水重点工业源主要来自热力生产和供应；伊通满族自治县 39 家涉水重点工业源主要来自石油开采、有机化学原料制造等；双阳区 33 家涉水重点工业源主要来自生物药品制造、啤酒制造等；榆树市 37 家涉水重点工业源主要来自白酒制造、热力生产和供应等；磐石市 27 家涉水重点工业源主要来自黑色金属铸造、其他非金属矿物制品制造、热力生产和供应等；需加强对上述工业源污染的防控，保障其达标排放，并实施清洁生产。

该功能区水质达标率低，水化学完整性差，人口密度非常大，工企业分布较为密集。因此该区域水化学完整性修复应以点源污染防控为主，以面源污染防控为辅，并实施内源污染物防控，形成恢复水化学完整性的系统治理方案。

点源污染防控的主要措施有：①进行产业结构调整、转型及布局优化。②针对该区域内多家企业有毒有机物、重金属等有害污染物的排放特征，筛选污染物防控技术措施，制定工业污染防控方案。③建立水生态风险污染物防控、有毒有机物应急处置方案，定期进行应急处置方案演练，以防突发水污染事件。④加强区域范围内生活源污染物治理，建立数据反馈和应急机制。

面源污染防控的主要措施有：①农业面源污染防控，重点为融雪期沙滤拦截作用和丰水期农田退水污染物防控。②制定畜禽污染防控方案。③制定面源拦截生态工程方案。

内源污染防控的主要措施有：①实施重污染河段底泥疏浚工程。②针对干、支流特点，制定内源污染物削减方案。

生物完整性恢复措施要点包括重要水生生物物种栖息地修复，工业点源污染、生活污水、农业面源污染治理，水源涵养林植被修复，恢复鱼类产卵场，人工繁殖和放流。

参考文献

Naiman R J，Decamps H，1997. The Ecology of interface：riparian zones[J]. Annual Review of Ecology and Systematics，28：621-658.

陈光荣，刘正文，钟萍，等，2007. 热带城市湖泊生态恢复中水生植被、浮游动物和鱼类的关系研究[J]. 生态环境，（1）：1-7.

房春果，2020. 浑河源头 4 种水源涵养林土壤理化性质研究[J]. 辽宁林业科技，（1）：21-24，35.

黄凯，郭怀成，刘永，等，2007. 河岸带生态系统退化机制及其恢复研究进展[J]. 应用生态学报，18（6）：1373-1382.

李荼青，何文学，2006. 底泥疏浚方案制定的原则及重点解决的问题[J]. 浙江水利水电专科学校学报，(1)：

4-6.

刘成，2012. 生物促生剂联合微生物菌剂修复城市黑臭河道底泥实验研究[D]. 南宁：广西大学.

刘翠，2016. 废纸制浆造纸废水处理工艺研究[D]. 郑州：郑州大学.

彭向文，2018. 水源涵养林环境效益经济补偿分析[J]. 中国林业经济，（6）：64-65.

沈月含，丁森，王慧，等，2020. 滦河秋季大型底栖动物群落结构空间格局与关键环境影响因子识别[J]. 环境科学研究，33（10）：2298-2307.

唐成玉，2015. 石油化工废水处理技术研究进展[J]. 化工管理，（5）：236.

唐艳，2012. 几种覆盖材料抑制湖泊污染底泥氮释放的试验研究[J]. 安全与环境工程，19（4）：27-30.

汪洋，佘远国，白涛，2009. 生态工程自然化恢复米勒河滨水生态研究[J]. 水生态学杂志，30（5）：140-143.

王超，陈亮，廖思红，2014. 受污染底泥原位修复技术研究进展[J]. 绿色科技，（11）：165-166.

王鹤霏，2013. 生物—生态技术对水体修复效果的研究[D]. 大连：大连理工大学.

肖素荣，李京东，2003. 湿地的生态功能[J]. 生物学教学，28（3）：7-8.

谢高地，鲁春霞，甄霖，等，2009. 区域空间功能分区的目标、进展与方法[J]. 地理研究，28（3）：561-570.

许效天，霍林，霍聪，2009. 造纸废水处理技术应用及研究进展[J]. 化工环保，29（3）：230-234.

严拾伟，潘珉，李杨，等，2021. 滇池大泊口水域水生植物种子库时空特征与恢复潜力[J]. 湖泊科学，33（2）：529-538.

颜少清，2016. 山美水库库区底泥及清淤疏浚技术[J]. 江淮水利科技，2016（3）：36-38.

杨帆，焉志远，刘赢男，等，2014. 松花江河滨湿地 N、P 净化功能研究[J]. 国土与自然资源研究，（6）：58-60.

杨振山，苏锦华，杨航，等，2021. 基于多源数据的城市功能区精细化研究——以北京为例[J]. 地理研究，40（2）：477-494.

殷永泉，邓兴彦，刘瑞辉，等，2006. 石油化工废水处理技术研究进展[J]. 环境污染与防治，（5）：356-360.

袁哲，许秋瑾，宋永会，等，2021. 辽宁省辽河流域水生态完整性恢复的实践与启示[J]. 环境工程技术学报，11（1）：48-55.

张胜东，童雄，谢贤，等，2016. 我国选矿废水回用处理方法研究进展[J]. 矿产保护与利用，（3）：66-72.